신편회로이론

ELECTRIC CIRCUITS

김영문 · 김원종 · 유영식 · 이철우
정동현 · 정타관 · 채수형 공저

북스힐

머리말

현대 과학기술의 발전은 인간의 보다 안락하고 편안한 환경에 대한 욕구를 증가시키고 있다. 이러한 현대 과학기술 가운데 첨단 과학기술의 핵심을 이루고 있는 전기·전자·통신공학 분야에서 가장 기본적이고 필수적인 과목이 회로이론(回路理論, Electric Circuits Fundamental)이다.

그것은 전기회로의 각종 원리와 법칙에 대하여 충분한 이해를 하여야 전기·전자·통신공학 분야를 제대로 학습할 수 있기 때문이다. 그러므로 전기 관련 분야를 제대로 학습할 수 있기 때문이다. 그러므로 전기 관련 분야를 전공하는 학생들이 제일 먼저 배우게 되는 전공과목이 회로이론이다. 이와 같이 회로이론은 전기관련 공학을 전공하는 학생들에게 대단히 중요한 과목이다.

그러나 전공과목으로 처음 접하는 회로이론이 어려운 수식으로 인하여 회로이론이라는 과목뿐만 아니라 자칫 전공에 대한 흥미마저 잃을 우려가 있다.

따라서 이 책은 이러한 문제점을 개선하기 위하여 어려운 수식 전개를 가급적 최소화하였으며, 간단한 미적분학과 삼각함수 정도의 실력만 가지고도 이해할 수 있도록 하였다. 특히 본문 중에서 이해가 어려운 부분에는 [참고]와 [예제]를 삽입하여 이해를 돕고, [연습문제]를 풍부히 수록하여 스스로 내용을 정리할 수 있도록 하였으며, 각종 실력테스트에 활용할 수 있도록 하였다.

막상 탈고를 하고 보니 미흡한 점이 너무나 많아 부끄러움이 앞선다. 이 점은 앞으로 보완해 나갈 것을 약속하며, 독자 여러분의 유익한 지도와 끊임없는 조언(助言)을 바라는 바이다(연락처 : ktk7319@hanmail.net).

끝으로 이 책을 출판하기 위해 수고를 아끼지 않는 북스힐 출판사 조승식 사장과 직원 여러분께 감사의 뜻을 표하는 바이다.

2009년 2월

저자 일동

차 례

Chapter 1 전기회로의 기초

Chapter 2 정현파 교류

Chapter 3 기본 교류회로

Chapter 4 공진현상

Chapter 7 일반선형 회로망

Chapter 8 3상 교류회로

Chapter 11 4단자 회로망

Chapter 12 분포정수회로

Chapter 13 과도현상

Chapter 14 라플라스 변환

Appendix 부록

Chapter 1

전기회로의 기초

전기란 색채도 없고 냄새도 없으며 또한 우리 인간의 눈에 보이지도 않는다. 그러나 전기는 일정한 법칙과 공식 또는 계측기로써 형태와 모양을 알 수 있다.

우리 주변에서 볼 수 있는 물질들이 단단하게 묶여서 일정한 크기나 모양을 갖도록 하는 기본적인 힘은 전기력이다. 물질을 이루고 있는 분자(molecule) 또는 원자(atom)는 원자핵과 음(−)전기를 가진 **전자**(electron)로 구성되고, 원자핵은 양(+)전기를 가진 **양성자**(proton)와 중성자(neutron)로 구성되어 있다.

같은 종류의 전기를 가진 것은 서로 반발하고, 다른 종류의 전기를 가진 것은 서로 흡인하는 힘이 작용하는데 이것을 정전력(electro static force)이라 한다.

한 개의 전자와 양성자가 갖는 전기량은 1.6021×10^{-19}(coulomb : C)이다.

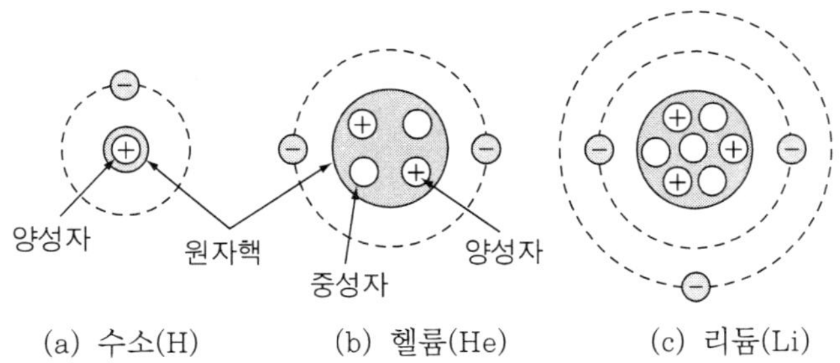

전자의 질량

$m = 9.1095 \times 10^{-31}$[kg]

양성자의 질량

$m' = 1.67261 \times 10^{-27}$[kg]

그림 1-1 원자핵과 전자의 구조

1.1 전하(electric charge)

BC 600년경 그리스 철학자 탈레스(Thales)가 호박(amber; elektron)을 털에 문질렀을 때 짚이나 깃털을 끌어당기는 현상으로부터 전기적인 힘이 존재한다는 것을 관찰하였다. 이 현상은 물질의 마찰에 의하여 물질 속의 전기적인 성질이 변화함으로써 생긴 것으로 알려졌고, 전기에는 양전기와 음전기의 두 종류가 존재하는 것도 알게 되었다.

이와 같이 마찰에 의하여 발생한 전기는 유리나 수지와 같은 물질에는 잠시 머물러 있게 되는데 이러한 전기를 마찰전기 또는 **정전기**라고 한다. 이와 같이 물질이 전기를 띠게 되는 현상을 **대전**(charging)되었다고 하며, 대전된 물체를 대전체라고 한다. 또 대전되어 있는 전기량을 **전하**(electric charge)라고 한다.

마찰에 의하여 물체가 대전되는 원인은 무엇일까? 대부분의 물체는 외부로부터 어떤 자극을 받지 않는 한, 보통 전기적으로 중성인 상태로 존재하게 되지만 마찰이나 다른 자극을 받게 될 때, 그 물질을 구성하고 있는 분자나 원자의 특성에 의하여 전자(electron)를 쉽게 잃거나 받아들이게 됨으로써 전기를 띠게 된다.

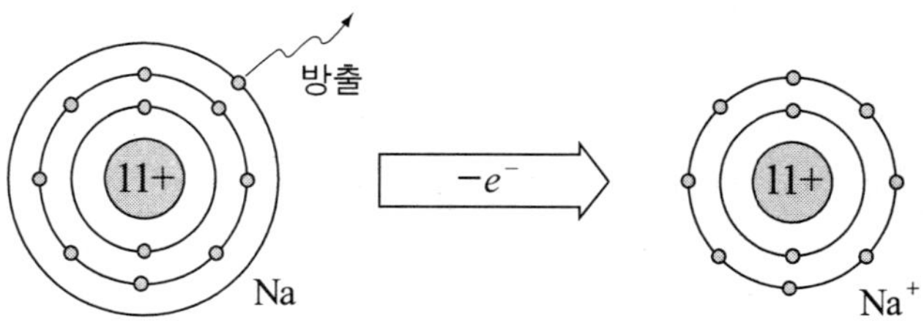

(a) 전자를 한 개 방출하고 1가의 양이온이 된다.

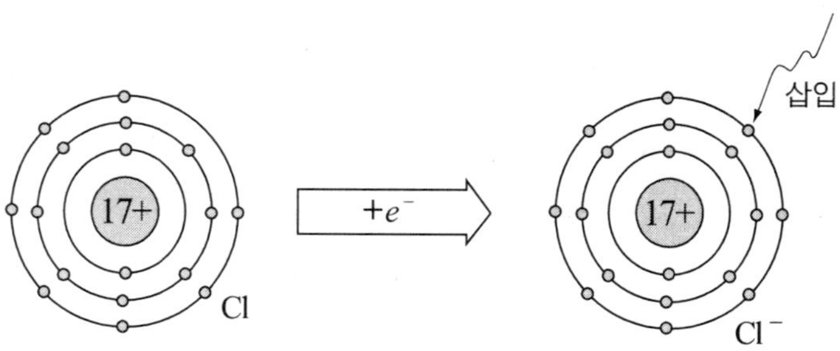

(b) 전자를 한 개 받아들여서 1가의 음이온이 된다.

그림 1-2 양이온과 음이온

모든 물질은 그 기본 입자인 원자로 구성되어 있고, 원자는 양(+) 전하를 갖는 원자핵과 음(−)전하를 갖는 전자로 구성되어 있다. 따라서 물질이 나타내는 전기적 성질은 물질내의 전자가 가지는 음전하의 변화에 의하여 주로 나타나게 된다. 예를 들면, 그림 1-2에 나타낸 것과 같이 Na 원자는 가장 바깥 궤도에 1개의 전자가 있어서, 마찰이나 어떤 에너지를 주면 비교적 쉽게 이 전자를 튀어나오게 할 수 있다. 그러면 원래 전기적으로 중성이던 Na 원자가 전자 1개가 부족하게 되면서 양전하를 띠게 되어 1가의 양이온이 된다. 또 Cl 원자는 가장 바깥 궤도에 전자 1개가 부족한 상태이므로, Na의 경우와는 반대로 쉽게 전자를 받아들인다. 그래서 Cl 원자는 음전하를 띠면서 1가의 음이온이 된다. 그러므로 음(−)의 전하를 가진 전자가 한 물질에서 다른 물질로 이동함에 따라 한 물질은 양전기로 대전되고 또 다른 물질은 음전기로 대전된다.

예제 1-1

전기란 무엇인가?

풀이 전기란 전자, 이온, 정공 등과 같은 전하가 갖고 있는 에너지를 말하며, 플러스(+)와 마이너스(−)입자가 있으며, 이 입자가 빛도 만들고 열도 발생한다.

예제 1-2

전하 1[C]에는 몇 개의 전자가 있는가?

풀이 $1[\mathrm{C}] = \dfrac{1}{1.6021 \times 10^{-19}} = 6.24 \times 10^{18}$ [개]

1.2 전류(electric current)

전하란 유전체내에 축적된 전기량을 말하며, 전하 그 자체는 전기적으로 정적이며 어떠한 동작도 수반되지 않는다. 일반적으로 전하가 도체에서 이동할 때 이동하는 전기의 세기를 전류(electric current)라 한다. 관습상 전류의 방향은 양전하가 이동하는 방향으로 정하며, 전류의 방향과 전자가 이동하는 방향은 반대이다.

전류의 단위로서 암페어(ampere : A)를 사용하며, 1[A]는 1초 동안에 1[C]의 전하가 이동할 때의 전류량이다. 따라서 t초 동안에 Q[C]의 전하가 일정한 비율로 이동하였다면, 이때의 전류 I는

$$I = \frac{Q}{t} \text{ [A]} \tag{1-1}$$

또는

$$Q = I \cdot t \text{ [C]} \tag{1-2}$$

와 같이 표시된다.

그리고 이동하는 전하의 비율이 시간에 따라 변화한다면, 전류 i는 전하 q의 시간적 변화율로 나타나게 되며,

$$i = \frac{dq}{dt} \text{ [A]} \tag{1-3}$$

또는

$$q = \int i\, dt \text{ [C]} \tag{1-4}$$

와 같이 정의된다.

예제 1-3

어떤 도선에 2[A]의 전류가 8[초] 동안 흐르면 그 도선에 대략 몇 개의 전자가 이동한 셈인가?

풀이 이동한 총 전하 $Q = I \cdot t = 2 \times 8 = 16$ [C]이고,

$1 \text{ [C]} = \frac{1}{1.6021 \times 10^{-19}}$ [개]이므로

이동한 전자의 수 N은

$$N = \frac{16}{1.6021 \times 10^{-19}} \fallingdotseq 10^{20} \text{ [개]}$$

1.3 전압(voltage)

전위(electric potential)가 서로 다른, 다시 말해서 **전위차**(potential difference)가 있는 두 점을 도선으로 이어주면 높은 쪽에서 낮은 쪽으로 전하가 이동하여 전류가 발생한다. 전지나 직류발전기는 전류가 계속해서 흐르도록 전위차를 유지하기 위한 장치로서 이들 장치는 **기전력**(electromotive force)을 가지고 있다고 말하며, 앞에서 말한 전위차를 **전압**(voltage)이라고 한다.

기전력과 전압의 단위로는 **볼트**(volt : V)를 사용하며, 1[V]는 1[C]의 전하가 두 점 사이를 이동할 때 얻거나 잃은 에너지가 1[J]일 때의 전압을 말한다. 따라서 Q[C]의 전하가 전위차가 일정한 두 점 사이를 이동할 때 얻거나 잃는 에너지를 W[J]이라 하면, 두 점 사이의 전압 V는

$$V = \frac{W}{Q} \ [\mathrm{V}] \tag{1-5}$$

또는

$$W = VQ \ [\mathrm{J}] \tag{1-6}$$

과 같이 표시된다.

그리고 미소전하 dq[C]이 이동할 때 발생하는 에너지가 dw[C]이라면, 두 점 사이의 전압은

$$v = \frac{dw}{dq} \ [\mathrm{V}] \tag{1-7}$$

또는

$$w = \int v \, dq \ [\mathrm{J}] \tag{1-8}$$

과 같이 정의된다.

예제 1-4

30[C]의 전하량이 이동하여 한 일이 360[J]이었다. 이때의 전압은 몇 [V]인가?

풀이 $V = \frac{W}{Q} = \frac{360}{30} = 12 \ [\mathrm{V}]$

1.4 전력(electric power)

회로에 가해진 전압이 V[V]일 때, 전하 Q[C]가 t초 동안에 이동하여 한 일, 즉 I[A]가 한 일 W는

$$W = QV = VIt = I^2Rt \text{ [J]} \tag{1-9}$$

과 같이 표시된다. 이 W를 **전력량**이라 한다.

Q[C]의 전하가 t초 동안에 이동하였다면, 매초 QV/t [J/s]의 일을 한 셈이 된다. 이와 같이 1초 동안에 한 일의 양을 **전력**(electric power)이라 한다.

전력의 단위로서 [J/s]를 사용하기도 하지만 전기에서는 와트(watt : W)단위를 주로 사용한다.

전력을 P라 하면,

$$P = \frac{W}{t} = \frac{VQ}{t} = \frac{VIt}{t} = VI \text{ [W]} \tag{1-10}$$

$$W = Pt = VIt \text{ [J]} \tag{1-11}$$

와 같이 된다.

그리고 전하의 이동량이 시간에 따라 일정하지 않을 경우의 순시전력 p는

$$p = \frac{dw}{dt} = \frac{dw}{dq} \times \frac{dq}{dt} = vi \text{ [W]} \tag{1-12}$$

$$w = \int_0^t p\,dt = \int_0^t vi\,dt \text{ [J]} \tag{1-13}$$

와 같이 된다.

예제 1-5

어떤 저항 회로에 1분간 200[V]의 기전력을 가했을 때 60[C]의 전하가 이동되었다고 한다. 이 회로의 전력[W]을 구하여라.

풀이 $P = \frac{VQ}{t} = \frac{200 \times 60}{60} = 200$ [W]

1.5 옴의 법칙(Ohm's law)

도체에 흐르는 전류는 전위차(전압)에 비례한다. 이 관계를 식으로 나타내면,

$$I = \frac{V}{R}, \quad V = RI, \quad R = \frac{V}{I} \tag{1-14}$$

로 쓸 수 있다. 여기에서 R은 하나의 비례상수로서 이를 **전기저항**(electric resistance) 또는 간단히 **저항**(resistance)이라 한다.

독일의 옴(G.S. Ohm, 1787~1854)은 도체에 흐르는 전류는 가해진 전압에 비례하고, 도체의 저항에 반비례한다는 관계를 실험적으로 밝혔는데, 이것을 **옴의 법칙**(Ohm's law)이라 한다.

저항의 단위로는 옴(ohm : Ω)을 사용하며, 1[A]의 전류를 흘리는 데 1[V]의 전압을 필요로 하는 저항을 1[Ω]이라 한다.

예제 1-6

10[Ω]의 저항에 20[A]의 전류를 흘리는 데 필요한 전압은 몇 [V]인가?

풀이 $V = IR = 20 \times 10 = 200$ [V]

예제 1-7

어떤 저항에 100[V]의 전압을 가했더니 10[A]의 전류가 흘렀다. 95[V]의 전압을 가하면 몇 [A]의 전류가 흐르겠는가?

풀이 $R = \frac{V}{I} = \frac{100}{10} = 10$ [Ω]

$\therefore\ I = \frac{V}{R} = \frac{95}{10} = 9.5$ [A]

1.6 줄의 법칙(Joule's law)

도체에 전류가 흐르면 열이 발생한다는 사실을 실험적으로 영국의 줄(J.P. Joule, 1818~1889)이 입증하였다. 그는 도체에 흐르는 전류에 의하여 단위시간에 발생하는 열량은 I^2R에 비례한다고 주장하였는데, 이 법칙을 **줄의 법칙**(Joule's law)이라 하며, 이때 발생한 열을 **줄 열**이라 한다.

저항 $R[\Omega]$의 도체속에 전류 $I[\text{A}]$가 $t[\text{sec}]$동안 흐를 때 발생하는 열량 H는

$$H = I^2Rt \ [\text{J}] \fallingdotseq 0.24I^2Rt \ [\text{cal}] \tag{1-15}$$

와 같이 표시된다.

따라서 1[A]의 전류가 1[Ω]의 저항에 1[sec] 동안 흐를 때 발생하는 열량을 1[J]이라고 한다.

예제 1-8

어떤 전열기에 100[V]의 전압이 가해져 있는데, 그 저항은 5[Ω]이라고 한다. 이때, 전열기에 흐르는 전류와 소비 전력을 구하여라.

풀이 전류 $I = \dfrac{V}{R} = \dfrac{100}{5} = 20 \ [\text{A}]$

소비 전력 $P = VI = 100 \times 20 = 2000 \ [\text{W}] = 2 \ [\text{kW}]$

예제 1-9

어떤 전열기에 100[V]의 전압이 가해져서 5[A]의 전류가 흐르고 있다. 2시간 동안 사용했다고 하면 그 시간에 소비된 전력량은 몇 [J]이며, 또 그것을 [kWh]로 나타내면 어떻게 되겠는가?

풀이 소비된 전력량 $W = I^2Rt = VIt = 100 \times 5 \times 2 \times 60 \times 60$

$= 3.6 \times 10^6 \ [\text{J}]$

$W = VIt = 100 \times 5 \times 2 = 1000 \ [\text{Wh}] = 1 \ [\text{kWh}]$

예제 1-10

100[V]용 1[kW] 전열기의 전열선이 1/2 길이에서 끊어졌을 때에 한 쪽만을 사용하면 소비 전력 [kW]은?

풀이 $P = VI = I^2R = \dfrac{V^2}{R}$ 이므로

$$R = \frac{V^2}{P} = \frac{100^2}{1 \times 10^3} = 10\ [\Omega]$$

따라서 $P' = \dfrac{V^2}{R'} = \dfrac{100^2}{10 \times \frac{1}{2}} = 2000\ [\mathrm{W}] = 2\ [\mathrm{kW}]$

예제 1-11

백열 전구의 소비 전력이 100[W]일 때 전압은 100[V]이다. 이때 전압을 110[V]로 사용하면 소비 전력은 어떻게 되는가?

풀이 $R = \dfrac{V^2}{P} = \dfrac{100^2}{100} = 100\ [\Omega]$

$$P' = \frac{V'^2}{R} = \frac{110^2}{100} = 121\ [\mathrm{W}]$$

예제 1-12

500[W]의 전열기를 정격상태에서 1시간 사용시 발생열량[kcal]은?

풀이 $H = 0.24\, I^2Rt = 0.24\, Pt$

$$= 0.24 \times 500 \times 3600$$

$$\fallingdotseq 430 \times 10^3\ [\mathrm{cal}]$$

$$= 430\ [\mathrm{kcal}]$$

1.7 키르히호프의 법칙(Kirchhoff's law)

1 제1법칙(전류법칙)

회로망에서 임의의 접속점에 유입하는 전류와 유출하는 전류의 대수합은 0이다.

그림 1-3에서 점 P로 유입하는 전류를 (+), 유출하는 전류를 (−)로 잡으면 다음 식으로 표시할 수 있다.

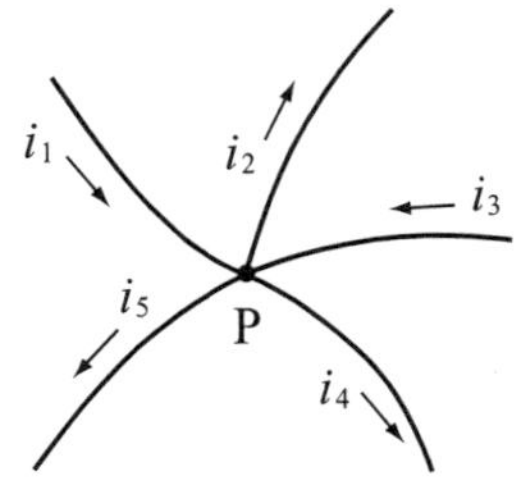

그림 1-3

$$i_1 + i_3 - i_2 - i_4 - i_5 = 0$$

전류법칙을 대수적으로 나타내면 다음 식과 같다.

$$\sum_{k=1}^{n} i_k = 0 \tag{1-16}$$

2 제2법칙(전압법칙)

회로망에서 임의의 폐회로를 일주하면서 계산한 전압상승의 합은 그 회로에서의 전압강하의 합과 같다.

그림 1-4에서와 같이 폐로 전류의 방향을 시계방향으로 잡으면 위에서 설명한 것은 다음 식으로 표시할 수 있다.

$$R_1 i_1 + R_2 i_2 + R_3 i_3 = V_1 - V_2$$

전압법칙을 대수적으로 나타내면 다음 식과 같다.

$$\sum_{k=1}^{n} R_k i_k = \sum_{k=1}^{n} V_k \tag{1-17}$$

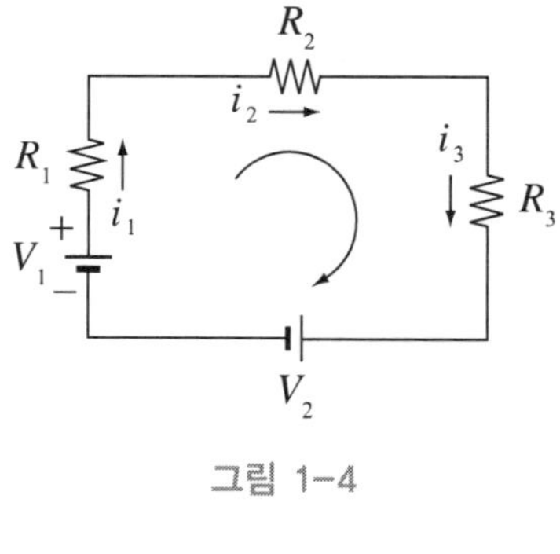

그림 1-4

예제 1-13

그림 1-5와 같은 직류 회로의 전류 I를 구하여라.

풀이 그림 1-5와 같이 시계방향으로 일주하면서 키르히호프의 제2법칙을 적용하면

$$V_1 + V_2 = 20$$

여기에서 $V_1 = 3I$, $V_2 = 2I$이므로

$$3I + 2I = 20$$

$$\therefore\ I = 4\ [\text{A}]$$

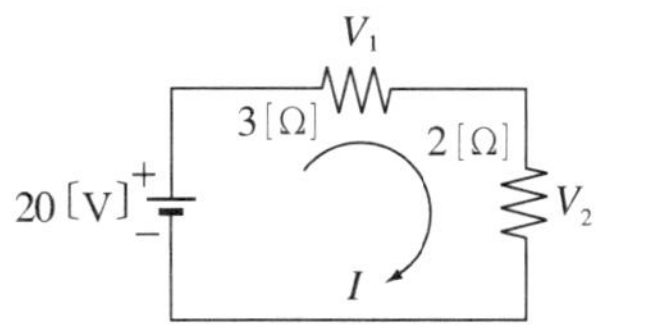

그림 1-5

예제 1-14

다음 그림에서 $V_1 = 110[\text{V}]$, $V_2 = 130[\text{V}]$, $R_1 = 1[\Omega]$, $R_2 = 2[\Omega]$, $R_3 = 4[\Omega]$이면 각 분로의 전류는 몇 [A]인가?

풀이 점 a에 키르히호프의 제1법칙을 적용하면

$$I_1 + I_2 - I_3 = 0 \quad \cdots\cdots ①$$

폐회로 (I)에 키르히호프의 제2법칙을 적용하면

$$R_1 I_1 - R_2 I_2 = V_1 - V_2$$

$$I_1 - 2I_2 = 110 - 130 = -20 \quad \cdots\cdots ②$$

폐회로 (II)에 키르히호프의 제2법칙을 적용하면

$$R_2 I_2 + R_3 I_3 = V_2$$

$$2I_2 + 4I_3 = 130 \quad \cdots\cdots ③$$

따라서 식 ①을 식 ③에 대입하여 정리하면

$$2I_2 + 4(I_1 + I_2) = 4I_1 + 6I_2 = 130 \quad \cdots\cdots ④$$

또, ②×3+④를 하여 I_2를 소거하면

$$7I_1 = 70$$

$$\therefore\ I_1 = 10\ [\text{A}]$$

I_1을 ②에 대입하면

$$I_2 = 15\ [\text{A}]$$

I_1, I_2를 ①에 대입하면

$$I_3 = 25\ [\text{A}]$$

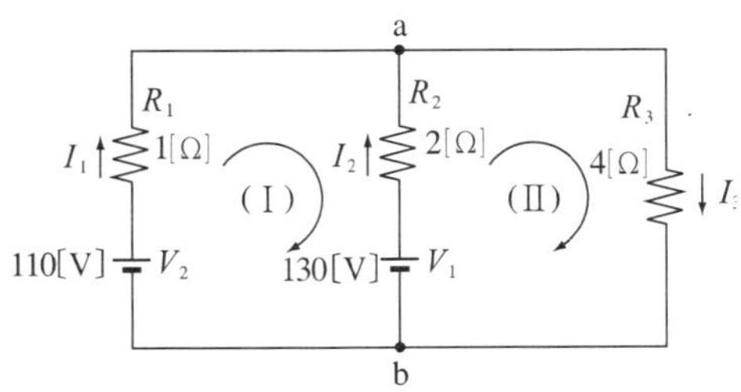

1.8 저항의 접속

1 직렬 접속

2개 이상의 저항을 그림 1-6과 같이 직렬로 접속하는 경우, 모든 저항에는 같은 크기의 전류 I가 흐른다. 이 경우의 합성 저항 R_T는 다음 식과 같다.

$$R_T = R_1 + R_2 + R_3 + \cdots + R_n = \sum_{i=1}^{n} R_i \tag{1-18}$$

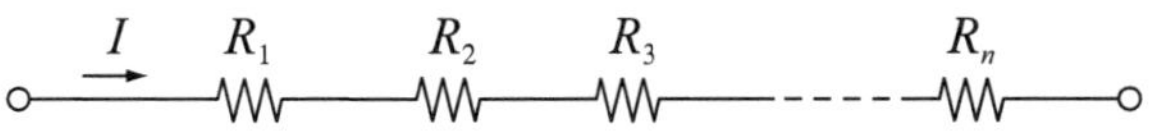

그림 1-6 직렬 접속

2 병렬 접속

2개 이상의 저항을 그림 1-7과 같이 병렬로 접속할 경우, 모든 저항에는 같은 크기의 전압 E가 걸린다. 이 경우의 합성 저항 R_T 및 합성 컨덕턴스(conductance) G_T는 다음 식과 같다.

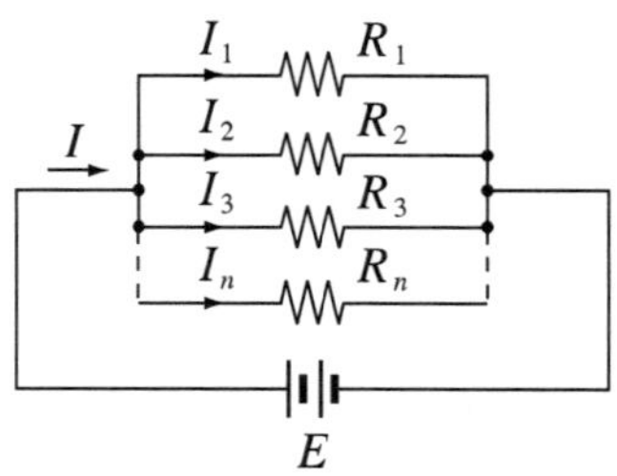

그림 1-7 병렬 접속

$$R_T = \cfrac{1}{\cfrac{1}{R_1} + \cfrac{1}{R_2} + \cfrac{1}{R_3} + \cdots + \cfrac{1}{R_n}} = \cfrac{1}{\displaystyle\sum_{i=1}^{n} \cfrac{1}{R_i}} \tag{1-19}$$

$$G_T = \frac{1}{R_T} = \sum_{i=1}^{n} \frac{1}{R_i} = \sum_{i=1}^{n} G_i \tag{1-20}$$

예제 1-15

2[Ω]의 저항 10개를 직렬로 연결했을 때의 합성 저항은 병렬로 연결했을 때의 몇 배인가?

풀이 직렬 접속 합성 저항 $= 2 \times 10 = 20$ [Ω]

병렬 접속 합성 저항 $= \dfrac{2}{10} = 0.2$ [Ω]

$\therefore \ \dfrac{20}{0.2} = 100$ 배

3 분압기(potentiometer)

그림 1-8과 같은 회로를 **분압기**(potentiometer 또는 voltage dividers)라고 생각할 수 있다. 그림 1-8 (a)에서 인가된 직류전압은 두 개의 저항에 의하여 나누어진다. 그리고 그림 1-8 (b)에서는 교류전압을 두 개의 저항으로 분할한다.

직렬회로에서 각 소자에 흐르는 모든 전류는 동일하며, 전압강하는 전류와 저항의 곱과 같다. 그러므로 각각의 저항에서의 전압강하는 각 저항의 크기에 비례한다. 따라서 같은 직렬회로내에서는 저항값이 큰 쪽이 작은 쪽보다 높은 전압강하가 발생한다. 따라서 각 저항에 인가되는 전압 V_1, V_2는 다음과 같이 되며, 직류회로와 교류회로에서 다같이 적용된다.

$$\left.\begin{aligned} V_1 &= \frac{V_S}{R_1 + R_2} \cdot R_1 = I \cdot R_1 \\ V_2 &= \frac{V_S}{R_1 + R_2} \cdot R_2 = I \cdot R_2 \end{aligned}\right\} \quad (1\text{-}21)$$

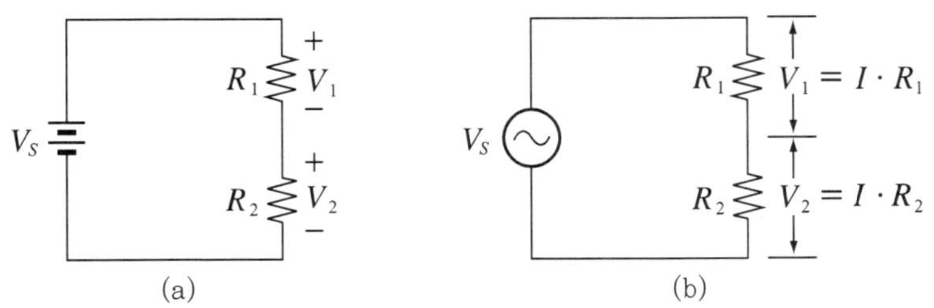

그림 1-8 분압기

4 분류기(shunt)

병렬회로는 분류기(shunt 또는 current dividers)로 작용한다. 그림 1-9와 같이 두 개의 지로를 가진 병렬회로에서 회로 양단에 가해진 전압이 주어져 있지 않을 때, 각 지로의 저항값과 전 전류 I_T에 의하여 각 지로의 전류를 구하여야 할 경우가 있다. 이와 같은 문제는 전류분배공식에 의하여 간단하게 구할 수가 있다.

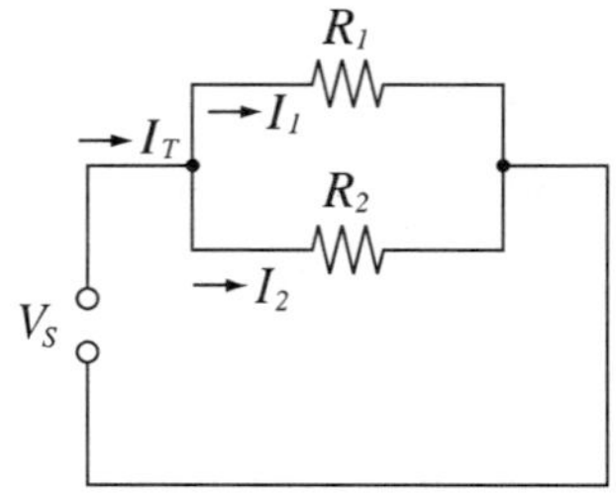

그림 1-9 분류기

그림 1-9에서 합성 저항 R_T 및 각 지로에 흐르는 전류 I_1, I_2는 다음과 같이 되며, 직류와 교류회로에서 다같이 적용된다.

$$R_T = \frac{1}{\dfrac{1}{R_1} + \dfrac{1}{R_2}} = \frac{R_1 R_2}{R_1 + R_2} \tag{1-22}$$

$$\left.\begin{aligned} I_1 &= \left(\frac{R_2}{R_1 + R_2}\right) I_T \\ I_2 &= \left(\frac{R_1}{R_1 + R_2}\right) I_T \end{aligned}\right\} \tag{1-23}$$

예제 1-16

그림 1-10과 같은 회로에서 10[Ω]의 저항에 흐르는 전류 I_1은 몇 [A]인가?

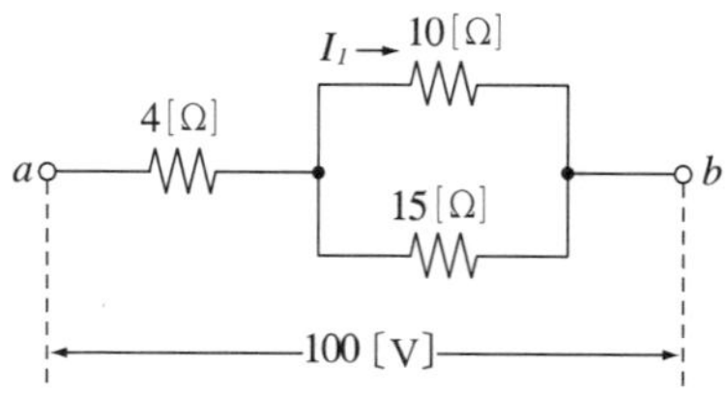

그림 1-10

풀이 합성저항 $R_{ab} = 4 + \dfrac{10 \times 15}{10 + 15} = 10$ [Ω]

전 전류 $I = \dfrac{E}{R_{ab}} = \dfrac{100}{10} = 10$ [A]

그러므로 10[Ω]에 흐르는 전류 I_1은

$$I_1 = \frac{R_2}{R_1 + R_2} \cdot I = \frac{15}{10 + 15} \times 10 = 6 \text{ [A]}$$

1.9 회로소자(circuit elements)

회로소자는 **수동소자**(passive element)와 **능동소자**(active element)로 크게 구분할 수 있다. 수동소자는 외부에서 전기적 에너지(전압 또는 전류)의 공급을 받지 못하면 어떤 전기적인 효과도 나타내지 못하는 소자를 말하며, 능동소자는 전기적 에너지를 공급하는 장치(전압원 또는 전류원)를 말한다.

1 수동소자

(1) 저항(resistance)

도체에 일정한 전압을 인가하여 그 정상전류를 측정하여 보면 도체의 성질에 따라서 여러 가지 전압-전류의 관계가 있음을 알 수 있다. 그 대표적인 예 두 가지를 그림 1-11에 나타내었다.

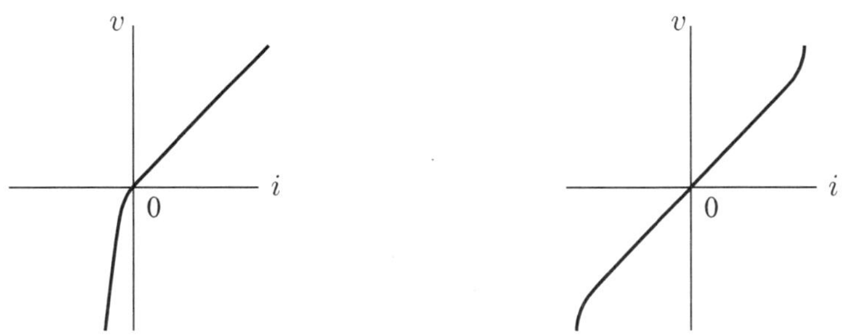

(a) 단향성 소자 (b) 쌍향성 소자

그림 1-11 도체의 전압-전류 관계

금속정류기 등은 그림 1-11 (a)의 곡선과 같이 전압·전류의 한 방향에 대한 특성과 반대방향에 대한 특성이 매우 다르다.

이와 같이 대칭성을 갖지 않는 소자를 **단향성 소자**(unilateral element)라 하고 그림 (b)와 같이 대칭성을 갖는 소자를 **쌍향성 소자**(bilateral element)라고 부른다. 여기서 전류가 그다지 크지 않은 범위에서는 곡선은 거의 직선적인 것을 볼 수 있다.

이와 같은 범위에서는

$$v = Ri \text{ [V]} \tag{1-24}$$

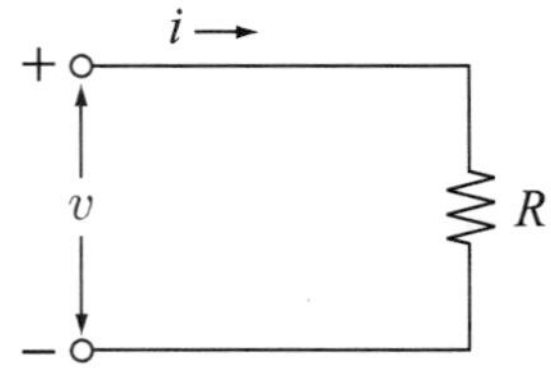

그림 1-12 저항 회로

라고 표시할 수 있다. 여기서 R은 곡선의 기울기이고, 도체의 저항(resistance)이라고 한다. 전기적인 특성이 주로 저항으로 되어 있는 구체적인 실물을 저항기(resistor)라고 부른다. 저항의 단위는 옴(ohm : Ω)이다. 1옴(Ω)은 도체 양단의 전위차 1볼트(V)에 의하여 흐르는 전류가 1암페어(A)일 때의 저항이다. 식 (1-24)의 전압-전류 관계를 옴의 법칙(Ohm's law)이라고 한다. 이 식을 바꾸어 쓰면

$$i = \frac{1}{R}v = Gv \text{ [V]} \tag{1-25}$$

로 표시할 수 있다. 여기서 저항 R의 역수 $1/R$을 G로 표시하며 이것을 컨덕턴스(conductance)라고 한다. 컨덕턴스의 단위는 모(mho : ℧)이다.

저항의 종류에는 고정저항과 가변저항이 있으며, 고정저항에는 내전력(耐電力)의 값이 수 10 [W]에서부터 수 분의 1 [W]까지 여러 종류가 있다.

(2) 인덕턴스(inductance)

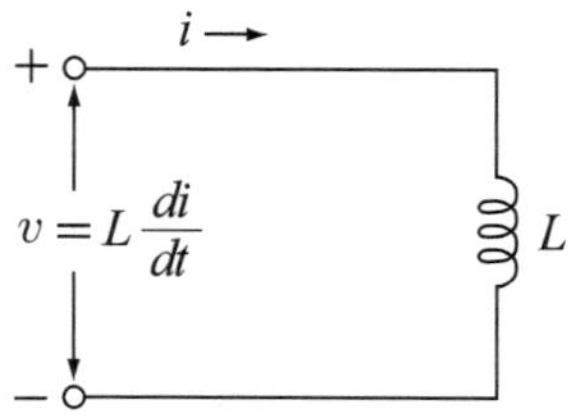

그림 1-13 인덕턴스 회로

도선에 전류가 흐르면 그 주위에 자장(magnetic field)이 형성된다. 전류의 방향이 나사가 진행하는 방향이라면 자장은 나사가 돌아가는 방향으로 형성된다(암페어의 오른나사 법칙).

자력선을 한묶음으로 묶어서 자속(magnetic flux)이라고 하며, 자속의 단위는 웨버(weber : Wb)이다. 또 자속이 전류와 쇄교하는 수를 자속쇄교수(number of flux linkage)라 하고, 보통 Φ로 표시하며, 그 단위는 웨버·턴(weberturn)이다.

지금 코일의 권수를 N, 자속을 ϕ라고 하면 총 자속쇄교수는

$$\Phi = N\phi \text{ [Wb-turn]} \tag{1-26}$$

으로 쓸 수 있다.

패러데이의 법칙(Faraday's law)에 의하면 한 회로에서 자속쇄교수가 변하면, 그 시간적 변화율에 비례하는 기전력이 회로에 유기된다. 즉

$$v = \frac{d\Phi}{dt}\ [\mathrm{V}] \tag{1-27}$$

와 같다.

이 기전력을 유기기전력 또는 유기전압(induced e.m.f or voltage)이라고 한다.

한 회로의 전류와 이로 인하여 생기는 자속의 쇄교수가 그림 1-14와 같은 관계를 가지고 변할 때 직선적으로 변하는 범위에서는

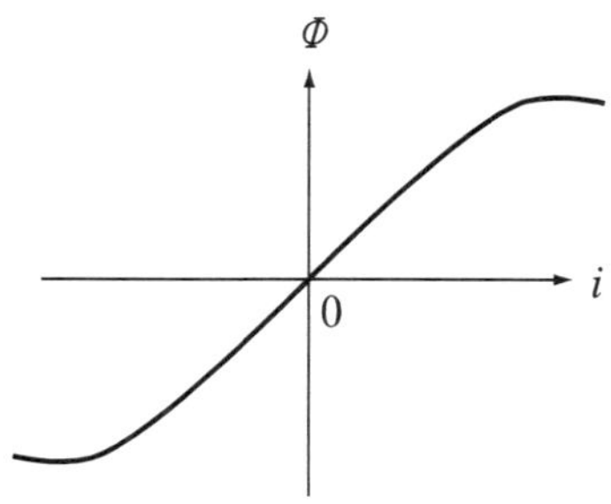

그림 1-14 전류에 따르는 자속쇄교수의 변화

$$\Phi = Li\ [\mathrm{Wb\text{-}turn}] \tag{1-28}$$

으로 쓸 수 있다.

여기서 L은 직선부분의 기울기인데 회로의 자기 인덕턴스(self inductance) 또는 단순히 인덕턴스(inductance)라고 하며, 단위는 헨리(henry : H)를 사용한다.

1[H]는 1[A]의 전류에 의하여 생기는 자속쇄교수가 1[Wb-turn]일 때의 인덕턴스를 말한다.

식 (1-28)을 식 (1-27)에 대입하면

$$v = L\frac{di}{dt}\ [\mathrm{V}] \tag{1-29}$$

가 된다.

이 식으로부터 단자전압이 전류의 시간적 변화율에 비례함을 알 수 있다.

식 (1-29)를 바꾸어 쓰면

$$i = \frac{1}{L}\int v\,dt\ [\mathrm{A}] \tag{1-30}$$

와 같은 관계식을 얻을 수 있다.

전기적 성질이 주로 인덕턴스로 되어 있는 구체적인 실물을 유도기(inductor) 또는 속칭 코일(coil)이라고 한다.

코일에서 전류 i의 방향으로 전압강하를 v라고 하면 $v = L\dfrac{di}{dt}$이므로 코일에 유입하는 전력은

$$p = vi = Li\frac{di}{dt}\ [\mathrm{W}] \tag{1-31}$$

가 되고, 시간 t_1과 t_2 사이에 유입한 에너지는 식 (1-31)을 적분하면

$$W_L = \int_{t_1}^{t_2} p(t)\cdot dt = \int_{t_1}^{t_2} Li\cdot\frac{di}{dt}dt = \int_{i_1}^{i_2} Li\cdot di = \frac{1}{2}L{i_2}^2 - \frac{1}{2}L{i_1}^2 \tag{1-32}$$

여기서 i_1, i_2는 각각 시간 t_1, t_2에서의 전류로서 t_1, t_2의 크기에 따라서 식 (1-32)의 값은 정(+)일 수도 있고, 부(−)일 수도 있다. 정(+)인 경우에는 코일 내부로의 에너지 유입, 부(−)인 경우에는 코일 외부로의 에너지 유출을 의미하는 것으로서, 코일 주변에 형성되는 자장에 전기적인 에너지로 축적된 에너지의 증감을 말한다. t_1에서 전류가 0이라면 임의의 시간 t에서의 전류 i에 의한 축적에너지 W_L은 다음과 같다.

$$W_L = \frac{1}{2}Li^2\ [\mathrm{J}] \tag{1-33}$$

예제 1-17

코일에 흐르는 전류가 1초 동안에 4[A]에서 6[A]로 변화하였을 경우 그 코일에 발생하는 전압이 40[V]이었다. 이 코일의 인덕턴스[H]는?

풀이 $v = L\dfrac{di}{dt}$에서

$$L = v\frac{dt}{di} = 40\times\frac{1}{(6-4)} = 20\ [\mathrm{H}]$$

예제 1-18

자기 인덕턴스 1[H]의 코일에 10[A]의 전류가 흐르고 있을 때 축적되는 에너지 [J]는?

풀이 $W = \dfrac{1}{2}LI^2 = \dfrac{1}{2}\times1\times10^2 = 50\ [\mathrm{J}]$

(3) 커패시턴스(capacitance)

절연체를 사이에 두고 두 도체 사이에 전위차가 존재하면 전위가 높은 도체에 정전하, 전위가 낮은 도체에 같은 양의 부전하가 축적된다. 이때 축적되는 전하와 전위차가 그림 1-15와 같은 관계를 가지고 변하는 경우 직선적인 부분에서는

$$q = Cv \ [\mathrm{C}] \tag{1-34}$$

이라 할 수 있다.

여기서 C는 직선부분의 기울기로서 두 도체 사이의 **정전용량**을 **커패시턴스**(capacitance)라고 하며 단위는 **파라드**(farad : F)이다.

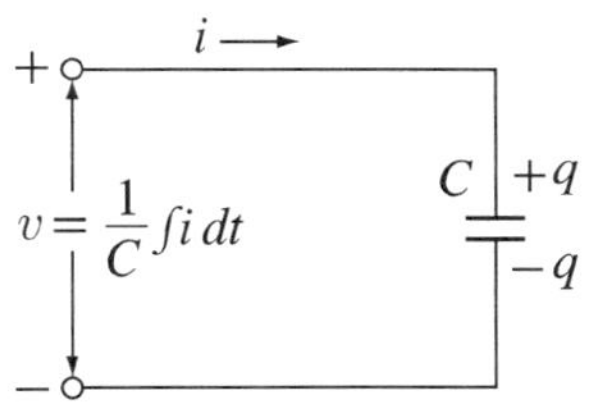

그림 1-15 커패시턴스 회로

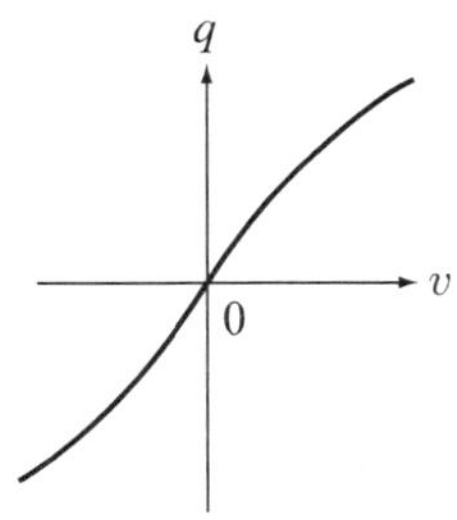

그림 1-16 용량기의 전하-전압 관계

1 [F]는 1 [V]의 전위차에 의하여 1 [C]의 전하가 축적될 때의 커패시턴스를 말한다.

식 (1-34)를 식 (1-4)에 대입하면

$$v = \frac{1}{C}\int i \, dt \ [\mathrm{V}] \tag{1-35}$$

가 되고, 식 (1-34)의 양변을 미분하면

$$i = C\frac{dv}{dt} \ [\mathrm{A}] \tag{1-36}$$

와 같은 관계식을 얻을 수 있다.

전기적 성질이 주로 커패시턴스로 되어 있는 구체적인 실물을 **용량기**(capacitor) 또는 속칭 **콘덴서**(condenser)라고 한다.

콘덴서에서 전류 i 방향으로의 전압강하를 v라고 하면 $i = C\dfrac{dv}{dt}$이므로 콘덴서에 유입하는 전력은

$$p = vi = Cv\frac{dv}{dt}\ [\mathrm{W}] \tag{1-37}$$

가 되고, 시간 t_1과 t_2 사이에 유입한 에너지는 식 (1-37)을 적분하면

$$\begin{aligned} W_C &= \int_{t_1}^{t_2} p \cdot dt = \int_{t_1}^{t_2} Cv \cdot \frac{dv}{dt} \cdot dt \\ &= C\int_{v_1}^{v_2} v \cdot dv = \frac{1}{2}C{v_2}^2 - \frac{1}{2}C{v_1}^2 \end{aligned} \tag{1-38}$$

여기서 v_1, v_2는 각각 시간 t_1, t_2에서의 전압이다. 식 (1-38)에서 알 수 있는 바와 같이 에너지가 콘덴서에 유입할 수도 있고 유출할 수도 있으며, 이 에너지는 콘덴서 양극판간의 전위차에 의하여 생기는 전장의 축적 에너지의 증감으로 나타난다. t_1에서 전압이 0이라면, 임의의 시간 t에서의 콘덴서의 충전전압을 v라 할 때 콘덴서에 축적되는 에너지 W_C는 다음과 같다.

$$W_C = \frac{1}{2}Cv^2\ [\mathrm{J}] \tag{1-39}$$

정전용량의 단위는 파라드(Farad)이지만 1 [F]는 실용상 매우 큰 단위이므로 보통 [μF]가 많이 이용되고 있다.

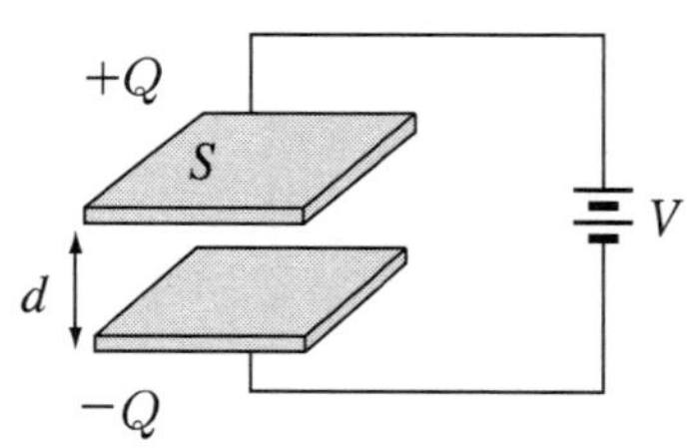

그림 1-17 콘덴서

실용되고 있는 콘덴서는 평행한 콘덴서로 전극 면적 S[m^2], 전극 간격 d[m]인 전극판 사이에 전압 V[V]를 인가하였을 때 콘덴서에 충전되는 전하량 Q는

$$Q = CV\ [\mathrm{C}] \tag{1-40}$$

이고, 따라서 정전용량 C는

$$C = \frac{Q}{V} = \frac{\varepsilon_0}{d}S\ [\mathrm{F}] \tag{1-41}$$

가 된다. 이 식으로부터 정전용량 C를 크게 하려면 도체간의 간격 d를 충분히 작게 하여야 하며, 도체의 면적 S를 크게 하여야 한다.

예제 1-19

1[μF]의 콘덴서에 100[V]의 전압을 가했을 때 이에 축적되는 전하는 얼마나 되며, 또 축적되는 에너지는 얼마인가?

풀이 $Q = Cv = 1\times10^{-6}\times100 = 1\times10^{-4}$ [C]

$W = \frac{1}{2}Cv^2 = \frac{1}{2}\times1\times10^{-6}\times100^2 = 5\times10^{-3}$ [J]

2 능동소자

(1) 정전압원

부하의 상태에 관계없이 그 단자에 일정한 전압을 발생하는 전원을 **정전압원**(constant voltage source)이라 한다.

따라서, 정전압원은 내부 임피던스가 0이다. 그러므로 정전압 전원을 단락시키면 전류는 무한대가 된다.

정전압원의 일반적인 기호 표시는 그림 1-18 (a)와 같다. 특히 발생되는 전압이 정현파인 경우에는 (b)와 같이 표시하며, 불변전압인 경우에는 (c)와 같이 표시한다.

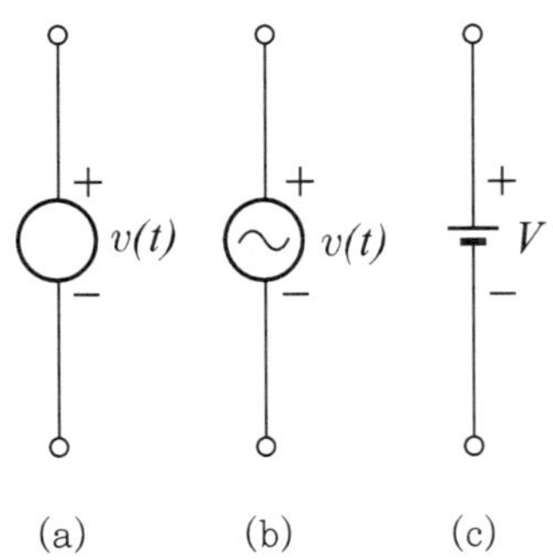

그림 1-18 정전압원의 기호

(2) 정전류원

부하의 상태에 관계없이 일정한 전류를 흘려주는 전원을 **정전류원**(constant current source)이라 한다. 따라서 정전류원은 내부 임피던스가 무한대이다. 그러므로 정전류원을 개방하면 그 단자 전압은 무한대가 된다.

정전류원의 일반적인 기호는 그림 1-19와 같다.

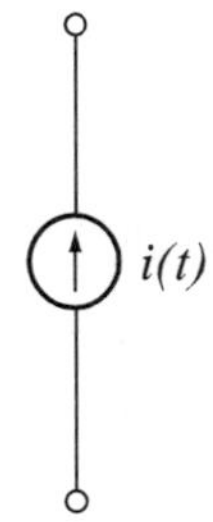

그림 1-19 정전류원의 기호

1.10 고유저항과 온도계수

1 고유저항

도체의 저항 R은 그 길이 l에 비례하고, 단면적 S에 반비례한다.

$$R = \rho \frac{l}{S} \ [\Omega] \tag{1-42}$$

여기서 ρ는 비례상수인데, 이것을 도체의 **고유저항**(resistivity)이라 한다.

고유저항 ρ의 단위는 옴-미터(Ohm-meter : Ω-m)이며, ρ의 역수 $1/\rho$를 σ로 표시하여 **도전율**(conductivity)이라 하며, 그 단위는 [℧/m]가 된다.

표 1-1 고유저항

금속의 종류	20℃ 에서 ($\times 10^{-8}\Omega \cdot$ m)	금속의 종류	20℃ 에서 ($\times 10^{-8}\Omega \cdot$ m)
은(Ag)	1.62	니켈(Ni)	6.9
구리(Cu)	1.69	순철(Fe)	10
금(Au)	2.40	백금(Pt)	10.5
알루미늄(Al)	2.62	망간(Mn)	34
텅스텐(W)	5.48	수은(Hg)	95.8
아연(Zn)	6.1	니크롬	100

2 온도계수

일반적으로 금속도체의 전기저항은 온도의 영향을 많이 받는다.

온도가 0[℃]일 때의 저항을 R_0 [Ω], 온도가 t [℃]로 올라간 후의 저항을 R_t [Ω]이라 하면 다음과 같은 관계가 성립한다.

$$R_t = R_0(1+\alpha_0 t)\ [\Omega] \tag{1-43}$$

여기서 α_0는 각 금속에 따라 정해지는 정수로서 0[℃]에서 1[℃]의 온도 상승에 대한 저항의 증가 비율을 나타내며, 이것을 저항의 **온도계수**(temperature coefficient)라 한다.

그리고 t [℃]일 때의 저항을 R_t [Ω], t [℃]에서의 저항온도 계수를 α_t, 온도가 T[℃]에서의 저항을 R_T [Ω]이라 하면 다음 식과 같이 된다.

$$R_T = R_t\{1+\alpha_t(T-t)\}\ [\Omega] \tag{1-44}$$

$$\alpha_t = \frac{\alpha_0}{1+\alpha_0 t}\ \left(\text{구리의 경우 } \alpha_t = \frac{1}{234.5+t}\right) \tag{1-45}$$

표준 연동의 0[℃]에서의 저항 온도계수 α_0는 $\alpha_0 = \frac{1}{234.5}$이다.

온도계수 α에는 다음과 같은 3가지 종류가 있다.

① $\alpha > 0$: 대부분의 금속도체

② $\alpha < 0$: 반도체, 전해액, 절연체(부성저항재료)

③ $\alpha = 0$: 망가닌, 콘스탄탄(표준저항재료)

예제 1-20

길이 l인 도선이 있다. 이것을 늘려 길이가 nl인 도선으로 만들었을 때 전기 저항은 몇 배로 되는가?

풀이 $R_1 = \rho\frac{l_1}{s_1}$에서 $R_2 = \rho\frac{l_2}{s_2}$로 되는 경우

$$\frac{R_2}{R_1} = \frac{\rho\frac{l_2}{s_2}}{\rho\frac{l_1}{s_1}} = \frac{l_2 s_1}{l_1 s_2}\text{이 되고}$$

체적은 불변이므로 $l_1 s_1 = l_2 s_2$

그리고 $l_2 = n l_1$이므로 $s_2 = \frac{1}{n} s_1$이 된다.

따라서 $\frac{R_2}{R_1} = \frac{n l_1 s_1}{\frac{1}{n} l_1 s_1} = n^2$ [배]

예제 1-21

0[℃]에서 1000[Ω]인 연동선이 있다. 80[℃]에서의 저항을 구하여라.

단, $\alpha_0 = \frac{1}{234.5}$ [1/℃]이다.

풀이 $R_t = R_0(1 + \alpha_0 t)$

$= 1000\left(1 + \frac{1}{234.5} \times 80\right)$

$\fallingdotseq 1341.15$ [Ω]

예제 1-22

15[℃]에서 저항이 0.25[Ω]인 구리선은 75[℃]에서는 몇 [Ω]이 되는가?

여기서, 구리의 온도계수는 $\alpha_0 = \frac{1}{234.5}$이다.

풀이 $R_{t2} = R_{t1}\{1 + \alpha_{t1}(t_2 - t_1)\}$에서

$R_{75} = 0.25\left\{1 + \frac{1}{234.5 + 15} \times (75 - 15)\right\}$

$= 0.31$ [Ω]

1.11 콘덴서의 접속

1 직렬 접속

정전용량 C_1, C_2, C_3인 3개의 콘덴서를 그림 1-20과 같이 직렬로 접속하였을 때 각 콘덴서의 단자에 걸리는 전압을 V_1, V_2, V_3라고 하면 단자 ab에 걸리는 전압 V는

$$V = V_1 + V_2 + V_3 \tag{1-46}$$

이다. 한편 콘덴서 C_1의 한쪽 전극에 축적되는 전하를 $+Q$라고 하면 다른 쪽 전극에는 $-Q$가 유도되고, 이것과 접속되어 있는 C_2의 전극에는 $+Q$가 유도된다. 같은 방식의 정전유도에 의하여 C_3의 전극에 $-Q$가 유도된다.

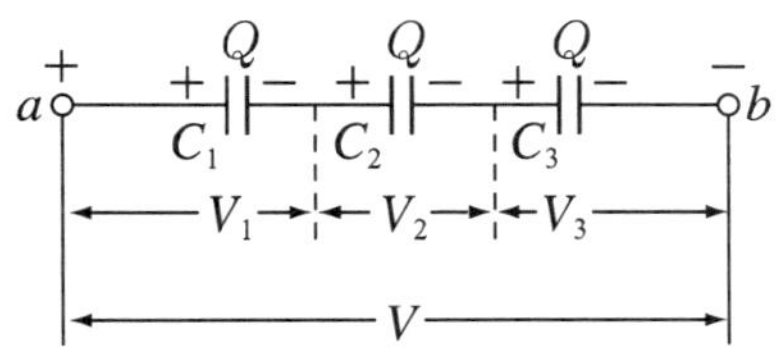

그림 1-20 직렬 접속

따라서 정전용량의 정의에 의하여

$$\left.\begin{aligned} C_1 &= \frac{Q}{V_1} \\ C_2 &= \frac{Q}{V_2} \\ C_3 &= \frac{Q}{V_3} \end{aligned}\right\} \tag{1-47}$$

이므로 식 (1-47)을 정리하면

$$V = Q\left(\frac{1}{C_1} + \frac{1}{C_2} + \frac{1}{C_3}\right) \tag{1-48}$$

이 된다. 여기서 그림 1-20의 단자 ab에서 본 정전용량, 즉 합성 정전용량을 C라 하면, 전하는 $+Q$와 $-Q$이고, 전압은 V이므로

$$C=\frac{Q}{V}=\frac{1}{\frac{1}{C_1}+\frac{1}{C_2}+\frac{1}{C_3}} \tag{1-49}$$

또는

$$\frac{1}{C}=\frac{1}{C_1}+\frac{1}{C_2}+\frac{1}{C_3} \tag{1-50}$$

의 관계가 얻어진다. 즉 콘덴서를 직렬로 접속하면 유전체의 두께를 더하는 것과 같으므로 합성 정전용량의 역수는 각 콘덴서의 정전용량의 역수의 합과 같다.

2 병렬 접속

그림 1-21과 같이 정전용량 C_1, C_2, C_3인 3개의 콘덴서를 병렬로 접속하고 단자 ab에 전압 V를 인가하면 각 콘덴서의 전극에 나타나는 전하는

$$\left.\begin{aligned} Q_1 &= C_1 V \\ Q_2 &= C_2 V \\ Q_3 &= C_3 V \end{aligned}\right\} \tag{1-51}$$

가 된다. 여기서 단자 ab에서 본 전하 Q는

$$Q=Q_1+Q_2+Q_3 \tag{1-52}$$

이고, 전압은 V이므로 단자 ab에서 본 정전용량, 즉 합성 정전용량 C는

$$\begin{aligned} C&=\frac{Q}{V}=\frac{Q_1+Q_2+Q_3}{V} \\ &=\frac{1}{V}(C_1V+C_2V+C_3V) \\ &=C_1+C_2+C_3 \end{aligned}$$

와 같이 된다.

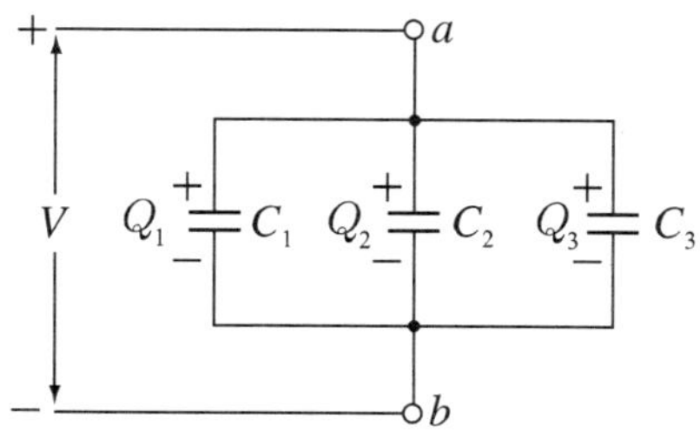

그림 1-21 병렬 접속

즉 콘덴서를 병렬로 접속하면 전극판의 면적을 더하는 것과 같으므로 합성 정전용량은 각 콘덴서의 정전용량을 합한 것과 같다.

연 습 문 제

1. 전하란 무엇인가?

2. 전하의 이동방법에는 어떤 것들이 있는가?

3. 전류의 3가지 작용은 무엇 무엇인가?

4. 어떤 도선에 3[A]의 전류가 1시간 30분 동안 흘렀을 때 이동한 전하량은 몇 [C]인가?

5. 어떤 저항 R에 2분간 100[V]의 기전력을 가했을 때 1200[C]의 전하가 이동하였다고 한다. 이 저항 R의 값은 몇 [Ω]인가?

6. 0.2[℧]의 컨덕턴스를 가진 저항체에 3[A]의 전류를 흘리려면 몇 [V]의 전압을 가하면 되는가?

7. 3[kΩ]의 저항에 15[mA]의 전류를 흘리기 위한 전압은 몇 [V]인가?

8. 20[C]의 전하량이 이동하여 한 일이 760[J]이었다고 하면 이때의 기전력은 몇 [V]인가?

9. 2[Ω]과 6[Ω]의 저항을 직렬로 연결하고 전압을 가할 때 2[Ω]에 걸리는 전압은 6[Ω]에 걸리는 전압의 몇 배인가?

10. 100[V], 500[W]의 전열기를 80[V]로 사용하였을 때의 소비전력은 몇 [W]인가?

11. 10[Ω]의 저항이 15[Ω]과 5[Ω]의 병렬회로에 직렬로 연결되어 있다. 5[Ω]에 흐르는 전류가 6[A]라고 하면, 3개의 저항에서 소비되는 전체 전력은 몇 [W]인가?

12. 그림 1-22와 같은 회로의 합성저항 [Ω]는 얼마인가?

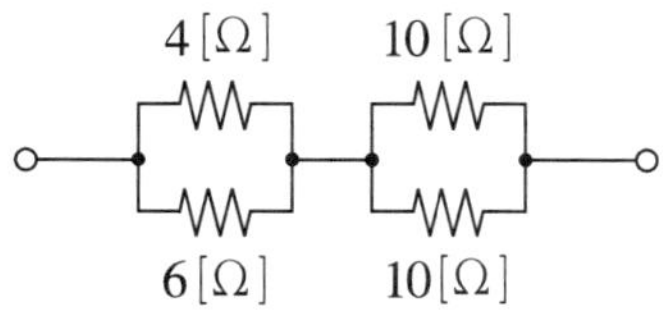

그림 1-22

13. 그림 1-23의 회로에서 미지의 전류 I_1, I_2, I_3를 구하여라.

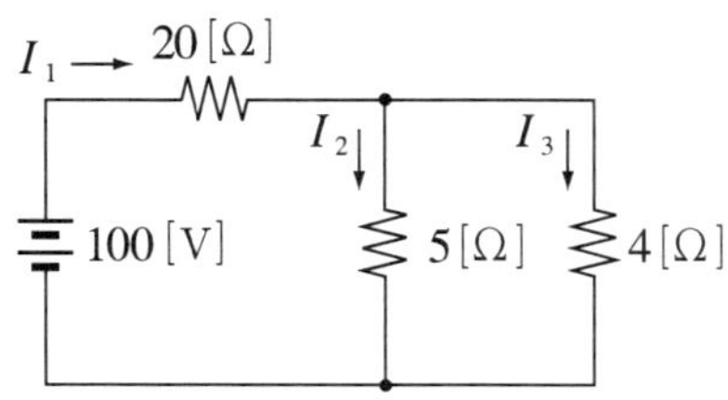

그림 1-23

14. 1.5[kW]의 전열기를 정격상태에서 30분간 사용할 때의 발열량[kcal]은?

15. 3[V]의 기전력으로 300[C]의 전기량이 이동할 때 몇 [J]의 일을 하게 되는가?

16. 자기 인덕턴스 10[H]의 코일에 100[A]의 전류가 흐르고 있다. 이때 축적되는 전자 에너지는 얼마인가?

17. 정전 용량 100[μF]의 콘덴서에 20[V]의 전압이 가해져 있다. 이때 콘덴서에 축적되는 에너지를 구하여라.

18. 콘덴서 4[μm], 6[μm], 10[μm]를 직렬과 병렬로 접속할 때 합성 정전용량은 몇 [μm]인가?

19. 그림 1-24와 같이 콘덴서를 접속하고 단자 a, b에 100[V]를 인가할 때, 축적된 전하는 250[μC]이었다. 콘덴서 C의 양단 전압 V, 용량 C 및 전하량 Q를 구하여라.

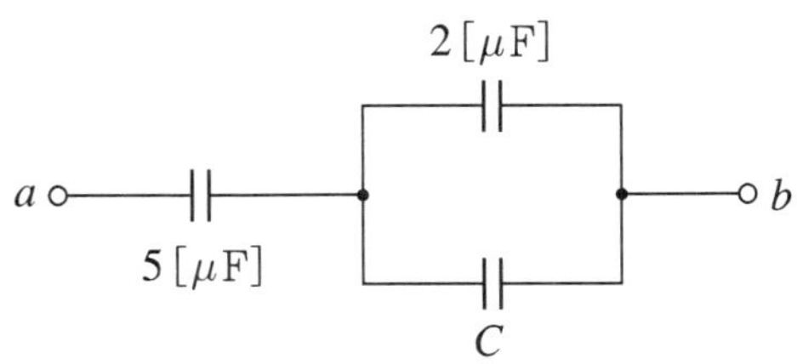

그림 1-24

Chapter 2

정현파 교류

2.1 정현파 기전력의 발생

그림 2-1과 같은 발전기에서 정현파 기전력의 발생 원리를 살펴보기로 하자. N극과 S극 사이에 길이 l[m], 폭 $2r$[m]인 직사각형의 코일(coil)을 일정 회전수 n[r.p.s]로 자속밀도 B[Wb/m^2]인 평등자계내에서 일정한 각속도 ω[rad/s]로 회전한다고 하자.

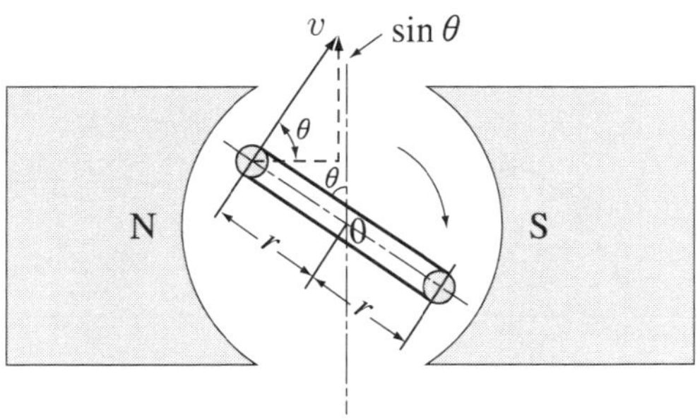

그림 2-1

코일의 회전반지름 r[m]이고, 각속도는 ω[rad/s]이므로, 코일의 회전속도 v는

$$v = 2\pi rn \ \text{[m/s]} \qquad (2-1)$$

이며, 각속도 $\omega = 2\pi n$ [rad/s]이므로 위의 식은 다음과 같이 된다.

$$v = \omega r \ [\text{m/s}] \tag{2-2}$$

따라서 코일의 한 변에 생기는 기전력의 크기는

$$e = Blv = Bl\omega r \ [\text{V}] \tag{2-3}$$

가 된다.

이것은 코일의 변이 자속에 대하여 직각으로 작용할 때의 기전력을 나타낸 것이고, 코일이 θ[rad]만큼 회전한 순간의 기전력은

$$e = Bl\omega r \sin\theta \ [\text{V}] \tag{2-4}$$

로 표시된다.

여기서 $\theta = 90°$일 경우에는 $\sin\theta = 1$로 되어 $e = Bl\omega r$로 되고, 이것은 발전기의 자속밀도, 코일의 모양 및 코일의 회전속도에 의하여 결정되는 상수이므로 이를 E_m이라 놓고, θ를 ωt라 하면 식 (2-4)는 다음과 같이 표시된다.

$$e = E_m \sin\omega t \ [\text{V}] \tag{2-5}$$

이것이 정현파 기전력을 나타내는 일반식이며, 이 식에서 e는 각 순간의 전압 크기를 나타내므로 이를 전압의 **순시치**(instantaneous value)라고 하며, E_m은 정현파 기전력의 **최대치**(maximum value)라 한다.

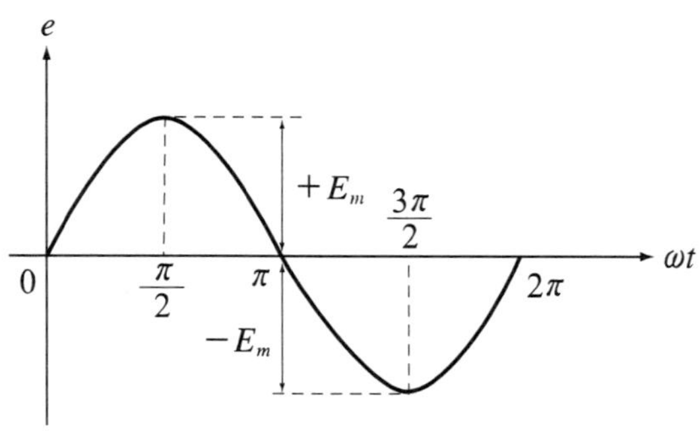

그림 2-2 정현파 기전력의 파형

식 (2-5)의 관계를 그림으로 표시하면 그림 2-2와 같이 된다. 이와 같이 사인곡선(sine curve)과 같은 모양으로 변화하는 기전력을 **정현파 기전력**(sinusoidal electromotive force)이라 한다.

식 (2-5)는 코일의 위치가 $\theta = 0$인 점을 기준으로 한 것이지만 θ'[rad]만큼 회전 방향으로 앞선 점을 기준으로 하면, $\theta = \omega t + \theta'$가 되므로 전압의 순시치는

$$e' = E_m \sin(\omega t + \theta') \tag{2-6}$$

가 되고, 이 식을 일반화하면

$$e = E_m \sin(\omega t + \theta) \tag{2-7}$$

가 된다. 이것이 교류기전력을 나타내는 일반식이다.

식 (2-7)에서 알 수 있듯이 정현파 교류는 최대치(E_m), 각속도(ω) 및 위상각(θ)의 세 개의 양으로 결정된다.

예제 2-1

주파수와 각주파수는 어떠한 점이 다른가?

풀이 주파수는 도체가 1초 동안에 회전하는 수[Hz]를 나타내며, 각주파수는 도체가 1초 동안에 회전하는 각[rad]을 나타낸다. 따라서, 주파수 f와 각주파수 ω와의 관계는 $\omega = 2\pi f$ [rad/sec]이다.

2.2 주기와 주파수

임의의 교류의 파형이 완전히 변화하여 처음 상태로 되돌아가는 데 걸리는 시간을 주기(period)라 하고, T로 표시하며, 단위로는 초[s]를 사용한다.

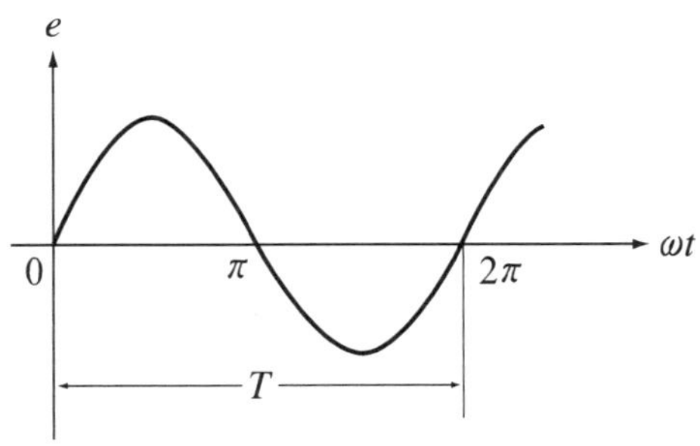

그림 2-3

또 교류의 1초 동안에 반복되는 주파(cycle)의 수를 주파수(frequency)라 하고 기호로는 f 를 사용하며 단위는 헤르츠(Hertz : Hz)를 사용한다.

주기 T와 주파수 f 사이에는 다음의 관계가 있다.

$$f = \frac{1}{T} \text{ [Hz] 또는 } T = \frac{1}{f} \text{ [s]} \tag{2-8}$$

교류에서는 1주파의 각을 2π[rad]로 정하여 이것을 **전기각**(electric angle)이라 한다. 그리고 교류가 1초 동안에 변화하는 전기각을 ω로 표시하며, 이를 **각속도**(angular velocity) 또는 **각주파수**(angular frequency)라 하고 단위는 [rad/s]를 쓴다.

따라서 1주기를 T초 동안에 2π[rad]만큼 증가하므로 1초 동안에는 $2\pi/T$[rad/s]만큼 증가한다. 그러므로 다음의 관계가 성립한다.

$$\omega = \frac{2\pi}{T} = 2\pi f \text{ [rad/s]} \tag{2-9}$$

예제 2-2

교류가 1[Hz] 변화하는 시간을 0.02[sec]라 할 때, 1[sec] 사이에 변화되는 주파수[Hz]를 구하여라.

풀이 $f = \frac{1}{T} = \frac{1}{0.02} = 50$ [Hz]

예제 2-3

우리나라에서 사용되는 교류의 상용 주파수(60Hz)의 각속도[rad/s]는 얼마인가?

풀이 $\omega = 2\pi f = 2 \times 3.14 \times 60 = 377$ [rad/s]

2.3 위상과 위상차

식 (2-7)의 교류기전력의 일반식에서 θ를 위상(phase) 또는 위상각(phase angle)이라 한다. 따라서

$$e_1 = E_m \sin \omega t$$

$$e_2 = E_m \sin(\omega t + \theta)$$

$$e_3 = E_m \sin(\omega t - \delta)$$

라 할 때 각 순시 기전력의 위상과 파형을 나타내면 그림 2-4와 같다.

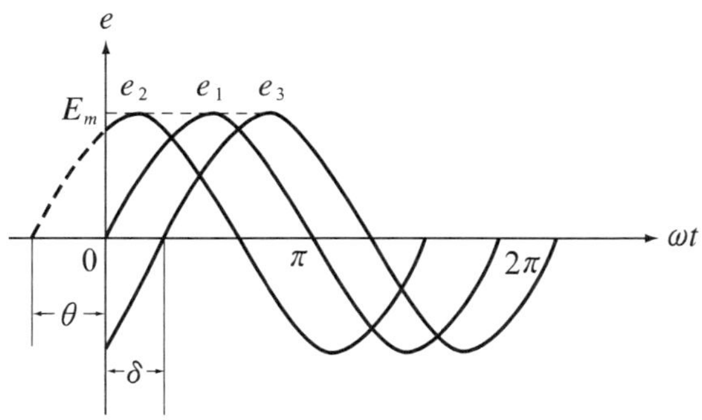

그림 2-4

그림 2-4에서 e_1의 위상을 기준으로 할 때 e_2의 위상은 e_1의 위상보다 θ[rad]만큼 **앞선다**(lead)고 하며, e_3의 위상은 e_1의 위상보다 δ[rad]만큼 **뒤진다**(lag)고 한다.

최대치와는 관계없이 두 개의 정현파 교류의 위상이 일치하면 **동상**(in phase)이라 하고 두 개의 교류의 위상이 어긋나면 **위상차**(phase difference) 또는 **상차**가 있다고 한다. 여기에서 주의할 것은 동일 주파수의 정현파에 대해서만 상차를 말할 수 있다.

예제 2-4

$i_1 = I_m \sin \omega t$와 $i_2 = I_m \cos \omega t$의 두 교류전류의 위상차는 몇 도인가?

풀이 $i_1 = I_m \sin \omega t$

$i_2 = I_m \cos \omega t = I_m \sin(\omega t + 90°)$

$\therefore$ 위상차 $\theta = 90°$(i_2가 i_1보다 90° 앞선다)

[참고] 삼각함수

$\sin(-\theta) = -\sin\theta$ $\quad\quad$ $\cos(-\theta) = \cos\theta$

$\sin(\theta + 90°) = \cos\theta$ $\quad\quad$ $\cos(\theta + 90°) = -\sin\theta$

예제 2-5

$e=100\sqrt{2}\sin\left(\omega t+\frac{\pi}{6}\right)$와 $i=5\sqrt{2}\cos\left(\omega t-\frac{2}{3}\pi\right)$와의 위상차는 얼마인가?

풀이 $i=5\sqrt{2}\cos\left(\omega t-\frac{2}{3}\pi\right)=5\sqrt{2}\sin\left(\omega t-\frac{2}{3}\pi+\frac{\pi}{2}\right)=5\sqrt{2}\sin\left(\omega t-\frac{\pi}{6}\right)$

따라서 위상차는

$$\theta=\frac{\pi}{6}-\left(-\frac{\pi}{6}\right)=\frac{\pi}{3}=60°$$

2.4 평균치와 실효치

1 평균치(average value)

교류의 파형이 정현파인 경우에는 최대치로 크기를 표시할 수 있으나, 정현파가 아닌 경우에는 같은 최대치의 교류라 하여도 그 성질이 다르므로 최대치만으로 교류의 크기를 표시할 수는 없다. 그리고 교류파형은 보통 (+)파와 (−)파가 같은 대칭파이므로 각 주파수마다 1주기에 대하여 평균하면 0이 된다. 따라서 반파의 평균을 취하여 교류의 **평균치**(average value, mean value)로 표시한다. 순시전류 i의 평균치 I_{av}는

$$I_{av}=\frac{2}{T}\int_0^{T/2} i\,dt \tag{2-10}$$

가 되고, $i=I_m\sin\omega t$라 하면 $\int\sin x\,dx=-\cos x$이므로

$$\begin{aligned}I_{av}&=\frac{2}{T}\int_0^{T/2} I_m\sin\omega t\,dt=\frac{2}{2\pi}\int_0^{\pi} I_m\sin\omega t\,dt\\&=\frac{I_m}{\pi}\int_0^{\pi}\sin\omega t\,dt=\frac{I_m}{\pi}[-\cos\omega t]_0^{\pi}\\&=\frac{I_m}{\pi}(1+1)=\frac{2}{\pi}I_m\\&=0.637\,I_m\ [\mathrm{A}]\end{aligned} \tag{2-11}$$

2 실효치(effective value)

어떤 저항에 순시치 i인 교류를 흘릴 때, 교류의 평균전력이 같은 저항에 직류 I를 흘릴 때의 소비전력과 같다면 실제로 i와 I는 같은 효과를 내므로 I의 값을 교류 i의 **실효치**(effective value)라 부른다.

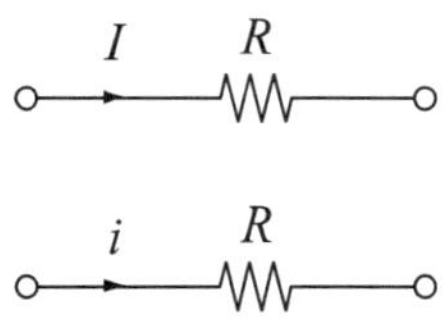

그림 2-5

그림 2-5와 같이 저항 R에 직류전류 I[A]를 흘렸다면 소비전력은 $P_{DC} = I^2R$[W]이 된다. 같은 저항 R에 교류전류 i[A]를 흘릴 때 1주기(2π rad) 동안의 소비전력 P_{AC}는

$$P_{AC} = \frac{1}{T}\int_0^T i^2 R\, dt = \frac{1}{T}\int_0^T i^2\, dt \cdot R \tag{2-12}$$

이 된다. 따라서 $P_{DC} = P_{AC}$이면

$$I^2 = \frac{1}{T}\int_0^T i^2\, dt$$

$$\therefore\ I = \sqrt{i^2\text{의 평균}} \tag{2-13}$$

즉 교류의 실효치는 순시치의 제곱의 평균의 제곱근(root mean square : RMS)으로 정의된다.

그러므로 전류가 $i = I_m \sin\omega t$[A]일 때 $\omega t = \theta$라 하면 전류의 실효치 I는 다음과 같다.

[참고] 적분공식

$\int \sin x\, dx = -\cos x$ $\int \sin ax\, dx = -\frac{1}{a}\cos ax$

$\int \cos x\, dx = \sin x$ $\int \cos ax\, dx = \frac{1}{a}\sin ax$

$$I=\sqrt{i^2\text{의 평균}}=\sqrt{\frac{1}{2\pi}\int_0^{2\pi}I_m^2\sin^2\omega t\,dt} \tag{2-14}$$

여기서, $\omega t=\theta$라 하면

$$I=\sqrt{\frac{1}{2\pi}\int_0^{2\pi}I_m{}^2\sin^2\theta\,d\theta}=\sqrt{\frac{I_m{}^2}{2\pi}\int_0^{2\pi}\frac{1}{2}(1-\cos 2\theta)\,d\theta}$$

$$=I_m\sqrt{\frac{1}{4\pi}\left[\theta-\frac{1}{2}\sin 2\theta\right]_0^{2\pi}}=\frac{I_m}{\sqrt{2}}=0.707\,I_m\ [\text{A}] \tag{2-15}$$

일반적으로 교류전압이나 전류는 바로 이 실효치로 나타낸다.

3 파고율과 파형률

교류의 크기는 보통 실효치로 나타내는데 실효치만으로는 파형까지는 알 수 없으므로 파형의 계략을 알기 위한 방법으로 **파고율**(crest factor)과 **파형률**(form factor)이라는 계수를 사용한다.

$$\text{파고율}=\frac{\text{최대치}}{\text{실효치}} \tag{2-16}$$

$$\text{파형률}=\frac{\text{실효치}}{\text{평균치}} \tag{2-17}$$

정현파 교류인 경우

$$\text{파고율}=\frac{E_m}{E}=\frac{E_m}{E_m/\sqrt{2}}=1.414$$

$$\text{파형률}=\frac{E}{E_{av}}=\frac{E_m/\sqrt{2}}{\frac{2}{\pi}E_m}=1.11$$

각종 파형의 파고율과 파형률의 관계는 표 2-1과 같다.

[참고] 삼각함수의 2배각에 관한 공식

$2\sin^2\theta=1-\cos 2\theta$

$2\cos^2\theta=1+\cos 2\theta$

표 2-1 파형의 종류와 실효치 · 파형률 · 파고율의 관계

종류	파형	실효치	파형률	파고율
정현파	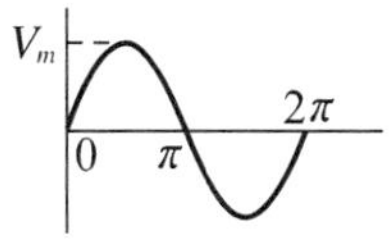	$\dfrac{V_m}{\sqrt{2}} = 0.707\,V_m$	$\dfrac{\pi}{2\sqrt{2}} = 1.11$	$\sqrt{2} = 1.414$
전파정류파	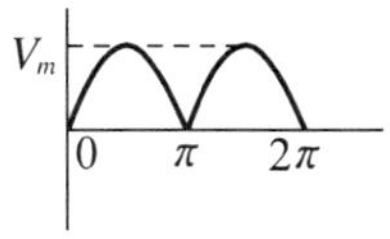	$\dfrac{V_m}{\sqrt{2}} = 0.707\,V_m$	$\dfrac{\pi}{2\sqrt{2}} = 1.11$	$\sqrt{2} = 1.414$
구형파	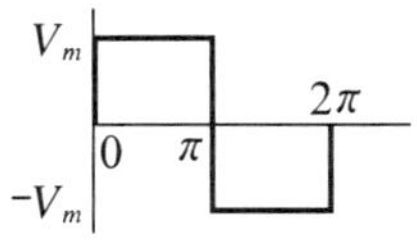	V_m	1	1
삼각파	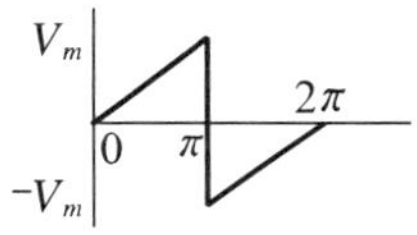	$\dfrac{V_m}{\sqrt{3}} = 0.577\,V_m$	$\dfrac{2}{\sqrt{3}} = 1.15$	$\sqrt{3} = 1.732$

예제 2-6

정현파 교류 $i = 3.14\sin\omega t\,[\mathrm{A}]$의 평균치를 구하여라.

풀이 $I_{av} = \dfrac{2}{\pi} I_m$에서 $I_m = 3.14$이므로

$$\therefore\ I_{av} = \frac{2}{\pi} \times 3.14 = 2\ [\mathrm{A}]$$

예제 2-7

최대값이 E_m인 반파정류 정현파의 실효치를 구하여라.

풀이
$$E = \sqrt{\frac{1}{T}\int_0^T e^2\,dt} = \sqrt{\frac{1}{2\pi}\int_0^{\pi} e^2\,dt}$$

$$= \sqrt{\frac{1}{2\pi}\int_0^{\pi} {E_m}^2 \sin^2\omega t\,dt}$$

$$= \sqrt{\frac{{E_m}^2}{2\pi}\int_0^{\pi} \frac{1-\cos 2\omega t}{2}\,dt} = \frac{E_m}{2}$$

예제 2-8

그림 2-6과 같은 구형파의 파고율은 얼마인가?

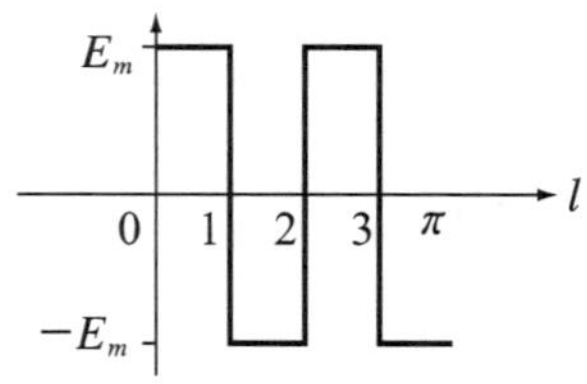

그림 2-6

풀이 구형파의 실효치, 최대치 및 평균치는 모두 같으므로

$$\text{파고율} = \frac{\text{최대치}}{\text{실효치}} = 1$$

2.5 정현파 교류의 벡터 표시

교류회로의 전압 · 전류 · 전력 등의 계산에서 순시치를 사용하면 대단히 복잡하다. 따라서 정현파 교류회로에서는 교류를 벡터(vector)로 표시하고, 벡터량으로 계산하는 방법을 이용하고 있다.

1 회전벡터(rotating vector)

$e = E_m \sin(\omega t + \theta)$인 정현파 교류가 있을 경우 그림 2-7 (a)와 같이 이 교류의 최대치 E_m과 크기가 같은 벡터 $\overrightarrow{0A}$가 있다.

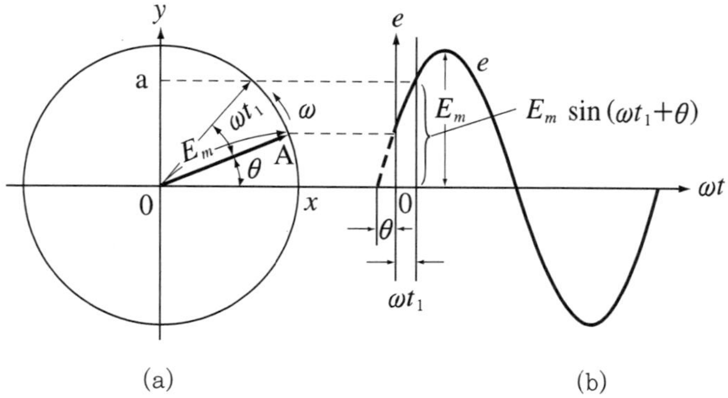

그림 2-7 회전벡터

이것을 x축에서 일정한 각속도 ω로 점 0을 중심으로 하여 반시계방향으로 회전시키면 이 벡터 $\overrightarrow{0A} = E_m$의 y축 상의 투영 $\overrightarrow{0a}$는 t_1초 후의 교류의 순시치 $e = E_m \sin(\omega t_1 + \theta)$를 나타낸다.

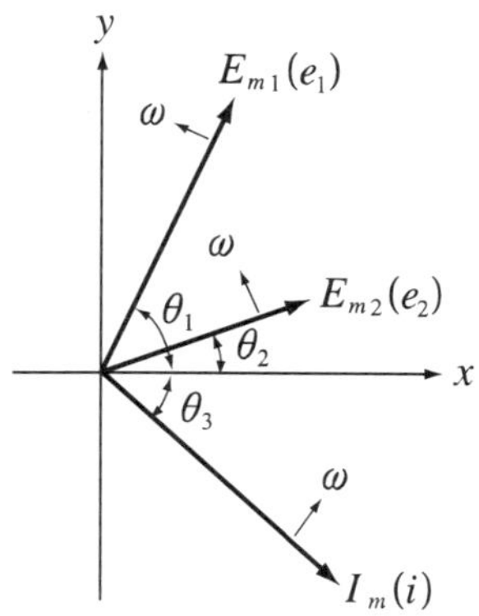

그림 2-8 회전벡터

그러므로 횡축에 임의의 시각 t때의 회전각 ωt를 나타내고, 종축에 회전하는 벡터 E_m의 y축상의 투영을 나타내면 그림 2-7 (b)와 같이 $e = E_m \sin(\omega t + \theta)$의 파형을 나타낸다. 이와 같이 회전하는 벡터를 일반적으로 **회전벡터**(rotating vector)라 한다. 즉 정현파 교류는 $t=0$인 때의 위상 θ의 위치를 기점으로 일정한 각속도로 반시계방향으로 회전하는 최대치의 회전벡터로 나타낼 수 있고 이것의 y축상의 투영은 교류의 순시치를 나타낸다. 따라서

$$e_1 = E_{m1} \sin(\omega t + \theta_1)$$

$$e_2 = E_{m2} \sin(\omega t + \theta_2)$$

$$i = I_m \sin(\omega t - \theta_3)$$

의 교류를 $t=0$인 때의 회전벡터로 표시하면 그림 2-8과 같다.

2 정지벡터(position vector)

회전벡터는 반시계방향으로 일정한 각속도로 회전하므로 시간이 변하여도 회전벡터 상호간의 크기나 위상관계는 변하지 않는다. 그러므로 각 교류의 최대치와 위상관계만을 알려면 회전벡터를 정지시킨 **정지벡터**(position vector)로 생각하면 된다.

일반적으로 정현파 교류회로에서는 주파수가 같은 전압이나 정류의 실효치의 크기나 위상관계만을 알면 충분한 경우가 많다. 그러므로 교류회로에서는 실효치의 정지벡터를 사용하여 간단하게 교류회로 계산을 하는 것이 보통이다. 따라서 특별히 말이 없는 한 실효치의 정지벡터를 간단히 벡터라고 한다.

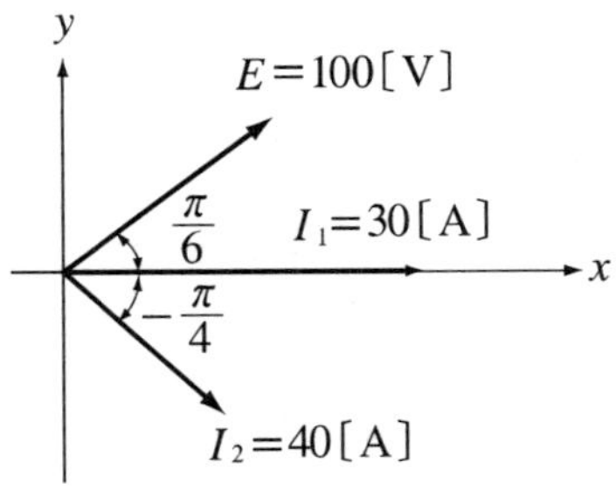

그림 2-9 정지벡터

그림 2-9는 실효치 100[V]이고 위상각 $\pi/6$인 전압 E와 실효치 30[A]이고 위상각 0인 전류 I_1 및 실효치 40[A]이고 위상각 $-\pi/4$인 전류 I_2의 벡터를 나타내고 있다.

2.6 정현파 교류의 합과 차

1 정현파 교류의 합

정현파 교류의 합을 구하는 방법으로는 그림 2-10과 같이 두 가지 방법이 있다. 지금 정현파 교류 전압을 각각

$$\left.\begin{aligned} e_1 &= E_{m1}\sin\theta_1 = \sqrt{2}\,E_1\sin\theta_1 \\ e_2 &= E_{m2}\sin\theta_2 = \sqrt{2}\,E_2\sin\theta_2 \end{aligned}\right\} \tag{2-18}$$

라고 할 때 전압의 합은

$$e = e_1 + e_2 = \sqrt{2}\,E\sin\theta \ \text{[V]}$$

라고 할 때, 여기서 실효치 E는

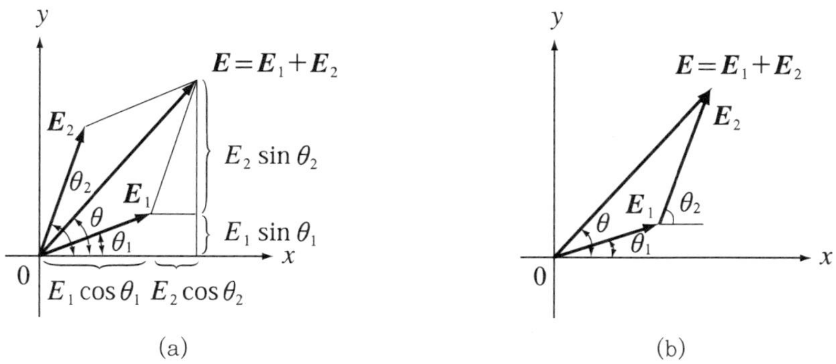

그림 2-10 백터의 합

$$E = \sqrt{(E_1 \cos\theta_1 + E_2 \cos\theta_2)^2 + (E_1 \sin\theta_1 + E_2 \sin\theta_2)^2}$$

$$= \sqrt{E_1^2 + E_2^2 + 2E_1E_2 \cos(\theta_1 - \theta_2)} \text{ [V]} \quad (2\text{-}19)$$

편각 θ는

$$\theta = \tan^{-1}\frac{E_1 \sin\theta_1 + E_2 \sin\theta_2}{E_1 \cos\theta_1 + E_2 \cos\theta_2} \text{ [rad]} \quad (2\text{-}20)$$

2 정현파 교류의 차

정현파 교류의 차를 구하려면 빼고자 하는 벡터의 반대방향 벡터를 합하면 된다.

즉 $\boldsymbol{E} = \boldsymbol{E}_1 - \boldsymbol{E}_2 = \boldsymbol{E}_1 + (-\boldsymbol{E}_2)$와 같이 $\boldsymbol{E}_1$ 벡터에서 $\boldsymbol{E}_2$ 벡터를 빼고자 할 때, $\boldsymbol{E}_2$벡터의 반대방향 벡터인 $-\boldsymbol{E}_2$ 벡터를 $\boldsymbol{E}_1$ 벡터에 합하면 된다.

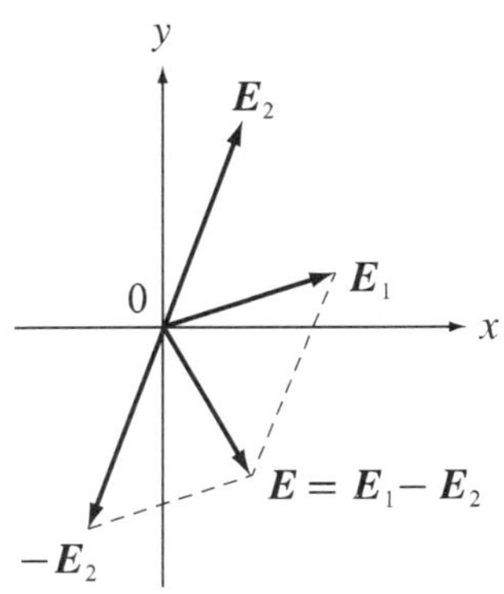

그림 2-11

식 (2-18)로부터 전압의 차를

$$e = e_1 - e_2 = \sqrt{2}E \sin\theta$$

라고 할 때, 여기서 실효치 E는

$$E = \sqrt{(E_1 \cos\theta_1 - E_2 \cos\theta_2)^2 + (E_1 \sin\theta_1 - E_2 \sin\theta_2)^2}$$

$$= \sqrt{(E_1^2 + E_2^2 - 2E_1E_2 \cos(\theta_1 - \theta_2))} \text{ [V]} \quad (2\text{-}21)$$

편각 θ는

$$\theta = \tan^{-1}\frac{E_1 \sin\theta_1 - E_2 \sin\theta_2}{E_1 \cos\theta_1 - E_2 \cos\theta_2} \text{ [rad]} \tag{2-22}$$

예제 2-9

$e_1 = 50\sqrt{2}\sin\omega t$, $e_2 = 30\sqrt{2}\sin(\omega t + 60°)$일 때 e_1과 e_2의 합성전압의 실효치[V]를 구하라.

풀이 $e_1 = 50\sqrt{2}\sin\omega t$의 위상각 $\theta_1 = 0$

$e_2 = 30\sqrt{2}\sin(\omega t + 60°)$의 위상각 $\theta_2 = 60°$

위상차 $\theta = \theta_1 - \theta_2 = 0 - 60° = -60°$

$\cos\theta = \cos(-60°) = \frac{1}{2}$

$$\therefore\ E = \sqrt{E_1^2 + E_2^2 + 2E_1E_2\cos\theta}$$

$$= \sqrt{50^2 + 30^2 + 2\times 50\times 30\times\frac{1}{2}}$$

$$= \sqrt{4900} = 70 \text{ [V]}$$

2.7 벡터의 복소수 표시

그림 2-12와 같이 $\overrightarrow{0A}$를 복소 함수로 표시하면, x축은 실축(real axis)이라 하며 실수(real number)를 나타내고, y축은 허축(imaginary axis)이라 하며 허수(imaginary number)를 나타낸다. 이와 같은 평면을 **복소평면**(complex plane)이라고 한다.

즉 벡터 $\boldsymbol{A}$는 점 0을 원점으로 하여 $\boldsymbol{A}$의 편각 θ의 기준선을 횡축으로 한 직각좌표축을 그려서, $\boldsymbol{A}$의 x축 및 y축상의 성분을 각각 a 및 b로 놓을 때

[참고] 삼각함수의 가법정리

$\cos(A-B) = \cos A\cos B + \sin A\sin B$

$\cos(A+B) = \cos A\cos B - \sin A\sin B$

$$\boldsymbol{A} = a + jb \tag{2-23}$$

와 같이 실수와 허수의 합으로 표시되는데, 이와 같은 수를 **복소수**(complex number)라 한다.

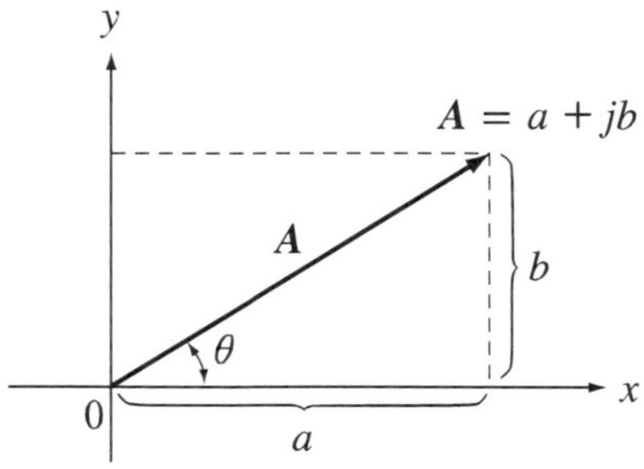

그림 2-12

복소수의 표시 방법은 크게 직각좌표형식과 극좌표형식으로 나눌 수 있다.

식 (2-23)과 같이 직각좌표축상의 성분으로 벡터를 표시하는 것을 **직각좌표형식**이라 하고 그 절대치(크기)와 편각은 다음과 같다.

$$\left.\begin{aligned} &\text{절대치 } |\boldsymbol{A}| = A = \sqrt{a^2 + b^2} = \sqrt{\text{실수부}^2 + \text{허수부}^2} \\ &\text{편각 } \theta = \tan^{-1}\frac{b}{a} = \tan^{-1}\frac{\text{허수부}}{\text{실수부}} \end{aligned}\right\} \tag{2-24}$$

또 그림 2-12에서 복소수 $\boldsymbol{A}$의 실수부를 a, 허수부를 b, 편각을 θ, 그리고 복소수의 절대치를 A라고 하면

$$\left.\begin{aligned} a &= A\cos\theta \\ b &= A\sin\theta \end{aligned}\right\} \tag{2-25}$$

가 되므로 벡터 $\boldsymbol{A}$는

$$\boldsymbol{A} = A(\cos\theta + j\sin\theta) \tag{2-26}$$

로 표시할 수 있다.

이와 같이 표시하는 식을 특히 **삼각함수형식**이라 한다.

x가 실수일 때 지수함수 ε^x는 다음과 같은 무한급수로 전개된다(ε은 자연대수의 밑이다).

$$\varepsilon^x = 1 + x + \frac{x^2}{2!} + \frac{x^3}{3!} + \cdots$$

x가 $j\theta$와 같은 허수일 때에 이것을 대입하면

$$\varepsilon^{j\theta} = 1 + (j\theta) + \frac{(j\theta)^2}{2!} + \frac{(j\theta)^3}{3!} + \cdots$$

$$\varepsilon^{j\theta} = 1 + \frac{j\theta}{1!} + \frac{j^2\theta^2}{2!} + \frac{j^3\theta^3}{3!} + \frac{j^4\theta^4}{4!} + \frac{j^5\theta^5}{5!} + \frac{j^6\theta^6}{6!} + \frac{j^7\theta^7}{7!} + \cdots$$

$$= \left(1 - \frac{\theta^2}{2!} + \frac{\theta^4}{4!} - \frac{\theta^6}{6!} + \cdots\right) + j\left(\frac{\theta}{1!} - \frac{\theta^3}{3!} + \frac{\theta^5}{5!} - \frac{\theta^7}{7!} + \cdots\right)$$

여기서 $\sin\theta$, $\cos\theta$의 전개식을 **테일러(Taylor)의 급수**로 전개하면

$$\cos\theta = 1 - \frac{\theta^2}{2!} + \frac{\theta^4}{4!} - \frac{\theta^6}{6!} + \cdots$$

$$\sin\theta = \frac{\theta}{1!} - \frac{\theta^3}{3!} + \frac{\theta^5}{5!} - \frac{\theta^7}{7!} + \cdots$$

이므로 지수함수 $\varepsilon^{j\theta}$는

$$\varepsilon^{j\theta} = \cos\theta + j\sin\theta$$

와 같이 쓸 수 있다. 이 결과를 **오일러의 정리**(Euler's theorem)라고 부른다. 따라서 식 (2-26)은

$$\boldsymbol{A} = A\,\varepsilon^{j\theta} = A\angle\theta \qquad (2\text{-}27)$$

와 같이 표시된다. 여기서 $\boldsymbol{A} = A\angle\theta$와 같이 표시하는 식을 **극좌표형식**이라 하고 $\boldsymbol{A} = A\varepsilon^{j\theta}$와 같이 표시하는 식을 특히 **지수함수형식**이라 한다.

여기서 $\varepsilon^{j\theta}$는 $A=1$인 경우이므로 크기가 1이고 각이 θ인 복소수를 나타낸다.

$$|\varepsilon^{j\theta}| = |\cos\theta + j\sin\theta| = 1$$

예제 2-10

다음과 같은 기호법으로 나타낸 전압, 전류에서 직각 좌표로 표시한 것은 극좌표의 표시로, 극좌표로 표시한 것은 직각 좌표의 표시로 바꾸어라.

단, $\tan^{-1}1.732 = 240°$, $\tan^{-1}1.33 = 53°$

① $\boldsymbol{V}_1 = -50 - j86.6$ [V]

② $\boldsymbol{V}_2 = 10\angle\pi/3$ [V]

③ $\boldsymbol{I}_1 = 24 - j32$ [A]

④ $\boldsymbol{I}_2 = 5\angle150°$ [A]

풀이 ① $V_1 = -50 - j86.6 = \sqrt{50^2+86.6^2}\angle\tan^{-1}-86.6/-50$

$= 100\angle 240° = 100\angle 4\pi/3$ [V]

② $V_2 = 10\angle\pi/3 = 10\angle 60° = 10(\cos 60° + j\sin 60°)$

$= 10\left(\frac{1}{2} + j\frac{\sqrt{3}}{2}\right) = 5 + j5\sqrt{3} = 5 + j8.66$ [V]

③ $I_1 = 24 - j32 = \sqrt{24^2+32^2}\angle\tan^{-1}32/24 = 40\angle -53°$ [A]

④ $I_2 = 5\angle 150° = 5(\cos 150° + j\sin 150°) = 5(-0.866 + j0.5) = -4.33 + j2.5$ [A]

2.8 복소수의 계산

1 복소수의 합과 차

복소수의 합과 차에 대한 계산은 실수부는 실수부, 허수부는 허수부끼리의 합과 차를 구하면 된다.

즉 두 개의 복소수가 $A_1 = a_1 + jb_1$, $A_2 = a_2 + jb_2$일 때 이들의 합과 차를 구하면 다음과 같다.

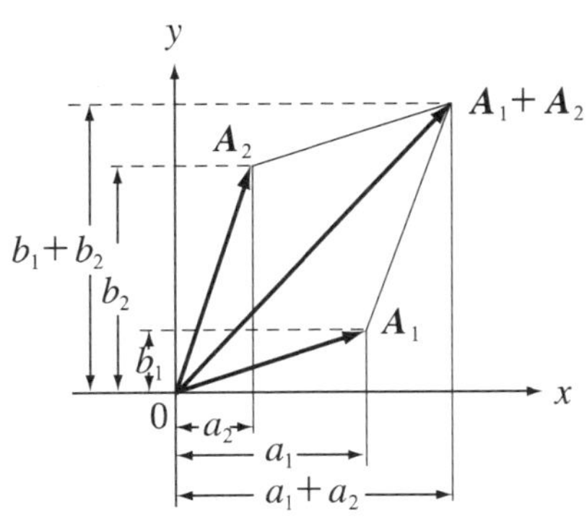

(a) 복소수의 합

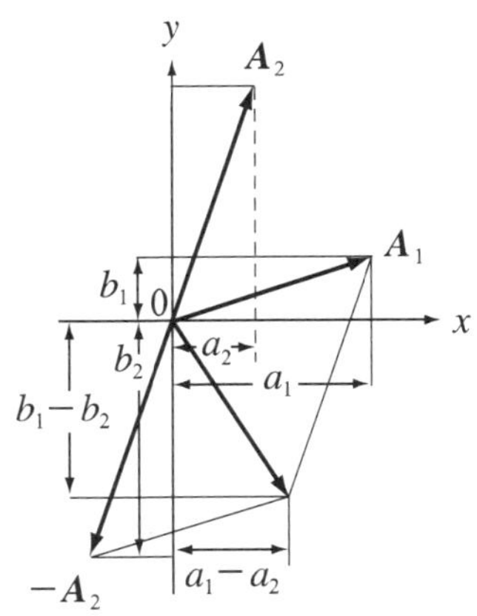

(b) 복소수의 차

그림 2-13

$$\left.\begin{aligned} \boldsymbol{A}_1+\boldsymbol{A}_2 &= (a_1+jb_1)+(a_2+jb_2)=(a_1+a_2)+j(b_1+b_2) \\ \boldsymbol{A}_1-\boldsymbol{A}_2 &= (a_1+jb_1)-(a_2+jb_2)=(a_1-a_2)+j(b_1-b_2) \end{aligned}\right\} \quad (2\text{-}28)$$

이 관계를 그림으로 표시하면 그림 2-13과 같이 된다.

2 복소수의 곱하기

허수단위 j는 다음의 관계가 있으므로

$$j=\sqrt{-1},\ j^2=-1,\ j^3=-j,\ j^4=1$$

이들의 관계를 주의하여 대수적으로 계산하면 된다.

두 개의 복소수 $\boldsymbol{A}_1$, $\boldsymbol{A}_2$가 다음과 같을 때

$$\boldsymbol{A}_1=a_1+jb_1=|\boldsymbol{A}_1|\varepsilon^{j\theta_1}\ (\text{단},\ |\boldsymbol{A}_1|=\sqrt{{a_1}^2+{b_1}^2},\ \theta_1=\tan^{-1}\frac{b_1}{a_1})$$

$$\boldsymbol{A}_2=a_2+jb_2=|\boldsymbol{A}_2|\varepsilon^{j\theta_2}\ (\text{단},\ |\boldsymbol{A}_2|=\sqrt{{a_2}^2+{b_2}^2},\ \theta_2=\tan^{-1}\frac{b_2}{a_2})$$

이 두 복소수의 곱을 구해 보자.

① 직각좌표 형식인 경우

$$\begin{aligned} \boldsymbol{A}_1\times\boldsymbol{A}_2 &= (a_1+jb_1)(a_2+jb_2)=a_1a_2+ja_1b_2+jb_1a_2+j^2b_1b_2 \\ &= (a_1a_2-b_1b_2)+j(a_1b_2+b_1a_2) \end{aligned} \quad (2\text{-}29)$$

② 극좌표 형식인 경우

$$\boldsymbol{A}_1\times\boldsymbol{A}_2=|\boldsymbol{A}_1|\varepsilon^{j\theta_1}\times|\boldsymbol{A}_2|\varepsilon^{j\theta_2}=|\boldsymbol{A}_1|\cdot|\boldsymbol{A}_2|^{j(\theta_1+\theta_2)} \quad (2\text{-}30)$$

또는

$$\boldsymbol{A}_1\times\boldsymbol{A}_2=|\boldsymbol{A}_1|\underline{/\theta_1}\times\boldsymbol{A}_2\underline{/\theta_2}=|\boldsymbol{A}_1|\cdot|\boldsymbol{A}_2|\underline{/\theta_1+\theta_2} \quad (2\text{-}31)$$

이상의 결과로부터 두 개의 복소수 $\boldsymbol{A}_1$과 $\boldsymbol{A}_2$를 곱하면, 각각의 절대치를 곱한 값 $|\boldsymbol{A}_1|\cdot|\boldsymbol{A}_2|$가 절대치가 되고, 편각의 합 $(\theta_1+\theta_2)$가 위상각이 되는 복소수가 된다는 것을 알 수 있다.

이것을 그림으로 나타내면 그림 2-14와 같다.

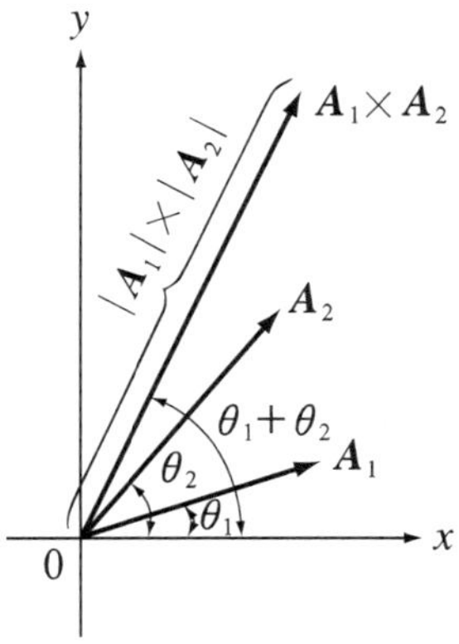

그림 2-14 복소수의 곱셈

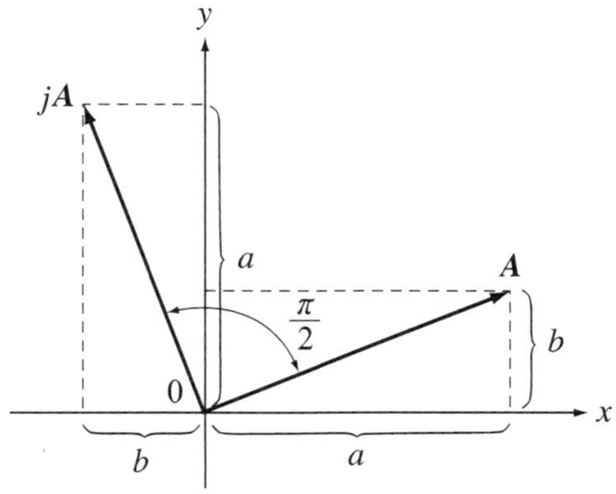

그림 2-15 회전 연산자

그러므로 벡터 $\boldsymbol{A}=a+jb$에 허수 j를 곱하면, $j\boldsymbol{A}=j(a+jb)=-b+ja$로 되어 그림 2-15와 같이 벡터의 크기는 변함이 없고 편각만 $\pi/2$[rad]만큼 정방향으로 앞서게 된다.

그래서 j를 **회전연산자**(rotational operator)라고도 한다.

3 복소수의 나누기

직각좌표형식의 복소수의 나누기인 경우에는 일반적으로 분모를 유리화하기 위해 분모의 **공액수**(conjugate)를 분모와 분자에 곱하여 정리하면 된다.

공액복소수란 복소수의 허수부의 부호를 바꾼 것으로, 예를 들면, $\boldsymbol{V}=a+jb$인 복소수의 공액수는 $\overline{\boldsymbol{V}}=a-jb$가 되고, $\boldsymbol{V}=V\varepsilon^{j\theta}=V\angle\theta$인 복소수의 공액수는 $\overline{\boldsymbol{V}}=V\varepsilon^{-j\theta}=V\angle-\theta$가 된다.

지금

$$\boldsymbol{V}=a+jb=V\varepsilon^{j\theta_1}=V\angle\theta_1 \quad (\text{단, } V=\sqrt{a^2+b^2},\ \theta_1=\tan^{-1}\frac{b}{a})$$

$$\boldsymbol{I}=c+jd=I\varepsilon^{j\theta_2}=I\angle\theta_2 \quad (\text{단, } I=\sqrt{c^2+d^2},\ \theta_2=\tan^{-1}\frac{d}{c})$$

가 있을 때 $\boldsymbol{Z}=\boldsymbol{V}/\boldsymbol{I}$를 구해 보자.

① 직각좌표형식인 경우

$$\boldsymbol{Z}=\frac{\boldsymbol{V}}{\boldsymbol{I}}=\frac{a+jb}{c+jd}=\frac{(a+jb)(c-jd)}{(c+jd)(c-jd)}=\frac{ac+bd+j(bc-ad)}{c^2+d^2}$$

$$=\frac{ac+bd}{c^2+d^2}+j\frac{bc-ad}{c^2+d^2} \tag{2-32}$$

그러므로

$$|\boldsymbol{Z}|=Z=\sqrt{\left(\frac{ac+bd}{c^2+d^2}\right)^2+\left(\frac{bc-ad}{c^2+d^2}\right)^2}=\frac{\sqrt{a^2+b^2}}{\sqrt{c^2+d^2}}=\frac{V}{I}$$

$$\theta=\tan^{-1}\frac{bc-ad}{ac-bd}=\tan^{-1}\frac{\frac{b}{a}-\frac{d}{c}}{1+\frac{b}{a}\cdot\frac{d}{c}}$$

$$=\tan^{-1}\frac{b}{a}-\tan^{-1}\frac{d}{c}=\theta_1-\theta_2 \tag{2-33}$$

② 극좌표형식인 경우

$$\boldsymbol{Z}=\frac{\boldsymbol{V}}{\boldsymbol{I}}=\frac{V\varepsilon^{j\theta_1}}{I\varepsilon^{j\theta_2}}=\frac{V}{I}\varepsilon^{j(\theta_1-\theta_2)} \tag{2-34}$$

또는

$$\boldsymbol{Z}=\frac{\boldsymbol{V}}{\boldsymbol{I}}=\frac{V\angle\theta_1}{I\angle\theta_2}=\frac{V}{I}\angle\theta_1-\theta_2$$

4 복소수의 누승과 근

복소수의 n제곱 또는 n제곱근을 계산하는 데에는 극좌표형식을 사용하는 것이 편리하다.

지금 $\boldsymbol{A}=A\varepsilon^{j\theta}$의 n제곱과 n제곱근을 각각 구해 보면 다음과 같다.

$$\boldsymbol{A}^n=A^n\cdot\varepsilon^{jn\theta}=A^n\angle n\theta \tag{2-35}$$

$$(\because\ \varepsilon^{jn\theta}=\cos n\theta+j\sin n\theta)$$

$$A^{1/n} = A^{1/n} \cdot \varepsilon^{j\frac{\theta + 2\pi m}{n}} = A^{1/n} \angle \frac{\theta + 2\pi m}{n} \quad (2-36)$$

(단, $m = 0, 1, 2, \cdots, n-1$)

식 (2-36)에서 $m = 0$에 대한 근을 주근, 나머지의 근을 부근이라고 한다.

예제 2-11

$\boldsymbol{A}_1 = 12 + j8$, $\boldsymbol{A}_2 = 3 + j4$일 때 $\boldsymbol{A}_1 + \boldsymbol{A}_2$를 구하여라.

풀이 $\boldsymbol{A}_1 + \boldsymbol{A}_2 = (12 + j8) + (3 + j4) = 15 + j12$

예제 2-12

$\boldsymbol{A} = 20\left(\cos\frac{\pi}{3} + j\sin\frac{\pi}{3}\right)$, $\boldsymbol{B} = 5\left(\cos\frac{\pi}{6} + j\sin\frac{\pi}{6}\right)$로 표시되는 두 벡터가 있다. $\boldsymbol{A} \times \boldsymbol{B}$를 극좌표형식으로 구하여라.

풀이 $\boldsymbol{A} = 20\angle\pi/3$, $\boldsymbol{A} = 5\angle\pi/6$이므로

$\boldsymbol{A} \times \boldsymbol{B} = 20\angle\pi/3 \times 5\angle\pi/6 = 20 \times 5\angle\pi/3 + \pi/6 = 100\angle\pi/2 = 100\angle 90°$

예제 2-13

$\boldsymbol{A} = 3.08 + j8.455$일 때 $\sqrt{\boldsymbol{A}}$를 구하여라.

단, $\tan^{-1} 2.745 = 70°$

풀이 $\boldsymbol{A} = 3.08 + j8.455 = \sqrt{3.08^2 + 8.455^2} \angle \tan^{-1}\frac{8.455}{3.08} = 9\angle 70°$

그러므로 주근 ($m = 0$일 때) $\sqrt{\boldsymbol{A}} = \sqrt{9} \angle \frac{70°}{2} = 3\angle 35°$

부근 ($m = 1$일 때), $\sqrt{\boldsymbol{A}} = \sqrt{9} \angle \frac{70°}{2} + \frac{360°}{2} = 3\angle 215°$

연 습 문 제

1. 60[Hz]인 교류전압과 교류전류의 위상차가 $\pi/3$일 때, 이 위상차를 시간으로 표시하면 몇 [sec]인가?

2. $e = 100\sqrt{2}\sin\left(100\pi t - \frac{\pi}{3}\right)$ [V]인 정현파 교류전압의 주파수는 몇 [Hz]인가?

3. $i = 10\sin\left(\omega t - \frac{\pi}{3}\right)$ [A]로 표시되는 전류 파형보다 위상이 30°만큼 앞서고, 최대값이 100[V]인 전압파형 e를 구하여라.

4. $i = I_m\sin\left(\omega t - \frac{\pi}{4}\right)$와 $e = E_m\sin\left(\omega t - \frac{\pi}{6}\right)$와의 위상차를 구하여라.

5. 그림 2-16과 같이 $3t$[sec]마다 반복하는 전류의 실효치는 몇 [A]인가?

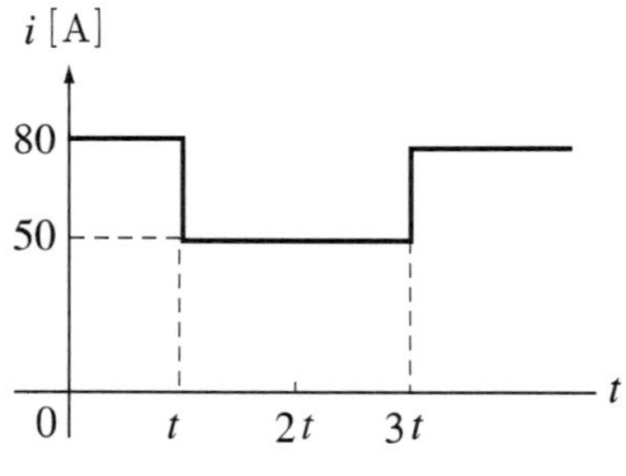

그림 2-16

6. 어떤 회로에 그림 2-17과 같은 정현파 전류 $i = I_m\sin\omega t$의 반파 정류된 전류가 흐를 때, 이것을 가동코일형 전류계로 측정한 경우의 전류계의 지시값은 몇 [A]인가?

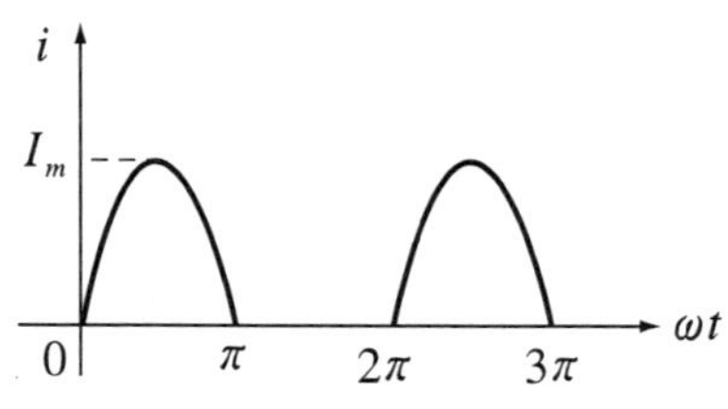

그림 2-17

7. 그림 2-18과 같은 파형의 전류 $i = 10e^{-100t}$ [A]의 평균치는 몇 [A]인가?

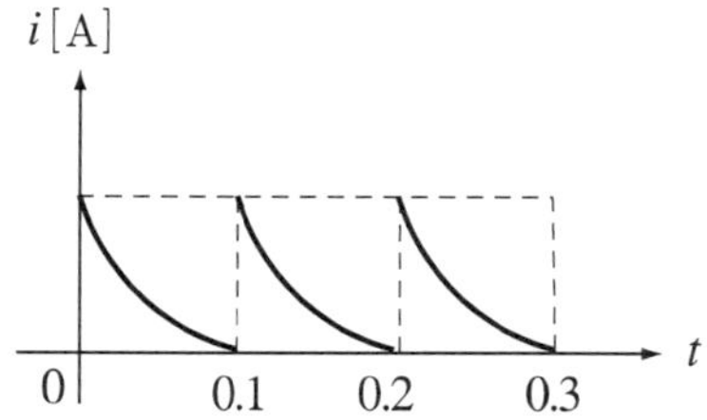

그림 2-18

8. $e_1 = 20\sqrt{2}\sin\omega t$, $e_2 = 50\sqrt{2}\cos\left(\omega t - \frac{\pi}{6}\right)$일 때 $(e_1 + e_2)$의 실효치는 몇 [V]인가?

9. 그림 2-19와 같은 회로에서 저항 R에 흐르는 직류전류는 몇 [A]인가?
$R = 5\,[\Omega]$, $e = 314\sin\omega t$ [V]

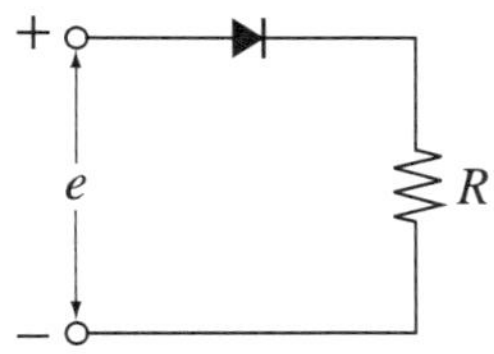

그림 2-19

10. 그림 2-20과 같은 삼각파의 실효치, 평균치, 파형률, 파고율을 구하여라.

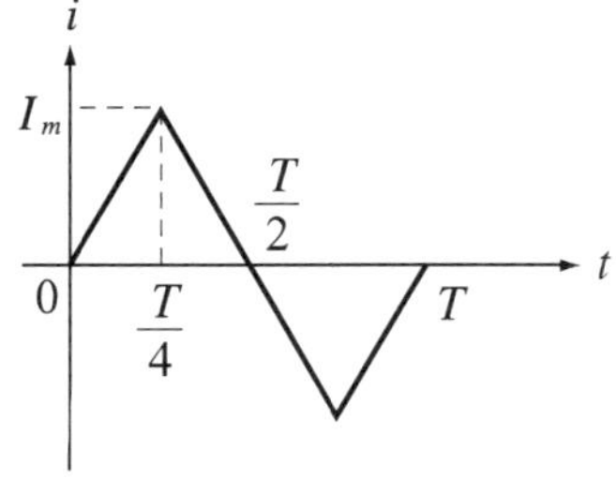

그림 2-20

11. 그림 2-21과 같은 정현파 반파 정류파형의 실효치, 평균치, 파형률, 파고율을 구하여라.

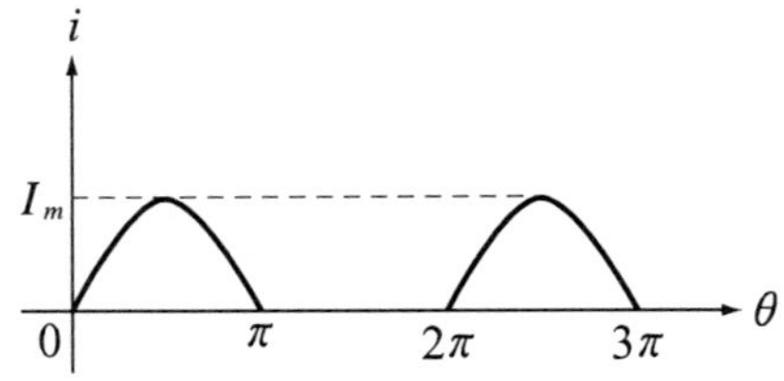

그림 2-21

12. 그림 2-22와 같은 파형의 파고율은 얼마인가?

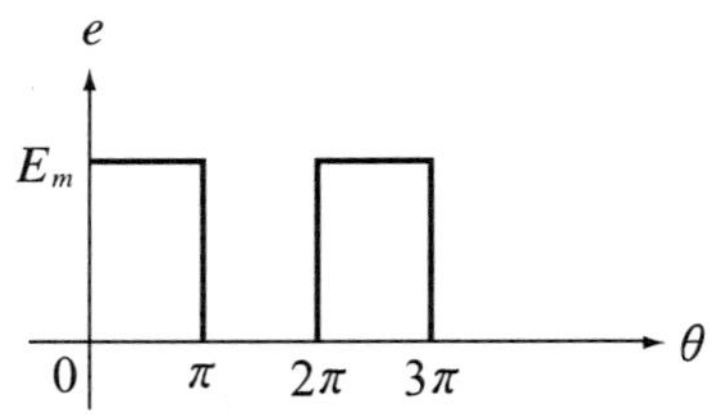

그림 2-22

13. 10[mH]의 인덕턴스에 그림 2-23과 같은 전류를 흘렸을 때 유기되는 기전력의 파형을 그려라.

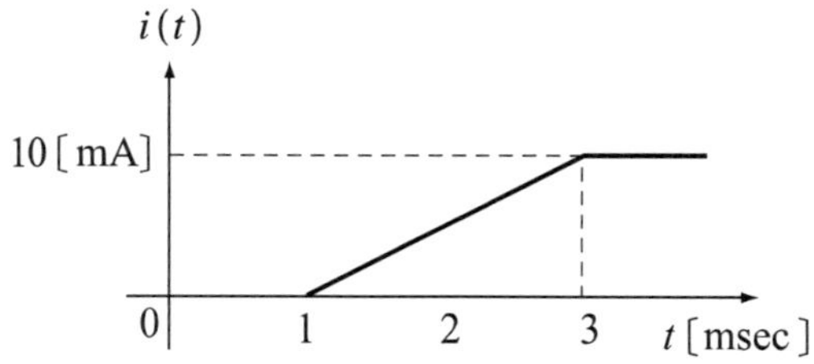

그림 2-23

14. $e = 100\sqrt{2}\sin\left(\omega t + \dfrac{\pi}{3}\right)$를 복소수로 표시하여라.

15. $\boldsymbol{A} = 10\angle -15°$, $\boldsymbol{B} = 10 + j10$일 때 $\boldsymbol{A} \times \boldsymbol{B}$를 지수함수형으로 표시하여라.

16. $\boldsymbol{A}_1 = 40(\cos 60° + j\sin 60°)$, $\boldsymbol{A}_2 = 10(\cos 45° + j\sin 45°)$로 표시되는 벡터에서 $\boldsymbol{A}_1 / \boldsymbol{A}_2$를 구하여라.

17. $L=20[\mathrm{mH}]$인 인덕턴스에 $i(t)=5e^{-10t}$ [A]인 전류를 흘릴 때 $t=0$에서 L의 단자전압은 몇 [V]인가?

18. 다음 식을 계산하여라.

① $(3+j2)+(6-j5)-(-2+j3)$

② $j7(-5-j8)$

③ $\dfrac{92-j20}{-j4}$

19. $\boldsymbol{A}_1=-2-j3$, $\boldsymbol{A}_2=4-j6$일 때, $\boldsymbol{A}_1\cdot\boldsymbol{A}_2$를 구하여라.

20. $\boldsymbol{A}_1=2\angle-40°$, $\boldsymbol{A}_2=7\angle120°$일 때, $\boldsymbol{A}_1\cdot\boldsymbol{A}_2$를 구하여라.

21. $\boldsymbol{A}_1=-4-j8$, $\boldsymbol{A}_2=6-j1$일 때, $\boldsymbol{A}_1/\boldsymbol{A}_2$를 구하여라.

22. $\boldsymbol{A}_1=8\angle120°$, $\boldsymbol{A}_2=16\angle-50°$일 때, $\boldsymbol{A}_1/\boldsymbol{A}_2$를 구하여라.

Chapter 3

기본 교류회로

3.1 저항회로

그림 3-1 (a)와 같이 $R[\Omega]$인 저항회로에 $v = V_m \sin \omega t$ [V]인 정현파전압을 인가하였을 때 이 회로에 흐르는 순시전류 i에 옴의 법칙을 적용하여 구하면,

$$i = \frac{v}{R} = \frac{V_m \sin \omega t}{R} = I_m \sin \omega t = \sqrt{2} I \sin \omega t \text{ [A]} \tag{3-1}$$

전압과 전류의 최대치 및 실효치는

$$V_m = R \cdot I_m, \qquad V = R \cdot I \tag{3-2}$$

와 같이 되며, 전압과 전류는 그림 3-2 (b)와 같이 동상(同相)이 된다.

식 3-2에서 전압과 전류의 최대치 및 실효치의 비는 R로 결정됨을 알 수 있다.

표 3-1은 저항회로와 전압과 전류의 관계를 표시한다.

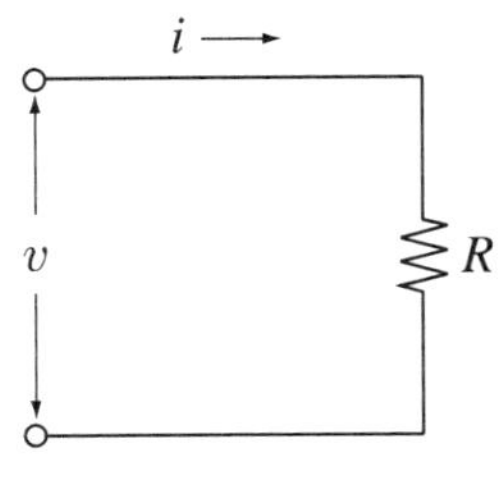

(a)

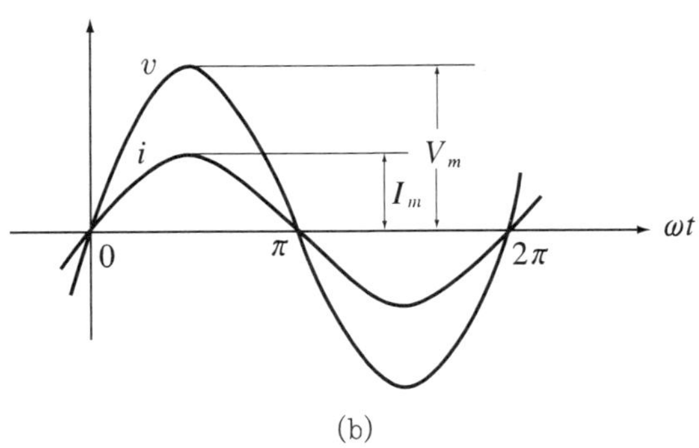

(b)

그림 3-1 저항회로의 전압, 전류의 파형

저항회로의 전압 $\boldsymbol{V}$와 전류 $\boldsymbol{I}$는 동상이므로 복소수로 나타내는 기호법으로 표시하면

$$\boldsymbol{V} = R\boldsymbol{I} \quad \therefore\ R = \frac{\boldsymbol{V}}{\boldsymbol{I}} \tag{3-3}$$

가 된다. 따라서 기호법으로 저항을 취급할 때에는 실수(real number)로 한다.

표 3-1 전압과 전류의 관계

회로방식	방정식	V/I(또는 V_m/I_m)	위상	벡터도
저항회로	$v = V_m \sin\omega t$ $i = I_m \sin\omega t$	$R\,[\Omega]$	v와 i는 동상	$\longrightarrow \boldsymbol{I}$ $\longrightarrow \boldsymbol{V}$

예제 3-1

저항 $R_1 = 10\,[\Omega]$, $R_2 = 40\,[\Omega]$이 직렬로 접속된 회로에 100[V], 60[Hz]의 교류를 인가할 때 이 회로에 흐르는 전류 i와 R_2 양단의 전압을 구하여라.

풀이 교류 100[V]라 함은 실효치를 말하므로 전압방정식은

$$v = \sqrt{2}\cdot 100\sin\omega t = \sqrt{2}\cdot 100\sin 2\pi\cdot 60t = \sqrt{2}\cdot 100\sin 377t$$

가 된다. 따라서 순시전류 i는

$$i = \frac{v}{R_1 + R_2} = \frac{\sqrt{2}\cdot 100\sin 377t}{50} = \sqrt{2}\cdot 2\sin 377t$$

R_2 양단의 순시전압 v_2는

$$v_2 = R_2\cdot i = 40\times\sqrt{2}\cdot 2\sin 377t = \sqrt{2}\cdot 80\sin 377t$$

따라서, $\text{실효치} = \dfrac{\text{최대치}}{\sqrt{2}}$ 이므로

회로에 흐르는 전류 i와 R_2 양단의 전압은

$$\therefore\ i = \frac{2\sqrt{2}}{\sqrt{2}} = 2\ [\text{A}]$$

$$v_2 = \frac{80\sqrt{2}}{\sqrt{2}} = 80\ [\text{A}]$$

3.2 유도회로

그림 3-2 (a)와 같이 인덕턴스(inductance) L[H]인 코일로 된 유도회로에 $i = I_m \sin\omega t$[A]인 정현파 교류가 흐를 때, 전류의 방향으로 생기는 전압강하 v는 다음과 같이 된다.

$$\begin{aligned} v &= L\frac{di}{dt} = L\frac{d}{dt}(I_m \sin\omega t) = LI_m \frac{d\sin\omega t}{dt} \\ &= LI_m \frac{d\sin\omega t}{d\omega t} \cdot \frac{d\omega t}{dt} = \omega LI_m \cos\omega t = \omega LI_m \sin\left(\omega t + \frac{\pi}{2}\right) \\ &= V_m \sin\left(\omega t + \frac{\pi}{2}\right) \text{ [V]} \end{aligned} \tag{3-4}$$

로 되어, 그림 3-2 (b)에 나타낸 것과 같이 전압 v의 위상은 전류 i의 위상보다 $\pi/2$[rad] 앞선다.

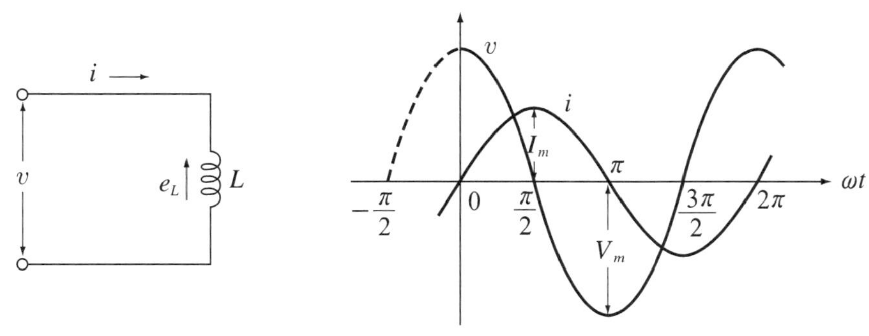

(a) (b)

그림 3-2 유도회로의 전압, 전류의 파형

전압과 전류의 최대치 및 실효치는

$$V_m = \omega L \cdot I_m, \qquad V = \omega L \cdot I \tag{3-5}$$

과 같이 되며, 이 식으로부터 전압과 전류의 최대치 및 실효치의 비는 ωL로 결정된다는 것을 알 수 있다.

[참고] 미분 공식

$y = \sin x \rightarrow y' = \cos x$ $\qquad$ $y = \sin ax \rightarrow y' = a\cos ax$

$y = \cos x \rightarrow y' = -\sin x$ $\qquad$ $y = \cos ax \rightarrow y' = -a\sin ax$

이 ωL을 유도성 리액턴스(inductive reactance)라 하며 X_L로 표시하고, 단위는 옴(ohm : Ω)을 사용한다.

따라서

$$X_L = \omega L = 2\pi f L \ [\Omega] \tag{3-6}$$

$$\therefore \ V = X_L \cdot I \ [\mathrm{V}] \tag{3-7}$$

식 (3-6)에서 알 수 있는 것과 같이 유도성 리액턴스(X_L)는 주파수가 높을수록 그 값이 커진다.

유도회로의 전압과 전류의 관계는 표 3-2와 같다.

표 3-2 전압과 전류의 관계

회로방식	방정식	V/I(또는 V_m/I_m)	위상	벡터도
유도회로	$v = V_m \sin\left(\omega t + \frac{\pi}{2}\right)$ $i = I_m \sin \omega t$	$X_L = \omega L \ [\Omega]$	i는 v보다 $\frac{\pi}{2}$만큼 뒤진다.	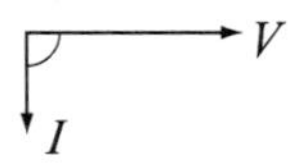

벡터 기호법에서 어느 벡터의 위상을 $\pi/2$[rad]만큼 앞서게 하려면 그 벡터에 회전연산자 j를 곱하면 되므로

$$\boldsymbol{V} = jX_L\boldsymbol{I} = j\omega L\boldsymbol{I}$$

$$\therefore \ \frac{\boldsymbol{V}}{\boldsymbol{I}} = jX_L = j\omega L \tag{3-8}$$

와 같이 표시된다. 그러므로 기호법으로 유도성 리액턴스를 표시하려면, 유도성 리액턴스(X_L)에 j를 곱하여 $jX_L(=j\omega L)$이라고 하면 된다.

예제 3-2

20[mH]의 코일이 있다. 이 코일에 100[V], 60[Hz]의 교류를 인가할 때, 코일의 리액턴스 및 전류의 실효치를 구하여라.

풀이 $X_L = \omega L = 2\pi f L = 2 \times 3.14 \times 60 \times 20 \times 10^{-3} = 7.53$ [Ω]

$$I = \frac{V}{X_L} = \frac{100}{7.53} = 13.28 \text{ [A]}$$

예제 3-3

0.05[H]인 자기 인덕턴스만의 회로에 $v = 141.4 \sin 377t$[V]의 정현파 교류전압을 인가했을 때 전류의 실효치를 구하여라.

풀이 $\omega L = 377 \times 0.05$ [Ω]

$$V = \frac{141.4}{\sqrt{2}} = 100 \text{ [V]}$$

$$\therefore\ I = \frac{V}{\omega L} = \frac{100}{377 \times 0.05} = 5.3 \text{ [A]}$$

3.3 용량회로

그림 3-3 (a)와 같이 커패시턴스(capacitance) C[F]만으로 된 용량회로에 $v = V_m \sin \omega t$[V]인 정현파 교류전압을 인가하였을 때 흐르는 전류를 구해 보자.

지금 정전용량 C에 축적되는 전하 q는

$$q = C \cdot v = C \cdot V_m \sin \omega t$$

이고

$$i = \frac{dq}{dt}$$

이므로

$$i=\frac{dq}{dt}=\frac{d(Cv)}{dt}=\frac{d(CV_m\sin\omega t)}{dt}=\frac{d(CV_m\sin\omega t)}{d(\omega t)}\cdot\frac{d(\omega t)}{dt}$$

$$=\omega CV_m\cos\omega t=\omega CV_m\sin\left(\omega t+\frac{\pi}{2}\right)=I_m\sin\left(\omega t+\frac{\pi}{2}\right) \tag{3-9}$$

로 되어, 그림 3-3 (b)에 나타낸 것과 같이 전류 i는 전압 v보다 위상이 $\pi/2$[rad] 앞선다.

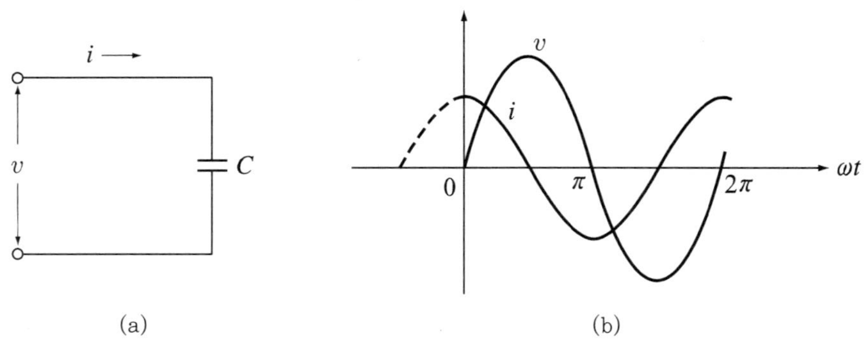

그림 3-3 용량회로의 전압, 전류의 파형

전압과 전류의 최대치 및 실효치는

$$V_m=\frac{1}{\omega C}I_m,\qquad V=\frac{I}{\omega C}I \tag{3-10}$$

과 같이 되며, 이 식으로부터 전압과 전류의 최대치 및 실효치의 비는 $\frac{1}{\omega C}$로 결정된다는 것을 알 수 있다.

이 $\frac{1}{\omega C}$을 **용량성 리액턴스**(capacitive reactance)라 하며 X_C로 표시하고, 단위는 옴(ohm : Ω)을 사용한다.

따라서

$$X_C=\frac{1}{\omega C}=\frac{1}{2\pi fC}\ [\Omega]$$

$$\therefore\ V=X_C\cdot I\ [\mathrm{V}] \tag{3-11}$$

식 (3-11)에서 알 수 있는 것과 같이 용량성 리액턴스는 유도성 리액턴스와는 반대로 주파수가 높아질수록 그 값은 작아진다.

용량회로의 전압과 전류의 관계는 표 3-3과 같다.

기호법으로 표시하면, 식 (3-10)의 관계로부터 $\boldsymbol{I}$는 $\boldsymbol{V}$를 ωC배로 하여 $\pi/2$[rad] 앞서게 하면 되므로

$$\boldsymbol{V} = -jX_C\boldsymbol{I} = -j\frac{1}{\omega C}\boldsymbol{I}$$

$$\therefore \frac{\boldsymbol{V}}{\boldsymbol{I}} = -jX_C = -j\frac{1}{\omega C} \qquad (3\text{-}12)$$

로 된다.

그러므로 벡터 기호법으로 용량성 리액턴스를 표시하려면, 용량성 리액턴스 (X_C)에 $-j$를 곱하여 $-jX_C\left(= -j\dfrac{1}{\omega C}\right)$이라고 하면 된다.

표 3-3 전압과 전류의 관계

회로방식	방정식	V/I(또는 V_m/I_m)	위상	벡터도
용량회로	$v = V_m\sin\left(\omega t - \dfrac{\pi}{2}\right)$ $i = I_m\sin\omega t$	$X_c = -\dfrac{1}{\omega C}$	i는 v보다 $\dfrac{\pi}{2}$만큼 앞선다.	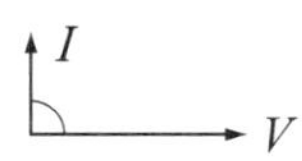

예제 3-4

정전용량 0.05[μF]인 콘덴서가 있다. 이 콘덴서에 100[V], 60[Hz]의 교류전압을 인가했을 때 리액턴스 및 전류의 실효치를 구하여라.

풀이 $X_C = \dfrac{1}{2\pi fC} = \dfrac{1}{2 \times 3.14 \times 60 \times 0.05 \times 10^{-6}} = 53078.5\ [\Omega] \fallingdotseq 53\ [\text{k}\Omega]$

$I = \dfrac{V}{X_C} = \dfrac{100}{53 \times 10^3} \fallingdotseq 1.89 \times 10^{-3} = 1.89\ [\text{mA}]$

예제 3-5

100[μF]의 정전용량을 가지는 콘덴서에 60[Hz], $\boldsymbol{V}=60-j80$[V]로 나타내는 전압을 인가할 때에 흐르는 전류를 구하여라. 또 전압, 전류를 벡터도로 그려 보아라.

풀이

$$I=\frac{V}{Z}=\frac{V}{-jX_C}=\frac{V}{-j\dfrac{1}{\omega C}}$$
$$=j\omega C\cdot V$$
$$=j2\pi fC\cdot V$$
$$=j2\pi\times60\times100\times10^{-6}\times(60-j80)$$
$$\fallingdotseq 3.016+j2.262 \text{ [A]}$$
$$\therefore\ I=\sqrt{3.016^2+2.262^2}=3.77 \text{ [A]}$$

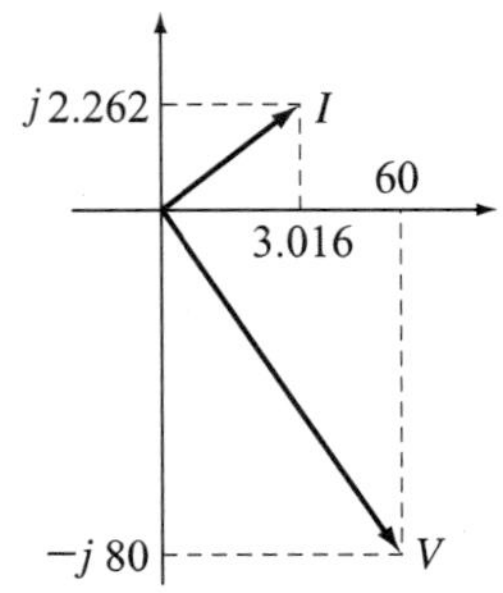

그림 3-4

3.4 R-L 직렬회로

그림 3-5와 같이 저항 R과 인덕턴스 L이 직렬로 접속된 회로에 $i=I_m\sin\omega t$인 교류전류가 흐르고 있을 때, 전류 i에 의하여 저항 R과 인덕턴스 L에서 생기는 전압강하를 각각 v_R, v_L이라고 하면 다음의 관계가 성립한다.

$$v_R=Ri=RI_m\sin\omega t \tag{3-13}$$

$$v_L=L\frac{di}{dt}=\omega LI_m\cos\omega t=X_LI_m\cos\omega t \tag{3-14}$$

$$\therefore\ v=v_R+v_L=I_m(R\sin\omega t+X_L\cos\omega t) \tag{3-15}$$

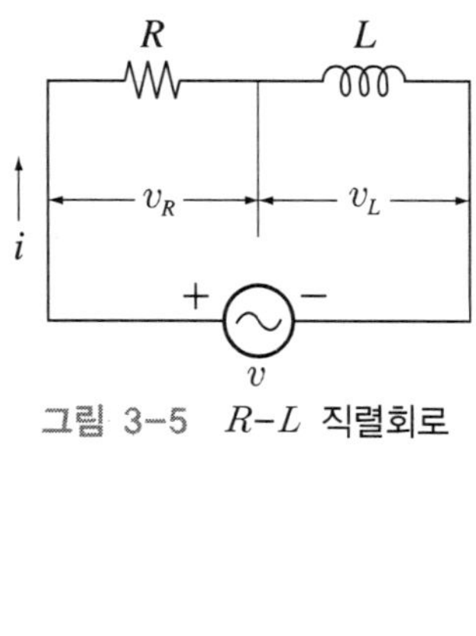

그림 3-5 R-L 직렬회로

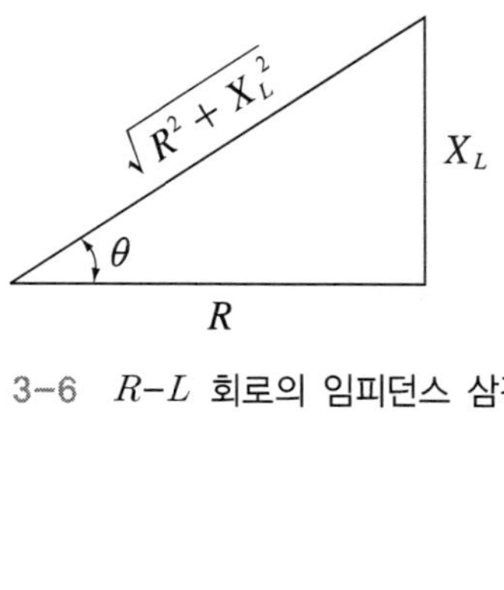

그림 3-6 R-L 회로의 임피던스 삼각형

다시 그림 3-6의 임피던스 삼각형에서

$$v = I_m \sqrt{R^2 + X_L^2}\left(\frac{R}{\sqrt{R^2+X_L^2}}\sin\omega t + \frac{X_L}{\sqrt{R^2+X_L^2}}\cos\omega t\right)$$
$$= I_m \sqrt{R^2+X_L^2}(\sin\omega t \cdot \cos\theta + \cos\omega t \cdot \sin\theta)$$
$$= I_m \sqrt{R^2+X_L^2}\sin(\omega t + \theta) \qquad (3\text{-}16)$$

따라서

$$\theta = \tan^{-1}\frac{X_L}{R} \qquad (3\text{-}17)$$

식 (3-16)에서 $V_m = I_m\sqrt{R^2+X_L^2}$, $V = I\sqrt{R^2+X_L^2}$ 이 되고 여기서 $\sqrt{R^2+X_L^2}$ 을 임피던스(impedance)라고 하며, 그림 3-6에서 사선부분이 임피던스의 크기를 나타내며, Z로 표시하며 단위는 옴(ohm : Ω)이다. 임피던스는 전압과 전류의 관계를 결정지워 주는 일종의 교류저항이다.

그리고 θ는 임피던스의 각이라고 하며 단위는 라디안(radian)이다. 임피던스의 각은 전압과 전류의 위상차를 나타낸다. 즉,

$$\left.\begin{aligned} &\text{임피던스의 크기 } Z = \frac{V_m}{I_m} = \frac{V}{I} = \sqrt{R^2+X_L^2} \\ &\text{임피던스의 각 } \theta = (\text{전압의 위상}) - (\text{전류의 위상}) \end{aligned}\right\} \qquad (3\text{-}18)$$

$R-L$ 직렬회로에서 전압과 전류의 관계를 기호법으로 구해 보기로 하자.

그림 3-7 (a)와 같이 $R[\Omega]$의 저항과 $L[H]$의 인덕턴스가 직렬로 접속된 회로에 각주파수 ω[rad/s], 정현파 교류전압 V[V]를 인가했을 때, R, L에 흐르는 전류를 $\boldsymbol{I}$라 하고, R, L 양단의 전압을 각각 $\boldsymbol{V}_R$, $\boldsymbol{V}_L$이라고 하면 다음의 관계가 성립한다.

$$\boldsymbol{V}_R = R\boldsymbol{I}, \quad \boldsymbol{V}_L = jX_L\boldsymbol{I} = j\omega L\boldsymbol{I} \qquad (3\text{-}19)$$

[참고] 삼각함수의 가법정리

$\sin(A \pm B) = \sin A\cos B \pm \cos A\sin B$

$\cos(A \pm B) = \cos A\cos B \mp \sin A\sin B$

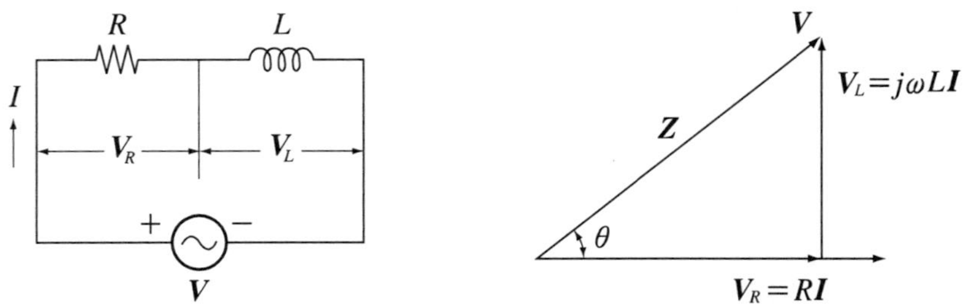

(a) (b)

그림 3-7 $R-L$ 직렬회로 및 벡터도

그리고 공급전압 $\boldsymbol{V}$는 $\boldsymbol{V}_R$과 $\boldsymbol{V}_L$의 합이므로

$$\boldsymbol{V} = \boldsymbol{V}_R + \boldsymbol{V}_L = R\boldsymbol{I} + j\omega L\boldsymbol{I} = (R + j\omega L)\boldsymbol{I} \tag{3-20}$$

가 되고

$$\boldsymbol{I} = \frac{\boldsymbol{V}}{R + j\omega L} = \frac{\boldsymbol{V}}{\boldsymbol{Z}} \text{ [A]} \tag{3-21}$$

$$\boldsymbol{Z} = R + j\omega L \text{ [}\Omega\text{]} \tag{3-22}$$

여기서 $\boldsymbol{Z}$를 그 회로의 임피던스라 하며, 특히 기호법으로 표시된 임피던스를 벡터 임피던스 또는 복소 임피던스라 한다.

그림 3-7 (b)는 이들 관계를 벡터도로 나타낸 것이다.

또한 $\boldsymbol{I}$ 와 $\boldsymbol{Z}$ 의 절대치(크기)를 구하면

$$\boldsymbol{I} = \frac{\boldsymbol{V}}{R + j\omega L} = \frac{\boldsymbol{V}\cdot(R - j\omega L)}{(R + j\omega L)(R - j\omega L)} = \frac{\boldsymbol{V}}{R^2 + \omega^2 L^2}\cdot(R - j\omega L)$$

$$\therefore\ |\boldsymbol{I}| = I = \frac{V\cdot\sqrt{R^2 + \omega^2 L^2}}{R^2 + \omega^2 L^2} = \frac{V}{\sqrt{R^2 + \omega^2 L^2}} \text{ [A]} \tag{3-23}$$

$$|\boldsymbol{Z}| = Z = \sqrt{R^2 + \omega^2 L^2} \text{ [}\Omega\text{]} \tag{3-24}$$

이 된다.

예제 3-6

저항 10[Ω], 유도 리액턴스 $10\sqrt{3}$ [Ω]인 직렬회로에 교류전압을 인가할 때 전압과 이 회로에 흐르는 전류와의 위상차는 몇 도인가?

풀이 임피던스 $Z = R + jX_L$이므로 임피던스 삼각형에 의하여

$$\therefore\ \theta = \tan^{-1}\frac{X_L}{R} = \tan^{-1}\frac{10\sqrt{3}}{10} = \tan^{-1}\sqrt{3} = 60°$$

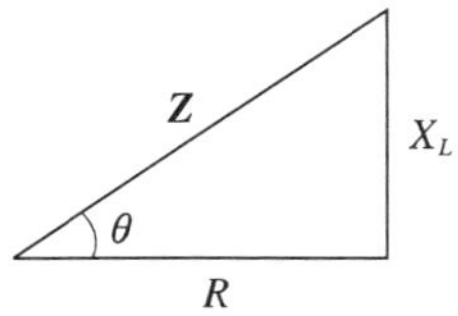

그림 3-8

예제 3-7

$R-L$ 직렬회로에 10[V]의 교류전압을 인가하였을 때 저항에 걸리는 전압이 6[V]였다면 인덕턴스에 유기되는 전압은 몇 [V]인가?

풀이 $V = 10$[V], $V_R = 6$[V]이므로

$V_R = IR$, $V_L = j\omega LI$

$V = V_R + V_L = IR + j\omega LI = I(R + j\omega L)$

$\therefore\ V = \sqrt{V_R^2 + V_L^2}$

따라서 V_L은

$V_L = \sqrt{V^2 - V_R^2} = \sqrt{10^2 - 6^2} = \sqrt{100-36}$

$= \sqrt{64} = 8$ [V]

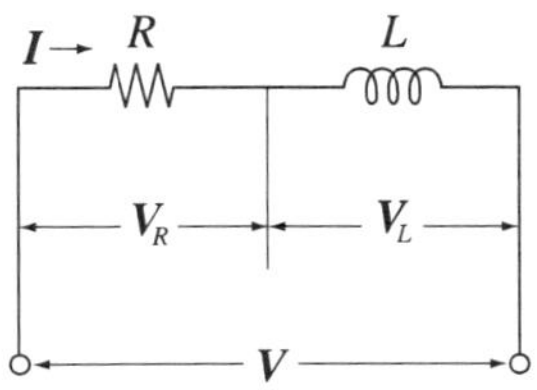

그림 3-9

3.5 $R-C$ 직렬회로

그림 3-10과 같이 저항 R과 정전용량 C가 직렬로 접속된 회로에 $i = I_m \sin\omega t$인 교류전류가 흐르고 있을 때, 전류 i에 의하여 저항 R과 정전용량 C에서 생기는 전압강하를 각각 v_R, v_C 라고 하면,

$$v_R = Ri = RI_m \sin\omega t \tag{3-25}$$

$$v_C = \frac{1}{C}\int i\, dt = -\frac{1}{\omega C} I_m \cos \omega t \qquad (3-26)$$

그림 3-11의 임피던스 삼각형에서

$$\begin{aligned} v &= v_R + v_C = RI_m \sin \omega t - \frac{1}{\omega C} I_m \cos \omega t \\ &= I_m \sqrt{R^2 + X_C{}^2}\left(\frac{R}{\sqrt{R^2+X_C{}^2}} \sin \omega t - \frac{1}{\omega C} \cdot \frac{1}{\sqrt{R^2+X_C{}^2}} \cos \omega t\right) \\ &= I_m \sqrt{R^2+X_C{}^2}\,(\sin \omega t \cos \theta - \cos \omega t \sin \theta) \\ &= I_m \sqrt{R^2+X_C{}^2}\, \sin(\omega t - \theta) \qquad (3-27) \end{aligned}$$

$$\theta = -\tan^{-1}\frac{X_C}{R} = -\tan^{-1}\frac{1}{R\omega C} \qquad (3-28)$$

용량성 리액턴스(X_C)는 $-X_C = -\dfrac{1}{\omega C}$이므로, (−)의 리액턴스가 되어, 위상각 θ는 (−)의 값을 가진다.

따라서 전압은 전류보다 $\theta = \tan^{-1}\dfrac{1}{R\omega C}$만큼 위상이 뒤진다.

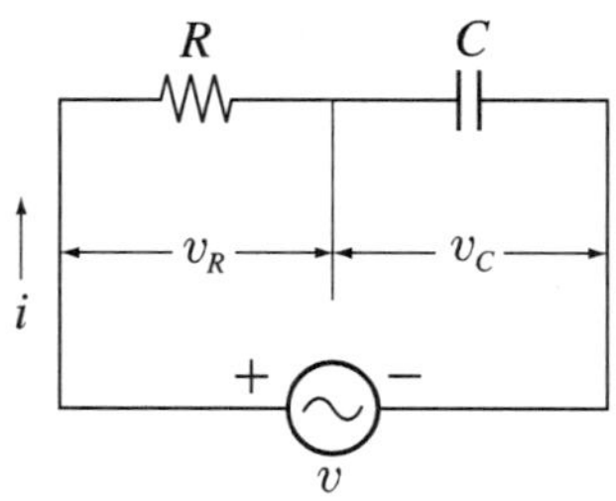

그림 3-10 $R-C$ 직렬회로

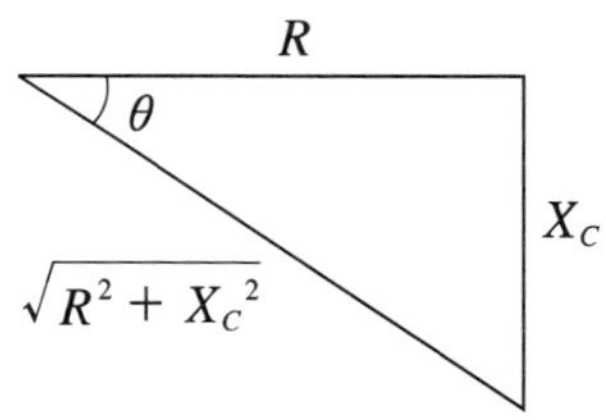

그림 3-11 $R-C$ 회로의 임피던스 삼각형

그림 3-12 (a)와 같은 $R-C$ 직렬회로에 대하여 기호법으로 표시하면 다음과 같다.

$$\boldsymbol{V}_R = R\boldsymbol{I}, \qquad \boldsymbol{V}_C = -jX_C\boldsymbol{I} = -j\frac{1}{\omega C}\boldsymbol{I}$$

$$\boldsymbol{V} = \boldsymbol{V}_R + \boldsymbol{V}_C = R\boldsymbol{I} - j\frac{1}{\omega C}\boldsymbol{I} = \left(R - j\frac{1}{\omega C}\right)\boldsymbol{I} = \boldsymbol{ZI} \qquad (3-29)$$

$$\therefore\ \boldsymbol{I} = \frac{\boldsymbol{V}}{\boldsymbol{Z}} = \frac{\boldsymbol{V}}{R - j\dfrac{1}{\omega C}} = \frac{\boldsymbol{V}}{R - jX_C}\ [\mathrm{A}] \tag{3-30}$$

$$\boldsymbol{Z} = R - j\frac{1}{\omega C} \tag{3-31}$$

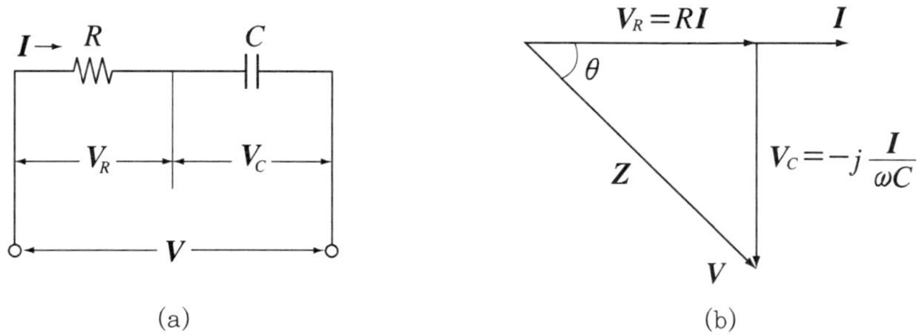

그림 3-12 $R-C$ 직렬회로 및 벡터도

그림 3-12 (b)는 이들의 관계를 벡터도로 표시한 것이다.

또한 $\boldsymbol{I}$의 절대치와 $\boldsymbol{Z}$의 위상각은

$$|\boldsymbol{I}| = I = \frac{V}{\sqrt{R^2 + \left(\dfrac{1}{\omega C}\right)^2}} \tag{3-32}$$

$$\theta = -\tan^{-1}\frac{1/\omega C}{R} = -\tan^{-1}\frac{1}{R\omega C} \tag{3-33}$$

이 된다.

예제 3-8

$R = 50\,[\Omega]$, $C = 10\,[\mu\mathrm{F}]$의 직렬회로에 100[V], 50[Hz]의 교류전압을 인가할 때의 임피던스를 구하여라.

풀이 $Z = \sqrt{R^2 + \left(\dfrac{1}{\omega C}\right)^2} = \sqrt{50^2 + \left(\dfrac{1}{2 \times 3.14 \times 50 \times 10 \times 10^{-6}}\right)^2} = 322.3\ [\Omega]$

3.6 *R-L-C* 직렬회로

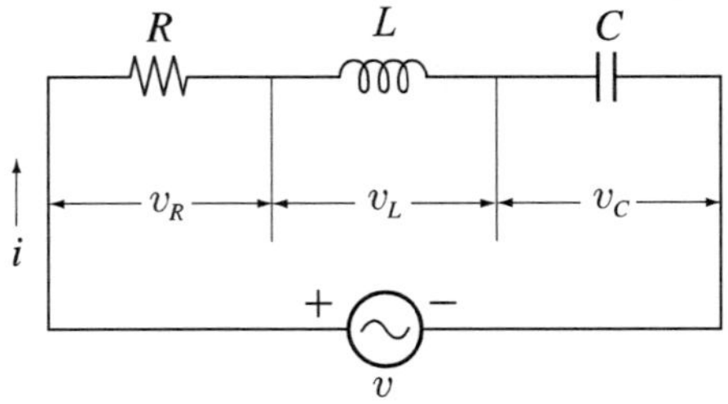

그림 3-13 *R-L-C* 직렬회로

그림 3-13과 같은 *R-L-C* 직렬회로에 $i = I_m \sin\omega t$가 흐를 때, 각 소자의 양단에 생기는 전압강하를 각각 v_R, v_L, v_C라고 하면

$$\left.\begin{aligned} v_R &= RI_m \sin\omega t \\ v_L &= \omega L I_m \cos\omega t \\ v_C &= -\frac{1}{\omega C} I_m \cos\omega t \end{aligned}\right\} \quad (3-34)$$

$$\begin{aligned} v &= v_R + v_L + v_C \\ &= I_m\left\{R\sin\omega t + \left(\omega L - \frac{1}{\omega C}\right)\cos\omega t\right\} \end{aligned} \quad (3-35)$$

여기서

$$\omega L - \frac{1}{\omega C} = X_L - X_C = X \quad (3-36)$$

라 하면, 식 (3-35)는 임피던스 삼각형에 의하여

$$v = I_m\sqrt{R^2 + X^2}\sin(\omega t + \theta) \quad (3-37)$$

으로 표시된다. 식 (3-36)의 X를 **합성 리액턴스**(resultant reactance)라 한다.

이 회로의 임피던스의 크기는

$$Z = \frac{V_m}{I_m} = \sqrt{R^2 + X^2} = \sqrt{R^2 + (X_L - X_C)^2} \quad (3-38)$$

이 되고, 임피던스의 각은

$$\theta = \tan^{-1}\frac{X}{R} = \tan^{-1}\frac{\left(\omega L - \dfrac{1}{\omega C}\right)}{R} \quad (3-39)$$

이 된다.

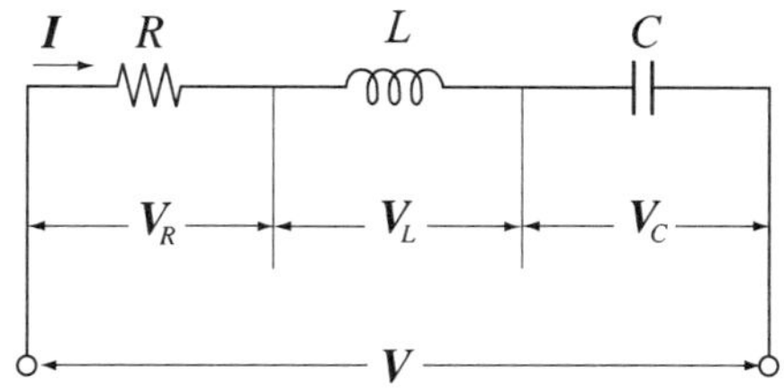

그림 3-14 $R-L-C$ 직렬회로

그림 3-14와 같은 $R-L-C$ 직렬회로에 대하여 기호법으로 표시하면 다음과 같다.

$$\begin{aligned}\boldsymbol{V} &= \boldsymbol{V}_R + \boldsymbol{V}_L + \boldsymbol{V}_C \\ &= R\boldsymbol{I} + j\omega L\boldsymbol{I} - j\frac{1}{\omega C}\boldsymbol{I} \\ &= \left\{R + j\left(\omega L - \frac{1}{\omega C}\right)\right\}\boldsymbol{I} \\ &= \boldsymbol{Z}\boldsymbol{I}\end{aligned} \qquad (3-40)$$

따라서 전류 $\boldsymbol{I}$와 임피던스 $\boldsymbol{Z}$는

$$\boldsymbol{I} = \frac{\boldsymbol{V}}{R + j\left(\omega L - \frac{1}{\omega C}\right)} = \frac{\boldsymbol{V}}{\boldsymbol{Z}} \qquad (3-41)$$

$$\boldsymbol{Z} = R + j\left(\omega L - \frac{1}{\omega C}\right) = R + j(X_L - X_C) = R + jX \qquad (3-42)$$

가 되고, $\boldsymbol{I}$와 $\boldsymbol{Z}$의 절대치는

$$|\boldsymbol{I}| = I = \frac{V}{Z} = \frac{V}{\sqrt{R^2 + \left(\omega L - \frac{1}{\omega C}\right)^2}} \text{ [A]} \qquad (3-43)$$

$$|\boldsymbol{Z}| = Z = \sqrt{R^2 + \left(\omega L - \frac{1}{\omega C}\right)^2} \text{ [}\Omega\text{]} \qquad (3-44)$$

이 된다. 그리고 임피던스 $\boldsymbol{Z}$의 위상각은

$$\theta = \tan^{-1}\frac{\left(\omega L - \frac{1}{\omega C}\right)}{R} \text{ [rad]} \qquad (3-45)$$

가 된다.

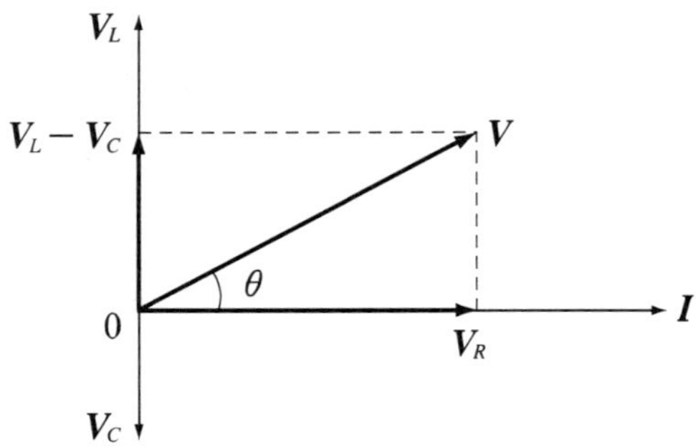

그림 3-15 $X_L > X_C$ 직렬회로의 벡터도

여기서 합성 리액턴스 $X = \omega L - \frac{1}{\omega C}$의 값에 따라 전류의 크기와 위상각이 변화되며, 다음의 세 가지 경우를 생각할 수 있다.

① $\omega L > \frac{1}{\omega C}$인 경우 : $X > 0$, $\theta > 0$이고, 유도성 회로가 되며, 전압은 전류보다 θ만큼 앞선다.

② $\omega L < \frac{1}{\omega C}$인 경우 : $X < 0$, $\theta < 0$이고, 용량성 회로가 되며, 전압은 전류보다 θ만큼 뒤진다.

③ $\omega L = \frac{1}{\omega C}$인 경우 : $X = 0$, $\theta = 0$이고, 전압과 전류는 동상이 된다.

예제 3-9

그림 3-16과 같은 회로의 벡터 임피던스 및 그 크기와 위상각을 구하여라.

풀이 벡터 임피던스

$Z = 0.3 + j(0.5 - 0.2) = 0.3 + j0.3$ [Ω]

벡터 임피던스의 크기

$Z = \sqrt{0.3^2 + 0.3^2} = 0.424$ [Ω]

위상각

$\theta = \tan^{-1}\frac{0.3}{0.3} = 45°$

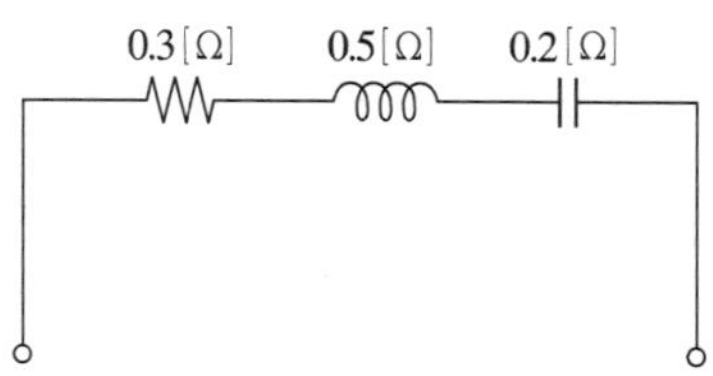

그림 3-16

예제 3-10

그림 3-17과 같은 직렬회로에서 각 소자의 전압이 그림과 같다면 ab 양단에 가한 교류전압[V]은 얼마인가?

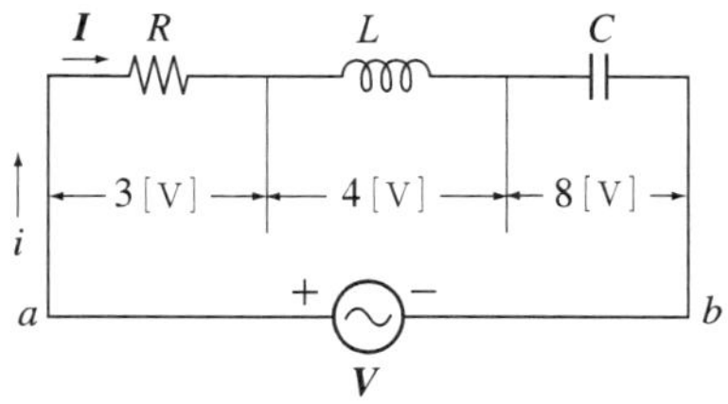

그림 3-17

풀이 $\boldsymbol{V}_R = R\boldsymbol{I} = 3$ [V]

$\boldsymbol{V}_L = j\omega L\boldsymbol{I} = j4$ [V]

$\boldsymbol{V}_C = -j\dfrac{1}{\omega C}\boldsymbol{I} = -j8$ [V]

이므로 ab 양단에 가한 교류전압 $\boldsymbol{V}$는

$\boldsymbol{V} = \boldsymbol{V}_R + \boldsymbol{V}_L + \boldsymbol{V}_C = 3 + j4 - j8 = 3 - j4$

따라서, 전압의 절대치 V는

$V = \sqrt{3^2 + 4^2} = \sqrt{25} = 5$ [V]

3.7 $R-L$ 병렬회로

그림 3-18과 같이 저항과 인덕턴스가 병렬로 접속된 회로에 전압 $\boldsymbol{V}$를 인가했을 때 각 소자에 흐르는 전류를 각각 $\boldsymbol{I}_R$, $\boldsymbol{I}_L$이라고 하고, 전 전류를 $\boldsymbol{I}$라고 하면,

$$\boldsymbol{I}_R = \frac{\boldsymbol{V}}{R} \tag{3-46}$$

$$\boldsymbol{I}_L = \frac{\boldsymbol{V}}{jX_L} = \frac{\boldsymbol{V}}{j\omega L} = -j\frac{\boldsymbol{V}}{\omega L} \tag{3-47}$$

$$\therefore\ \boldsymbol{I} = \boldsymbol{I}_R + \boldsymbol{I}_L = \left(\frac{1}{R} - j\frac{1}{\omega L}\right)\boldsymbol{V} \tag{3-48}$$

가 된다.

따라서 전 전류 $\boldsymbol{I}$의 절대치와 편각은

$$I = \sqrt{\left(\frac{1}{R}\right)^2 + \left(\frac{1}{\omega L}\right)^2}\ V\ [\mathrm{A}] \tag{3-49}$$

$$\theta = -\tan^{-1}\frac{I_L}{I_R} = -\tan^{-1}\frac{R}{\omega L}\ [\mathrm{rad}] \tag{3-50}$$

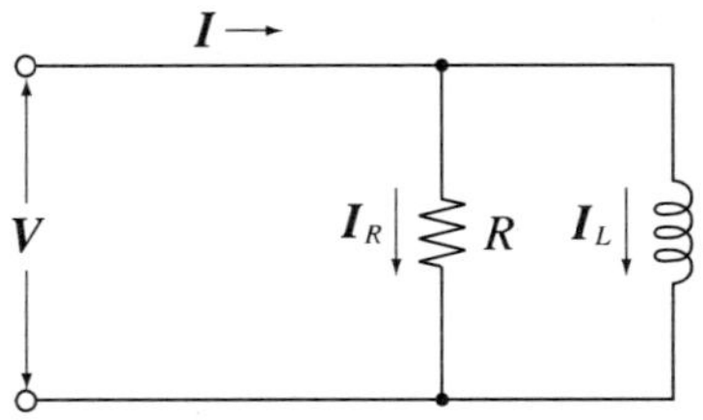

그림 3-18 R-L 병렬회로

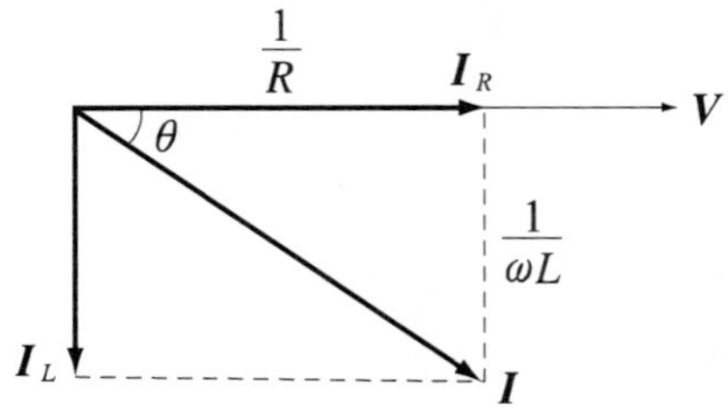

그림 3-19

가 되고, 이 식으로부터 전 전류 I는 전압 V의 $\sqrt{\left(\frac{1}{R}\right)^2+\left(\frac{1}{\omega L}\right)^2}$ 배와 같고, 위상은 전압보다 $\tan^{-1}\frac{R}{\omega L}$ [rad] 만큼 뒤진다는 것을 알 수 있다. 그림 3-19는 이 관계를 벡터도로 표시한 것이다.

위의 관계를 어드미턴스에 의하여 구해 보기로 하자.

식 (3-48)에서 전류와 전압의 비는

$$\boldsymbol{Y}=\frac{\boldsymbol{I}}{\boldsymbol{V}}=\left(\frac{1}{R}-j\frac{1}{\omega L}\right)=G-jB\ [\mho] \tag{3-51}$$

로 표시되고, 일반적으로 임피던스 Z의 역수 Y를 어드미턴스(admittance)라고 한다. 그리고 실수부 G를 컨덕턴스(conductance), 허수부 B를 서셉턴스(susceptance)라 하고, 단위는 다같이 모(mho : ℧)를 사용한다. G와 B의 크기는

$$G=\frac{1}{R},\qquad B=\frac{1}{\omega L} \tag{3-52}$$

이 되며, 어드미턴스의 크기와 편각은

$$Y=\sqrt{G^2+B^2}=\sqrt{\left(\frac{1}{R}\right)^2+\left(\frac{1}{\omega L}\right)^2}=\frac{\sqrt{R^2+(\omega L)^2}}{R\omega L}\ [\mho] \tag{3-53}$$

$$\theta=-\tan^{-1}\frac{B}{G}=-\tan^{-1}\frac{R}{\omega L} \tag{3-54}$$

이 되고, 이 회로의 임피던스 Z는

$$Z=\frac{R\omega L}{\sqrt{R^2+(\omega L)^2}}\angle\tan^{-1}\frac{R}{\omega L}\ [\Omega] \tag{3-55}$$

이 된다.

이상의 결과로 알 수 있는 것과 같이 병렬회로인 경우에는 임피던스로 계산하는 것보다 어드미턴스로 계산하는 것이 간편한 경우가 많다.

병렬회로에서 어드미턴스로 계산하는 요령은, 저항회로의 어드미턴스는 컨덕턴스로, 유도 리액턴스 회로의 어드미턴스는 (−)의 서셉턴스로, 용량 리액턴스 회로의 어드미턴스는 (+)의 서셉턴스로 각각 치환하면 된다.

표 3-4 유도기와 용량기의 리액턴스와 서셉턴스

	유도기	용량기	단위
리액턴스	$X_L = \omega L$	$X_C = \dfrac{1}{\omega C}$	ohm[Ω]
서셉턴스	$B_L = \dfrac{1}{\omega L}$	$B_C = \omega C$	mho[℧]

예제 3-11

저항 8[Ω]와 유도 리액턴스 6[Ω]이 병렬로 접속된 회로의 임피던스를 구하여라.

풀이 $Z = \dfrac{RX_L}{\sqrt{R^2+X_L^2}} = \dfrac{8\times 6}{\sqrt{8^2+6^2}} = \dfrac{48}{10} = 4.8\ [\Omega]$

예제 3-12

저항 4[Ω]과 X_L의 유도 리액턴스가 병렬로 접속된 회로에 12[V]의 교류전압을 가하니 5[A]의 전류가 흘렀다. 이 회로의 리액턴스 X_L의 값[Ω]은?

풀이 $I_R = \dfrac{12}{4} = 3\ [\Omega]$

$I_L = \sqrt{I^2 - I_R{}^2} = \sqrt{5^2-3^2} = 4\ [\text{A}]$

$X_L \cdot I_L = 12\ [\text{V}]$이므로

$\therefore X_L = \dfrac{12}{I_L} = \dfrac{12}{4} = 3\ [\Omega]$

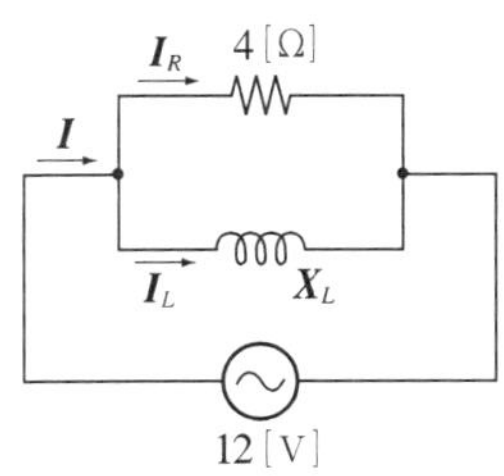

그림 3-20

3.8 $R-C$ 병렬회로

그림 3-21과 같이 저항과 정전용량이 병렬로 접속된 회로에 전압 $\boldsymbol{V}$를 인가했을 때 각 소자에 흐르는 전류를 $\boldsymbol{I}_R$, $\boldsymbol{I}_C$라 하고, 전 전류를 $\boldsymbol{I}$라고 하면

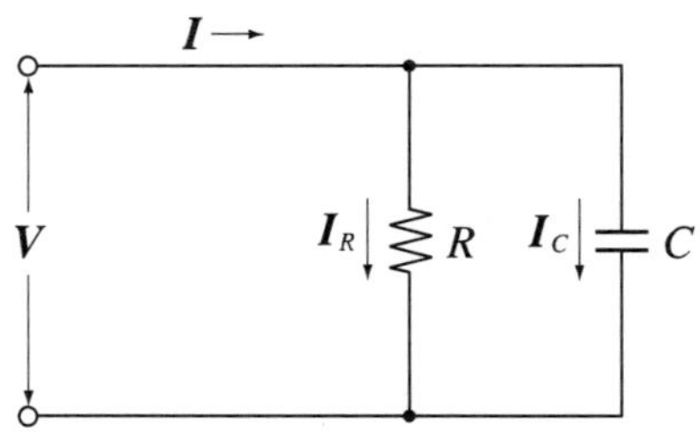

그림 3-21 $R-C$ 병렬회로

$$\boldsymbol{I}_R = \frac{\boldsymbol{V}}{R} \tag{3-56}$$

$$\boldsymbol{I}_C = \frac{\boldsymbol{V}}{-jX_C} = \frac{\boldsymbol{V}}{-j\dfrac{1}{\omega C}} = j\omega C\boldsymbol{V} \tag{3-57}$$

$$\begin{aligned}\boldsymbol{I} = \boldsymbol{I}_R + \boldsymbol{I}_C &= \frac{\boldsymbol{V}}{R} + j\omega C\boldsymbol{V} \\ &= \boldsymbol{V}\left(\frac{1}{R} + j\omega C\right)\end{aligned} \tag{3-58}$$

따라서 전 전류 $\boldsymbol{I}$의 절대치와 편각은

$$I = V\sqrt{\left(\frac{1}{R}\right)^2 + (\omega C)^2}\ [\mathrm{A}] \tag{3-59}$$

$$\theta = \tan^{-1}\frac{I_C}{I_R} = \tan^{-1}\frac{B}{G} = \tan^{-1}\frac{R}{X_C} = \tan^{-1} R\omega C \tag{3-60}$$

가 된다.

이들의 관계를 어드미턴스로 계산하면

$$\begin{aligned}\boldsymbol{Y} = \boldsymbol{Y}_1 + \boldsymbol{Y}_2 &= \frac{1}{\boldsymbol{Z}_1} + \frac{1}{\boldsymbol{Z}_2} \\ &= \frac{1}{R} + \frac{1}{-j\dfrac{1}{\omega C}} \\ &= \frac{1}{R} + \frac{1}{-jX_C}\end{aligned} \tag{3-61}$$

이 되며, 어드미턴스의 크기와 편각은

$$Y=\sqrt{\left(\frac{1}{R}\right)^2+\left(\frac{1}{X_C}\right)^2} \tag{3-62}$$

$$\theta=\tan^{-1}\frac{R}{X_C}=\tan^{-1}R\,\omega C \tag{3-63}$$

가 되고, 그림 3-22는 이 관계를 벡터도로 표시한 것이다.

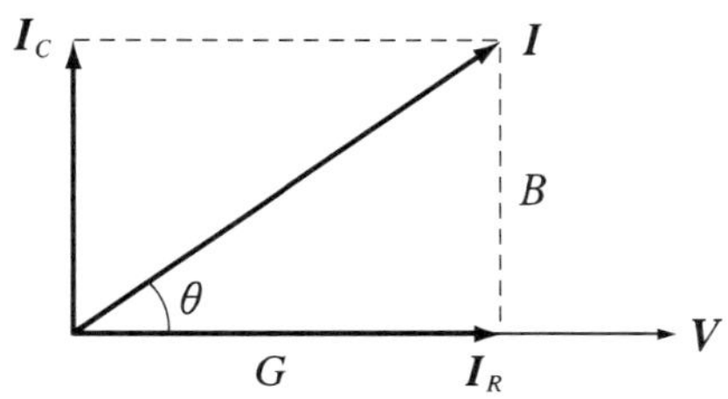

그림 3-22

예제 3-13

저항과 콘덴서를 병렬로 접속한 회로에 직류 100[V]를 가하면 5[A]가 흐르고, 교류 300[V]를 가하면 25[A]가 흐른다. 이때 콘덴서의 리액턴스를 구하여라.

풀이 직류 100[V]를 가했을 때 5[A]가 흐르므로

$$R=\frac{100}{5}=20\ [\Omega]$$

교류 300[V]를 가했을 때 25[A]가 흐르므로 회로의 임피던스는

$$Z=\frac{V}{I}=\frac{100}{25}=12\ [\Omega]$$

따라서, 리액턴스 X_C는

$$Z=\frac{RX_C}{\sqrt{R^2+X_C{}^2}} \text{ 에서 } 12=\frac{20X_C}{\sqrt{20^2+X_C{}^2}}$$

$$\therefore\ X_C=15\ [\Omega]$$

3.9 $R-L-C$ 병렬회로

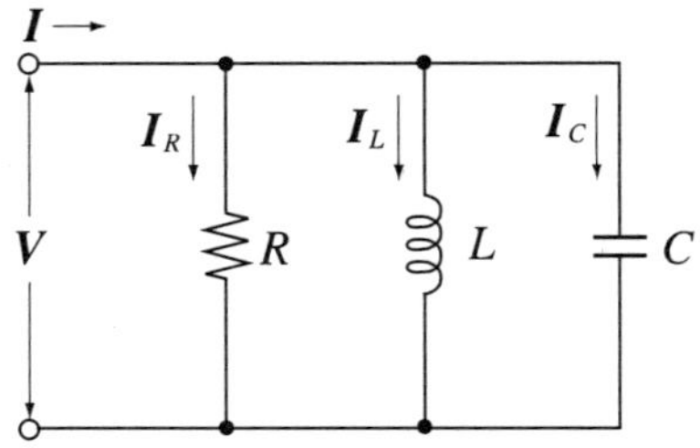

그림 3-23 $R-L-C$ 병렬회로

그림 3-23과 같은 $R-L-C$ 병렬회로에서 각 소자에 흐르는 전류는

$$\boldsymbol{I}_R = \frac{\boldsymbol{V}}{R}$$

$$\boldsymbol{I}_L = \frac{\boldsymbol{V}}{jX_L} = \frac{\boldsymbol{V}}{j\omega L}$$

$$\boldsymbol{I}_C = \frac{\boldsymbol{V}}{-jX_C} = \frac{\boldsymbol{V}}{-j\dfrac{1}{\omega C}}$$

$$= j\omega C\boldsymbol{V} \tag{3-64}$$

따라서 전 전류 $\boldsymbol{I}$는

$$\boldsymbol{I} = \boldsymbol{I}_R + \boldsymbol{I}_L + \boldsymbol{I}_C = \frac{\boldsymbol{V}}{R} + \frac{\boldsymbol{V}}{j\omega L} + j\omega C\boldsymbol{V}$$

$$= \boldsymbol{V}\left(\frac{1}{R} + \frac{1}{j\omega L} + j\omega C\right) \tag{3-65}$$

또

$$\boldsymbol{I} = \boldsymbol{V}\left\{\frac{1}{R} + j\left(\omega C - \frac{1}{\omega L}\right)\right\} = \frac{\boldsymbol{V}}{\boldsymbol{Z}} = \boldsymbol{YV} \tag{3-66}$$

$$\boldsymbol{Y} = \frac{1}{\boldsymbol{Z}} = \frac{1}{R} + j\left(\omega C - \frac{1}{\omega L}\right) = G + j(B_C - B_L) \tag{3-67}$$

$$\boldsymbol{Z} = \frac{1}{\dfrac{1}{R} + j\left(\omega C - \dfrac{1}{\omega L}\right)} \tag{3-68}$$

이 된다. 그리고 식 (3-66)의 전류 $\boldsymbol{I}$에 대하여 다음 세 가지 경우를 생각할 수 있다.

① $\dfrac{1}{\omega L} > \omega C$인 경우 : 유도성 회로로 뒤진 전류가 흐른다.

② $\dfrac{1}{\omega L} < \omega C$인 경우 : 용량성 회로로 앞선 전류가 흐른다.

③ $\frac{1}{\omega L}=\omega C$인 경우 : 병렬공진 상태가 되어 전압과 전류는 동상이 된다.

이상의 결과를 정리하여 보면 저항기와 유도기 및 용량기의 접속방법이 직렬접속이냐, 아니면 병렬접속이냐에 따라 전압과 전류는 표 3-5와 같이 된다.

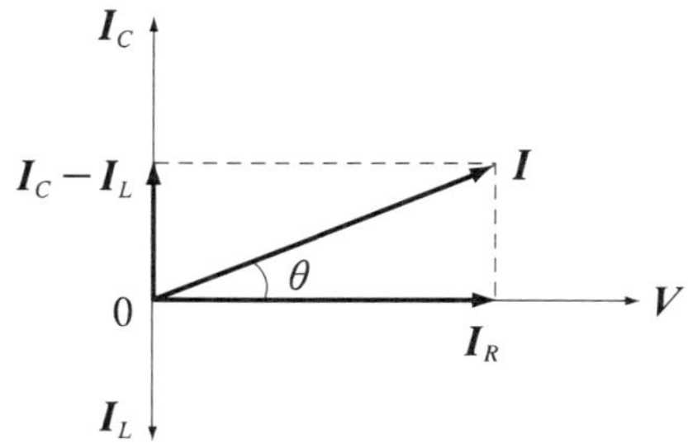

그림 3-24 $X_L > X_C$인 경우의 벡터도

표 3-5 R, L, C의 전압과 전류

소자의 종류	직렬회로	병렬회로
저항기(R)	$\boldsymbol{V}=R\boldsymbol{I}$	$\boldsymbol{I}_R=G\boldsymbol{V}$
유도기(L)	$\boldsymbol{V}=jX_L\boldsymbol{I}$	$\boldsymbol{I}_L=-jB_L\boldsymbol{V}$
용량기(C)	$\boldsymbol{V}=-jX_C\boldsymbol{I}$	$\boldsymbol{I}_C=jB_C\boldsymbol{V}$

예제 3-14

$R=10[\Omega]$, $X_L=8[\Omega]$, $X_C=20[\Omega]$가 병렬로 접속된 회로에 80[V] 의 교류 전압을 가하면 몇 [A]의 전류가 흐르게 되는가?

풀이 $I_R=\frac{\boldsymbol{V}}{R}=\frac{80}{10}=8 \text{ [A]}$

$$I_L=\frac{\boldsymbol{V}}{jX_L}=\frac{80}{j8}=-j10 \text{ [A]}$$

$$I_C=\frac{\boldsymbol{V}}{-jX_C}=\frac{80}{-j20}=j4 \text{ [A]}$$

$$\therefore\ \boldsymbol{I}=I_R+I_L+I_C=8-j10+j4=8-j6 \text{ [A]}$$

따라서 전류의 크기는

$$I=\sqrt{8^2+6^2}=10 \text{ [A]}$$

3.10 임피던스 회로

1 임피던스 직렬회로

그림 3-25와 같이 여러 개의 임피던스를 직렬로 접속하여 여기에 교류전압 V를 가했을 때 회로에 흐르는 전류를 I라 하고, 각 임피던스의 양단 전압을 각각 V_1, V_2, V_3, $\cdots$ V_n이라고 하면

$$V_1 = Z_1 I,\ \ V_2 = Z_2 I,\ \ V_3 = Z_3 I,\ \ \cdots,\ \ V_n = Z_n I \tag{3-69}$$

$$\begin{aligned} \therefore V &= V_1 + V_2 + V_3 + \cdots + V_n \\ &= Z_1 I + Z_2 I + Z_3 I + \cdots + Z_n I \\ &= I(Z_1 + Z_2 + Z_3 + \cdots + Z_n) = IZ \end{aligned} \tag{3-70}$$

단,

$$Z = Z_1 + Z_2 + Z_3 + \cdots + Z_n \tag{3-71}$$

과 같이 된다. 식 (3-71)은 이 회로의 합성 임피던스로서 각 임피던스의 벡터합과 같음을 알 수 있다.

그러므로 임피던스가 직렬로 접속되었을 때 각 임피던스의 전압분포는 다음과 같이 각 벡터 임피던스에 비례한다.

$$V_1 = \frac{Z_1}{Z} V,\ \ V_2 = \frac{Z_2}{Z} V,\ \ V_3 = \frac{Z_3}{Z} V,\ \ \cdots,\ \ V_n = \frac{Z_n}{Z} V \tag{3-72}$$

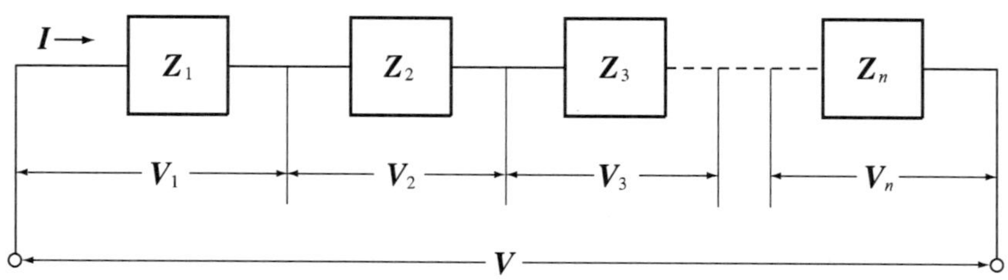

그림 3-25 임피던스 직렬회로

2 임피던스 병렬회로

그림 3-26과 같이 여러 개의 임피던스를 병렬로 접속하여 여기에 교류전압 $\boldsymbol{V}$를 가했을 때 회로에 흐르는 전 전류를 $\boldsymbol{I}$라 하고, 각각의 임피던스에 흐르는 전류를 $\boldsymbol{I}_1$, $\boldsymbol{I}_2$, $\boldsymbol{I}_3$, ⋯, $\boldsymbol{I}_n$이라고 하면,

$$\boldsymbol{I}_1 = \frac{\boldsymbol{V}}{\boldsymbol{Z}_1},\ \boldsymbol{I}_2 = \frac{\boldsymbol{V}}{\boldsymbol{Z}_2},\ \boldsymbol{I}_3 = \frac{\boldsymbol{V}}{\boldsymbol{Z}_3},\ \cdots,\ \boldsymbol{I}_n = \frac{\boldsymbol{V}}{\boldsymbol{Z}_n} \tag{3-73}$$

$$\begin{aligned}\therefore\ \boldsymbol{I} &= \boldsymbol{I}_1 + \boldsymbol{I}_2 + \boldsymbol{I}_3 + \cdots + \boldsymbol{I}_n \\ &= \frac{\boldsymbol{V}}{\boldsymbol{Z}_1} + \frac{\boldsymbol{V}}{\boldsymbol{Z}_2} + \frac{\boldsymbol{V}}{\boldsymbol{Z}_3} + \cdots + \frac{\boldsymbol{V}}{\boldsymbol{Z}_n} \\ &= \left(\frac{1}{\boldsymbol{Z}_1} + \frac{1}{\boldsymbol{Z}_2} + \frac{1}{\boldsymbol{Z}_3} + \cdots + \frac{1}{\boldsymbol{Z}_n}\right)\boldsymbol{V} = \frac{\boldsymbol{V}}{\boldsymbol{Z}}\end{aligned} \tag{3-74}$$

단,

$$\boldsymbol{Z} = \frac{1}{\dfrac{1}{\boldsymbol{Z}_1} + \dfrac{1}{\boldsymbol{Z}_2} + \dfrac{1}{\boldsymbol{Z}_3} + \cdots + \dfrac{1}{\boldsymbol{Z}_n}}$$

또한 식 (3-74)를 어드미턴스로 나타내면

$$\boldsymbol{I} = (\boldsymbol{Y}_1 + \boldsymbol{Y}_2 + \boldsymbol{Y}_3 + \cdots + \boldsymbol{Y}_n)\boldsymbol{V} = \boldsymbol{Y}\boldsymbol{V} \tag{3-75}$$

단,

$$\boldsymbol{Y}_1 = \frac{1}{\boldsymbol{Z}_1},\ \boldsymbol{Y}_2 = \frac{1}{\boldsymbol{Z}_2},\ \boldsymbol{Y}_3 = \frac{1}{\boldsymbol{Z}_3},\ \cdots,\ \boldsymbol{Y}_n = \frac{1}{\boldsymbol{Z}_n}$$

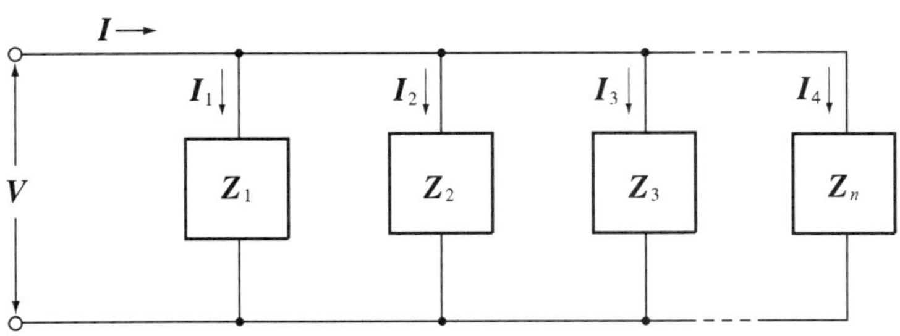

그림 3-26 임피던스 병렬회로

또한

$$Y = Y_1 + Y_2 + Y_3 + \cdots + Y_n$$

으로 표시되고, 각 임피던스에 흐르는 지로전류는 식 (3-76)과 같이 각 벡터 임피던스에 반비례한다.

$$I_1 = \frac{Z}{Z_1}I,\ I_2 = \frac{Z}{Z_2}I,\ I_3 = \frac{Z}{Z_3}I,\ \cdots,\ I_n = \frac{Z}{Z_n}I \tag{3-76}$$

3.11 브리지 회로

1 휘이트스톤 브리지

휘이트스톤 브리지(Wheatstone bridge)는 브리지 회로의 기본형으로서 저항을 측정하는 장치이며 회로 구성은 그림 3-27과 같다.

이 회로에서 검류계(Galvanometer) G에 흐르는 전류가 "0"일 때 브리지는 평형(같아짐)이 되었다고 하며 다음의 관계가 성립한다.

$$Z_1I_1 = Z_2I_2,\ Z_3I_1 = Z_4I_2 \tag{3-77}$$

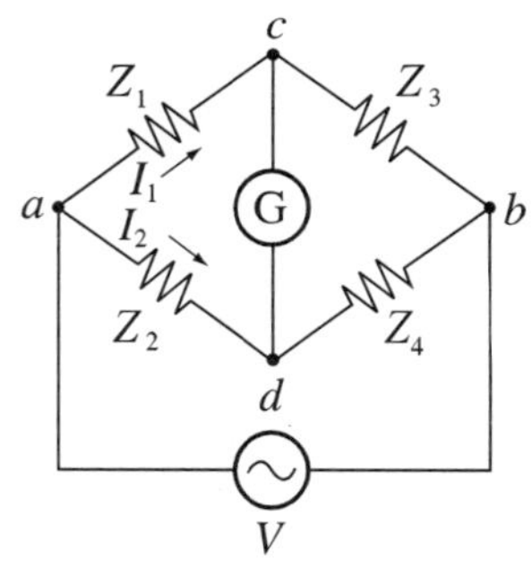

그림 3-26 브리지 회로

위의 두 식에서

$$\frac{Z_1}{Z_2} = \frac{Z_3}{Z_4}\ \ (\text{혹은 } Z_1Z_4 = Z_2Z_3) \tag{3-78}$$

이것이 브리지 회로의 평형조건이다. Z_1, Z_2, Z_3, Z_4는 일반적으로 복소수이므로 식 (3-78)의 평형조건은 실수부와 허수부로 나누어 2개의 조건을 갖는다.

예제 3-15

그림과 같은 회로에서 a, b 사이에 흐르는 전류는 몇 [A]인가? 단, 단위는 [Ω]이다.

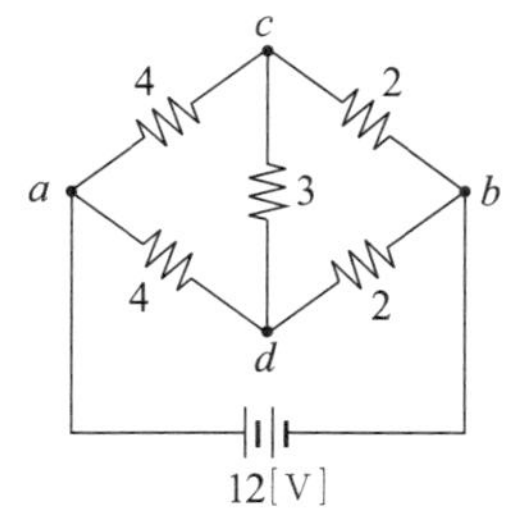

그림 3-28

풀이 브리지가 평형상태이므로 3[Ω]의 저항에는 전류가 흐르지 않는다.

합성저항 R은

$$R=\frac{6\times 6}{6+6}=3[\Omega]$$

따라서 a, b 사이에 흐르는 전류 I는

$$\therefore\ I=\frac{V}{R}=\frac{12}{3}=4[\text{A}]$$

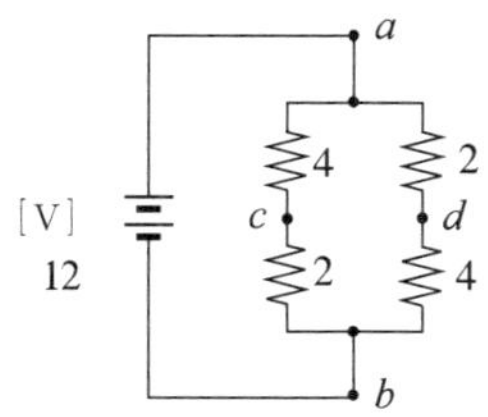

그림 3-29

2 맥스웰 브리지

맥스웰 브리지(Maxwell bridge)는 인덕턴스를 측정하는 장치로서 회로의 구성은 그림 3-30과 같다. 이 회로는 미지의 인덕턴스 L_X를 표준 인덕턴스 L_3와 비교하여 측정하는 브리지이며, 인덕턴스를 연결한 도선 자체의 저항 R_3와 R_X를 포함하고 있다. 브리지의 각 변의 임피던스는

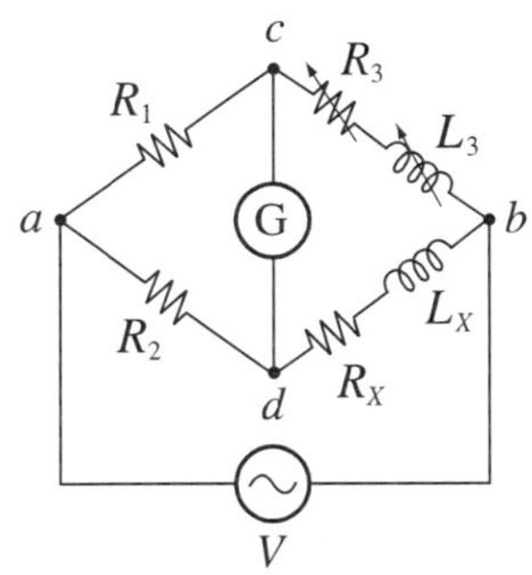

그림 3-30 맥스웰 브리지 회로

$$Z_1=R_1,\qquad Z_2=R_2$$

$$Z_3=R_3+j\omega L_3,\quad Z_4=R_X+j\omega L_X \tag{3-79}$$

이므로, 브리지가 평형되었을 때에는 평형조건에 의하여

$$R_1(R_X+j\omega L_X)=R_2(R_3+j\omega L_3) \tag{3-80}$$

가 되고, 두 변의 실수부와 허수부가 같으므로

$$\left.\begin{aligned} R_1R_X&=R_2R_3\\ R_1\cdot\omega L_X&=R_2\cdot\omega L_3\end{aligned}\right\} \tag{3-81}$$

가 되어 미지의 인덕턴스 L_X 및 R_X는 다음과 같이 된다.

$$\left.\begin{aligned} L_X &= \frac{R_2}{R_1} L_3 \\ R_X &= \frac{R_2}{R_1} R_3 \end{aligned}\right\} \qquad (3\text{-}82)$$

3 윈 브리지

윈 브리지(Wien bridge)는 주파수를 측정하는 장치로서 회로의 구성은 그림 3-31과 같다.

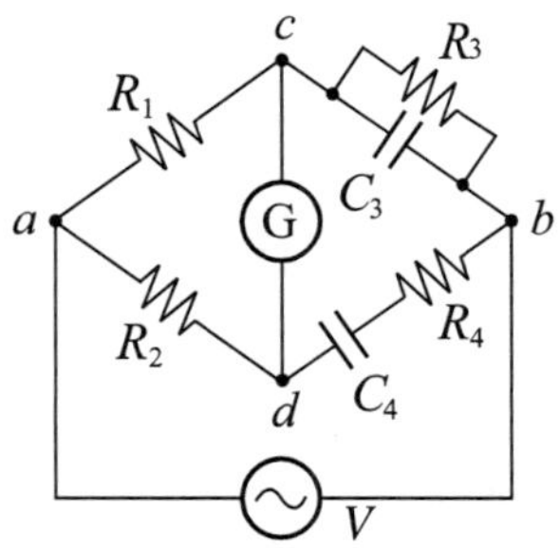

그림 3-31 윈 브리지 회로

이 브리지의 각 변의 임피던스는

$$Z_1 = R_1, \qquad Z_2 = R_2$$

$$Z_3 = \frac{1}{\dfrac{1}{R_3} + j\omega C_3}, \quad Z_4 = R_4 - j\frac{1}{\omega C_4} \qquad (3\text{-}83)$$

이므로, 브리지가 평형되었을 때에는 평형조건에 의하여

$$R_1\left(R_4 - j\frac{1}{\omega C_4}\right) = R_2\left(\frac{1}{\dfrac{1}{R_3} + j\omega C_3}\right) \qquad (3\text{-}84)$$

이 되고, 이 식을 정리하면

$$\left(\frac{R_4}{R_3} + \frac{C_3}{C_4} - \frac{R_2}{R_1}\right) + j\left(\omega C_3 R_4 - \frac{1}{\omega C_4 R_3}\right) = 0 \qquad (3\text{-}85)$$

이 되므로 이 브리지의 평형조건은 다음과 같이 표시할 수 있다.

$$\frac{R_4}{R_3} + \frac{C_3}{C_4} = \frac{R_2}{R_1}, \qquad \omega C_3 R_4 = \frac{1}{\omega C_4 R_3} \qquad (3\text{-}86)$$

그러므로 각주파수 ω는

$$\omega = \frac{1}{\sqrt{R_3 R_4 C_3 C_4}} \qquad (3\text{-}87)$$

이 되고, 이 식으로부터 주파수는 저항과 정전용량으로 결정됨을 알 수 있으며, 구하고자 하는 전원의 주파수를 계산할 수 있다.

예제 3-16

그림 3-32와 같은 브리지 회로에서 $R_1 = 15\ [\Omega]$, $R_2 = 300\ [\Omega]$, $R_3 = 120\ [\Omega]$, $L = 45\,[\mu\text{H}]$인 경우, 평형 상태를 이루기 위한 R과 C의 값은 얼마인가?

풀이 $R-C$ 병렬회로의 임피던스는

$$\frac{1}{\frac{1}{R}+\frac{1}{jX_C}} = \frac{1}{\frac{1}{R}+j\omega C} = \frac{R}{1+j\omega CR}$$

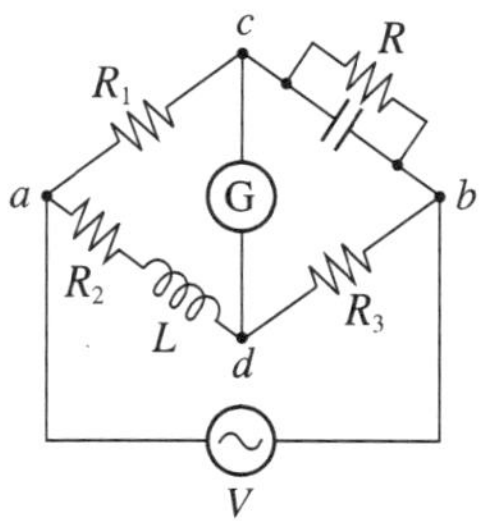

그림 3-32

브리지 회로의 평형조건은

$$R_1R_3 = (R_2 + j\omega L)\frac{R}{1+j\omega CR}$$

$$R_1R_3(1+j\omega CR) = R(R_2 + j\omega L)$$

실수부 $R_1R_3 = RR_2$

허수부 $\omega CRR_1R_3 = \omega LR$

$$\therefore\ R = \frac{R_1R_3}{R_2} = \frac{15\times 120}{300} = 6\ [\Omega]$$

$$C = \frac{L}{R_1R_3} = \frac{45\times 10^{-6}}{15\times 120} = 0.025\times 10^{-6} = 0.025\ [\mu\text{F}]$$

3.12 사다리형 회로

그림 3-33과 같이 여러 개의 임피던스를 직렬과 병렬로 반복 접속한 회로를 사다리형 회로(梯子形回路, ladder-type circuit)라고 한다.

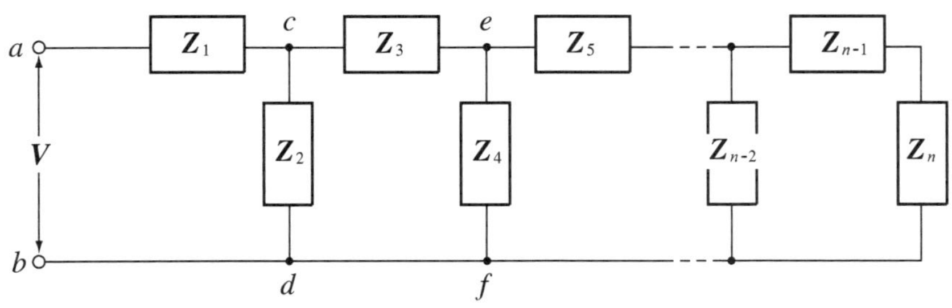

그림 3-33 사다리형 회로

이 회로에서 단자 cd에서 본 오른쪽의 임피던스를 Z_2'라고 하면, 단자 ab에서 본 전체 임피던스 Z는

$$Z = Z_1 + \cfrac{1}{\cfrac{1}{Z_2} + \cfrac{1}{Z_2'}} \tag{3-88}$$

이 되고, $\dfrac{1}{Z_2} = Y_2$라 하면 식 (3-88)은

$$Z = Z_1 + \cfrac{1}{Y_2 + \cfrac{1}{Z_2'}} \tag{3-89}$$

이 된다. 또 단자 ef에서 본 오른쪽의 임피던스를 Z_4'라 하고, $\dfrac{1}{Z_4} = Y_4$라 하면, 단자 cd에서 본 오른쪽의 임피던스 Z_2'는

$$Z_2' = Z_3 + \cfrac{1}{Y_4 + \cfrac{1}{Z_4'}} \tag{3-90}$$

가 되므로, 식 (3-90)을 식 (3-89)에 대입하면 임피던스 Z는 다음과 같이 된다.

$$Z = Z_1 + \cfrac{1}{Y_2 + \cfrac{1}{Z_3 + \cfrac{1}{Y_4 + \cfrac{1}{\cfrac{1}{Z_4'}}}}} \tag{3-91}$$

같은 방법으로 사다리형 회로의 최후까지 반복하면

$$Z = Z_1 + \cfrac{1}{Y_2 + \cfrac{1}{Z_3 + \cfrac{1}{Y_4 + \cfrac{1}{Z_5 + \cfrac{1}{Y_6 + \cdots}}}}} \tag{3-92}$$

와 같은 연분수형식으로 된다.

연 습 문 제

1. 어떤 콘덴서를 50[Hz], 100[V]인 교류전압에 접속하였더니 2[A]의 전류가 흘렀다. 이 콘덴서를 60[Hz], 120[V]에 연결하면 몇 [A]의 전류가 흐르는가?

2. $R=9[\Omega]$, $X_C=5[\Omega]$가 직렬로 접속된 회로에 15[A]의 전류가 흐를 때, 공급전압[V]을 복소수로 표시하여라.

3. 20 [Ω]의 저항을 가진 코일을 실효값 100[V], 50[Hz]의 정현파 전원에 접속하였을 때, 실효값 1[A]의 전류가 흘렀다면 이 코일의 역률은 얼마인가?

4. 그림 3-34와 같은 회로에서
   $v=\sqrt{2}\,V\sin\omega t\,[\mathrm{V}]$이다.
   ① 역률을 구하여라.
   ② 전류의 실효값을 구하여라.
   ③ 전압과 전류의 위상차를 구하여라.

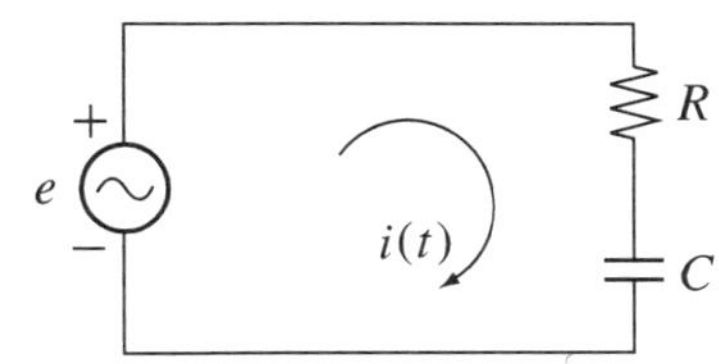

그림 3-34

5. $R=20[\Omega]$, $L=0.1[\mathrm{H}]$의 직렬회로에 60[Hz], 100[V]의 교류전압을 인가할 때, 인덕턴스에 축적되는 자기 에너지의 평균값은 몇 [J]인가?

6. 그림 3-35와 같은 회로에서 전류 I는 몇 [A]인가?
   단, $R=40[\Omega]$, $X_L=30[\Omega]$, $X_C=30[\Omega]$이다.

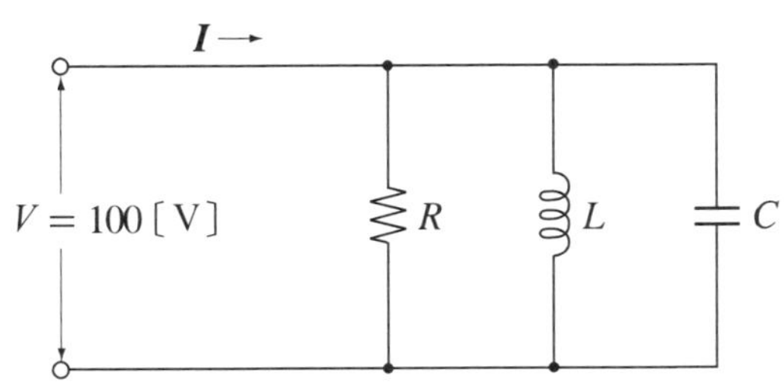

그림 3-35

7. 어떤 코일의 임피던스를 측정하기 위해 직류전압 20[V]를 가했더니 100[W]가 소비되고, 교류전압 50[V]를 가했더니 400[W]가 소비되었다. 코일의 저항과 리액턴스는 각각 몇 [Ω]인가?

8. $R = 100\,[\Omega]$, $L = 0.1\,[\text{H}]$의 직렬회로에서
   ① 60[Hz]에서의 이 회로의 임피던스의 크기와 각을 구하여라.
   ② 60[Hz], 100[V]의 교류전압을 가할 때 흐르는 전류를 구하여라.
   ③ 60[Hz], 100[V]의 교류전압을 가할 때 R의 양단전압과 L의 양단전압의 실효치를 구하여라.

9. 저항과 리액턴스의 직렬회로에 $V = 7 + j19\,[\text{V}]$인 교류전압을 가했더니 $I = 3 + j1\,[\text{A}]$의 전류가 흘렀다면, 이 회로의 저항 R과 리액턴스 X를 구하여라.

10. 그림 3-36과 같은 브리지 회로가 평형되기 위한 R과 X의 값을 구하여라.

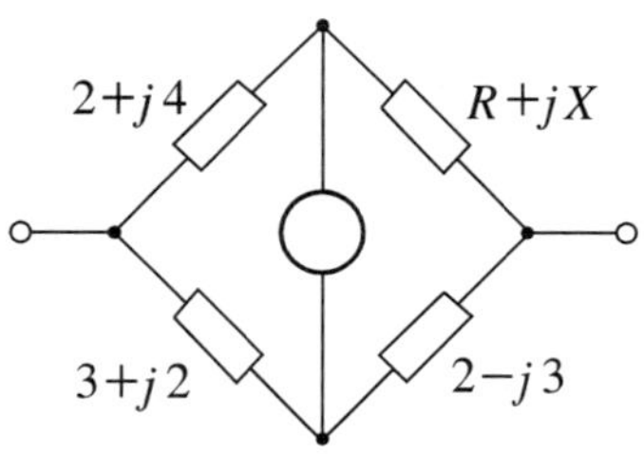

그림 3-36

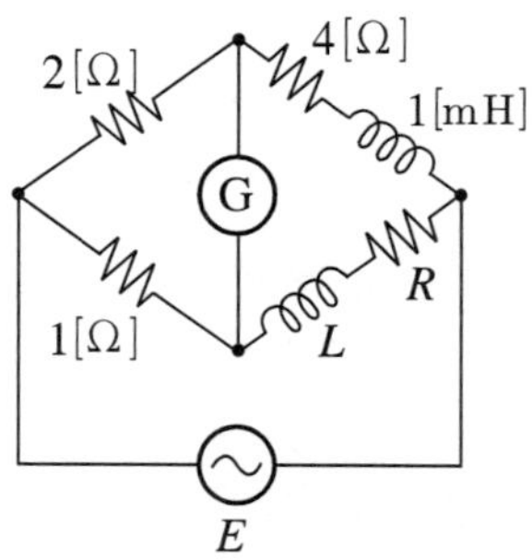

그림 3-37

11. 그림 3-37과 같은 맥스웰 브리지가 평형되어 있을 때 R과 L의 값을 구하여라.

12. 4[Ω]의 저항과 3[Ω]의 유도 리액턴스의 병렬 회로에 10[V]의 전압을 가했을 때, 컨덕턴스 G와 서셉턴스 B 및 전류의 크기 I, 위상각 θ를 구하여라.

13. 100[mH]의 인덕턴스에 100[V]의 전압(주파수 60[Hz])을 인가하였을 때 몇 [A]의 전류가 흐르는가?

14. 10[μF]의 정전 용량에 100[V]의 전압(주파수 60[Hz])을 인가하였을 때 몇 [A]의 전류가 흐르는가?

Chapter 4

공진현상

4.1 직렬공진

1 이상적인 직렬공진

그림 4-1과 같이 저항성분이 없는 순수한 $L-C$ 직렬회로의 임피던스는 $Z = j\left(\omega L - \frac{1}{\omega C}\right)$이다.

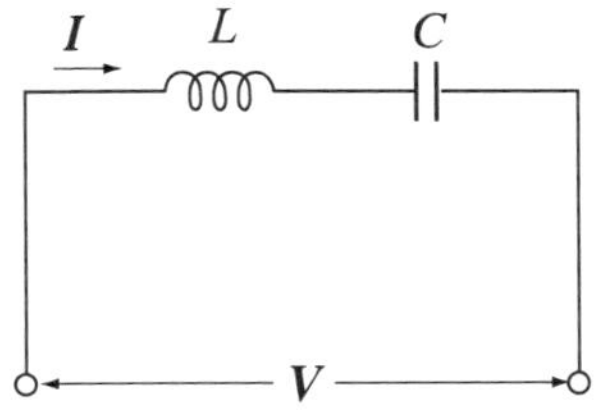

그림 4-1

만일 $\omega L = \frac{1}{\omega C}$로 된다면 $Z = 0$, 즉 합성 리액턴스가 0이 되어 전류는 무한대로 된다. 이와 같은 상태를 이상적인 직렬공진(series resonance) 또는 전압공진이라 하고, 간단히 공진(resonance)이라고도 한다.

2 일반적인 직렬공진

실제의 임피던스 직렬회로에서는 저항이 없는 회로는 없으므로 그림 4-2와 같은 $R-L-C$ 회로가 된다.

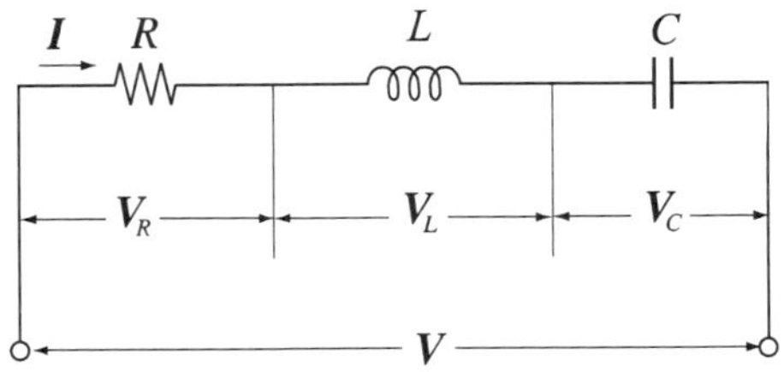

그림 4-2

이 회로의 전류 I와 위상각 θ는

$$I = \frac{V}{\sqrt{R^2 + \left(\omega L - \frac{1}{\omega C}\right)^2}} \tag{4-1}$$

$$\theta = \tan^{-1}\frac{\omega L - \frac{1}{\omega C}}{R} \tag{4-2}$$

이 된다. 그러므로 $\omega L = \frac{1}{\omega C}$, 즉 $\omega L - \frac{1}{\omega C} = 0$인 상태가 되면 식 (4-1)과 (4-2)로부터 공진전류 I_0은

$$I = I_0 = \frac{V}{R}, \qquad \theta = \tan^{-1}\frac{0}{R} = 0 \tag{4-3}$$

이 되어 V와 I는 동상이고 전류는 최대가 된다.

그래서 일반적인 경우의 직렬공진이란 다음과 같은 상태를 말한다.

① 리액턴스 성분이 0이 되어 전압과 전류가 동상이 되는 상태(역률 = 1)
② 임피던스가 최소로 되어 전류가 최대로 되는 상태

3 공진주파수 및 공진전류

그림 4-3은 $R-L-C$ 직렬회로의 전원의 각주파수 ω를 변화시킬 경우, 회로의 리액턴스의 변화를 나타낸 것이다. 낮은 주파수에서는 용량성 리액턴스의 값이 크므로 $X < 0$이고 ω가 0에 가까워짐에 따라 X는 $-\frac{1}{\omega C}$의 값에 접근한다. 또 높은 주파수에서는 유도성 리액턴스의 값이 크므로 $X > 0$이고 ω가 ∞에 가까워짐에 따라 X는 ωL의 값에 접근한다.

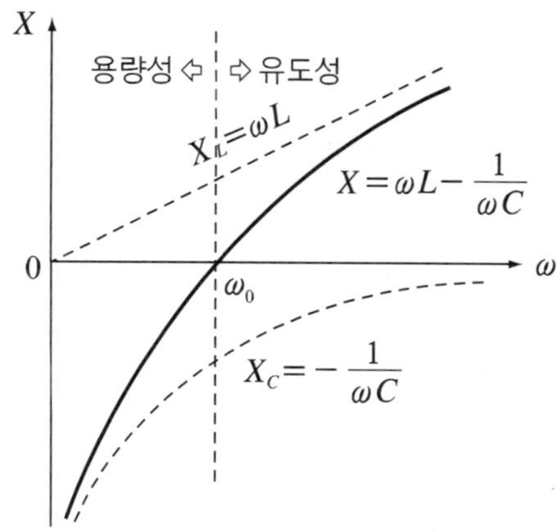

그림 4-3 $R-L-C$ 직렬공진회로의 주파수와 리액턴스의 관계

그리고 이 중간에서 X의 곡선이 횡축을 끊는 점, 즉 $X_L = X_C$가 되는 점 ω_0가 존재하며, 단자전압과 전류가 동상이 된다.

일반적으로 2단자 회로의 단자전압과 전류가 어떤 특정한 주파수에서 동상이 될 때 이 회로는 그 주파수에서 공진상태에 있다고 말한다. 그리고 그 주파수를 **공진주파수**(resonant frequency)라고 한다.

$R-L-C$ 직렬회로의 공진시의 각주파수를 ω_0, 공진주파수를 f_0라 하면

$$\omega_0 L - \frac{1}{\omega_0 C} = 0 \tag{4-4}$$

으로부터

$$\omega_0 = \frac{1}{\sqrt{LC}} \quad \text{또는} \quad f_0 = \frac{1}{2\pi\sqrt{LC}} \tag{4-5}$$

여기서 ω_0 : 공진 각주파수(resonant angular frequency)

f_0 : 공진주파수(resonant frequency)

가 된다.

이때 흐르는 전류 I_0를 **공진전류**(resonant current)라 한다.

그림 4-4는 R, X 및 Z와 ω의 관계를 나타낸 것이다.

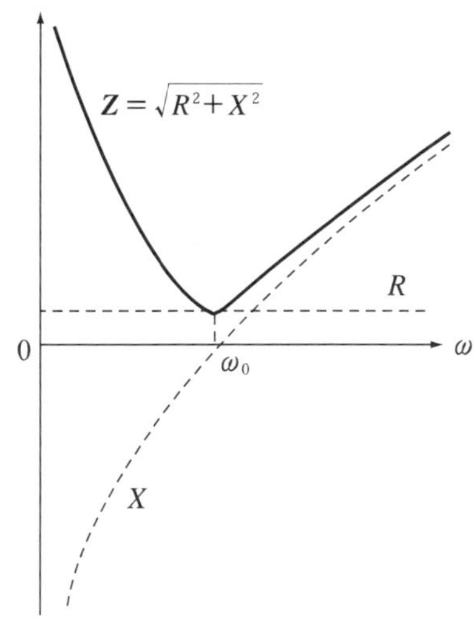

그림 4-4 직렬공진회로의 임피던스와 주파수 특성곡선

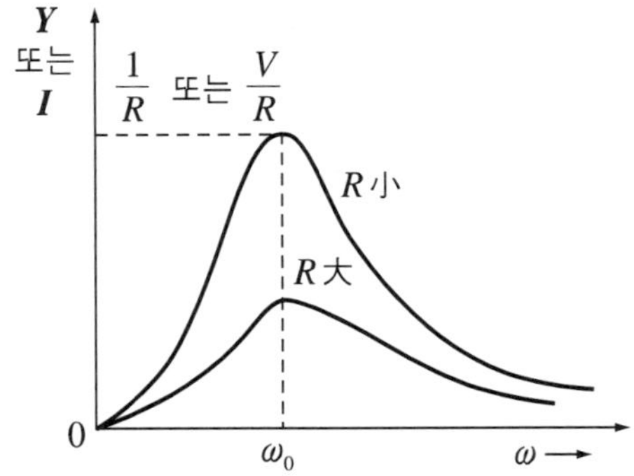

그림 4-5 직렬공진회로의 어드미턴스의 주파수 특성곡선(전류응답곡선)

공진주파수에서는 $X=0$이므로 $Z=R$이 되고 임피던스는 최소가 된다.

그림 4-5는 어드미턴스의 주파수 특성곡선으로서 임피던스 곡선의 역이다. $\omega=\omega_0$에서 어드미턴스 Y는 최대가 되며 그 값은 $1/R$과 같다. 따라서 회로의 손실(R)이 적을수록 Y곡선은 더욱 뾰족하게 되며, 이 특성 곡선을 **공진곡선**(resonant curve)이라고 한다.

또 직렬회로의 공급전압이 일정할 때 회로전류는 어드미턴스에 비례하므로 그림 4-5의 곡선은 그대로 $R-L-C$ 직렬공진회로의 전류응답곡선이 된다.

그리고 회로의 저항이 적으면 공진전류는 매우 크게 되며 L 또는 C의 양단에는 매우 큰 전압(공급전압의 수십 배가 될 때도 있다)이 나타난다.

4 직렬공진회로의 벡터 궤적

그림 4-2와 같은 $R-L-C$ 직렬회로의 임피던스 $\boldsymbol{Z}$는

$$\boldsymbol{Z}=R+jX=R+j\left(\omega L-\frac{1}{\omega C}\right) \tag{4-6}$$

이며, 허수부 X는 그림 4-3에 표시한 바와 같이 ω가 무한대에 가까워짐에 따라 ωL의 값에 접근하고, 0에 가까워짐에 따라 $-\dfrac{1}{\omega C}$의 값에 접근한다. 따라서 임피던스 $\boldsymbol{Z}$의 벡터 궤적(vector locus)은 그림 4-6과 같이 허축에서 R만큼 떨어지고, 허축에 평행한 직선이 된다. 그리고 $\omega=\omega_0$에 대해서는 $X=0$이 되므로 $Z=R$이 되어 Z의 값이 최소가 된다.

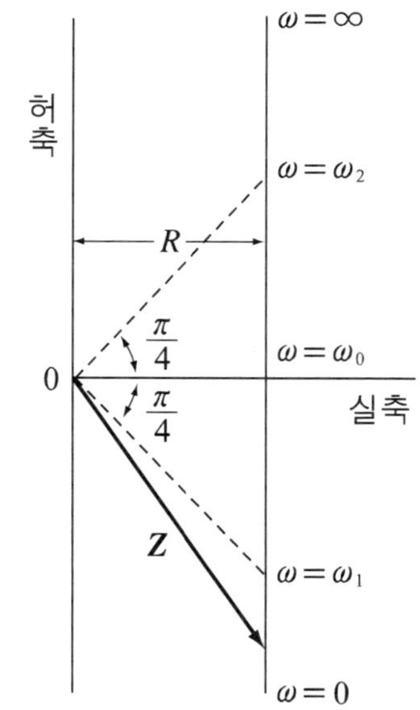

그림 4-6 직렬공진회로의 임피던스 궤적

그림 4-7은 어드미턴스 $Y=\dfrac{1}{Z}$의 궤적을 나타내며 중심이 실축상에 있고, 지름이 $G=\dfrac{1}{R}$인 원점을 통과하는 원이다.

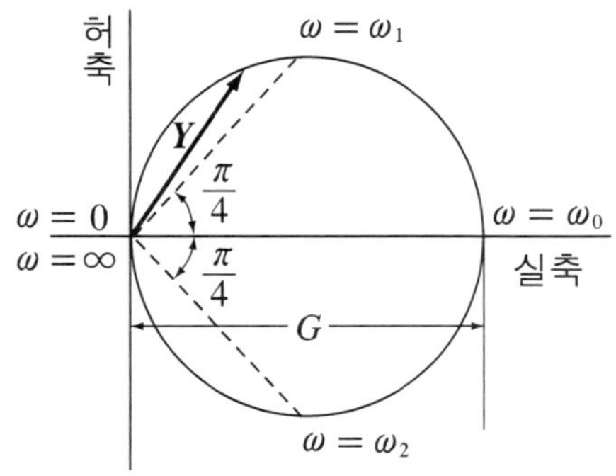

그림 4-7 직렬공진회로의 어드미턴스 궤적

벡터 궤적은 그림 4-6과 같은 직선과 그림 4-7과 같은 원의 경우가 보통이며, 직선도 직경이 무한대인 원의 일부라고 생각할 수 있으므로 벡터 궤적을 **원선도**(circle diagram)라고도 한다.

5 전압확대율

직렬공진시의 V_L 및 V_C의 공급전압 V에 대한 비율을 전압확대율이라 하고, 일반적으로 기호 Q로 표시한다. 그러므로

$$\left.\begin{aligned} Q_L &= \frac{V_L}{V} = \frac{\omega_0 L I_0}{R I_0} = \frac{\omega_0 L}{R} \\ Q_C &= \frac{V_C}{V} = \frac{I_0/\omega_0 C}{R I_0} = \frac{1}{R\omega_0 C} \end{aligned}\right\} \quad (4-7)$$

이 되고, $\omega_0 L = \dfrac{1}{\omega_0 C}$의 관계가 있으므로 $Q_L = Q_C = Q$로 되어

$$Q = \frac{\omega_0 L}{R} = \frac{1}{R\omega_0 C} \quad (4-8)$$

따라서, 전압확대율 Q의 값은 R에 비하여 $\omega_0 L$ 또는 $1/\omega_0 C$가 클수록 커진다. 직렬공진회로의 특성을 정리하면 다음과 같다.

① V_C와 V_L은 공진주파수 근처에서 최대값을 가진다.

② 낮은 주파수에서 V_C는 전압원에 가깝고 V_L은 0에 가까우나, 높은 주파수에서 V_L은 전압원에 가깝고 V_C는 0에 가깝다.

③ V_R과 I는 공진주파수일 때 최대치에 도달하고 비슷한 형태를 가진다.

6 선택도

$R-L-C$ 직렬회로에 주파수가 다르고 크기가 같은 여러 가지의 전압을 인가하면 공진주파수 f_0의 전압에 의한 전류가 가장 큰 공진전류 I_0로 되고, 다른 주파수의 전류는 I_0에 비해 매우 작다. 따라서 주파수 f_0인 전압만이 Q배로 확대되어 L과 C의 양단에 나타나지만 다른 주파수의 전압은 매우 작다. 즉 $R-L-C$ 직렬회로에서는 주파수 f_0의 전압만이 선택되어 확대된다. 이 선택성은 그림 4-5의 공진곡선이 뾰족할수록 크다. 그런데 이 뾰족한 정도를 나타내는 방법으로서 그림 4-8과 같은 공진곡선에서 f_0에 아주 가까운 곳에 같은 전류 I에 대한 주파수 f_1, f_2(단, $f_1 < f_0 < f_2$)를 구하여

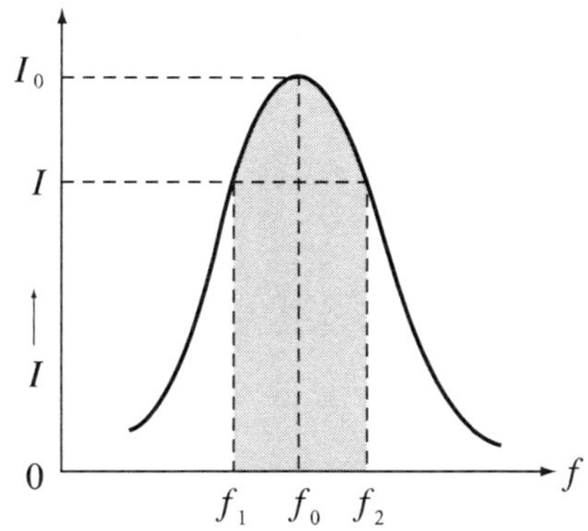

그림 4-8 공진곡선

$$S = \frac{f_0}{f_2 - f_1} \tag{4-9}$$

라고 하면, 이 S가 클수록 공진곡선이 뾰족하게 됨을 알 수 있다. 이때 S를 **첨예도**(sharpness) 또는 **선택도**(selectivity)라 한다.

일반적으로 선택도 $I = I_0/\sqrt{2}$ 인 때의 주파수(f_1, f_2)로 표시하는 경우가 많으므로 이런 경우의 S와 전압확대율 Q의 관계를 알아보자.

그림 4-8에서 공진 각주파수가 ω_0일 때 $I_0 = V/R$이고, $I = I_0/\sqrt{2}$ 인 때의 공진 각주파수를 ω_X라고 하면, 식 (4-1)에 의하여

$$I = \frac{I_0}{\sqrt{2}} = \frac{V}{\sqrt{2}\,R} = \frac{V}{\sqrt{R^2 + \left(\omega_X L - \dfrac{1}{\omega_X C}\right)^2}} \tag{4-10}$$

$$\therefore\ \sqrt{2}\,R = \sqrt{R^2 + \left(\omega_X L - \frac{1}{\omega_X C}\right)^2} \tag{4-11}$$

양변을 제곱하여 정리하면

$$\left(\omega_X L - \frac{1}{\omega_X C}\right)^2 = R^2 \tag{4-12}$$

$$\left(\frac{\omega_X L}{R} - \frac{1}{R\omega_X C}\right)^2 = 1 \tag{4-13}$$

식 (4-13)에 식 (4-8)을 대입하여 정리하면

$$\frac{\omega_X Q}{\omega_0} - \frac{\omega_0 Q}{\omega_X} = \pm 1 \tag{4-14}$$

$$\omega_X^{\ 2} \pm \frac{\omega_0}{Q}\omega_X - \omega_0^{\ 2} = 0 \tag{4-15}$$

여기서 ω_X는 식 (4-15)를 만족시키고 또 (+)의 값이어야 하므로 그 값을 ω_1, ω_2라 하면, 식 (4-14)에서 복부호는 $\omega_1 < \omega_0$인 경우에는 (+), $\omega_2 > \omega_0$인 경우에는 (-)이므로 근의 공식에 의하여,

$$\left.\begin{aligned} &\omega_1 < \omega_0 : \\ &\qquad \omega_1 = \frac{-\dfrac{\omega_0}{Q} + \sqrt{\left(\dfrac{\omega_0}{Q}\right)^2 + 4\omega_0^{\ 2}}}{2} \\ &\omega_2 < \omega_0 : \\ &\qquad \omega_2 = \frac{\dfrac{\omega_0}{Q} + \sqrt{\left(\dfrac{\omega_0}{Q}\right)^2 + 4\omega_0^{\ 2}}}{2} \end{aligned}\right\} \tag{4-16}$$

따라서

$$\omega_1\omega_2 = \omega_0^{\ 2}, \qquad \omega_2 - \omega_1 = \frac{\omega_0}{Q} \tag{4-17}$$

의 관계가 있으므로, 이를 식 (4-9)에 대입하면

$$S = \frac{f_0}{f_2 - f_1} = \frac{\omega_0}{\omega_2 - \omega_1} = \frac{\omega_0}{\dfrac{\omega_0}{Q}} = Q \tag{4-18}$$

가 된다. 즉 전압확대율 Q와 $I = I_0 / \sqrt{2}$인 때의 선택도 S는 같다.

이로부터 Q가 큰 $R-L-C$ 직렬회로는 전압확대율과 선택도가 모두 크다고 할 수 있다.

예제 4-1

$R-L-C$ 직렬공진회로에서 $R=100[\Omega]$, $L=314[\text{mH}]$, $C=1256[\text{pF}]$일 때 전압확대율을 구하여라.

풀이 $Q=\dfrac{\omega_0 L}{R}=\dfrac{1}{\omega_0 CR}=\dfrac{1}{R}\sqrt{\dfrac{L}{C}}=\dfrac{1}{100}\sqrt{\dfrac{314\times10^{-2}}{1256\times10^{-12}}}=500$

예제 4-2

$R=1[\Omega]$, $L=0.1[\text{H}]$, $C=100[\mu\text{F}]$의 직렬공진회로에 $100[\text{V}]$의 전압을 인가할 때 공진주파수를 구하여라.

풀이 $f_0=\dfrac{1}{2\pi\sqrt{LC}}=\dfrac{1}{2\times3.14\times\sqrt{0.1\times100\times10^{-6}}}=50.3\ [\text{Hz}]$

예제 4-3

그림 4-9와 같은 회로가 있다. 이때, 공진주파수, 공진 때의 각 단자전압, 회로의 선택도 Q를 구하여라.

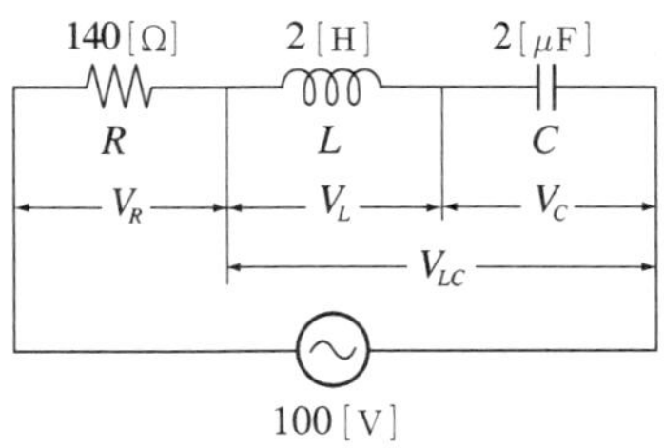

그림 4-9

풀이 공진주파수 $f_0=\dfrac{1}{2\pi\sqrt{LC}}$

$$=\frac{1}{2\pi\sqrt{2\times2\times10^{-6}}}$$

$$=79.6\ [\text{Hz}]$$

공진 때에는 $\omega L=\dfrac{1}{\omega C}$이 되므로 $V_L=V_C$가 된다. 그러므로 전원전압이 그대로 저항의 단자전압이 된다.

$$V_R=100\ [\text{V}]$$

이때의 전류 $I_0=\dfrac{V}{Z}=\dfrac{V}{R}=\dfrac{100}{140}=0.7143\ [\text{A}]$

$$V_L=X_L\cdot I=\omega L\cdot I=2\pi\times79.6\times2\times0.7143 \fallingdotseq 714\ [\text{V}]$$

$$V_C=X_C\cdot I=\frac{1}{\omega C}\cdot I=\frac{1}{2\pi f_0 C}\cdot I$$

$$=\frac{1}{2\pi\times79.6\times2\times10^{-6}}\times0.7143 \fallingdotseq 714\ [\text{V}]$$

$\therefore$ 선택도 $Q=\dfrac{V_L}{V}=\dfrac{V_C}{V}=\dfrac{714}{100}=7.14$

4.2 병렬공진

1 이상적인 병렬공진

그림 4-10과 같은 $L-C$ 병렬회로에 교류전압 $\boldsymbol{V}$를 인가했을 때 흐르는 전류 $\boldsymbol{I}$는

$$\boldsymbol{I}=\boldsymbol{I}_L+\boldsymbol{I}_C=\frac{\boldsymbol{V}}{j\omega L}+j\omega C\boldsymbol{V}$$

$$=j\left(\omega C-\frac{1}{\omega L}\right)\boldsymbol{V}=j\boldsymbol{YV} \qquad (4-19)$$

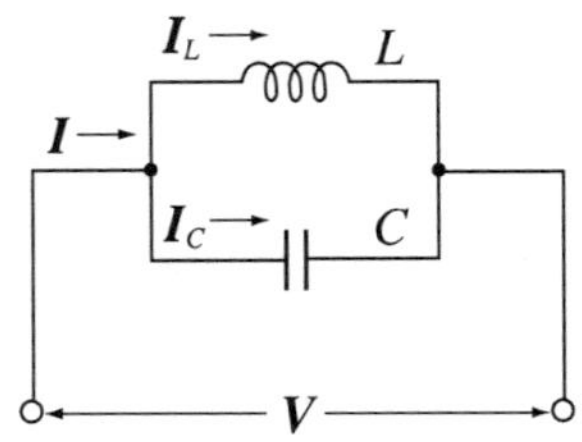

그림 4-10

$$\therefore\ I=\left(\omega C-\frac{1}{\omega L}\right)V \qquad (4-20)$$

로 된다. 만일 $\omega C=\dfrac{1}{\omega L}$의 관계가 있으면 어드미턴스 $Y=0$이며, 임피던스 $Z=1/Y$은 무한대가 되어 합성전류 I는 0이 된다. 이와같이 합성전류 I가 0이 되는 것은 그림 4-11과 같이 $\boldsymbol{I}_L$과 $\boldsymbol{I}_C$는 절대치가 같고, 위상이 반대이므로 서로 상쇄되기 때문이다. 이것은 또 그림 4-10에 대하여 그림 4-12와 같이 $\boldsymbol{I}_L=\boldsymbol{I}_C$의 전류가 순환될 뿐이고, 전원으로부터 전류 $\boldsymbol{I}$는 공급되지 않는다고 생각할 수 있다.

그러므로 $L-C$ 병렬공진회로를 **탱크회로**(tank circuit)라고도 한다.

이상과 같이 $L-C$ 병렬회로의 합성 임피던스가 무한대로 되어 전 전류가 0으로 되는 현상을 이상적인 **병렬공진**(parallel resonance) 또는 **전류공진**이라 한다.

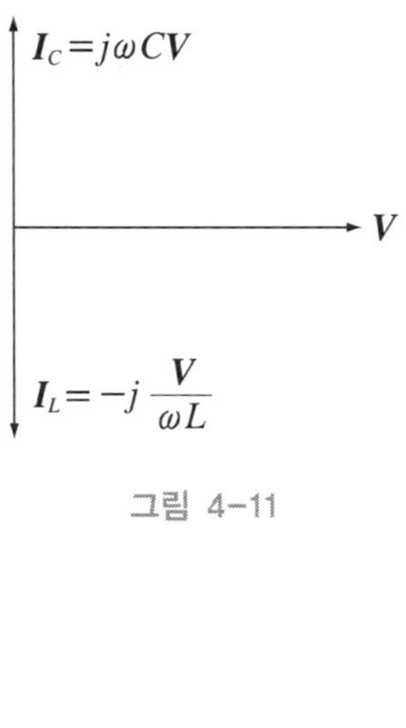

그림 4-11

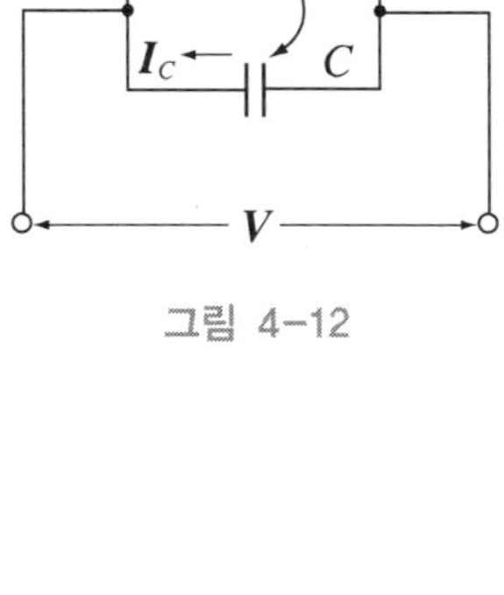

그림 4-12

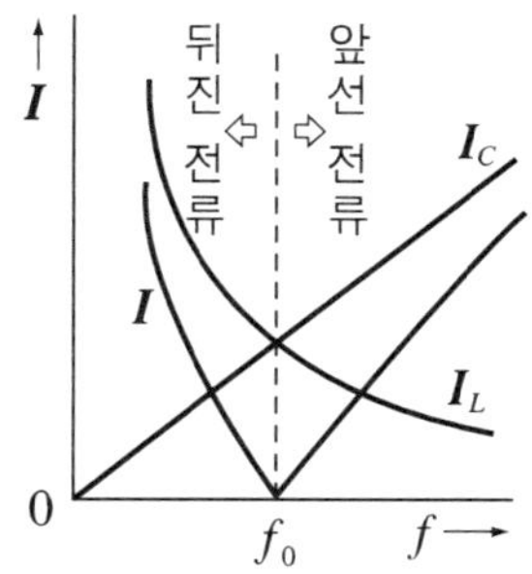

그림 4-13 $L-C$ 병렬공진회로의 주파수와 전류의 관계

또한 직렬공진을 간단히 공진이라고 부르는데 대하여 병렬공진을 **반공진**(anti-resonance)이라고 부르기도 한다.

병렬공진시의 공진각주파수를 ω_0, 공진주파수를 f_0라 하면 $\omega_0 C = \dfrac{1}{\omega_0 L}$의 관계로부터

$$\left.\begin{aligned} \omega_0 &= \frac{1}{\sqrt{LC}} \\ f_0 &= \frac{1}{2\pi\sqrt{LC}} \end{aligned}\right\} \tag{4-21}$$

로 되어 직렬공진시와 같은 형이 된다.

그림 4-13에 L-C 병렬회로의 공급전압을 일정하게 하고, 주파수를 변화시켰을 경우의 전류가 변화하는 상태를 표시한다.

2 일반적인 병렬공진

실제의 회로에서는 저항을 무시할 수 없으므로 R-L-C 병렬회로의 공진에 대하여 생각하지 않으면 안 된다. 이러한 경우의 병렬공진 조건은

① 리액턴스가 0이 되어 전압과 전류가 동상이 되는 상태,

② 임피던스가 최대로 되어 전류가 최소가 되는 상태

의 두 가지로 정의되나 일반적으로 ①의 조건을 병렬공진의 조건으로 취급하는 경우가 많다.

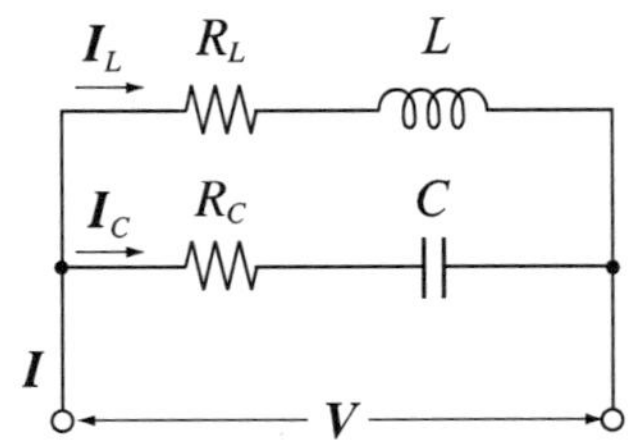

그림 4-14

그림 4-14의 회로에 V[V], ω[rad/s]의 전압을 가했을 경우의 병렬공진에 대하여 생각해 보자.

회로의 합성 어드미턴스 $\boldsymbol{Y}$는

$$\boldsymbol{Y}=\frac{1}{R_L+j\omega L}+\frac{1}{R_C-j\dfrac{1}{\omega C}}$$

$$=\frac{R_L}{R_L{}^2+\omega^2L^2}+\frac{R_C}{R_C{}^2+\dfrac{1}{\omega^2C^2}}-j\left(\frac{\omega L}{R_L{}^2+\omega^2L^2}-\frac{\dfrac{1}{\omega C}}{R_C{}^2+\dfrac{1}{\omega^2C^2}}\right)$$

(4-22)

따라서 윗식의 허수부를 0이라 하면 전압과 전류는 동상이 되어 병렬공진의 조건이 되며, 공진시의 각주파수를 ω_0라 하면 다음 관계식이 성립한다.

$$\frac{\omega_0 L}{R_L{}^2+\omega_0^2L^2}=\frac{\dfrac{1}{\omega_0 C}}{R_C{}^2+\dfrac{1}{\omega_0^2C^2}} \tag{4-23}$$

$$\therefore\ \omega_0=\frac{1}{\sqrt{LC}}\cdot\sqrt{\left(R_L{}^2-\frac{L}{C}\right)\Big/\left(R_C{}^2-\frac{L}{C}\right)} \tag{4-24}$$

$$f_0=\frac{1}{2\pi\sqrt{LC}}\cdot\sqrt{\left(R_L{}^2-\frac{L}{C}\right)\Big/\left(R_C{}^2-\frac{L}{C}\right)} \tag{4-25}$$

여기에서 실제의 저항은 가급적 작게 한다. 특히 고주파수에서는

$$R_L{}^2 \ll \omega_0^2L^2, \qquad R_C{}^2 \ll \frac{1}{\omega_0{}^2C^2} \tag{4-26}$$

이므로, 식 (4-23)에서 R_L과 R_C를 0으로 놓고 정리하면

$$\omega_0 = \frac{1}{\sqrt{LC}}, \qquad f_0 = \frac{1}{2\pi\sqrt{LC}} \tag{4-27}$$

이 되어 직렬공진회로의 공진주파수와 같게 된다.

3 병렬공진회로의 벡터궤적

그림 4-15와 같은 R-L-C의 병렬회로의 어드미턴스 $\boldsymbol{Y}$는

$$\boldsymbol{Y} = G + jB = G + j\left(\omega C - \frac{1}{\omega L}\right) \tag{4-28}$$

이며, 각주파수 ω가 0에서 ∞까지 변화할 때의 $\boldsymbol{Y}$의 궤적은 그림 4-16과 같으며, 이것은 직렬공진회로의 임피던스 궤적(그림 4-6)과 같다.

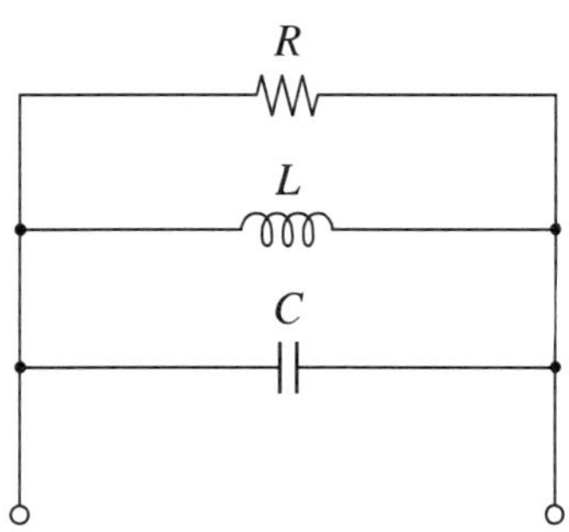

그림 4-15

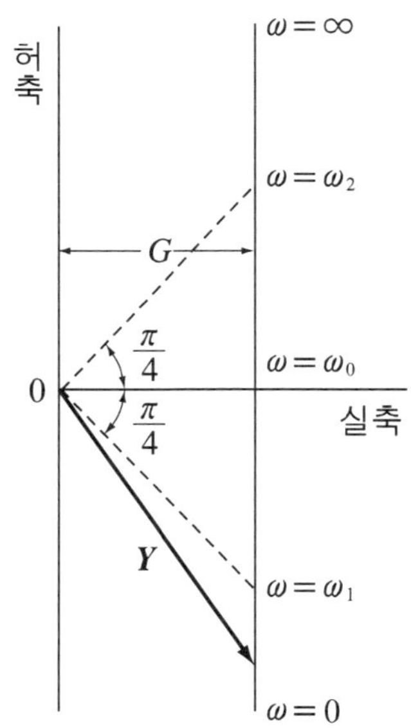

그림 4-16 병렬공진회로의 어드미턴스 궤적

또 임피던스 $\boldsymbol{Z}$는

$$\boldsymbol{Z}=\frac{1}{G+jB}=\frac{1}{G+j\left(\omega C-\dfrac{1}{\omega L}\right)} \tag{4-29}$$

이며, ω가 0에서 ∞까지 변화할 때 임피던스 $\boldsymbol{Z}$의 궤적은 그림 4-17과 같이 실축 상에 중심이 있고 지름이 R인 원점을 통과하는 원이다.

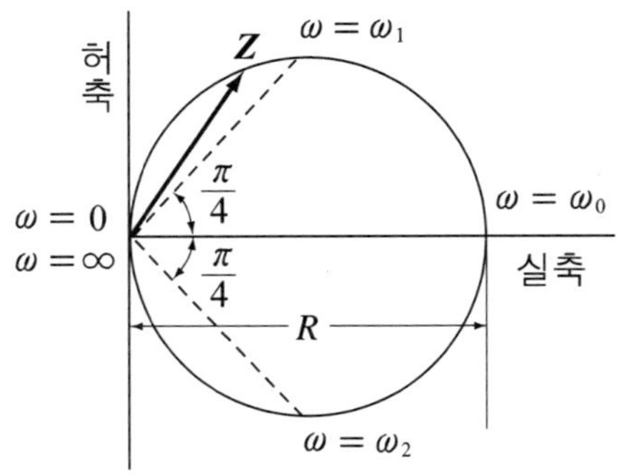

그림 4-17 병렬공진회로의 임피던스 궤적

예제 4-4

그림 4-18과 같은 회로가 공진상태에 있기 위한 C의 값을 구하여라.

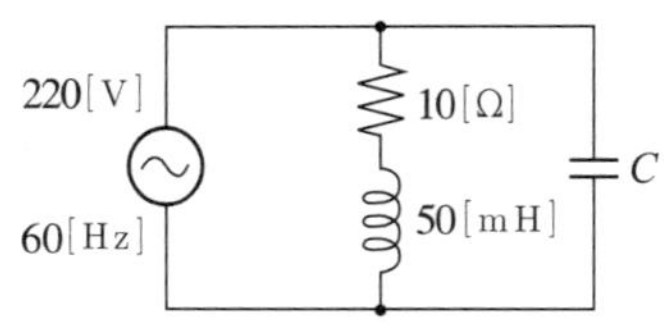

그림 4-18

풀이 어드미턴스 $\boldsymbol{Y}$는

$$\boldsymbol{Y}=\frac{1}{R+j\omega L}+j\omega C$$

$$=\frac{R}{R^2+\omega^2L^2}-j\left(\frac{\omega L}{R^2+\omega^2L^2}-\omega C\right)$$

공진상태에 있기 위해서는 허수부가 0이어야 하므로

$$\frac{\omega_0 L}{R^2+\omega_0{}^2L^2}=\omega_0 C, \qquad \omega_0=2\pi f=377\text{이므로}$$

$$\frac{377\times 50\times 10^{-3}}{10^2+377^2\times(50\times10^{-3})^2}=377C$$

$\therefore\ C = 109.8\ [\mu\text{F}]$

또는, 공진시의 조건은 허수가 0이 되어야 하므로

$$\omega_0 C - \frac{\omega_0 L}{R^2 + \omega_0^2 L^2} = 0$$

$$C = \frac{L}{R^2 + \omega_0^2 L^2}, \qquad L = CR^2 + \omega_0^2 L^2 C$$

$$\omega_0^2 = \frac{L - CR^2}{L^2 C} = \frac{1}{LC} - \frac{R^2}{L^2}$$

$$\therefore\ \omega_0 = \sqrt{\frac{1}{LC} - \frac{R^2}{L^2}}$$

따라서

$$377 = \sqrt{\frac{1}{(50\times 10^{-3})\,C} - \frac{10^2}{(50\times 10^{-3})^2}}$$

$\therefore\ C = 109.8\ [\mu\text{F}]$

연 습 문 제

1. 저항 $R=20[\Omega]$, 인덕턴스 $L=0.159[\mathrm{H}]$ 및 콘덴서 $C=50[\mu\mathrm{F}]$가 직렬로 접속된 회로에 100[V]의 교류전압을 가할 때, 최대전류가 흐르게 되는 전원의 주파수[Hz]는 얼마인가?

2. $R=1[\Omega]$, $L=0.1[\mathrm{H}]$, $C=100[\mu\mathrm{F}]$의 직렬공진회로에 10[V]의 전압을 가했을 때 공진주파수, 전력, 역률 및 각 소자의 전압강하를 구하여라.

3. 교류전압 200[V], 소비전력 4[kW], 역률 0.8의 단상부하가 있다. 이 부하의 등가저항은 몇 $[\Omega]$인가?

4. 직렬공진회로에서 코일의 인덕턴스가 240[μH], 저항 $R=2[\Omega]$인 경우, 공진주파수 500[kHz]에서는 전원의 전압보다 코일에 걸리는 전압은 몇 배가 되는가?

5. $R=10[\Omega]$, $L=30[\mathrm{mH}]$ 및 가변 콘덴서 C로 구성된 R-L-C 직렬회로에 주파수 800[Hz]인 교류를 가한 후 C를 가변시켜 직렬공진시킬 때 C의 값은 몇 $[\mu\mathrm{F}]$인가?

6. 그림과 같이 R, L, C로 구성되는 회로에서 전원전압 V 및 각주파수 ω가 일정한 경우 R이 변화하여도 R에 흐르는 전류가 일정하기 위한 조건을 구하여라.

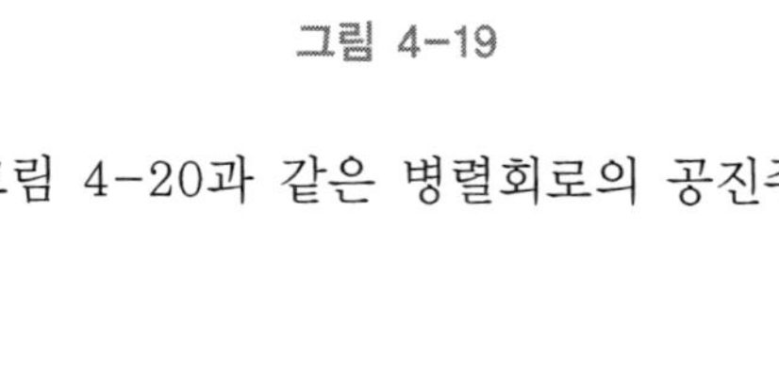

그림 4-19

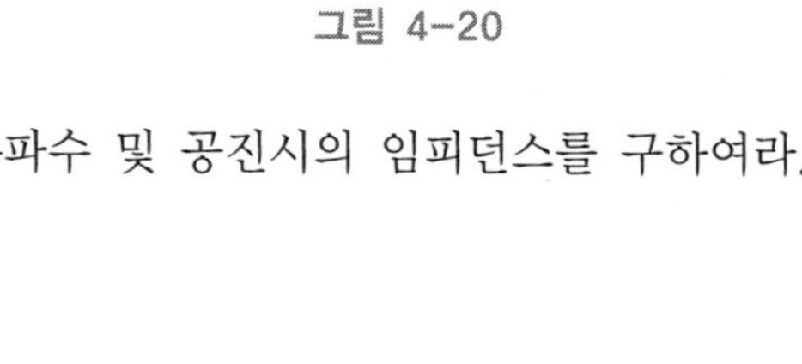

그림 4-20

7. 그림 4-20과 같은 병렬회로의 공진주파수 및 공진시의 임피던스를 구하여라.

8. 그림 4-21과 같은 회로에 주파수 f의 정현파 일정전압 V[V]를 가했을 때 전 전류를 최대로 하는 L의 값을 구하여라.

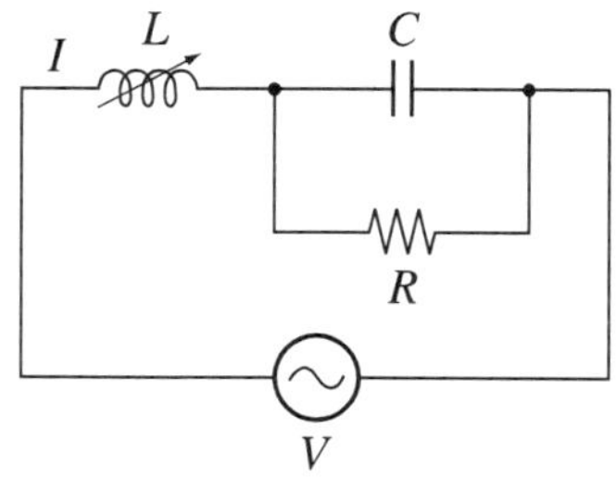

그림 4-21

9. R-L-C 직렬회로에 주파수 및 크기가 일정한 전압을 가하고 L의 크기를 변화시킬 때 L에 걸리는 전압이 최대가 되는 조건을 구하여라.

단, $X_C = \frac{1}{2\pi f C}$, $X_L = 2\pi f L$이다.

10. $R = 5[\Omega]$, $C = 1.3[\mu\text{F}]$ 및 L로 구성된 R-L-C 직렬회로에 주파수 1000[Hz]인 교류를 가하여 직렬공진시켰다. L의 값과 선택도 Q를 구하여라.

11. 자기 인덕턴스 10.14[mH]와 저항 10[Ω]의 코일과 10[μF]의 콘덴서가 병렬로 접속된 회로의 공진주파수를 구하여라. 또 이 회로에 100[V]의 전압을 가했을 때의 공진전류를 구하여라.

12. R-L-C 병렬회로에서, 각속도 ω가 0에서 ∞까지 변화할 때 임피던스 Z의 벡터 궤적을 그려라.

13. R-L-C 병렬회로에서, 커패시턴스 C를 0에서 ∞까지 변화시킬 때, 일정한 전압에 대하여 전 전류의 I의 궤적을 그려라.

14. R-L-C 직렬회로에서 ω를 0에서 ∞까지 변화시킬 때 어드미턴스 궤적의 중심 위치를 구하여라.

15. 그림 4-22와 같은 R-L 직렬회로에서, 리액턴스 X를 고정시키고 저항 R을 0에서 ∞까지 변화시킬 때의 입력 어드미턴스의 궤적을 그려라.

16. 그림 4-23과 같은 R-C 직렬회로에서 X_C를 0에서 ∞까지 변화시킬 때의 입력 임피던스의 궤적을 그려라.

그림 4-22

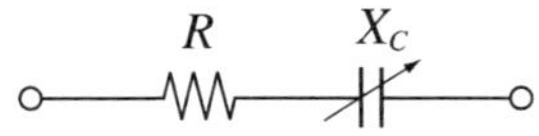

그림 4-23

Chapter 5

교류전력

5.1 순시전력과 평균전력

회로소자에, 임의의 시간 t에서 인가된 순시전압 v와 이때 회로에 흐르는 전류 i의 곱인 $p(=vi)$를 순시전력(instantaneous power)이라 하고, 순시전력 p의 1주기 동안의 평균치를 평균전력(average power)이라 한다.

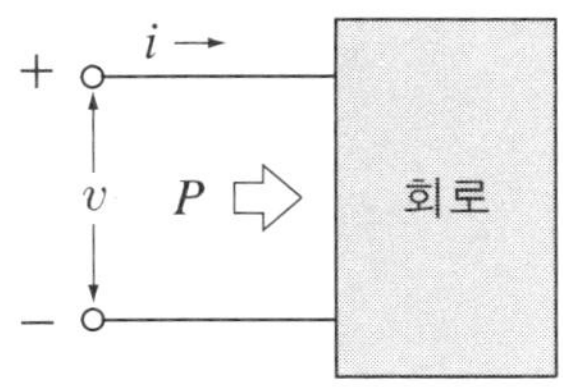

그림 5-1 회로

1 저항소자에서의 전력

회로소자가 저항인 경우 $v=\sqrt{2}\,V\sin\omega t$로 표시되는 전압을 인가하면 흐르는 전류는 동상이므로 $i=\sqrt{2}\,I\sin\omega t$가 될 것이며 저항에서 소비되는 순시전력은

$$p=vi=2\,VI\sin^2\omega t=VI(1-\cos 2\,\omega t) \qquad (5-1)$$

가 되고, 순시전력의 주파수는 전압이나 전류의 주파수의 2배가 됨을 알 수 있다.

평균전력은 순시전력의 1주기 동안의 평균이므로

$$P=\frac{1}{T}\int_0^T p\,dt=\frac{1}{2\pi}\int_0^{2\pi} VI(1-\cos 2\,\omega t)\,d(\omega t)=VI \qquad (5-2)$$

로 표시된다.

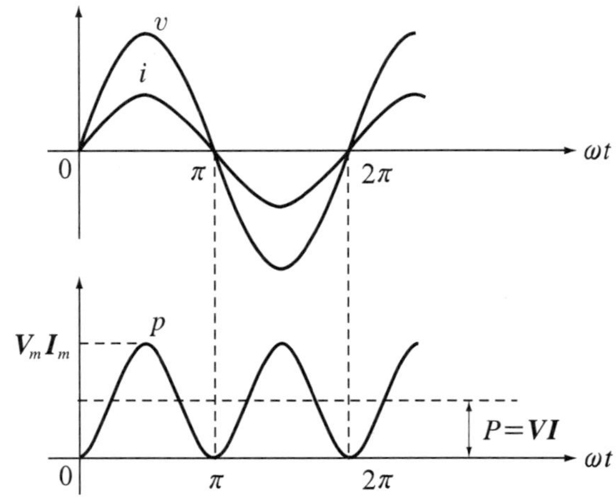

그림 5-2 저항에서 v, i, p의 변화

일반적으로 전력이라고 할 때에는 평균전력을 의미한다. 그림 5-2는 저항에서의 v, i, p의 관계를 나타낸 것이다.

2 유도성 소자에서의 전력

회로소자가 유도성 소자만으로 된 유도기에 $i = \sqrt{2}\, I \sin\omega t$로 표시되는 전류가 흐를 때 전압은 이보다 90° 앞서므로 $v = \sqrt{2}\, V \sin(\omega t + 90°) = \sqrt{2}\, V \cos\omega t$와 같이 표시된다. 이때 유도기에 공급되는 순시전력은 삼각함수의 「배각의 공식」에서 $\sin 2A = 2 \sin A \cos A$이므로

$$p = vi = 2\,VI \sin\omega t \cos\omega t = VI \sin 2\omega t \tag{5-3}$$

가 되고 평균전력은

$$P = \frac{1}{T}\int_0^T p\, dt = \frac{1}{T}\int_0^T vi\, dt$$

$$= \frac{1}{2\pi}\int_0^{2\pi} VI \sin 2\omega t\, d(\omega t) = 0 \tag{5-4}$$

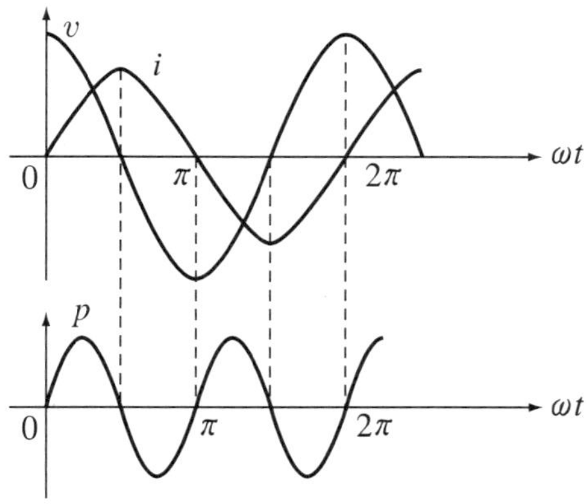

그림 5-3 유도기에서의 v, i, p의 변화

그림 5-3은 유도기에서의 v, i, p의 관계를 나타낸 것으로서, 순시전력 p의 주파수는 전압이나 전류의 주파수의 2배가 됨을 알 수 있다.

또한 평균전력이 0이므로 유도기에서 전력의 소비는 없음을 말한다.

3 용량성 소자에서의 전력

회로소자가 용량성 소자만으로 된 용량기에서도 평균전력은 0이 된다. 지금 용량기에 $v = \sqrt{2}\,V\sin\omega t$로 표시되는 전압이 인가될 때 흐르는 전류는 이보다 90° 앞서므로 $i = \sqrt{2}\,I\sin(\omega t + 90°) = \sqrt{2}\,I\cos\omega t$와 같이 표시된다. 그러므로 용량기에 공급되는 순시전력은

$$p = vi = 2VI\sin\omega t \cdot \cos\omega t = VI\sin 2\omega t \tag{5-5}$$

가 되고, 평균전력은 0이 된다.

따라서 용량기에서도 전력의 소비는 없다는 것을 알 수 있다. 그림 5-4는 용량기에서의 v, i, p의 관계를 나타낸 것이다.

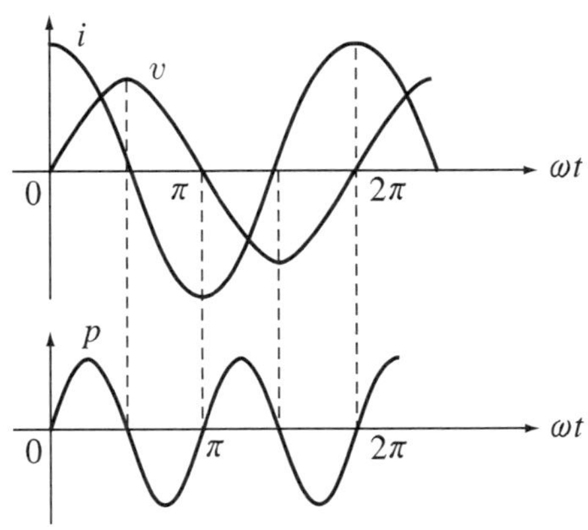

그림 5-4 용량기에서의 v, i, p의 변화

4 일반회로에서의 전력

회로소자가 순저항이 아닌 경우에는 전압 $v=\sqrt{2}\,V\sin\omega t$를 인가할 때 전류 i는 일반적으로 $i=\sqrt{2}\,I\sin(\omega t-\theta)$가 되며, θ의 부호는 용량성이냐, 유도성이냐에 의해서 결정된다. 이 경우의 순시전력은

$$p=vi=2\,VI\sin\omega t\cdot\sin(\omega t-\theta) \tag{5-6}$$

여기서 삼각함수의 「곱을 합으로 고치는 공식」에서
$2\sin A\cdot\sin B=\cos(A-B)-\cos(A+B)$의 관계식을 이용하면

$$p=VI\cos\theta-VI\cos(2\omega t-\theta) \tag{5-7}$$

가 된다. 이 식의 제1항은 시간에 관계없는 일정한 값을 가지며, 제2항은 전압이나 전류의 2배의 각주파수로 변화하는 항으로 이루어진다.

이때 평균전력은 다음과 같다.

$$P=\frac{1}{T}\int_0^T p\,dt=\frac{1}{2\pi}\int_0^{2\pi}\{VI\cos\theta-VI\cos(2\omega t-\theta)\}\,d(\omega t)$$

$$=VI\cos\theta \tag{5-8}$$

5 역률

식 (5-8)은 매우 중요한 의미를 갖는다. 직류회로의 전력계산에서는 전압과 전류를 곱하기만 하면 되지만 교류회로의 전력계산에서는 전류와 전압이 동상인 경우를 제외하고는 반드시 전압·전류의 실효치에 $\cos\theta$라는 계수를 곱해야 한다. 이 계수를 **역률**(power factor)이라고 하며 보통 $p.f$로 나타낸다.

즉

$$p.f=\cos\theta=\frac{P}{VI} \tag{5-9}$$

또한 역률을 %로 표시하는 경우가 많다. 즉

$$p.f=\frac{P}{VI}\times 100\,[\%] \tag{5-10}$$

여기에서 θ는 전압과 전류의 위상차이다. 따라서 저항회로에서와 같이 단자전압과 전류가 동상일 경우에는 $\theta = 0$, $p.f = 1$, $P = VI$가 되고 리액턴스 회로와 커패시턴스 회로와 같이 단자전압과 전류가 90° 위상차를 가질 경우에는 $\theta = \pm 90°$, $p.f = 0$, $P = 0$이 된다. $\theta > 0$이면 전류가 전압보다 위상이 늦으므로 이때의 역률을 **지상역률**(lagging power factor)이라 하고, $\theta < 0$이면 전류가 전압보다 위상이 앞서므로 이때의 역률을 **진상역률**(leading power factor)이라고 한다.

식 (5-8)과 식 (5-9)에서 평균전력 및 역률을 단자전압과 전류의 실효치 및 그 위상차로서 표시하였으나 등가 임피던스 또는 등가 어드미턴스를 알고 있을 경우에는 그림 5-5로부터

$$p.f = \cos\theta = \frac{R}{Z} = \frac{G}{Y} \tag{5-11}$$

등 여러 가지로 표시할 수 있다. 또 이 관계식을 이용하면 평균전력은

$$\begin{aligned} P &= VI\cos\theta = VI \cdot \frac{R}{Z} = RI^2 \\ &= VI \cdot \frac{G}{Y} = GV^2 \end{aligned} \tag{5-12}$$

등으로 표시할 수 있다.

평균전력을 단순히 전력이라고 부르며, 단위로는 와트(watt : W)를 사용한다.

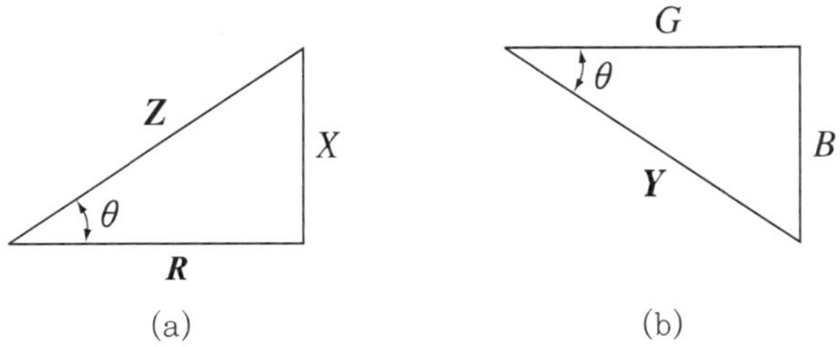

그림 5-5 임피던스 삼각형 및 어드미턴스 삼각형(유도성 부하인 경우)

예제 5-1

$R = 37.7\,[\Omega]$, $L = 0.1\,[\text{H}]$인 직렬회로에 $100\,[\text{V}]$, $60\,[\text{Hz}]$의 교류전압을 인가했을 때 ① 회로의 역률, ② 회로에 공급되는 평균전력, ③ 순시전력의 최대치를 구하여라.

풀이 ① $\omega L = 2\pi f L = 377 \times 0.1 = 37.7$ [Ω]

$Z = R + j\omega L = 37.7 + j37.7 = 53.3\angle 45°$

$\therefore\ p.f = \cos\theta = \cos 45° \fallingdotseq 0.7$

또는

$$p.f = \frac{R}{Z} = \frac{37.7}{53.3} \fallingdotseq 0.7$$

② $I = \dfrac{V}{Z} = \dfrac{100}{53.3} = 1.87$ [A]

$\therefore\ P = VI\cos\theta = 100 \times 1.87 \times 0.7 = 131$ [W]

③ 순시전력의 최대치는 식 (5-7)로부터 $\cos(2\omega t - \theta) = -1$인 경우이므로

$\therefore\ p_{\max} = VI\cos\theta + VI = 100 \times 1.87 \times 0.7 + 100 \times 1.87 = 318$ [W]

5.2 유효전력과 무효전력

그림 5-6과 같이 전압과 전류가 θ의 위상차를 가지고 있을 때, 전류를 전압과 동상인 성분과 90° 위상차를 갖는 성분으로 나누어 보면 $I\cos\theta$는 V와 동상인 성분이고, $I\sin\theta$는 V와 90°의 위상차를 갖는 성분이다.

$I\cos\theta$는 V와 동상이므로 이 성분에 의하여 회로에 공급되는 평균전력은 $V(I\cos\theta)$이고, $I\sin\theta$는 V와 90°의 위상차를 가지므로 이 성분에 의하여 이 회로에 공급되는 평균전력은 0이다. 즉 $I\cos\theta$는 회로의 평균전력에 관계가 있으나, $I\sin\theta$는 전혀 관계가 없는 성분이므로 $I\cos\theta$를 **유효전류**, $I\sin\theta$를 **무효전류**라고 한다.

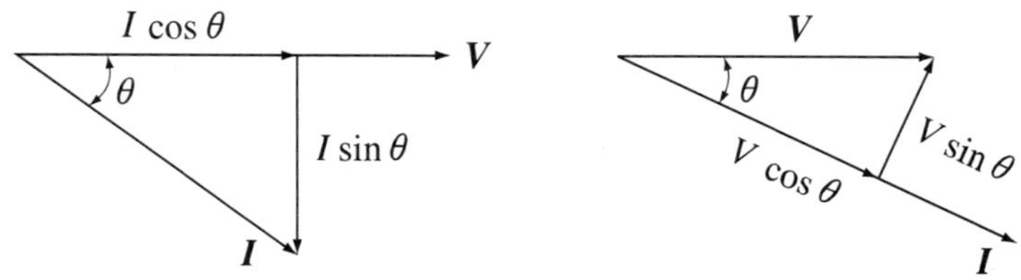

그림 5-6 유효성분과 무효성분

그리고 이러한 전류에 공급전압을 곱한 값, 즉 $VI\cos\theta$를 **유효전력**(active power)이라 하고, $VI\sin\theta$를 **무효전력**(reactive power)이라 한다.

유효전력(=평균전력 또는 전력)의 단위는 **와트**[W]이고, 무효전력의 단위는 바[Var]이다.

무효전력의 계수 $\sin\theta$를 **무효율**(reactive factor)이라고 하며, 보통 $r.f$로 표시한다.

$$r.f = \sin\theta \tag{5-13}$$

역률과 무효율의 관계는 $\sin^2\theta + \cos^2\theta = 1$의 관계로부터 $\sin\theta = \sqrt{1-\cos^2\theta}$이므로

$$r.f = \sqrt{1-(p.f)^2} \tag{5-14}$$

로 표시된다.

2단자망의 임피던스 또는 어드미턴스를 알고 있을 때에는 그림 5-5로부터

$$r.f = \sin\theta = \frac{X}{Z} = \frac{B}{Y} \tag{5-15}$$

와 같은 식을 구할 수 있다. 또 이 식을 이용하면 무효전력 P_r은

$$\begin{aligned} P_r &= VI\sin\theta = VI\cdot\frac{X}{Z} = XI^2 \\ &= VI\cdot\frac{B}{Y} = BV^2 \end{aligned} \tag{5-16}$$

과 같이 표시된다.

5.3 피상전력

전압의 실효치와 전류의 실효치의 곱을 **피상전력**(apparent power)이라 하며 단위는 **볼트·암페어**(volt-ampere : VA)를 사용한다.

유효전력 P와 무효전력 P_r과 피상전력 P_a와의 관계는 다음과 같다.

$$P = VI\cos\theta, \quad P_r = VI\sin\theta, \quad P_a = VI$$

$$P^2 + P_r^2 = (VI\cos\theta)^2 + (VI\sin\theta)^2 = (VI)^2 \tag{5-17}$$

$$\therefore \sqrt{(\text{유효전력})^2 + (\text{무효전력})^2} = \text{피상전력} \tag{5-18}$$

그림 5-7은 이들의 관계를 나타낸 **전력 삼각형**(power triangle)이다. 이것은 그림 5-5의 임피던스 삼각형에 I^2, 어드미턴스 삼각형에 V^2을 곱하여서 얻은 것이다. 즉

$$\left.\begin{aligned} P &= VI\cos\theta = RI^2 = GV^2 \ [\text{W}] \\ P_r &= VI\sin\theta = XI^2 = BV^2 \ [\text{Var}] \\ P_a &= VI = ZI^2 = YV^2 \ [\text{VA}] \end{aligned}\right\} \tag{5-19}$$

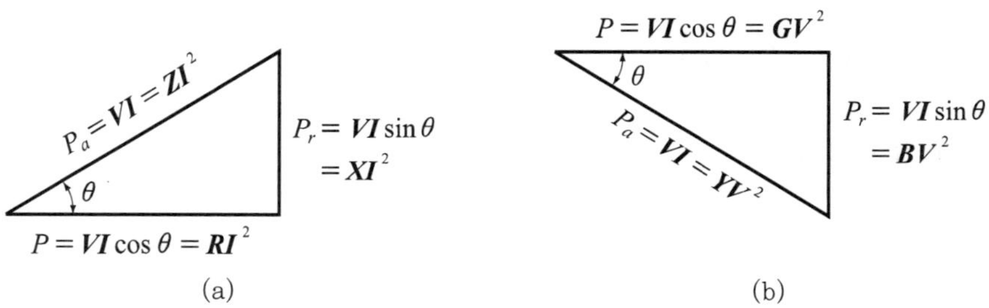

그림 5-7 전력 삼각형

예제 5-2

20[Ω]의 저항에 최대값 120[V]의 정현파 전압을 인가했을 때, 이 저항에서 소비되는 유효전력을 구하여라.

풀이 전압의 실효치는 최대치의 $1/\sqrt{2}$ 이므로

$$V = \frac{120}{\sqrt{2}} \text{ [V]}$$

전류 $I = \frac{V}{R} = \frac{120/\sqrt{2}}{20} = \frac{6}{\sqrt{2}}$ [A]

$$\therefore\ P = V \cdot I\cos\theta = \frac{120}{\sqrt{2}} \times \frac{6}{\sqrt{2}} \times 1 = \frac{720}{2} = 360 \text{ [W]}$$

예제 5-3

그림 5-8의 회로에서 다음의 값들을 구하여라.

① 회로의 역률과 무효율,

② 회로에 공급되는 유효전력, 무효전력, 피상전력

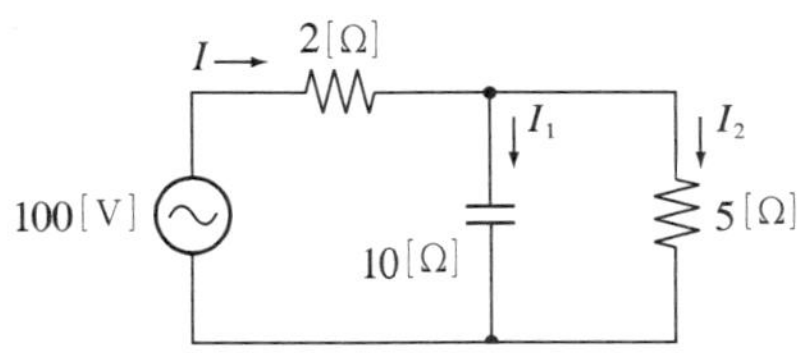

그림 5-8

풀이 ① 임피던스 $Z = 2 + \frac{5(-j10)}{5-j10}$

$$= 2 - \frac{j10}{1-j2}$$

$$= 6 - j2$$

$$= 6.324 \angle \tan^{-1}\frac{1}{3}$$

식 (5-11)과 (5-15)에 의하여

역률 $p.f = \frac{R}{Z} = \frac{6}{6.324} = 0.95$

무효율 $r.f = \frac{X}{Z} = \frac{2}{6.324} = 0.316$

② 문제에서 전원전압이 주어져 있으므로 식 (5-19)를 이용하려면 어드미턴스를 구하는 것이 편리하므로

$$Y = \frac{1}{Z} = \frac{1}{6-j2} = 0.15 + j0.05 = 0.158 \angle \tan^{-1}\frac{1}{3}$$

따라서, 유효전력 $P = GV^2 = 0.15 \times 100^2 = 1500$ [W]

무효전력 $P_r = BV^2 = 0.05 \times 100^2 = 500$ [Var]

피상전력 $P_a = YV^2 = 0.158 \times 100^2 = 1580$ [VA]

5.4 복소전력

벡터량으로 표시된 값, 즉 기호법에 의하여 주어진 전압과 전류를 곱한 값은 피상전력을 나타낸다. 이때 전압이든 전류이든 하나를 반드시 공액복소수로 놓고 계산하여야 한다.

어느 전압 $\boldsymbol{V}$와 전류 $\boldsymbol{I}$ 벡터가 상차각 θ를 이루고 있을 때, 전력을 구하기 위하여 전류 $\boldsymbol{I}$를 기준 벡터로 하여 벡터도를 그리면 그림 5-9와 같다.

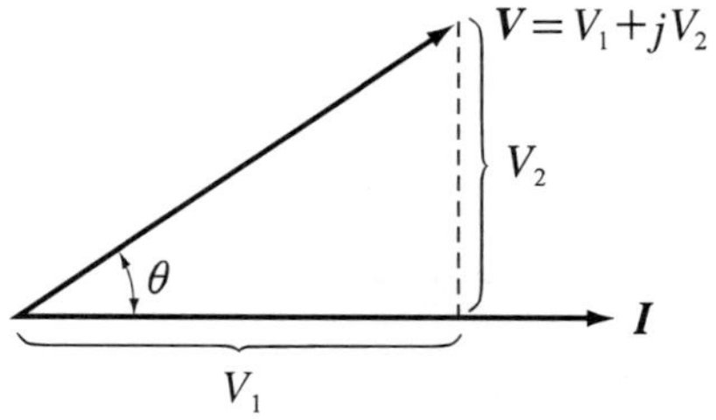

그림 5-9 벡터도(전류 I 기준)

그림 5-9로부터 유효전력 P와 무효전력 P_r은 다음과 같다.

$$\left.\begin{aligned} P &= VI\cos\theta = V_1 I \\ P_r &= VI\sin\theta = V_2 I \end{aligned}\right\} \tag{5-20}$$

지금 $\boldsymbol{V}$의 공액 벡터 $\overline{\boldsymbol{V}}$와 $\boldsymbol{I}$와의 곱을 계산하면

$$\overline{\boldsymbol{V}}\boldsymbol{I} = (V_1 - jV_2)\boldsymbol{I} = V_1\boldsymbol{I} - jV_2\boldsymbol{I} = P - jP_r \tag{5-21}$$

이 된다. 이 식에서 제1항(실수부)은 유효전력, 제2항(허수부)은 무효전력을 나타낸다. 이와 같이 유효전력을 실수부, 무효전력을 허수부로 하여 나타내는 복소수를 복소전력(complex power)이라고 한다. 또한 전압 $\boldsymbol{V}$를 기준 벡터로 하여 벡터도를 그리면 그림 5-10과 같다.

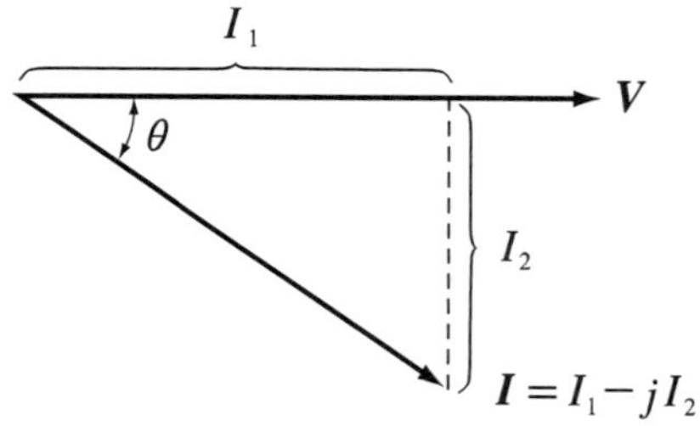

그림 5-10 벡터도(전압 V 기준)

그림 5-10으로부터 유효전력 P와 무효전력 P_r은

$$\left.\begin{aligned} P &= VI\cos\theta = VI_1 \\ P_r &= VI\sin\theta = VI_2 \end{aligned}\right\} \tag{5-22}$$

이다.

지금 V와 I의 공액 벡터 $\overline{I}$와의 곱을 계산하면

$$V\overline{I} = V(I_1 + jI_2) = VI_1 + jVI_2 = P + jP_r \tag{5-23}$$

이 된다.

이 식에서 제1항은 유효전력, 제2항은 무효전력을 나타낸다.

예제 5-4

$V = 100 + j20\,[\mathrm{V}]$, $I = 20 - j30\,[\mathrm{A}]$일 때 유효전력 [W]을 구하여라.

풀이 복소전력 P는

$$P = V \cdot \overline{I} = (100 + j20) \times (20 + j30) = 1400 + j3400 = P + jP_r$$

$\therefore$ 유효전력 = 1400 [W]

(무효전력은 3400[Var], 피상전력은 3677[VA]이다.)

예제 5-5

어떤 회로에서 $V = 300\angle 30°$의 전압을 인가할 때 전류 $I = 10\angle -30°$가 흘렀다. 이 회로에서의 소비전력[W]을 구하여라.

풀이 복소전력 P는

$$P = V \cdot \overline{I} = 300\angle 30° \times 10\angle 30° = 3000\angle 60°$$

$$= 3000(\cos 60° + j\sin 60°) = 1500 + j2598$$

$\therefore$ 소비전력 = 1500 [W]

(무효전력은 2598[Var], 피상전력은 3000[VA]이다.)

5.5 최대전력 전달

그림 5-11과 같은 회로에서 전원 및 부하의 임피던스가 각각 $\boldsymbol{Z}_S = R_S + jX_S$, $\boldsymbol{Z}_L = R_L + jX_L$일 때, 부하에 공급하는 전력이 최대가 되기 위한 조건을 알아보자.

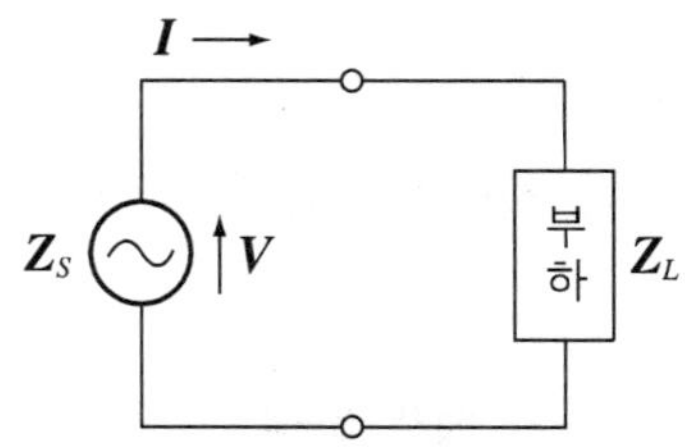

그림 5-11

전원전압을 $\boldsymbol{V}$라 하면 흐르는 전류 $\boldsymbol{I}$는

$$\boldsymbol{I} = \frac{\boldsymbol{V}}{\boldsymbol{Z}_S + \boldsymbol{Z}_L} = \frac{\boldsymbol{V}}{(R_S + R_L) + j(X_S + X_L)}$$

$$\therefore \quad I = \frac{V}{\sqrt{(R_S + R_L)^2 + (X_S + X_L)^2}} \tag{5-24}$$

부하의 유효전력 P는

$$P = R_L I^2 = \frac{R_L \cdot V^2}{(R_S + R_L)^2 + (X_S + X_L)^2}$$

$$= \frac{V^2}{\dfrac{(R_S + R_L)^2}{R_L} + \dfrac{(X_S + X_L)^2}{R_L}} \tag{5-25}$$

식 (5-25)의 P를 최대로 하려면, V가 일정한 경우에는 분모의 크기가 최소가 되면 된다.

분모가 최소가 되기 위해서는 다음의 두 가지 경우가 있다.

① 저항이 일정한 경우 : 분모의 제2항의 리액턴스가 0이면 된다.

즉

$$X_S + X_L = 0$$

$$\therefore \ X_S = -X_L \tag{5-26}$$

이면 된다. 이것은 광의의 직렬공진상태일 때이다.

② 리액턴스가 일정한 경우 : 분모의 제1항의 최소조건을 구하면

$$\frac{d}{dR_L}\left\{\frac{(R_S+R_L)^2}{R_L}\right\}=0\text{으로 될 때 } R_S=R_L \tag{5-27}$$

그리고 $\dfrac{d^2\{(R_S+R_L)^2/R_L\}}{dR_L{}^2}>0$이므로 $R_S=R_L$일 때 제1항은 최소가 되므로 $X_S=-X_L$, $R_S=R_L$의 조건을 만족할 때 **최대전력**이 전달된다. 이는 전원측 임피던스와 부하측 임피던스가 공액(conjugate)의 관계에 있을 때를 의미하며, 이 경우 최대전력은

$$P_{\max}=\frac{V^2}{4R_S}=\frac{V^2}{4R_L} \tag{5-28}$$

이 된다.

이 식으로부터 전원측에서 소비되는 전력은 $V^2/4R_S$가 되어 전체 발생전력의 1/2이므로 최대전력 전달시에는 전송효율은 50[%]가 된다. 그러므로 실제 전력계통에서는 이와 같이 설계하지 않는다.

예제 5-6

그림 5-12와 같은 교류회로에서 저항 R을 변화시킬 때, 저항에서 소비되는 최대전력을 구하여라.

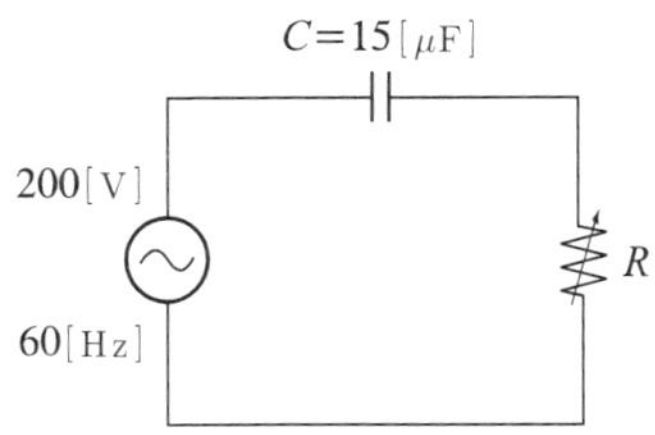

그림 5-12

풀이 회로에 흐르는 전류 $I=\dfrac{V}{\sqrt{R^2+\left(\dfrac{1}{\omega C}\right)^2}}$

소비 전력 $P=I^2R=\dfrac{V^2\cdot R}{R^2+\left(\dfrac{1}{\omega C}\right)^2}$

$$=\frac{V^2}{R+\dfrac{1}{R}\left(\dfrac{1}{\omega C}\right)^2}$$

P가 최대가 되려면 P의 분모가 최소가 되어야 하므로

$$\frac{d\left\{R+\dfrac{1}{R}\left(\dfrac{1}{\omega C}\right)\right\}}{dR}=1-\frac{1}{R^2}\left(\frac{1}{\omega C}\right)^2=0$$

$$\therefore R=\frac{1}{\omega C}$$

최대전력

$$P_{\max}=\frac{V^2}{\left(\frac{1}{\omega C}\right)+\omega C\left(\frac{1}{\omega C}\right)^2}=\frac{1}{2}\omega CV^2$$

$$=\frac{1}{2}\times 2\times\pi\times 60\times 15\times 10^{-6}\times 200^2=113\ [\mathrm{W}]$$

5.6 역률개선

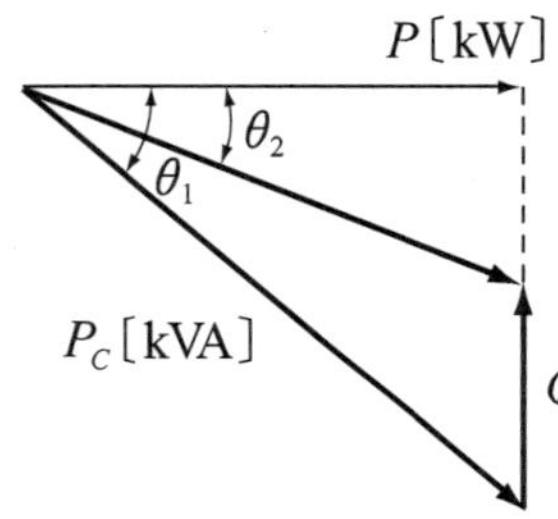

그림 5-13

일반적으로 전기적 부하는 대부분이 유도성 부하이므로 전류가 전압보다 위상이 상당히 뒤지는 지상역률(lagging $p \cdot f$)이다. 이와 같은 현상을 보통 역률이 낮다고 한다. 역률이 낮으면 $I=P/V\cos\theta$의 관계식으로부터 어떤 부하에 소정의 전력을 공급해야 할 때 동일 전압강하에서 큰 전류를 흘려야 한다.

큰 전류가 흐르면 발전기 · 송전선 · 변압기 등을 포함한 송전계통에서의 열손실이 많아지고, 따라서 이와 같은 기기의 용량이 커져야 하고, 송전선에서의 전압강하가 증가하여 전압변동률이 커진다.

그러므로 부하의 역률을 개선하여 가급적 1에 가깝게 하는 것은 경제적으로 매우 요망되는 사항이다.

전력계통의 공업용 부하는 대부분 지상역률을 가지므로 이 경우에 부하와 병렬로 콘덴서를 접속함으로써 콘덴서에 의해 발생하는 진상전류로 지상전류를 상쇄시켜 역률을 개선할 수 있다. 그러나 역률이 개선된다고 해서 부하 자신의 역률이 개선되는 것은 아니고 콘덴서를 포함한 수전단 부하의 합성 역률이 개선되는 것이다. 실제에 있어서 이와 같은 역률개선은 0.9 이상을 목표로 하고 있다.

역률개선용 콘덴서의 용량은 다음 식으로 구한다.

$$Q_C = P\,[\mathrm{kW}] \cdot (\tan\theta_1 - \tan\theta_2)$$

$$= P\left(\sqrt{\frac{1}{\cos^2\theta_1}-1} - \sqrt{\frac{1}{\cos^2\theta_2}-1}\right) \tag{5-29}$$

단, Q_C : 콘덴서 용량 [kVA]

P : 부하의 유효전력 [kW]

$\cos\theta_1$: 개선전의 역률

$\cos\theta_2$: 개선후의 역률

콘덴서의 전력용량 [kVA]을 정전용량 [μF]으로 표시하는 경우가 있는데, 전력용량을 정전용량으로 환산하는 공식은 다음과 같다.

$$C = \frac{Q_C \times 10^9}{2\pi f V^2}\ [\mu\mathrm{F}] \tag{5-30}$$

단, C : 콘덴서의 정전용량 [μF]

f : 주파수 [Hz]

V : 정격전압 [V]

Q_C : 콘덴서의 전력용량 [kVA]

예제 5-7

300[kVA]의 변압기가 역률 70%(늦음)로 전부하 운전하고 있다. 여기에 콘덴서를 설치하여 변압기의 역률을 90%(늦음)로 개선하고자 하는 경우의 콘덴서의 용량 [kVA]을 구하여라.

풀이 $Q_C = P \cdot \left(\sqrt{\frac{1}{\cos^2\theta_1}-1} - \sqrt{\frac{1}{\cos^2\theta_2}-1}\right)$

$= 300 \times 0.7 \times \left(\sqrt{\frac{1}{0.7^2}-1} - \sqrt{\frac{1}{0.9^2}-1}\right)$

$= 210 \times (1.02 - 0.48) = 113\ [\mathrm{kVA}]$

연 습 문 제

1. 교류전압 100[V], 전류 20[A]로서 1.2[kW]의 전력을 소비하는 회로의 리액턴스는 몇 [Ω]인가?

2. 피상전력 10[kVa], 유효전력 8.35[kW]이면 역률은 얼마인가?

3. $\boldsymbol{V}=100\angle 30°$ [V], $\boldsymbol{I}=60\angle -30°$일 때 유효전력, 무효전력, 피상전력을 구하여라.

4. 50[μF]의 콘덴서에 100[V], 60[Hz]의 교류전압을 가했을 때, 무효전력을 구하여라.

5. $v(t)=150\sin\omega t$[V]이고, $i(t)=6\sin\omega t$[A]일 때 평균전력 [W]을 구하여라.

6. 전압 및 전류의 벡터가 각각 $\boldsymbol{V}=200\angle 30°$, $\boldsymbol{I}=100\angle 60°$일 때 전력 [W]은 얼마인가?

7. 어떤 회로에 실효치 100[V]의 전압을 가했을 때, 이 회로의 전력 벡터는 $P_a=200+j500$[W]이다. 이 회로의 어드미턴스 Y 및 임피던스 Z를 구하여라.

8. 어떤 변압기에 뒤진 역률 0.6으로 30[kVA], 뒤진 역률 0.8로 20[kVa], 역률 1로 22[kW]의 부하가 걸려 있다. 이 변압기의 전 피상전력 및 합성역률을 구하여라.

9. 어떤 회로에 $v=200\sin\omega t$[V]의 전압을 가했을 때 $i=2\sin\left(\omega t-\frac{\pi}{4}\right)$[A]의 전류가 흘렀다면 피상전력[VA], 역률, 유효전력[W]은 각각 얼마인가?

10. $R=8$[Ω], $X_L=6$[Ω]의 R–L 직렬회로에 120[V]의 교류전압을 가했을 때 회로에서 소비되는 전력 [W]을 구하여라.

11. 어떤 코일에 직류 100[V]를 가하면 전력 500[W]를 소비하고, 교류 150[V]를 가하면 720[W]를 소비한다. 이 코일의 저항과 리액턴스를 구하여라.

12. 어떤 회로에 $V=150\angle 45°$ [V]를 가했을 때, 피상전력이 504[VA]이고 역률은 0.894(leading)이었다. 이 회로의 임피던스를 구하여라.

13. 가변 저항 R과 일정한 콘덴서 C를 직렬로 접속한 회로에 60[Hz], 100[V]를 인가하였을 때, 소비되는 최대전력을 구하여라. 단, $C=100\,[\mu\text{F}]$이다.

14. 그림 5-14의 회로에서 교류전압 $V=100\,[\text{V}]$이고, $\dfrac{1}{\omega C}=6\,[\Omega]$, $\omega L=10\,[\Omega]$이다. 단자 a, b에서의 유효전력이 최대가 되기 위한 R의 값을 구하여라.

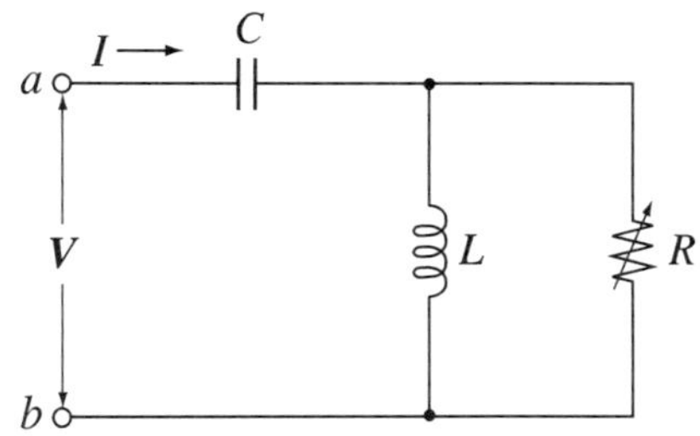

그림 5-14

15. 역률 75[%], 1000[kVA]의 3상 유도부하가 있다. 여기에 병렬로 콘덴서를 접속하여 합성 역률을 85[%]로 개선하고자 한다. 콘덴서의 용량 [kVA]을 구하여라.

Chapter 6

유도결합회로

6.1 상호 인덕턴스

그림 6-1과 같이 두 코일이 서로 가까이 놓여 있을 때 코일 1에 전류 i_1을 흘리면 그 주위에는 자장이 생기고 자력선의 일부는 코일 2와 쇄교한다. 만일 i_1이 시간적으로 변하지 않으면 코일 2와 쇄교하는 자속도 변하지 않으므로 코일 2에는 전압이 유기되지 않으나, i_1이 시간적으로 변하면 패러데이의 법칙에 의하여 코일 2의 양단에는 자속쇄교수의 시간적 변화율에 비례하는 전압이 유기될 것이다. 이것을 상호유도작용이라고 한다.

이때 전류 i_1에 의해 1차코일(보통 전원측을 1차, 다른 쪽을 2차라 한다)에 의하여 만들어진 총 자속을 ϕ_1이라 하면, ϕ_1은 두 개의 성분, 즉 ϕ_1이 2차코일과 쇄교하는 자속 ϕ_{12}와 쇄교하지 않는 자속 ϕ_{11}으로 구분된다.

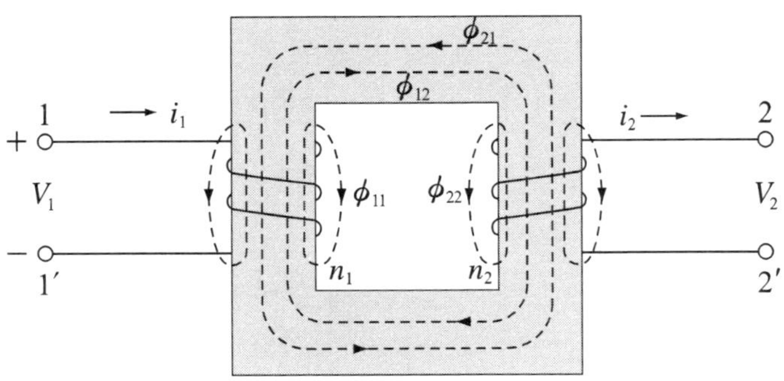

그림 6-1 유도결합회로

이때 두 코일 사이에 자속이 쇄교하는 자속을 **상호자속**(mutual flux)이라 하고, 쇄교하지 않는 자속을 **누설자속**(leakage flux)이라고 한다.

같은 방법으로 2차코일에 흐르는 전류 i_2에 의하여 만들어진 자속 ϕ_2도 1차코일과 쇄교하는 상호자속 ϕ_{21}과 쇄교하지 않는 누설자속 ϕ_{22}로 구분되므로 다음의 관계식이 성립한다.

$$\left.\begin{aligned}\phi_1 &= \phi_{11} + \phi_{12} \\ \phi_2 &= \phi_{21} + \phi_{22}\end{aligned}\right\} \tag{6-1}$$

다음에 전류 i_1에 의하여 1, 2차 코일에 생기는 자속쇄교수를 Φ_1, Φ_2라 하고 각 코일의 권수를 n_1, n_2라고 하면, Φ_1, Φ_2는 권수에 비례하므로

$$\left.\begin{aligned}\Phi_1 &= n_1\phi_1 \\ \Phi_2 &= n_2\phi_{12}\end{aligned}\right\} \tag{6-2}$$

가 된다. 또 주위 매질의 투자율이 일정한 경우에 자속쇄교수는 흐르는 전류 i_1에 비례하므로

$$\left.\begin{aligned}\Phi_1 &= L_1 i_1 \\ \Phi_2 &= M_{12} i_1\end{aligned}\right\} \tag{6-3}$$

으로 표시된다.

여기서 L_1, M_{12}는 각각 비례계수로서 식 (6-2)와 (6-3)으로부터

$$\left.\begin{aligned}L_1 &= \frac{n_1\phi_1}{i_1} \\ M_{12} &= \frac{n_2\phi_{12}}{i_1}\end{aligned}\right\} \tag{6-4}$$

의 관계가 성립되고, L_1을 1차코일의 **자기 인덕턴스**(self inductance)라 하고, M_{12}를 1차코일과 2차코일 사이의 **상호 인덕턴스**(mutual inductance)라고 부른다.

그림 6-1에서 2차코일을 1차코일로 할 때도 마찬가지로 다음의 관계식들이 성립한다.

$$\Phi_1 = n_1\phi_{21}, \qquad \Phi_2 = n_2\phi_2 \tag{6-5}$$

$$\Phi_1 = M_{21}i_2, \qquad \Phi_2 = L_2 i_2 \tag{6-6}$$

$$M_{21} = \frac{n_1\phi_{21}}{i_2}, \qquad L_2 = \frac{n_2\phi_2}{i_2} \tag{6-7}$$

여기서 L_2는 2차코일의 자기 인덕턴스이며, M_{21}은 1차코일과 2차코일 사이의 상호 인덕턴스이다. 따라서 상호 인덕턴스 M_{12}와 M_{21}은 주위 매질의 투자율이 일정한 경우

$$M_{12} = M_{21} = M \tag{6-8}$$

이 되며, 일반적으로 M으로 표시하고 단위는 헨리(henry : H)를 사용한다.

6.2 상호유도전압과 코일의 극성

1차코일에 흐르는 전류를 i_1, 상호 인덕턴스를 M이라고 하면 패러데이의 법칙에 의하여 $v = \dfrac{d\Phi}{dt}$이므로 2차코일에 유기되는 전압 v_{12}는

$$v_{12} = \frac{d(n_2\phi_{12})}{dt} = M\frac{di_1}{dt} \tag{6-9}$$

마찬가지로 2차코일에 흐르는 전류 i_2에 의하여 1차코일에 유기되는 전압 v_{21}은

$$v_{21} = M\frac{di_2}{dt} \tag{6-10}$$

가 된다.

유도결합회로의 해석에서 상호유도전압의 방향은 대단히 중요하며 혼란을 일으키기 쉬운 것이므로 주의를 해야 한다. 상호유도전압의 방향은 권선의 방향과 흐르는 전류의 방향에 따라 결정된다. 그러므로 회로해석에 앞서 두 코일의 상대적 권선방향이 지정되어야 하므로 코일의 어느 한 단자에 점을 찍어서 표시한다.

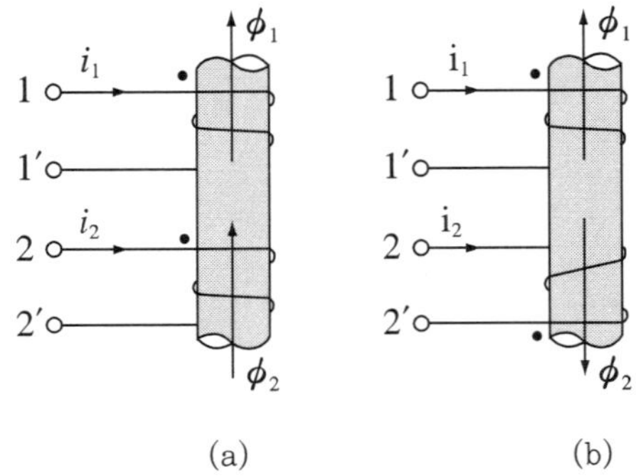

그림 6-2 코일의 극성 표시

그림 6-2 (a)에서 전류 i_1에 의한 자속의 방향과 i_2에 의한 자속의 방향이 서로 일치하므로 점은 단자 1과 2(또는 1′와 2′)에 찍는다.

그리고 그림 (b)와 같이 한 쪽 코일의 감긴 방향이 반대가 되면 자속의 방향도 반대가 되므로 점은 단자 1과 2′(또는 1′와 2)에 찍어야 한다.

이와 같이 한 쌍의 점을 찍어 **코일의 극성**을 표시한다.

코일의 극성표시로부터 상호유도전압의 방향을 결정하는 것은 **렌츠의 법칙**(Lenz's law)에 따른다.

그림 6-3에서 1차코일의 전류 i_1이 증가하면 쇄교자속 Φ_m도 증가하므로 2차코일에는 Φ_m의 증가를 억제하는 방향으로 전류 i_2가 흐른다.

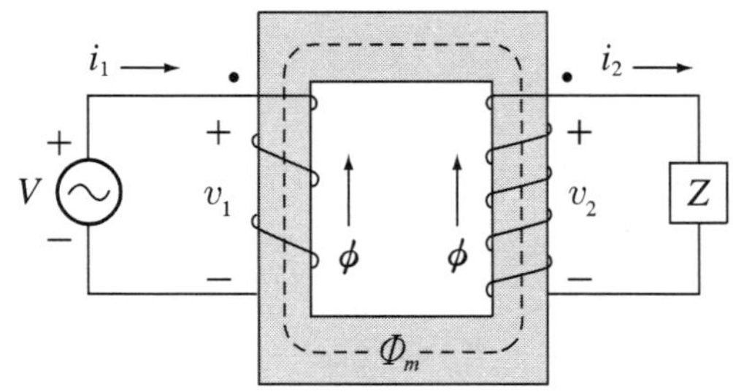

그림 6-3 코일의 극성과 전류의 방향

즉 상호 인덕턴스를 갖는 한 쌍의 코일에서 한 쪽 코일의 점이 찍힌 단자로 유입하는 전류가 증가하면, 다른 코일에서 상호유도에 의하여 점이 안 찍힌 단자에서 점이 찍힌 단자쪽으로 전압상승이 일어난다(또는 점이 찍힌 단자에서 안 찍힌 단자쪽으로 전압강하가 일어난다). 반대로 한 쪽 코일이 점이 찍힌 단자로부터 유출하는 전류가 증가하면, 다른 코일에는 점이 찍힌 단자에서 점이 안 찍힌 단자쪽으로 전압상승이 일어난다(또는 점이 안 찍힌 단자에서 찍힌 단자쪽으로 전압강하가 일어난다).

예제 6-1

두 개의 코일이 있다. 한 코일의 전류가 매초 12[A]의 비율로 변화할 때, 다른 코일에는 15[V]의 기전력이 발생하였다면 두 코일의 상호 인덕턴스를 구하여라.

풀이 문제에서 $e=15[\mathrm{V}]$, $\dfrac{di}{dt}=12[\mathrm{A}]$이므로

유도 기전력은 $e=M\dfrac{di}{dt}$에서

$$15=12M$$

$$\therefore\ M=\frac{15}{12}=1.25\ [\mathrm{H}]$$

6.3 변압기단자에서의 전압-전류

그림 6-4는 두 코일이 유도적으로 결합되어 있는 대표적인 유도결합회로로서 하나의 변압기(transformer)를 형성하고 있다. 1차측에는 전원이 연결되어 있고 2차측에는 부하가 연결되어 있으므로 두 코일에는 전류가 흐른다.

각 전류에 의하여 생기는 자속을 상호자속과 누설자속으로 분해하면 1차코일의 총 자속쇄교수 Φ_1은

$$\begin{aligned}\Phi_1 &= n_1(\phi_{11}+\phi_{12}\pm\phi_{21}) = n_1\phi_1 \pm n_1\phi_{21} \\ &= L_1 i_1 \pm M_{21} i_2 \qquad (6-11)\end{aligned}$$

여기서 ±의 기호는 두 전류에 의한 자속이 같은 방향이면 +, 반대방향이면 -가 된다.

만일 그림 6-5 (a)의 경우에는 i_1, i_2가 다같이 점이 찍힌 단자로 유입하므로 극성표시의 규정에 의하여 두 전류에 의한 자속은 같은 방향이고 따라서 윗식에서 부호는 +가 된다.

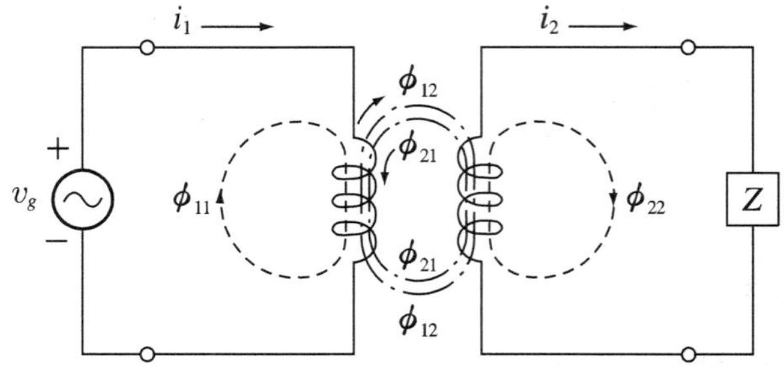

그림 6-4 유도결합회로

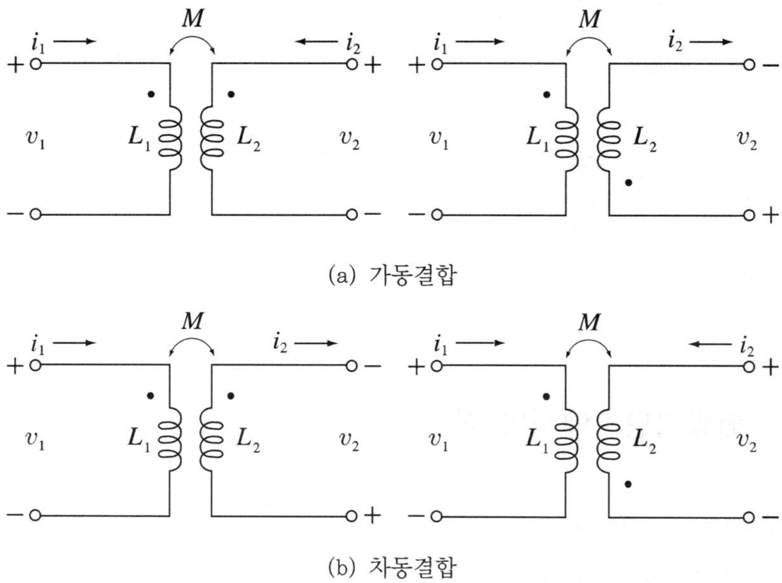

그림 6-5 코일의 극성과 전압, 전류

또한 그림 6-5 (b)와 같이 한 쪽 전류는 점이 찍힌 단자로 유입하고, 다른 쪽 전류는 점이 찍힌 단자로 유출하므로 두 전류에 의한 자속은 서로 반대방향이고 따라서 윗식에서 부호는 −가 된다.

1차코일에 흐르는 전류 i_1에 의해 발생하는 전압강하를 v_1이라 하면 패러데이의 법칙에 의하여

$$v_1 = \frac{d\Phi_1}{dt} = L_1 \frac{di_1}{dt} \pm M_{21} \frac{di_2}{dt} \tag{6-12}$$

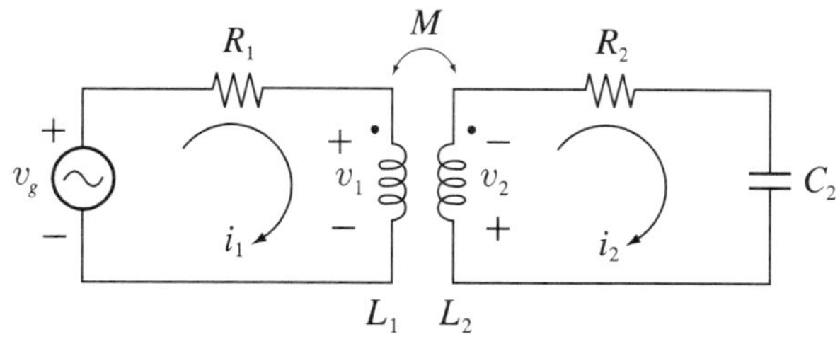

그림 6-6 유도결합회로

마찬가지로 2차코일의 총 자속쇄교수는

$$\begin{aligned}\Phi_2 &= n_2(\phi_{21} + \phi_{22} \pm \phi_{12}) = n_2\phi_2 \pm n_2\phi_{12} \\ &= L_2 i_2 \pm M_{12} i_1 \end{aligned} \tag{6-13}$$

이 되고 2차코일에 흐르는 전류 i_2에 의해 발생하는 전압강하를 v_2라 하면

$$v_2 = \frac{d\Phi_2}{dt} = L_2\frac{di_2}{dt} \pm M_{12}\frac{di_1}{dt} \tag{6-14}$$

가 된다. 식 (6-12)와 (6-14)에서 제1항은 자기유도에 의한 전압강하이고 제2항은 상호유도에 의한 전압강하이다.

다음은 그림 6-6의 회로에 대한 폐로방정식을 구해 보자.

우선 그림과 같이 시계방향의 폐로전류를 i_1, i_2라 하자. 그리고 i_1, i_2에 의해 생기는 각 코일의 전압강하를 v_1, v_2라 하면, i_1은 점이 찍힌 단자로 유입하고 있지만 i_2는 점이 찍힌 단자에서 유출하고 있으므로

$$\left.\begin{aligned} v_1 &= L_1\frac{di_1}{dt} - M\frac{di_2}{dt} \\ v_2 &= L_2\frac{di_2}{dt} - M\frac{di_1}{dt} \end{aligned}\right\} \tag{6-15}$$

또 1차회로와 2차회로에서 폐로전류의 방향으로 일주하면서 키르히호프의 제2법칙(전압법칙)을 적용하면

$$\left.\begin{aligned} &R_1 i_1 + v_1 = v_g \\ &R_2 i_2 + \frac{1}{C_2}\int i_2\, dt + v_2 = 0 \end{aligned}\right\} \tag{6-16}$$

따라서 식 (6-16)에 식 (6-15)를 대입하면 다음과 같은 관계식이 얻어진다.

$$\left.\begin{aligned} &R_1 i_1 + L_1 \frac{di_1}{dt} - M\frac{di_2}{dt} = v_g \\ &R_2 i_2 + \frac{1}{C_2}\int i_2\,dt + L_2\frac{di_2}{dt} - M\frac{di_1}{dt} = 0 \end{aligned}\right\} \tag{6-17}$$

이것이 두 개의 폐로를 갖는 유도결합회로의 폐로방정식이다.

6.4 자기 인덕턴스의 직렬접속

그림 6-7 (a)에서 두 코일의 자기 인덕턴스는 각각 L_1, L_2이고 상호 인덕턴스는 M이다. 이 두 코일을 그림 (b) 또는 (c)와 같이 직렬접속한 경우에 대하여 개방단자에서의 합성 인덕턴스를 구해 보자.

우선 그림 (b)에서, 흐르는 전류를 i라 하고 i에 의한 두 코일의 전압강하를 v_1, v_2라고 하면 흐르는 전류의 방향은 두 코일간에 서로 반대이므로

$$\left.\begin{aligned} &v_1 = L_1\frac{di}{dt} - M\frac{di}{dt} \\ &v_2 = L_2\frac{di}{dt} - M\frac{di}{dt} \end{aligned}\right\} \tag{6-18}$$

가 되고, 단자 a에서 b방향으로의 전압강하를 v_{ab}라 하면

$$\begin{aligned} v_{ab} &= v_1 + v_2 \\ &= \left(L_1\frac{di}{dt} - M\frac{di}{dt}\right) + \left(L_2\frac{di}{dt} - M\frac{di}{dt}\right) \\ &= (L_1 + L_2 - 2M)\frac{di}{dt} \end{aligned} \tag{6-19}$$

이것은 개방단자 a-b에서의 합성 인덕턴스가 $(L_1 + L_2 - 2M)$임을 의미하므로 이것을 $L^{(-)}$라 하면

$$L^{(-)} = L_1 + L_2 - 2M \tag{6-20}$$

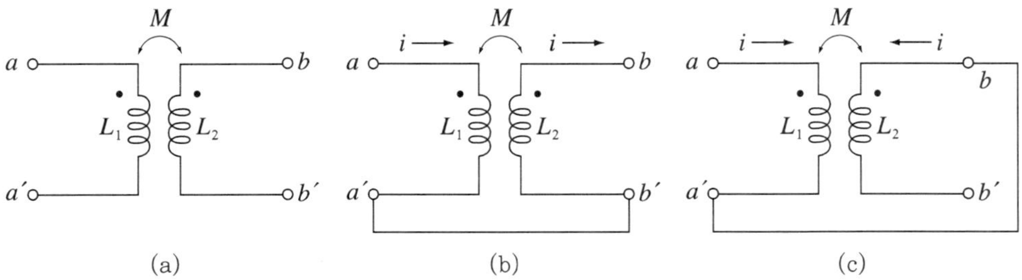

그림 6-7 두 코일의 직렬접속

마찬가지로 그림 (c)에서 전류 i는 두 코일에 다같이 점이 찍힌 단자로 유입하고 있으므로 각 코일에서 생기는 전압강하는

$$\left.\begin{aligned} v_1 &= L_1 \frac{di}{dt} + M\frac{di}{dt} \\ v_2 &= L_2 \frac{di}{dt} + M\frac{di}{dt} \end{aligned}\right\} \tag{6-21}$$

그러므로

$$v_{ab'} = v_1 + v_2 = (L_1 + L_2 + 2M)\frac{di}{dt} \tag{6-22}$$

따라서 개방단자 a-b'에서의 합성 인덕턴스를 $L^{(+)}$라 하면

$$L^{(+)} = L_1 + L_2 + 2M \tag{6-23}$$

식 (6-20)과 (6-23)으로부터

$$M = \frac{L^{(+)} - L^{(-)}}{4} \tag{6-24}$$

가 된다. 이 식 (6-24)는 두 코일간의 상호 인덕턴스를 측정하는 데 이용할 수 있다.

예제 6-2

그림 6-8과 같은 인덕턴스의 합성 인덕턴스를 구하여라.

풀이 합성 인덕턴스 L_0는

$$L_0 = L_1 + L_2 + 2M$$
$$= 5 + 2 + 2 \times 3 = 13 \text{ [H]}$$

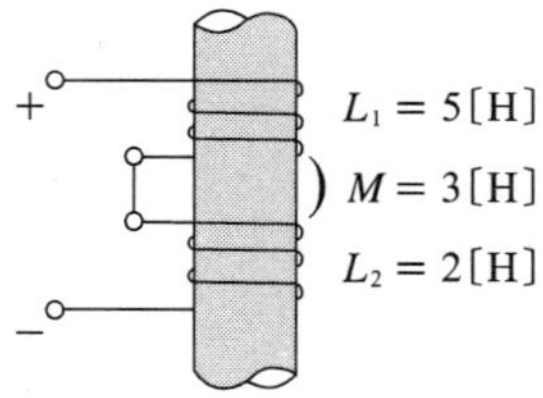

그림 6-8

예제 6-3

서로 결합하고 있는 두 코일 A와 B를 같은 방향으로 감아서 직렬로 접속하면 합성 인덕턴스가 10[mH]가 되고, 반대로 연결하면 합성 인덕턴스가 6[mH]가 된다. 코일 A의 인덕턴스가 5[mH]라고 하면, 코일 B의 인덕턴스는 얼마인가?

풀이 상호 인덕턴스를 M이라 하고, 코일 B의 인덕턴스를 L_B라 하면 주어진 문제로부터

$$\begin{cases} 5 + L_B + 2M = 10 & \cdots\cdots ① \\ 5 + L_B - 2M = 6 & \cdots\cdots ② \end{cases}$$

①+②하면

$$2L_B + 10 = 16 \qquad \therefore \; L_B = 3 \text{ [mH]}$$

6.5 정현파 전원을 가진 유도결합회로

지금까지는 전류, 전압의 파형에 제한을 두지 않았으나 이제부터는 정현파 전원을 가진 유도결합회로에 대하여 고찰하기로 한다.

그림 6-9의 회로에서 전압법칙을 적용하여 폐로방정식을 세우면 다음과 같다.

$$\left.\begin{aligned} R_1\boldsymbol{I}_1 + j\omega L_1\boldsymbol{I}_1 + j\omega M\boldsymbol{I}_2 + Z_g\boldsymbol{I}_1 &= \boldsymbol{V}_g \\ R_2\boldsymbol{I}_2 + j\omega L_2\boldsymbol{I}_2 + j\omega M\boldsymbol{I}_1 + Z_L\boldsymbol{I}_2 &= 0 \end{aligned}\right\} \tag{6-25}$$

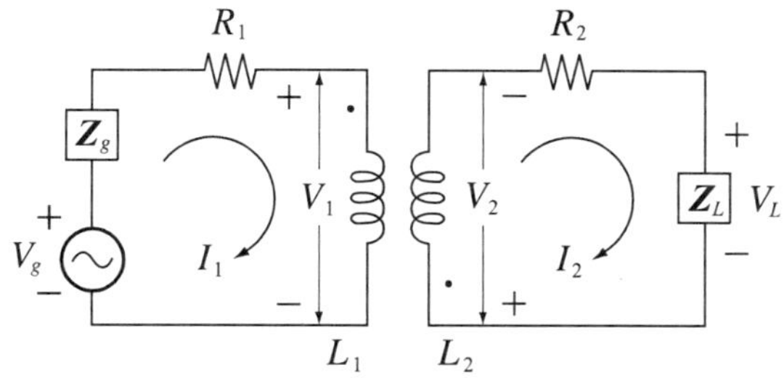

그림 6-9 정현파 전원을 가진 유도결합회로

여기서

$$\left.\begin{aligned} \boldsymbol{Z}_{11} &= R_1 + \boldsymbol{Z}_g + j\omega L_1 \\ \boldsymbol{Z}_{12} &= \boldsymbol{Z}_{21} = j\omega M \\ \boldsymbol{Z}_{22} &= R_2 + \boldsymbol{Z}_L + j\omega L_2 \end{aligned}\right\} \tag{6-26}$$

라고 하면 식 (6-25)는

$$\left.\begin{aligned} \boldsymbol{Z}_{11}\boldsymbol{I}_1 + \boldsymbol{Z}_{12}\boldsymbol{I}_2 &= \boldsymbol{V}_g \\ \boldsymbol{Z}_{21}\boldsymbol{I}_1 + \boldsymbol{Z}_{22}\boldsymbol{I}_2 &= 0 \end{aligned}\right\} \tag{6-27}$$

그러므로

$$\boldsymbol{I}_1 = \frac{\boldsymbol{Z}_{22}\boldsymbol{V}_g}{\boldsymbol{Z}_{11}\boldsymbol{Z}_{22} - \boldsymbol{Z}_{12}^{\ 2}} \tag{6-28}$$

$$\boldsymbol{I}_2 = \frac{-\boldsymbol{Z}_{21}\boldsymbol{V}_g}{\boldsymbol{Z}_{11}\boldsymbol{Z}_{22} - \boldsymbol{Z}_{12}^{\ 2}} \tag{6-29}$$

여기서 1차측의 전원단자에서 본 회로의 임피던스를 구동점 임피던스(driving-point impedance)라고 하며 이를 $\boldsymbol{Z}_{ab}$로 표시하면,

$$\boldsymbol{Z}_{ab} = \frac{\boldsymbol{V}_g}{\boldsymbol{I}_1} = \frac{\boldsymbol{Z}_{11}\boldsymbol{Z}_{22} - \boldsymbol{Z}_{12}^{\ 2}}{\boldsymbol{Z}_{22}} = \boldsymbol{Z}_{11} - \frac{\boldsymbol{Z}_{12}^{\ 2}}{\boldsymbol{Z}_{22}} \tag{6-30}$$

식 (6-26)에서 $\boldsymbol{Z}_2 = j\omega M$이므로

$$\boldsymbol{Z}_{ab} = \boldsymbol{Z}_{11} + \frac{(\omega M)^2}{\boldsymbol{Z}_{22}} \tag{6-31}$$

으로 된다.

또한 2차전류와 1차전류의 비, 즉 **전류비**는 식 (6-28)과 (6-29)로부터

$$\frac{I_2}{I_1} = -\frac{Z_{21}}{Z_{22}} \tag{6-32}$$

가 된다.

그리고 2차회로의 부하 임피던스 Z_L 양단의 전압을 V_L이라고 하면

$$V_L = Z_L I_2 \tag{6-33}$$

이므로 전원전압과 부하전압의 비, 즉 **전압비**는 식 (6-29)와 (6-33)으로부터

$$\frac{V_L}{V_g} = \frac{-Z_{12}Z_L}{Z_{11}Z_{22} - Z_{12}{}^2} \tag{6-34}$$

이 된다.

위의 식 (6-31)에서 구동점 임피던스는 1차회로가 단독적으로 존재할 때의 자기 임피던스 Z_{11}과 2차회로와의 결합으로 말미암아 $(\omega M)^2/Z_{22}$에 해당하는 임피던스와의 합으로 되어 있다. 이때의 임피던스 $(\omega M)^2/Z_{22}$를 **결합 임피던스**(coupled impedance) 또는 **반사 임피던스**(reflected impedance)라고 한다.

6.6 변압기의 등가 T 회로

유도결합회로에서 변압기 부분을 이와 등가적인 T 형 회로에 대치하여 회로를 해석하면 편리할 때가 많다.

그림 6-10 (a)와 같이 1, 2차 코일에 유입하는 전류의 방향이 다같이 점이 찍힌 방향일 때 변압기 단자에서의 전압·전류의 관계는

$$\left.\begin{aligned} V_1 &= j\omega L_1 I_1 + j\omega M I_2 \\ V_2 &= j\omega L_2 I_2 + j\omega M I_1 \end{aligned}\right\} \tag{6-35}$$

와 같다.

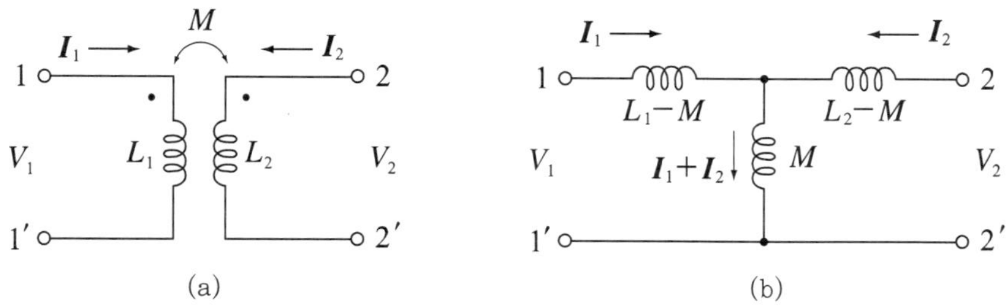

그림 6-10 변압기의 등가 T 회로

한편 그림 6-10 (b)와 같은 T 형 회로에 대한 좌우측 단자에서의 전압 · 전류의 관계는

$$\left.\begin{aligned} \boldsymbol{V}_1 &= j\omega(L_1 - M)\boldsymbol{I}_1 + j\omega M(\boldsymbol{I}_1 + \boldsymbol{I}_2) = j\omega L_1\boldsymbol{I}_1 + j\omega M\boldsymbol{I}_2 \\ \boldsymbol{V}_2 &= j\omega(L_2 - M)\boldsymbol{I}_2 + j\omega M(\boldsymbol{I}_1 + \boldsymbol{I}_2) = j\omega L_2\boldsymbol{I}_2 + j\omega M\boldsymbol{I}_1 \end{aligned}\right\} \quad (6-36)$$

즉 그림 6-10에서 (a), (b) 양 회로의 두 쌍의 단자 (1-1′와 2-2′)의 전압, 전류의 관계가 동일하므로 양 회로는 단자전류와 전압에 관한 한 단자 외측에 대해서 등가적이다.

마찬가지로 그림 6-11 (a)와 같이 1차코일의 전류는 점이 찍힌 단자로 유입하고 2차코일의 전류는 점이 찍힌 단자로 유출하는 경우의 변압기 단자에서의 전압 · 전류의 관계는,

$$\left.\begin{aligned} \boldsymbol{V}_1 &= j\omega L_1\boldsymbol{I}_1 - j\omega M\boldsymbol{I}_2 \\ \boldsymbol{V}_2 &= j\omega L_2\boldsymbol{I}_2 - j\omega M\boldsymbol{I}_1 \end{aligned}\right\} \quad (6-37)$$

그림 6-11 (b)와 같은 T 형 회로에서 전압 · 전류의 관계는

$$\left.\begin{aligned} \boldsymbol{V}_1 &= j\omega(L_1 + M)\boldsymbol{I}_1 - j\omega M(\boldsymbol{I}_1 + \boldsymbol{I}_2) = j\omega L_1\boldsymbol{I}_1 - j\omega M\boldsymbol{I}_2 \\ \boldsymbol{V}_2 &= j\omega(L_2 + M)\boldsymbol{I}_2 - j\omega M(\boldsymbol{I}_1 + \boldsymbol{I}_2) = j\omega L_2\boldsymbol{I}_2 - j\omega M\boldsymbol{I}_1 \end{aligned}\right\} \quad (6-38)$$

그러므로 그림 6-11의 (a), (b) 양 회로도 단자전류와 전압에 관한 한 단자 외측에 대해서 등가적이다.

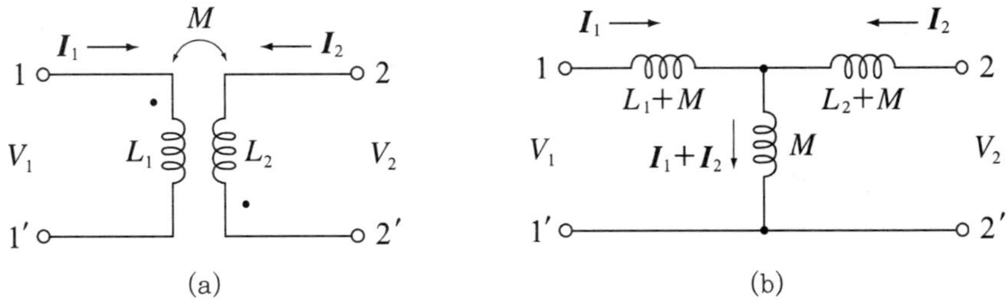

그림 6-11 변압기의 등가 T 회로

6.7 결합계수

유도적으로 결합된 두 코일에 있어서, 코일 1에 의하여 생긴 전 자속 중에서 코일 2와 쇄교하는 자속의 비율을 k_{12}라 하면

$$k_{12} = \frac{\phi_{12}}{\phi_1} \tag{6-39}$$

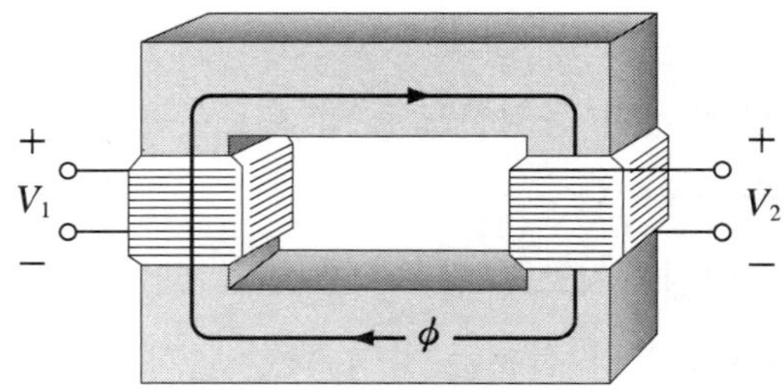

그림 6-12

마찬가지로 코일 2에 의하여 생긴 전 자속 중에서 코일 1과 쇄교하는 자속의 비율을 k_{21}이라 하면

$$k_{21} = \frac{\phi_{21}}{\phi_2} \tag{6-40}$$

따라서 상호 인덕턴스 M_{12}는 다음과 같이 쓸 수 있다.

$$M_{12} = \frac{n_2\phi_{12}}{i_1} = \frac{n_2 k_{12}\phi_1}{i_1} = \frac{n_2}{n_1}k_{12}\frac{n_1\phi_1}{i_1} = \frac{n_2}{n_1}k_{12}L_1 \tag{6-41}$$

마찬가지로 하여

$$M_{21} = \frac{n_1\phi_{21}}{i_2} = \frac{n_1}{n_2}k_{21}L_2 \tag{6-42}$$

식 (6-41)과 (6-42)를 서로 곱하고, 또 $M_{12}=M_{21}=M$인 관계를 이용하면

$$M^2 = L_1 L_2 k^2 \quad (\text{단, } k = \sqrt{k_{12}k_{21}}) \tag{6-43}$$

이라고 쓸 수 있다. 즉

$$k = \frac{M}{\sqrt{L_1 L_2}} \text{ 또는 } M = k\sqrt{L_1 L_2} \tag{6-44}$$

여기서 k를 **결합계수**(coefficient of coupling)라고 부른다.

결합계수 k는 위에서처럼 자속과 관련시키지 않고 식 (6-4)와 식 (6-39), (6-40)으로부터 다음과 같이 정의하는 것이 보통이다.

$$k = \sqrt{k_{12}\cdot k_{21}} = \sqrt{\frac{\phi_{12}}{\phi_1}\cdot\frac{\phi_{21}}{\phi_2}} = \sqrt{\frac{M_{12}i_1/n_2}{L_1 i_1/n_1}\cdot\frac{M_{21}i_2/n_1}{L_2 i_2/n_2}}$$

$$= \sqrt{\frac{M_{12}M_{21}}{L_1 L_2}} = \sqrt{\frac{M^2}{L_1 L_2}} = \frac{M}{\sqrt{L_1 L_2}} \tag{6-45}$$

쇄교자속의 비율 k_{12}, k_{21}은 0과 1 사이의 값을 가지므로 k도 역시 0과 1 사이의 값을 갖는다. 즉

$$0 \le k \le 1 \tag{6-46}$$

이 계수는 한 코일이 다른 코일과 자속이 얼마나 쇄교하는가 하는 정도를 나타낸다.

$k=0$은 상호자속이 전혀 없는 경우, 즉 유도결합이 없는 경우이고, $k=1$은 누설자속이 전혀 없는 경우, 즉 **완전결합**(perfect coupling)의 경우이다.

그러므로 결합계수 k는 두 코일 사이의 유도결합의 정도를 나타내는 수치라고 할 수 있다.

k가 1에 가까운 것을 **밀결합**(close coupling)이라 하고, 0에 가까운 것을 **소결합**(loose coupling)이라 한다. 그림 6-13은 이들의 관계를 나타낸 것이다.

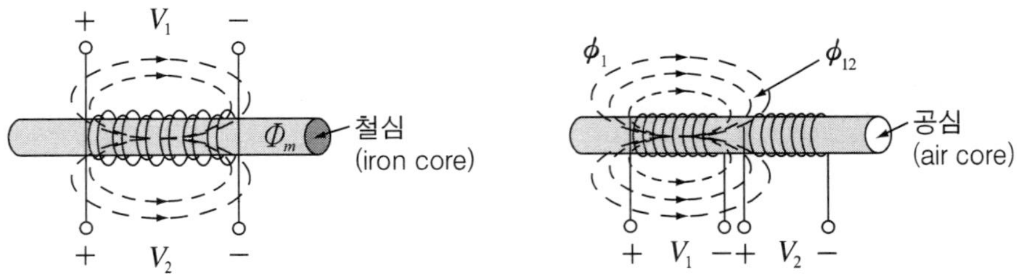

(a) 밀결합($k \fallingdotseq 1$) (b) 소결합$\left(k = \frac{\phi_{12}}{\phi_1} \ll 1\right)$

그림 6-13

예제 6-4

코일 L_1, L_2가 서로 결합되어 있다. 두 코일의 결합계수를 구하여라.
단, $L_1 = 20\,[\mu\text{H}]$, $L_2 = 50\,[\mu\text{H}]$, $M = 5.6\,[\mu\text{H}]$이다.

풀이 결합계수 k는

$$k = \frac{M}{\sqrt{L_1 L_2}} = \frac{5.6}{\sqrt{20 \times 50}} \fallingdotseq 0.177$$

6.8 이상 변압기

다음의 세 가지 조건을 만족하는 가상적인 변압기를 이상 변압기(ideal transformer)라고 한다.

① 두 코일간의 결합계수가 1일 것(누설자속이 전혀 없는 완전결합일 것)
② 코일에 관계되는 손실이 0일 것(코일 권선의 저항이 0이고, 자기회로에서의 히스테리시스손이나 와류손이 0일 것)
③ 각 코일의 인덕턴스가 무한대일 것(코일에 직렬로 연결된 다른 회로소자의 임피던스는 무시할 수 있을 것)

이와 같은 조건을 만족하는 이상적인 변압기는 실현할 수 없으나 잘 설계된 철심 변압기는 이상 변압기에 가깝다.

이상 변압기는 누설자속이 없는 완전결합이므로 그림 6-14에서 1차코일에 1[A]의 전류를 흘렸을 때 1차코일에 발생하는 자속을 ϕ_1이라 하고 이 자속 ϕ_1이 2차코일과 쇄교할 때의 상호 인덕턴스를 M_{12}라고 하면

$$L_1 = n_1\phi_1$$

$$M_{12} = n_2\phi_1 = \frac{n_2}{n_1}n_1\phi_1 = \frac{n_2}{n_1}L_1 \qquad (6-47)$$

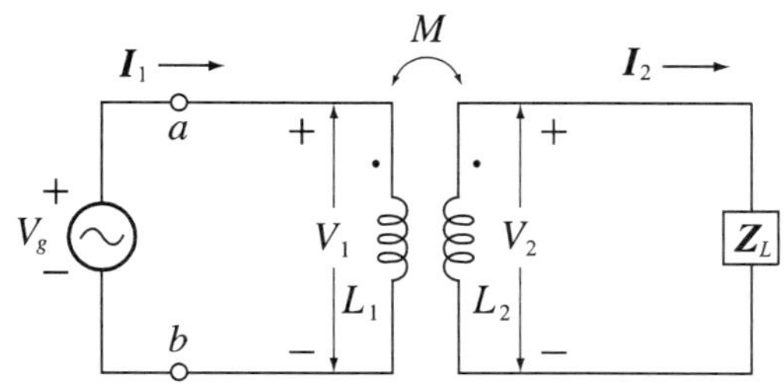

그림 6-14 이상 변압기를 가진 회로

마찬가지로 하여 1차코일에 1[A]의 전류를 흘렸을 때 2차코일에 발생하는 자속을 ϕ_2라 하고, 이 자속 ϕ_2가 1차코일과 쇄교할 때의 상호 인덕턴스를 M_{21}이라고 하면

$$L_2 = n_2\phi_2$$

$$M_{21} = n_1\phi_2 = \frac{n_1}{n_2}n_2\phi_2 = \frac{n_1}{n_2}L_2 \qquad (6-48)$$

$M_{12} = M_{21} = M$의 관계가 있으므로 식 (6-47) 및 (6-48)로부터

$$\frac{n_1}{n_2} = \frac{M}{L_2} = \frac{L_1}{M} = \frac{L_1}{\sqrt{L_1L_2}} = \sqrt{\frac{L_1}{L_2}}$$

여기서, $\frac{n_1}{n_2}$을 **권수비**(ratio of turns)라고 부른다. 즉

$$a = \frac{n_1}{n_2} = \sqrt{\frac{L_1}{L_2}} \qquad (6-49)$$

그림 6-14의 회로에서 2차측 회로에 전압법칙을 적용하여 폐로방정식을 세우면

$$\boldsymbol{Z}_L\boldsymbol{I}_2 + j\omega L_2\boldsymbol{I}_2 - j\omega M\boldsymbol{I}_1 = 0$$

$$(\boldsymbol{Z}_L + j\omega L_2)\boldsymbol{I}_2 = j\omega M\boldsymbol{I}_1$$

$$\therefore\ \frac{\boldsymbol{I}_2}{\boldsymbol{I}_1} = \frac{j\omega M}{\boldsymbol{Z}_L + j\omega L_2} \tag{6-50}$$

이 되고, 이상 변압기의 조건 (3)으로부터 $\omega L_2 \gg \boldsymbol{Z}_L$이므로 식 (6-50)의 우변의 분모에 있는 $\boldsymbol{Z}_L$을 무시하면,

$$\frac{\boldsymbol{I}_2}{\boldsymbol{I}_1} = \frac{M}{L_2} = \frac{\sqrt{L_1L_2}}{L_2} = \sqrt{\frac{L_1}{L_2}} = a$$

$$\therefore\ a = \frac{\boldsymbol{I}_2}{\boldsymbol{I}_1} \tag{6-51}$$

의 관계가 성립한다.

또 이상 변압기의 조건 (2)에서 코일에 관계되는 손실(동손이나 철손 등)이 없으므로 에너지 보존의 법칙에 의하여 $\boldsymbol{V}_1\boldsymbol{I}_1 = \boldsymbol{V}_2\boldsymbol{I}_2$가 되어야 한다. 따라서

$$\frac{\boldsymbol{V}_2}{\boldsymbol{V}_1} = \frac{\boldsymbol{I}_1}{\boldsymbol{I}_2} = \frac{1}{a} \tag{6-52}$$

가 되고, 다음과 같이 쓸 수 있다.

$$\frac{\boldsymbol{V}_1}{\boldsymbol{V}_2} \cdot \frac{\boldsymbol{I}_2}{\boldsymbol{I}_1} = a^2 \tag{6-53}$$

$\boldsymbol{Z}_{ab}$를 1차측의 전원단자에서 본 회로의 구동점 임피던스라 하고, $\boldsymbol{Z}_L$을 부하 임피던스라고 하면

$$\boldsymbol{Z}_{ab} = \frac{\boldsymbol{V}_1}{\boldsymbol{I}_1}$$

$$\boldsymbol{Z}_L = \frac{\boldsymbol{V}_2}{\boldsymbol{I}_2}$$

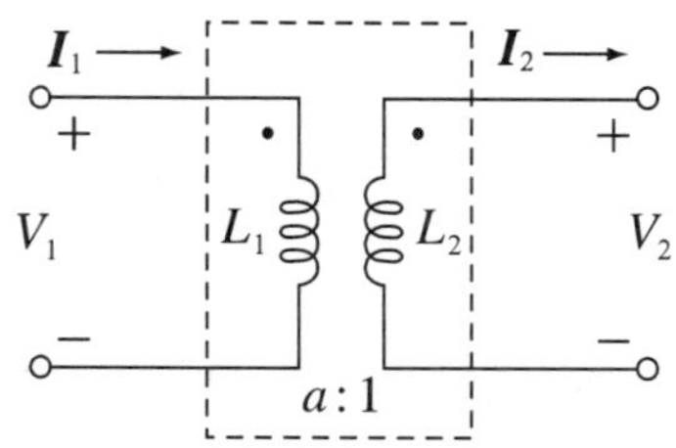

그림 6-15 이상 변압기의 표시

이므로 이를 식 (6-53)에 대입하면

$$Z_{ab} = \frac{V_1}{I_1} = a^2 Z_L = \left(\frac{n_1}{n_2}\right)^2 Z_L \tag{6-54}$$

이상 변압기의 표시는 그림 6-15와 같이 극성표시와 권수비로 표시한다.

예제 6-5

이상 변압기의 1차측 코일의 권수 $n_1 = 300$, 자기 인덕턴스 $L_1 = 200\,[\mu\text{H}]$이다. 2차측 코일의 권수 $n_2 = 200$일 때 2차측 자기 인덕턴스 L_2 및 상호 인덕턴스 M을 구하여라.

풀이 $a = \sqrt{\dfrac{L_1}{L_2}}$ 이므로 $L_2 = \dfrac{L_1}{a^2}$ 이고,

$$a = \frac{n_1}{n_2} = \frac{300}{200} = 1.5$$

따라서, $L_2 = \dfrac{L_1}{a^2} = \dfrac{200}{1.5^2} \fallingdotseq 89\ [\mu\text{H}]$

$$M = \sqrt{L_1 L_2} = \sqrt{200 \times 89} \fallingdotseq 134\ [\mu\text{H}]$$

6.9 완전 변압기

다음의 조건을 만족하는 가상적인 변압기를 **완전 변압기**(perfect transformer)라고 한다.

① 두 코일의 결합계수가 1일 것.

② 코일에 관계되는 손실이 없을 것.

즉 완전 변압기는 결합계수 $k = 1$이고, 손실이 없으나 각 코일의 인덕턴스가 무한대라는 조건은 제외된다.

그러므로 완전 변압기에서는 식 (6-50)과 (6-52)는 성립되지만 식 (6-51)과 (6-54)는 성립되지 않는다.

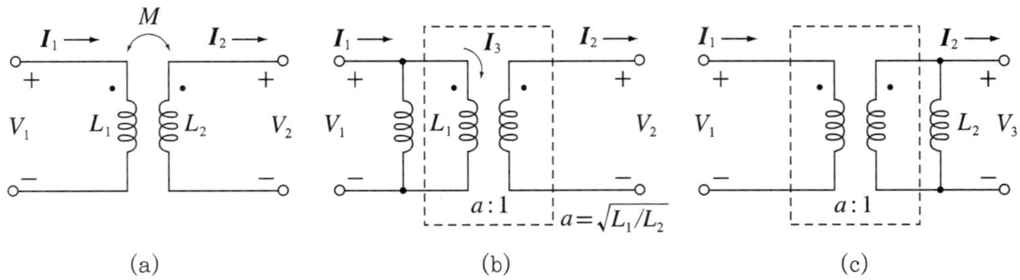

그림 6-16 완전 변압기와 등가회로

따라서 완전 변압기에서는

$$\frac{\boldsymbol{V}_2}{\boldsymbol{V}_1}=\frac{1}{a}=\frac{n_2}{n_1}, \qquad \frac{\boldsymbol{I}_2}{\boldsymbol{I}_1}\neq\frac{n_1}{n_2}, \qquad \boldsymbol{Z}_{ab}\neq a^2\boldsymbol{Z}_L \tag{6-55}$$

그림 6-16 (a)와 같이 인덕턴스가 L_1, L_2인 완전 변압기는 권수비가 $a(=\sqrt{L_1/L_2})$인 이상 변압기의 1차측에 병렬로 L_1을 연결한 그림 (b)의 회로 또는 2차측에 병렬로 L_2를 연결한 그림 (c)의 회로와 등가이다.

그림 6-16 (a)의 완전 변압기에 대해서

$$\boldsymbol{V}_1 = j\omega L_1\boldsymbol{I}_1 - j\omega M\boldsymbol{I}_2 \tag{6-56}$$

$$-\boldsymbol{V}_2 = j\omega L_2\boldsymbol{I}_2 - j\omega M\boldsymbol{I}_1 \tag{6-57}$$

다음에 그림 (b)의 회로에서 이상 변압기의 1차측 단자에 흐르는 전류 $\boldsymbol{I}_3$는 권수비가 $a:1$일 경우 $a=\dfrac{\boldsymbol{I}_2}{\boldsymbol{I}_3}$이므로

$$\boldsymbol{I}_3 = \frac{\boldsymbol{I}_2}{a}$$

따라서 L_1에 흐르는 전류는

$$\boldsymbol{I}_1 - \boldsymbol{I}_3 = \boldsymbol{I}_1 - \frac{\boldsymbol{I}_2}{a}$$

이므로

$$\boldsymbol{V}_1 = j\omega L_1\left(\boldsymbol{I}_1 - \frac{\boldsymbol{I}_2}{a}\right) = j\omega L_1\boldsymbol{I}_1 - j\omega L_1\frac{\boldsymbol{I}_2}{a}$$

$$= j\omega L_1\boldsymbol{I}_1 - j\omega L_1\boldsymbol{I}_2\sqrt{\frac{L_2}{L_1}} = j\omega L_1\boldsymbol{I}_1 - j\omega\sqrt{L_1L_2}\,\boldsymbol{I}_2$$

$$= j\omega L_1\boldsymbol{I}_1 - j\omega M\boldsymbol{I}_2 \tag{6-58}$$

$$-\boldsymbol{V}_2 = -\frac{\boldsymbol{V}_1}{a} = -\sqrt{\frac{L_2}{L_1}}\left(j\omega L_1\boldsymbol{I}_1 - j\omega\sqrt{L_1L_2}\,\boldsymbol{I}_2\right)$$

$$= -j\omega\sqrt{L_1L_2}\,\boldsymbol{I}_1 + j\omega L_2\boldsymbol{I}_2 = j\omega L_2\boldsymbol{I}_2 - j\omega M\boldsymbol{I}_1 \tag{6-59}$$

위의 식 (6-56)과 (6-58)이 같고, 식 (6-57)과 (6-59)가 같으므로 그림 (6-16)의 (a)와 (b) 두 회로는 양측 단자에 관한한 등가적이다.

마찬가지로 (a)와 (c)도 등가임을 증명할 수 있다.

연 습 문 제

1. 그림 6-17과 같은 인덕턴스의 합성 자기 인덕턴스 L_0의 값은 몇 [H]인가? 단, $L_1 = 0.2$[H], $L_2 = 0.4$[H], $M = 0.1$[H]이다.

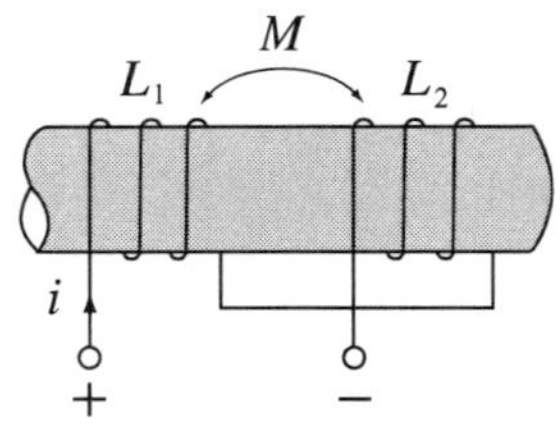

그림 6-17

2. 그림 6-18과 같은 단권 변압기에 부하로 C를 연결하였다. a, b 단자에 교류 전압 100[V]를 가할 때 정상상태에서, 전류 I, I_1, I_2를 각각 구하여라. 단, $\omega L_1 = 2[\Omega]$, $\omega L_2 = 3[\Omega]$, $\omega M = 1[\Omega]$, $1/\omega C = 5[\Omega]$이다.

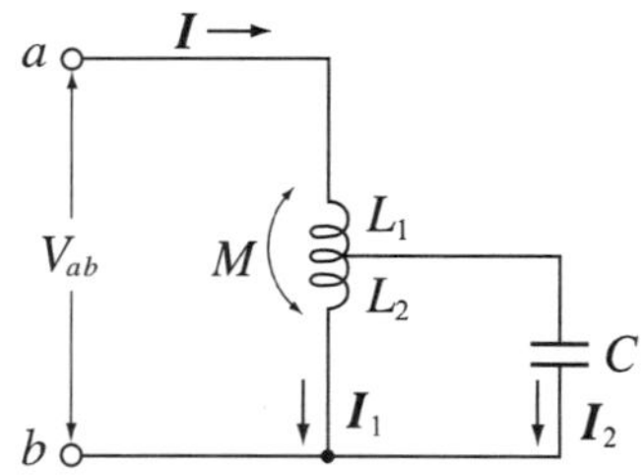

그림 6-18

3. 20[mH]의 두 자기 인덕턴스가 있다. 결합계수를 0.1부터 0.9까지 변화시킬 수 있다면 이것을 접속시켜서 얻을 수 있는 합성 인덕턴스의 최대값과 최소값의 비는 얼마인가?

4. $L_1 = 0.8$[H], $L_2 = 0.2$[H]인 두 결합 코일의 결합계수 $k = 0.9$이다. 상호 인덕턴스 M과 권선비 n_1/n_2를 구하여라.

5. 자기 인덕턴스 L_1, L_2가 각각 4[mH], 9[mH]인 두 코일이 이상결합 되었다면 상호 인덕턴스 M은 몇 [mH]인가?

6. 두 코일이 결합된 상호 유도 회로에서 $L_1 = L_2 = 100$[mH], $M = 90$[mH]일 때 결합계수를 구하여라.

7. 두 코일이 결합된 상호 유도 회로에서 한 코일의 전류가 매초 120[A]의 비율로 변화할 때 다른 코일에는 15[V]의 기전력이 발생하였다면 두 코일의 상호 인덕턴스 [H]는 얼마인가?

8. 그림 6-19와 같은 캠벨 브리지(Campbell bridge)에서 수화기 D의 전류 I_2가 0이 되기 위한 C의 값을 구하여라.

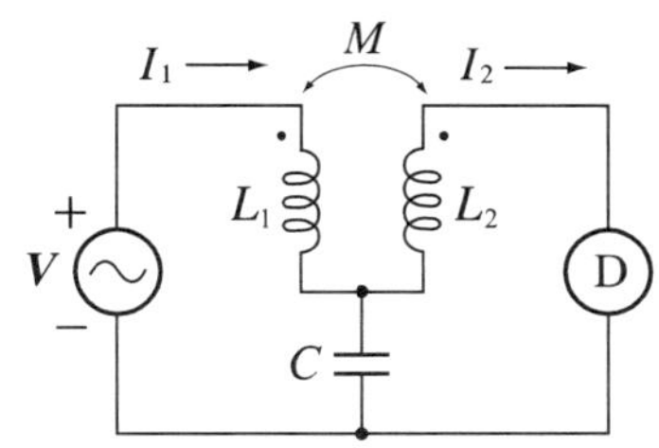

그림 6-19

9. 그림 6-20과 같은 회로에 있어서 2차전류가 1차전류와 90° 위상차를 갖기 위한 C의 값을 구하고, 또 C에 걸리는 전압을 구하여라.

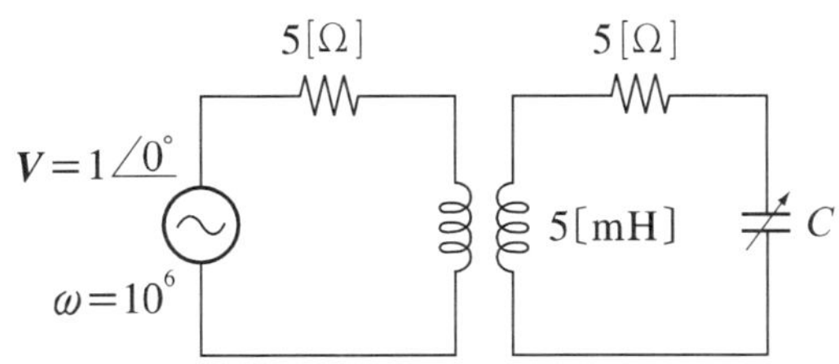

그림 6-20

10. 이상 변압기가 되기 위한 3가지 조건은 무엇인가?

11. 완전 변압기가 되기 위한 2가지 조건은 무엇인가?

Chapter 7

일반선형 회로망

7.1 회로망 기하학

전기 회로망을 그래프(graph)이론을 이용하여 해석하는 학문을 회로망 기하학 또는 위상 기하학(topology)이라 한다.

1 기본개념

임의의 전기 회로망을 그래프로 표시하면 그림 7-1과 같이 몇 개의 점 (a_i)의 집합과 이들을 잇는 단일 선(b_j)의 집합으로 이루어진다. 이러한 그래프에서 사용되는 용어의 정의는 다음과 같다.

(1) 마디 또는 절점

$a_1, a_2, \cdots, a_5$ 등과 같이 회로가 접속되는 점을 마디(node) 또는 절점이라 한다.

(2) 가지 또는 지로

$b_1, b_2, \cdots, b_8$과 같이 두 개의 마디를 잇는 선을 가지(branch) 또는 지로라고 한다.

(3) 폐로

몇 개의 가지로 만들어지는 폐회로로서 그림 7-1 (b)에서 l_1, l_2, l_3, l_4 등을 폐로(loop)라고 한다.

(4) 나무

어떤 그래프에서 모든 마디를 연결하고 폐로를 만들지 않는 가지의 최소 집합을 나무(tree)라 하며, 그림 7-1 (a)에서 b_5, b_2, b_3, b_7은 나무이다.

(5) 보목

그래프에서 나무가 아닌 가지를 보목(link 또는 cotree)이라 하며 그림 7-1 (b)에서 b_1, b_4, b_6, b_8은 보목이다.

지금 가지의 수를 b, 마디의 수를 n이라 하면, 나무의 수 b_t는

$$b_t = n - 1 \tag{7-1}$$

보목의 수 b_l는

$$b_l = b - (n-1) = b - n + 1 \tag{7-2}$$

(6) 컷-셋

어떤 그래프를 두 부분(마디 하나라도 좋음)으로 가르는 가지의 최소 집합을 컷-셋(cut-set)이라 한다.

(7) 컷-셋의 기본계

컷-셋 중에서 나무를 1개만 포함하는 $(n-1)$개의 컷-셋의 집합을 컷-셋의 기본계 또는 기본 컷-셋(fundamental cut-set)이라 한다.

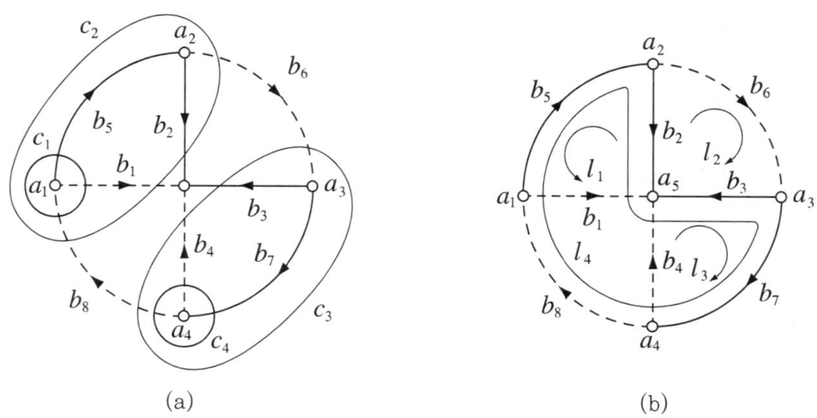

그림 7-1

그림 7-1 (a)에서 나무를 b_2, b_3, b_5, b_7으로 취하는 경우 컷-셋의 기본계는 c_1, c_2, c_3, c_4가 된다.

$$\left.\begin{array}{l} c_1 \cdots (\underline{b_5}, b_1, b_8) \\ c_2 \cdots (\underline{b_2}, b_1, b_8, b_6) \\ c_3 \cdots (\underline{b_3}, b_4, b_8, b_6) \\ c_4 \cdots (\underline{b_7}, b_4, b_8) \end{array}\right\}$$

여기서 밑줄친 가지는 나무를 나타낸다.

(8) 폐로의 기본계

어떤 그래프에서 보목인 가지를 단 1개만 포함하는 $(b-n+1)$개의 폐로의 집합을 **폐로의 기본계**(fundamental loop)라 한다.

그림 7-1 (b)에서 나무를 b_2, b_3, b_5, b_7로 잡으면 보목은 b_1, b_6, b_4, b_8이다. 이 보목에 관한 폐로의 기본계는 l_1, l_2, l_3, l_4가 된다.

$$\left.\begin{array}{l} l_1 \cdots (\underline{b_1}, b_5, b_2) \\ l_2 \cdots (\underline{b_6}, b_3, b_2) \\ l_3 \cdots (\underline{b_4}, b_3, b_7) \\ l_4 \cdots (\underline{b_8}, b_5, b_2, b_3, b_7) \end{array}\right\}$$

여기서 밑줄 친 가지는 보목의 가지를 나타낸다.

2 그래프의 행렬표시

(1) 절점접속행렬

어떤 그래프의 절점 a_j와 절점 a_k를 잇는 가지의 수가 jk요소$(=kj$요소$)$로 된 행렬을 **절점접속행렬**(adjacency matrix)이라 한다.

여기서 절점과 다른 절점이 한 가지에서 연결이 되었을 경우에는 요소가 1이며 연결이 안 되었을 경우에는 0으로 한다. 그림 7-2에서 절점접속행렬을 [P]라고 하면

$$[\mathrm{P}] = \begin{array}{c} \\ a_1 \\ a_2 \\ a_3 \\ a_4 \\ a_5 \end{array} \begin{array}{c} \begin{array}{ccccc} a_1 & a_2 & a_3 & a_4 & a_5 \end{array} \\ \begin{bmatrix} 0 & 1 & 0 & 1 & 1 \\ 1 & 0 & 1 & 0 & 1 \\ 0 & 1 & 0 & 1 & 1 \\ 1 & 0 & 1 & 0 & 1 \\ 1 & 1 & 1 & 1 & 0 \end{bmatrix} \end{array} \tag{7-3}$$

이 되며, 방향성 그래프일 경우에는 한 절점에서 다른 절점으로 연결된 가지에 화살표가 나가는 방향이면 요소는 0으로 하고, 들어오는 방향이면 1로 잡아 각 요소를 나타낸다. 따라서 그림 7-2의 방향성 절점접속행렬 [P′]는

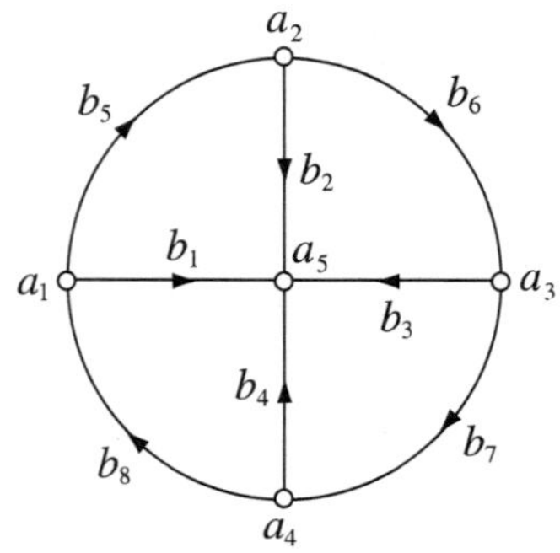

그림 7-2

$$[\mathrm{P}'] = \begin{array}{c} \\ a_1 \\ a_2 \\ a_3 \\ a_4 \\ a_5 \end{array} \begin{array}{c} \begin{array}{ccccc} a_1 & a_2 & a_3 & a_4 & a_5 \end{array} \\ \begin{bmatrix} 0 & 0 & 0 & 1 & 0 \\ 1 & 0 & 0 & 0 & 0 \\ 0 & 1 & 0 & 0 & 0 \\ 0 & 0 & 1 & 0 & 0 \\ 1 & 1 & 1 & 1 & 0 \end{bmatrix} \end{array} \tag{7-4}$$

(2) 접속행렬

그래프의 마디를 행으로, 가지를 열로 하는 $n \times b$행렬을 **접속행렬**(incidence matrix)이라 한다. j번째의 마디에 k번째의 가지가 연결될 때 행렬의 요소 a_{jk}는 1이고, 연결되어 있지 않을 때 a_{jk}는 0이 된다.

그림 7-2의 접속행렬을 [A]라 하면

$$[\mathrm{A}] = \begin{array}{c} \\ a_1 \\ a_2 \\ a_3 \\ a_4 \\ a_5 \end{array} \begin{array}{c} \begin{array}{cccccccc} b_1 & b_2 & b_3 & b_4 & b_5 & b_6 & b_7 & b_8 \end{array} \\ \begin{bmatrix} 1 & 0 & 0 & 0 & 1 & 0 & 0 & 1 \\ 0 & 1 & 0 & 0 & 1 & 1 & 0 & 0 \\ 0 & 0 & 1 & 0 & 0 & 1 & 1 & 0 \\ 0 & 0 & 0 & 1 & 0 & 0 & 1 & 1 \\ 1 & 1 & 1 & 1 & 0 & 0 & 0 & 0 \end{bmatrix} \end{array} \tag{7-5}$$

이 되며, 방향성을 고려하면 요소 a_{jk}는

$a_{jk}=1$(마디 a_j에 가지 b_k가 접속되고, a_j에서 나가는 방향일 때)

$a_{jk}=-1$(마디 a_j에 가지 b_k가 접속되고, a_j로 들어오는 방향일 때)

$a_{jk}=0$(마디 a_j에 가지 b_k가 접속되지 않을 때)

이 된다.

따라서 방향성 접속행렬을 [A′]라 하면

$$[A'] = \begin{matrix} & b_1 & b_2 & b_3 & b_4 & b_5 & b_6 & b_7 & b_8 \\ a_1 & 1 & 0 & 0 & 0 & 1 & 0 & 0 & -1 \\ a_2 & 0 & 1 & 0 & 0 & -1 & 1 & 0 & 0 \\ a_3 & 0 & 0 & 1 & 0 & 0 & -1 & 1 & 0 \\ a_4 & 0 & 0 & 0 & 1 & 0 & 0 & -1 & 1 \\ a_5 & -1 & -1 & -1 & -1 & 0 & 0 & 0 & 0 \end{matrix} \tag{7-6}$$

이 된다. 특히 방향성 접속행렬은 각 열에 1과 −1이 한 개씩 들어 있고, 나머지는 모두 0이다.

(3) 컷-셋 행렬

그래프의 컷-셋 c_j에 가지 b_k가 포함 될 때 $c_{jk}=1$, c_j에 가지 b_k가 포함되지 않을 때 $c_{jk}=0$이 되는 c_{jk}를 요소로 하는 행렬을 컷-셋 행렬(cut-set matrix)이라고 한다.

그림 7-3에서 컷-셋 행렬 [C]는

$$[C] = \begin{matrix} & b_1 & b_2 & b_3 & b_4 & b_5 & b_6 & b_7 & b_8 \\ c_1 & 1 & 0 & 0 & 0 & 1 & 0 & 0 & 1 \\ c_2 & 1 & 1 & 0 & 0 & 0 & 1 & 0 & 1 \\ c_3 & 0 & 0 & 1 & 1 & 0 & 1 & 0 & 1 \\ c_4 & 0 & 0 & 0 & 1 & 0 & 0 & 1 & 1 \end{matrix} \tag{7-7}$$

이 된다.

또한 방향성 그래프일 경우 요소 c_{jk}는

$c_{jk}=1$(컷-셋 c_j에 가지 b_k가 포함되고, 방향이 일치할 때)

$c_{jk}=-1$(컷-셋 c_j에 가지 b_k가 포함되고, 방향이 반대일 때)

$c_{jk}=0$(컷-셋 c_j에 가지 b_k가 포함되지 않을 때)

이 된다.

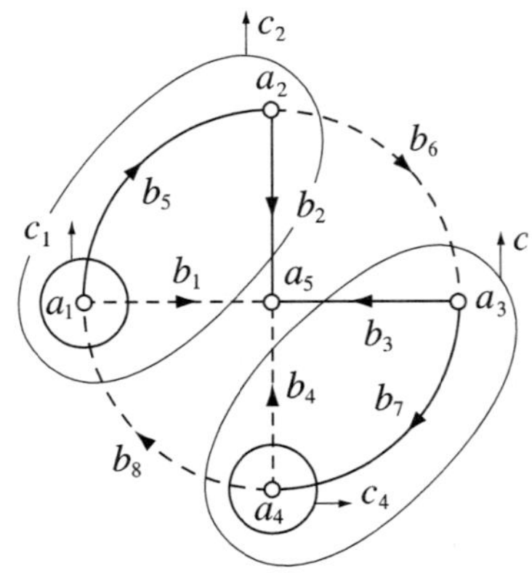

그림 7-3

따라서 컷-셋 행렬 [C′]는

$$[\mathrm{C}'] = \begin{matrix} \\ c_1 \\ c_2 \\ c_3 \\ c_4 \end{matrix} \begin{matrix} \begin{matrix} b_1 & b_2 & b_3 & b_4 & b_5 & b_6 & b_7 & b_8 \end{matrix} \\ \begin{bmatrix} 1 & 0 & 0 & 0 & 1 & 0 & 0 & -1 \\ 1 & 1 & 0 & 0 & 0 & 1 & 0 & -1 \\ 0 & 0 & 1 & 1 & 0 & -1 & 0 & 1 \\ 0 & 0 & 0 & 1 & 0 & 0 & -1 & 1 \end{bmatrix} \end{matrix} \tag{7-8}$$

여기서 나무의 열에는 1(또는 −1)이 한 개만 있고, 나머지는 모두 0이다.

(4) 폐로행렬

그래프의 폐로 l_j에 가지 b_k가 포함될 때 $b_{jk}=1$, 포함되지 않을때 $b_{jk}=0$이 되는 b_{jk}를 요소로 하는 행렬을 **폐로행렬**(loop matrix) 또는 **타이-셋 행렬**(tie-set matrix)이라고 한다.

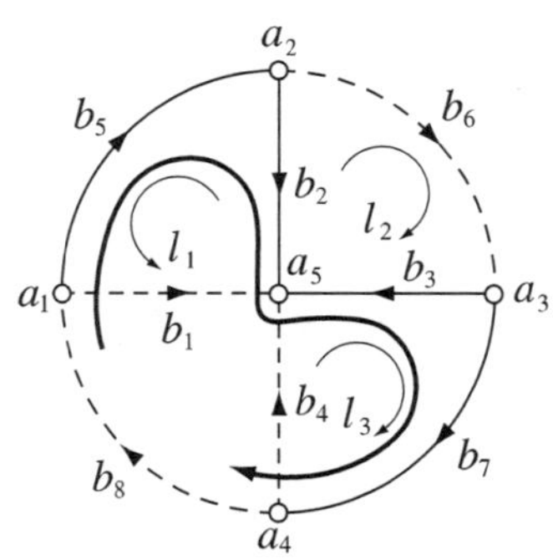

그림 7-4

그림 7-4에서 폐로행렬 [B]는

$$[\mathrm{B}] = \begin{matrix} \\ l_1 \\ l_2 \\ l_3 \\ l_4 \end{matrix} \begin{matrix} b_1 & b_2 & b_3 & b_4 & b_5 & b_6 & b_7 & b_8 \\ \end{matrix} \begin{bmatrix} 1 & 1 & 0 & 0 & 1 & 0 & 0 & 0 \\ 0 & 1 & 1 & 0 & 0 & 1 & 0 & 0 \\ 0 & 0 & 1 & 1 & 0 & 0 & 1 & 0 \\ 0 & 1 & 1 & 0 & 1 & 0 & 1 & 1 \end{bmatrix} \qquad (7-9)$$

이 된다. 방향성일 경우에는 폐로의 방향을 정하여

$b_{jk} = 1$(폐로 l_j에 가지 b_k가 포함되고, 방향이 일치할 때)

$b_{jk} = -1$(폐로 l_j에 가지 b_k가 포함되고, 방향이 반대일 때)

$b_{jk} = 0$(폐로 l_j에 가지 b_k가 포함되지 않을 때)

이 되는 b_{jk}을 요소로 한 행렬 [B′]을 폐로행렬이라 하며 다음과 같다.

$$[\mathrm{B}'] = \begin{matrix} l_1 \\ l_2 \\ l_3 \\ l_4 \end{matrix} \overset{\begin{matrix} b_1 & b_2 & b_3 & b_4 & b_5 & b_6 & b_7 & b_8 \end{matrix}}{\begin{bmatrix} 1 & -1 & 0 & 0 & -1 & 0 & 0 & 0 \\ 0 & -1 & 1 & 0 & 0 & 1 & 0 & 0 \\ 0 & 0 & -1 & 1 & 0 & 0 & 1 & 0 \\ 0 & 1 & -1 & 0 & 1 & 0 & 1 & 1 \end{bmatrix}} \qquad (7-10)$$

여기서 보목의 열에는 1이 한 개만 있고, 나머지는 모두 0이다.

예제 7-1

어떤 그래프의 가지의 수가 10개이고, 마디의 수가 7개일 때 나무의 수와 보목의 수를 구하여라.

풀이 나무의 수 $b_t = n - 1 = 7 - 1 = 6$

보목의 수 $b_l = b - n + 1$

$= 10 - 7 + 1 = 4$

예제 7-2

그림 7-5와 같은 그래프에서 나무가 {1, 3, 7, 5}일 때 기본 컷-셋을 구하여라.

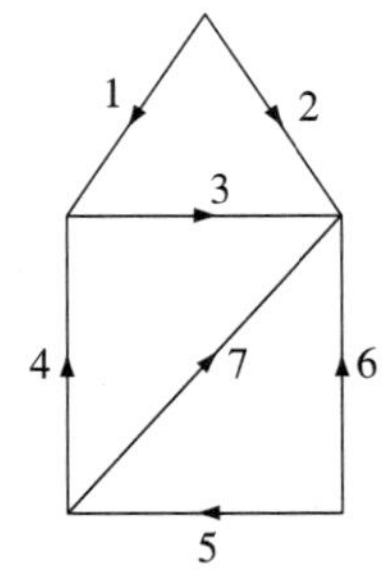

그림 7-5

풀이 기본 컷-셋은 나무를 1개만 포함한 컷-셋을 말하므로 그림 7-6에서 기본 컷-셋은

$c_1\{1, 2\}$

$c_2\{2, 3, 4\}$

$c_3\{5, 6\}$

$c_4\{4, 6, 7\}$

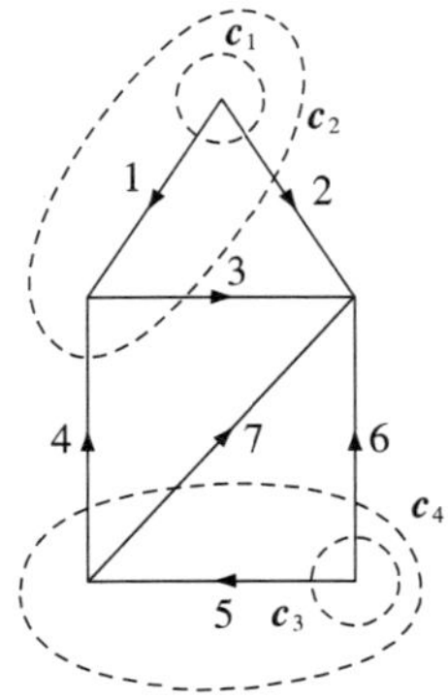

그림 7-6

예제 7-3

그림 7-7과 같은 회로에서 접속행렬 [A]를 구하여라.

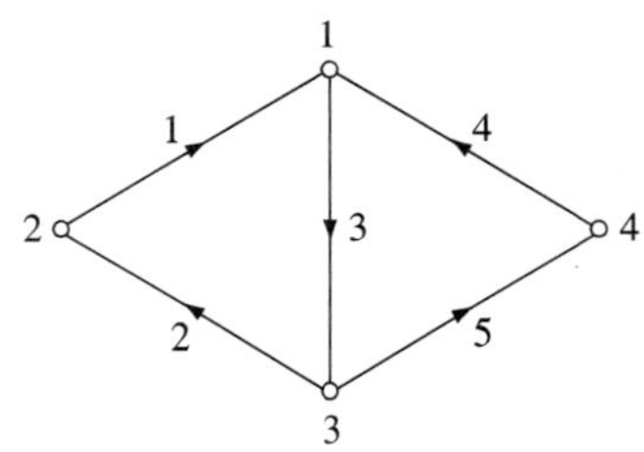

그림 7-7

풀이 마디 1에 연결된 가지는 1, 3, 4이므로, 요소 a_{jk}는

$$a_{11} = -1,\quad a_{12} = 0,\quad a_{13} = 1,$$
$$a_{14} = 1,\quad a_{15} = 0$$

이 된다.

마찬가지 방법으로 다른 마디에 대하여 다음의 행렬을 구한다. 이때 a_j에서 나가는 방향은 (+), 들어오는 방향은 (−) 부호를 붙인다.

$$[A] = \begin{bmatrix} -1 & 0 & 1 & 1 & 0 \\ 1 & -1 & 0 & 0 & 0 \\ 0 & 1 & -1 & 0 & 1 \\ 0 & 0 & 0 & -1 & -1 \end{bmatrix}$$

7.2 정전압원과 정전류원의 등가변환

1 정전압원

전원전압 중에서 부하에 관계없이 그 단자에 일정한 전압을 발생하는 전원을 **정전압원**(costant voltage source)이라 한다. 따라서 내부 임피던스가 0인 전압원은 부하에 관계없이 일정한 전압을 발생하므로 정전압원이라고 할 수 있다. 그러나 실제의 전압원은 내부 임피던스가 있으므로 그림 7-8 (a)와 같이 정전압원 E와 내부 임피던스 Z의 직렬회로로 나타낸다. 여기서 부하전류를 I라고 할 때, 단자전압 V는 다음과 같이 된다.

$$V = E - ZI \tag{7-11}$$

2 정전류원

부하에 관계없이 일정한 전류를 흘려 주는 전원을 **정전류원**(constant current source)이라 하고, 그림 7-8 (b)와 같이 ○의 안에 전류의 방향을 화살표로 표시한다.

다음에는 정전압원을 등가인 정전류원으로 변환하는 방법을 생각하여 보자.

그림 7-8 (b)에서 단자전압 V는

$$V = \frac{1}{Y}(I_S - I) = \frac{I_S}{Y} - \frac{I}{Y} \tag{7-12}$$

그러므로 그림 7-8 (a)의 단자전압 V와 그림 (b)의 단자전압 V가 같으려면

$$I_S = YE = \frac{E}{Z}, \qquad Y = \frac{1}{Z} \tag{7-13}$$

이면 된다. 이때 $I_S = \dfrac{E}{Z}$는 전원을 단락시켰을 때 흐르는 전류, $I_Z = I_S - I = \dfrac{V}{Z}$는 단자전압 V인 점에 Z를 접속했을 때 흐르는 전류를 의미하므로 식 (7-11)은 그림 7-8 (b)와 같은 정전류원으로 나타낼 수 있다. 그러므로 정전압원과 정전류원에 있어서 내부 임피던스를 따로 표시하고 있으므로 정전압원을 제거하는 것은

그 단자전압을 단락하는 것이 되고, 정전류원을 제거하는 것은 그 단자를 개방하는 것과 같다.

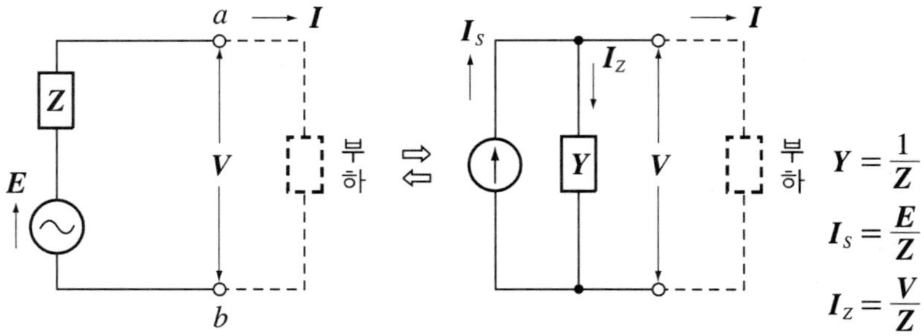

(a) 정전압원 (b) 정전류원

그림 7-8 정전압원과 정전류원의 등가변환

예제 7-4

그림 7-9와 같은 회로에서 a, b 단자 사이의 전압 V는 몇 [V]인가?

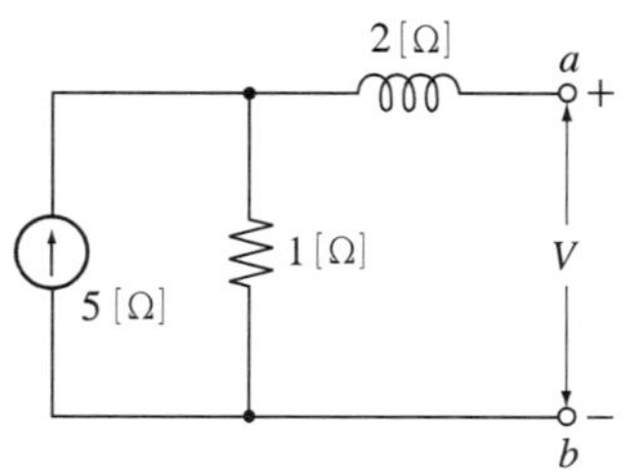

그림 7-9

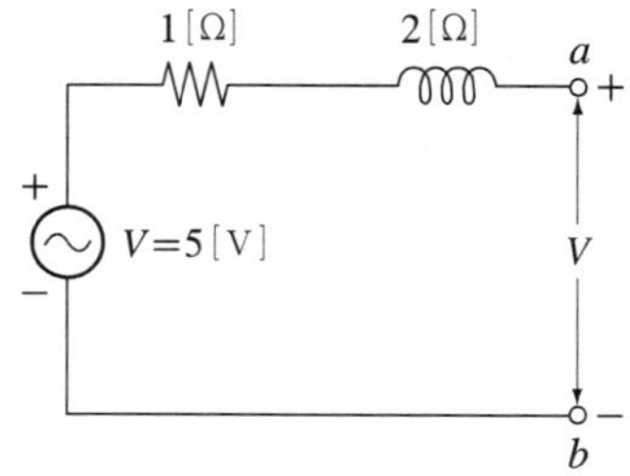

그림 7-10

풀이 그림 7-9의 회로를 전압원 등가회로로 바꾸면 그림 7-10과 같다. 그리고 단자 a, b가 개방상태이므로 전류가 흐르지 않아 단자전압과 전원전압이 같다.

$\therefore V = 5$ [V]

예제 7-5

그림 7-11 (a)의 등가회로를 그림 (b)와 같이 나타낼 때 전류원 I의 값을 구하여라.

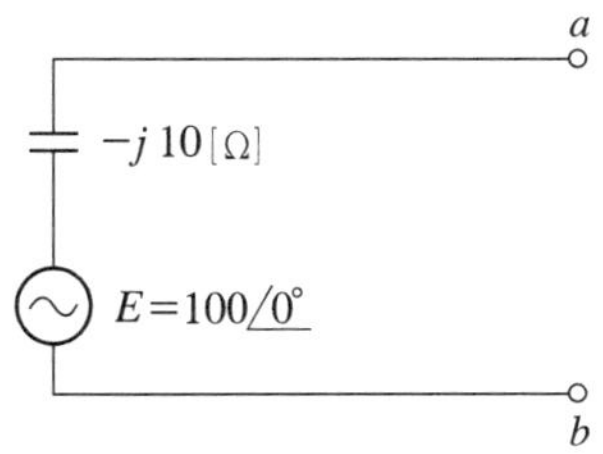

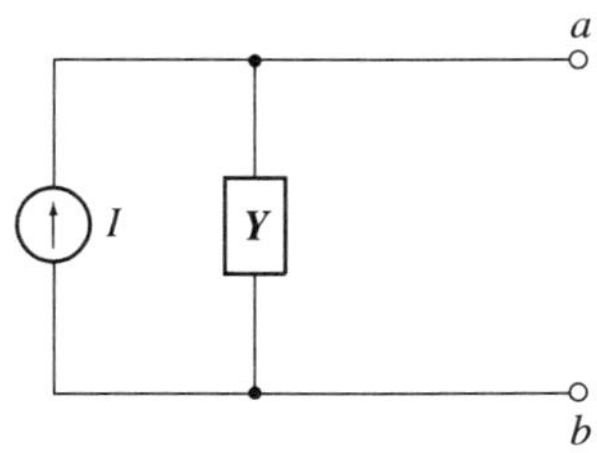

그림 7-11

풀이 $I = \dfrac{E}{Z} = \dfrac{100\angle 0°}{-j10}$

$= \dfrac{j100}{10} = j10 \text{ [A]}$

7.3 키르히호프의 법칙

1 제1법칙(전류법칙)

회로망의 임의의 접속점에 유입 또는 유출하는 전류의 대수합은 0이다.

즉 그림 7-12에서 접속점 0에 유입하는 전류를 정(+), 유출하는 전류를 부(−)로 정하면

$$I_1 - I_2 + I_3 - I_4 + I_5 = 0 \qquad (7\text{-}14)$$

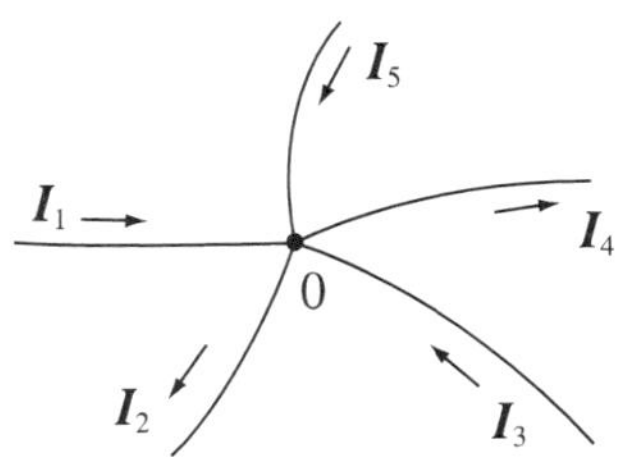

그림 7-12

과 같이 된다. 키르히호프(Kirchhoff)의 제1법칙은 일반적으로는

$$\sum_{k=1}^{n} I_k = 0 \qquad (7\text{-}15)$$

과 같이 표시한다.

2 제2법칙(전압법칙)

회로망에서 임의의 폐회로 내의 기전력의 총 합은 그 회로의 전압강하의 총 합과 같다.

이것은 공급된 기전력과 전압강하의 평형성을 나타낸 법칙으로서 그림 7-13의 폐로에서 기전력과 전류의 크기 및 방향을 그림과 같이 정하고 폐로의 방향을 시계방향으로 생각하면 제2법칙은 다음과 같이 나타낼 수 있다.

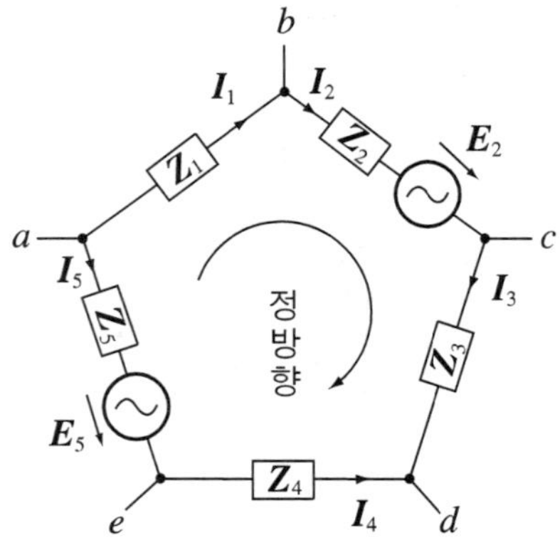

그림 7-13

$$Z_1I_1 + Z_2I_2 + Z_3I_3 + (-Z_4I_4) + (-Z_5I_5) = E_2 - E_5 \quad (7-16)$$

즉 폐로와 같은 방향의 전류 및 기전력은 (+), 반대방향의 전류 및 기전력은 (−)로 하여 대수적으로 취급하면 된다.

키르히호프의 제2법칙은 일반적으로

$$\sum_{k=1}^{n} Z_kI_k = \sum_{k=1}^{n} E_k \quad (7-17)$$

와 같이 표시한다.

7.4 지로 해석법

지로 해석법(branch analysis)은 회로망의 각 지로에 흐르는 지로전류를 미지수로 하여 각 접속점에 대하여 세운 키르히호프의 전류방정식과 각 폐로에 대하여 세운 키르히호프의 전압방정식을 연립시켜서 푸는 것이다. 그림 7-14와 같은 간단한 회로에 대하여 지로 해석법을 이용하여 각 지로전류를 구하기로 한다.

이 회로는 3개의 지로와 2개의 접속점을 갖고 있다.

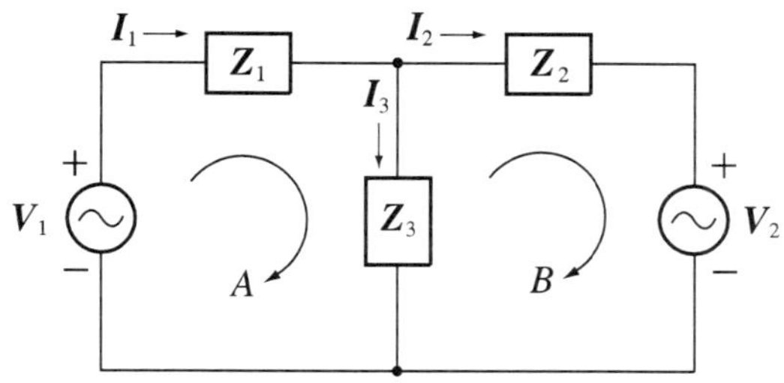

그림 7-14

우선 각 지로전류의 방향을 임의로 그림과 같이 가정하면, I_1, I_2, I_3 의 3개의 미지 지로전류가 있으므로 3개의 독립적인 방정식이 필요하다.

먼저 키르히호프의 제1법칙을 접속점에 적용하면

$$\boldsymbol{I}_1 - \boldsymbol{I}_2 - \boldsymbol{I}_3 = 0 \tag{7-18}$$

다음에 키르히호프의 제2법칙을 폐로 A와 B에 적용하면

$$\left.\begin{aligned} &\text{폐로 } A\text{에 대하여 : } \boldsymbol{Z}_2\boldsymbol{I}_2 + \boldsymbol{Z}_3\boldsymbol{I}_3 = -\boldsymbol{V}_1 \\ &\text{폐로 } B\text{에 대하여 : } \boldsymbol{Z}_2\boldsymbol{I}_2 + \boldsymbol{Z}_3\boldsymbol{I}_3 = -\boldsymbol{V}_2 \end{aligned}\right\} \tag{7-19}$$

그러므로 위의 세 식으로부터 미지의 지로전류를 구할 수 있다.

위에서 각 폐로를 시계방향으로 돌면서 키르히호프의 제2법칙을 적용하였으나 이 방향은 임의로 택할 수 있다. 전압방정식을 세우는 데 있어서 주의할 점은 폐회로를 일주하는 방향과 처음에 가정한 지로전류의 방향이 일치하는 지로에서의 전압강하는 (+)로 하고, 방향이 서로 반대가 되는 지로에서의 전압강하는 (−)를 붙여야 한다는 것이다.

또 폐회로를 일주하는 방향과 기전력의 전압상승의 방향이 일치할 때에는 (+), 반대일 때에는 (−)를 붙여야 한다.

그림 7-14에서 독립적인 키르히호프의 전류방정식의 수(N)는 1개, 독립적인 전압방정식의 수(L)는 2개임을 알 수 있을 것이다.

$$\text{독립적인 전류방정식의 수 : } N = J - 1 \tag{7-20}$$

$$\text{독립적인 전압방정식의 수 : } L = B - (J - 1) \tag{7-21}$$

의 관계가 항상 성립하고 키르히호프의 두 법칙은 서로 독립이므로 $N+L=B$, 즉 지로의 수와 같은 수의 독립방정식을 얻을 수 있으므로 지로 해석법은 항상 성립한다.

예제 7-6

그림 7-15의 회로에서 지로 해석법에 의하여 지로전류 I_1, I_2, I_3를 각각 구하여라.

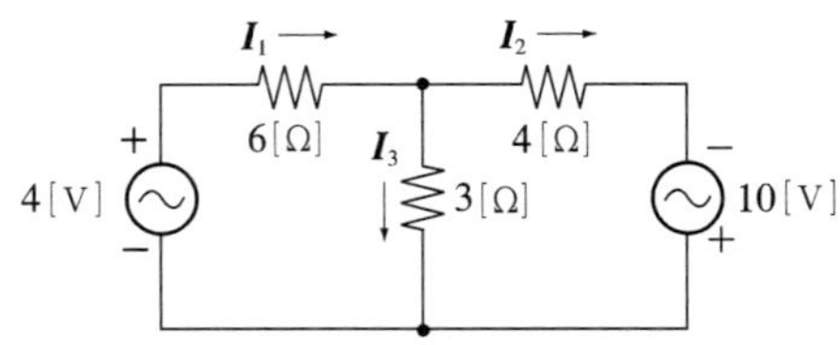

그림 7-15

풀이 키르히호프의 제1법칙으로부터

$$I_1 = I_2 + I_3 \quad \cdots\cdots ①$$

키르히호프의 제2법칙으로부터

$$\begin{cases} 6I_1 + 3I_3 = 4 & \cdots\cdots ② \\ 4I_2 - 3I_3 = 10 & \cdots\cdots ③ \end{cases}$$

위의 세 식을 연립방정식으로 하여 풀면

$$I_1 = \frac{29}{27}\ [\text{A}], \quad I_2 = \frac{51}{27}\ [\text{A}], \quad I_3 = -\frac{22}{27}\ [\text{A}]$$

7.5 폐로 해석법

지로 해석법은 지로의 수가 적을 때에는 가장 간단한 방법이 되지만 지로의 수가 증가하면 대단히 복잡해진다. 이러한 지로 해석법보다 방정식의 수가 적고 좀더 조직적인 방법은 폐로 해석법(loop analysis)과 절점 해석법이 있다.

그림 7-14와 동일한 회로인 그림 7-16의 회로에 대하여 폐로 해석법을 이용하여 지로전류를 구해 보기로 하자.

이 회로에서 $B=3$, $J=2$이므로 독립적인 폐로는 $B-(J-1)=3-(2-1)=2$이다. 따라서 그림과 같이 폐로 1과 폐로 2에 각각 순환하여 흐르는 전류 I_1과 I_2가 흐른다고 가정하자.

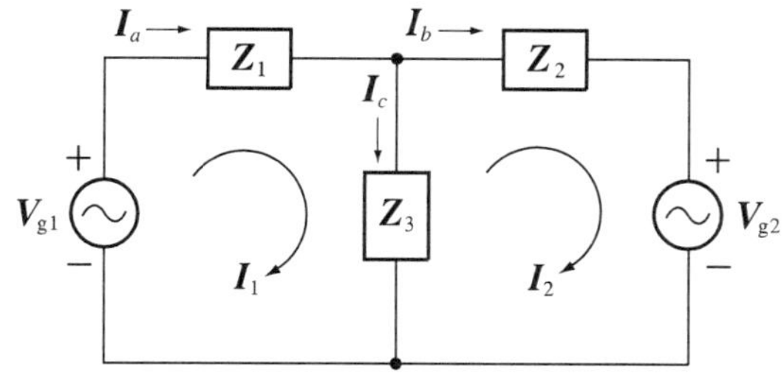

그림 7-16

이때 I_1은 전원 V_{g1}과 임피던스 Z_1에 흐르는 지로전류 I_a와 같고, I_2는 V_{g2}와 Z_2에 흐르는 지로전류 I_b와 같다. 그러므로 지로전류 I_c는 $I_1 - I_2$와 같다.

여기서 I_1과 I_2를 **폐로전류**(loop current)라 하고, 지로전류의 정방향을 임의로 택할 수 있는 것과 같이 폐로전류의 방향도 임의로 가정할 수 있다. 그러나 일반적으로 시계방향을 기준으로 한다. 이와 같이 폐로전류를 가정하면 각 접속점에서 전류방정식은 자동적으로 만족되므로 전압방정식만 고려하면 된다.

전압방정식은 독립적인 것이 $B-(J-1)=3-(2-1)=2$개이므로

$$\left.\begin{aligned} &\text{폐로 1에 대하여 : } Z_1 I_1 + Z_3(I_1 - I_2) = V_{g1} \\ &\text{폐로 2에 대하여 : } Z_2 I_2 - Z_3(I_1 - I_2) = -V_{g2} \end{aligned}\right\} \tag{7-22}$$

위의 둘째 식에서 Z_3 앞에 (−)부호가 붙은 것은 폐로 2를 시계방향으로 일주할 때 임피던스 Z_3에서 생기는 전압강하는 $-Z_3 I_c = -Z_3(I_1 - I_2)$이기 때문이다.

식 (7-22)의 두 연립방정식으로부터 폐로전류를 구한 다음 지로전류를 구하면 된다. 식 (7-22)를 I_1, I_2에 관하여 정리하면

$$\left.\begin{aligned} (Z_1 + Z_3)I_1 - Z_3 I_2 &= V_{g1} \\ -Z_3 I_1 + (Z_2 + Z_3)I_2 &= -V_{g2} \end{aligned}\right\} \tag{7-23}$$

지금

$$\left.\begin{aligned} Z_{11} &= Z_1 + Z_3 \\ Z_{12} &= -Z_3 = Z_{21} \\ Z_{22} &= Z_2 + Z_3 \end{aligned}\right\} \tag{7-24}$$

$$\left.\begin{aligned} V_1 &= V_{g1} \\ V_2 &= -V_{g2} \end{aligned}\right\}$$

라 놓으면 식 (7-23)은 다음과 같이 정연한 형식으로 표시된다.

$$\left.\begin{aligned} Z_{11}I_1 + Z_{12}I_2 &= V_1 \\ Z_{21}I_1 + Z_{22}I_2 &= V_2 \end{aligned}\right\} \tag{7-25}$$

폐로방정식을 이와 같이 정리한 경우 Z_{11}, Z_{22}를 각각 폐로 1, 폐로 2의 **자기 임피던스**(self impedance)라고 하며, 각 폐로에 속해 있는 전체 임피던스의 합과 같다. 또 Z_{12}, Z_{21}을 폐로 1과 폐로 2 사이의 **상호 임피던스**(mutual impedance)라고 하며, 이것은 폐로 1과 폐로 2에 공통적인 지로의 임피던스이며 만일 이 공통지로에서의 전류 I_1과 I_2가 가정한 방향과 반대이면 (−)의 부호가 되고, 같은 방향이면 (+)가 된다. 이와 같이 폐로방정식은 회로망으로부터 쉽게 쓸 수 있음을 알 수 있다.

7.6 절점 해석법

폐로 해석법에서는 $L = B-(J-1)$개의 독립적인 폐로에 대한 폐로전류를 미지수로 정하여 L개의 독립적인 전압방정식을 세워서 풀었다. 절점 해석법(nodal analysis)에서는 절점전압(node voltage)을 미지수로 하여 각 절점에서 키르히호프의 전류방정식을 세워서 푼다. 여기서 절점전압이라 함은 회로망 내의 한 절점의 전위를 기준전위, 즉 0으로 하는 절점(**기준절점**)에 대한 다른 절점의 전압을 의미하며, 따라서 그 수는 절점의 총 수 n보다 하나 적다. 그런데 $(n-1)$개의 절점에서의 전류방정식은 서로 독립적이므로 미지수의 개수와 같은 독립적인 방정식을 얻을 수 있다.

그러므로 이들 연립방정식으로부터 절점전압을 구하고, 절점전압의 가감에 의해 지로전압을 구하고 따라서 지로전류를 구할 수 있다.

폐로전류가 각 접속점에서 전류법칙을 자동적으로 만족시키는 것과 마찬가지로 절점전압은 각 폐로에 전압법칙을 자동적으로 만족시킨다. 따라서 절점 해석법에서는 전압방정식은 고려할 필요가 없고 전류방정식만 세우면 된다. 그러므로 지로 해석법보다 연립방정식의 수가 적어진다.

그림 7-17의 회로는 3개의 절점을 갖고 있다. 이 회로에서 절점 0을 기준절점으로 택하여 다른 절점 ①, ②의 전압을 각각 $\boldsymbol{V}_1$, $\boldsymbol{V}_2$라고 하고, 각 지로전류를 그림과 같이 가정하면 절점 ①, ②에서의 키르히호프의 전류법칙은

$$\left.\begin{aligned} &\text{절점 ①에서 : } \boldsymbol{I}_a + \boldsymbol{I}_b + \boldsymbol{I}_{g1} = 0 \\ &\text{절점 ②에서 : } -\boldsymbol{I}_b + \boldsymbol{I}_c + \boldsymbol{I}_{g2} = 0 \end{aligned}\right\} \tag{7-26}$$

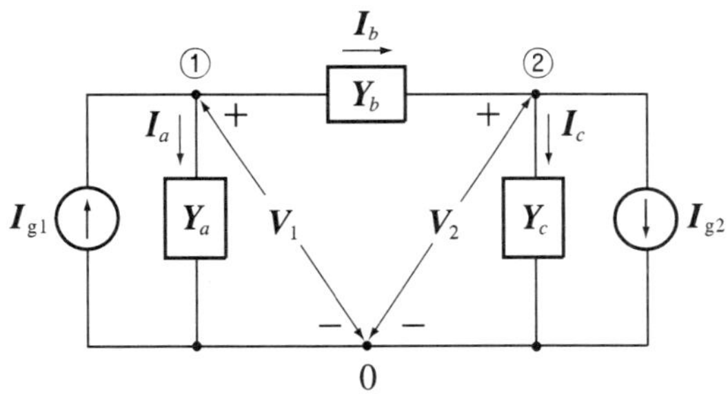

그림 7-17

이 식을 절점전압 $\boldsymbol{V}_1$, $\boldsymbol{V}_2$로 표시해야 하므로 각 지로 어드미턴스에서의 $\boldsymbol{I}-\boldsymbol{V}$ 관계로부터

$$\left.\begin{aligned} \boldsymbol{I}_a &= \boldsymbol{Y}_a \boldsymbol{V}_1 \\ \boldsymbol{I}_b &= \boldsymbol{Y}_b(\boldsymbol{V}_1 - \boldsymbol{V}_2) \\ \boldsymbol{I}_c &= \boldsymbol{Y}_c \boldsymbol{V}_2 \end{aligned}\right\} \tag{7-27}$$

가 된다. 여기서 절점 ①로부터 절점 ②로 생기는 전압강하는 $(\boldsymbol{V}_1 - \boldsymbol{V}_2)$가 됨에 주의하여야 한다. 식 (7-27)을 (7-26)에 대입하면

$$\left.\begin{aligned} &\boldsymbol{Y}_a \boldsymbol{V}_1 + \boldsymbol{Y}_b(\boldsymbol{V}_1 - \boldsymbol{V}_2) - \boldsymbol{I}_{g1} = 0 \\ &-\boldsymbol{Y}_b(\boldsymbol{V}_1 - \boldsymbol{V}_2) + \boldsymbol{Y}_c \boldsymbol{V}_2 + \boldsymbol{I}_{g2} = 0 \end{aligned}\right\} \tag{7-28}$$

이 되므로 연립방정식을 풀어서 절점전압 V_1, V_2를 구한 다음 지로전압은 절점전압의 가감으로써 구하면 되고 또 지로전류도 곧 구해진다. 식 (7-28)에서 기지의 전원전류를 우변에 옮기고 좌변을 V_1, V_2에 관하여 정리하면

$$\left.\begin{aligned}(\boldsymbol{Y}_a+\boldsymbol{Y}_b)\boldsymbol{V}_1-\boldsymbol{Y}_b\boldsymbol{V}_2&=\boldsymbol{I}_{g1}\\-\boldsymbol{Y}_b\boldsymbol{V}_1+(\boldsymbol{Y}_b+\boldsymbol{Y}_c)\boldsymbol{V}_2&=-\boldsymbol{I}_{g2}\end{aligned}\right\}\qquad(7\text{-}29)$$

여기서

$$\left.\begin{aligned}&\boldsymbol{Y}_{11}=\boldsymbol{Y}_a+\boldsymbol{Y}_b,\qquad \boldsymbol{Y}_{12}=-\boldsymbol{Y}_b=\boldsymbol{Y}_{21}\\&\boldsymbol{Y}_{22}=\boldsymbol{Y}_b+\boldsymbol{Y}_c,\qquad \boldsymbol{I}_1=\boldsymbol{I}_{g1}\\&\boldsymbol{I}_2=-\boldsymbol{I}_{g2}\end{aligned}\right\}\qquad(7\text{-}30)$$

라 놓으면 식 (7-28)은 다음과 같이 정연한 형식으로 표시된다.

$$\left.\begin{aligned}\boldsymbol{Y}_{11}\boldsymbol{V}_1+\boldsymbol{Y}_{12}\boldsymbol{V}_2&=\boldsymbol{I}_1\\\boldsymbol{Y}_{21}\boldsymbol{V}_1+\boldsymbol{Y}_{22}\boldsymbol{V}_2&=\boldsymbol{I}_2\end{aligned}\right\}\qquad(7\text{-}31)$$

Y_{11}은 절점 ①에 직접 연결된 모든 어드미턴스의 합과 같고, Y_{22}는 절점 ②에 직접 연결된 모든 어드미턴스의 합과 같으며 Y_{11}, Y_{22}를 각 절점의 **자기 어드미턴스**(self admittance)라 한다.

또 Y_{12}와 Y_{21}은 절점 1과 절점 2 사이에 직접 연결된 어드미턴스에 (−)의 부호를 붙인 것으로 **상호 어드미턴스**(mutual admittance)라 한다. 그리고 우변의 I_1, I_2는 각 절점에 유입하는 전원전류이다.

예제 7-7

그림 7-18에서 절점 해석법에 의하여 저항 R_1 양단의 전압 V_1을 구하라.

$R_1=15[\Omega]$ $R_2=5[\Omega]$

$C=10^{-4}[\text{F}]$ $L=5\times10^{-3}[\text{H}]$

$V_g=\sqrt{2}\,10\sin(\omega t+30°)$

$\omega=10^3$

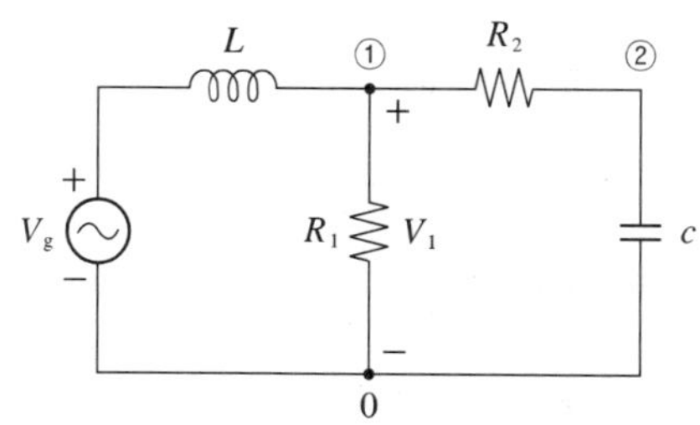

그림 7-18

풀이 3개의 절점이 있으므로 2개의 독립적인 절점방정식을 세우면 된다. 그림에서 점 0을 기준절점으로 하고 다른 두 절점 V_1, V_2에 관한 절점방정식을 세우기 위해

$$Y_{11} = \frac{1}{R_1} + \frac{1}{R_2} + \frac{1}{j\omega L} = \frac{1}{15} + \frac{1}{5} + \frac{1}{j10^3 \times 5 \times 10^{-3}} = \frac{4}{15} - j\frac{1}{5}$$

$$Y_{22} = \frac{1}{R_2} + j\omega C = \frac{1}{5} + j10^3 \times 10^{-4} = \frac{1}{5} + j\frac{1}{10}$$

$$Y_{12} = Y_{21} = -\frac{1}{R_2} = -\frac{1}{5}$$

$$I_1 = \frac{V_g}{j\omega L} = \frac{10\angle 30°}{j10^3 \times 5 \times 10^{-3}} = -j2\angle 30°$$

그러므로 절점방정식은

$$\left.\begin{aligned} &\left(\frac{4}{15} - j\frac{1}{5}\right) V_1 - \frac{1}{5} V_2 = -j2\angle 30° \\ &-\frac{1}{5} V_1 + \left(\frac{1}{5} + j\frac{1}{10}\right) V_2 = 0 \end{aligned}\right\}$$

혹은

$$(-4 - j3)\, V_1 - 3\, V_2 = -j30\angle 30°$$

$$-2\, V_1 + (2 + j1)\, V_2 = 0$$

크래머의 방법을 쓰면

$$V_1 = \frac{\begin{vmatrix} -j30\angle 30° & -3 \\ 0 & 2+j1 \end{vmatrix}}{\begin{vmatrix} 4-j3 & -3 \\ -2 & 2+j1 \end{vmatrix}} = \frac{-j30(2+j1)\angle 30°}{(4-j3)(2+j1)-6}$$

$$= \frac{30(1-j2)\angle 30°}{5-j2} = 12.4\angle -11.7°$$

$$\therefore\ v_1 = \sqrt{2}\, 12.4 \sin(\omega t - 11.7°)$$

7.7 쌍대회로

어떤 전기회로에 관하여 성립되는 어느 관계식이 있을 때 그 관계식에 대하여 전압과 전류, 임피던스와 어드미턴스를 바꾸어 놓아도 성립되는 새로운 관계식을 만족하는 전기회로가 있을 때 이와 같은 두 개의 회로를 **쌍대회로**(dual circuit)라 한다.

그림 7-16의 회로와 그림 7-17의 회로는 쌍대적이다. 왜냐하면 그림 7-16에 대한 폐로방정식 (7-23)과 그림 7-17에 대한 절점방정식 (7-29)가 동일한 형식을 가지고 있기 때문이다. 또 그림 7-19에서 (a)회로와 (b)회로는 쌍대적이다. 왜냐하면 (a)회로에 대한 폐로방정식은

$$\left.\begin{aligned} &(R_1 + R_3 + j\omega L_2)\boldsymbol{I}_1 - R_3\boldsymbol{I}_2 = \boldsymbol{V}_g \\ &-R_3\boldsymbol{I}_1 + \left(R_3 - j\frac{1}{\omega C_4}\right)\boldsymbol{I}_2 = 0 \end{aligned}\right\} \tag{7-32}$$

이고, (b)회로에 대한 절점방정식은

$$\left.\begin{aligned} &(G_1 + G_3 + j\omega C_2)\boldsymbol{V}_1 - G_3\boldsymbol{V}_2 = \boldsymbol{I}_g \\ &-G_3\boldsymbol{V}_1 + \left(G_3 - j\frac{1}{\omega L_4}\right)\boldsymbol{V}_2 = 0 \end{aligned}\right\} \tag{7-33}$$

이 되고, 이들 두 조의 방정식은 동일형식을 가지고 있기 때문이다.

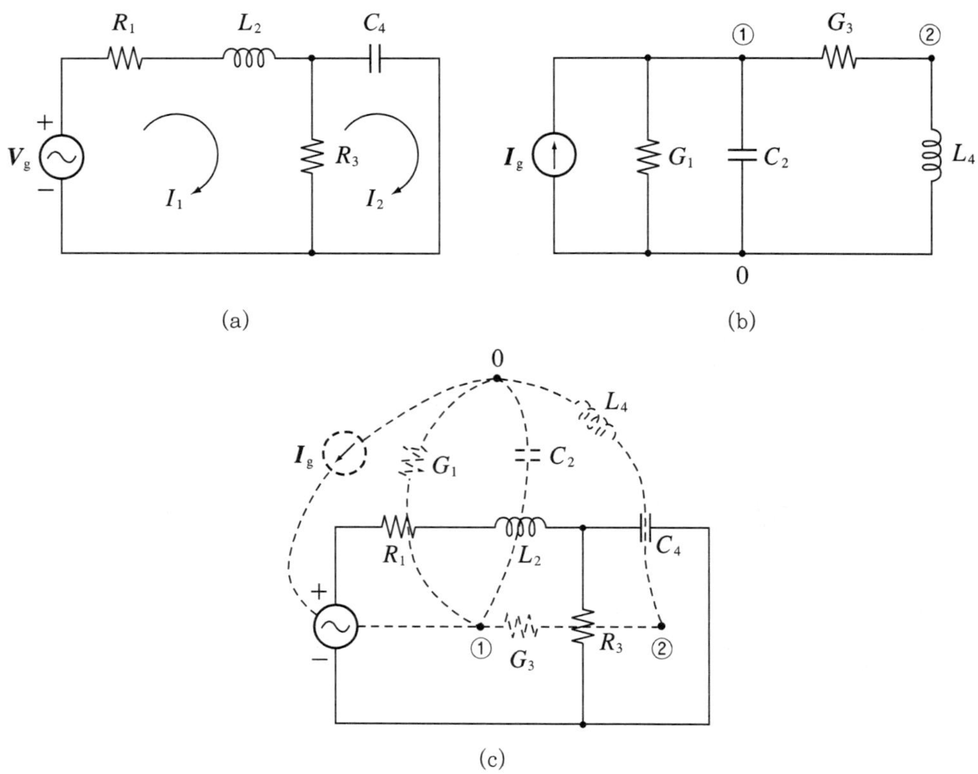

그림 7-19 쌍대회로

쌍대회로는 등가회로와는 전혀 다르다는 것을 명심하여야 한다.

쌍대회로를 구하는 과정은 다음과 같다.

① 주어진 회로망에서 각 폐로 안에 하나씩 점을 찍고 또 회로망 밖에 점 0를 찍는다. 이들 각 점은 마디에 해당한다.

② 주어진 회로망의 각 점과 점 사이 및 점과 점 0 사이를 점선으로 연결한다. 한 점선은 하나만의 소자를 지나도록 한다.

③ 점선이 지나간 소자에 쌍대소자를 그림 7-19 (c)와 같이 절점간에 그려 넣으면 그림 (b)와 같은 쌍대회로가 얻어진다.

이와 같이 서로 대응되는 양 또는 상태를 쌍대성이 있다고 하며 쌍대성은 표 7-1과 같다.

표 7-1 쌍대성

전압 V	전류 I	마디(node)	폐로(loop)
저항 R	콘덕턴스 G	나무(tree)	보목(cotree, link)
리액턴스 X	서셉턴스 B	마디전압	폐로전류
임피던스 Z	어드미턴스 Y	기준마디	기준폐로
인덕턴스 L	커패시턴스 C	키르히호프의 제1법칙	키르히호프의 제2법칙
직렬접속	병렬접속	컷-셋(cut-set)	폐로(loop)
개방(open)	단락(short)	테브난의 정리	노튼의 정리

7.8 중첩의 원리

전기 회로망에 대한 중첩의 원리(principle of superposition)는 다음과 같이 표현할 수 있다.

다수의 이상전원을 포함하는 선형 회로망에서 회로 내의 임의의 점의 전류 또는 임의의 두 점 간의 전압은 개개의 전원이 개별적으로 작용할 때에 그 점에 흐르는 전류 또는 그 두 점 간의 전압을 합한 것과 같다.

그림 7-20 (a)의 회로에 중첩의 원리를 적용시켜 임피던스 Z_3에 흐르는 전류 I_a를 구하여 보자.

그림 (b)와 같이 V_1만이 작용할 때에 Z_3에 흐르는 전류를 I_b라 하면

$$I_b = \frac{V_1}{Z_1 + \dfrac{Z_2 \cdot Z_3}{Z_2 + Z_3}} \cdot \frac{Z_2}{Z_2 + Z_3} = \frac{Z_2 V_1}{Z_1 Z_2 + Z_2 Z_3 + Z_3 Z_1} \tag{7-34}$$

그림 (c)와 같이 V_2만이 작용할 때에 Z_3에 흐르는 전류를 I_c라 하면

$$I_c = \frac{V_2}{Z_2 + \dfrac{Z_1 \cdot Z_3}{Z_1 + Z_3}} \cdot \frac{Z_1}{Z_1 + Z_3} = \frac{Z_1 V_2}{Z_1 Z_2 + Z_2 Z_3 + Z_3 Z_1} \tag{7-35}$$

그림 (a)에서 V_1과 V_2가 동시에 작용할 때에 Z_3에 흐르는 전류 I를 구하기 위하여 우선 I_1, I_2를 폐로전류로 하여 폐로방정식을 세우면

$$\left.\begin{aligned} (Z_1 + Z_3)I_1 - Z_3 I_2 &= V_1 \\ -Z_3 I_1 + (Z_2 + Z_3)I_2 &= -V_2 \end{aligned}\right\} \tag{7-36}$$

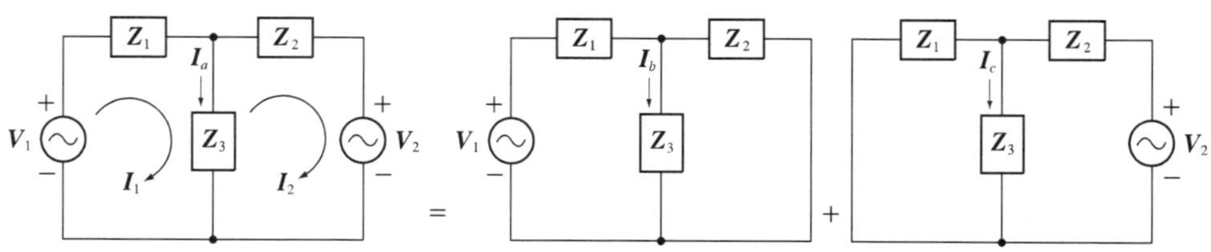

(a) (b) (c)

그림 7-20 중첩의 원리 설명도

그러므로

$$I_1 = \frac{\begin{vmatrix} V_1 & -Z_3 \\ -V_2 & Z_2+Z_3 \end{vmatrix}}{\begin{vmatrix} Z_1+Z_3 & -Z_3 \\ -Z_3 & Z_2+Z_3 \end{vmatrix}} = \frac{(Z_2+Z_3)V_1 - Z_3 V_2}{Z_1Z_2+Z_2Z_3+Z_3Z_1} \tag{7-37}$$

같은 방법으로

$$I_2 = \frac{Z_3 V_1 - (Z_1+Z_3)V_2}{Z_1Z_2+Z_2Z_3+Z_3Z_1} \tag{7-38}$$

$$\therefore\ I_a = I_1 - I_2 = \frac{Z_2 V_1 + Z_1 V_2}{Z_1Z_2+Z_2Z_3+Z_3Z_1} = I_b + I_c \tag{7-39}$$

가 된다. 즉 회로 (a)에서 Z_3에 흐르는 전류는 (b)에서 V_2를 제거했을 때 Z_3에 흐르는 전류와 (c)에서 V_1을 제거했을 때 Z_3에 흐르는 전류를 대수적으로 합한 것과 같은 결과이므로 이 회로에서 중첩의 원리가 성립한다는 사실이 증명된다.

중첩의 원리를 적용하게 되면 지로전류나 전압을 모두 구해야 할 경우에는 오히려 지로 해석법이나 절점 해석법보다 수식이 복잡해진다. 그러나 여러 가지 요인을 개별적으로 분석하는 데 유리하고 간단하다. 특히 한 회로망 내에 포함된 전원의 주파수가 서로 다를 때 회로의 전압이나 전류를 구하는 데는 앞에서 소개한 어느 방법으로도 불가능하다. 이 원리는 모든 회로망정리의 기본이며 회로망해석에 널리 이용되고 있다.

예제 7-8

그림 7-21의 회로에서 저항 20[Ω]에 흐르는 전류 I[A]를 구하여라.

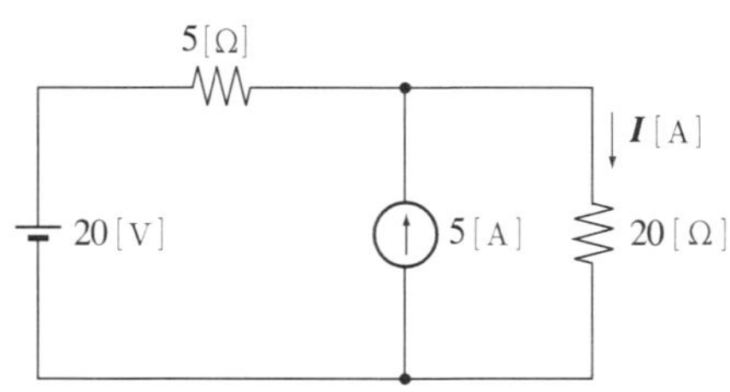

그림 7-21

풀이 중첩의 원리에 의하여 20[V]에 의한 전류 I_1은

$$I_1 = \frac{20}{5+20} = 0.8\ \text{[A]}$$

5[A]에 의한 전류 I_2는

$$I_2 = \frac{5}{5+20} \times 5 = 1\ \text{[A]}$$

$$\therefore\ I = I_1 + I_2 = 0.8 + 1 = 1.8\ \text{[A]}$$

7.9 테브난의 정리

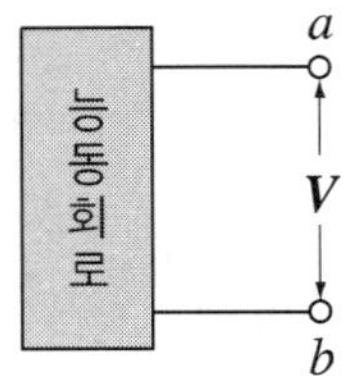

그림 7-22

그림 7-22와 같이 기전력을 포함하는 능동회로망에서 끌어낸 두 단자 a, b 간의 전압이 $\boldsymbol{V}$이었을 때 a, b 간에 그림 7-23 (a)와 같이 임피던스 $\boldsymbol{Z}$를 접속하고 여기에 흐르는 전류 $\boldsymbol{I}$에 관하여 생각해 보자.

그림 7-23 (a)의 $\boldsymbol{Z}$에 직렬로 그림 (b)와 같이 전류와 같은 방향으로 $\boldsymbol{V}_1(=\boldsymbol{V})$와 반대방향으로 $\boldsymbol{V}_2(=\boldsymbol{V})$인 두 기전력을 접속하여도 흐르는 전류 $\boldsymbol{I}$와 회로망의 전류 분포는 전혀 변하지 않는다. 그런데 그림 (b)의 회로는 중첩의 원리에 의하여 그림 (c), (d)와 같은 두 회로로 분할하여 생각할 수 있다. 이때 회로망 내에 전원을 갖고 있는 회로망을 **능동회로망**이라 하고 전원을 갖고 있지 않은 회로망을 **수동회로망**이라고 한다.

따라서 이 회로의 전류를 각각 $\boldsymbol{I}_1$ 및 $\boldsymbol{I}_2$라 하면

$$\boldsymbol{I} = \boldsymbol{I}_1 + \boldsymbol{I}_2$$

가 된다. 그림 (c)에서는 a, b 간의 전압 $\boldsymbol{V}$와 반대방향으로 가해진 기전력 $\boldsymbol{V}_2 = \boldsymbol{V}$는 상쇄되므로 전류 $\boldsymbol{I}_2$는 0이 되고, 그림 (d)에서는 회로망의 기전력을 모두 제거하고 a, b점에서 본 회로망의 임피던스를 $\boldsymbol{Z}_{ab}$라 하면 $\boldsymbol{Z}$와 $\boldsymbol{Z}_{ab}$의 직렬회로에 $\boldsymbol{V}_1 = \boldsymbol{V}$인 기전력을 가한 것이 되므로 $\boldsymbol{I}_1 = \boldsymbol{V}/(\boldsymbol{Z}_{ab} + \boldsymbol{Z})$가 된다.

그러므로

$$\boldsymbol{I} = \boldsymbol{I}_1 + \boldsymbol{I}_2 = \frac{\boldsymbol{V}}{\boldsymbol{Z}_{ab} + \boldsymbol{Z}} + 0$$

$$\therefore\ \boldsymbol{I} = \frac{\boldsymbol{V}}{\boldsymbol{Z}_{ab} + \boldsymbol{Z}} \tag{7-40}$$

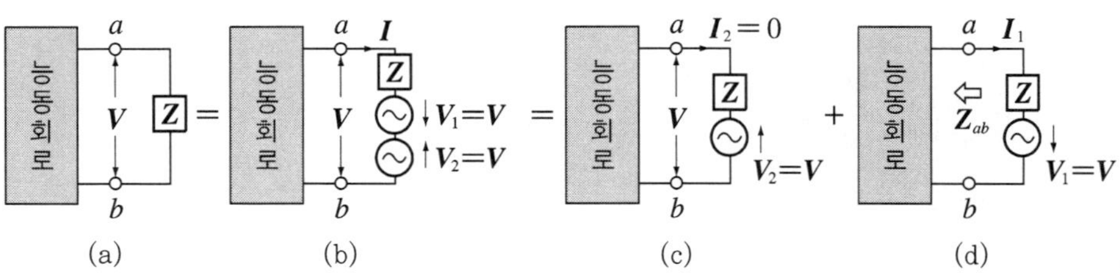

그림 7-23 테브난의 정리 설명도

가 되는 것을 알 수 있다. 이 식 (7−40)을 **테브난의 정리**(Thevenin's theorem)라 한다. 이때 $\boldsymbol{V}$는 회로망에서 a, b 두 단자를 끌어냈을 때 a, b 간에 나타나는 전압이고, $\boldsymbol{Z}_{ab}$는 회로망에서 모든 기전력을 제거하고 a, b 단자에서 회로망을 보았을 때의 합성 임피던스이다. 기전력을 제거한다는 것은 기전력을 동작하지 못하게 하는 것, 즉 전압전원의 경우에는 그 양 단자를 단락하는 것을 의미하며, 전류전원의 경우에는 그 양 단자를 개방하는 것을 의미한다.

예제 7-9

그림 7−24와 같은 회로망에서 a, b 사이의 단자전압이 50[V], 단자 a, b에서 본 능동회로망 쪽의 임피던스가 $6+j8[\Omega]$일 때 단자 a, b에 새로운 임피던스 $Z=2-j2[\Omega]$을 연결할 경우 a, b에 흐르는 전류를 구하여라.

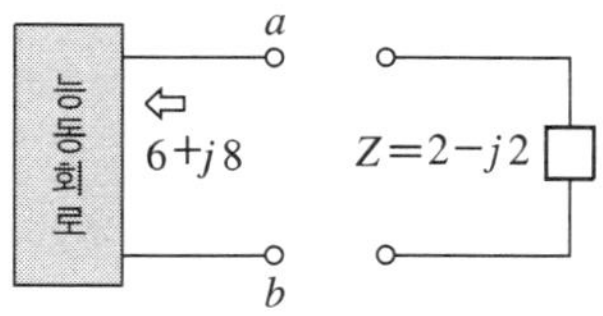

그림 7−24

풀이 테브난의 정리에 의하여

$$\boldsymbol{I}=\frac{\boldsymbol{V}}{\boldsymbol{Z}_{ab}+\boldsymbol{Z}}=\frac{50}{(6+j8)(2-j2)}$$

$$=\frac{50}{8+j6}=4-j3\ [\mathrm{A}]$$

$$\therefore\ |\boldsymbol{I}|=I-\sqrt{4^2+3^2}=5\ [\mathrm{A}]$$

예제 7-10

그림 7−25와 같은 브리지 회로에서 단자 a, b 사이에 흐르는 전류 [A]를 구하여라.

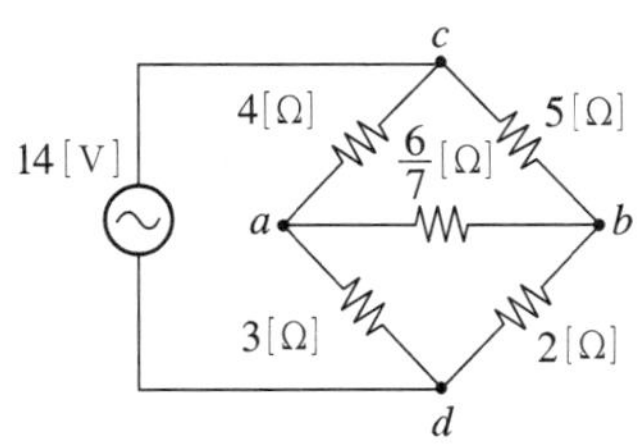

그림 7−25

풀이 단자 a, b 사이의 전압을 $\boldsymbol{V}_{ab}$, a점의 전위를 $\boldsymbol{V}_a$, b점의 전위를 $\boldsymbol{V}_b$라 하면

$$\boldsymbol{V}_{ab}=\boldsymbol{V}_a-\boldsymbol{V}_b=\frac{2}{4+3}\times 14-\frac{2}{5+2}\times 14$$

$$=\frac{42}{7}-\frac{28}{7}=\frac{14}{7}=2\ [\mathrm{V}]$$

a, b에서 본 합성 임피던스 Z_{ab}를 구하기 위해 테브난의 정리에 의하여 등가회로를 그리면 그림 7-26과 같다.

$$Z_{ab}=\frac{3\times4}{3+4}+\frac{5\times2}{5+2}=\frac{22}{7}\ [\Omega]$$

$$\therefore I=\frac{V_{ab}}{Z_{ab}+Z}=\frac{2}{\frac{22}{7}+\frac{6}{7}}=0.5\ [\text{A}]$$

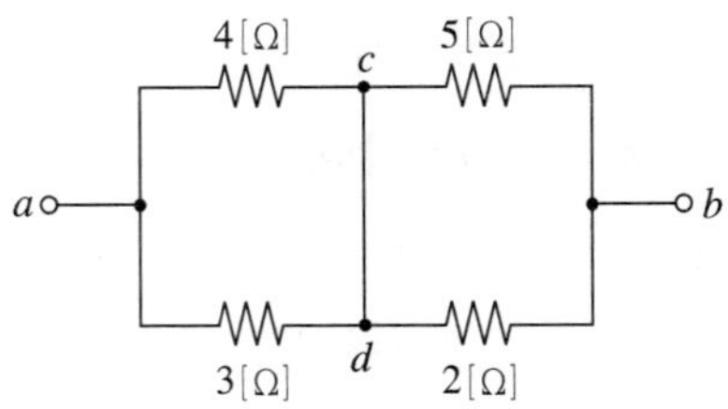

그림 7-26

예제 7-11

그림 7-27 (a)의 회로를 그림 (b)와 같은 등가회로를 구성하고자 한다. 이때 V 및 R의 값을 구하여라.

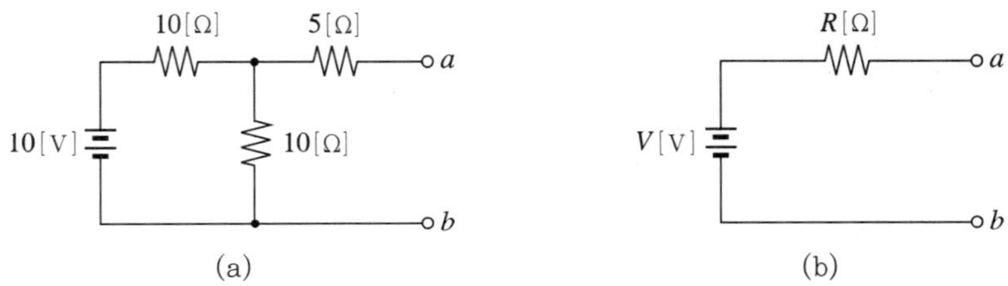

그림 7-27

풀이 테브난의 정리를 이용하여 그림 (a)에서 개방 단자전압 V는

$$V=\frac{10}{2+3}\times3=6\ [\text{V}]$$

다음에 전압원을 단락시키고, 단자 a, b에서 본 저항 R은

$$R=0.8+\frac{2\times3}{2+3}=0.8+1.2=2\ [\Omega]$$

7.10 노톤의 정리

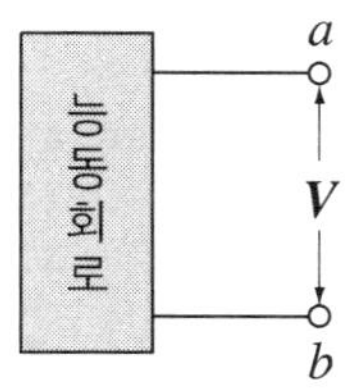

그림 7-28

그림 7-28과 같은 능동회로망에서 임의의 두 단자 a, b를 단락했을 때 단락전류를 $\boldsymbol{I}_s$, 회로망에서 모든 전원을 제거했을 때 단자 a, b에서 회로망을 본 어드미턴스를 $\boldsymbol{Y}_{ab}$라 하면, 그림 7-29 (a)와 같이 a, b 사이에 어드미턴스 $\boldsymbol{Y}$를 접속하는 경우 $\boldsymbol{Y}$에 흐르는 전류 $\boldsymbol{I}$는

$$\boldsymbol{I} = \frac{\boldsymbol{Y}}{\boldsymbol{Y}_{ab} + \boldsymbol{Y}} \cdot \boldsymbol{I}_s \tag{7-41}$$

또한 a, b 간의 단자전압 $\boldsymbol{V}$는

$$\boldsymbol{V} = \frac{\boldsymbol{I}_s}{\boldsymbol{Y}_{ab} + \boldsymbol{Y}} \tag{7-42}$$

로 된다. 이 식 (7-42)를 **노톤의 정리**(Norton's theorem)라 하며, 테브난의 정리와 쌍대적인 관계가 있다.

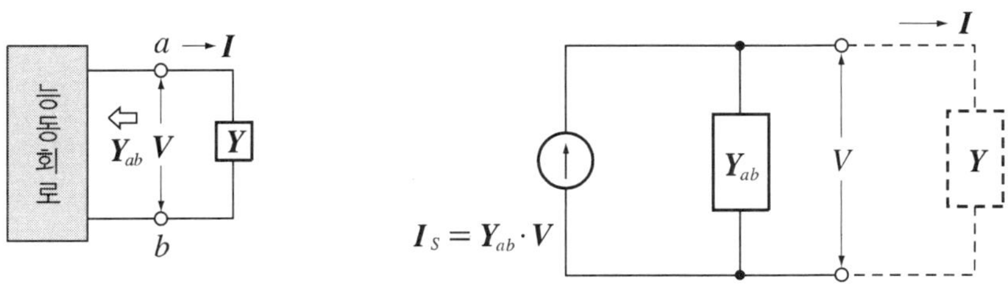

(a) (b)

그림 7-29

7.11 밀만의 정리

회로망 내에 여러 개의 전압전원이 병렬로 접속되어 있는 경우에 하나의 등가전압 전원으로 변환시키기 위하여 밀만의 정리를 사용한다.

그림 7-30 (a)와 같이 내부 임피던스를 가진 전압원이 n개 병렬로 접속되어 있을 때 단자 a, b 사이에 나타나는 전압 $\boldsymbol{V}_{ab}$는 다음과 같다.

$$\boldsymbol{V}_{ab}=\frac{\dfrac{\boldsymbol{V}_1}{\boldsymbol{Z}_1}+\dfrac{\boldsymbol{V}_2}{\boldsymbol{Z}_2}+\cdots+\dfrac{\boldsymbol{V}_n}{\boldsymbol{Z}_n}}{\dfrac{1}{\boldsymbol{Z}_1}+\dfrac{1}{\boldsymbol{Z}_2}+\cdots+\dfrac{1}{\boldsymbol{Z}_n}}=\frac{\sum_{k=1}^{n}\dfrac{\boldsymbol{V}_k}{\boldsymbol{Z}_k}}{\sum_{k=1}^{n}\dfrac{1}{\boldsymbol{Z}_k}} \tag{7-43}$$

그림 7-30 (a)를 (b)와 같이 등가 전류원 회로로 변환하면 단자 a, b 사이의 전압 $\boldsymbol{V}_{ab}$는

$$\boldsymbol{V}_{ab}=\frac{\boldsymbol{I}_1+\boldsymbol{I}_2+\cdots+\boldsymbol{I}_n}{\boldsymbol{Y}_1+\boldsymbol{Y}_2+\cdots+\boldsymbol{Y}_n}=\frac{\sum_{k=1}^{n}\boldsymbol{I}_k}{\sum_{k=1}^{n}\boldsymbol{Y}_k} \tag{7-44}$$

가 된다. 이 식 (7-44)를 밀만의 정리(Millman's theorem)라 한다.

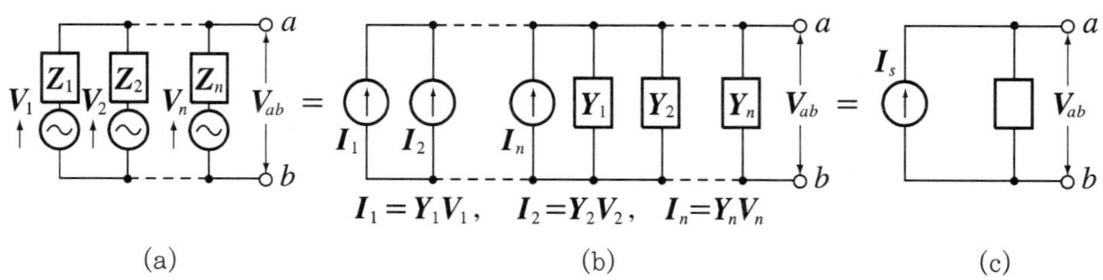

그림 7-30 밀만의 정리 설명도

예제 7-12

그림 7-31과 같은 회로에서 단자 a, b 사이의 전압 V_{ab}를 구하여라.

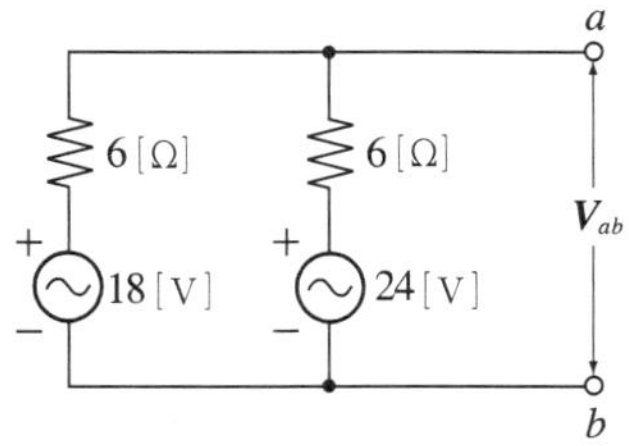

그림 7-31

풀이 밀만의 정리에 의하여

$$V_{ab}=\frac{Y_1V_1+Y_2V_2}{Y_1+Y_2}$$

$$=\frac{\frac{1}{6}\times 18+\frac{1}{6}\times 24}{\frac{1}{6}+\frac{1}{6}}=21\ [\mathrm{V}]$$

7.12 보상의 정리

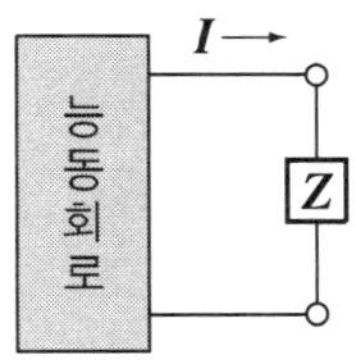

그림 7-32

그림 7-32와 같은 회로망의 한 지로의 임피던스 Z에 전류 I가 흐르고 있을 때 그림 7-33 (a)와 같이 Z가 $Z+\Delta Z$로 증가하면 전류는 $I+\Delta I$로 변화한다. 이때의 전류의 변화분 ΔI에 대하여 생각해 보자. 그림 7-33 (a)의 회로에 그림 (b)와 같이 전류가 흐르는 방향과 같은 방향인 $V_1=\Delta ZI$와 반대방향인 $V_2=\Delta ZI$의 두 기전력을 삽입하여도 $I+\Delta I$의 전류에는 변화가 없다.

그리고 그림 (b)의 회로는 중첩의 원리에 의하여 그림 (c) 및 그림 (d)와 같은 두 개의 회로로 분할하여 생각할 수 있다. 이때 각 지로의 전류는 그림 (c)와 그림 (d)의 전류를 I_1 및 I_2라 하면

$$I+\Delta I=I_1+I_2 \tag{7-45}$$

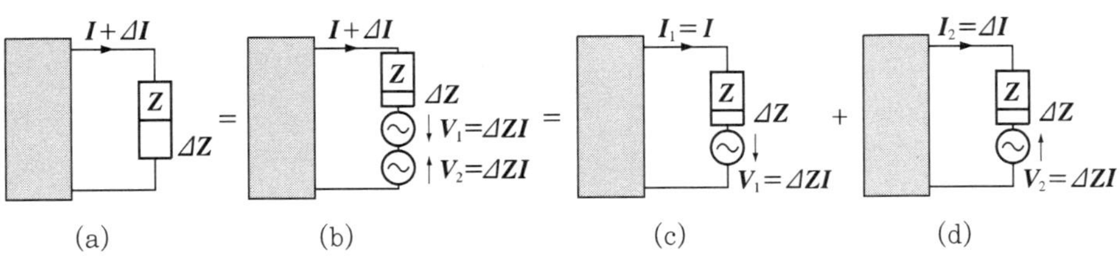

그림 7-33 보상의 정리 설명도

가 된다. 그런데 그림 (c)에서는 $\boldsymbol{Z}$에 $\boldsymbol{I}$가 흐르고 있을 때 $\Delta \boldsymbol{Z}$를 삽입함과 동시에 거기에서 생기는 전압강하와 같은 $\boldsymbol{V}_1 = \Delta \boldsymbol{Z}\boldsymbol{I}$인 기전력을 삽입하였으므로 $\Delta \boldsymbol{Z}$에서의 전압강하와 $\boldsymbol{V}_1 = \Delta \boldsymbol{Z}\boldsymbol{I}$인 기전력은 상쇄되어 0이 된다. 따라서 $\boldsymbol{I}_1 = \boldsymbol{I}$가 되어 식 (7-45)는

$$\boldsymbol{I} + \Delta \boldsymbol{I} = \boldsymbol{I} + \boldsymbol{I}_2$$

$$\therefore \ \Delta \boldsymbol{I} = \boldsymbol{I}_2 \qquad (7-46)$$

가 된다. 결국 $\Delta \boldsymbol{Z}$를 $\boldsymbol{Z}$에 직렬로 삽입하였을 때의 전류변화 $\Delta \boldsymbol{I}$는 그림 (d)에 의하여 알 수 있다.

이것을 일반적으로 말하면 기전력을 포함하는 선형회로의 한 지로의 임피던스 $\boldsymbol{Z}$에 전류 $\boldsymbol{I}$가 흐르고 있을 때 $\boldsymbol{Z}$가 $\Delta \boldsymbol{Z}$ 만큼 증가하여 생기는 각 지로의 전류 변화량은 회로망 내의 모든 기전력을 제거하고 $\boldsymbol{Z} + \Delta \boldsymbol{Z}$와 직렬로 $\boldsymbol{V}_2 = \Delta \boldsymbol{Z}\boldsymbol{I}$인 기전력을 전류와 반대방향으로 가했을 때의 전류와 같다고 할 수 있다. 이것을 보상의 정리(compensation theorem)라 하고 $\Delta \boldsymbol{Z}\boldsymbol{I}$의 기전력을 보상기전력이라 한다.

예제 7-13

그림 7-34의 회로에서 전압 V_g는 미지이다. 지금 내부저항 0.5[Ω]의 전류계를 지로 a, b에 직렬로 접속하였을 때 그 지시가 7.365[A]였다면 전류계 접속전의 지로 a, b에 흐르던 전류는 몇 [A]인가?

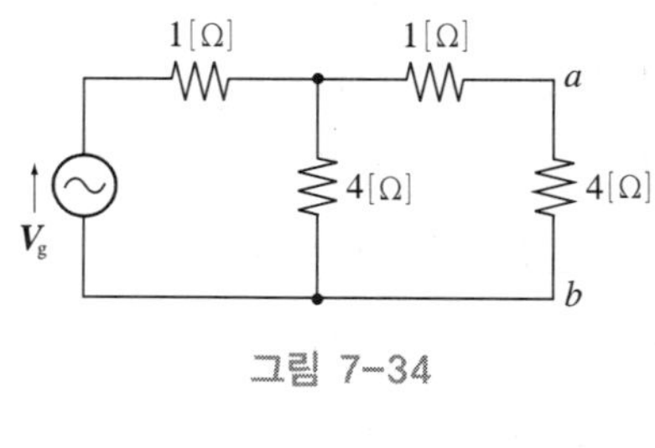

그림 7-34

풀이 전류계 접속 전의 전류를 $\boldsymbol{I}$, 접속 후의 전류를 $\boldsymbol{I}'$이라 하면 보상의 정리에 의하여 그림 7-35에서

$$\boldsymbol{I}' = \boldsymbol{I} + \Delta \boldsymbol{I} = \boldsymbol{I}\left(1 - \frac{\Delta \boldsymbol{Z}}{\boldsymbol{Z}'}\right)$$

$$\therefore \ \boldsymbol{I} = \boldsymbol{I}' \cdot \frac{\boldsymbol{Z}'}{\boldsymbol{Z}' - \Delta \boldsymbol{Z}}$$

여기서

$$\boldsymbol{Z}' = 4 + 0.5 + 1 + \frac{1 \times 4}{1+4} = 6.3 \ [\Omega]$$

$$\therefore \ \boldsymbol{I} = 7.365 \times \frac{6.3}{6.3 - 0.5} \fallingdotseq 8 \ [\text{A}]$$

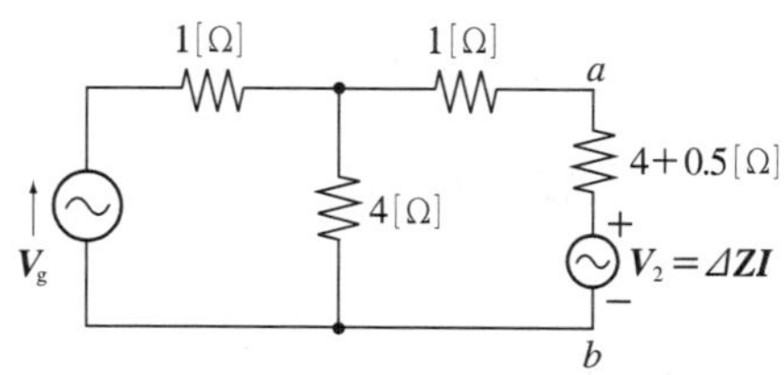

그림 7-35

7.13 상반정리

그림 7-36 (a)와 같이 임의의 회로망에서 제1폐로의 전압전원 V_1에 의하여 제2폐로에 흐르는 폐로전류를 I_2라 하고, 또 그림 (b)와 같이 V_1을 제거하고 제2폐로에 전압전원 V_2'를 삽입하였을 때 제1폐로에 흐르는 폐로전류를 I_1'라 하면 다음과 같은 식이 성립한다.

$$V_1 I_1' = V_2' I_2 \tag{7-47}$$

이 식 (7-47)을 **상반정리**(reciprocity theorem) 또는 **가역정리**라 한다.

식 (7-47)에 대한 증명은 다음과 같다. 그림 7-36과 같이 전원을 포함하지 않는 수동회로에서 지로 1과 2를 끌어내어 그림 (a)와 같이 지로 1에 직렬로 전압전원 V_1을 가했을 때 각 지로에 $I_1, I_2, \cdots, I_n$의 전류가 흘렀다고 하면 임피던스 행렬은 다음과 같다.

$$\begin{bmatrix} V_1 \\ 0 \\ \vdots \\ 0 \end{bmatrix} = \begin{bmatrix} I_1 \\ I_2 \\ \vdots \\ I_n \end{bmatrix} \begin{bmatrix} Z_{11} & Z_{12} \cdots & Z_{1n} \\ Z_{21} & Z_{22} \cdots & Z_{2n} \\ \vdots & \vdots & \vdots \\ Z_{n1} & Z_{n2} \cdots & Z_{nn} \end{bmatrix} \tag{7-48}$$

식 (7-48)에서 지로 2의 전류 I_2는 크래머(Kramer)의 방법을 적용하여

$$I_2 = \frac{\begin{bmatrix} Z_{11} & V \cdots & Z_{1n} \\ Z_{21} & 0 \cdots & Z_{2n} \\ \vdots & \vdots & \vdots \\ Z_{n1} & 0 \cdots & Z_{nn} \end{bmatrix}}{\Delta} = \frac{\Delta_{12} V_1}{\Delta} \tag{7-49}$$

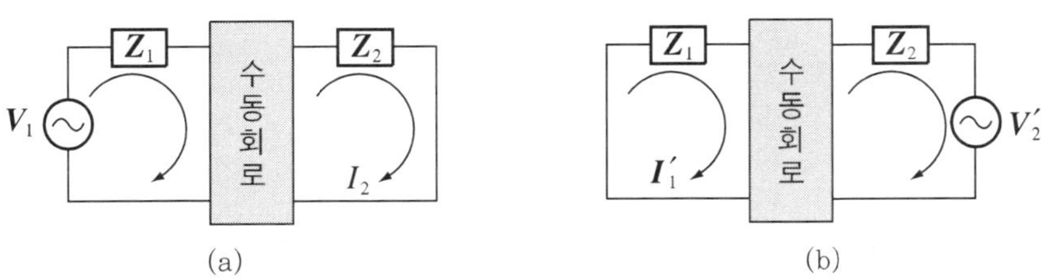

그림 7-36 상반정리 설명도

$$\text{단, } \Delta = \begin{bmatrix} Z_{11} & Z_{12} \cdots Z_{1n} \\ Z_{21} & Z_{22} \cdots Z_{2n} \\ \vdots & \vdots \quad\; \vdots \\ Z_{n1} & Z_{n2} \cdots Z_{nn} \end{bmatrix} \neq 0$$

$$\Delta_{12} = \begin{bmatrix} Z_{21} & Z_{23} \cdots Z_{2n} \\ Z_{31} & Z_{33} \cdots Z_{3n} \\ \vdots & \vdots \quad\; \vdots \\ Z_{n1} & Z_{n3} \cdots Z_{nn} \end{bmatrix}$$

또 그림 (b)와 같이 지로 2에 직렬로 전압전원 V_2'를 가했을 때 각 지로에 $I_1', I_2', \cdots, I_n'$의 전류가 흘렀다고 하면 식 (7-48)과 마찬가지로 다음 식이 성립한다.

$$\begin{bmatrix} 0 \\ V_2' \\ \vdots \\ 0 \end{bmatrix} = \begin{bmatrix} I_1' \\ I_2' \\ \vdots \\ I_n' \end{bmatrix} \begin{bmatrix} Z_{11} & Z_{12} \cdots Z_{1n} \\ Z_{21} & Z_{22} \cdots Z_{2n} \\ \vdots & \vdots \quad\; \vdots \\ Z_{n1} & Z_{n2} \cdots Z_{nn} \end{bmatrix} \tag{7-50}$$

따라서 1의 지로에 흐르는 전류 I_1'는

$$I_1' = \frac{\begin{bmatrix} 0 & Z_{12} & Z_{13} \cdots Z_{1n} \\ V_2' & Z_{22} & Z_{23} \cdots Z_{2n} \\ 0 & \vdots & \vdots \quad\; \vdots \\ \vdots & \vdots & \vdots \quad\; \vdots \\ 0 & Z_{n2} & Z_{n3} \cdots Z_{nn} \end{bmatrix}}{\Delta} = \frac{\Delta_{21} V_2'}{\Delta} \tag{7-51}$$

$$\text{단, } \Delta_{21} = \begin{bmatrix} Z_{12} & Z_{13} \cdots Z_{1n} \\ Z_{32} & Z_{33} \cdots Z_{3n} \\ \vdots & \vdots \quad\; \vdots \\ Z_{n2} & Z_{n3} \cdots Z_{nn} \end{bmatrix}$$

식 (7-49)와 (7-51)로부터 다음 식이 성립한다.

$$\frac{\Delta_{12} V_1}{I_2} = \frac{\Delta_{21} V_2'}{I_1'} \tag{7-52}$$

그런데 선형 회로망에서는 임피던스 행렬은 대칭행렬이고 상호 임피던스 $Z_{jk} = Z_{kj}$의 관계가 있으므로 $\Delta_{12} = \Delta_{21}$이 된다. 따라서 식 (7-52)는

$$\frac{V_1}{I_2}=\frac{V_2'}{I_1'}$$

$$\therefore\ V_1 I_1' = V_2' I_2 \tag{7-53}$$

가 되어 식 (7-47)이 성립함을 알 수 있다.

예제 7-14

그림 7-37과 같은 선형 회로망에서 단자 a, b 사이에 200[V]의 전압을 가할 때 단자 c, d에 흐르는 전류가 10[A]라고 한다. 같은 회로에서 c, d 사이에 100[V]의 전압을 가할 때 a, b에 흐르는 전류를 구하여라.

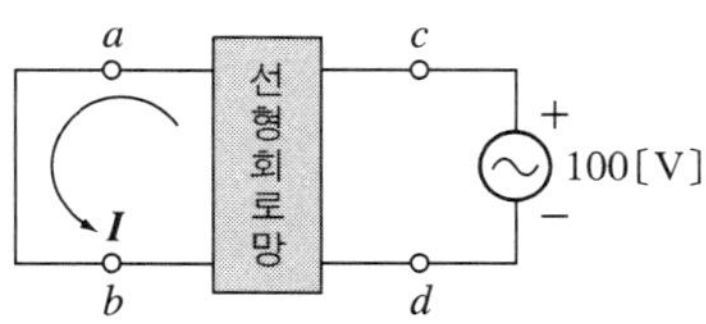

그림 7-37

풀이 상반정리에 의하여

$$V_j I_j = V_k I_k$$

이므로

$$100 \times 10 = 200 \times I$$

$$\therefore\ I = 5\ [\mathrm{A}]$$

연 습 문 제

1. 어떤 회로망 그래프에서 가지의 수가 8개이고, 마디의 수가 4개일 때 나무의 수와 보목의 수는 몇 개인가?

2. 그림 7-38과 같은 전압원의 회로를 전류원을 갖는 회로로 바꾸어라.

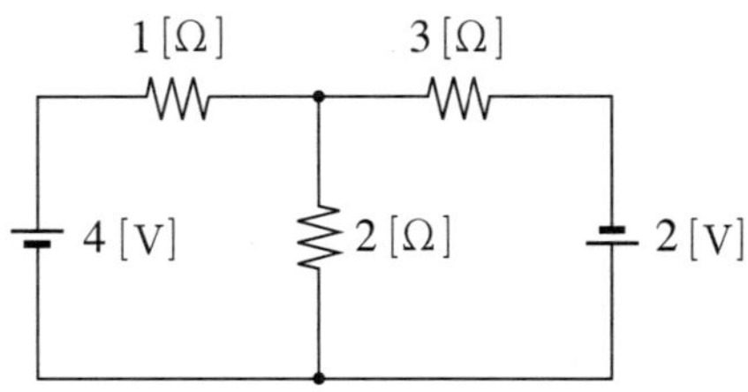

그림 7-38

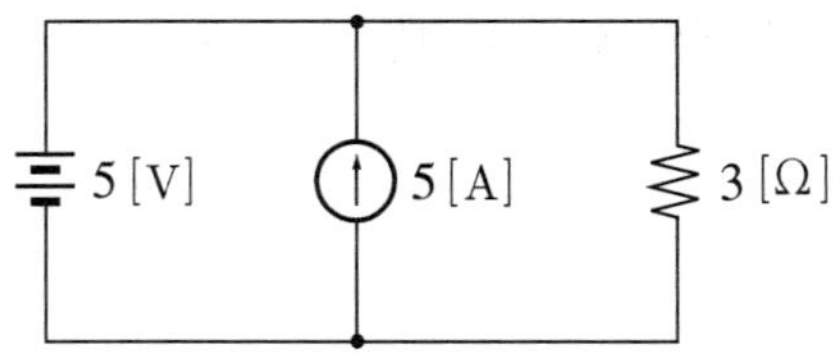

그림 7-39

3. 그림 7-39의 회로에서 3[Ω]의 저항 양단에 걸리는 전압은 몇 [V]인가?

4. 그림 7-40의 회로에서 I_1, I_2 및 V를 구하여라.

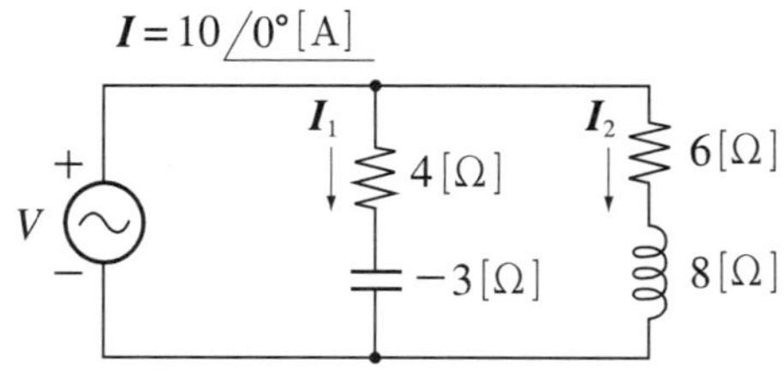

그림 7-40

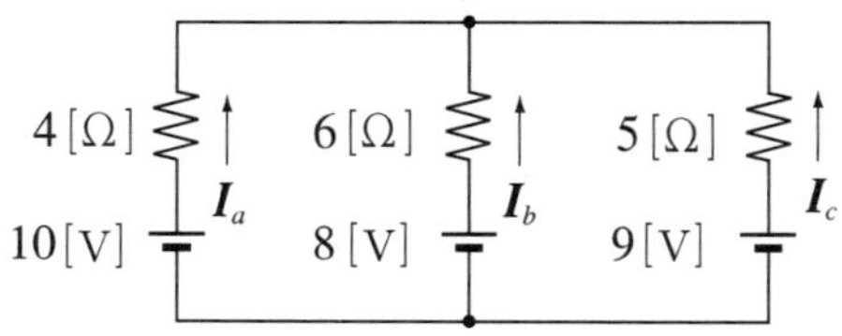

그림 7-41

5. 그림 7-41의 회로에서 각 지로전류 I_a, I_b, I_c를 다음 세 가지 방법에 의하여 구하여라.
   ① 지로 해석법
   ② 폐로 해석법
   ③ 절점 해석법

6. 그림 7-42와 같은 회로에서 V_a 및 V_b의 전압을 절점 해석법에 의하여 구하여라.

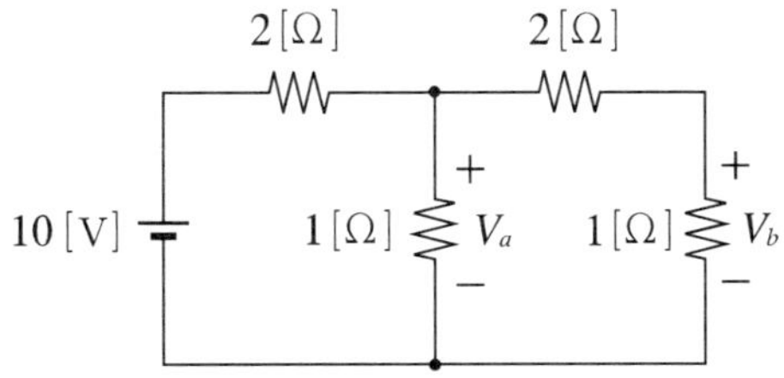

그림 7-42

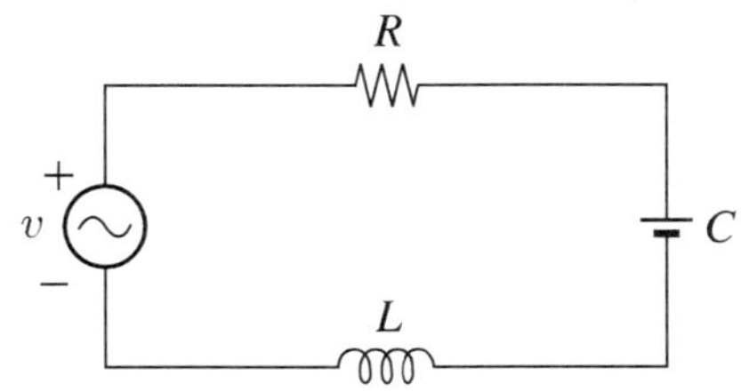

그림 7-43

7. 그림 7-43과 같은 회로의 쌍대회로를 그려라.

8. 그림 7-44와 같은 회로에서 7[Ω]의 저항 양단의 전압은 몇 [V]인가?

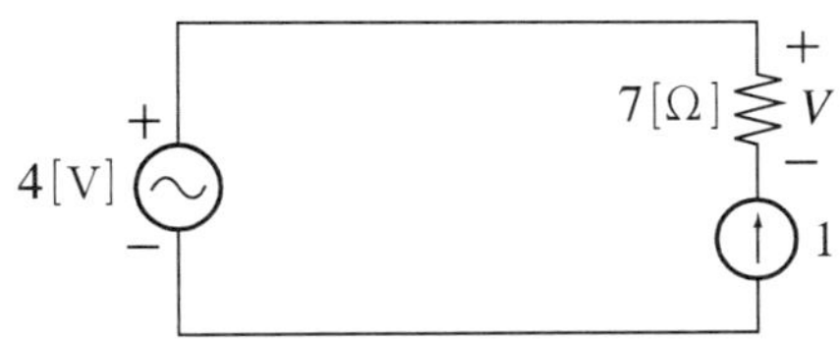

그림 7-44

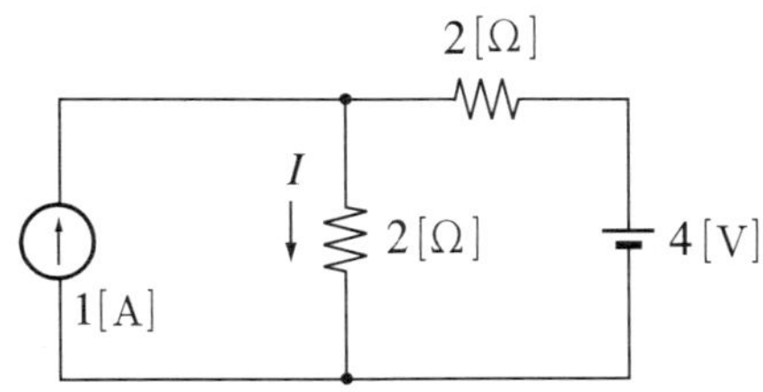

그림 7-45

9. 그림 7-45와 같은 회로에서 전류 I는 몇 [A]인가?

10. 그림 7-46과 같은 회로망에서 a, b간의 단자전압이 12[V], a, b에서 본 능동 회로망의 임피던스가 4[Ω]일 때, 단자 a, b에 2[Ω]의 저항을 접속하면 이 저항에 흐르는 전류는 몇 [A]인가?

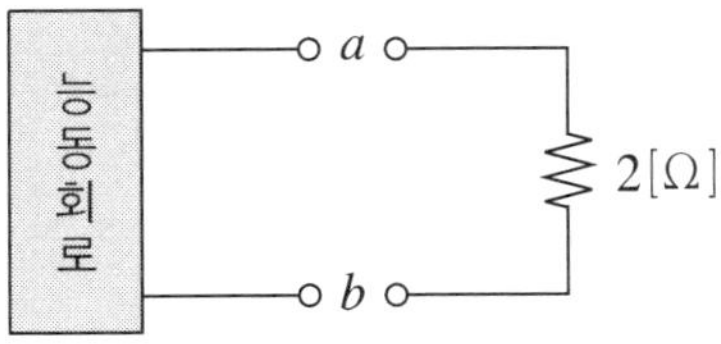

그림 7-46

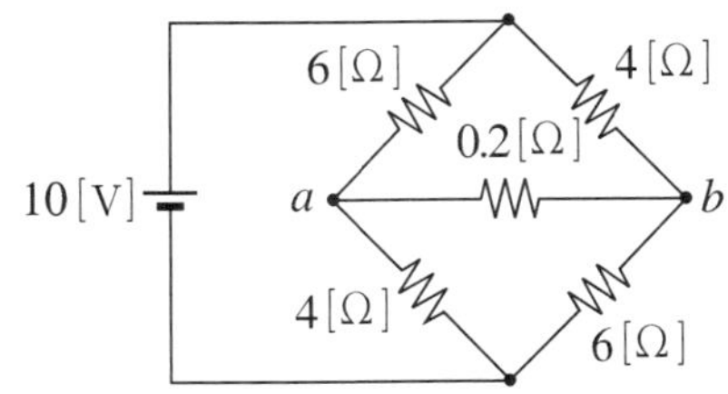

그림 7-47

11. 그림 7-47과 같은 브리지 회로에서 저항 0.2[Ω]에 흐르는 전류는 몇 [A]인가?

12. 그림 7-48 (a)와 (b)가 등가회로가 되기 위한 V와 R의 값을 구하여라.

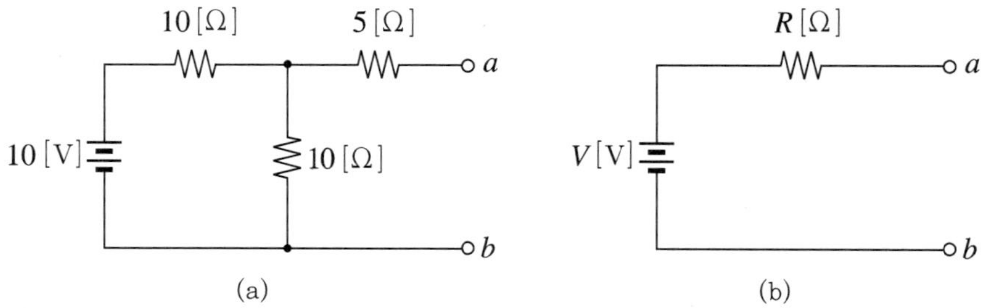

그림 7-48

13. 그림 7-49와 같은 회로에서 단자 a, b에 나타나는 전압 V_{ab}는 몇 [V]인가? (밀만의 정리를 이용할 것)

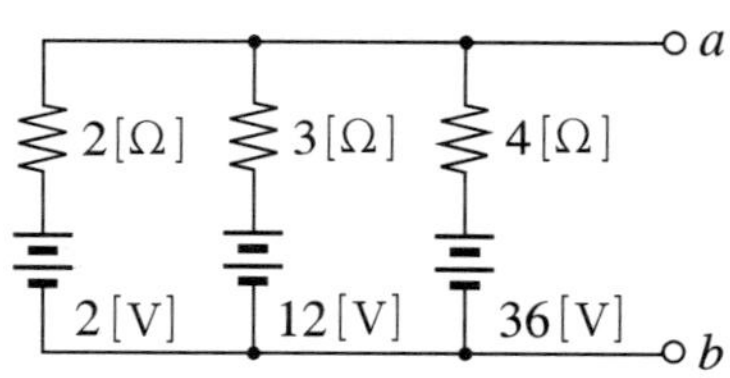

그림 7-49

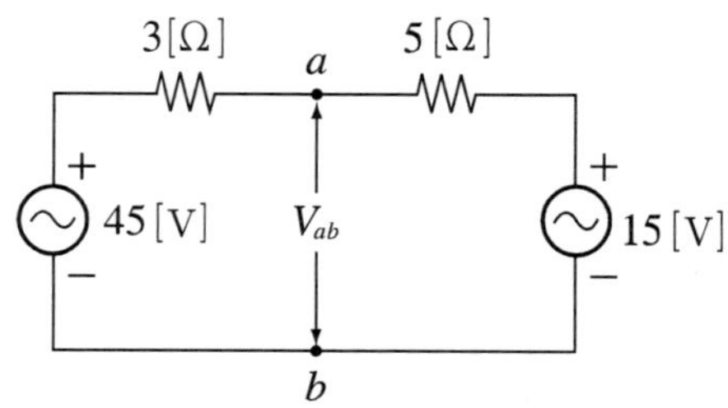

그림 7-50

14. 그림 7-50과 같은 회로에서 단자 a, b 간의 전압 V_{ab}는 몇 [V]인가?

15. 그림 7-51과 같은 선형 회로망에서 a, b 간에 100[V]의 전압을 가할 때, 단자 c, d에 흐르는 전류가 5[A]이었다. 반대로 같은 회로에서 c, d 간에 50[V]의 전압을 가할 때, 단자 a, b 간에 흐르는 전류는 몇 [A]인가?

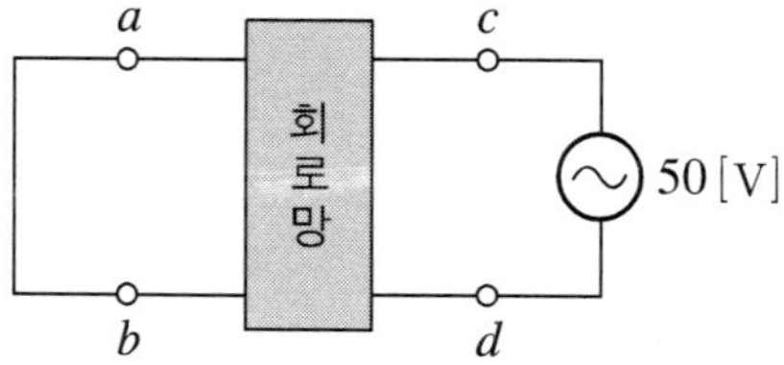

그림 7-51

Chapter 8

3상 교류회로

8.1 2상 교류

그림 8-1 (a)와 같이 동일한 구조를 갖는 한 쌍의 권선 a-x와 b-y를 공간적으로 서로 직각이 되게 전기자에 감아서 평등자계(平等磁界) 내에서 반시계방향으로 일정한 속도로 회전시킬 때 유기되는 전압을 v_a(단자 a와 x 사이의 유기전압)와 v_b(단자 b와 y 사이의 유기전압)라 하면 이 두 전압은 크기와 주파수가 같은 정현파이나 v_b는 v_a보다 위상이 90° 늦게 된다.

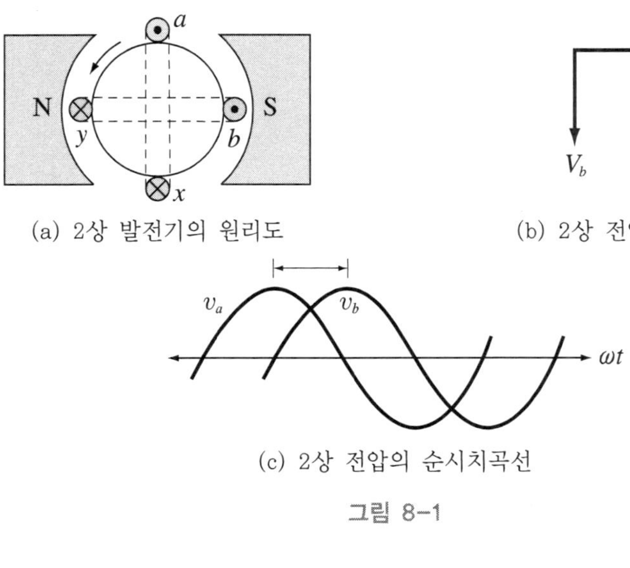

(a) 2상 발전기의 원리도 (b) 2상 전압의 벡터도

(c) 2상 전압의 순시치곡선

그림 8-1

그림 8-1 (c)는 v_a와 v_b의 순시치를 나타내었으며 (b)는 v_a를 기준으로 한 벡터도이다.

여기서 v_a와 v_b는 단독적으로는 단상이지만 일괄하여 생각할 때 이것을 2상 전압이라 한다.

그림 8-2는 내부저항 $\boldsymbol{Z}_g$를 가진 2상 전원의 표시도이다.

이러한 2상 전원과 부하를 연결하는 방식에 따라 그림 8-3과 같이 2상 4선식도 될 수 있고 그림 8-4와 같이 2상 3선식도 될 수 있다.

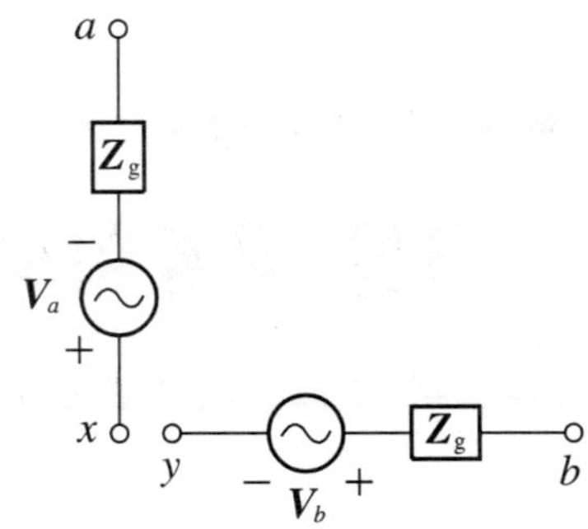

그림 8-2 2상 전원의 표시

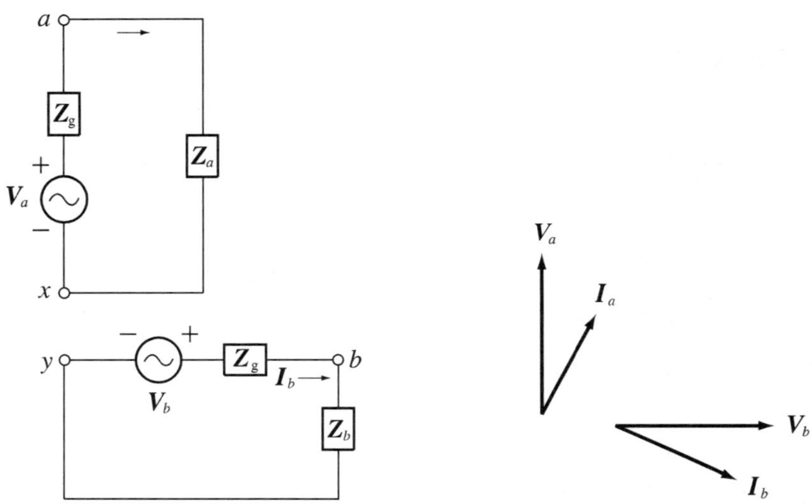

(a) 2상 4선식 (b) 벡터도

그림 8-3

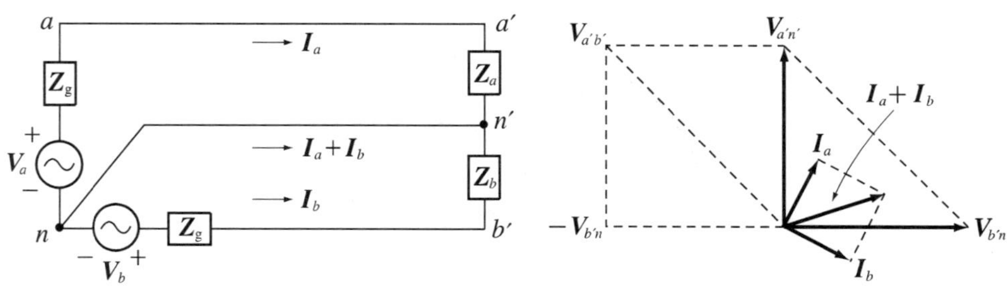

(a) 2상 3선식 (b) 벡터도

그림 8-4

그림 8-4에서 점 n의 전압은 0이므로 전류는 흐르지 않는다. 이러한 점을 **중성점**이라 하고, 중성점에서 나온 선 nn'를 **중성선**(neutral line)이라 한다.

2상 3선식에서 선로의 임피던스를 무시할 때 두 외선에 흐르는 전류는

$$\boldsymbol{I}_a = \frac{\boldsymbol{V}_a}{\boldsymbol{Z}_g + \boldsymbol{Z}_a}, \qquad \boldsymbol{I}_b = \frac{\boldsymbol{V}_b}{\boldsymbol{Z}_g + \boldsymbol{Z}_b} \tag{8-1}$$

가 되고, $\boldsymbol{V}_a$와 $\boldsymbol{V}_b$는 크기가 같고 90°의 위상차를 가지므로 특히 $\boldsymbol{Z}_a = \boldsymbol{Z}_b$일 때에는 $\boldsymbol{I}_a$, $\boldsymbol{I}_b$도 크기가 같고 90°의 위상차를 갖는다.

따라서 이 경우에 중성선에 흐르는 전류 $\boldsymbol{I}_{nn'}(= \boldsymbol{I}_a + \boldsymbol{I}_b)$는 외선에 흐르는 전류의 $\sqrt{2}$배의 크기를 갖는다.

또 $\boldsymbol{V}_{a'n'}(= \boldsymbol{Z}_a\boldsymbol{I}_a)$와 $\boldsymbol{V}_{b'n'}(= \boldsymbol{Z}_b\boldsymbol{I}_b)$도 크기가 같고 90°의 위상차를 가지므로 두 부하 양단의 전압 $\boldsymbol{V}_{a'b'}(= \boldsymbol{V}_{a'n'} + \boldsymbol{V}_{n'b'})$는 한 쪽 부하 양단의 전압의 $\sqrt{2}$배의 크기를 갖는다.

예제 8-1

2상 3선식에 의하여 200[kW]의 전력을 수송하려고 한다. 그림 8-4 (a)에서 수전단 a'-b' 간의 전압이 3500[V]이고 각 부하의 역률이 80[%]일 때, 각 선에 흐르는 전류를 구하여라.

풀이 각 부하의 역률이 같으므로 $\boldsymbol{Z}_a = \boldsymbol{Z}_b$이다. 그러므로 $\boldsymbol{I}_a = \boldsymbol{I}_b = \boldsymbol{I}$, $\boldsymbol{V}_{a'n'} = \boldsymbol{V}_{b'n'} = \boldsymbol{V}$이고 각 부하에는 100[kW]의 전력이 공급된다. $\boldsymbol{V}_{ab} = 3500$[V]이므로 실효치는 $\boldsymbol{V} = 3500/\sqrt{2}$ [V]이다. 따라서

$\boldsymbol{P} = \boldsymbol{V}\boldsymbol{I}\cos\theta$에서

$$100 \times 10^3 = \frac{3500}{\sqrt{2}} \times \boldsymbol{I} \times 0.8$$

$$\therefore \boldsymbol{I} = 50.5 \text{ [A]}$$

그리고 중성선에 흐르는 전류 $\boldsymbol{I}_n$은 양측 외선전류의 $\sqrt{2}$배이므로

$$\therefore \boldsymbol{I}_n = \sqrt{2}\boldsymbol{I} = \sqrt{2} \times 50.5 = 71.4 \text{ [A]}$$

8.2 3상 교류

1 3상 전압의 발생

그림 8-5 (a)와 같이 동일한 구조를 갖는 3개의 권선을 공간적으로 120°의 각으로 전기자에 감아서 평등자계(平等磁界) 내에서 반시계방향으로 일정한 속도로 회전시킬 때 유기되는 전압 v_a, v_b, v_c는 크기와 주파수가 같고 정현파이나 위상은 v_b가 v_a보다 120° 늦고 v_c는 v_b보다 120° 늦다.

그림 8-5 (b)는 이들 전압의 순시치 곡선을 나타낸 것이다.

전압(또는 전류) 이 최대치에 도달하는 순서를 상순(phase sequence)이라 하며, 그림 8-5는 상순 a, b, c의 경우이다. 특히 그림 8-5 (c)와 같이 $\boldsymbol{V}_a$를 기준전압으로 정할 때

$$\boldsymbol{V}_a = V\angle 0°, \quad \boldsymbol{V}_b = V\angle -120°, \quad \boldsymbol{V}_c = V\angle +120° \tag{8-2}$$

와 같이 표시하고 $\boldsymbol{V}_a$, $\boldsymbol{V}_b$, $\boldsymbol{V}_c$를 각각 a(상)(phase a), b(상), c(상)의 전압이라 부른다.

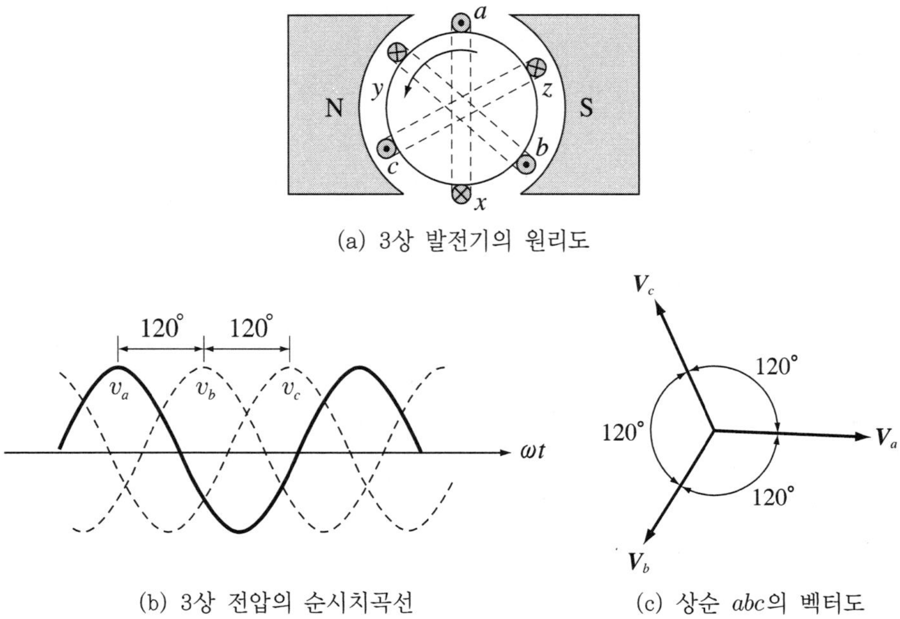

(a) 3상 발전기의 원리도

(b) 3상 전압의 순시치곡선

(c) 상순 abc의 벡터도

그림 8-5

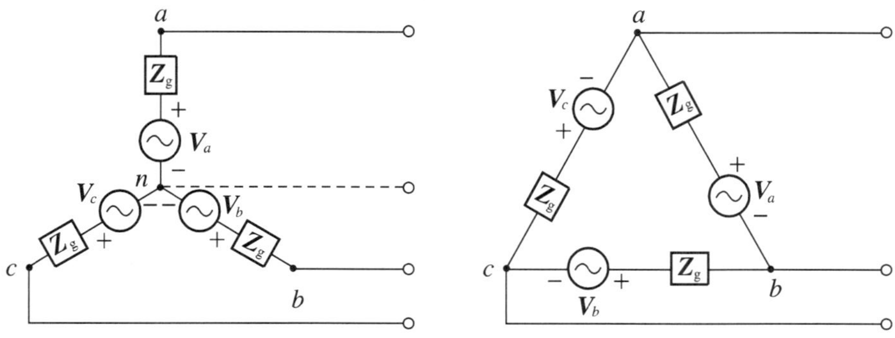

(a) Y결선 (b) Δ결선

그림 8-6 3상 전원의 결선방식

그리고 a상, b상, c상의 전원을 일괄하여 **3상 전원**(3-phase source)이라고 한다.

3상 전원에 부하를 연결하는 방법에는 각 상의 단자($a-x$, $b-y$, $c-z$)에 하나씩 도선을 연결하여 여기에 3개의 독립된 단상부하를 거는 방법(**3상 6선식**)도 생각할 수 있으나 이 방법은 실제로는 쓰이지 않는다. 주로 쓰이는 방법은 그림 8-6과 같이 **Y결선**(Y-connection) 또는 **성형결선**(star-connection) 방법과 **Δ결선**(Δ-connection) 또는 **환상결선**(ring connection) 방법이 있다. 3상 전원에서 각 상전압의 크기가 같고, 상전압의 위상차가 서로 120°씩이고, 각 상전압의 내부 임피던스가 동일한 경우 이것을 **평형 3상 전원**(balanced 3-phase source) 또는 **대칭 3상 전원**(symmetrical 3-phase source)이라고 부른다.

2 3상 회로

그림 8-7의 (a), (b)와 같이 전원과 부하를 3선으로 연결한 방식을 **3상 3선식**이라 하고 (c)에서와 같이 중성점 사이를 또 하나의 도선, 즉 중성선으로 연결한 방식을 **3상 4선식**이라고 한다.

또한 3상 부하의 복소임피던스가 모두 같을 때 이것을 **평형 부하**(balanced load)라고 하고 그렇지 않은 것을 **불평형 부하**(unbalanced load)라고 한다. 그리고 평형 3상 전원과 평형 3상 부하로 된 **평형 3상 회로**(balanced 3-phase circuit)라고 하며 그렇지 않은 것을 **불평형 3상 회로**(unbalanced 3-phase circuit)라고 한다.

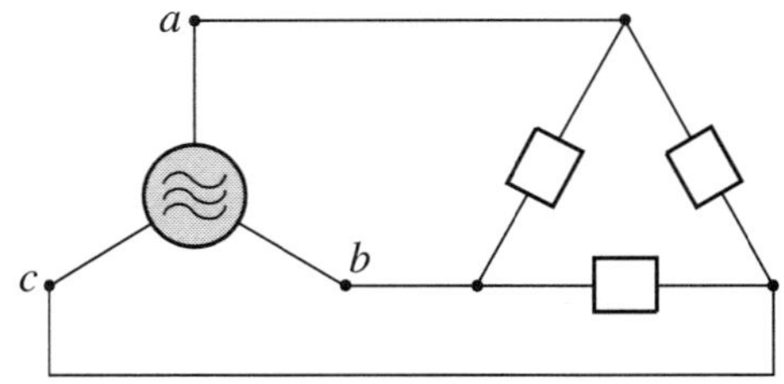

(a) 3상 3선식(Δ결선부하)

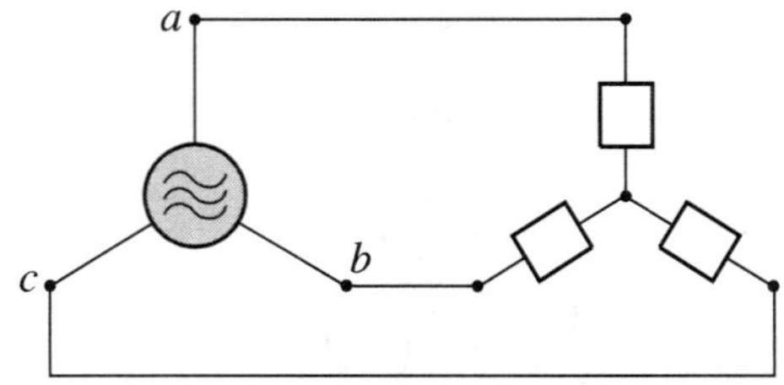

(b) 3상 3선식(Y결선부하)

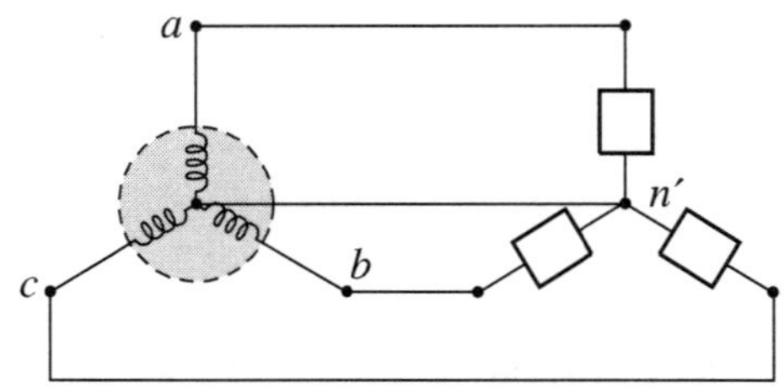

(c) 3상 4선식

그림 8-7 각종 3상 회로

3 대칭 3상 교류 기전력

대칭 3상 교류 기전력의 순시치를 v_a, v_b, v_c라 하고, 이들을 상순으로 나타내면

$$\left.\begin{aligned} v_a &= \sqrt{2}\,V\sin\omega t \\ v_b &= \sqrt{2}\,V\sin\left(\omega t - \frac{2\pi}{3}\right) \\ v_c &= \sqrt{2}\,V\sin\left(\omega t - \frac{4\pi}{3}\right) \end{aligned}\right\} \qquad (8-3)$$

으로 되고, 그림 8-8과 같다.

이때 각 순시 기전력의 합은

$$\begin{aligned} v_a + v_b + v_c = \sqrt{2}\,\boldsymbol{V}\sin\omega t + \sqrt{2}\,\boldsymbol{V}\sin\left(\omega t - \frac{2\pi}{3}\right) \\ + \sqrt{2}\,\boldsymbol{V}\sin\left(\omega t - \frac{4\pi}{3}\right) = 0 \end{aligned}$$

이된다. 따라서 대칭 3상 기전력의 총 합은 항상 0이 된다. 마찬가지로 대칭 3상 전류의 총 합도 0이 된다.

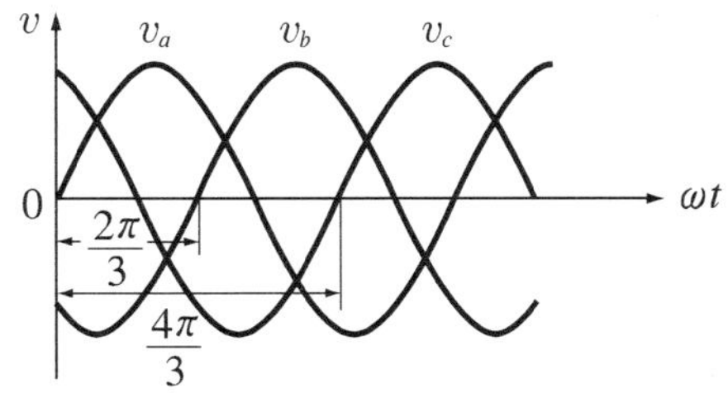

(a)

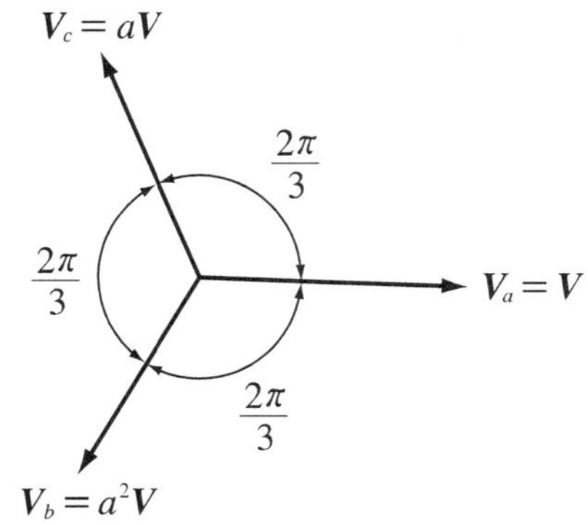

(b)

그림 8-8 대칭 3상 교류 기전력

그림 8-8 (a)의 대칭 3상 기전력을 실효치의 벡터도로 표시하면 그림 (b)의 $\boldsymbol{V}_a$, $\boldsymbol{V}_b$, $\boldsymbol{V}_c$와 같이 된다.

지금 이들의 기전력의 절대치를 V로 하여 기호법으로 표시하면

$$\left.\begin{aligned}
\boldsymbol{V}_a &= V \\
\boldsymbol{V}_b &= V\varepsilon^{-j\frac{2\pi}{3}} = V\angle -\frac{2\pi}{3} = V\left(\cos\frac{2\pi}{3} - j\sin\frac{2\pi}{3}\right) \\
&= V\left(-\frac{1}{2} - j\frac{\sqrt{3}}{2}\right) \\
\boldsymbol{V}_c &= V\varepsilon^{-j\frac{4\pi}{3}} = V\angle -\frac{4\pi}{3} = V\left(\cos\frac{4\pi}{3} - j\sin\frac{4\pi}{3}\right) \\
&= V\left(-\frac{1}{2} + j\frac{\sqrt{3}}{2}\right)
\end{aligned}\right\} \tag{8-4}$$

이 된다. 3상 회로에서는 이것을 간단히 표시하기 위하여

$$\left.\begin{aligned}
\cos\frac{2\pi}{3} + j\sin\frac{2\pi}{3} &= -\frac{1}{2} + j\frac{\sqrt{3}}{2} = a \\
\cos\frac{2\pi}{3} - j\sin\frac{2\pi}{3} &= -\frac{1}{2} - j\frac{\sqrt{3}}{2} = a^2
\end{aligned}\right\} \tag{8-5}$$

이라고 두면 식 (8-4)는

$$\left.\begin{aligned} \boldsymbol{V}_a &= V\angle 0° = V \\ \boldsymbol{V}_b &= V\angle -\frac{2\pi}{3} = a^2 V \\ \boldsymbol{V}_c &= V\angle -\frac{4\pi}{3} = a V \end{aligned}\right\} \tag{8-6}$$

와 같이 간단히 표시된다.

이때 a는 $\left(\cos\frac{2\pi}{3}+j\sin\frac{2\pi}{3}\right)$를 나타내므로 a를 곱하면 벡터의 위상을 $\frac{2\pi}{3}\,[\mathrm{rad}] = 120°$만큼 앞서게 할 수 있다.

따라서 a^3은 a를 세 번 곱한 것이므로 위상을 $\frac{2\pi}{3}\times 3\,[\mathrm{rad}] = 2\pi\,[\mathrm{rad}]$만큼 앞서게 하여 원래의 위치로 되돌아오는 것을 알 수 있다. 그러므로 이들을 정리하면 다음과 같다.

$$\left.\begin{aligned} a &= \varepsilon^{j\frac{2\pi}{3}} = -\frac{1}{2}+j\frac{\sqrt{3}}{2} \\ a^2 &= \varepsilon^{j\frac{4\pi}{3}} = -\frac{1}{2}-j\frac{\sqrt{3}}{2} \\ a^3 &= 1 \\ a^4 &= a \\ 1+a+a^2 &= 0 \end{aligned}\right\} \tag{8-7}$$

8.3 3상 전원의 등가변환

1 평형 3상 전원의 등가변환

그림 8-9 (a), (b)는 이상적인, 즉 내부 임피던스가 0인 평형 3상 Y전원과 Δ전원을 나타낸 것이다. 이 두 전원의 전압 $\boldsymbol{V}_a$, $\boldsymbol{V}_b$, $\boldsymbol{V}_c$와 $\boldsymbol{V}_1$, $\boldsymbol{V}_2$, $\boldsymbol{V}_3$가 다음과 같은 관계가 되면 이 두 전원은 단자 a, b, c에 관하여 등가가 된다.

$$\left.\begin{aligned} \boldsymbol{V}_{ab} &= \boldsymbol{V}_a - \boldsymbol{V}_b = \boldsymbol{V}_1 \\ \boldsymbol{V}_{bc} &= \boldsymbol{V}_b - \boldsymbol{V}_c = \boldsymbol{V}_2 \\ \boldsymbol{V}_{ca} &= \boldsymbol{V}_c - \boldsymbol{V}_a = \boldsymbol{V}_3 \end{aligned}\right\} \tag{8-8}$$

이들의 관계를 그림 8-9의 (c)와 (d)의 벡터도에 나타내었다. 특히 그림 (d)의 벡터도에서 $\boldsymbol{V}_1$, $\boldsymbol{V}_2$, $\boldsymbol{V}_3$는 각각 $\boldsymbol{V}_a$, $\boldsymbol{V}_b$, $\boldsymbol{V}_c$보다 위상이 30°씩 앞서며 그 크기는 $\sqrt{3}$배가 됨을 알 수 있다.

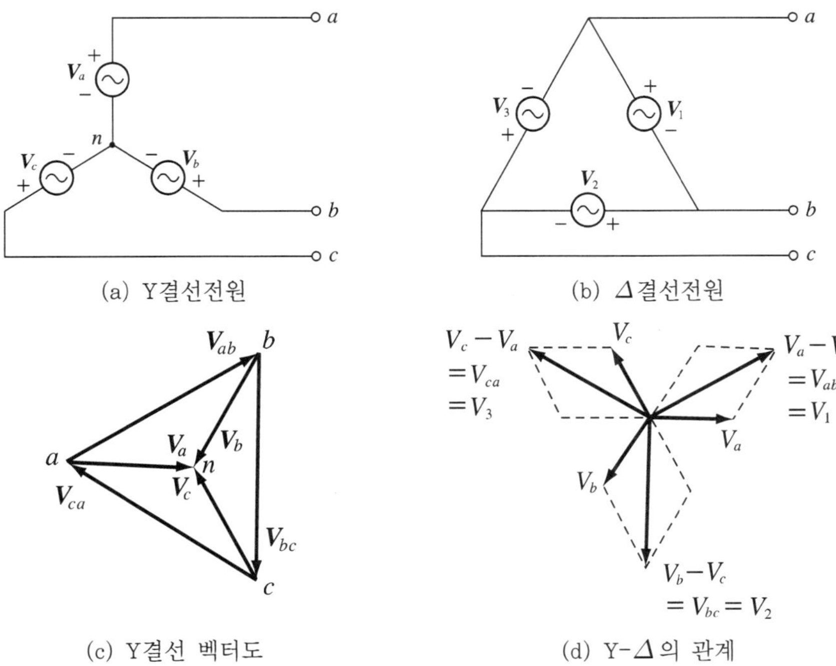

그림 8-9 이상적인 평형 3상 전원의 등가변환

그림 8-9 (a)의 Y결선에서 $\boldsymbol{V}_a$, $\boldsymbol{V}_b$, $\boldsymbol{V}_c$를 **상전압**(phase voltage) 또는 **선-중성점간 전압**(line-to-netural voltage)이라고 부르며, 단자 a, b, c 간의 전압 $\boldsymbol{V}_{ab}$, $\boldsymbol{V}_{bc}$, $\boldsymbol{V}_{ca}$를 **선간전압**(line voltage) 또는 **단자전압**(terminal voltage)이라고 부른다.

이상으로부터 다음과 같은 것을 알 수 있다.

이상적인 평형 Y결선전원에서

$$\text{선간전압의 크기} = \sqrt{3} \times (\text{상전압의 크기}) \tag{8-9}$$

이상적인 평형 Δ결선전원에서

$$\text{선간전압의 크기} = \text{상전압의 크기} \tag{8-10}$$

평형전원에서

$$\boldsymbol{V}_1 + \boldsymbol{V}_2 + \boldsymbol{V}_3 = 0 \tag{8-11}$$

일반적으로 평형 3상 전압의 합은 0이 된다.

2 불평형 3상 전원의 등가변환

그림 8-10 (a)와 같이 내부 임피던스가 0이 아닌 Δ결선의 3상 전원으로부터 그림 (e)와 같은 Y결선의 3상 전원으로 등가변환을 하기 위하여 세 개의 상전압이 동일 주파수를 갖는 정현파라고 가정하고, 평형을 이룬다든가 또는 각 상전원의 내부 임피던스가 같다든가 하는 가정은 제외한다.

그림 8-10 (a)에서 각 전압전원을 전류전원으로 대치하면 그림 (b)와 같이 된다. 여기서 Δ결선의 임피던스를 다음 식에 의하여 그림 (c)와 같이 Y결선의 임피던스로 변환한다.

$$\left.\begin{aligned} \boldsymbol{Z}_a &= \frac{\boldsymbol{Z}_1\boldsymbol{Z}_3}{\boldsymbol{Z}_1+\boldsymbol{Z}_2+\boldsymbol{Z}_3} \\ \boldsymbol{Z}_b &= \frac{\boldsymbol{Z}_1\boldsymbol{Z}_2}{\boldsymbol{Z}_1+\boldsymbol{Z}_2+\boldsymbol{Z}_3} \\ \boldsymbol{Z}_c &= \frac{\boldsymbol{Z}_2\boldsymbol{Z}_3}{\boldsymbol{Z}_1+\boldsymbol{Z}_2+\boldsymbol{Z}_3} \end{aligned}\right\} \tag{8-12}$$

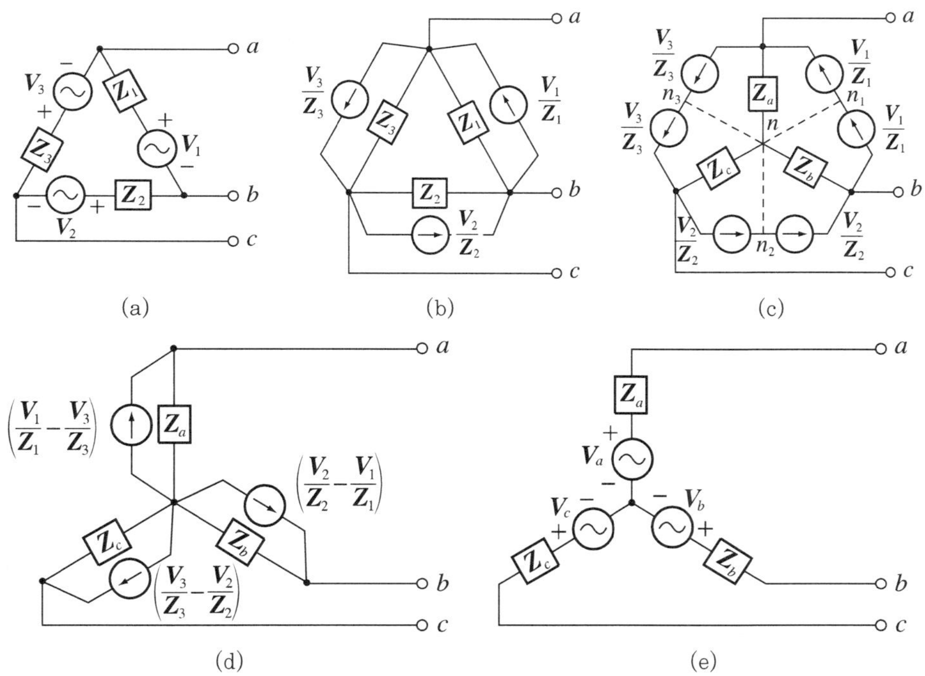

그림 8-10 불평형 3상 전원의 Δ-Y변환

이와 동시에 각 전류전원에 그와 동일한 것을 하나씩 더 직렬로 연결한다. 이와 같이 하여도 회로의 전류분포에는 변화가 없다. 이때의 그림이 그림 (c)이며, 여기서 키르히호프의 제1법칙(전류법칙)에 의해 n과 n_1, n_2, n_3를 접속하여도 전류분포는 무관하다. 그리고 각 임피던스 양단의 전류전원을 합하여 하나의 전원으로 표시하면 그림 (d)와 같게 된다. 여기서 다시 전원을 등가변환하면 그림 (e)와 같이 된다. 이 새로운 전압전원의 전압은 다음과 같다.

$$\left.\begin{aligned} \boldsymbol{V}_a &= \boldsymbol{Z}_a\left(\frac{\boldsymbol{V}_1}{\boldsymbol{Z}_1} - \frac{\boldsymbol{V}_3}{\boldsymbol{Z}_3}\right) = \frac{\boldsymbol{V}_1\boldsymbol{Z}_3 - \boldsymbol{V}_3\boldsymbol{Z}_1}{\boldsymbol{Z}_1 + \boldsymbol{Z}_2 + \boldsymbol{Z}_3} \\ \boldsymbol{V}_b &= \boldsymbol{Z}_b\left(\frac{\boldsymbol{V}_2}{\boldsymbol{Z}_2} - \frac{\boldsymbol{V}_1}{\boldsymbol{Z}_1}\right) = \frac{\boldsymbol{V}_2\boldsymbol{Z}_1 - \boldsymbol{V}_1\boldsymbol{Z}_2}{\boldsymbol{Z}_1 + \boldsymbol{Z}_2 + \boldsymbol{Z}_3} \\ \boldsymbol{V}_c &= \boldsymbol{Z}_c\left(\frac{\boldsymbol{V}_3}{\boldsymbol{Z}_3} - \frac{\boldsymbol{V}_2}{\boldsymbol{Z}_2}\right) = \frac{\boldsymbol{V}_3\boldsymbol{Z}_2 - \boldsymbol{V}_2\boldsymbol{Z}_3}{\boldsymbol{Z}_1 + \boldsymbol{Z}_2 + \boldsymbol{Z}_3} \end{aligned}\right\} \quad (8\text{-}13)$$

실제적으로 많이 취급하게 되는 평형전원의 경우에는 $\boldsymbol{Z}_1 = \boldsymbol{Z}_2 = \boldsymbol{Z}_3$이고, $\boldsymbol{V}_1$, $\boldsymbol{V}_2$, $\boldsymbol{V}_3$는 크기가 같고 120°의 위상차를 가지므로 식 (8-12)와 (8-13)으로부터

$$\boldsymbol{Z}_a = \boldsymbol{Z}_b = \boldsymbol{Z}_c = \frac{1}{3}\boldsymbol{Z} \tag{8-14}$$

$$\left.\begin{aligned} \boldsymbol{V}_a &= \frac{1}{3}(\boldsymbol{V}_1 - \boldsymbol{V}_3) = \frac{1}{\sqrt{3}} V_1 \angle -30° \\ \boldsymbol{V}_b &= \frac{1}{3}(\boldsymbol{V}_2 - \boldsymbol{V}_1) = \frac{1}{\sqrt{3}} V_2 \angle -30° \\ \boldsymbol{V}_c &= \frac{1}{3}(\boldsymbol{V}_3 - \boldsymbol{V}_2) = \frac{1}{\sqrt{3}} V_3 \angle -30° \end{aligned}\right\} \tag{8-15}$$

가 되며, 이들의 관계를 그림 8-11에 나타내었다.

이상으로부터 다음과 같은 것을 알 수 있다.

평형 Y전원의 내부 임피던스는 평형 Δ전원의 내부 임피던스의 1/3과 같고, 평형 Y전원의 전원전압의 크기는 평형 Δ전원의 전원전압의 $1/\sqrt{3}$과 같다.

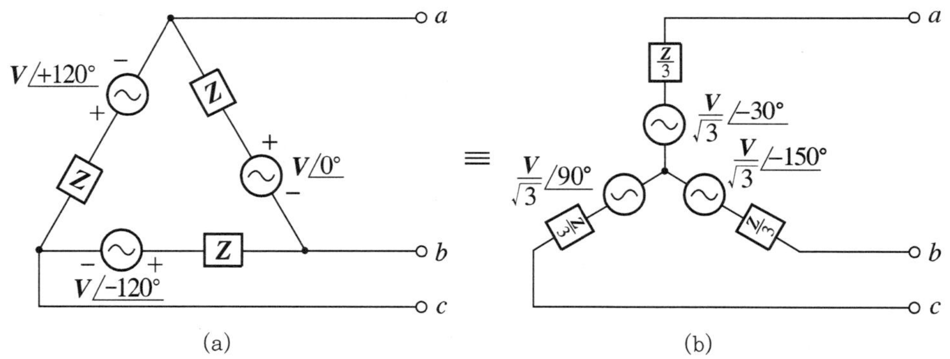

그림 8-11 평형 Δ전원과 평형 Y전원의 등가변환

예제 8-2

Y결선의 전원에서 각 상전압이 100[V]일 때, 선간전압은 몇 [V]인가?

풀이 평형 Y결선전원에서 선간전압은 상전압의 $\sqrt{3}$배이므로

$$\boldsymbol{V}_l = \sqrt{3}\,\boldsymbol{V}_P = \sqrt{3} \times 100 \fallingdotseq 173 \text{ [V]}$$

8.4 임피던스의 Y결선과 Δ결선의 등가변환

일반적인 전기회로에서 임피던스의 Y결선을 등가적인 Δ결선으로 변환하거나 또는 반대로 Δ결선을 Y결선으로 변환함으로써 회로해석을 용이하게 할 수 있는 경우가 많다.

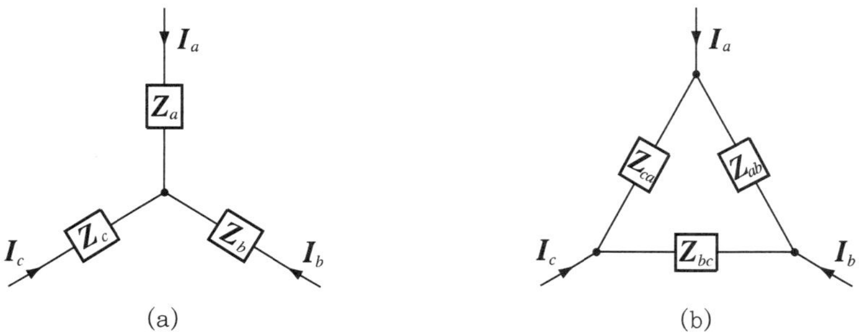

그림 8-12 임피던스의 Y결선과 Δ결선

그림 8-12에서 Y결선회로와 Δ결선회로가 등가가 되기 위해서는 양회로에서 대응하는 세 쌍의 단자 사이의 전압이 동일할 때 대응하는 단자에 동일한 전류가 유입해야 하므로 양회로의 단자전류를 $\boldsymbol{I}_a$, $\boldsymbol{I}_b$, $\boldsymbol{I}_c$ 단자전압을 $\boldsymbol{V}_{ab}$, $\boldsymbol{V}_{bc}$, $\boldsymbol{V}_{ca}$로 표시하고 양회로가 등가이기 위한 조건을 구해보자.

그림 8-12 (a)의 Y결선회로에서 키르히호프의 제2법칙(전압법칙)으로부터

$$\left.\begin{aligned} \boldsymbol{V}_{ab} &= \boldsymbol{Z}_a\boldsymbol{I}_a - \boldsymbol{Z}_b\boldsymbol{I}_b \\ \boldsymbol{V}_{bc} &= \boldsymbol{Z}_b\boldsymbol{I}_b - \boldsymbol{Z}_c\boldsymbol{I}_c \\ \boldsymbol{V}_{ca} &= \boldsymbol{Z}_c\boldsymbol{I}_c - \boldsymbol{Z}_a\boldsymbol{I}_a \end{aligned}\right\} \tag{8-16}$$

또 세 지로의 접합점에서 키르히호프의 제1법칙(전류법칙)을 적용하면

$$\boldsymbol{I}_a + \boldsymbol{I}_b + \boldsymbol{I}_c = 0 \tag{8-17}$$

식 (8-16)과 (8-17)로부터

$$\left.\begin{aligned} I_a &= \frac{Z_c V_{ab} - Z_b V_{ca}}{Z_a Z_b + Z_b Z_c + Z_c Z_a} \\ I_b &= \frac{Z_a V_{bc} - Z_c V_{ab}}{Z_a Z_b + Z_b Z_c + Z_c Z_a} \\ I_c &= \frac{Z_b V_{ca} - Z_a V_{bc}}{Z_a Z_b + Z_b Z_c + Z_c Z_a} \end{aligned}\right\} \tag{8-18}$$

다음에 그림 8-12 (b)의 Δ결선회로에서 각 접합점에 키르히호프의 제1법칙(전류법칙)을 적용하면

$$\left.\begin{aligned} I_a &= \frac{V_{ab}}{Z_{ab}} - \frac{V_{ca}}{Z_{ca}} \\ I_b &= \frac{V_{bc}}{Z_{bc}} - \frac{V_{ab}}{Z_{ab}} \\ I_c &= \frac{V_{ca}}{Z_{ca}} - \frac{V_{bc}}{Z_{bc}} \end{aligned}\right\} \tag{8-19}$$

또 키르히호프의 제2법칙(전압법칙)으로부터

$$V_{ab} + V_{bc} + V_{ca} = 0 \tag{8-20}$$

따라서 Y결선회로와 Δ결선회로의 임피던스가 등가가 되기 위해서는 식 (8-18)과 (8-19)가 같아야 하므로 두 식으로부터 다음과 같은 관계식을 얻을 수 있다.

(Y → Δ)

$$\left.\begin{aligned} Z_{ab} &= \frac{Z_a Z_b + Z_b Z_c + Z_c Z_a}{Z_c} \\ Z_{bc} &= \frac{Z_a Z_b + Z_b Z_c + Z_c Z_a}{Z_a} \\ Z_{ca} &= \frac{Z_a Z_b + Z_b Z_c + Z_c Z_a}{Z_b} \end{aligned}\right\} \tag{8-21}$$

이 식이 곧 Y결선회로와 Δ결선회로가 등가가 되기 위한 두 회로의 임피던스 간에 성립해야 할 관계식으로서 Y결선회로의 임피던스로부터 Δ결선회로의 임피던스를 구할 때 사용된다.

반대로 Δ결선회로를 Y결선회로로 변환시키고자 할 때에는 식 (8-19) 중에서 임의의 2개와 식 (8-20)을 연립시켜서 $\boldsymbol{V}_{ab}$, $\boldsymbol{V}_{bc}$, $\boldsymbol{V}_{ca}$를 구하고 그것을 식 (8-16)과 비교하든지 또는 식 (8-21)을 연립시켜서 $\boldsymbol{Z}_a$, $\boldsymbol{Z}_b$, $\boldsymbol{Z}_c$에 관해서 풀든지 하면 다음과 같은 관계식을 얻을 수 있다.

(Δ → Y)

$$\left.\begin{aligned} \boldsymbol{Z}_a &= \frac{\boldsymbol{Z}_{ab}\boldsymbol{Z}_{ca}}{\boldsymbol{Z}_{ab}+\boldsymbol{Z}_{bc}+\boldsymbol{Z}_{ca}} \\ \boldsymbol{Z}_b &= \frac{\boldsymbol{Z}_{bc}\boldsymbol{Z}_{ab}}{\boldsymbol{Z}_{ab}+\boldsymbol{Z}_{bc}+\boldsymbol{Z}_{ca}} \\ \boldsymbol{Z}_c &= \frac{\boldsymbol{Z}_{ca}\boldsymbol{Z}_{bc}}{\boldsymbol{Z}_{ab}+\boldsymbol{Z}_{bc}+\boldsymbol{Z}_{ca}} \end{aligned}\right\} \qquad (8\text{-}22)$$

특히 평형 3상 부하의 경우 Δ 및 Y의 변환은

$$\boldsymbol{Z}_y = \frac{1}{3}\boldsymbol{Z}_\Delta \qquad (8\text{-}23)$$

에 의하여 이루어진다.

각 부하에서 임피던스 $\boldsymbol{Z}_y$ 또는 $\boldsymbol{Z}_\Delta$를 상 임피던스(phase impedance)라고 부르며, 그림 8-13에 이들의 관계를 표시하였다.

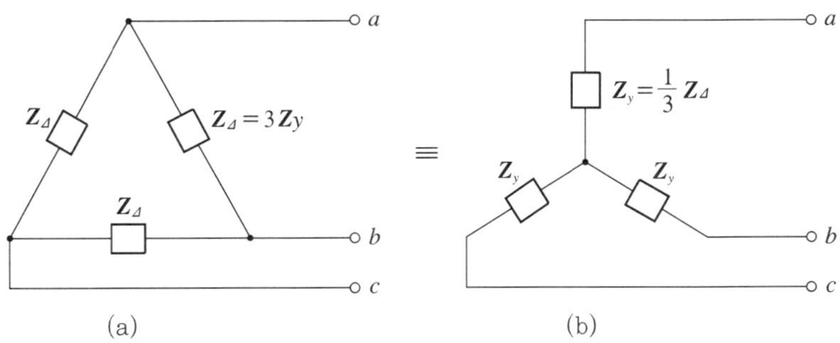

그림 8-13 평형 3상 부하의 등가변환

예제 8-3

각 상의 저항이 10[Ω]인 3상 Y회로를 등가 Δ결선으로 환산하면 각 상의 저항은 몇 [Ω]이 되는가?

풀이 평형 3상 부하의 경우 $Z_\Delta = 3Z_y$이므로

$\therefore\ Z_\Delta = 3 \times 10 = 30$ [Ω]

8.5 평형 3상 회로

Y 또는 Δ로 결선된 3상 부하에서 각 상 임피던스에 흐르는 전류를 **상전류**(phase current)라 하고, 상 임피던스 양단의 전압을 **상전압**(phase voltage)이라고 한다. 따라서 그림 8-14와 같이

Y결선부하에서는

$$\text{선전류} = \text{상전류}, \qquad \text{선간전압} = \sqrt{3}\,(\text{상전압}) \tag{8-24}$$

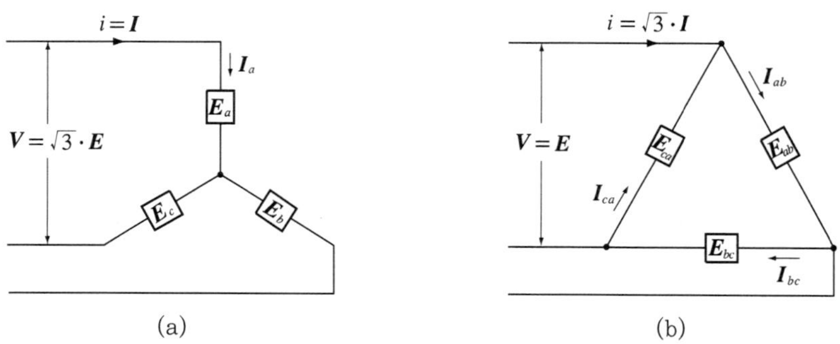

그림 8-14 평형 3상 회로의 전압과 전류의 관계

Δ결선부하에서는

$$\text{선전류} = \sqrt{3}\,(\text{상전류}), \qquad \text{선간전압} = \text{상전압} \tag{8-25}$$

1 평형 Y부하에서의 선간전압과 상전압

그림 8-15와 같이 평형 Y부하가 평형 3상 회로를 이룰 때 선전류 $\boldsymbol{I}_a$, $\boldsymbol{I}_b$, $\boldsymbol{I}_c$는 평형관계를 이루고, 따라서 상전압 $\boldsymbol{V}_{an}(=\boldsymbol{Z}\boldsymbol{I}_a)$, $\boldsymbol{V}_{bn}(=\boldsymbol{Z}\boldsymbol{I}_b)$, $\boldsymbol{V}_{cn}(=\boldsymbol{Z}\boldsymbol{I}_c)$도 평형을 이룬다.

이때 선간전압 $\boldsymbol{V}_{ab}=\boldsymbol{V}_{an}-\boldsymbol{V}_{bn}$이므로 상순을 abc라고 하면 그림 8-15 (c)의 벡터도로부터

$$\left.\begin{aligned}\boldsymbol{V}_{ab}&=\sqrt{3}\,\boldsymbol{V}_{an}\,\underline{/+30°}\\ \boldsymbol{V}_{bc}&=\sqrt{3}\,\boldsymbol{V}_{bn}\,\underline{/+30°}\\ \boldsymbol{V}_{ca}&=\sqrt{3}\,\boldsymbol{V}_{cn}\,\underline{/+30°}\end{aligned}\right\} \tag{8-26}$$

즉 평형 Y부하에서 선간전압의 크기를 V_L, 상전압의 크기를 V_p라 하면

$$V_L=\sqrt{3}\,V_p \tag{8-27}$$

가 된다.

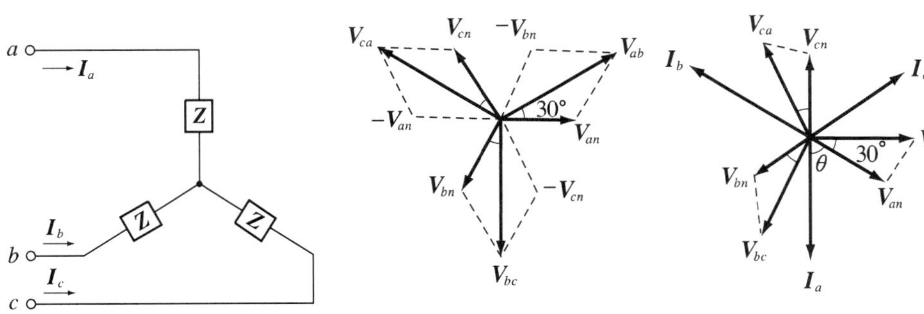

(a) 평형 Y부하 (b) 선전압과 상전압의 관계 (c) 벡터도

그림 8-15 평형 Y부하

2 평형 Δ부하에서의 선간전류와 상전류

평형 Δ부하가 평형 3상 회로를 이룰 때 선간전압 $\boldsymbol{V}_{ab}$, $\boldsymbol{V}_{bc}$, $\boldsymbol{V}_{ca}$는 평형을 이루고, 따라서 상전류 $\boldsymbol{I}_{ab}(=\boldsymbol{V}_{ab}/\boldsymbol{Z})$, $\boldsymbol{I}_{bc}(=\boldsymbol{V}_{bc}/\boldsymbol{Z})$, $\boldsymbol{I}_{ca}(=\boldsymbol{V}_{ca}/\boldsymbol{Z})$도 평형을 이룬다. 이때 선전류 $\boldsymbol{I}_a=\boldsymbol{I}_{ab}-\boldsymbol{I}_{ca}$이므로 상순을 abc라고 하면 그림 8-16 (c)에 의하여

$$\left.\begin{aligned} \boldsymbol{I}_a &= \sqrt{3}\,\boldsymbol{I}_{ab}\ \underline{/-30°} \\ \boldsymbol{I}_b &= \sqrt{3}\,\boldsymbol{I}_{bc}\ \underline{/-30°} \\ \boldsymbol{I}_c &= \sqrt{3}\,\boldsymbol{I}_{ca}\ \underline{/-30°} \end{aligned}\right\} \tag{8-28}$$

즉, 평형 Δ부하에서 선전류의 크기를 I_L, 상전류의 크기를 I_p라고 하면

$$I_L=\sqrt{3}\,I_P \tag{8-29}$$

가 된다.

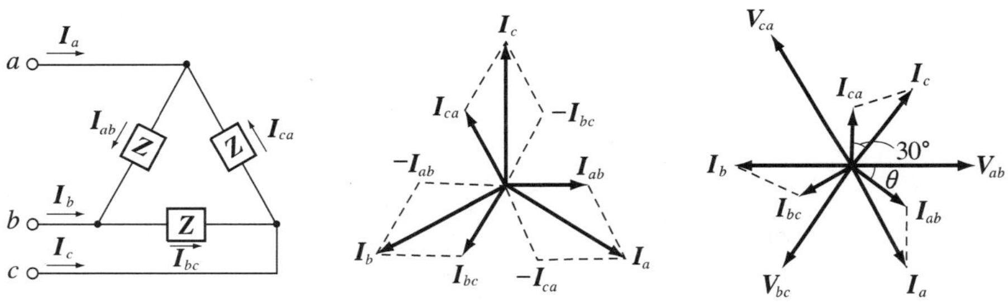

(a) 평형 Δ부하 (b) 선전류와 상전류의 관계 (c) 벡터도

그림 8-16 평형 Δ부하

예제 8-4

전원과 부하가 Δ-Δ인 평형 3상 회로에서 선간전압이 200[V], 선전류가 20[A]였다. 부하 1상의 임피던스는 몇 [Ω]인가?

풀이 상전류 $=\dfrac{\text{선전류}}{\sqrt{3}}=\dfrac{20}{\sqrt{3}}$

$\therefore\ Z=\dfrac{\text{상전압}}{\text{상전류}}=\dfrac{200}{20/\sqrt{3}}=10\sqrt{3}$ [Ω]

예제 8-5

대칭 3상 Y부하에서의 각 상의 임피던스가 $\boldsymbol{Z}=40[\Omega]$이고, 부하전류가 20[A]일 때, 부하의 선간전압은 몇 [V]인가?

풀이 상전압은 40×20=800 [V]

Y결선에서 선간전압은 상전압의 $\sqrt{3}$배이므로

선간전압은 $\sqrt{3}\times 800 ≒ 1386$ [V]

8.6 불평형 3상 회로

1 3상 4선식 회로

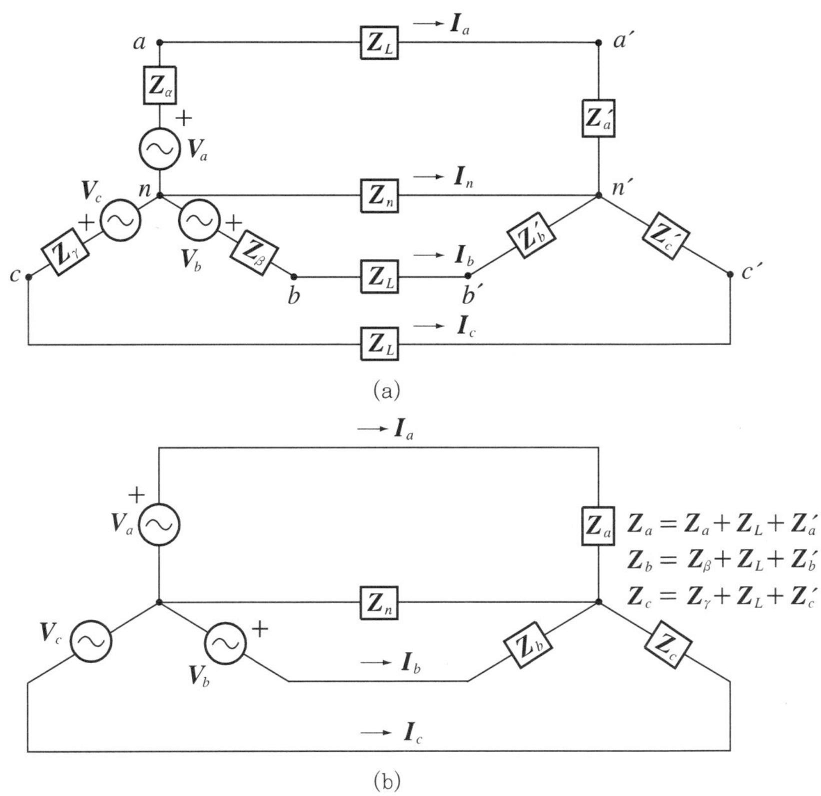

그림 8-17 불평형 3상 4선식 회로

그림 8-17 (a)의 3상 4선식 회로에서 독립적인 폐로가 3개인 데 비하여 독립적인 접점은 1개뿐이므로 절점법 또는 밀만(Millmann)의 정리를 이용하여 중성점 간의 전압을 구할 수 있다. 즉 그림 8-17 (b)와 같이 고쳐서 구하면

$$\boldsymbol{V}_{nn'} = \frac{\boldsymbol{Y}_a \boldsymbol{V}_a + \boldsymbol{Y}_b \boldsymbol{V}_b + \boldsymbol{Y}_c \boldsymbol{V}_c}{\boldsymbol{Y}_a + \boldsymbol{Y}_b + \boldsymbol{Y}_c + \boldsymbol{Y}_n} \tag{8-30}$$

그리고 선전류는

$$\boldsymbol{I}_a = (\boldsymbol{V}_a - \boldsymbol{V}_{nn'})\boldsymbol{Y}_a \tag{8-31}$$

와 같이 되며, 같은 방법으로 $\boldsymbol{I}_b$, $\boldsymbol{I}_c$도 구할 수 있다. 그리고 중성선에 흐르는 전류는 $\boldsymbol{I}_{nn'} = \boldsymbol{I}_a + \boldsymbol{I}_b + \boldsymbol{I}_c$에 의하여 구할 수 있다.

2 3상 3선식 Y-Y 회로

그림 8-18은 3상 4선식 회로에서 중성선이 없는 경우에 해당하므로 식 (8-30)에서 $\boldsymbol{Y}_n = 0$이라 놓으면 $\boldsymbol{V}_{nn'}$가 구하여지며 모든 선전류도 구할 수 있다. 그러나 선로의 임피던스가 주어지는 경우에는 폐로전류 $\boldsymbol{I}_1$, $\boldsymbol{I}_2$를 그림 8-18과 같이 가정하고 폐로법에 의하여 폐로방정식을 구하면

$$\left.\begin{aligned} \boldsymbol{Z}_{11}\boldsymbol{I}_1 + \boldsymbol{Z}_{12}\boldsymbol{I}_2 &= \boldsymbol{V}_a - \boldsymbol{V}_b \\ \boldsymbol{Z}_{21}\boldsymbol{I}_1 + \boldsymbol{Z}_{22}\boldsymbol{I}_2 &= \boldsymbol{V}_b - \boldsymbol{V}_c \end{aligned}\right\} \tag{8-32}$$

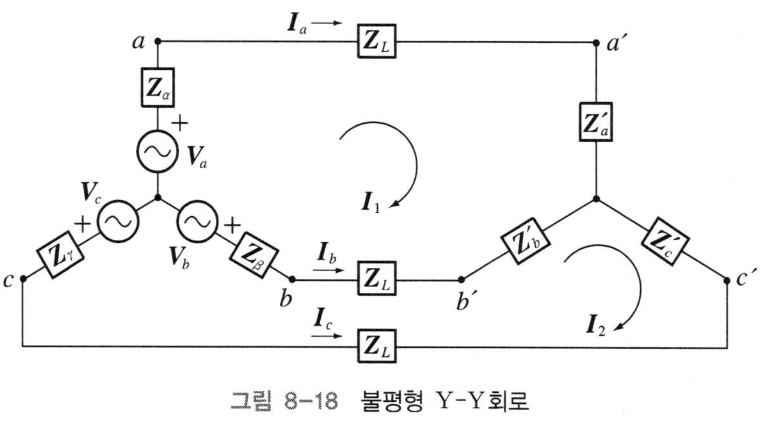

그림 8-18 불평형 Y-Y회로

$$
\left.\begin{aligned}
\text{단, } Z_{11} &= Z_\alpha + Z_\beta + 2Z_L + Z_a' + Z_b' \\
Z_{22} &= Z_\beta + Z_\gamma + 2Z_L + Z_b' + Z_c' \\
Z_{12} &= Z_{21} = -Z_L
\end{aligned}\right\} \quad (8-33)
$$

식 (8-32)에서 I_1과 I_2를 구하면, 각 선전류는

$$
\left.\begin{aligned}
I_a &= I_1 \\
I_b &= I_2 - I_1 \\
I_c &= -I_2
\end{aligned}\right\} \quad (8-34)
$$

에 의하여 구하여진다.

3 Y-Δ회로

그림 8-19 (a)와 같은 Y-Δ 회로는 Δ부하를 Y형으로 등가변환하여 Y-Y회로의 해석 방법으로 해석할 수 있으나 이 경우에는 그림 8-19 (b)와 같이 고쳐서 폐로법에 의하여 폐로 방정식을 세우는 것이 쉽다.

그림 8-19 (b)와 같이 반시계방향의 폐로전류를 I_1, I_2, I_3라 하면,

$$
\left.\begin{aligned}
Z_{11}I_1 + Z_{12}I_2 + Z_{13}I_3 &= V_a - V_b \\
Z_{21}I_1 + Z_{22}I_2 + Z_{23}I_3 &= V_b - V_c \\
Z_{31}I_1 + Z_{32}I_2 + Z_{33}I_3 &= V_c - V_a
\end{aligned}\right\} \quad (8-35)
$$

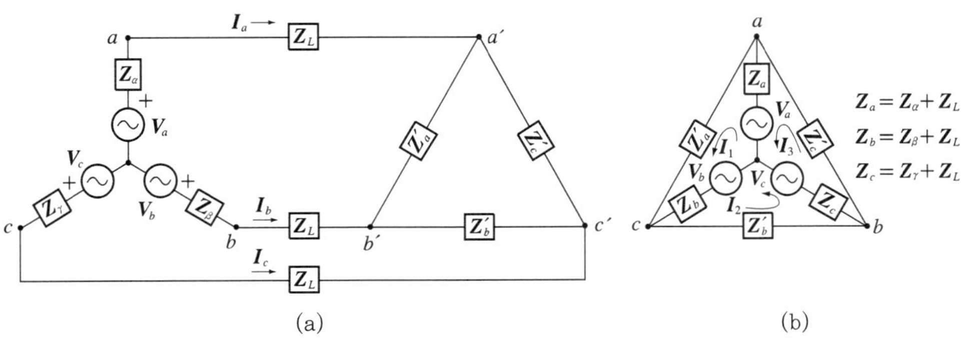

그림 8-19 불평형 Y-Δ회로

$$\text{단,}\quad \left.\begin{aligned} &\boldsymbol{Z}_{11}=\boldsymbol{Z}_a+\boldsymbol{Z}_a{}'+\boldsymbol{Z}_b \qquad &&\boldsymbol{Z}_{12}=\boldsymbol{Z}_{21}=-\boldsymbol{Z}_b\\ &\boldsymbol{Z}_{22}=\boldsymbol{Z}_b+\boldsymbol{Z}_b{}'+\boldsymbol{Z}_c &&\boldsymbol{Z}_{13}=\boldsymbol{Z}_{31}=-\boldsymbol{Z}_a\\ &\boldsymbol{Z}_{33}=\boldsymbol{Z}_c+\boldsymbol{Z}_c{}'+\boldsymbol{Z}_a &&\boldsymbol{Z}_{23}=\boldsymbol{Z}_{32}=-\boldsymbol{Z}_c \end{aligned}\right\} \tag{8-36}$$

위의 식에서 $\boldsymbol{I}_1$, $\boldsymbol{I}_2$, $\boldsymbol{I}_3$를 구하면 선전류는 $\boldsymbol{I}_a=\boldsymbol{I}_1-\boldsymbol{I}_3$, $\boldsymbol{I}_b=\boldsymbol{I}_2-\boldsymbol{I}_1$, $\boldsymbol{I}_c=\boldsymbol{I}_3-\boldsymbol{I}_2$에 의하여 구해지고, 각 부하 임피던스에 흐르는 전류는 $\boldsymbol{I}_{a'b'}=\boldsymbol{I}_1$, $\boldsymbol{I}_{b'c'}=\boldsymbol{I}_2$, $\boldsymbol{I}_{c'a'}=\boldsymbol{I}_3$에 의하여 구해진다.

4 Δ-Y의 회로

그림 8-20 (a)와 같은 회로는 Δ전원을 Y전원으로 변환하여 Y-Y회로의 해석방법으로 해석하든지 또는 그림 8-20 (b)와 같이 고쳐서 폐로방정식을 세워 풀면 된다.

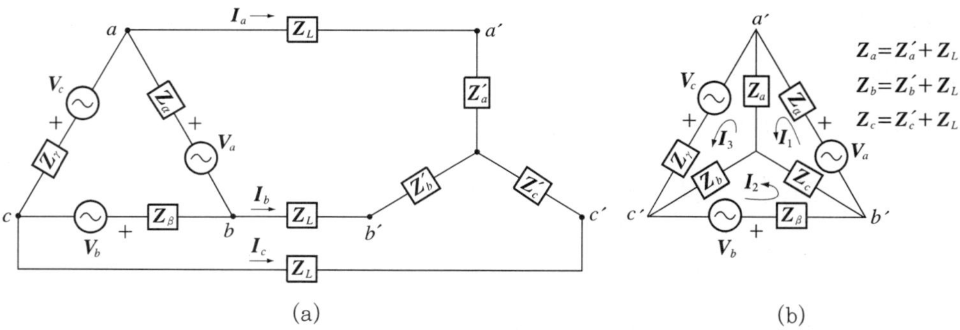

그림 8-20 불평형 Δ-Y회로

5 Δ-Δ회로

그림 8-21 (a)와 같은 경우는 독립적인 폐로가 4개이므로 폐로법을 쓰면 대단히 복잡할 것이다. 전원과 부하 중 어느 한 쪽이나 양쪽을 Y형으로 변환하여 앞에서 설명한 방법을 적용하여도 대단히 복잡하게 될 것이다. 그러나 선로의 임피던스를 무시할 수 있는 경우에는 그림 8-21 (b)와 같이 정전압원의 회로로 변환한 후 다시 (c)와 같이 변환하면 $\boldsymbol{I}_0$를 구할 수 있다. 그러면 $\boldsymbol{V}_{ab}=\boldsymbol{V}_1-\boldsymbol{I}_0\boldsymbol{Z}_1$과 같은

관계를 써서 $V_{ab}(=V_{a'b'})$, $V_{bc}(=V_{b'c'})$, $V_{ca}(=V_{c'a'})$를 구할 수 있으므로 원회로에서 부하의 각 임피던스에 흐르는 전류를 구할 수 있으며, 선전류는 이들의 차로 구하여진다.

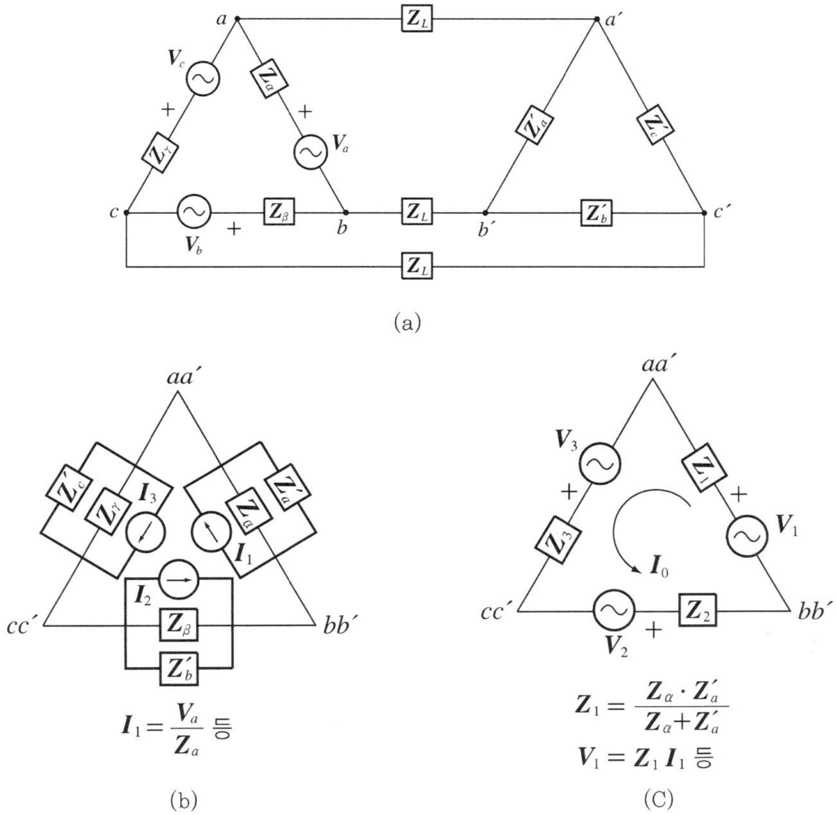

그림 8-21 불평형 Δ-Δ회로 [(b), (c)는 $Z_L=0$인 경우에 대한 등가회로]

$I_{ba}=(V_a-V_{ab})/Z_\alpha$와 같은 형식으로 전원 임피던스에 흐르는 전류를 구할 수 있으며 또한 그림 (b)에서 I_1-I_0가 Z_α, $Z_{a'}$로 분류하므로 Z_α, $Z_{a'}$에 흐르는 전류는 각각 $(I_1-I_0)Z_{a'}/(Z_\alpha+Z_{a'})$, $(I_1-I_0)Z_\alpha/(Z_\alpha+Z_{a'})$으로 된다.

다른 전류도 같은 방법으로 구할 수 있다.

8.7 3상 회로의 전력

3상 회로의 전력계산은 Y, Δ 또는 평형, 불평형에 관계없이 각 상에 대한 평균전력의 합이 유효전력이 되며, 무효전력의 합이 무효전력이 된다.

특히 평형 3상 회로에서는 한 상에 대한 평균전력 $\boldsymbol{P_P}$ 및 무효전력 $\boldsymbol{Q_P}$의 3배가 3상 전체의 평균전력 $\boldsymbol{P}$ 및 무효전력 $\boldsymbol{Q}$가 된다. 즉

$$\left.\begin{aligned} \boldsymbol{P_P} &= \boldsymbol{V_P I_P}\cos\theta = \boldsymbol{R_P I_P}^2 \\ \boldsymbol{Q_P} &= \boldsymbol{V_P I_P}\sin\theta = \boldsymbol{X_P I_P}^2 \end{aligned}\right\} \tag{8-37}$$

$$\left.\begin{aligned} \boldsymbol{P} &= 3\boldsymbol{P_P} = 3\boldsymbol{V_P I_P}\cos\theta \\ \boldsymbol{Q} &= 3\boldsymbol{Q_P} = 3\boldsymbol{V_P I_P}\sin\theta \end{aligned}\right\} \tag{8-38}$$

$$\text{단, } \theta = \tan^{-1}\frac{\boldsymbol{X_P}}{\boldsymbol{R_P}} = \cos^{-1}\frac{\boldsymbol{R_P}}{\boldsymbol{Z_P}} = \sin^{-1}\frac{\boldsymbol{X_P}}{\boldsymbol{Z_P}} \tag{8-39}$$

위의 식에서 $\boldsymbol{V_P}$, $\boldsymbol{I_P}$, $\boldsymbol{R_P}$, $\boldsymbol{X_P}$는 각각 한 상의 전압, 전류, 저항 및 리액턴스이며, θ는 상전압과 상전류의 위상차인 동시에 상 임피던스 $\boldsymbol{Z_P}$의 위상각과 같다. 그리고 선간전압은 $\boldsymbol{V_L}$, 선전류를 $\boldsymbol{I_L}$이라 하면 평형 Y부하에 대해서는 $\boldsymbol{V_P} = \boldsymbol{V_L}/\sqrt{3}$, $\boldsymbol{I_P} = \boldsymbol{I_L}$가 되고, 평형 Δ부하에 대해서는 $\boldsymbol{V_P} = \boldsymbol{V_L}$, $\boldsymbol{I_P} = \boldsymbol{I_L}/\sqrt{3}$의 관계가 있으므로 이들을 식 (8-38)에 각각 대입하면 어느 경우에나 다음의 관계식이 성립한다.

$$\left.\begin{aligned} \boldsymbol{P} &= \sqrt{3}\,\boldsymbol{V_L I_L}\cos\theta \\ \boldsymbol{Q} &= \sqrt{3}\,\boldsymbol{V_L I_L}\sin\theta \end{aligned}\right\} \tag{8-40}$$

여기서 주의할 것은 θ는 선간전압과 선전류의 상차가 아니라는 점이다.

일반 3상 회로에서의 복소전력 $\boldsymbol{S}$는 단상 회로에서와 같이

$$\boldsymbol{S} = \boldsymbol{P} + j\boldsymbol{Q} \tag{8-41}$$

에 의하여 정의되며, 평형 3상 회로인 경우에는

$$\boldsymbol{S} = 3\boldsymbol{P_P} + j3\boldsymbol{Q_P} = \sqrt{3}\,\boldsymbol{V_L I_L}(\cos\theta + j\sin\theta) \tag{8-42}$$

이다.

또 일반 3상 회로의 피상전력($\boldsymbol{VA}$)도 단상회로에서와 같이

$$\boldsymbol{VA} = |\boldsymbol{S}| = \sqrt{\boldsymbol{P}^2 + \boldsymbol{Q}^2} \tag{8-43}$$

에 의하여 정의되며, 평형 3상 회로인 경우에는

$$\boldsymbol{VA} = 3\sqrt{\boldsymbol{P_P}^2 + \boldsymbol{Q_P}^2} = 3(\boldsymbol{VA})_P = \sqrt{3}\,\boldsymbol{V_L I_L} \tag{8-44}$$

이 된다.

이와 같이 평형 3상 회로의 $\boldsymbol{P}$, $\boldsymbol{Q}$, $\boldsymbol{S}$, $\boldsymbol{VA}$는 한 상에 대한 것을 3배한 것과 같다. 일반 3상 회로의 역률은

$$p.f = \frac{\boldsymbol{P}}{\boldsymbol{VA}} = \frac{\boldsymbol{P}}{\sqrt{3}\,\boldsymbol{V_L I_L}} = \cos\theta \tag{8-45}$$

에 의하여 정의되며, 무효율은

$$\frac{\boldsymbol{Q}}{\boldsymbol{VA}} = \frac{\boldsymbol{Q}}{\sqrt{3}\,\boldsymbol{V_L I_L}} = \sin\theta \tag{8-46}$$

가 된다. 즉 평형 3상 회로의 역률은 상 임피던스의 각의 여현(cos)과 같으며 따라서 한 상에 대한 역률과 같다. 특히 평형 3상 회로의 이점은

① 순시전력이 일정하다.

즉 평형 3상 회로에 공급되는 순시전력의 총 합이 일정하고, 따라서 평균전력의 총 합이 일정하다.

② 전력수송에서 재료가 절약된다.

즉 동일한 선로를 사용하는 경우, 3상에 의한 전력수송시의 손실은 단상의 1/2이며, 동일한 선로손실을 허용하는 경우, 단면적과 중량은 각각 단상의 1/2이면 된다.

예제 8-6

Δ결선으로 된 부하에 각 상의 전류가 10[A]이고, 각 상의 저항이 4[Ω], 리액턴스가 3[Ω]이라고 할 때 유효전력, 무효전력 및 피상전력을 각각 구하여라.

풀이 유효전력 $P = 3I^2R = 3\times10^2\times4 = 1200$ [W]

무효전력 $Q = 3I^2X = 3\times10^2\times3 = 900$ [Var]

피상전력 $VA = \sqrt{P^2+Q^2} = \sqrt{1200^2+900^2} = 1500$ [VA]

예제 8-7

1상의 임피던스가 $6+j8[\Omega]$인 Δ부하에 대칭 선간전압 200[V]를 가한 경우의 3상 전력은 몇 [W]인가?

풀이 $I=\dfrac{V}{Z}=\dfrac{200}{6+j8}=\dfrac{1200-j1600}{10}=12-j16$

$\therefore\ P=3VI=3\times 200\times(12-j16)$

$=7200-j9600$

따라서 유효전력은 7,200[W]이다.

(무효전력은 9,600[Var], 피상전력은 12,000[VA]이다)

8.8 3상 V결선

3상 V결선은 Δ-Δ 결선의 3상 회로에서 전원 변압기의 1상을 제거한 모양으로서 사고시의 대응조치로 사용된다. 그림 8-22 (a)는 대칭 3상 Δ결선의 전원에서 $\boldsymbol{V}_{bc}$의 기전력을 발생하는 권선을 제거하여 여기에 Δ결선의 3상 평형부하를 접속한 것이며, 그림 (b)는 기전력의 벡터를 나타낸 벡터도이다.

그림 8-22 (b)에서 권선이 없는 cb간의 기전력 $\boldsymbol{V}_{cb}$는

$$\boldsymbol{V}_{cb}=\boldsymbol{V}_{ab}+\boldsymbol{V}_{ca}=\boldsymbol{V}_{ab}+a\boldsymbol{V}_{ab}=\boldsymbol{V}_{ab}(1+a) \tag{8-47}$$

따라서 $\boldsymbol{V}_{cb}$의 반대방향의 기전력 $\boldsymbol{V}_{bc}$는

$$\boldsymbol{V}_{bc}=-\boldsymbol{V}_{cb}=-\boldsymbol{V}_{ab}(1+a)=a^2\boldsymbol{V}_{ab} \tag{8-48}$$

로 된다. 그러므로 abc단자 사이에는 그림 (b)와 같이 대칭 3상 기전력 $\boldsymbol{V}_{ab}$, $\boldsymbol{V}_{bc}$, $\boldsymbol{V}_{ca}$를 얻는다. 이와 같이 3상 Δ결선의 전원 변압기의 1상을 제거하여 3상 평형 전압을 얻을 수 있도록 한 전원의 결선 방식을 V결선(V-connection)이라고 한다.

이 V결선에서 전원의 임피던스를 무시하면 부하에는 $\boldsymbol{I}_{a'b'}$, $\boldsymbol{I}_{b'c'}$, $\boldsymbol{I}_{c'a'}$의 평형 Δ 전류가 흐르므로 부하 임피던스를 $\boldsymbol{Z}=\boldsymbol{R}+j\boldsymbol{X}$, $\theta=\tan^{-1}\dfrac{\boldsymbol{X}}{\boldsymbol{R}}$라고 하면 그림 (c)와 같은 벡터도를 그릴 수 있다.

그림 8-22 (a)에서 선전류를 I_a, I_b, I_c라 하면

$$\left.\begin{aligned} I_a &= I_{a'b'} - I_{c'a'} \\ I_b &= I_{b'c'} - I_{a'b'} \\ I_c &= I_{c'a'} - I_{b'c'} \end{aligned}\right\} \qquad (8-49)$$

로 되어 대칭 3상 선전류가 흐른다.

이것을 전원측 전류와 비교하면

$$\left.\begin{aligned} I_{ab} &= -I_b \\ I_{ca} &= I_c \end{aligned}\right\} \qquad (8-50)$$

의 관계가 있다. 따라서 전원전류 I_{ab}는 기전력 V_{ab}보다 위상이 $\left(\frac{\pi}{6}-\theta\right)$ 앞서고, I_{ca}는 V_{ca}보다 위상이 $\left(\frac{\pi}{6}+\theta\right)$만큼 뒤짐을 알 수 있다.

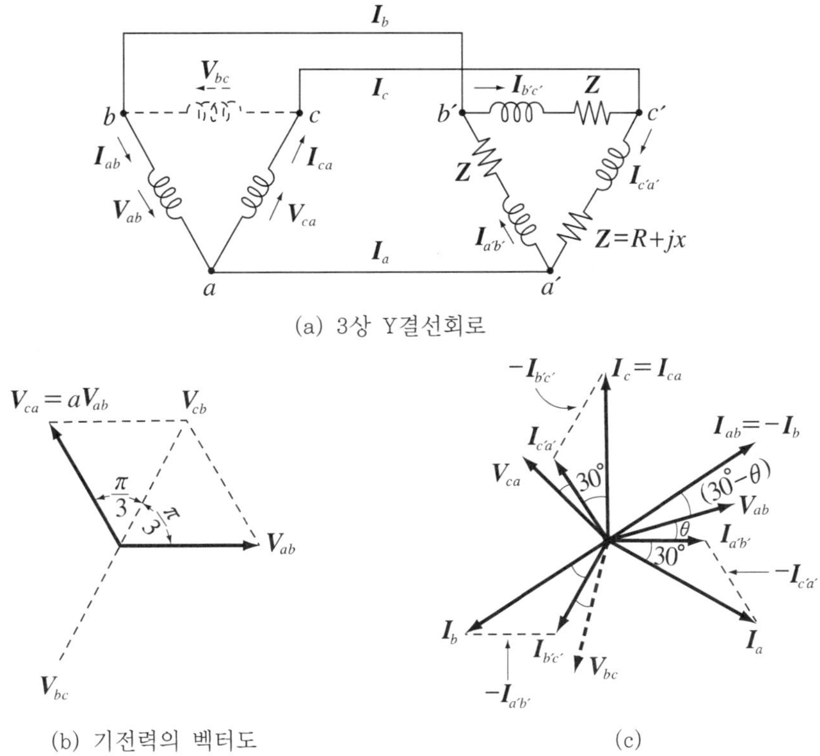

(a) 3상 Y결선회로

(b) 기전력의 벡터도

(c)

그림 8-22 3상 V결선회로

1 V 결선 전원의 출력

V 결선 전원의 출력 $\boldsymbol{P}$는

$$\boldsymbol{P} = \boldsymbol{V}_{ab}\boldsymbol{I}_{ab}\cos\left(\frac{\pi}{6}-\theta\right)+\boldsymbol{V}_{ca}\boldsymbol{I}_{ca}\cos\left(\frac{\pi}{6}+\theta\right) \tag{8-51}$$

여기서 $\boldsymbol{V}_{ab}=\boldsymbol{V}_{ca}=\boldsymbol{V}$, $\boldsymbol{I}_{ab}=\boldsymbol{I}_{ca}=\boldsymbol{I}$라 하면

$$\boldsymbol{P} = \sqrt{3}\,\boldsymbol{V}\boldsymbol{I}\cos\theta \tag{8-52}$$

로 되어 전원은 3상 전력을 공급하고 있음을 알 수 있다.

2 V 결선 변압기의 이용률

V 결선인 전원의 출력은 식 (8-52)와 같이 $\sqrt{3}\,\boldsymbol{V}\boldsymbol{I}\cos\theta$이지만, 만일 V 결선으로 하지 않고 각각 단독으로 전류 $\boldsymbol{I}$로서 역률 $\cos\theta$인 부하에 전력을 공급한다고 하면, 1대의 변압기로는 $\boldsymbol{V}\boldsymbol{I}\cos\theta$의 전력을 공급할 수 있으므로 두 대를 사용하면 $2\boldsymbol{V}\boldsymbol{I}\cos\theta$의 전력을 공급할 수 있다. 그러므로 V 결선으로 하는 경우 변압기의 이용률 U는

$$U=\frac{\sqrt{3}\,\boldsymbol{V}\boldsymbol{I}\cos\theta}{2\boldsymbol{V}\boldsymbol{I}\cos\theta}=\frac{\sqrt{3}}{2}=0.866 \tag{8-53}$$

이 된다. 이와 같이 V결선에서는 변압기의 이용률이 86.6[%]로 저하되는 결점이 있다.

또 용량 $\boldsymbol{V}\boldsymbol{I}$[VA]의 변압기 3대를 3상 결선으로 하였을 때의 출력과 비교하면

$$\text{출력비}=\frac{\sqrt{3}\,\boldsymbol{V}\boldsymbol{I}\cos\theta}{3\,\boldsymbol{V}\boldsymbol{I}\cos\theta}=\frac{\sqrt{3}}{3}=0.577 \tag{8-54}$$

이 된다. 즉 V 결선으로 하면 3상 결선으로 했을 때에 비해 57.7[%]의 출력밖에 내지 못함을 알 수 있다.

그리고 실제의 변압기 권선에는 얼마간의 내부 임피던스가 있으므로 1상분을 제거한 V 결선에서는 변압기 권선에서의 전압강하로 인하여 단자전압이 약간 불평형이 되는 결점이 있다.

예제 8-8

단상 변압기 3대를 Δ결선으로 운전하던 중에 단상 변압기 1대의 고장으로 V결선으로 운전하는 경우의 출력은 몇 [kVA]인가? 단, 단상 변압기 1대의 용량은 100[kVA]이다.

풀이 V결선에서의 변압기 이용률은 $\sqrt{3}/2$이므로 V결선시의 출력은

$$100 \times \frac{\sqrt{3}}{2} \times 2 = 100\sqrt{3} \text{ [kVA]}$$

8.9 대칭좌표법

1 대칭좌표법

불평형 3상 회로의 해석은 일반적으로 계산이 매우 복잡하므로 **대칭좌표법**(method of symmetrical cooridinate)을 이용하여 불평형(비대칭) 전압 또는 전류를 평형(대칭)인 3성분으로 해석하여 간단히 계산할 수 있다.

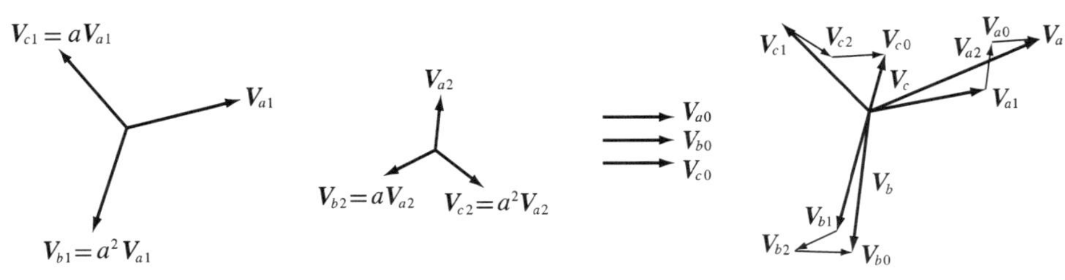

그림 8-23 불평형 전압의 합성

그림 8-23에 표시한 바와 같이 상순이 abc인 평형 3상 전압(V_{a1}, V_{b1}, V_{c1})과 상순이 이와 반대인 평형 3상 전압(V_{a2}, V_{b2}, V_{c2}) 및 방향과 크기가 같은 3전압(V_{a0}, V_{b0}, V_{c0})을 a, b, c상 마다 각각 합하면 불평형 전압(그림 8-23 (d))을 3가지 성분(그림 8-23의 (a), (b), (c))으로 분해할 수 있을 것이다. 이 분해를

수식적으로 나타내면

$$\left.\begin{aligned} \boldsymbol{V}_a &= \boldsymbol{V}_{a0} + \boldsymbol{V}_{a1} + \boldsymbol{V}_{a2} \\ \boldsymbol{V}_b &= \boldsymbol{V}_{b0} + \boldsymbol{V}_{b1} + \boldsymbol{V}_{b2} \\ \boldsymbol{V}_c &= \boldsymbol{V}_{c0} + \boldsymbol{V}_{c1} + \boldsymbol{V}_{c2} \end{aligned}\right\} \tag{8-55}$$

또는 $a=\varepsilon^{j2\pi/3}$, $a^2=\varepsilon^{j4\pi/3}$, $a^3=1$의 관계로부터 위의 식은

$$\left.\begin{aligned} \boldsymbol{V}_a &= \boldsymbol{V}_{a0} + \boldsymbol{V}_{a1} + \boldsymbol{V}_{a2} \\ \boldsymbol{V}_b &= \boldsymbol{V}_{a0} + a^2\boldsymbol{V}_{a1} + a\boldsymbol{V}_{a2} \\ \boldsymbol{V}_c &= \boldsymbol{V}_{a0} + a\boldsymbol{V}_{a1} + a^2\boldsymbol{V}_{a2} \end{aligned}\right\} \tag{8-56}$$

로 된다. 이 식으로부터 $\boldsymbol{V}_{a0}$, $\boldsymbol{V}_{a1}$, $\boldsymbol{V}_{a2}$를 구하면 된다. 즉 $(1+a+a^2)=1$의 관계로부터 식 (8-56)의 세 식을 합하면 제2, 제3열은 0이 되므로

$$\boldsymbol{V}_{a0} = \frac{1}{3}(\boldsymbol{V}_a + \boldsymbol{V}_b + \boldsymbol{V}_c) \tag{8-57}$$

그리고 식 (8-56)의 제2식에 a를 곱하고 제3식에 a^2을 곱한 다음 세 식을 모두 합하면 제1, 제3열이 0이 되므로 $\boldsymbol{V}_a + a\boldsymbol{V}_b + a^2\boldsymbol{V}_c = 3\boldsymbol{V}_{a1}$이 되고 결국

$$\boldsymbol{V}_{a1} = \frac{1}{3}(\boldsymbol{V}_a + a\boldsymbol{V}_b + a^2\boldsymbol{V}_c) \tag{8-58}$$

또 식 (8-58)의 제2식에 a^2을 곱하고 제3식에 a를 곱하여 세 식을 모두 합하면 제1, 제2열이 0이 되므로 $\boldsymbol{V}_a + a^2\boldsymbol{V}_b + a\boldsymbol{V}_c = 3\boldsymbol{V}_{a2}$가 되고 결국

$$\boldsymbol{V}_{a2} = \frac{1}{3}(\boldsymbol{V}_a + a^2\boldsymbol{V}_b + a\boldsymbol{V}_c) \tag{8-59}$$

가 된다. 이와 같이 $\boldsymbol{V}_{a1}$, $\boldsymbol{V}_{a2}$가 결정되면 $\boldsymbol{V}_{b1}$, $\boldsymbol{V}_{b2}$ 및 $\boldsymbol{V}_{c1}$, $\boldsymbol{V}_{c2}$는 $120°$(a 또는 a^2)씩의 위상차를 고려하면 쉽게 결정된다.

식 (8-56)에서 세 상에 공통성분인 $\boldsymbol{V}_{a0}(=\boldsymbol{V}_{b0}=\boldsymbol{V}_{c0})$를 **영상분**(zero-sequence component), $\boldsymbol{V}_{a1}$, $\boldsymbol{V}_{b1}$, $\boldsymbol{V}_{c1}$은 원래의 전압과 상순이 같으므로 **정상분**(positive-sequence component)이라 하고 $\boldsymbol{V}_{a2}$, $\boldsymbol{V}_{b2}$, $\boldsymbol{V}_{c2}$는 원래의 전압과 상순이 반대이므로 **역상분**(negative-sequence component)이라고 부르고 영상

분, 정상분, 역상분을 총칭하여 **대칭분**(symmetrical component)이라고 부른다.

세 전압 $\boldsymbol{V}_a$, $\boldsymbol{V}_b$, $\boldsymbol{V}_c$의 합이 0이 되는 경우에는 영상분은 0이 된다. 특히 $\boldsymbol{V}_a$, $\boldsymbol{V}_b$, $\boldsymbol{V}_c$가 상순 abc인 평형전압인 경우에는 $\boldsymbol{V}_b = a^2\boldsymbol{V}_a$, $\boldsymbol{V}_c = a\boldsymbol{V}_a$를 식 (8-57)~(8-59)에 대입하여 보면

$$\boldsymbol{V}_{a0} = 0, \qquad \boldsymbol{V}_{a1} = \boldsymbol{V}_a, \qquad \boldsymbol{V}_{a2} = 0$$

이 됨을 알 수 있다. 즉 평형전압인 경우에는 정상분만이 남는다.

이것은 전류에 관해서도 전압과 마찬가지로 취급할 수 있다.

$$\left.\begin{aligned} \boldsymbol{I}_a &= \boldsymbol{I}_{a0} + \boldsymbol{I}_{a1} + \boldsymbol{I}_{a2} \\ \boldsymbol{I}_b &= \boldsymbol{I}_{b0} + \boldsymbol{I}_{b1} + \boldsymbol{I}_{b2} \\ \boldsymbol{I}_c &= \boldsymbol{I}_{c0} + \boldsymbol{I}_{c1} + \boldsymbol{I}_{c2} \end{aligned}\right\} \tag{8-60}$$

또는

$$\left.\begin{aligned} \boldsymbol{I}_a &= \boldsymbol{I}_{a0} + \boldsymbol{I}_{a1} + \boldsymbol{I}_{a2} \\ \boldsymbol{I}_b &= \boldsymbol{I}_{a0} + a^2\boldsymbol{I}_{a1} + a\boldsymbol{I}_{a2} \\ \boldsymbol{I}_c &= \boldsymbol{I}_{a0} + a\boldsymbol{I}_{a1} + a^2\boldsymbol{I}_{a2} \end{aligned}\right\} \tag{8-61}$$

따라서

$$\left.\begin{aligned} \boldsymbol{I}_{a0} &= \frac{1}{3}(\boldsymbol{I}_a + \boldsymbol{I}_b + \boldsymbol{I}_c) \\ \boldsymbol{I}_{a1} &= \frac{1}{2}(\boldsymbol{I}_a + a\boldsymbol{I}_b + a^2\boldsymbol{I}_c) \\ \boldsymbol{I}_{a2} &= \frac{1}{3}(\boldsymbol{I}_a + a^2\boldsymbol{I}_b + a\boldsymbol{I}_c) \end{aligned}\right\} \tag{8-62}$$

식 (8-62)를 행렬로 표시하면 다음 식과 같다.

$$\begin{bmatrix} \boldsymbol{I}_{a0} \\ \boldsymbol{I}_{a1} \\ \boldsymbol{I}_{a2} \end{bmatrix} = \frac{1}{3}\begin{bmatrix} 1 & 1 & 1 \\ 1 & a & a^2 \\ 1 & a^2 & a \end{bmatrix}\begin{bmatrix} \boldsymbol{I}_a \\ \boldsymbol{I}_b \\ \boldsymbol{I}_c \end{bmatrix} \tag{8-63}$$

a상의 세 성분이 결정되면 다른 상의 성분도 결정되므로 앞으로 특별한 언급이 없는 한 대칭분이라면 a상의 대칭분($\boldsymbol{I}_{a0}$, $\boldsymbol{I}_{a1}$, $\boldsymbol{I}_{a2}$)을 의미하기로 한다. 그리고 간단하게 표시하기 위하여 $\boldsymbol{I}_{a0}$를 $\boldsymbol{I}_0$, $\boldsymbol{I}_{a1}$을 $\boldsymbol{I}_1$, $\boldsymbol{I}_{a2}$를 $\boldsymbol{I}_2$로 나타내도록 한다.

2 불평형 3상 부하

(1) 중성점 접지 Y부하

불평형 Y부하의 중성점에 중성선이 연결되어 있든지 또는 중성점이 접지된 불평형 부하에서 그림 8-24와 같이 각 상에 대한 대지전압이 각각 $\boldsymbol{V}_a$, $\boldsymbol{V}_b$, $\boldsymbol{V}_c$ 각 상전류가 $\boldsymbol{I}_a$, $\boldsymbol{I}_b$, $\boldsymbol{I}_c$이고 부하 임피던스가 각가 $\boldsymbol{Z}_a$, $\boldsymbol{Z}_b$, $\boldsymbol{Z}_c$일 때, 중성점 n의 전위는 0이 되어

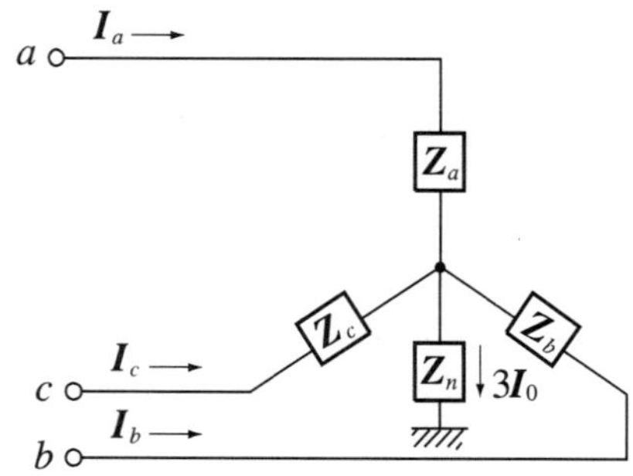

그림 8-24 중성점 접지 Y부하

$$\left.\begin{aligned} \boldsymbol{V}_{an} &= \boldsymbol{V}_a = \boldsymbol{Z}_a\boldsymbol{I}_a \\ \boldsymbol{V}_{bn} &= \boldsymbol{V}_b = \boldsymbol{Z}_b\boldsymbol{I}_b \\ \boldsymbol{V}_{cn} &= \boldsymbol{V}_c = \boldsymbol{Z}_c\boldsymbol{I}_c \end{aligned}\right\} \tag{8-64}$$

가 된다.

식 (8-61)을 식 (8-57)에 대입하면

$$\begin{aligned} \boldsymbol{V}_0 &= \frac{1}{3}(\boldsymbol{V}_a + \boldsymbol{V}_b + \boldsymbol{V}_c) \\ &= \frac{1}{3}(\boldsymbol{Z}_a\boldsymbol{I}_a + \boldsymbol{Z}_b\boldsymbol{I}_b + \boldsymbol{Z}_c\boldsymbol{I}_c) \\ &= \frac{1}{3}(\boldsymbol{Z}_a\boldsymbol{I}_0 + \boldsymbol{Z}_a\boldsymbol{I}_1 + \boldsymbol{Z}_a\boldsymbol{I}_2 + \boldsymbol{Z}_b\boldsymbol{I}_0 + a^2\boldsymbol{Z}_b\boldsymbol{I}_1 + a\boldsymbol{Z}_b\boldsymbol{I}_2 + \boldsymbol{Z}_c\boldsymbol{I}_0 \\ &\qquad + a\boldsymbol{Z}_c\boldsymbol{I}_1 + a^2\boldsymbol{Z}_c\boldsymbol{I}_2) \\ &= \frac{1}{3}(\boldsymbol{Z}_a + \boldsymbol{Z}_b + \boldsymbol{Z}_c)\boldsymbol{I}_0 + \frac{1}{3}(\boldsymbol{Z}_a + a^2\boldsymbol{Z}_b + a\boldsymbol{Z}_c)\boldsymbol{I}_1 + \frac{1}{3}(\boldsymbol{Z}_a + a\boldsymbol{Z}_b + a^2\boldsymbol{Z}_c)\boldsymbol{I}_2 \end{aligned}$$

(8-65)

마찬가지로 식 (8-61)을 식 (8-58) 및 (8-59)에 대입하면

$$\begin{aligned}\boldsymbol{V}_1 &= \frac{1}{3}(\boldsymbol{V}_a + a\boldsymbol{V}_b + a^2\boldsymbol{V}_c) \\ &= \frac{1}{3}(\boldsymbol{Z}_a + a\boldsymbol{Z}_b + a^2\boldsymbol{Z}_c)\boldsymbol{I}_0 + \frac{1}{3}(\boldsymbol{Z}_a + \boldsymbol{Z}_b + \boldsymbol{Z}_c)\boldsymbol{I}_1 + \frac{1}{3}(\boldsymbol{Z}_a + a^2\boldsymbol{Z}_b + a\boldsymbol{Z}_c)\boldsymbol{I}_2\end{aligned} \tag{8-66}$$

$$\begin{aligned}\boldsymbol{V}_2 &= \frac{1}{3}(\boldsymbol{V}_a + a^2\boldsymbol{V}_b + a\boldsymbol{V}_c) \\ &= \frac{1}{3}(\boldsymbol{Z}_a + a^2\boldsymbol{Z}_b + a\boldsymbol{Z}_c)\boldsymbol{I}_0 + \frac{1}{3}(\boldsymbol{Z}_a + a\boldsymbol{Z}_b + a^2\boldsymbol{Z}_c)\boldsymbol{I}_1 + \frac{1}{3}(\boldsymbol{Z}_a + \boldsymbol{Z}_b + \boldsymbol{Z}_c)\boldsymbol{I}_2\end{aligned} \tag{8-67}$$

여기서

$$\left.\begin{aligned}\boldsymbol{Z}_0 &= \frac{1}{3}(\boldsymbol{Z}_a + \boldsymbol{Z}_b + \boldsymbol{Z}_c) \\ \boldsymbol{Z}_1 &= \frac{1}{3}(\boldsymbol{Z}_a + a\boldsymbol{Z}_b + a^2\boldsymbol{Z}_c) \\ \boldsymbol{Z}_2 &= \frac{1}{3}(\boldsymbol{Z}_a + a^2\boldsymbol{Z}_b + a\boldsymbol{Z}_c)\end{aligned}\right\} \tag{8-68}$$

라 놓으면 식 (8-65), (8-66), (8-67)은

$$\left.\begin{aligned}\boldsymbol{V}_0 &= \boldsymbol{Z}_0\boldsymbol{I}_0 + \boldsymbol{Z}_2\boldsymbol{I}_1 + \boldsymbol{Z}_1\boldsymbol{I}_2 \\ \boldsymbol{V}_1 &= \boldsymbol{Z}_1\boldsymbol{I}_0 + \boldsymbol{Z}_0\boldsymbol{I}_1 + \boldsymbol{Z}_2\boldsymbol{I}_2 \\ \boldsymbol{Z}_2 &= \boldsymbol{Z}_2\boldsymbol{I}_0 + \boldsymbol{Z}_1\boldsymbol{I}_1 + \boldsymbol{Z}_0\boldsymbol{I}_2\end{aligned}\right\} \tag{8-69}$$

로 나타낼 수 있고, $\boldsymbol{Z}_0$, $\boldsymbol{Z}_1$, $\boldsymbol{Z}_2$를 불평형 임피던스의 대칭분이라고 한다.

불평형 부하에서는 일반적으로 $\boldsymbol{V}_0$는 $\boldsymbol{I}_0$뿐만 아니라 $\boldsymbol{I}_1$, $\boldsymbol{I}_2$의 함수이다. $\boldsymbol{V}_1$, $\boldsymbol{V}_2$ 역시 마찬가지이다. 그러나 평형 부하인 경우에는 $\boldsymbol{Z}_a = \boldsymbol{Z}_b = \boldsymbol{Z}_c = \boldsymbol{Z}_0$, $\boldsymbol{Z}_1 = 0$, $\boldsymbol{Z}_2 = 0$이므로 $\boldsymbol{V}_0 = \boldsymbol{Z}_0\boldsymbol{I}_0$, $\boldsymbol{V}_1 = \boldsymbol{Z}_0\boldsymbol{I}_1$, $\boldsymbol{V}_2 = \boldsymbol{Z}_0\boldsymbol{I}_2$가 된다.

즉 3상 회로에서 동일한 세 임피던스에서의 전압강하의 영상분, 정상분, 역상분은 그 임피던스에 각각 영상분, 정상분, 역상분의 전류를 곱한 것과 같다. 그림 8-24의 회로에서 세 선로에서의 전류의 정상분의 합 또는 역상분의 합은 0이므로 중성선의 접지 임피던스 $\boldsymbol{Z}_n$에는 정상분 또는 역상분의 선전류는 흐르지 않는다.

그러나 영상분의 선전류의 합, 즉 $3I_0$가 Z_n에 흐르고, 따라서 Z_n에는 $3I_0Z_n$의 실제의 전압강하가 생긴다.

즉 중성선은 정상분 또는 역상분의 선전류에 대해서는 ∞의 임피던스를 나타내지만(즉, 중성선이 없는 상태와 같다) 영상분의 선전류에 대해서는 실제의 임피던스의 3배의 임피던스를 나타낸다. 단, Y부하의 중성점이 접지된 경우에는 전원측도 Y결선이고 그 중성점이 접지된 경우에 한해서 $3I_0$의 중성전류가 흐를 수 있음에 주의하여야 한다.

(2) 중성점 비접지 Y부하

그림 8-25와 같이 중성점 비접지 불평형 Y부하에서는 세 선전류의 합이 0이므로 영상분 전류 $I_{a0}=0$이다. 따라서 식 (8-69)는

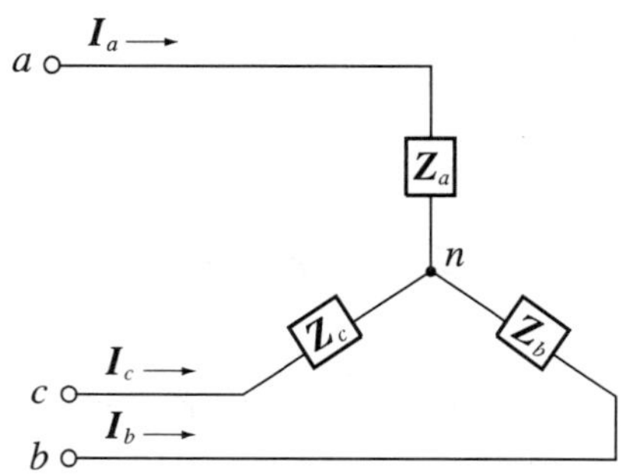

그림 8-25 중성점 비접지 Y부하

$$\left.\begin{aligned} V_{an0} &= Z_{a2}I_{a1}+Z_{a1}I_{a2} \\ V_{an1} &= Z_{a0}I_{a1}+Z_{a2}I_{a2} \\ V_{an2} &= Z_{a1}I_{a1}+Z_{a0}I_{a2} \end{aligned}\right\} \quad (8-70)$$

가 된다. 여기서 Z_{a0}, Z_{a1}, Z_{a2}는 식 (8-68)에 의해 정의되는 Y임피던스의 대칭분이다. 식 (8-70)은 a상의 전압, 전류의 대칭분 간의 관계식이다.

Y결선에서 선간전압(V_{ab}, V_{bc}, V_{ca})과 상전압 (V_{an}, V_{bn}, V_{cn})의 관계는

$$\left.\begin{aligned} V_{ab} &= V_a - V_b \\ V_{bc} &= V_b - V_c \\ V_{ca} &= V_c - V_a \end{aligned}\right\} \quad (8-71)$$

식 (8-58)로부터 $V_{ab1}=\frac{1}{3}(V_{ab}+aV_{bc}+a^2V_{ca})$이므로 이 식에 위의 식을 대입하면(선간전압의 상순을 abc라 할 때)

$$V_{ab1} = \frac{1}{3}(V_{ab} + aV_{bc} + a^2 V_{ca})$$
$$= \frac{1}{3}(V_a + aV_b + a^2 V_c) - \frac{1}{3}(V_b + aV_c + a^2 V_a) \quad (8-72)$$
$$= V_{an1} - V_{bn1}$$

여기서 $V_{bn1} = a^2 V_{an1}$을 대입하고, 또 같은 방법으로 V_{ab2}를 구하고, $V_{ab} + V_{bc} + V_{ca} = 0$으로부터 V_{ab0}을 구하면

$$\left.\begin{aligned} V_{ab1} &= \sqrt{3}\, V_{an1} \angle 30° \\ V_{ab2} &= \sqrt{3}\, V_{an2} \angle -30° \\ V_{ab0} &= 0 \end{aligned}\right\} \quad (8-73)$$

이 되며, 이들의 관계를 그림 8-26에 나타내었다.

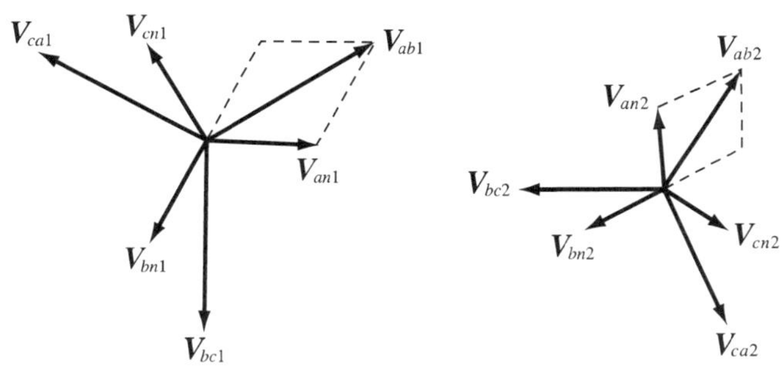

그림 8-26 Y부하에서의 선간전압과 상전압의 대칭분 간의 관계

(3) Δ부하

그림 8-27과 같은 Δ부하에서

$$\left.\begin{aligned} V_{ab} &= Z_{ab} I_{ab} \\ V_{bc} &= Z_{bc} I_{bc} \\ V_{ca} &= Z_{ca} I_{ca} \end{aligned}\right\} \quad (8-74)$$

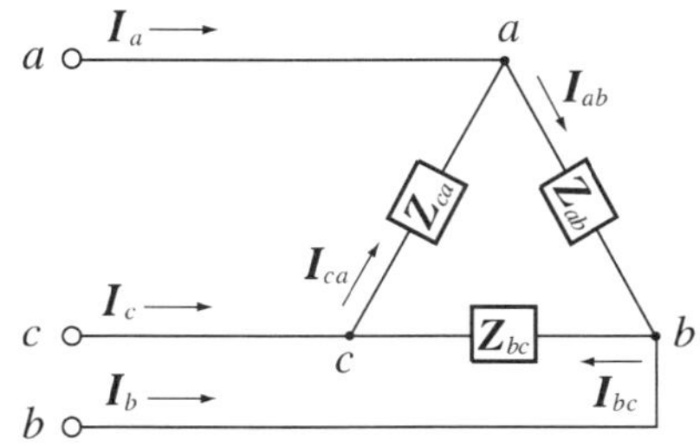

그림 8-27 불평형 Δ부하

이것은 식 (8-64)와 동일한 형식이므로 $\boldsymbol{V}_{ab}$, $\boldsymbol{I}_{ab}$의 대칭분을 각각 $\boldsymbol{V}_{ab0}$, $\boldsymbol{V}_{ab1}$, $\boldsymbol{V}_{ab2}$; $\boldsymbol{I}_{ab0}$, $\boldsymbol{I}_{ab1}$, $\boldsymbol{I}_{ab2}$라 하고 또 Δ 임피던스의 대칭분을 $\boldsymbol{Z}_{ab0}$, $\boldsymbol{Z}_{ab1}$, $\boldsymbol{Z}_{ab2}$라 하면 식 (8-69)와 동일한 형식으로서 다음과 같이 된다.

$$\left.\begin{aligned} \boldsymbol{V}_{ab0} &= \boldsymbol{Z}_{ab0}\boldsymbol{I}_{ab0} + \boldsymbol{Z}_{ab2}\boldsymbol{I}_{ab1} + \boldsymbol{Z}_{ab1}\boldsymbol{I}_{ab2} \\ \boldsymbol{V}_{ab1} &= \boldsymbol{Z}_{ab1}\boldsymbol{I}_{ab0} + \boldsymbol{Z}_{ab0}\boldsymbol{I}_{ab1} + \boldsymbol{Z}_{ab2}\boldsymbol{I}_{ab2} \\ \boldsymbol{V}_{ab2} &= \boldsymbol{Z}_{ab2}\boldsymbol{I}_{ab0} + \boldsymbol{Z}_{ab1}\boldsymbol{I}_{ab1} + \boldsymbol{Z}_{ab0}\boldsymbol{I}_{ab2} \end{aligned}\right\} \tag{8-75}$$

여기서

$$\left.\begin{aligned} \boldsymbol{Z}_{ab0} &= \frac{1}{3}(\boldsymbol{Z}_{ab} + \boldsymbol{Z}_{bc} + \boldsymbol{Z}_{ca}) \\ \boldsymbol{Z}_{ab1} &= \frac{1}{3}(\boldsymbol{Z}_{ab} + a\boldsymbol{Z}_{bc} + a^2\boldsymbol{Z}_{ca}) \\ \boldsymbol{Z}_{ab2} &= \frac{1}{3}(\boldsymbol{Z}_{ab} + a^2\boldsymbol{Z}_{bc} + a\boldsymbol{Z}_{ca}) \end{aligned}\right\} \tag{8-76}$$

식 (8-75)는 Δ부하의 선간전압과 상전류의 대칭분 간의 관계식이다.

만일 선전류의 대칭분이 필요한 경우에는 식 (8-75)로부터 상전류의 대칭분을 구한 다음 이것과 선전류의 대칭분 간의 다음 관계를 이용하면 된다.

즉 Δ전류의 상순을 abc라 할 때

$$\left.\begin{aligned} \boldsymbol{I}_{a1} &= \sqrt{3}\,\boldsymbol{I}_{ab1}\angle -30^\circ \\ \boldsymbol{I}_{a2} &= \sqrt{3}\,\boldsymbol{I}_{ab2}\angle 30^\circ \\ \boldsymbol{I}_{a0} &= 0 \end{aligned}\right\} \tag{8-77}$$

이 관계식은 식 (8-73)을 유도한 과정으로 유도하든지 또는 그림 8-26과 같은 대칭분 간의 관계를 그려 봄으로써 쉽게 유도할 수 있다.

예제 8-9

각 상의 전류가 $I_a = 30\sin\omega t$, $I_b = 30\sin(\omega t - 90°)$, $I_c = 30\sin(\omega t + 90°)$일 때, 영상 대칭분 전류 [A]를 구하여라.

풀이 $I_0 = \frac{1}{3}(I_a + I_b + I_c)$

$= \frac{1}{3}\{30\sin\omega t + 30\sin(\omega t - 90°) + 30\sin(\omega t + 90°)\}$

$= 10\sin\omega t$ [A]

3 대칭 3상 교류발전기의 기본식

그림 8-28과 같은 3상 교류 발전기에서 각 상의 기전력 및 전류를 $\boldsymbol{E}_a$, $\boldsymbol{E}_b$, $\boldsymbol{E}_c$ 및 $\boldsymbol{I}_a$, $\boldsymbol{I}_b$, $\boldsymbol{I}_c$라 하고, 그 상순을 abc로 하고, 각 상의 전압강하를 v_a, v_b, v_c라 하면, 각 상의 단자전압 $\boldsymbol{V}_a$, $\boldsymbol{V}_b$, $\boldsymbol{V}_c$는 다음과 같다.

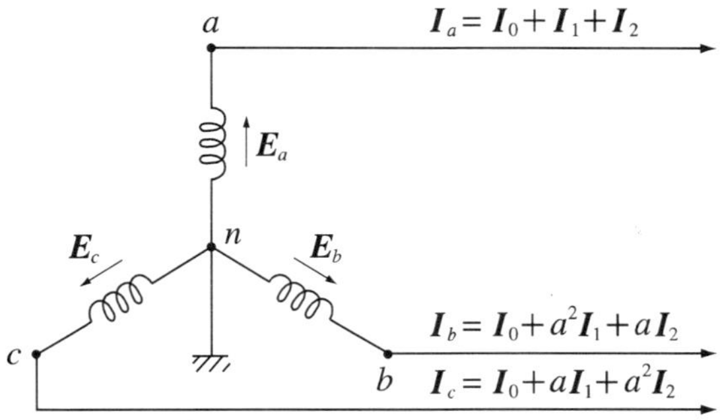

그림 8-28 Y결선의 발전기

$$\left.\begin{aligned} \boldsymbol{V}_a &= \boldsymbol{E}_a - v_a \\ \boldsymbol{V}_b &= \boldsymbol{E}_b - v_b \\ \boldsymbol{V}_c &= \boldsymbol{E}_c - v_c \end{aligned}\right\} \tag{8-78}$$

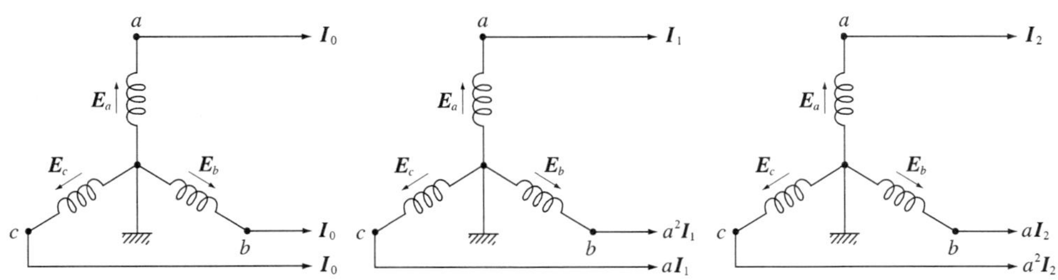

(a) 영상분 (b) 정상분 (c) 역상분

그림 8-29 대칭분 전류

그리고 비대칭 3상 전류는 영상분, 정상분, 역상분으로 분해할 수 있으므로 그림 8-29의 (a)와 같이 영상전류만 흐른다고 하면, 이 영상전류에 대한 발전기의 영상 임피던스를 $\boldsymbol{Z}_0$라고 할 때 각 상의 전압강하는 $\boldsymbol{I}_0\boldsymbol{Z}_0$이다.

그리고 그림 (b)와 같이 정상전류만 흐른다고 하면, 이 정상전류에 대한 발전기의 정상 임피던스를 $\boldsymbol{Z}_1$이라고 할 때 a, b, c상의 전압강하는 각각 $\boldsymbol{I}_1\boldsymbol{Z}_1$, $a^2\boldsymbol{I}_1\boldsymbol{Z}_1$, $a\boldsymbol{I}_1\boldsymbol{Z}_1$이다.

또한 그림 (c)와 같이 역상전류만 흐른다고 하면, 이 역상전류에 대한 발전기의 역상 임피던스를 $\boldsymbol{Z}_2$라고 할 때 a, b, c상의 전압강하는 각각 $\boldsymbol{I}_2\boldsymbol{Z}_2$, $a\boldsymbol{I}_2\boldsymbol{Z}_2$, $a^2\boldsymbol{I}_2\boldsymbol{Z}_2$이다.

따라서 각 상의 전압강하 v_a, v_b, v_c는

$$\left.\begin{aligned} v_a &= \boldsymbol{I}_0\boldsymbol{Z}_0 + \boldsymbol{I}_1\boldsymbol{Z}_1 + \boldsymbol{I}_2\boldsymbol{Z}_2 \\ v_b &= \boldsymbol{I}_0\boldsymbol{Z}_0 + a^2\boldsymbol{I}_1\boldsymbol{Z}_1 + a\boldsymbol{I}_2\boldsymbol{Z}_2 \\ v_c &= \boldsymbol{I}_0\boldsymbol{Z}_0 + a\boldsymbol{I}_1\boldsymbol{Z}_1 + a^2\boldsymbol{I}_2\boldsymbol{Z}_2 \end{aligned}\right\} \tag{8-79}$$

$\boldsymbol{V}_a$, $\boldsymbol{V}_b$, $\boldsymbol{V}_c$의 대칭분을 $\boldsymbol{V}_0$, $\boldsymbol{V}_1$, $\boldsymbol{V}_2$라고 하면 식 (8-78)로부터

$$\left.\begin{aligned} \boldsymbol{V}_0 &= \frac{1}{3}(\boldsymbol{V}_a + \boldsymbol{V}_b + \boldsymbol{V}_c) = \frac{1}{3}\{\boldsymbol{E}_a + \boldsymbol{E}_b + \boldsymbol{E}_c - (v_a + v_b + v_c)\} \\ \boldsymbol{V}_1 &= \frac{1}{3}(\boldsymbol{V}_a + a\boldsymbol{V}_b + a^2\boldsymbol{V}_c) = \frac{1}{3}\{\boldsymbol{E}_a + a\boldsymbol{E}_b + a^2\boldsymbol{E}_c - (v_a + av_b + a^2v_c)\} \\ \boldsymbol{V}_2 &= \frac{1}{3}(\boldsymbol{V}_a + a^2\boldsymbol{V}_b + a\boldsymbol{V}_c) = \frac{1}{3}\{\boldsymbol{E}_a + a^2\boldsymbol{E}_b + a\boldsymbol{E}_c - (v_a + a^2v_b + av_c)\} \end{aligned}\right\} \tag{8-80}$$

그런데 식 (8-79)에서

$$\left.\begin{aligned} v_a + v_b + v_c &= 3\boldsymbol{I}_0\boldsymbol{Z}_0 \\ v_a + av_b + a^2v_c &= 3\boldsymbol{I}_1\boldsymbol{Z}_1 \\ v_a + a^2v_b + av_c &= 3\boldsymbol{I}_2\boldsymbol{Z}_2 \end{aligned}\right\} \tag{8-81}$$

또 $\boldsymbol{E}_a$, $\boldsymbol{E}_b$, $\boldsymbol{E}_c$의 대칭분을 $\boldsymbol{E}_0$, $\boldsymbol{E}_1$, $\boldsymbol{E}_2$라고 하면

$$\left.\begin{aligned}\boldsymbol{E}_0 &= \frac{1}{3}(\boldsymbol{E}_a+\boldsymbol{E}_b+\boldsymbol{E}_c)\\ \boldsymbol{E}_1 &= \frac{1}{3}(\boldsymbol{E}_a+a\boldsymbol{E}_b+a^2\boldsymbol{E}_c)\\ \boldsymbol{E}_2 &= \frac{1}{3}(\boldsymbol{E}_a+a^2\boldsymbol{E}_b+a\boldsymbol{E}_c)\end{aligned}\right\} \tag{8-82}$$

여기서 식 (8-81)과 (8-82)를 식 (8-80)에 대입하면

$$\left.\begin{aligned}\boldsymbol{V}_0 &= \boldsymbol{E}_0-\boldsymbol{Z}_0\boldsymbol{I}_0\\ \boldsymbol{V}_1 &= \boldsymbol{E}_1-\boldsymbol{Z}_1\boldsymbol{I}_1\\ \boldsymbol{V}_2 &= \boldsymbol{E}_2-\boldsymbol{Z}_2\boldsymbol{I}_2\end{aligned}\right\} \tag{8-83}$$

그런데 보통 3상 교류발전기에서 유기기전력 $\boldsymbol{E}_a$, $\boldsymbol{E}_b$, $\boldsymbol{E}_c$는 대칭 3상전압이므로

$$\left.\begin{aligned}\boldsymbol{E}_0 &= \frac{1}{3}(\boldsymbol{E}_a+\boldsymbol{E}_b+\boldsymbol{E}_c)=0\\ \boldsymbol{E}_1 &= \frac{1}{3}(\boldsymbol{E}_a+a\boldsymbol{E}_b+a^2\boldsymbol{E}_c)=\boldsymbol{E}_a\\ \boldsymbol{E}_2 &= \frac{1}{3}(\boldsymbol{E}-a+a^2\boldsymbol{E}_b+a\boldsymbol{E}_c)=0\end{aligned}\right\} \tag{8-84}$$

가 된다. 따라서 (8-84)를 식 (8-83)에 대입하면

$$\left.\begin{aligned}\boldsymbol{V}_0 &= -\boldsymbol{Z}_0\boldsymbol{I}_0\\ \boldsymbol{V}_1 &= \boldsymbol{E}_a-\boldsymbol{Z}_1\boldsymbol{I}_1\\ \boldsymbol{V}_2 &= -\boldsymbol{Z}_2\boldsymbol{I}_2\end{aligned}\right\} \tag{8-85}$$

가 된다. 이것이 3상 교류발전기의 기본식이다.

4 3상 회로의 고장계산

(1) 1상 접지

그림 8-30과 같이 중성점이 접지된 Y결선 발전기의 한 단자 a가 접지되고 다른 두 단자는 개방된 경우, 접지전류 $\boldsymbol{I}_a$ 및 대지전압 $\boldsymbol{V}_b$, $\boldsymbol{V}_c$를 구해 보자. 부하조건은

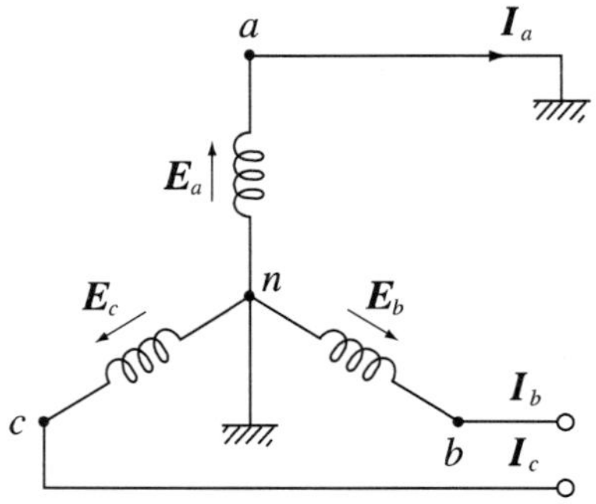

그림 8-30 1상 접지

$$\left.\begin{aligned} \boldsymbol{I}_b &= 0 \\ \boldsymbol{I}_c &= 0 \\ \boldsymbol{V}_a &= 0 \end{aligned}\right\} \tag{8-86}$$

이 조건을 a상의 대칭분으로 표시하면

$$\boldsymbol{I}_b = \boldsymbol{I}_0 + a^2\boldsymbol{I}_1 + a\boldsymbol{I}_2 = 0 \tag{8-87}$$

$$\boldsymbol{I}_c = \boldsymbol{I}_0 + a\boldsymbol{I}_1 + a^2\boldsymbol{I}_2 = 0 \tag{8-88}$$

$$\boldsymbol{V}_a = \boldsymbol{V}_0 + \boldsymbol{V}_1 \boldsymbol{V}_2 = 0 \tag{8-89}$$

식 (8-87)과 (8-88)로부터 $\boldsymbol{I}_b = \boldsymbol{I}_c = 0$이므로

$$\boldsymbol{I}_1 = \boldsymbol{I}_2 = \boldsymbol{I}_0 \tag{8-90}$$

결국 식 (8-89)와 (8-90)이 대칭분으로 표시된 1상 접지의 새로운 부하조건이다. 식 (8-89)에 발전기의 기본식인 식 (8-85)를 대입하면

$$-\boldsymbol{Z}_0\boldsymbol{I}_0 + (\boldsymbol{E}_a - \boldsymbol{Z}_1\boldsymbol{I}_1) + (-\boldsymbol{Z}_2\boldsymbol{I}_2) = 0 \tag{8-91}$$

식 (8-91)에 식 (8-90)을 대입하면

$$\boldsymbol{E}_a = (\boldsymbol{Z}_0 + \boldsymbol{Z}_1 + \boldsymbol{Z}_2)\boldsymbol{I}_0$$

$$\boldsymbol{I}_0 = \boldsymbol{I}_1 = \boldsymbol{I}_2 = \frac{\boldsymbol{E}_a}{\boldsymbol{Z}_0 + \boldsymbol{Z}_1 + \boldsymbol{Z}_2} \tag{8-92}$$

식 (8-92)를 발전기의 기본식에 대입하면

$$\left.\begin{aligned} \boldsymbol{V}_0 &= \frac{-\boldsymbol{Z}_0\boldsymbol{E}_a}{\boldsymbol{Z}_0+\boldsymbol{Z}_1+\boldsymbol{Z}_2} \\ \boldsymbol{V}_1 &= \frac{(\boldsymbol{Z}_0+\boldsymbol{Z}_2)\boldsymbol{E}_a}{\boldsymbol{Z}_0+\boldsymbol{Z}_1+\boldsymbol{Z}_2} \\ \boldsymbol{V}_2 &= \frac{-\boldsymbol{Z}_2\boldsymbol{E}_a}{\boldsymbol{Z}_0+\boldsymbol{Z}_1+\boldsymbol{Z}_2} \end{aligned}\right\} \tag{8-93}$$

그리고

$$\boldsymbol{I}_a = \boldsymbol{I}_0+\boldsymbol{I}_1+\boldsymbol{I}_2 = \frac{3\boldsymbol{E}_a}{\boldsymbol{Z}_0+\boldsymbol{Z}_1+\boldsymbol{Z}_2} \tag{8-94}$$

또 $\boldsymbol{V}_b$, $\boldsymbol{V}_c$는 식 (8-93)을 식 (8-56)에 대입하면

$$\boldsymbol{V}_b = \frac{(a^2-1)\boldsymbol{Z}_0+(a^2-a)\boldsymbol{Z}_2}{\boldsymbol{Z}_0+\boldsymbol{Z}_1+\boldsymbol{Z}_2}\boldsymbol{E}_a \tag{8-95}$$

$$\boldsymbol{V}_c = \frac{(a-1)\boldsymbol{Z}_0+(a-a^2)\boldsymbol{Z}_2}{\boldsymbol{Z}_0+\boldsymbol{Z}_1+\boldsymbol{Z}_2}\boldsymbol{E}_a \tag{8-96}$$

(2) 2상 접지

그림 8-31과 같이 3상 발전기의 단자 b, c가 접지되고 단자 a가 개방된 경우, a상의 단자전압 $\boldsymbol{V}_a$ 및 b, c상의 전류 $\boldsymbol{I}_b$, $\boldsymbol{I}_c$를 구해 보자. 부하조건은

$$\left.\begin{aligned} \boldsymbol{V}_b &= \boldsymbol{V}_c = 0 \\ \boldsymbol{I}_a &= 0 \end{aligned}\right\} \tag{8-97}$$

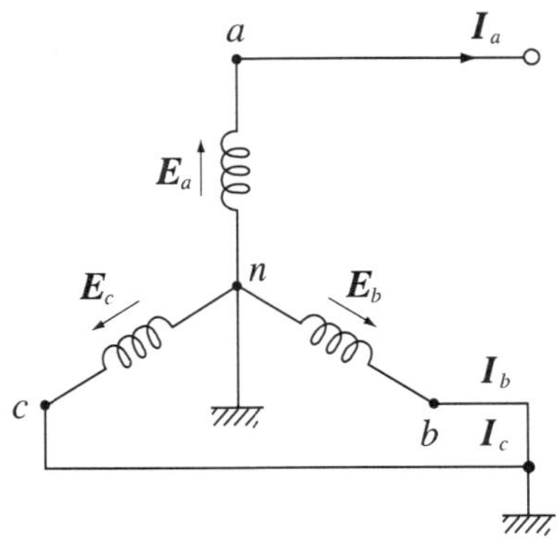

그림 8-31 2상 접지

식 (8-97)을 대칭분으로 표시하면

$$\boldsymbol{V}_0+a^2\boldsymbol{V}_1+a\boldsymbol{V}_2 = \boldsymbol{V}_0+a\boldsymbol{V}_1+a^2\boldsymbol{V}_2 = 0$$

$$\therefore\ \boldsymbol{V}_0 = \boldsymbol{V}_1 = \boldsymbol{V}_2 \tag{8-98}$$

식 (8-98)을 발전기의 기본식에 대입하면

$$-Z_0I_0 = E_a - Z_1I_1 = -Z_2I_2$$

$$\left.\begin{aligned} I_0 &= \frac{Z_1I_1 - E_a}{Z_0} \\ I_2 &= \frac{Z_1I_1 - E_a}{Z_2} \end{aligned}\right\} \tag{8-99}$$

식 (8-99)를 $I_a = I_0 + I_1 + I_2 = 0$에 대입하면

$$\left.\begin{aligned} I_1 &= \frac{(Z_0 + Z_2)E_a}{Z_0Z_1 + Z_1Z_2 + Z_2Z_0} \\ I_0 &= \frac{-Z_2E_a}{Z_0Z_1 + Z_1Z_2 + Z_2Z_0} \\ I_2 &= \frac{-Z_0 + E_a}{Z_0Z_1 + Z_1Z_2 + Z_2Z_0} \end{aligned}\right\} \tag{8-100}$$

그리고

$$V_0 = V_1 = V_2 = -Z_0I_0 = \frac{Z_0Z_2E_a}{Z_0Z_1 + Z_1Z_2 + Z_2Z_0} \tag{8-101}$$

$$\therefore \; V_a = V_0 + V_1 + V_2 = \frac{3Z_0Z_2E_a}{Z_0Z_1 + Z_1Z_2 + Z_2Z_0}$$

또, I_b, I_c는 식 (8-100)을 식 (8-61)에 대입하면

$$I_b = \frac{(a^2 - a)Z_0 + (a^2 - 1)Z_2}{Z_0Z_1 + Z_1Z_2 + Z_2Z_0}E_a \tag{8-102}$$

$$I_c = \frac{(a - a^2)Z_0 + (a - 1)Z_2}{Z_0Z_1 + Z_1Z_2 + Z_2Z_0}E_a \tag{8-103}$$

(3) 2상 단락

그림 8-32와 같이 발전기의 단자 b, c가 단락되고 단자 a가 개방된 경우, 단락전류 $\boldsymbol{I}_b$ 및 각 상의 단자전압을 구해 보자. 부하조건은

$$\left.\begin{aligned} \boldsymbol{V}_b &= \boldsymbol{V}_c \\ \boldsymbol{I}_a &= 0 \\ \boldsymbol{I}_b &= -\boldsymbol{I}_c \end{aligned}\right\} \tag{8-104}$$

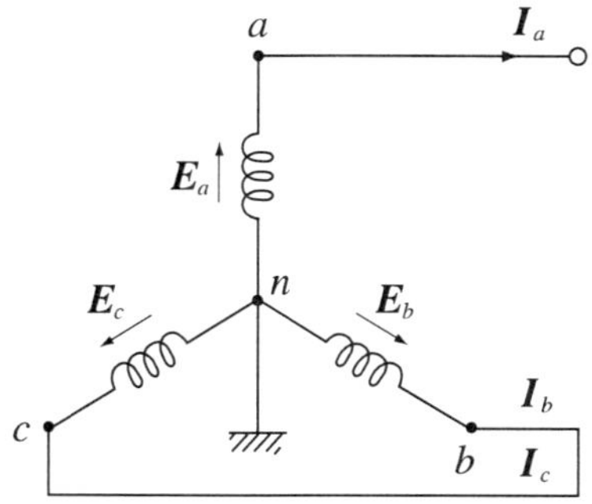

그림 8-32 2상 단락

식 (8-104)를 대칭분으로 표시하면

$$\boldsymbol{V}_0 + a^2\boldsymbol{V}_1 + a\boldsymbol{V}_2 = \boldsymbol{V}_0 + a\boldsymbol{V}_1 + a^2\boldsymbol{V}_2$$

$$\therefore \ \boldsymbol{V}_1 = \boldsymbol{V}_2 \tag{8-105}$$

$\boldsymbol{I}_1 = 0$, $\boldsymbol{I}_b = -\boldsymbol{I}_c$로부터

$$\boldsymbol{I}_0 = \frac{1}{3}(\boldsymbol{I}_a + \boldsymbol{I}_b + \boldsymbol{I}_c) = 0 \tag{8-106}$$

$$\boldsymbol{I}_0 + a^2\boldsymbol{I}_1 + a\boldsymbol{I}_2 = -(\boldsymbol{I}_0 + a\boldsymbol{I}_1 + a^2\boldsymbol{I}_2)$$

$$\therefore \ \boldsymbol{I}_1 = -\boldsymbol{I}_2 \tag{8-107}$$

식 (8-105), (8-106), (8-107)을 발전기의 기본식에 대입하면

$$\boldsymbol{E}_a - \boldsymbol{Z}_1\boldsymbol{I}_1 = -\boldsymbol{Z}_2\boldsymbol{I}_2 = \boldsymbol{Z}_2\boldsymbol{I}_1$$

$$\left.\begin{aligned} \therefore \ \boldsymbol{I}_1 &= \frac{\boldsymbol{E}_a}{\boldsymbol{Z}_1 + \boldsymbol{Z}_2} \\ \boldsymbol{I}_2 &= \frac{-\boldsymbol{E}_a}{\boldsymbol{Z}_1 + \boldsymbol{Z}_2} = -\boldsymbol{I}_1 \\ \boldsymbol{I}_0 &= 0 \end{aligned}\right\} \tag{8-108}$$

$\boldsymbol{I}_0 = 0$이므로 $\boldsymbol{V}_0 = 0$

$$\boldsymbol{V}_1 = \boldsymbol{V}_2 = -\boldsymbol{Z}_2\boldsymbol{I}_2 = \frac{\boldsymbol{Z}_2\boldsymbol{E}_a}{\boldsymbol{Z}_1 + \boldsymbol{Z}_2} \tag{8-109}$$

식 (8−108)을 식 (8−61)에 대입하면

$$\boldsymbol{I}_b = -\boldsymbol{I}_c = \frac{(a^2 - a)\boldsymbol{E}_a}{\boldsymbol{Z}_1 + \boldsymbol{Z}_2} \tag{8-110}$$

또 $\boldsymbol{V}_a$, $\boldsymbol{V}_b$, $\boldsymbol{V}_c$는 식 (8−109)를 식 (8−56)에 대입하면

$$\boldsymbol{V}_a = \frac{2\boldsymbol{Z}_2\boldsymbol{E}_a}{\boldsymbol{Z}_1 + \boldsymbol{Z}_2} \tag{8-111}$$

$$\boldsymbol{V}_b = \boldsymbol{V}_c = \frac{(a^2 + a)\boldsymbol{Z}_2\boldsymbol{E}_a}{\boldsymbol{Z}_1 + \boldsymbol{Z}_2} = \frac{-\boldsymbol{Z}_2\boldsymbol{E}_a}{\boldsymbol{Z}_1 + \boldsymbol{Z}_2} \tag{8-112}$$

연 습 문 제

1. 전원과 부하가 다같이 Δ결선된 3상 평형회로가 있다. 전원전압이 200[V], 부하 1상의 임피던스가 $4+j3[\Omega]$인 경우, 선전류는 몇 [A]인가?

2. 환상 결선 전원의 1상의 전압이 200[V], 전류가 17.3[A], 전원 내부 임피던스가 상당 0.6[Ω]이다. 이것을 등가 성형 결선으로 하였을 때의 성형 전압 E_s, 성형 전류 I_s, 성형 임피던스 Z_s를 구하여라.

3. 각 상전압이 $E_a = 100\sin\omega t$, $E_b = 100\sin(\omega t - 90°)$, $E_c = 100\sin(\omega t + 90°)$일 때, 영상 대칭분의 전압 V_0을 구하여라.

4. 대칭 5상 기전력에 선간전압과 상기전력의 위상차는 몇 도인가?

5. 전압이 200[V], 전류가 $10\sqrt{3}$[A], 역률이 80[%]인 3상 평형 부하의 무효전력 [Var]은 얼마인가?

6. 상의 임피던스가 $\boldsymbol{Z} = 20 + j10[\Omega]$인 Y결선부하에 대칭 3상 선간전압 200[V]를 가할 때, 소비전력 P[W]와 무효전력 Q[Var]는 각각 얼마인가?

7. 1상의 임피던스가 $14 + j48$인 Δ부하에 대칭 선간전압 200[V]를 가한 경우의 3상 전력은 몇 [W]인가?

8. 3상 불평형 전압에서 역상전압이 50[V]이고, 정상전압이 200[V], 영상전압이 10[V]라고 할 때, 전압의 불평형률은 얼마인가?

9. $R[\Omega]$의 저항 3개를 Y로 접속하고, 이것에 전압 200[V]의 3상 교류전원에 연결할 때, 선전류 10[A]가 흐른다면 3개의 저항을 Δ로 접속하고 동일전원을 연결했을 때의 선전류는 몇 [A]인가?

10. 부하 단자 전압이 200[V]인 10[kW]의 3상 대칭 부하에 3상 전력을 공급하는 선로 임피던스가 $4+j3[\Omega]$일 때 부하의 역률이 80[%](뒤짐)이면 선전류는 몇 [A]인가?

11. 10[kVA]의 변압기 2대로 공급할 수 있는 최대 3상 전력[kVA]은 얼마인가?

12. 대칭 3상 Y부하에서 각 상의 임피던스가 $Z=3+j4[\Omega]$이고 부하전류가 20[A]일 때 이 부하에서 소비되는 유효전력 P[W], 무효전력 P_r[Var], 피상전력 P_a[VA] 및 역률을 각각 구하여라.

13. 각 상이 5[Ω]의 저항과 5[Ω]의 용량성 리액턴스의 직렬회로로 Δ결선된 부하와, 각 상이 6[Ω]의 저항과 8[Ω]의 유도성 리액턴스의 직렬회로로 Y결선된 부하가 병렬로 결선되어 있다. 여기에 100[V]의 대칭 3상 전압을 걸었을 때의 선전류, 소비전력 및 역률을 구하여라.

14. 그림 8-33과 같이 평형 3상 교류발전기의 1선이 접지되었을 때 접지전류 I_a의 값을 구하여라. 단 Z_0는 영상 임피던스, Z_1은 정상 임피던스, Z_2는 역상 임피던스이다.

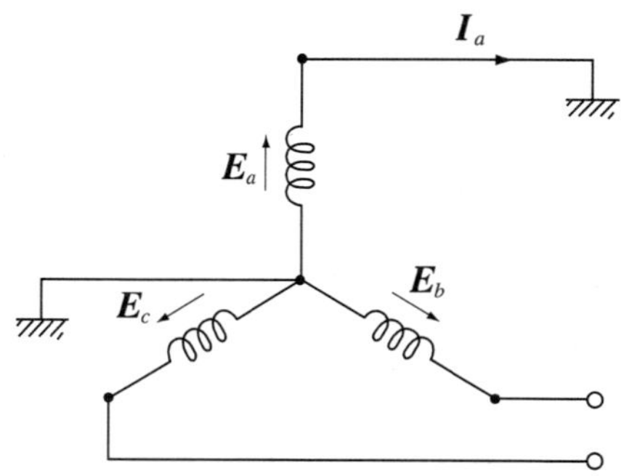

그림 8-33

Chapter 9

비정현파 교류

9.1 비정현파의 분류

정현파가 아닌 파형을 나타내는 모든 교류를 비정현파 교류라 한다. 일정한 주기를 가지고 같은 변화가 반복하여 일어나는 주기성 이외에는 정현파와는 아무런 공통점도 없으며, 그 파형은 여러 가지 모양을 나타낸다. 이러한 비정현파를 분류하면 다음과 같다.

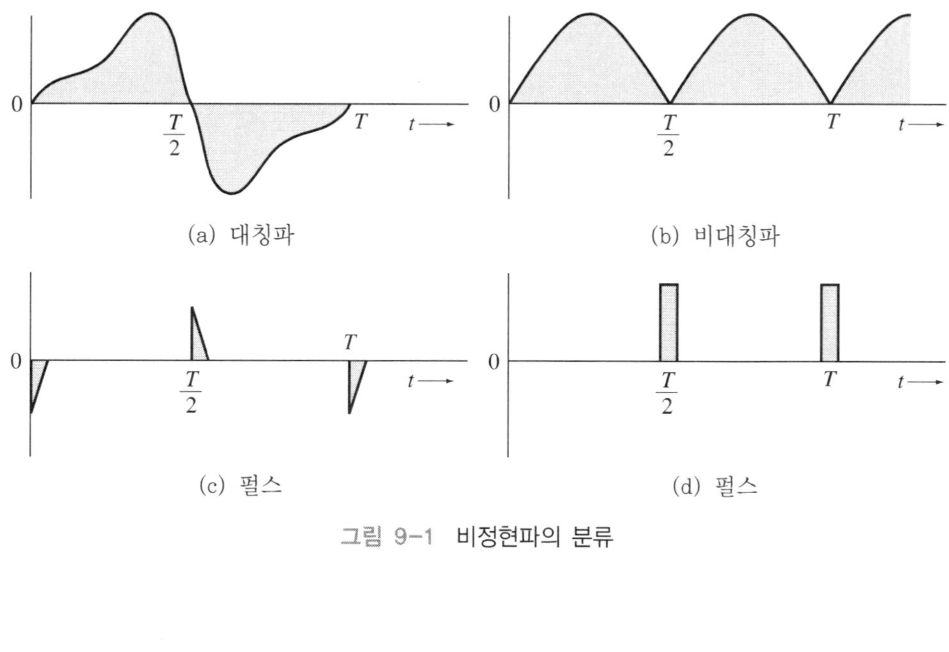

그림 9-1 비정현파의 분류

- 비정현파
  - 연속파
    - 대칭파
    - 비대칭파
  - 불연속파(pulse)

연속파(continuous wave)란 그림 9-1 (a), (b)와 같이 1개의 파형이 한 주기(T) 또는 반주기($T/2$)의 전구간에 걸쳐서 연속되어 있는 것이고, **불연속파**(discontinuous wave)란 그림 (c), (d)와 같이 파형의 연속기간 τ가 $T/2$보다 짧은 것으로서, 이것을 **펄스**(pulse)라 한다.

이와 같은 많은 종류의 비정현파를 해석하려면 식으로 표시할 수 없는 것도 많으나 일반적으로 여러 개의 주파수와 최대치가 서로 다른 많은 정현파가 중첩되어 있는 것으로 생각하면 된다.

9.2 비정현파와 조파분석

일반적으로 비정현파는 **일정항**(직류성분)과 **기본파** 및 기본파 주파수의 정수배의 주파수를 가진 여러 개의 **고조파**의 합성으로 표시된다. 즉 주기 T인 비정현파를 $f(t)$라 하면

$$f(t) = f(t+T) \tag{9-1}$$

이것을 **푸리에 급수**(Fourier series)로 전개하면,

$$\begin{aligned} f(t) = {} & A_0 + A_1 \cos \omega t + A_2 \cos 2\omega t + \cdots + A_n \cos n\omega t + \cdots \\ & + B_1 \sin \omega t + B_2 \sin 2\omega t + \cdots + B_n \sin n\omega t + \cdots \end{aligned} \tag{9-2}$$

또는

$$f(t) = A_0 + \sum_{n=1}^{\infty} A_n \cos n\omega t + \sum_{n=1}^{\infty} B_n \sin n\omega t \tag{9-3}$$

여기서 ω는 주기파의 각주파수(角周波數)로서, 주기 T 및 주파수 f와의 관계는 다음과 같다.

$$\omega = \frac{2\pi}{T} = 2\pi f \tag{9-4}$$

주기파가 위의 푸리에 급수로 전개될 수 있으려면 다음의 디리클레(Dirichlet) 조건이 만족되어야 한다.

① 불연속점을 가져도 좋으나 1주기간의 불연속점의 수는 유한개일 것.

② 파동이 많은 변동을 하여도 좋으나 1주기간의 최대점 · 최소점의 수는 유한개일 것.

③ $\int_0^T |f(t)|dt$의 값이 유한값일 것.

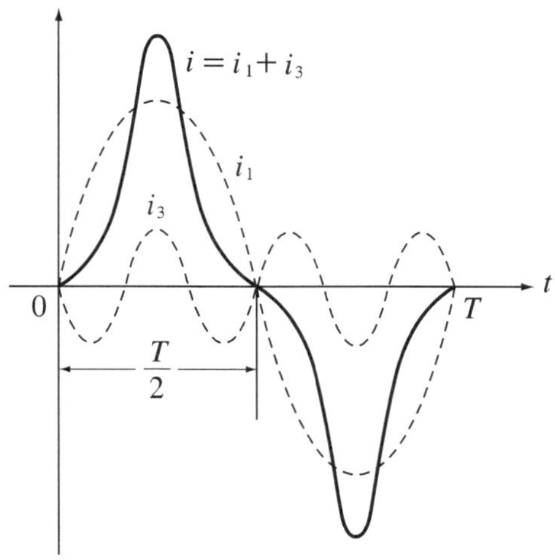

그림 9-2 비정현파의 합성

1 A_0(직류성분)의 결정

식 (9-3)을 1주기($0 \sim T$)동안 적분하면 정현(sin) 및 여현(cos)항은 0이 되고, 상수항만 남으므로

$$\int_0^T f(t)\,dt = \int_0^T A_0\,dt = A_0 T$$

$$\therefore\ A_0 = \frac{1}{T}\int_0^T f(t)\,dt = \frac{1}{2\pi}\int_0^{2\pi} f(\omega t)\,d(\omega t) \tag{9-5}$$

단, $\omega = \frac{2\pi}{T}$

위의 식에서 A_0는 주기 함수의 1주기 동안의 평균치임을 알 수 있다. 따라서 이것을 보통 직류성분이라고 한다.

2 A_n의 결정

식 (9-3)의 양변에 cos $m\omega t$를 곱하고 0에서 T까지 적분하면

$$\int_0^T f(t)\cos m\omega t\,dt = A_0\int_0^T \cos m\,\omega t\,dt + \sum_{n=1}^{\infty} A_n\int_0^T \cos n\omega t\cdot\cos m\omega t\,dt + \sum_{n=1}^{\infty} B_n\int_0^T \sin n\omega t\cdot\cos m\omega t\,dt \quad (9-6)$$

식 (9-6)의 우변의 제1항에서

$$\int_0^T \cos m\omega t\,dt = \left[\frac{\sin m\omega t}{m}\right]_0^{2\pi} = 0 \quad (9-7)$$

그리고 제2, 제3항에서

$$\int_0^T \cos n\omega t\cdot\cos m\omega t\,dt$$

$$= \frac{1}{2}\int_0^T [\cos(m+n)\,\omega t + \cos(m-n)\omega t]\,dt$$

$$= \frac{1}{2}\left\{\left[\frac{\sin(m+n)\omega t}{m+n}\right]_0^{2\pi} + \left[\frac{\sin(m-n)\omega t}{m-n}\right]_0^{2\pi}\right\}$$

$$= \begin{cases} 0 : (m\neq n) \\ \dfrac{T}{2} : (m=n) \end{cases} \quad (9-8)$$

$$\int_0^T \sin n\omega t\cdot\cos m\omega t\,dt$$

$$= \frac{1}{2}\int_0^T \{\sin(m+n)\,\omega t + \sin(m-n)\omega t\}\,dt = 0 \quad (9-9)$$

그러므로 식 (9-6)의 우변은 제2항 중 $m=n$인 항만 남고, 그 값은 $A_n\times\frac{T}{2}$가 된다. 따라서

$$A_n = \frac{2}{T}\int_0^T f(t)\cos n\omega t\,dt = \frac{1}{\pi}\int_0^{2\pi} f(\omega t)\cos n\omega t\,d(\omega t) \quad (9-10)$$

$(n=1,\ 2,\ 3,\ \ldots)$

③ B_n의 결정

식 (9−3)의 양변에 $\sin m\omega t$를 곱하고 0에서 T까지 적분하면

$$\int_0^T f(t)\sin m\omega t\,dt = A_0\int_0^T \sin m\omega t\,dt + \sum_{n=1}^{\infty} A_n\int_0^T \cos n\omega t\cdot \sin m\omega t\,dt$$
$$+\sum_{n=1}^{\infty} B_n\int_0^T \sin n\omega t\cdot \sin m\omega t\,dt \qquad (9-11)$$

위의 식에서 우변의 제1항과 제2항은 위의 경우와 마찬가지로 0이고, 제3항은

$$\int_0^T \sin n\omega t\cdot\sin m\omega t\,dt = \frac{1}{2}\int_0^T [\cos(m-n)\omega t - \cos(m+n)\omega t]\,dt$$
$$=\begin{cases} 0 : (m\neq n) \\ \dfrac{T}{2} : (m=n)\end{cases} \qquad (9-12)$$

그러므로 식 (9−11)의 우변은 제3항 중 $m=n$인 항만 남고, 그 값은 $B_n\times\dfrac{T}{2}$가 된다. 따라서

$$B_n = \frac{2}{T}\int_0^T f(t)\sin n\omega t\,dt = \frac{1}{\pi}\int_0^{2\pi} f(\omega t)\sin n\omega t\,d(\omega t) \qquad (9-13)$$

$(n = 1,\ 2,\ 3,\ \cdots)$

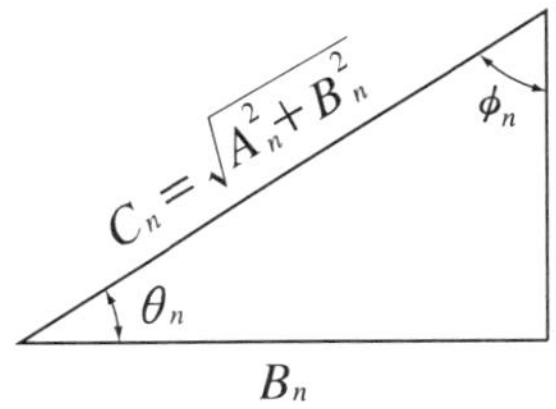

그림 9-3

푸리에 급수로 전개된 식 (9−3)에서 동일 주파수의 cos항과 sin항을 결합하면 sin항만으로 표시할 수 있다.

$$A_n\cos n\omega t + B_n\sin n\omega t$$
$$= \sqrt{A_n^2+B_n^2}\left(\frac{A_n}{\sqrt{A_n^2+B_n^2}}\cos n\omega t + \frac{B_n}{\sqrt{A_n^2+B_n^2}}\sin n\omega t\right)$$
$$= \sqrt{A_n^2+B_n^2}\,(\sin\theta_n\cdot\cos n\omega t + \cos\theta_n\cdot\sin n\omega t)$$
$$= C_n\sin(n\omega t+\theta_n) \qquad (9-14)$$

단, $C_n = \sqrt{A_n^2+B_n^2} \qquad (n = 1,\ 2,\ 3,\ \cdots)$

$\theta_n = \tan^{-1}\dfrac{A_n}{B_n} \qquad (n = 1,\ 2,\ 3,\ \cdots)$

따라서 식 (9-3)은 다음 식과 같이 쓸 수 있다.

$$f(t) = A_0 + \sum_{n-1}^{\infty} C_n \sin(n\omega t + \theta_n) \tag{9-15}$$

이 식에서 $n=1$인 경우, 즉 $C_1 \sin(\omega t + \theta_1)$이 $f(t)$와 같은 주파수 ω를 가진 기본파(fundamental wave)가 되고, $n=2, 3, 4, \cdots$의 경우, 즉 $f(t)$의 주파수 ω의 2배, 3배, 4배, …가 되는 항들을 각각 제2조파, 제3조파, 제4조파, … 또는 제2고조파, 제3고조파, …라 부르고, 이를 총칭하여 **고조파**(higher harmonic wave)라 한다.

또 주파수의 배수를 차수라 하고 차수가 홀수인 고조파를 **기수조파**(odd harmonic wave), 짝수인 고조파를 **우수조파**(even harmonic wave)라 한다.

이와 같이 디리클레 조건을 만족하는 임의의 비정현파는

비정현파=(직류성분)+(기본파)+(고조파)

로 분해할 수 있다. 이러한 분해를 **푸리에 분석** 또는 **조파분석**(harmonic analysis)이라고 한다.

함수 $f(t)$에서 진폭 C_n의 크기를 주파수축 $n\omega$에 대하여 그린 그래프를 **진폭 스펙트럼**(amplitude spectrum)이라 하고 위상축 θ_n과 주파수축 $n\omega$에 대하여 그린 그래프를 **위상 스펙트럼**(phase spectrum)이라고 한다. 또한 양자를 통틀어 **주파수 스펙트럼**(frequency spectrum)이라고 한다. 이 그래프들은 그림 9-4와 같이 선으로 된다.

$\omega=0$에 대한 것은 직류성분이다.

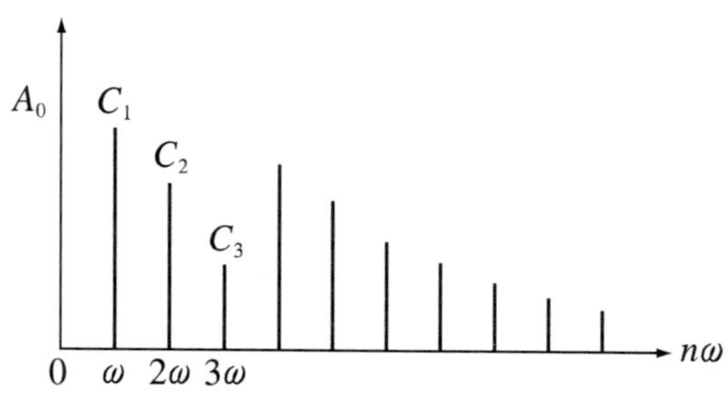

그림 9-4 진폭 스펙트럼

주기함수의 주기 T가 증가할수록(즉 ω가 감소할수록) 스펙트럼간격은 좁아진다. 식 (9-15)에서 $\theta_n = 90° - \phi_n$이라 하면

$$f(t) = A_0 + \sum_{n=1}^{\infty} C_n \cos(n\omega t - \phi_n) \tag{9-16}$$

이 된다. 여기서 $\phi_n = \tan^{-1}\dfrac{B_n}{A_n}$이 됨을 그림 9-3으로부터 알 수 있다.

9.3 대칭성

1 반파대칭

그림 9-5와 같이 반주기마다 그 값의 크기가 같고 부호가 반대인 경우, 즉 (+)의 반파를 180° 만큼 수평축으로 평행이동하여 180° 회전할 때 (−)의 반파와 일치하는 파를 반파대칭이라고 한다.

반파대칭파를 수학적으로 표시하면

$$f(t) = -f\left(t + \frac{T}{2}\right)$$

반파대칭은 (+)의 반파와 (−)의 반파의 면적이 서로 같으므로 $A_0 = 0$이 된다.

$$f(t) = \sum_{n=1}^{\infty} A_n \cos n\omega t + \sum_{n=1}^{\infty} B_n \sin n\omega t \tag{9-17}$$

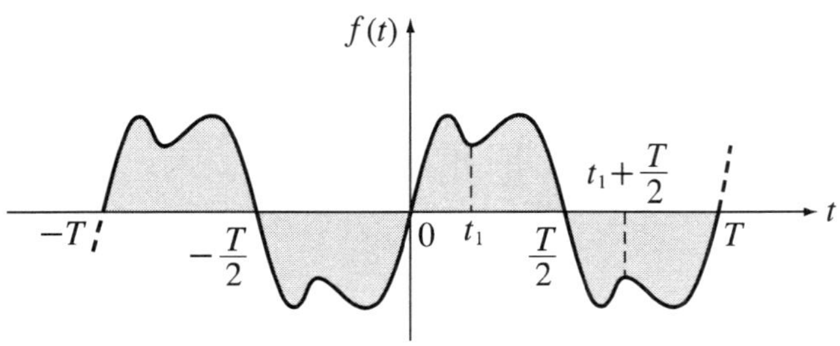

그림 9-5 반파대칭

$$-f\left(t+\frac{T}{2}\right)=-\left\{\sum_{n=1}^{\infty}A_n\cos n\left(\omega t+\frac{T}{2}\right)+\sum_{n=1}^{\infty}B_n\sin n\left(\omega t+\frac{T}{2}\right)\right\}$$

$$=-\sum_{n=1}^{\infty}A_n(-1)^n\cos n\omega t-\sum_{n=1}^{\infty}B_n(-1)^n\sin n\omega t \qquad (9-18)$$

$f(t)=-f\left(t+\frac{T}{2}\right)$의 관계가 성립하려면 식 (9-17), (9-18)에서 n이 홀수라야 한다.

반파대칭의 경우는 (+)파와 (−)파의 파형이 같기 때문에 A_n, B_n을 구할 때 반주기만 적분하여 2배로 하여 주면 된다. 즉

$$\left.\begin{aligned}A_n&=\frac{2}{T/2}\int_0^{T/2}f(t)\cos n\omega t\,dt\\B_n&=\frac{2}{T/2}\int_0^{T/2}f(t)\sin n\omega t\,dt\end{aligned}\right\} \qquad (9-19)$$

$$(n=1,\ 3,\ 5,\ \cdots)$$

이때의 푸리에 급수는

$$f(t)=A_1\cos\omega t+A_3\cos 3\omega t+A_5\cos 5\omega t+\cdots$$
$$+B_1\sin\omega t+B_3\sin 3\omega t+B_5\sin 5\omega t+\cdots \qquad (9-20)$$

2 정현대칭(기함수파)

그림 9-6과 같이 (+)의 반파를 수직축에 대하여 180° 회전하고 이것을 다시 수평축에 대하여 180° 회전할 때 (−)의 반파와 일치하는 파를 정현대칭이라고 한다. 이 경우 $f(t)=-f(-t)$, 즉 $f(t)=-f(T-t)$가 되어 $f(t)$는 t의 기함수이다. 정현대칭의 경우도 1주기 동안의 평균치는 0이므로 $A_0=0$이 된다.

$$f(t)=\sum_{n=1}^{\infty}A_n\cos n\omega t+\sum_{n=1}^{\infty}B_n\sin n\omega t \qquad (9-21)$$

$$-f(T-t)=-\sum_{n=1}^{\infty}A_n\cos n(T-\omega t)-\sum_{n=1}^{\infty}B_n\sin n(T-\omega t)$$

$$=-\sum_{n=1}^{\infty}A_n\cos n\omega t+\sum_{n=1}^{\infty}B_n\sin n\omega t \qquad (9-22)$$

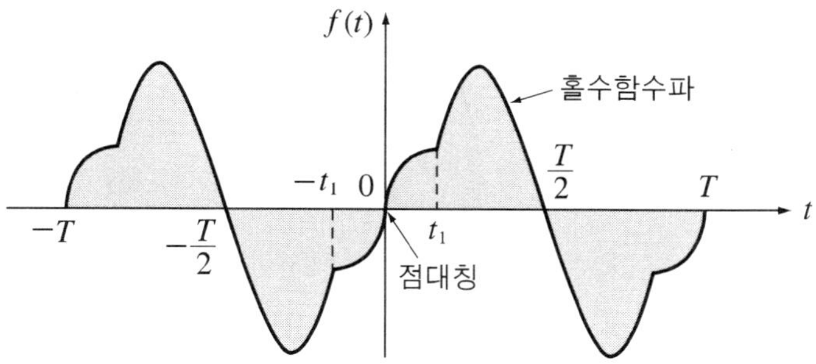

그림 9-6 정현대칭(기함수파)

$f(t)=-f(T-f)$의 관계가 성립하려면 식 (9-21), (9-22)에서 여현항은 존재할 수 없고 정현항만 존재하여야 한다.

따라서

$$f(t)=\sum_{n=1}^{\infty} B_n \sin n\omega t$$

$$B_n=\frac{2}{T/2}\int_0^{T/2} f(t)\sin n\omega t\, dt \qquad (9-23)$$

$$(n=1,\ 2,\ 3,\ \cdots)$$

이때의 푸리에 급수는

$$f(t)=B_1\sin\omega t+B_2\sin 2\omega t+B_3\sin 3\omega t+\ \cdots \qquad (9-24)$$

3 여현대칭(우함수파)

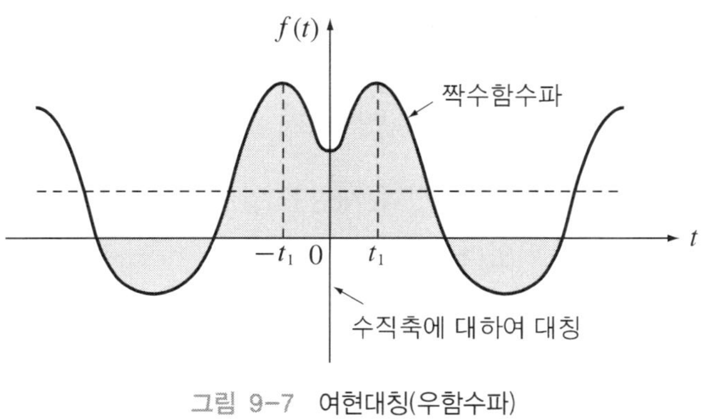

그림 9-7 여현대칭(우함수파)

그림 9-7과 같이 수직축에 대하여 180° 회전할 때 좌우가 일치하는 파를 여현대칭(우함수파)이라고 한다. 이 경우 $f(t)=f(-t)$, 즉 $f(t)=f(T-t)$가 되며 $f(t)$는 t의 우함수이다.

$$f(t)=A_0+\sum_{n=1}^{\infty}A_n\cos n\omega t+\sum_{n=1}^{\infty}B_n\sin n\omega t \tag{9-25}$$

$$\begin{aligned} f(T-t) &= A_0+\sum_{n=1}^{\infty}A_n\cos n(T-\omega t)+\sum_{n=1}^{\infty}B_n\sin n(T-\omega t) \\ &= A_0+\sum_{n=1}^{\infty}A_n\cos n\omega t-\sum_{n=1}^{\infty}B_n\sin n\omega t \end{aligned} \tag{9-26}$$

$f(t)=f(T-t)$의 관계가 성립하려면 식 (9-25), (9-26)에서 정현항은 존재할 수 없고 평균치와 여현항만 존재하여야 한다. 따라서

$$f(t)=A_0+\sum_{n=1}^{\infty}A_n\cos n\omega t$$

$$\left.\begin{aligned} A_0 &= \frac{2}{T/2}\int_0^{T/2}f(t)\,dt \\ A_n &= \frac{2}{T/2}\int_0^{T/2}f(t)\cos n\omega t\,dt \end{aligned}\right\} \tag{9-27}$$

이때의 푸리에 급수는

$$f(t)=A_0+A_1\cos\omega t+A_2\cos 2\omega t+A_3\cos 3\omega t+\cdots \tag{9-28}$$

4 반파 및 정현대칭

반파 및 정현대칭을 동시에 만족하는 파형은 $f(t)=-f\left(t\pm\frac{T}{2}\right)$, $f(t)=-f(-t)$이므로 정현대칭 조건에서 정현항만 존재함을 알 수 있고, 반파대칭 조건에서 n은 기수항만 존재함을 알 수 있다. 따라서

$$f(t)=\sum_{n-1}^{\infty}B_n\sin n\omega t \quad (n=1,\,3,\,5\cdots)$$

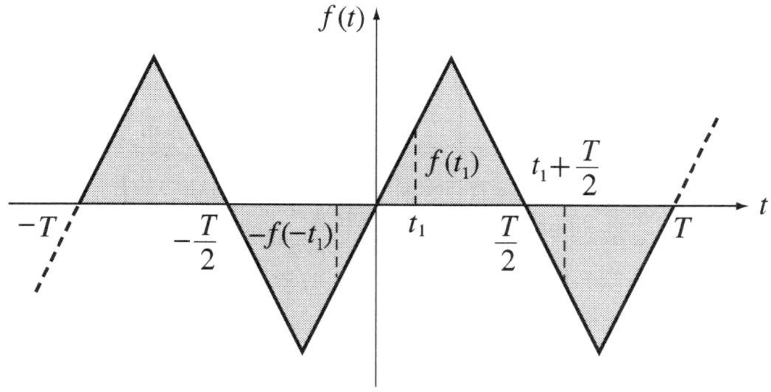

그림 9-8 반파 및 정현대칭

$$B_n = \frac{2}{T/4}\int_0^{T/4} f(t)\sin n\omega t\, dt \quad (n=1,\ 3,\ 5\cdots) \tag{9-29}$$

이때의 푸리에 급수는

$$f(t) = B_1 \sin\omega t + B_3 \sin 3\omega t + B_5 \sin 5\omega t + \cdots \tag{9-30}$$

5 반파 및 여현대칭

반파 및 여현대칭을 동시에 만족하는 파형은 $f(t) = -f\left(t+\frac{T}{2}\right)$, $f(t) = f(-t)$이므로 여현대칭 조건에서 여현항만 존재함을 알 수 있고, 반파대칭 조건에서 n은 기수항만 존재함을 알 수 있다.

따라서

$$f(t) = \sum_{n=1}^{\infty} A_n \cos n\omega t \quad (n=1,\ 3,\ 5\cdots)$$

$$A_n = \frac{2}{T/4}\int_0^{T/4} f(t)\cos n\omega t\, dt \quad (n=1,\ 3,\ 5\cdots) \tag{9-31}$$

이때의 푸리에 급수는

$$f(t) = A_1 \cos\omega t + A_3 \cos 3\omega t + A_5 \cos 5\omega t + \cdots \tag{9-32}$$

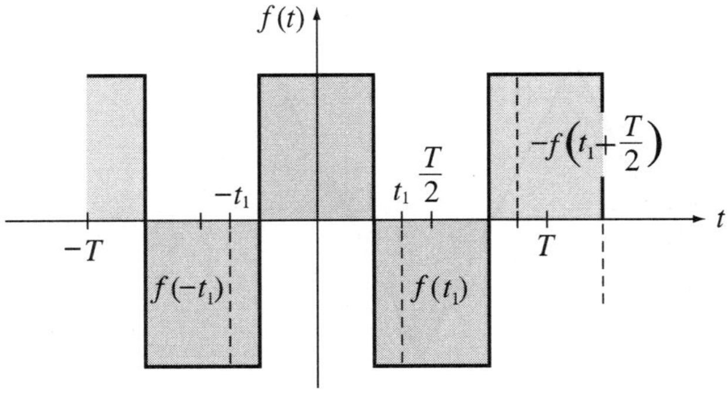

그림 9-9 반파 및 여현대칭

이상의 결과를 요약하면 표 9-1과 같다.

표 9-1 대칭파의 성질

종류	대칭조건	푸리에 계수			푸리에 계수의 적분형식
		A_0	A_n	B_n	
우함수	$f(t)=f(-t)$	유	유	0	반주기 동안 적분하여 2배한 것. 즉 $\frac{4}{T}\int_0^{T/2}(\quad)dt$ 또는 $\frac{2}{\pi}\int_0^{\pi}(\quad)d(\omega t)$
기함수	$f(t)=-f(-t)$	0	0	유	
반파대칭	$f(t)=-f\left(t\pm\frac{T}{2}\right)$	0	우수차의 고조파 항은 0		

예제 9-1

그림 9-10에 표시한 직사각파를 푸리에 급수로 전개하여라.

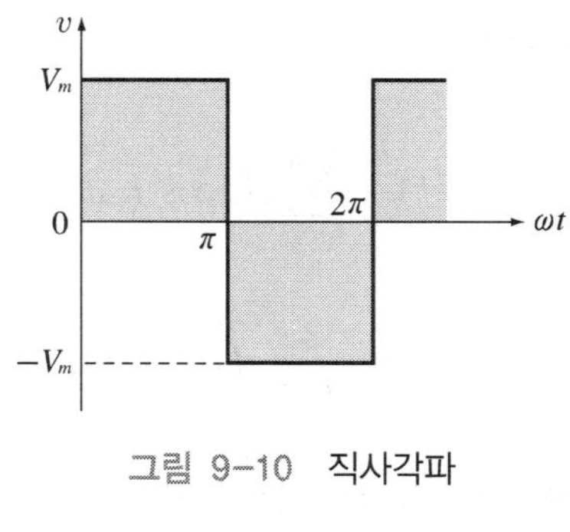

그림 9-10 직사각파

풀이 먼저 주어진 파형에 대한 1주기 사이 $(0<t<T)$의 표시식은

$$f(t)=\begin{cases} V_m:\left(0<t<\frac{T}{2}\right) \\ -V_m:\left(\frac{T}{2}<t<T\right)\end{cases}$$

직류성분은 식 (9-5)에 의하여

$$A_0=\frac{1}{T}\int_0^T f(t)\,dt$$

$$=\frac{1}{T}\left\{\int_0^{T/2} V_m\,dt+\int_{T/2}^{T}(-V_m)\,dt\right\}=0$$

다음에 여현항의 계수 A_n은 식 (9-10)에 의하여

$$A_n = \frac{2}{T}\int_0^T f(t)\cos n\omega t\,dt$$
$$= \frac{2}{T}\int_0^{T/2} V_m \cos n\omega t\,dt + \int_{T/2}^{T}(-V_m)\cos n\omega t\,dt = 0$$

다음 정현항의 계수 B_n은 식 (9-13)에 의하여

$$B_n = \frac{2}{T}\int_0^T f(t)\sin n\omega t\,dt$$
$$= \frac{2}{T}\left\{\int_0^{T/2} V_m \sin n\omega t\,dt + \int_{T/2}^{T}(-V_m)\sin n\omega t\,dt\right\}$$
$$= \frac{2V_m}{2\pi n}\{[-\cos n\omega t]_0^{\pi} + [\cos n\omega t]_{\pi}^{2\pi}\} = \begin{cases} \dfrac{4V_m}{n\pi} & (n=1, 3, 5, \cdots) \\ 0 & (n=2, 4, 6, \cdots) \end{cases}$$

그러므로

$$f(t) = \sum_{n=1}^{\infty}\frac{4V_m}{n\pi}\sin n\omega t$$
$$= \frac{4}{\pi}V_m\left(\sin\omega t + \frac{1}{3}\sin 3\omega t + \frac{1}{5}\sin 5\omega t + \cdots + \frac{1}{n}\sin n\omega t\right)$$

예제 9-2

그림 9-11에 표시한 톱니파를 푸리에 급수로 전개하여라.

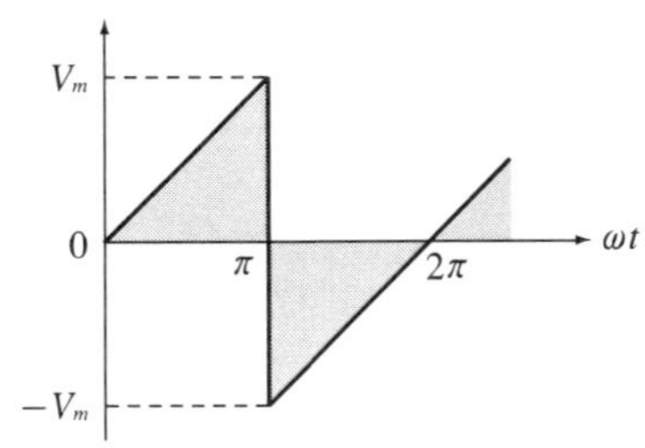

그림 9-11 톱니파

풀이 직류성분 A_0와 여현항의 계수 A_n은 0이므로

$$f(t) = \sum_{n=1}^{\infty} B_n \sin n\omega t$$
$$B_n = \frac{2}{\pi}\int_0^{\pi} f(\omega t)\sin n\omega t\,d(\omega t)$$

그림에서

$$0 < t < \pi \text{에서 } f(t) = v = \frac{V_m}{\pi}\omega t$$

이므로

$$B_n = \frac{2}{\pi}\int_0^{\pi}\frac{V_m}{\pi}\omega t \sin n\omega t\,d(\omega t)$$
$$= \frac{2V_m}{\pi}\left[-\frac{\omega t\cos n\omega t}{n} + \frac{\sin n\omega t}{n^2}\right]_0^{\pi}$$
$$= \frac{2}{\pi}V_m\left\{-\frac{(-1)^n}{n}\right\}$$

$$\therefore\ f(t)=\frac{2}{\pi}V_m\left\{\sin\omega t-\frac{1}{2}\sin 2\omega t+\frac{1}{3}\sin 3\omega t -\frac{1}{4}\sin 4\omega t+\cdots+\frac{(-1)^{n+1}}{n}\sin n\omega t\right\}$$

예제 9-3

그림 9-12에 표시한 전파정류파를 푸리에 급수로 전개하여라.

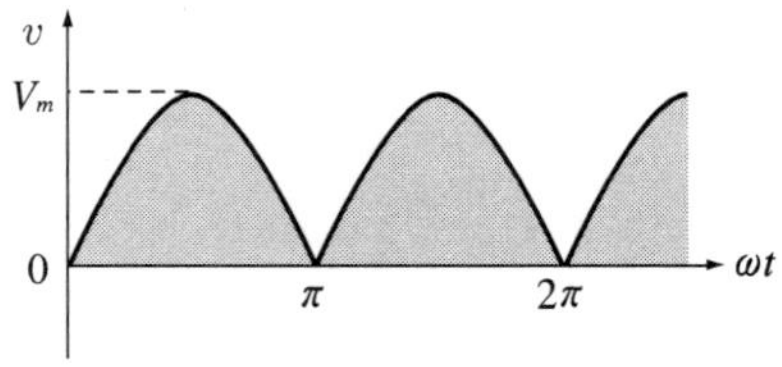

그림 9-12 전파정류파

풀이 $f(t)=A_0+\sum_{n=1}^{\infty}A_n\cos n\omega t$

$$A_0=\frac{1}{2\pi}\int_0^{2\pi}f(\omega t)\,d(\omega t)$$

$$=\frac{1\times 2}{2\pi}\int_0^{\pi}V_m\sin\omega t\,d(\omega t)=\frac{2}{\pi}V_m$$

$$A_n=\frac{1}{\pi}\int_0^{2\pi}f(\omega t)\cos n\omega t\,d(\omega t)$$

$$=\frac{1\times 2}{\pi}\int_0^{\pi}V_m\sin\omega t\cos n\omega t\,d(\omega t)$$

$$=\frac{2}{\pi}V_m\int_0^{\pi}\frac{1}{2}\{\sin(n+1)\omega t-\sin(n-1)\omega t\}\,d(\omega t)$$

$$=\frac{V_m}{\pi}\left[\frac{2}{n+1}-\frac{2}{n-1}\right]=\frac{V_m}{\pi}\frac{-4}{(n+1)(n-1)}\qquad(n=2,\ 4,\ 6,\ \cdots)$$

$$\therefore\ f(t)=\frac{2}{\pi}V_m-\frac{4}{\pi}V_m\left\{\frac{1}{3}\cos 2\omega t+\frac{1}{15}\cos 4\omega t+\frac{1}{35}\cos 6\omega t+\cdots\right\}$$

$$=\frac{4V_m}{\pi}\left\{\frac{1}{2}-\frac{1}{3}\cos 2\omega t-\frac{1}{15}\cos 4\omega t-\frac{1}{35}\cos 6\omega t-\cdots\right\}$$

9.4 비정현파의 실효치

주기적으로 변하는 전류(또는 전압)의 실효치는 정현파이든 또는 비정현파이든 다음과 같이 정의된다.

$$I_{rms} = \sqrt{\frac{1}{T}\int_0^T i^2 dt} \tag{9-33}$$

지금 $i = I_0 + \sum_{n=1}^{\infty} I_{mn} \sin n\omega t$로 표시되는 비정현파 전류가 있을 때 실효치 I는

$$\begin{aligned} I &= \sqrt{\frac{1}{T}\int_0^T i^2\, dt} \\ &= \sqrt{\frac{1}{2\pi}\int_0^{2\pi} \{I_0 + I_{m1}\sin\omega t + I_{m2}\sin 2\omega t + I_{m3}\sin 3\omega t + \cdots\}^2 d(\omega t)} \end{aligned} \tag{9-34}$$

$$\begin{aligned} i^2 &= \{I_0 + I_{m1}\sin\omega t + I_{m2}\sin 2\omega t + I_{m3}\sin 3\omega t + \cdots\}^2 \\ &= I_0^{\,2} + I_{m1}^{\,2}\sin^2\omega t + I_{m2}^{\,2}\sin^2 2\omega t + I_{m3}^{\,2}\sin^2 3\omega t + \cdots \\ &\quad + 2I_0\{I_{m1}\sin\omega t + I_{m2}\sin 2\omega t + I_{m3}\sin 3\omega t + \cdots\} \\ &\quad + 2I_{m1}\sin\omega t\{I_{m2}\sin 2\omega t + I_{m3}\sin 3\omega t + \cdots\} \\ &\quad + 2I_{m2}\sin 2\omega t\{I_{m3}\sin 3\omega t + I_{m4}\sin 4\omega t + \cdots\} \\ &\quad + \cdots \end{aligned}$$

위의 식에서 우변의 각 항을 분류하면

① $I_0^{\,2}$

② 각 정현파의 제곱항

③ I_0와 각 정현파와의 곱의 항

④ 주파수가 다른 정현파와의 곱의 항

과 같이 4가지 항으로 분류할 수 있다. 여기서 i^2의 평균치를 구하면 된다. 그러므로

① $\frac{1}{2\pi}\int_0^{2\pi} I_0^{\,2}\, d(\omega t) = I_0^{\,2}$

② $\frac{1}{2\pi}\int_0^{2\pi} I_{mn}^{\,2}\sin^2 n\omega t\, d(\omega t) = \frac{I_{mn}^{\,2}}{2} = I_n^{\,2}$ $\qquad \left(I_n = \frac{I_{mn}}{\sqrt{2}}\right)$

③ $\frac{1}{2\pi}\int_0^{2\pi} I_0 I_{mn}\sin n\omega t\, d(\omega t) = 0$

④ $\frac{1}{2\pi}\int_0^{2\pi} I_{mn}\sin n\omega t\, I_{mk}\sin k\omega t\, d(\omega t) = 0$ $\qquad (n \neq k)$

이 되고,

$$i^2\text{의 평균} = I_0^{\,2} + I_1^{\,2} + I_2^{\,2} + I_3^{\,2} + \cdots \tag{9-35}$$

과 같이 된다.

따라서 실효치 I는 다음과 같이 된다.

$$I = \sqrt{i^2\text{의 평균}} = \sqrt{I_0^{\,2} + I_1^{\,2} + I_2^{\,2} + I_3^{\,2} + \cdots} \tag{9-36}$$

즉 비정현파 교류의 실효치는 직류성분 및 각 고조파의 실효치의 제곱의 합의 제곱근과 같다.

마찬가지로 비정현파의 전압의 실효치는

$$V = \sqrt{V_0^{\,2} + V_1^{\,2} + V_2^{\,2} + \cdots} \tag{9-37}$$

보통의 교류전압계, 전류계는 파형이 정현파이건 비정현파이건 그 실효치를 지시하지만 가동 코일형 계기는 평균치를 지시하는 데 주의하여야 한다.

비정현파에서 기본파에 비해 고조파성분이 어느 정도 포함되어 있는가 하는 것은 다음 식으로 정의되는 **왜형률**(distortion factor)로 평가한다.

$$\text{왜형률} = \frac{\text{전 고조파의 실효치}}{\text{기본파의 실효치}} = \frac{\sqrt{I_2^{\,2} + I_3^{\,2} + \cdots}}{I_1} \tag{9-38}$$

왜형률이 적은 값일수록 정현파에 가까운 파형임을 알 수 있다. 표 9-2는 대표적인 파형의 왜형률을 나타낸 것이다.

표 9-2 여러 가지 파형의 왜형률

파 형	정현파	직사각파	삼각파	반파정류파	전파정류파
왜형률	0	0.4834	0.1904	0.4352	0.2273

예제 9-4

전압 $v=3+10\sqrt{2}\sin\omega t+10\sqrt{2}\sin\left(3\omega t-\dfrac{\pi}{4}\right)$일 때 실효치 [V]를 구하여라.

풀이 $V=\sqrt{\dfrac{1}{T}\displaystyle\int_0^T v^2dt}=\sqrt{V_0{}^2+V_1{}^2+V_2{}^2+V_3{}^2+\cdots}$ 이므로

$$V_0=3,\quad V_1=\frac{10\sqrt{2}}{\sqrt{2}}=10,\quad V_3=\frac{10\sqrt{2}}{\sqrt{2}}=10$$

$$\therefore\quad V=\sqrt{3^2+10^2+10^2}=14.45\ [\text{V}]$$

예제 9-5

그림 9-13과 같은 3각파의 최대치가 1이라면 실효치와 평균치는 얼마인가?

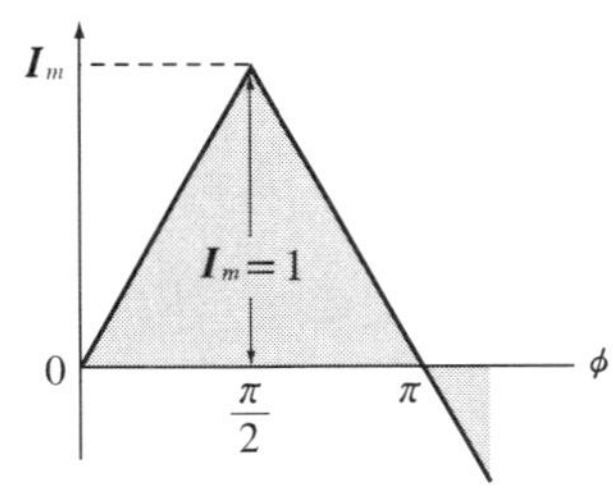

그림 9-13 삼각파

풀이 최대치 $I_m=1$이고, $0<\phi<\dfrac{\pi}{2}$에서 $i=\dfrac{2}{\pi}\phi$이므로 실효치 I는

$$I=\sqrt{\frac{2}{\pi}\int_0^{\pi/2}i^2d\phi}=\sqrt{\frac{2}{\pi}\int_0^{\pi/2}\left(\frac{2}{\pi}\phi\right)^2d\phi}$$

$$=\sqrt{\frac{2}{\pi}\cdot\frac{4}{\pi^2}\int_0^{\pi/2}\phi^2d\phi}$$

$$=\sqrt{\frac{8}{\pi^3}\left[\frac{1}{3}\phi^3\right]_0^{\pi/2}}=\sqrt{\frac{8}{\pi^3}\cdot\frac{1}{3}\left(\frac{\pi}{2}\right)^3}=\frac{1}{\sqrt{3}}$$

또한 평균치 I_{av}는

$$I_{av}=\frac{1}{T}\int_0^T i\,dt=\frac{2}{\pi}\int_0^{\pi/2}\frac{2}{\pi}\phi\cdot d\phi=\frac{2}{\pi}\cdot\frac{2}{\pi}\int_0^{\pi/2}\phi\cdot d\phi$$

$$=\frac{4}{\pi^2}\left[\frac{1}{2}\phi^2\right]_0^{\pi/2}=\frac{1}{2}$$

9.5 비정현파 회로의 해석

비정현파의 선형회로에서 회로해석은 중첩의 원리를 응용하여 직류분은 직류분만의 회로로, 교류분은 각각의 주파수마다의 회로로 분리하여 해석하여 합하면 된다.

1 저항 회로

저항 R만의 회로에

$$v = V_0 + V_{m1}\sin(\omega t+\phi_1) + V_{m2}\sin(2\omega t+\phi_2) + V_{m3}\sin(3\omega t+\phi_3) + \cdots \tag{9-39}$$

의 비정현판 전압을 가하면 회로에 흐르는 전류 i는 중첩의 원리에 의하여

$$i = \frac{V_0}{R} + \frac{V_{m1}}{R}\sin(\omega t+\phi_1) + \frac{V_{m2}}{R}\sin(2\omega t+\phi_2)\phi + \frac{V_{m3}}{R}\sin(3\omega t+\phi_3) + \cdots \tag{9-40}$$

으로 되어 전류는 전압과 동위상의 파형으로 된다.

2 자기 인덕턴스 회로

자기 인덕턴스 L만의 회로에

$$v = V_{m1}\sin(\omega t+\phi_1) + V_{m2}\sin(2\omega t+\phi_2) + V_{m3}\sin(3\omega t+\phi_3) + \cdots \tag{9-41}$$

의 전압을 인가할 때 회로에 흐르는 전류 i는

$$i = \frac{V_{m1}}{j\omega L}\sin(\omega t+\phi_1) + \frac{V_{m2}}{j2\omega L}\sin(2\omega t+\phi_2) + \frac{V_{m3}}{j3\omega L}\sin(3\omega t+\phi_3) + \cdots$$

$$=-j\left\{\frac{V_{m1}}{\omega L}\sin(\omega t+\phi_1)+\frac{V_{m2}}{2\omega L}\sin(2\omega t+\phi_2)\right.$$

$$\left.+\frac{V_{m3}}{3\omega L}\sin(3\omega t+\phi_3)+\cdots\right\}$$

$$=\frac{V_{m1}}{\omega L}\sin\left(\omega t+\phi_1-\frac{\pi}{2}\right)+\frac{V_{m2}}{2\omega L}\sin\left(2\omega t+\phi_2-\frac{\pi}{2}\right)$$

$$+\frac{V_{m3}}{3\omega L}\sin\left(3\omega t+\phi_3-\frac{\pi}{2}\right)+\cdots \qquad (9-42)$$

가 된다. 유도성 리액턴스만의 회로에서는 전류의 위상이 전압의 위상보다 $\pi/2$[rad]만큼 뒤지고, 고조파의 차수가 높을수록 고조파 전류는 감소하고, 전류의 파형은 전압의 파형보다 찌그러짐이 적어져서 정현파에 가까워진다.

3 정전용량 회로

정전용량 C만의 회로에 식 (9-41)의 전압을 인가할 때 회로에 흐르는 전류 i는

$$i=\frac{V_{m1}}{1/j\omega C}\sin(\omega t+\phi_1)+\frac{V_{m2}}{1/j2\omega C}\sin(2\omega t+\phi_2)$$

$$+\frac{V_{m3}}{1/j3\omega C}\sin(3\omega t+\phi_3)+\cdots$$

$$=j\omega CV_{m1}\sin(\omega t+\phi_1)+j2\omega CV_{m2}\sin(2\omega t+\phi_2)$$

$$+j3\omega CV_{m3}\sin(3\omega t+\phi_3)+\cdots$$

$$=\omega CV_{m1}\sin\left(\omega t+\phi_1+\frac{\pi}{2}\right)+2\omega CV_{m2}\sin\left(2\omega t+\phi_2+\frac{\pi}{2}\right)$$

$$+3\omega CV_{m3}\sin\left(3\omega t+\phi_3+\frac{\pi}{2}\right)+\cdots \qquad (9-43)$$

가 된다. 용량성 리액턴스만의 회로에서는 전류의 위상이 전압의 위상보다 $\pi/2$[rad] 만큼 앞서게 되고, 고조파의 차수가 높을수록 고조파 전류는 증가하며, 전류의 파형이 전압의 파형보다 찌그러짐이 크다.

예제 9-6

$v = 200\sqrt{2}\sin\omega t + 100\sqrt{2}\sin 3\omega t + 50\sqrt{2}\sin 5\omega t$ [V]인 전압을 R-L 직렬 회로에 가할 때 제3고조파 전류의 실효값[A]을 구하여라. 단, $R = 8[\Omega]$, $\omega L = 2[\Omega]$

풀이 제3고조파에 대한 임피던스 Z_3는

$$Z_3 = \sqrt{R^2 + (3\omega L)^2} = \sqrt{8^2 + (3 \times 2)^2} = 10\ [\Omega]$$

$$\therefore\ I_3 = \frac{E_{m3}/\sqrt{2}}{Z_3} = \frac{100\sqrt{2}/\sqrt{2}}{10} = 10\ [\mathrm{A}]$$

9.6 비정현파의 전력

2단자망의 단자전압과 단자전류가 각각

$$v(t) = V_0 + V_{m1}\sin(\omega t + \alpha_1) + V_{m2}\sin(2\omega t + \alpha_2) + \cdots$$

$$i(t) = I_0 + I_{m1}\sin(\omega t + \beta_1) + I_{m2}\sin(2\omega t + \beta_2) + \cdots \tag{9-44}$$

와 같이 표시되는 비정현파일 때, 회로에 공급되는 순시전력은 $p = vi$가 되고 평균 전력은

$$P = \frac{1}{T}\int_0^T vi\, dt \tag{9-45}$$

이다. 그런데 식 (9-44)의 두 식을 곱하여 보면 다음 4가지 항으로 분류할 수 있음을 알 수 있다.

① $V_0 I_0$
② 일정치와 정현파와의 곱의 항
③ 주파수가 같은 두 정현파의 제곱의 항
④ 주파수가 다른 두 정현파의 곱의 항

이들 각 항의 평균치를 구해야 되는데 ①의 평균치는 $V_0 I_0$, ②와 ④의 평균치는

4절에서와 마찬가지로 0이다. ③의 평균치는

$$\frac{1}{T}\int_0^T V_{mn} I_{mn} \sin(n\omega t + \alpha_n) \sin(n\omega t + \beta_n) dt$$

$$= \frac{V_{mn} I_{mn}}{T}\int_0^T \sin(n\omega t + \alpha_n) \sin(n\omega t + \alpha_n - \theta_n) dt$$

$$(n = 1,\ 2,\ 3,\ \cdots) \tag{9-46}$$

단, $\theta_n = \alpha_n - \beta_n =$ 제 n고조파의 전압, 전류의 위상차

여기서 삼각공식

$$\sin x \sin y = \frac{1}{2}[\cos(x-y) - \cos(x+y)] \tag{9-47}$$

를 이용하여 피적분함수를 전개한 다음 적분하면 그 결과는

$$\frac{1}{2} V_{mn} I_{mn} \cos\theta_n = V_n I_n \cos\theta_n$$

과 같이 된다. 이상으로부터 평균전력은

$$P = V_0 I_0 + \sum_{n=1}^{\infty} V_n I_n \cos\theta_n$$

$$= V_0 I_0 + V_1 I_1 \cos\theta_1 + V_2 I_2 \cos\theta_2 + \cdots$$

$$= P_0 + P_1 + P_2 + \cdots \tag{9-48}$$

즉 비정현파에 의하여 회로에 공급되는 평균전력은 각 고조파가 단독적으로 공급하는 평균전력의 합과 같다.

예제 9-7

다음과 같은 비정현파 전압 및 전류에 의한 평균전력을 구하여라.

$v = 100\sin(\omega t + 30°) - 50\sin(3\omega t + 60°) + 25\sin(5\omega t)$

$i = 20\sin(\omega t - 30°) + 15\sin(3\omega t + 30°) + 10\cos(5\omega t - 60°)$

풀이 $P = V_0 I_0 + V_1 I_1 \cos\theta_1 + V_2 I_2 \cos\theta_2 + \cdots$이므로

$$P = \frac{100}{\sqrt{2}} \times \frac{20}{\sqrt{2}} \cos 60° + \frac{(-50)}{\sqrt{2}} \times \frac{15}{\sqrt{2}} \cos 30° + \frac{25}{\sqrt{2}} \times \frac{10}{\sqrt{2}} \cos 30°$$

$$= 500 - 324.75 + 108.25 = 283.5\ [\mathrm{W}]$$

연 습 문 제

1. 전압-전류 관계가 $i=e^2$과 같이 표시되는 비선형 소자에 1[kHz]의 정현전압을 가할 때, 전류파에 포함되는 주파수 성분은 어떤 것인가?

2. 그림 9-14와 같이 $Y(x)$가 0에서 π까지는 $+I$, π에서 2π까지는 $-I$이며, 이것이 반복되는 주기함수일 때, $Y(x)$를 푸리에 급수로 전개하여라.

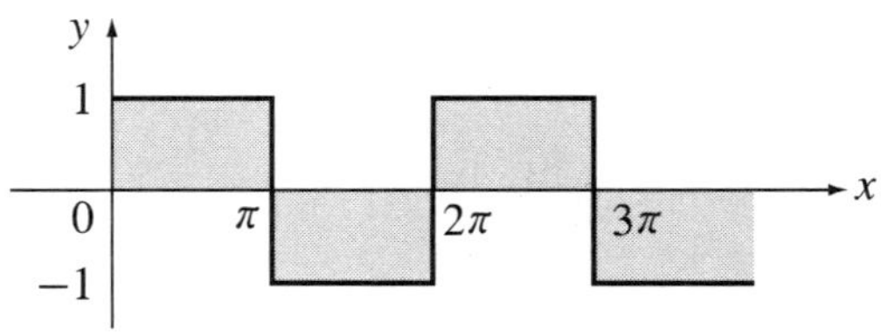

그림 9-14

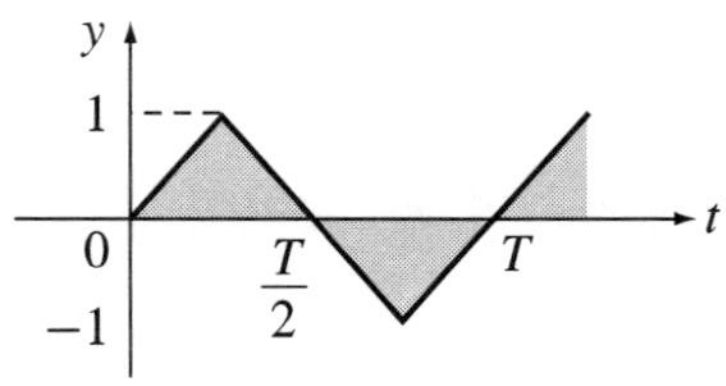

그림 9-15

3. 그림 9-15와 같은 삼각파를 푸리에 급수로 전개하여라.

4. ϕ가 0에서 π까지는 $i=20[\text{A}]$, π에서 2π까지는 $i=0[\text{A}]$인 파형을 푸리에 급수로 전개할 때 A_0을 구하여라.

5. 전류 $i=30\sin\omega t+40\sin(3\omega t+45°)$의 실효값 [A]을 구하여라.

6. R-C 직렬회로의 양단에 $e=40+50\sqrt{2}\sin 2\omega t+100\sqrt{2}\sin 4\omega t$인 전압을 가할 때, 제2고조파의 실효치는 몇 [A]인가?

   단, $R=4[\Omega]$, $\dfrac{1}{\omega C}=6[\Omega]$이다.

7. 전압 $v=V\sin\omega t$, 전류 $i=I(\sin\omega t-\sin 3\omega t)$의 교류의 평균전력 [W]을 구하여라.

8. $R=8[\Omega]$, $\omega L=6[\Omega]$인 R-L 직렬회로에 $e=100\sin\omega t+80\sin\omega t[\text{V}]$의 전압을 가할 때 이 회로의 소비전력은 몇 [W]인가?

9. 전압 $e=E\sin\omega t$, 전류 $i=I(\sin\omega t-\sin 3\omega t)$의 교류의 평균전력은 몇 [W]인가?

10. R-L 직렬회로에 $i = I_1 \sin \omega t + I_3 \sin 3\omega t$의 전류를 흘리는 데 필요한 단자전압 e는 몇 [V]인가?

11. 변형파 전압 $e = 100\sqrt{2}\sin \omega t + 50\sqrt{2}\sin 2\omega t + 30\sqrt{2}\sin 3\omega t$의 왜형률을 구하여라.

12. 전류 i가 1[H]의 인덕터에 흐르고 있을 때 인덕터에 축적되는 에너지 [J]는 얼마인가? 단, $i = 5 + 10\sqrt{2}\sin 100t + 5\sqrt{2}\sin 200t$이다.

Chapter 10
2단자 회로망

10.1 2단자 회로망

전기회로에서 한 쌍의 단자를 갖는 임의의 회로망을 **2단자 회로망**(two terminal network) 또는 간단하게 2단자망이라 한다. 이 장에서는 **수동선형 회로망**만을 취급한다. 그 내부 구조는 불문에 부치고 두 단자에서의 특성만 문제삼을 때 단자에서 본 임피던스 또는 어드미턴스는 완전히 그 회로망을 특징짓는다. 단자에서 본 임피던스란 말은 단자전압과 단자전류의 비를 의미하며 **입력 임피던스**(input impedance) 또는 **구동점 임피던스**(driving-point impedance)라고 부른다. 일반적으로 2단자 회로망의 구동점 임피던스는 회로 내의 모든 소자의 값과 주파수의 복잡한 함수이다. 하나의 2단자 회로망의 입력 임피던스가 다른 어떤 2단자 회로망의 입력 임피던스와 같을 때 이 두 개의 2단자 회로망은 서로 **등가**(equivalent)라고 한다. 따라서 서로 등가인 두 개의 2단자 회로망에서는 동일한 단자전압이 나타난다. 즉 등가인 2단자 회로망은 서로 대치하여도 외부에는 하등의 변화를 주지 않지만 내부에서는 달라진다. 특히 주의할 것은 일반적으로 두 회로가 한 주파수에서 등가이더라도 다른 주파수에서는 등가가 아니라는 점이다. 그러므로 이 장에서는 주로 구동점 임피던스의 주파수 특성에 관하여 기술한다.

10.2 일반 2단자 회로망의 임피던스

그림 10-1과 같이 내부에 전원을 갖지 않는 수동선형 회로망의 단자 a, b 사이에 기전력 $\boldsymbol{E}_1$을 가하면 키르히호프의 법칙에 의해 다음과 같은 식을 구할 수 있다.

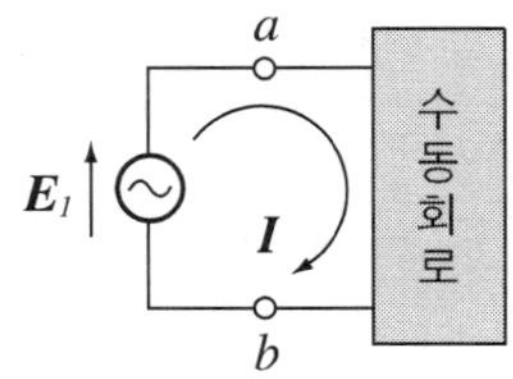

그림 10-1 2단자 회로망

$$\begin{bmatrix} \boldsymbol{Z}_{11} & \boldsymbol{Z}_{12} \cdots \boldsymbol{Z}_{1n} \\ \boldsymbol{Z}_{21} & \boldsymbol{Z}_{22} \cdots \boldsymbol{Z}_{2n} \\ \cdots & \cdots \cdots \cdots \\ \boldsymbol{Z}_{n1} & \boldsymbol{Z}_{n2} \cdots \boldsymbol{Z}_{nn} \end{bmatrix} \begin{bmatrix} \boldsymbol{I}_1 \\ \boldsymbol{I}_2 \\ \vdots \\ \boldsymbol{I}_n \end{bmatrix} = \begin{bmatrix} \boldsymbol{E}_1 \\ 0 \\ \vdots \\ 0 \end{bmatrix} \tag{10-1}$$

위의 식에서 각 지로 전류는

$$\begin{bmatrix} \boldsymbol{I}_1 \\ \boldsymbol{I}_2 \\ \vdots \\ \boldsymbol{I}_n \end{bmatrix} = \begin{bmatrix} \boldsymbol{Z}_{11} & \boldsymbol{Z}_{12} \cdots \boldsymbol{Z}_{1n} \\ \boldsymbol{Z}_{21} & \boldsymbol{Z}_{22} \cdots \boldsymbol{Z}_{2n} \\ \cdots & \cdots \cdots \cdots \\ \boldsymbol{Z}_{n1} & \boldsymbol{Z}_{n2} \cdots \boldsymbol{Z}_{nn} \end{bmatrix}^{-1} \begin{bmatrix} \boldsymbol{E}_1 \\ 0 \\ \vdots \\ 0 \end{bmatrix}$$

$$= \frac{1}{\Delta} \begin{bmatrix} \Delta_{11} & \Delta_{21} \cdots \Delta_{n1} \\ \Delta_{12} & \Delta_{22} \cdots \Delta_{n2} \\ \cdots & \cdots \cdots \cdots \\ \Delta_{1n} & \Delta_{2n} \cdots \Delta_{nn} \end{bmatrix} \begin{bmatrix} \boldsymbol{E}_1 \\ 0 \\ \vdots \\ 0 \end{bmatrix} \tag{10-2}$$

그러므로

$$\boldsymbol{I}_1 = \frac{\Delta_{11}}{\Delta} \boldsymbol{E}_1 = \frac{1}{\dfrac{\Delta}{\Delta_{11}}} \boldsymbol{E}_1 \tag{10-3}$$

따라서 단자 a, b 사이에서 본 구동점 임피던스 $\boldsymbol{Z}$는

$$\boldsymbol{Z} = \frac{\Delta}{\Delta_{11}} \tag{10-4}$$

여기서

$$\Delta = \begin{bmatrix} \boldsymbol{Z}_{11} & \boldsymbol{Z}_{12} \cdots \boldsymbol{Z}_{1n} \\ \boldsymbol{Z}_{21} & \boldsymbol{Z}_{22} \cdots \boldsymbol{Z}_{2n} \\ \cdots & \cdots \cdots \cdots \\ \boldsymbol{Z}_{n1} & \boldsymbol{Z}_{n2} \cdots \boldsymbol{Z}_{nn} \end{bmatrix} \tag{10-5}$$

Δ_{11}은 1행 1열의 여인자(cofactor)이다.

예를 들어, $n=2$일 때 $j=1, 2$, $k=1, 2$이고, 임피던스의 임의의 요소를

$$\boldsymbol{Z}_{jk}=R_{jk}+j\omega L_{jk}+\frac{1}{j\omega C_{jk}}$$

$$j\omega=s$$

라 하면

$$\boldsymbol{Z}_{11}=R_{11}+j\omega L_{11}+\frac{1}{j\omega C_{11}}=R_{11}+sL_{11}+\frac{1}{sC_{11}}$$

$$\boldsymbol{Z}_{12}=R_{12}+j\omega L_{12}+\frac{1}{j\omega C_{12}}=R_{12}+sL_{12}+\frac{1}{sC_{12}}$$

$$\boldsymbol{Z}_{21}=R_{21}+j\omega L_{21}+\frac{1}{j\omega C_{21}}=R_{21}+sL_{21}+\frac{1}{sC_{21}}$$

$$\boldsymbol{Z}_{22}=R_{22}+j\omega L_{22}+\frac{1}{j\omega C_{22}}=R_{22}+sL_{22}+\frac{1}{sC_{22}} \qquad (10-6)$$

$$\begin{aligned}\Delta&=\begin{bmatrix}\boldsymbol{Z}_{11} & \boldsymbol{Z}_{12}\\ \boldsymbol{Z}_{21} & \boldsymbol{Z}_{22}\end{bmatrix}=\boldsymbol{Z}_{11}\boldsymbol{Z}_{22}-\boldsymbol{Z}_{12}\boldsymbol{Z}_{21}\\ &=\frac{1}{s^2}\left\{\left(\frac{1}{C_{11}C_{22}}-\frac{1}{C_{12}C_{21}}\right)+\left(\frac{R_{11}}{C_{22}}+\frac{R_{22}}{C_{11}}-\frac{R_{12}}{C_{21}}-\frac{R_{21}}{C_{12}}\right)s\right.\\ &\quad+\left(R_{11}R_{22}+\frac{L_{11}}{C_{22}}+\frac{L_{22}}{C_{11}}-R_{12}R_{21}-\frac{L_{12}}{C_{21}}-\frac{L_{21}}{C_{12}}\right)s^2\\ &\quad+(R_{11}L_{22}+L_{11}R_{22}-L_{12}R_{21}-R_{12}L_{21})s^3\\ &\quad\left.+(L_{11}L_{22}-L_{12}L_{21})s^4\right\}\end{aligned} \qquad (10-7)$$

여기서

$$a_0=\frac{1}{C_{11}C_{22}}-\frac{1}{C_{12}C_{21}}$$

$$a_1=\frac{R_{11}}{C_{22}}+\frac{R_{22}}{C_{11}}-\frac{R_{12}}{C_{21}}-\frac{R_{21}}{C_{12}}$$

$$a_2=R_{11}R_{22}+\frac{L_{11}}{C_{22}}+\frac{L_{22}}{C_{11}}-R_{12}R_{21}-\frac{L_{12}}{C_{21}}-\frac{L_{21}}{C_{12}}$$

$$a_3=R_{11}L_{22}+L_{11}R_{22}-L_{12}R_{21}-R_{12}L_{21}$$

$$a_4=L_{11}L_{22}-L_{12}L_{21}$$

이라고 놓으면

$$\Delta = \frac{1}{s^2}(a_0 + a_1 s + a_2 s^2 + a_3 s^3 + a_4 s^4) \tag{10-8}$$

또 $n = 2$일 때 식 (10-4)와 Δ_{11}은 식 (10-7)에서 $\boldsymbol{Z}_{22}$이므로

$$\Delta_{11} = \boldsymbol{Z}_{22} = R_{22} + sL_{22} + \frac{1}{sC_{22}} = \frac{1}{s}\left(\frac{1}{C_{22}} + sR_{22} + s^2 L_{22}\right)$$

$$= \frac{1}{s}(b_1 + sb_2 + s^2 b_3) \tag{10-9}$$

여기서

$$b_1 = \frac{1}{C_{22}}, \qquad b_2 = R_{22}, \qquad b_3 = L_{22}$$

따라서

$$\boldsymbol{Z} = \frac{\Delta}{\Delta_{11}} = \frac{a_0 + sa_1 + s^2 a_2 + s^3 a_3 + s^4 a_4}{sb_1 + s^2 b_2 + s^3 b_3} \tag{10-10}$$

식 (10-10)을 일반식으로 나타내면 다음과 같이 s의 다항식으로 된다.

$$\boldsymbol{Z}(s) = \frac{\dfrac{1}{s^n}(a_0 + sa_1 + s^2 a_2 + \cdots + s^{2n} a_{2n})}{\dfrac{1}{s^{n-1}}(b_1 + sb_2 + \cdots + s^{2n-2} b_{2n-1})}$$

$$= \frac{a_0 + sa_1 + s^2 a_2 + \cdots + s^{2n} a_{2n}}{sb_1 + s^2 b_2 + \cdots + s^{2n-1} b_{2n-1}} \tag{10-11}$$

R_{jk}, L_{jk}, C_{jk}는 모든 실수이므로 분모, 분자의 s의 계수 $a_0, a_1, \cdots, a_n$; $b_1, b_2, \cdots, b_n$은 모든 실수이다. 분모, 분자의 s의 차수에 대해서는 분자가 1차 높거나, 같거나, 1차 낮거나 한 3가지밖에 없다. $\boldsymbol{Z}(s)$는 s가 실수이면 실수가 되는 유리함수이다.

$\boldsymbol{Z}(j\omega)$의 실수부는 수동회로에서 부(−)가 되지 않음을 알 수 있다. 이와 같은 성질을 가진 $\boldsymbol{Z}(s)$는 정의 실함수(positive real function)이다.

$\boldsymbol{Z}(s)$가 0이 되는 s의 값을 영점(zero), $\boldsymbol{Z}(s)$가 무한대가 되는 s의 값을 극(pole)이라고 한다.

이상을 요약하면 다음과 같다.

① $Z(s)$의 실수부는 0 또는 (+)이다.

② $Z(s)$의 영점과 극은 s평면의 허축을 포함한 왼쪽 반평면 위에 있다.

③ $Z(s)$의 분자의 최고 차수와 분모의 최고 차수의 차는 0 또는 1이다.

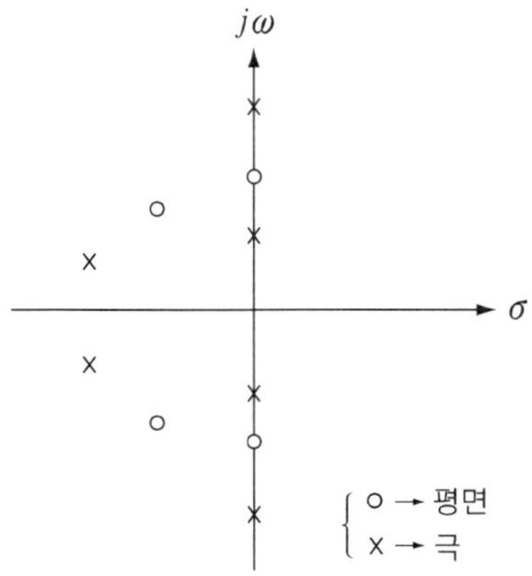

그림 10-2 S-평면

식 (10-11)에서 $s = j\omega$라 하면

$$Z(j\omega) = \frac{a_0 - a_2\omega^2 + \cdots + (-1)^n a_{2n}\omega^{2n} + }{-b_2\omega^2 + b_4\omega^4 - \cdots + (-1)^{n-1} b_{2n-2}\omega^{2n-2} + }$$

$$\frac{j\omega\{a_1 - a_3\omega^2 + \cdots + (-1)^{n-1} a_{2n-1}\omega^{2n-2}\}}{j\omega\{b_1 - b_3\omega^2 + \cdots + (-1)^{n-1} b_{2n-1}\omega^{2n-2}\}} \qquad (10-12)$$

위 식의 분자, 분모의 실수부를 각각 $A_0(\omega)$, $B_0(\omega)$, 허수부를 각각 $A_1(\omega)$, $B_1(\omega)$라 하면

$$Z(j\omega) = \frac{A_0(\omega) + jA_1(\omega)}{B_0(\omega) + jB_1(\omega)} \qquad (10-13)$$

가 되고, $A_0(\omega)$, $B_0(\omega)$는 우함수, $A_1(\omega)$, $B_1(\omega)$는 기함수이다.

다음에 $Z(j\omega)$를 실수부와 허수부로 나누어

$$Z(j\omega) = R(\omega) + jX(\omega) \qquad (10-14)$$

라 하면, $R(\omega)$는 실효저항, $X(\omega)$는 실효 리액턴스가 된다. $R(\omega)$는 우함수가 되고, $X(\omega)$는 기함수가 된다.

예제 10-1

어떤 2단자 회로망의 임피던스가 $Z(s) = \dfrac{3s}{s^2 + 2s + 2}$일 때, 영점과 극을 구하여라.

풀이 영점은 $Z(s) = 0$일 때 s의 값이므로 (분자)=0이 되는 s의 값, 즉

$3s = 0 \quad \therefore\ s = 0$

극은 $Z(s)=\infty$일 때 s의 값이므로 (분모)=0이 되는 s의 값, 즉

$$s^2+2s+2=0$$

$$\therefore\ s=-1\pm j$$

10.3 리액턴스 2단자 회로망의 주파수 특성

선형회로의 요소가 유도 리액턴스와 용량 리액턴스의 결합으로 된 회로를 리액턴스 회로망(reactance network)이라고 한다. 이 회로의 큰 특징의 하나는 전력의 소비가 없다는 것이다. 그러나 실제의 코일이나 콘덴서는 다소의 저항성분을 가지고 있지만 이론상 저항성분이 없을 때에 대한 특성을 생각해 보기로 한다.

1 L 회로

그림 10-3 (a)와 같은 자기 인덕턴스 $\boldsymbol{L}$만의 회로의 임피던스는

$$\boldsymbol{Z}(j\omega)=j\omega\boldsymbol{L}=j\boldsymbol{X}$$

$$\boldsymbol{Z}(s)=s\boldsymbol{L}$$

그리고

$$\boldsymbol{X}=\omega\boldsymbol{L}$$

$$\frac{dX}{d\omega}=\boldsymbol{L}>0$$

따라서 $\boldsymbol{Z}(s)$의 영점은 $s=0$, 극은 $s=\infty$이다.

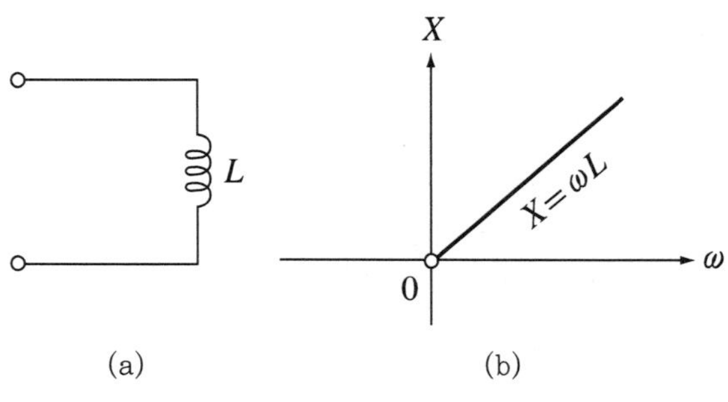

그림 10-3 L회로와 주파수 특성

2 C 회로

그림 10-4 (a)와 같은 커패시턴스 C만의 회로의 임피던스는

$$\boldsymbol{Z}(j\omega) = jX = -j\frac{1}{\omega C}$$

$$\boldsymbol{Z}(s) = \frac{1}{sC}$$

그리고

$$X = -\frac{1}{\omega C}$$

$$\frac{dX}{d\omega} = \frac{1}{\omega^2 C} > 0$$

따라서 $\boldsymbol{Z}(s)$의 영점은 $s = \infty$, 극은 $s = 0$이다.

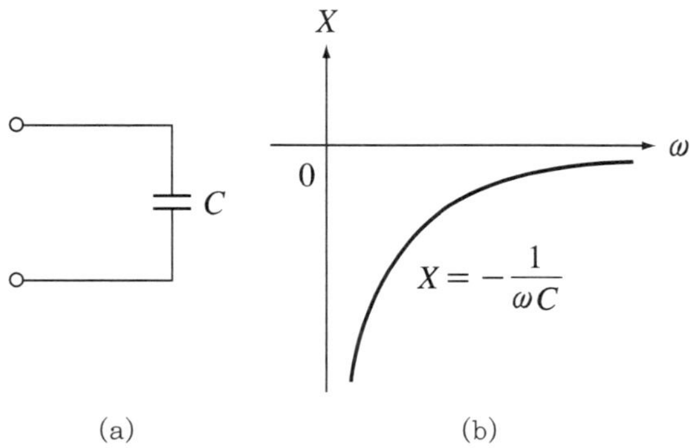

그림 10-4 C 회로와 주파수 특성

3 L-C 직렬회로

그림 10-5 (a)와 같은 L-C 직렬회로의 임피던스는

$$\boldsymbol{Z}(j\omega) = jX = j\omega L + \frac{1}{j\omega C} = j\left(\omega L - \frac{1}{\omega C}\right) = jL\frac{\omega^2 - {\omega_0}^2}{\omega}$$

$$\boldsymbol{Z}(s) = sL + \frac{1}{sC} = \frac{s^2 LC + 1}{sC}$$

$$= L\frac{s^2 + {\omega_0}^2}{s}$$

단, $\omega_0 = \dfrac{1}{\sqrt{LC}}$

그리고

$$X = L\frac{\omega^2 - {\omega_0}^2}{\omega}$$

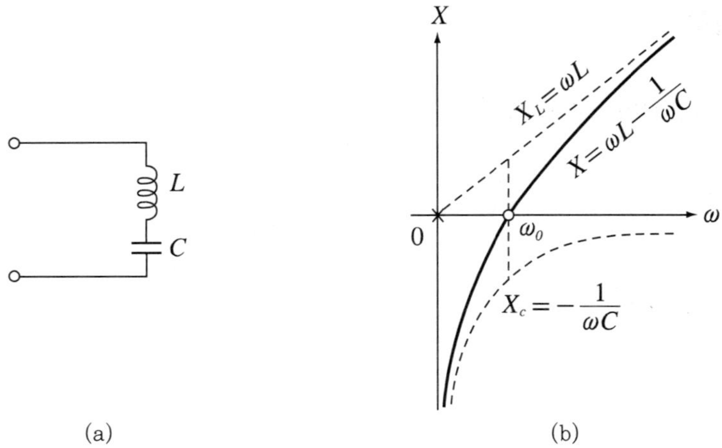

그림 10-5 L-C 직렬회로와 주파수 특성

$$\frac{dX}{d\omega} = L\frac{\omega^2 + {\omega_0}^2}{\omega^2} > 0$$

따라서 $\boldsymbol{Z}(s)$의 영점은 $s = \pm j\omega_0$, 극은 $s = 0$이며, 리액턴스 X의 주파수 특성은 그림 10-5 (b)와 같다.

4 L-C 병렬회로

그림 10-6 (a)와 같은 L-C 병렬회로의 어드미턴스 $\boldsymbol{Y}$는

$$\boldsymbol{Y} = j\omega C + \frac{1}{j\omega L} = sC + \frac{1}{sL} = \frac{s^2LC + 1}{sL}$$

로 표시되고 임피던스는

$$\boldsymbol{Z}(s) = \frac{1}{\boldsymbol{Y}(s)} = \frac{sL}{s^2LC + 1} = \frac{1}{C} \cdot \frac{s}{s^2 + \frac{1}{LC}} = \frac{1}{C} \cdot \frac{s}{s^2 + {\omega_0}^2}$$

단, ${\omega_0}^2 = \frac{1}{LC}$

$$X = -\frac{1}{C} \cdot \frac{\omega}{\omega^2 - {\omega_0}^2}$$

$$\frac{dX}{d\omega} = \frac{1}{C} \cdot \frac{\omega^2 - {\omega_0}^2}{(\omega^2 - {\omega_0}^2)^2} > 0$$

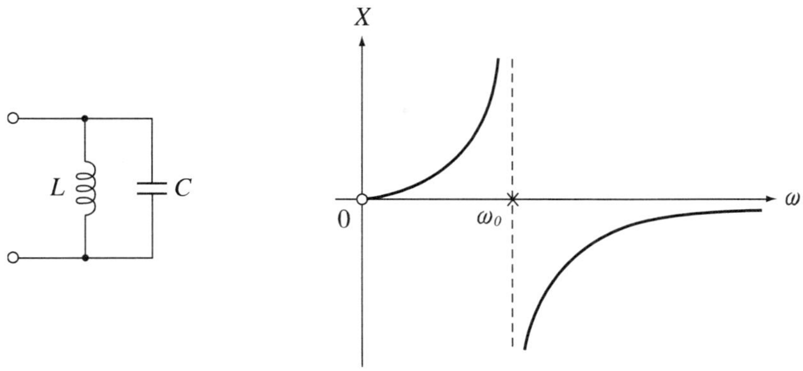

그림 10-6 L-C 병렬회로와 주파수 특성

따라서 $\boldsymbol{Z}(s)$의 영점은 $s=0$, ∞, 극은 $s=\pm j\omega_0$이며, 리액턴스 X의 주파수 특성은 그림 10-6 (b)와 같다.

5 L_1, L_2, C의 직·병렬회로

그림 10-7 (a)와 같은 직·병렬회로의 임피던스는

$$\boldsymbol{Z}(j\omega)=j\omega L_1+\frac{j\omega L_2}{1-\omega^2 L_2 C}=j\left(\omega L_1+\frac{\omega L_2}{1-\omega^2 L_2 C}\right)$$

$$\boldsymbol{Z}(s)=sL_1+\frac{sL_2}{s^2 L_2 C+1}=\frac{s^3 L_1 L_2 C+s(L_1+L_2)}{s^2 L_2 C+1}$$

그리고

$$X=\omega L_1+\frac{\omega L_2}{1-\omega^2 L_2 C}=\omega L_1-\frac{1}{C}\cdot\frac{\omega}{\omega^2-\dfrac{1}{L_2 C}}$$

$$=\omega L_1-\frac{1}{C}\cdot\frac{\omega}{\omega^2-\omega_1^2}$$

단, $\omega_1^2=\dfrac{1}{L_2 C}$, $\quad \omega_2^2=\dfrac{L_1+L_2}{L_1 L_2 C}=\dfrac{1}{L_2 C}\left(1+\dfrac{L_2}{L_1}\right)>\omega_1^2$

$$\frac{dX}{d\omega}=L_1+\frac{1}{C}\cdot\frac{\omega^2-\omega_1^2}{(\omega^2-\omega_1^2)^2}>0$$

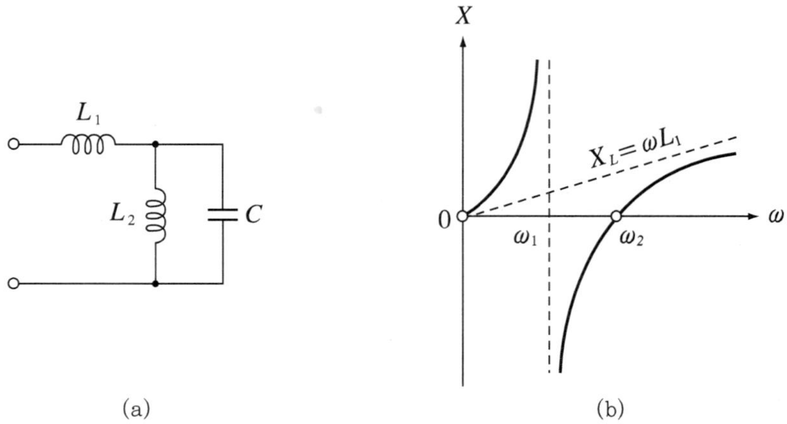

그림 10-7 L-C 직병렬회로와 주파수 특성

따라서 $\boldsymbol{Z}(s)$의 영점은 $s=0$, $\pm j\omega_2$, 극은 $s=\pm j\omega_1$, ∞이며, 리액턴스 X의 주파수 특성은 그림 10-7 (b)와 같다.

여기서 영점을 **공진점**(resonant point)이라 하며, 공진점의 주파수를 **공진주파수**(resonant frequency)라 하고, 극을 **반공진점**(anti-resonant point)이라 하며, 반공진점의 주파수를 **반공진주파수**(anti-resonant frequency)라 한다.

10.4 리액턴스 함수

리액턴스 2단자 회로망의 구동점 임피던스는 ω의 함수로서 어떠한 형으로 나타낼 수 있는가를 알아보자.

두 단자 간의 임피던스 $\boldsymbol{Z}$는 식 (10-4)에서 일반적으로 $\boldsymbol{Z}=\Delta/\Delta_{11}$이었으나, 리액턴스 회로망에서 임의의 요소 $\boldsymbol{Z}_{jk}$는

$$\boldsymbol{Z}_{jk}=j\omega L_{jk}+\frac{1}{j\omega C_{jk}}=\frac{L_{jk}}{s}(s^2+\omega_{jk}{}^2) \tag{10-15}$$

단, $L_{jk}\neq 0$, $\quad \omega_{jk}{}^2=\dfrac{1}{L_{jk}C_{jk}}$

이것을 식 (10-5)의 Δ에 대입하면

$$\Delta = \left(\frac{1}{s}\right)^n \begin{vmatrix} (s^2+\omega_{11}^2)L_{11} & (s^2+\omega_{12}^2)L_{12} \cdots (s^2+\omega_{1n}^2)L_{1n} \\ (s^2+\omega_{21}^2)L_{21} & (s^2+\omega_{22}^2)L_{22} \cdots (s^2+\omega_{2n}^2)L_{2n} \\ \cdots & \cdots \qquad \cdots \\ (s^2+\omega_{n1}^2)L_{n1} & (s^2+\omega_{n2}^2)L_{n2} \cdots (s^2+\omega_{nn}^2)L_{nn} \end{vmatrix} \tag{10-16}$$

이 되고, 행렬식의 가운데는 s^2에 관해서 n차가 된다. 이제 $\Delta=0$의 근을 $-\omega_1^2, -\omega_3^2, \cdots, -\omega_{2n-1}^2$이라 하면

$$\Delta = \left(\frac{1}{s}\right)^n A(s^2+\omega_1^2)(s^2+\omega_3^2)\cdots(s^2+\omega_{2n-1}^2) \tag{10-17}$$

단, A는 s^2의 최고차의 계수이므로

$$A = \begin{vmatrix} L_{11} & L_{12} \cdots L_{1n} \\ L_{21} & L_{22} \cdots L_{2n} \\ \cdots & \cdots \cdots \cdots \\ L_{n1} & L_{n2} \cdots L_{nn} \end{vmatrix}$$

이 된다. 그런데 평균전기에너지 $T_a = \frac{1}{2}\sum_{k=1}^{n}\sum_{j=1}^{n} L_{jk}I_jI_k$는 0 또는 (+)의 값을 가지므로 $A \geq 0$이 된다.

같은 방법으로 $\Delta_{11}=0$의 근을 $-\omega_2^2$, $-\omega_4^2$, $\cdots$, $-\omega_{2n-2}^2$이라 하면

$$\Delta_{11} = \left(\frac{1}{s}\right)^n B(s^2+\omega_2^2)(s^2+\omega_4^2)\cdots(s^2+\omega_{2n+2}^2) \tag{10-18}$$

단,

$$B = \begin{vmatrix} L_{22} & L_{23} \cdots L_{2n} \\ L_{32} & L_{33} \cdots L_{3n} \\ \cdots & \cdots \cdots \cdots \\ L_{n2} & L_{n3} \cdots L_{nn} \end{vmatrix} \geq 0$$

그러므로

$$\boldsymbol{Z}(s) = \frac{\Delta}{\Delta_{11}} = H\frac{(s^2+\omega_1^2)(s^2+\omega_3^2)\cdots(s^2+\omega_{2n-3}^2)(s^2+\omega_{2n-1}^2)}{s(s^2+\omega_2^2)(s^2+\omega_4^2)\cdots(s^2+\omega_{2n-2}^2)} \tag{10-19}$$

단, $H = \dfrac{A}{B} > 0$

$0 \leq \omega_1 < \omega_2 < \cdots < \omega_{2n-2} < \omega_{2n-1} \leq \infty$

의 형으로 표시된다. 이와 같이 2단자 임피던스를 ω의 함수형으로 나타낸 것을 **리액턴스 함수**(reactance function)라 한다. 여기서 $\omega^2 = {\omega_1}^2$, $\omega^2 = {\omega_3}^2$, $\omega^2 = {\omega_5}^2$, $\cdots$, $\omega^2 = {\omega_{2n-1}}^2$일 때 $\Delta = 0$이 되어 구동점 임피던스 Z는 0이 된다. 이때의 ω_1, ω_3, $\cdots$, ω_{2n-1}은 공진 각주파수이다.

또 $\omega^2 = 0$, $\omega^2 = {\omega_2}^2$, $\omega^2 = {\omega_4}^2$, $\cdots$, $\omega^2 = {\omega_{2n-2}}^2$일 때 $\Delta_{11} = 0$이 되어 구동점 임피던스 $\boldsymbol{Z}$는 무한대가 된다. 이때의 ω_0, ω_2, $\omega_4, \cdots$, ω_{2n-2}는 반공진 각주파수이다.

그리고 이 두 주파수를 일괄하여 **임계주파수**(critical frequency)라 한다.

리액턴스 2단자 회로망에서의 구동점 임피던스(driving-point impedance) $\boldsymbol{Z}(s)$는 다음의 성질을 갖고 있다.

① $\boldsymbol{Z}(s)$의 극과 영점은 단일근(simple)이고, 모두 허축상에 교대로 존재하여야 한다.

② $\boldsymbol{Z}(s)$의 영점은 단일근이며 허축상에만 있고, 그 극의 유수는 정(正)의 실수(positive real)이어야 한다.

③ $\boldsymbol{Z}(s)$의 영점은 단일근이며 허축상에만 있고, 그 영점에서 $d\boldsymbol{Z}(s)/ds$는 정의 실수이고 0이 아니어야 한다.

위의 3가지 성질은 $\boldsymbol{Z}(s)$가 리액턴스 2단자 회로망의 구동점 임피던스가 되기 위한 필요충분조건이고, 이것을 **포스터(Foster)의 리액턴스 정리**라 한다.

예제 10-2

임피던스 $\boldsymbol{Z}(s) = \dfrac{4s+2}{s}$로 표시되는 2단자 회로망을 그려라.

풀이

$$\boldsymbol{Z}(s) = \frac{4s+2}{s} = 4 + \frac{2}{s} = 4 + \frac{1}{s\frac{1}{2}}$$

$$= 4 + \frac{1}{j\omega\frac{1}{2}} = R + \frac{1}{j\omega C}$$

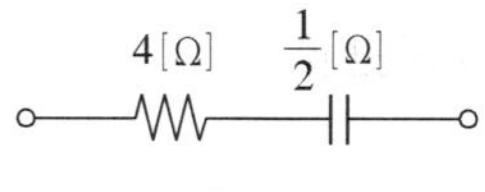

그림 10-8

따라서 그림 10-8과 같은 R-C 직렬접속 회로가 된다.

예제 10-3

그림 10-9와 같은 2단자 회로망의 반공진 각주파수 ω_2를 구하여라. 단, $L_1 = 10\,[\mathrm{mH}]$, $L_2 = 0.1\,[\mathrm{mH}]$, $C_1 = 1\,[\mu\mathrm{F}]$이다.

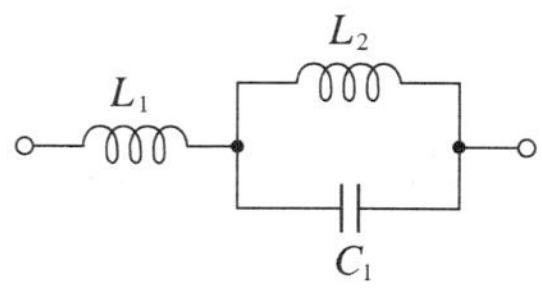

그림 10-9

풀이 구동점 임피던스 $\boldsymbol{Z}(j\omega)$는

$$\boldsymbol{Z}(j\omega) = j\omega L_1 + \frac{L_2/C_1}{j\left(\omega L_2 - \dfrac{1}{\omega C_1}\right)}$$

$$= \frac{-\omega L_1\left(\omega L_2 - \dfrac{1}{\omega C_1}\right) + \dfrac{L_2}{C_1}}{j\left(\omega L_2 - \dfrac{1}{\omega C_1}\right)} = j\omega L_1 \frac{\left(\omega^2 - \dfrac{L_1 + L_2}{L_1 L_2 C_1}\right)}{\left(\omega_2 - \dfrac{1}{L_2 C_1}\right)}$$

공진 각주파수 : $\omega_1 = 0$, $\omega_3 = \sqrt{\dfrac{L_1 + L_2}{L_1 L_2 C_1}}$

반공진 각주파수 : $\omega_2 = \sqrt{\dfrac{1}{L_2 C_1}}$

$$\therefore\ \omega_2 = \sqrt{\frac{1}{L_2 C_1}} = \sqrt{\frac{1}{0.1 \times 10^{-3} \times 1 \times 10^{-6}}}$$

$$= 1 \times 10^5\ [\mathrm{rad/sec}]$$

이 회로의 주파수 특성은 그림 10-10과 같다.

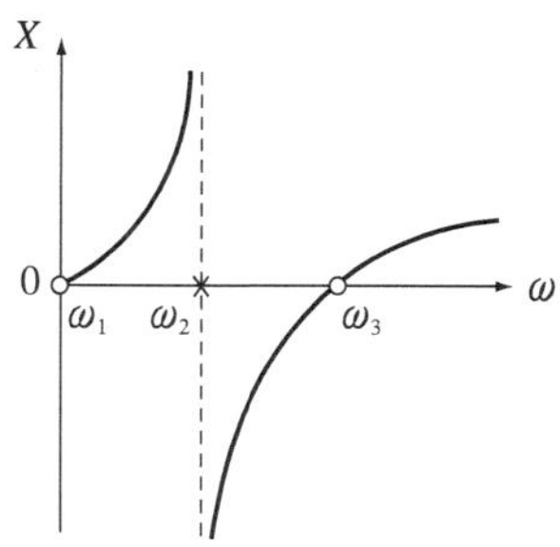

그림 10-10 주파수 특성

예제 10-4

그림 10-11과 같은 회로의 2단자 임피던스 $\boldsymbol{Z}(s)$를 구하여라. 단, $s = j\omega$이다.

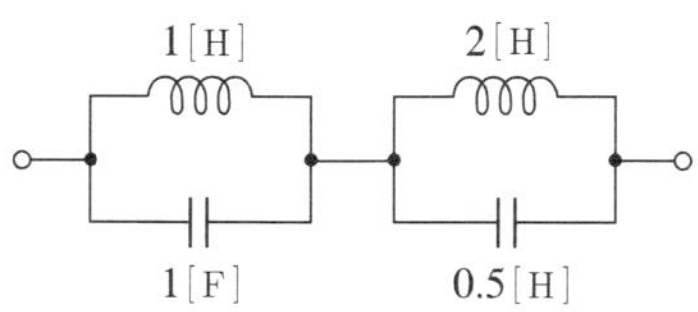

그림 10-11

풀이 $\boldsymbol{Z}(s) = \boldsymbol{Z}(j\omega)$

$$= \frac{j\omega L_1 \cdot \dfrac{1}{j\omega C_1}}{\omega L_1 + \dfrac{1}{j\omega C_1}} + \frac{j\omega L_2 \cdot \dfrac{1}{j\omega C_2}}{\omega L_2 + \dfrac{1}{j\omega C_2}}$$

$$= \frac{\dfrac{L_1}{C_1}}{sL_1 + \dfrac{1}{sC_1}} + \frac{\dfrac{L_2}{C_2}}{sL_2 + \dfrac{1}{sC_2}}$$

$$= \frac{1}{s + \dfrac{1}{s}} + \frac{\dfrac{2}{0.5}}{2s + \dfrac{1}{0.5s}} = \frac{3s}{s^2 + 1}$$

10.5 리액턴스 2단자망의 합성

1 병렬공진회로의 직렬접속에 의한 합성

식 (10-19)를 부분분수형으로 나타내면

$$\boldsymbol{Z}(s)=s\left(\frac{A_0}{s^2}+\frac{A_2}{s^2+\omega_2{}^2}+\frac{A_4}{s^2+\omega_4{}^2}+\cdots\frac{A_{2n-2}}{s^2+\omega_{2n-2}{}^2}+A_\infty\right) \tag{10-20}$$

가 된다. 이 부분분수의 분자 A_k를 유수라 하고, 다음 식으로 주어진다.

$$A_\infty=H$$

$$A_k=\left\{(s^2+\omega_k{}^2)\frac{\boldsymbol{Z}(s)}{s}\right\}_{S=j\omega k}\quad (k=0,\ 2,\ \cdots,\ 2n-2) \tag{10-21}$$

그런데 그림 10-12와 같은 L_k와 C_k의 병렬회로의 임피던스는

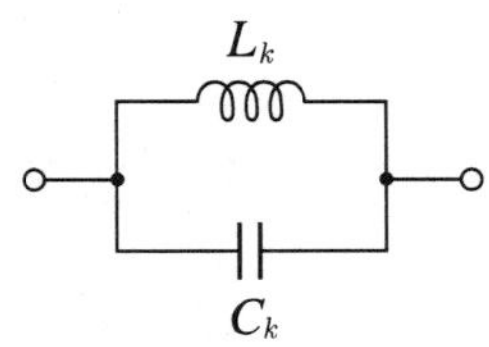

그림 10-12

$$\boldsymbol{Z}_k=\frac{sL_k}{1+s^2L_kC_k}$$

$$=\frac{s\dfrac{1}{C_k}}{s^2+\dfrac{1}{L_kC_k}} \tag{10-22}$$

이 된다.

식 (10-20)의 부분분수의 항을

$$\frac{sA_k}{s^2+\omega_k{}^2}=\boldsymbol{Z}_k$$

라 하면,

$$A_k=\frac{1}{C_k},\qquad C_k=\frac{1}{A_k}$$

$$\omega_k=\frac{1}{\sqrt{L_kC_k}},\quad L_k=\frac{1}{C_k\omega_k{}^2} \tag{10-23}$$

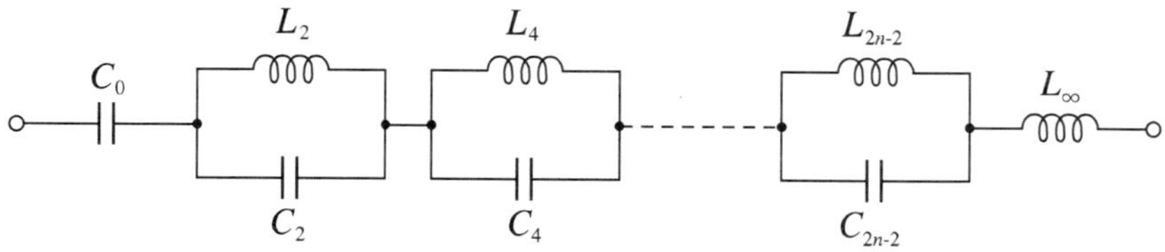

그림 10-13 포스터형 제1회로

따라서 식 (10-20)에서 주어진 $\boldsymbol{Z}(s)$는 그림 10-12에 나타낸 것과 같은 병렬공진회로가 직렬로 접속된 그림 10-13과 같은 회로가 되며, 이를 **포스터형 제1회로**라 한다.

$$C_k = \frac{1}{A_k} = \left\{ \frac{1}{s^2 + \omega_k{}^2} \cdot \frac{s}{\boldsymbol{Z}(s)} \right\}_{S=j\omega k}$$

$$= \frac{s_k{}^2(s_k{}^2+\omega_2{}^2)\cdots(s_k{}^2+\omega_{k-2}{}^2)(s_k{}^2+\omega_{k+2}{}^2)\cdots(s_k{}^2+\omega_{2n-2}{}^2)}{H(s_k{}^2+\omega_1{}^2)(s_k{}^2+\omega_3{}^2)\cdots(s_k{}^2+\omega_{2n-1}{}^2)} \qquad (10-24)$$

$$L_k = \frac{1}{C_k \omega_k{}^2}, \qquad L_\infty = H \qquad (k = 0,\ 2,\ 4,\ \cdots,\ 2n-2)$$

식 (10-24)에 의해 각 소자가 정해진다.

$s=0$일 때 $\boldsymbol{Z}(s)=0$이라면 $C_0=\infty$, 즉 C_0는 단락시켜야 한다. 또 $s=\infty$일 때 $\boldsymbol{Z}(s)=0$이라면 $L_\infty=0$, 즉 L_∞는 단락시켜야 한다.

예제 10-5

$H=0.2$ 공진 각주파수 $\omega_1=3000$, $\omega_3=5000$, 반공진 각주파수 $\omega_2=4000$이 주어졌을 경우, 그와 같은 주파수 특성을 가진 리액턴스 2단자 회로를 구성하여라.

풀이 이 경우의 임피던스 $\boldsymbol{Z}(s)$는 식 (10-19)로부터 다음과 같이 주어진다.

$$\boldsymbol{Z}(s) = \frac{H(s^2+\omega_1{}^2)(s^2+\omega_3{}^2)}{s(s^2+\omega_2{}^2)}$$

그러므로

$$C_0 = \frac{1}{A_0} = \left\{ \frac{1}{s^2}\ \frac{s}{\boldsymbol{Z}(s)} \right\}_{S=0} = \frac{\omega_2{}^2}{H\omega_1{}^2\omega_3{}^2} = \frac{4^2\times10^{-6}}{0.2\times3^2\times5^2} \fallingdotseq 0.356\ [\mu\text{F}]$$

$$C_2 = \frac{1}{A_2} = \left\{ \frac{1}{s^2+\omega_2{}^2} \cdot \frac{s}{\boldsymbol{Z}(s)} \right\}_{S=j\omega 2} = \frac{4^2\times10^{-6}}{0.2(4^2-3^2)(5^2-4^2)} \fallingdotseq 1.27\ [\mu\text{F}]$$

$$L_2 = \frac{1}{C_2 {\omega_2}^2} = \frac{1}{1.27 \times 10^{-6} \times 4^2 \times 10^6} = 0.049 \text{ [H]}$$

$$L_\infty = H = 0.23 \text{ [H]}$$

가 되며, 그림 10-14와 같은 회로가 된다.

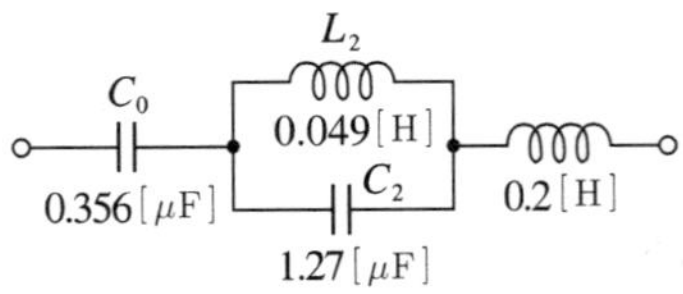

그림 10-14

2 직렬공진회로의 병렬접속에 의한 합성

구동점 어드미턴스 $\boldsymbol{Y}(s)$는 식 (10-19)로부터

$$\boldsymbol{Y}(s) = \frac{1}{\boldsymbol{Z}(s)}$$

$$= \frac{s(s^2 + {\omega_2}^2)(s^2 + {\omega_4}^2) \cdots (s^2 + {\omega_{2n-2}}^2)}{H(s^2 + {\omega_1}^2)(s^2 + {\omega_3}^2) \cdots (s^2 + {\omega_{2n-3}}^2)(s^2 + {\omega_{2n-1}}^2)} \tag{10-25}$$

이 식을 부분분수형으로 나타내면

$$\boldsymbol{Y}(s) = s\left(\frac{B_1}{s^2 + {\omega_1}^2} + \frac{B_3}{s^2 + {\omega_3}^2} + \cdots + \frac{B_{2n-1}}{s^2 + {\omega_{2n-1}}^2}\right) \tag{10-26}$$

B_k는 식 (10-21)의 A_k와 같은 방법에 의하여

$$B_k = \left\{(s^2 + {\omega_k}^2)\frac{\boldsymbol{Y}(s)}{s}\right\}_{S = j\omega k} \tag{10-27}$$

로 구해진다. 그런데 그림 10-15와 같은 직렬공진회로의 어드미턴스 $\boldsymbol{Y}_k$는

$$\boldsymbol{Y}_k = \frac{sC_k}{1 + s^2 L_k C_k} = \frac{s\dfrac{1}{L_k}}{s^2 + \dfrac{1}{L_k C_k}}$$

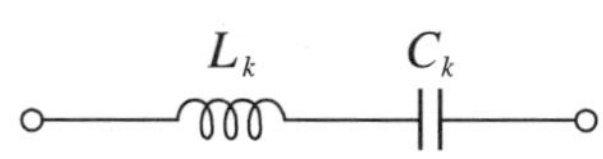

그림 10-15

이므로, 식 (10-26)의 1항과 이것을 비교하여

$$Y_k = \frac{sB_k}{s^2 + \omega_k{}^2}$$

이라 하면

$$\left.\begin{aligned} B_k &= \frac{1}{L_k}, & L_k &= \frac{1}{B_k} \\ \omega_k &= \frac{1}{\sqrt{L_k C_k}}, & C_k &= \frac{1}{L_k \omega_k{}^2} \end{aligned}\right\} \quad (10-28)$$

그러므로 식 (10-26)은 그림 10-16과 같은 직렬공진회로를 병렬로 연결한 회로가 되며 이를 포스터형 제2회로라 한다.

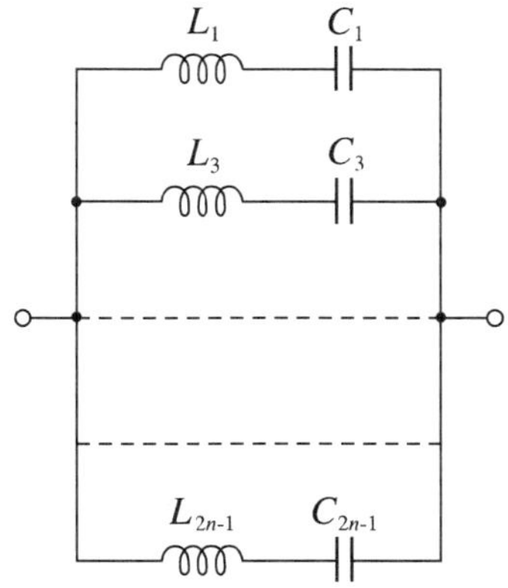

그림 10-16 포스터형 제2회로

$$L_k = \left\{ \frac{1}{(s^2 + \omega_k{}^2)} \cdot \frac{s}{Y(s)} \right\}_{S = j\omega k}$$

$$= \frac{H(s_k{}^2 + \omega_1{}^2)(s_k{}^2 + \omega_3{}^2) \cdots (s_k{}^2 + \omega_{k+2}{}^2) \cdots (s_k{}^2 + \omega_{2n-1}{}^2)}{(s_k{}^2 + \omega_2{}^2)(s_k{}^2 + \omega_4{}^2) \cdots (s_k{}^2 + \omega_{2n-2}{}^2)}$$

$$C_k = \frac{1}{L_k \omega_k{}^2} \qquad (k = 1,\ 3,\ \cdots,\ 2n-1) \qquad (10-29)$$

식 (10-29)에서 각 소자가 정해진다. $s = 0$일 때 $Z(s) = 0$이면 $\omega = 0$이며 $C_1 = \infty$, $s = \infty$일 때 $Z(s) = 0$이면 $\omega_{2n-1} = \infty$로서 $L_{2n-1} = 0$이 되고 $C_{2n-1} = 1/H$가 된다.

예제 10-6

$H = 0.2$, 공진 각주파수 $\omega_1 = 3000$, $\omega_3 = 5000$, 반공진 각주파수 $\omega_2 = 4000$이 주어졌을 경우, 그와 같은 주파수 특성을 가진 리액턴스 2단자 회로를 직렬공진회로의 병렬접속에 의해 구성하여라.

풀이 $Y(s) = \dfrac{s(s^2 + \omega_2{}^2)}{H(s^2 + \omega_1{}^2)(s^2 + \omega_3{}^2)}$ 그러므로

$$L_1 = \left\{ \frac{1}{s^2 + \omega_1{}^2} \cdot \frac{s}{Y(s)} \right\}_{S = j\omega 1} = H\frac{\omega_1{}^2 - \omega_3{}^2}{\omega_1{}^2 - \omega_2{}^2} = 0.2 \times \frac{5^2 - 3^2}{4^2 - 3^2} = 0.457\ [\mathrm{H}]$$

$$L_3 = H\frac{\omega_3{}^2 - \omega_1{}^2}{\omega_3{}^2 - \omega_2{}^2} = 0.2 \times \frac{5^2 - 3^2}{5^2 - 4^2} = 0.356 \ [\text{H}]$$

$$C_1 = \frac{1}{L_1\omega_1{}^2} = \frac{1 \times 10^{-6}}{0.457 \times 3^2 \times 10^6} = 0.243 \ [\mu\text{F}]$$

$$C_3 = \frac{1}{L_3\omega_3{}^2} = \frac{1 \times 10^{-6}}{0.356 \times 5^2 \times 10^6} = 0.112 \ [\mu\text{F}]$$

가 되며, 그림 10-17과 같은 회로가 된다.

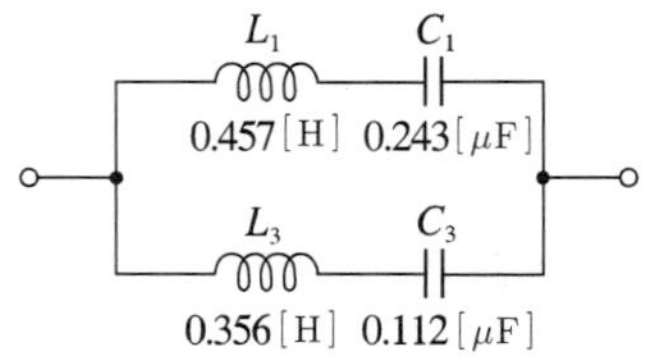

그림 10-17

3 사다리형 회로에 의한 합성

사다리형 회로의 임피던스는 연분수형으로 주어진다. 리액턴스 2단자 회로망의 구동점 임피던스는 식 (10-19)에서

$$\boldsymbol{Z}(s) = \frac{a_0 + a_2 s^2 + a_4 s^4 + \cdots + a_{2n} s^{2n}}{s(b_1 + b_3 s^2 + \cdots + b_{2n-1} s^{2n-2})} \tag{10-30}$$

로 되고, 분자를 분모로 나누면

$$\boldsymbol{Z}(s) = \frac{a_{2n}}{b_{2n-1}} s + \frac{c_0 + c_2 s^2 + \cdots + c_{2n-2} s^{2n-2}}{s(b_1 + b_3 s^2 + \cdots + b_{2n-1} s^{2n-2})} \tag{10-31}$$

단, $c_{2k} = a_{2k} - b_{2k-1}\dfrac{a_{2n}}{b_{2n-1}}$

또 식 (10-31)의 제2항의 분모를 분자로 나누면

$$\boldsymbol{Z}(s) = \frac{a_{2n}}{b_{2n-1}} s + \cfrac{1}{\cfrac{b_{2n-1}}{c_{2n-2}} s + \cfrac{s(d_1 + d_3 s^2 + \cdots\ d_{2n-3} s^{2n-4})}{c_0 + c s^2 + \cdots + c_{2n-2} s^{2n-2}}} \tag{10-32}$$

단, $d_{2k-1} = b_{2k-1} - c_{2k-2}\dfrac{b_{2n-1}}{c_{2n-1}}$

이것과 마찬가지의 계산을 반복하면, $\boldsymbol{Z}(s)$는 연분수형으로 된다. $s = j\omega$라 하고 $\boldsymbol{Z}(j\omega)$를 연분수의 형식으로 나타내면

$$Z(j\omega) = j\omega\frac{a_{2n}}{b_{2n-1}} + \cfrac{1}{j\omega\frac{b_{2n-1}}{c_{2n-1}} + \cfrac{1}{j\omega\frac{c_{2n-1}}{d_{2n-1}} + \cdots\cdots}} \tag{10-33}$$

이 된다. 그림 10-18과 같은 사다리형 회로의 구동점 임피던스 Z는

$$Z(j\omega) = j\omega L_1 + \cfrac{1}{j\omega C_1 + \cfrac{1}{j\omega L_2 + \cfrac{1}{j\omega C_2 + \cdots\cdots}}} \tag{10-34}$$

이므로

$$L_1 = \frac{a_{2n}}{b_{2n-1}}$$

$$L_2 = \frac{c_{2n-1}}{d_{2n-1}}$$

$$\cdots\cdots\cdots$$

$$C_1 = \frac{b_{2n-1}}{c_{2n-1}}$$

$$C_2 = \frac{d_{2n-1}}{e_{2n-1}}$$

$$\cdots\cdots\cdots$$

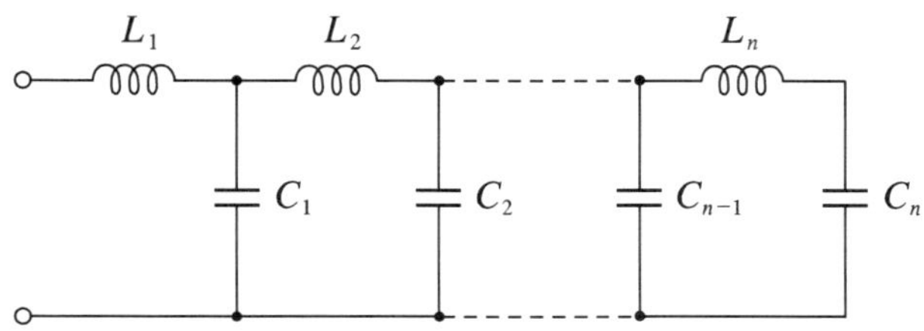

그림 10-18 사다리형 회로(카워형 제1회로)

이라 하면, 주어진 구동점 임피던스 $Z(j\omega)$에 대한 사다리형 회로를 구성할 수 있다.

예제 10-7

$H = 0.2$, 공진 각주파수 $\omega_1 = 3000$, $\omega_3 = 5000$, 반공진 각주파수 $\omega_2 = 4000$이 주어졌을 경우, 그와 같은 주파수 특성을 가진 리액턴스 2단자 회로를 사다리형 회로에 의해 구성하여라.

풀이 식 (10-27)에서

$$Z(s) = (0.2)\frac{(s^2+3000^2)(s^2+5000^2)}{s(s^2+4000^2)} = \frac{0.2s^4 + 6.8\times 10^6 s^2 + 45\times 10^{12}}{s^3 + 16\times 10^6 s}$$

$$=0.2s+\frac{3.6\times10^6s^2+45\times10^{12}}{s^3+16\times10^6s}$$

$$=0.2s+\cfrac{1}{0.278\times10^{-6}s+\cfrac{3.5\times10^6s^2}{3.6\times10^6s^2+45\times10^{12}}}$$

$$=0.2s+\cfrac{1}{0.278\times10^{-6}s+\cfrac{1}{1.03s+\cfrac{1}{0.078\times10^{-6}s}}}$$

그러므로

$L_1=0.2$ [H], $L_2=1.03$ [H]

$C_1=0.278$ [μH], $C_2=0.078$ [μH]

가 되며, 그림 10-19와 같은 회로가 된다.

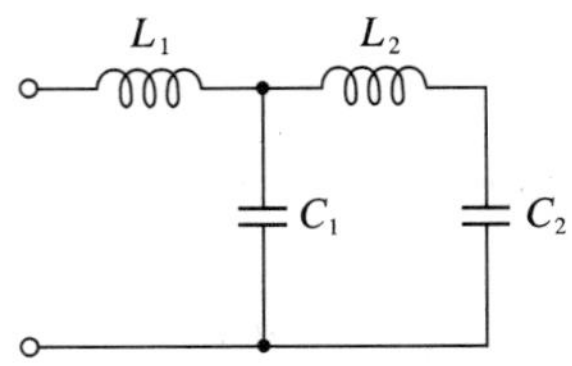

그림 10-19

10.6 역회로

1 역회로

2개의 2단자 회로의 입력 임피던스를 Z_1, Z_2라 할 때

$$Z_1\cdot Z_3=K^2 \quad (K\text{는 상수}) \tag{10-35}$$

의 관계와 같이 두 회로의 임피던스의 곱이 주파수와 관계없이 일정할 때 두 회로는 서로 역회로(inverse circuit)의 관계가 있다고 한다. 예를 들면

$$Z_1=j\omega L, \qquad Z_2=\frac{1}{j\omega C}$$

이라 하면

$$Z_1Z_2=\frac{L}{C}=K^2$$

이 되고, 인덕턴스 L과 커패시턴스 C는 역회로를 이룬다.

2 역회로의 구성방법

$\boldsymbol{Z}_1$이 $\boldsymbol{Z}_{11}$, $\boldsymbol{Z}_{12}$, ⋯, $\boldsymbol{Z}_{1n}$의 직렬회로라 하면

$$\boldsymbol{Z}_1 = \boldsymbol{Z}_{11} + \boldsymbol{Z}_{12} + \cdots + \boldsymbol{Z}_{1n} \tag{10-36}$$

이것의 역회로는

$$\begin{aligned}\boldsymbol{Y}_2 &= \frac{\boldsymbol{Z}_1}{K^2} = \frac{\boldsymbol{Z}_{11}}{K^2} + \frac{\boldsymbol{Z}_{12}}{K^2} + \cdots + \frac{\boldsymbol{Z}_{1n}}{K^2} \\ &= \boldsymbol{Y}_{21} + \boldsymbol{Y}_{22} + \cdots + \boldsymbol{Y}_{2n}\end{aligned} \tag{10-37}$$

이 되고, $\boldsymbol{Z}_{11}$, $\boldsymbol{Z}_{12}$, ⋯, $\boldsymbol{Z}_{1n}$의 각각의 역회로를 병렬로 접속한 것이 된다. 따라서 직렬 또는 병렬로 접속된 2단자 회로의 역회로는 직렬접속을 병렬접속으로 병렬접속을 직렬접속으로 하고, 인덕턴스 소자는 용량소자로 용량소자는 인덕턴스 소자로 교체하면 된다.

예를 들면, 그림 10-20 (a)의 역회로를 만들어 보면 그림 (b)와 같이 된다.

여기서 그림 (a)와 그림 (b)의 각 소자 사이에는

$$\frac{L_1}{C_1} = \frac{L_2}{C_2} = \frac{L_3}{C_3} = \frac{L_4}{C_4} = K^2$$

의 관계가 있으므로 K의 값이 정해지면 그림 (b)의 각 소자의 값을 구할 수 있음을 알 수 있다.

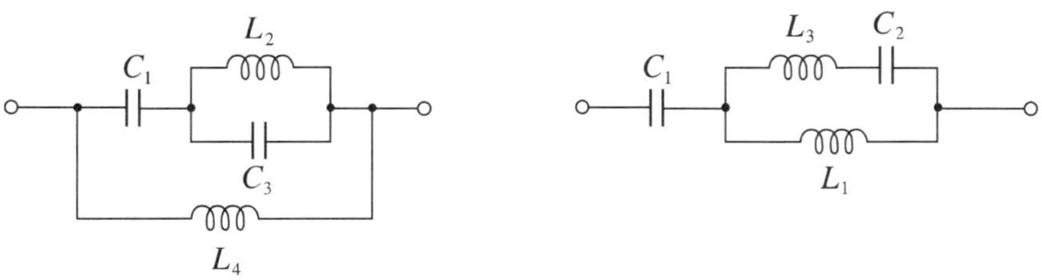

(a) (b)

그림 10-20 역회로

예제 10-8

그림 10-21 (b)는 (a)의 역회로이다. 이때의 L_1[H]과 C_2[μF]의 값을 구하여라. 단, $K=100$이다.

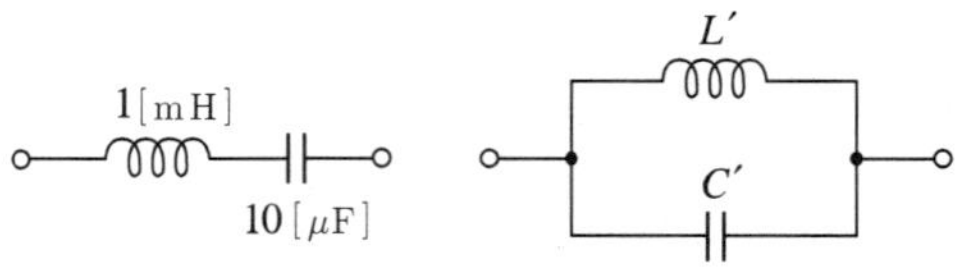

(a) (b)

그림 10-21

풀이 $Z_1 \cdot Z_2 = K^2$에서

$Z_1 = j\omega L$, $Z_2 = \dfrac{1}{j\omega C}$이므로

$$Z_1 \cdot Z_2 = \frac{L}{C} = K^2$$

$$\therefore\ L' = C \cdot K^2 = 10 \times 10^{-6} \times 100^2 = 0.1\ [\text{H}]$$

$$C' = \frac{L}{K^2} = \frac{1 \times 10^{-3}}{100^2} = 10^{-3} \times 10^{-4} = 0.1\ [\mu\text{F}]$$

10.7 정저항 회로

일반적인 구동점 임피던스 $\boldsymbol{Z}(j\omega)$는 식 (10-13)에서

$$\boldsymbol{Z}(j\omega) = \frac{A_0(\omega) + jA_1(\omega)}{B_0(\omega) + jB_1(\omega)}$$

이므로 $\boldsymbol{Z}(j\omega)$의 허수부가 ω에 관계없이 0이 되기 위해서는

$$\frac{A_0(\omega)}{B_0(\omega)} = \frac{A_1(\omega)}{B_1(\omega)} \tag{10-38}$$

가 성립되지 않으면 안 된다. 이것을 $\boldsymbol{Z}(j\omega)$에 대입하면

$$\boldsymbol{Z}(j\omega) = \frac{A_0(\omega)}{B_0(\omega)} = \frac{A_1(\omega)}{B_1(\omega)} \tag{10-39}$$

그런데 식 (10-38)을 만족하기 위해서는 식 (10-12)에서

$$\frac{a_0 - a_2\omega^2 + \cdots + (-1)^n a_{2n}\omega^{2n}}{-b_2\omega^2 + b_4\omega^4 + \cdots + (-1)^{n-1} b_{2n-2}\omega^{2n-2}}$$

$$= \frac{a_1 - a_3\omega^2 + \cdots + (-1)^{n-1}a_{2n-1}\omega^{2n-2}}{b_1 - b_3\omega^2 + \cdots + (-1)^{n-1}b_{2n-1}\omega^{2n-2}} \tag{10-40}$$

가 성립되어야 한다. 우선 ω에 관해서 차수가 일치하기 위해 $a_0 = 0$, $a_{2n} = 0$이 되어야 한다. 그리고 위의 식에서 부호가 ω에 관계없이 성립하기 위해서는

$$\frac{a_1}{b_1} = \frac{a_2}{b_2} = \frac{a_3}{b_3} = \cdots = \frac{a_{2n-1}}{b_{2n-1}} \tag{10-41}$$

그러므로

$$\boldsymbol{Z}(j\omega) = \frac{a_1}{b_2}$$

이 되고, 구동점 임피던스 $\boldsymbol{Z}(\omega)$는 주파수에 관계없이 일정하게 된다. 이와 같이 2단자 임피던스의 허수부가 어떤 주파수에서도 언제나 0이 되고, 실수부도 주파수에 관계없이 항상 일정하게 되는 회로를 정저항 회로라 한다.

즉 그림 10-22 (a)에서 회로의 임피던스 $\boldsymbol{Z}_1$, $\boldsymbol{Z}_2$가 서로 역회로이고, $\boldsymbol{Z}_1 \cdot \boldsymbol{Z}_2 = R^2$의 관계가 성립될 때 $\boldsymbol{Z} = R$이 되어 정저항이 된다. 그림 (b), (c)도 같은 조건이 성립한다.

$$\begin{aligned}\boldsymbol{Z} &= \frac{R\boldsymbol{Z}_1}{R+\boldsymbol{Z}_1} + \frac{R\boldsymbol{Z}_2}{R+\boldsymbol{Z}_2} \\ &= R\left(\frac{\boldsymbol{Z}_1}{R+\boldsymbol{Z}_1} + \frac{\boldsymbol{Z}_2}{R+\boldsymbol{Z}_2}\right) \\ &= R\,\frac{R(\boldsymbol{Z}_1+\boldsymbol{Z}_2) + 2\boldsymbol{Z}_1\boldsymbol{Z}_2}{R(\boldsymbol{Z}_1+\boldsymbol{Z}_2) + (R^2+\boldsymbol{Z}_1\boldsymbol{Z}_2)}\end{aligned}$$

여기서 $\boldsymbol{Z}_1 \cdot \boldsymbol{Z}_2 = R^2$인 경우에만 위의 식에서

$$\frac{2\boldsymbol{Z}_1\boldsymbol{Z}_2}{R^2+\boldsymbol{Z}_1\boldsymbol{Z}_2} = \frac{2R^2}{R^2+R^2} = 1$$

$$\therefore\ \boldsymbol{Z} = R$$

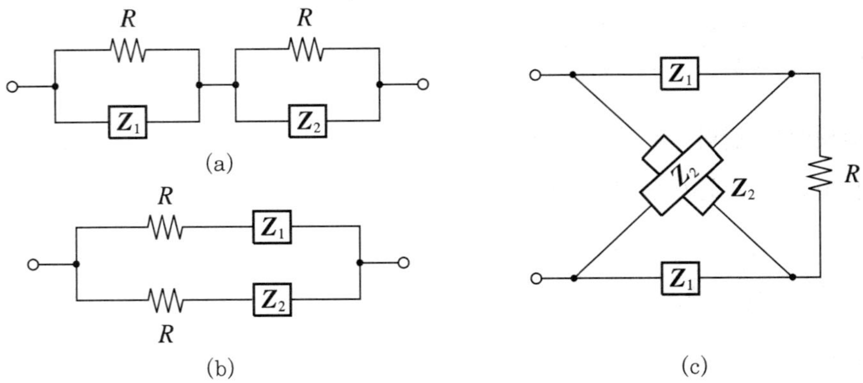

그림 10-22 정저항 회로($Z_1 Z_2 = R^2$)

예제 10-9

그림 10-23과 같이 L 및 C를 직렬로 접속한 임피던스가 있다. L 및 C의 각각에 동일한 무유도 저항 R을 병렬로 접속하여 그 합성회로가 주파수에 무관하게 되는 R의 값을 구하여라.

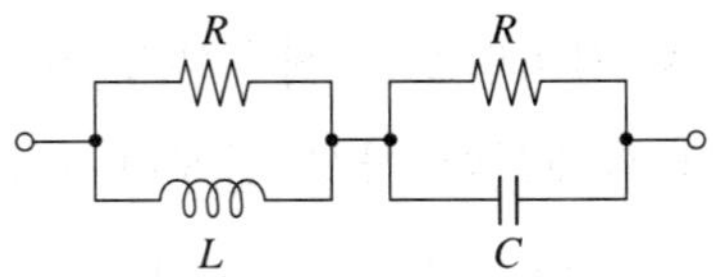

그림 10-23

풀이 주파수에 무관한 회로는 정저항 회로이므로 정저항 회로의 조건에서 구동점 임피던스

$$Z = \frac{A_0 + jA_1}{B_0 + jB_1}$$

에 대하여

$$\frac{A_0}{B_0} = \frac{A_1}{B_1}$$

이므로

$$Z = \frac{j\omega L \cdot R}{j\omega L + R} + \frac{\dfrac{R}{j\omega C}}{R + \dfrac{1}{j\omega C}} = \frac{R^2(1-\omega^2 LC) + j2\omega LR}{R(1-\omega^2 LC) + j(\omega L + \omega CR^2)}$$

따라서

$$\frac{R^2(1-\omega^2 LC)}{R(1-\omega^2 LC)} = \frac{2\omega LR}{\omega L + \omega CR^2}$$

$$\therefore \ R = \sqrt{\frac{L}{C}}$$

연 습 문 제

1. $L-C$ 직렬회로에서 영점 s의 값을 구하여라.

   단, $\omega^2 = \dfrac{1}{LC}$이다.

2. 임피던스 함수 $\boldsymbol{Z}(s) = \dfrac{s}{s^2+3}$로 표시되는 2단자 회로망을 구하여라.

3. 어드미턴스 함수 $\boldsymbol{Y}(s) = \dfrac{5s^2+3}{6s(s^2+1)}$로 표시되는 리액턴스 2단자 회로망을 구하여라.

4. $L-C$ 직렬회로의 영점과 극을 s면에 나타내어라.

   단, $\omega_1 = \dfrac{1}{\sqrt{LC}}$이다.

5. 2단자 임피던스 함수가 $\boldsymbol{Z}(s) = \dfrac{s+2}{(s+3)(s+4)}$일 때, 극과 영점을 구하여라.

6. $K=1[\Omega]$이고, $\boldsymbol{Z}(s)$의 영점이 $s_2=-4$, $s_4=-6$이고, 극은 $s_1=-3$, $s_3=-5$[rad/sec]로 되는 $R-C$ 구동점 임피던스 함수 $\boldsymbol{Z}(s)$를 구하여라.

7. 그림 10-24와 같은 회로의 구동점 임피던스 $\boldsymbol{Z}(s)$를 구하여라.

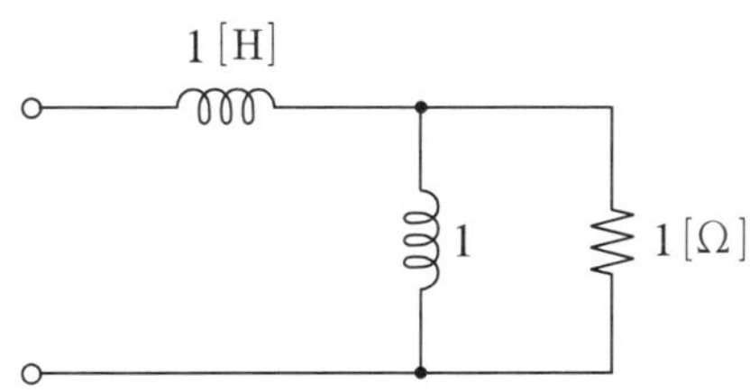

그림 10-24

8. 그림 10-25와 같은 2단자 회로망의 임피던스 함수 $Z(s)$는 얼마인가?

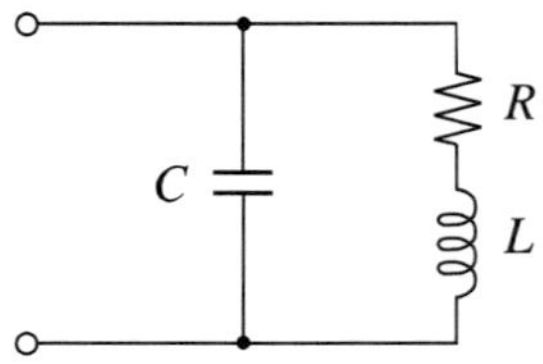

그림 10-25

9. 그림 10-26과 같은 회로가 주파수에 관계없이 일정한 임피던스를 갖기 위한 C의 값을 구하여라.

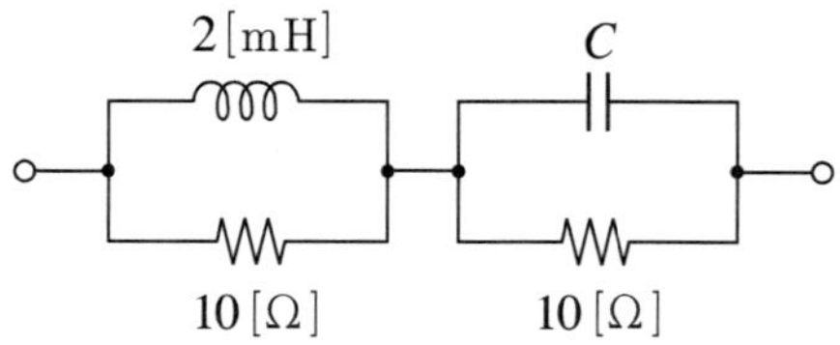

그림 10-26

10. 그림 10-27의 (a), (b)회로가 역회로의 관계가 성립되기 위한 L의 값은 몇 [mH]인가?

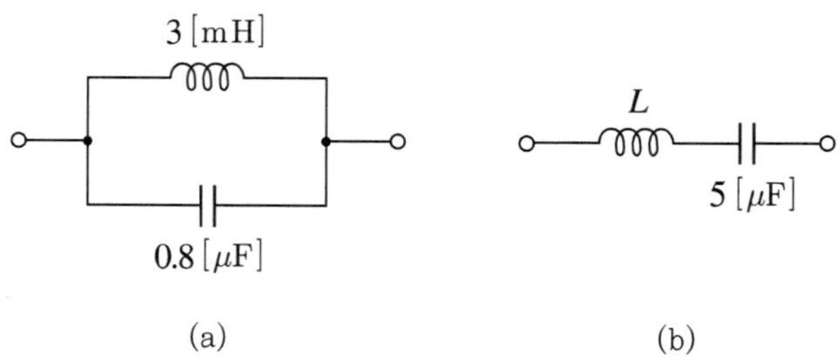

그림 10-27

11. 그림 10-28과 같은 회로가 정저항 회로가 되기 위해서는 R을 몇 [Ω]으로 하면 되는가? 단 $L=4$[mH], $C=0.1$[μF]이다.

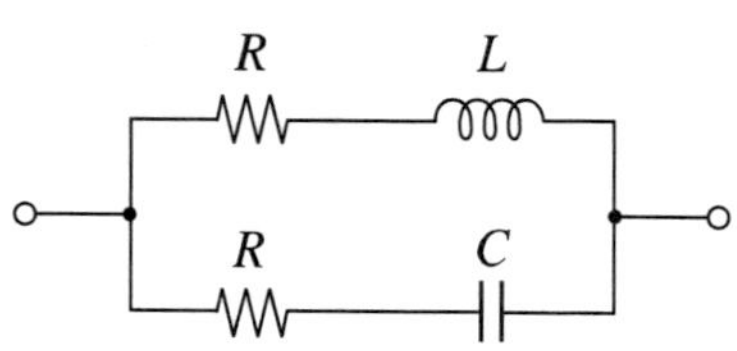

그림 10-28

Chapter 11

4단자 회로망

11.1 4단자망의 정의

그림 11-1 4단자망

회로망을 구성하고 있는 전기적인 소자나 그 소자의 특성에 관계없이 한 쌍의 입력단자에 전기적 에너지를 주었을 때 다른 한 쌍의 출력단자로부터 출력을 얻는 경우가 많다. 이와 같이 단자가 두 쌍, 즉 4개의 단자를 가진 회로망을 **4단자 회로망**(four terminal network) 또는 간단히 **4단자망**이라고 한다.

4단자망에서 내부에 전원을 포함하고 있는 것을 **능동 4단자망**이라 하고, 그렇지 않고 수동소자만으로 구성되어 있는 것을 **수동 4단자망**이라 한다.

그리고 회로의 상부와 하부가 대지에 대하여 크기가 언제나 같고, 부호가 반대인 회로를 **평형회로**(balanced circuit)라 하고, 그렇지 않은 회로를 **불평형회로**(unbalanced circuit)라 한다. 그림 11-2는 4단자망의 여러 가지 종류를 나타낸 것이다.

이 장에서는 수동 4단자망에 대해서만 취급하기로 한다.

4단자망의 내부 구조는 임의의 소자와 임의의 형태로 구성되지만, 회로해석에 필요한 것은 4개의 단자뿐이다.

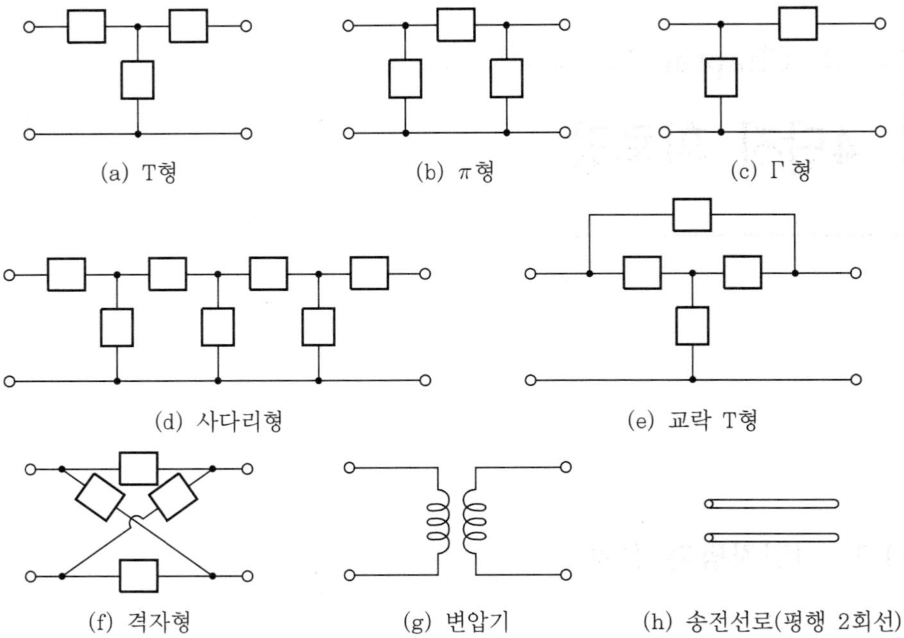

그림 11-2 4단자 회로망의 종류

그림 11-3 4단자망의 변수

즉 두 쌍의 단자전압과 전류의 관계이다.

2단자망에서는 전압과 전류의 두 개의 변수로 회로를 해석할 수 있었으나, 4단자망에서는 그림 11-3에 표시한 것과 같이 I_1, I_2, V_1, V_2의 4개의 변수를 사용하여 회로를 해석하여야 한다. 이와 같은 4개의 변수를 조합하는 방법에 따라 다음 6종류의 관계식이 생긴다.

$$\begin{bmatrix} I_1 \\ I_2 \end{bmatrix} = [y] \begin{bmatrix} V_1 \\ V_2 \end{bmatrix}, \qquad \begin{bmatrix} V_1 \\ V_2 \end{bmatrix} = [z] \begin{bmatrix} I_1 \\ I_2 \end{bmatrix}, \qquad \begin{bmatrix} V_1 \\ I_2 \end{bmatrix} = [h] \begin{bmatrix} I_1 \\ V_2 \end{bmatrix}$$

$$\begin{bmatrix} I_1 \\ V_2 \end{bmatrix} = [g] \begin{bmatrix} V_1 \\ I_2 \end{bmatrix}, \qquad \begin{bmatrix} V_1 \\ I_1 \end{bmatrix} = [a] \begin{bmatrix} V_2 \\ -I_2 \end{bmatrix}, \qquad \begin{bmatrix} V_2 \\ I_2 \end{bmatrix} = [b] \begin{bmatrix} V_1 \\ -I_1 \end{bmatrix}$$

이 행렬식 중 $[y]$, $[z]$, $[h]$, $[g]$, $[a]$, $[b]$ 등은 각각 파라미터의 행렬로서 차원(dimension)이 없는 순수한 비(比)이거나 임피던스 또는 어드미턴스의 차원을 갖는다.

11.2 어드미턴스 파라미터

그림 11-4의 수동 4단자망에서 단자 1-1′와 2-2′에 각각 전압 V_1, V_2가 인가되었을 때 폐로전류 I_1, I_2를 그림과 같은 방향으로 가정하면 회로망 내부에는 전원이 없으므로 I_1, I_2는 중첩의 원리를 적용하여 다음 식으로 표시할 수 있다.

그림 11-4 수동 4단자망

$$\left.\begin{aligned} I_1 &= y_{11}V_1 + y_{12}V_2 \\ I_2 &= y_{21}V_1 + y_{22}V_2 \end{aligned}\right\} \tag{11-1}$$

여기에서 비례계수 y_{11}, y_{12}, y_{21}, y_{22}는 모두 어드미턴스의 차원(dimension)을 가지므로 4단자망의 **어드미턴스 파라미터**(admittance parameter)라 한다. 식 (11-1)은 어드미턴스 파라미터를 사용한 4단자망의 기초 방정식이다. 2단자망에서는 입력 임피던스 또는 입력 어드미턴스 하나만으로 입력단자에서의 V-I 관계가 완전히 표시되었지만 4단자망에서는 이와 같이 일반적으로 4개의 파라미터를 써야만 V-I 관계가 완전히 표시될 수 있다.

식 (11-1)의 비례계수들은 단자 2-2′를 단락하여 $V_2 = 0$이라 하면

$$y_{11} = \left.\frac{I_1}{V_1}\right|_{V_2=0}$$: 단자 1-1′에서의 단락 구동점 어드미턴스

$$y_{21} = \left.\frac{I_2}{V_1}\right|_{V_2=0}$$: 단락 순방향(forward) 전달 어드미턴스

단자 1-1′를 단락하여 $V_1 = 0$이라 하면

$$y_{12} = \left.\frac{I_1}{V_2}\right|_{V_1=0}$$: 단락 역방향(backward) 전달 어드미턴스

$$y_{22} = \left.\frac{I_2}{V_2}\right|_{V_1=0}$$: 단자 2-2′에서의 단락 구동점 어드미턴스

의 의미를 가진다. 그리고 쌍향성 회로에서는

$$y_{12} = y_{21}$$

이 된다. 또 특히

$$y_{11} = y_{22}$$

가 성립되는 4단자망을 대칭회로(symmetrical circuit)라 한다.

예제 11-1

그림 11-5의 T형 회로에서 어드미턴스 파라미터를 구하여라.

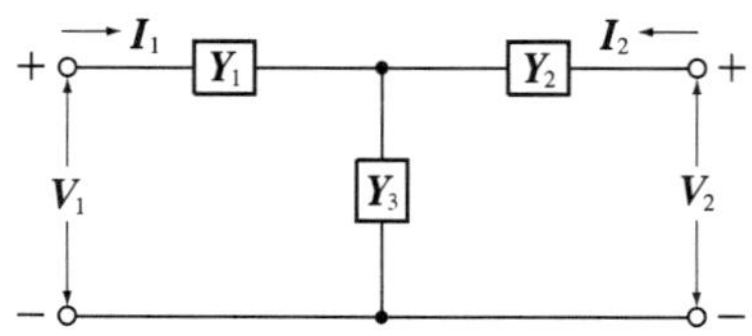

그림 11-5 T형 회로

풀이 V_2를 단락하면

$$y_{11} = \frac{1}{\dfrac{1}{Y_1} + \dfrac{1}{Y_2 + Y_3}} = \frac{Y_1(Y_2 + Y_3)}{Y_1 + Y_2 + Y_3}$$

V_1을 단락하면

$$y_{22} = \frac{Y_2(Y_1 + Y_3)}{Y_1 + Y_2 + Y_3}, \qquad y_{12} = \left.\frac{I_1}{V_2}\right|_{V_1=0} \text{ 과}$$

$$I_1 = \frac{-Y_1Y_2}{Y_1 + Y_2 + Y_3} \cdot V_2 \text{ 로부터}$$

$$y_{12} = -\frac{Y_1Y_2}{Y_1 + Y_2 + Y_3}$$

같은 방법으로

$$y_{21} = -\frac{Y_1Y_2}{Y_1 + Y_2 + Y_3} = y_{12}$$

($y_{21} = y_{12}$가 성립하므로 쌍향성 회로이다.)

11.3 임피던스 파라미터

식 (11-1)에서 V_1, V_2를 I_1, I_2에 관한 표시식으로 나타내면

$$\left.\begin{aligned} V_1 &= \frac{y_{22}}{|y|}I_1 + \frac{-y_{12}}{|y|}I_2 \\ V_2 &= \frac{-y_{21}}{|y|}I_1 + \frac{y_{11}}{|y|}I_2 \end{aligned}\right\} \tag{11-2}$$

단, $|y| = \begin{vmatrix} y_{11} & y_{12} \\ y_{21} & y_{22} \end{vmatrix} = y_{11}y_{22} - y_{12}y_{21}$

이 된다. 여기에서 I_1, I_2의 계수는 모두 임피던스의 차원을 가지므로

$$z_{11} = \frac{y_{22}}{|y|}, \quad z_{12} = \frac{-y_{12}}{|y|}, \quad z_{21} = \frac{-y_{21}}{|y|}, \quad z_{22} = \frac{y_{11}}{|y|}$$

이라 하면 식 (11-2)는

$$\left.\begin{aligned} V_1 &= z_{11}I_1 + z_{12}I_2 \\ V_2 &= z_{21}I_1 + z_{22}I_2 \end{aligned}\right\} \tag{11-3}$$

와 같이 된다. 여기에서 z_{11}, z_{12}, z_{21}, z_{22}를 임피던스 파라미터(impedance parameter)라 한다. 임피던스 파라미터와 어드미턴스 파라미터의 관계에서 $z_{11} \neq \frac{1}{y_{11}}$, $z_{12} \neq \frac{1}{y_{12}}$ 등이라는 것에 특히 주의해야 한다.

식 (11-3)의 비례계수들은 단자 2-2′를 개방하여 $I_2 = 0$이라 하면

$$z_{11} = \left.\frac{V_1}{I_1}\right|_{I_2=0} \quad : \text{단자 1-1}'\text{에서의 개방 구동점 임피던스}$$

$$z_{21} = \left.\frac{V_2}{I_1}\right|_{I_2=0} \quad : \text{개방 순방향 전달 임피던스}$$

단자 1-1′를 개방하여 $I_1 = 0$이라 하면

$$z_{22} = \left.\frac{V_2}{I_2}\right|_{I_1=0} \quad : \text{단자 2-2}'\text{에서의 개방 구동점 임피던스}$$

$$z_{12} = \left.\frac{V_1}{I_2}\right|_{I_1=0} \quad : \text{개방 역방향 전달 임피던스}$$

의 의미를 가진다.

예제 11-2

그림 11-6과 같은 T형 회로의 임피던스 파라미터를 구하여라.

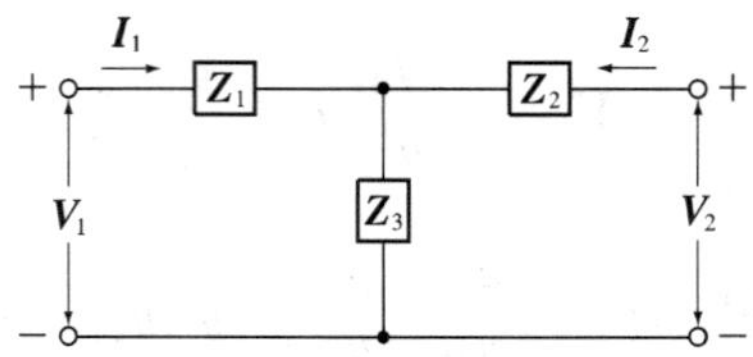

그림 11-6 T형 회로

풀이 출력단자를 개방하면 Z_1, Z_3가 직렬로 되므로

$$z_{11} = Z_1 + Z_3$$

이때 $V_2 = Z_3 I_1$이므로

$$z_{21} = Z_3$$

마찬가지로 입력단자를 개방하면

$$z_{22} = Z_2 + Z_3, \quad z_{12} = Z_3$$

가 되며, 관찰에 의하여 직접 기초방정식을 세워서 구하여 보면

$$V_1 = Z_1 I_1 + Z_3(I_1 + I_2) = (Z_1 + Z_3)I_1 + Z_3 I_2$$

$$V_2 = Z_2 I_1 + Z_3(I_1 + I_2) = Z_3 I_1 + (Z_2 + Z_3)I_2$$

$$\therefore \ z_{11} = Z_1 + Z_3, \quad z_{22} = Z_2 + Z_3, \quad z_{12} = z_{21} = Z_3$$

11.4 하이브리드 파라미터

4단자망의 4개의 변수 I_1, I_2, V_1, V_2 중 한 쪽의 단자전압과 다른 쪽의 단자전류를 나머지 두 변수로 표시하기 위한 계수를 하이브리드 파라미터(hybrid parameter)라 한다.

즉 식 (11-1)로부터 V_1, I_2는 V_2, I_1의 선형결합(linear combination)으로 표시되며

$$\left.\begin{aligned} V_1 &= h_{11} I_1 + h_{12} V_2 \\ I_2 &= h_{21} I_1 + h_{22} V_2 \end{aligned}\right\} \tag{11-4}$$

반대로 I_1, V_2는

$$\left.\begin{aligned} I_1 &= g_{11}I_1 + g_{12}I_2 \\ V_2 &= g_{21}I_1 + g_{22}I_2 \end{aligned}\right\} \qquad (11-5)$$

와 같은 모양으로 표시된다. 식 (11-4)의 계수들을 하이브리드 h파라미터라 하고 식 (11-5)의 계수들을 하이브리드 g파라미터라 한다.

하이브리드 파라미터의 물리적 의미도 y파라미터나 z파라미터와 같이 한 쪽 단자를 단락 또는 개방하여 생각하면

$$h_{11} = \left.\frac{V_1}{I_1}\right|_{V_2=0} \quad : \text{단락 입력 임피던스} \left(=\frac{1}{y_{11}}\right)$$

$$h_{12} = \left.\frac{V_1}{V_2}\right|_{I_1=0} \quad : \text{개방 역방향 전압이득(reverse voltage gain)}$$

$$h_{21} = \left.\frac{I_2}{I_1}\right|_{V_2=0} \quad : \text{단락 순방향 전류이득(forward current gain)}$$

$$h_{22} = \left.\frac{I_2}{V_2}\right|_{I_1=0} \quad : \text{개방 출력 어드미턴스} \left(=\frac{1}{z_{22}}\right)$$

의 의미를 가진다. 하이브리드 파라미터는 트랜지스터(transistor)와 같은 능동 4단자망을 취급하는 데 유용하다.

11.5 *ABCD* 파라미터

I_2의 기준방향을 그림 11-7과 같이 가정하면 식 (11-1)은

$$\left.\begin{aligned} I_1 &= y_{11}V_1 + y_{12}V_2 \\ I_2 &= y_{21}V_1 + y_{22}V_2 \end{aligned}\right\} \quad (11-6)$$

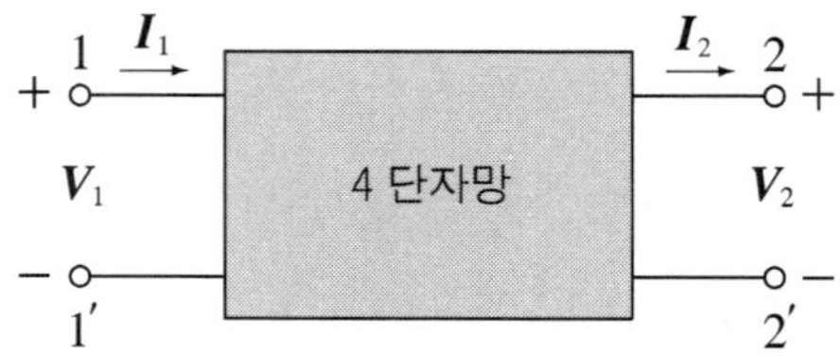

그림 11-7

이 식을 V_1, I_1에 관하여 풀면

$$\left.\begin{aligned} V_1 &= AV_2 + BI_2 \\ I_1 &= CV_2 + DI_2 \end{aligned}\right\} \qquad (11-7)$$

$$\text{단, } A = -\frac{y_{22}}{y_{21}}, \quad B = -\frac{1}{y_{21}}, \quad C = -\frac{|y|}{y_{21}}, \quad D = -\frac{y_{11}}{y_{21}} \qquad (11-8)$$

이들 A, B, C, D를 체인 파라미터(chain-parameter), 4단자 정수 혹은 단순히 $ABCD$ 파라미터라고 부른다.

$ABCD$ 파라미터와 z 파라미터 사이에는

$$A = \frac{z_{11}}{z_{21}}, \quad B = \frac{|z|}{z_{21}}, \quad C = \frac{1}{z_{21}}, \quad D = \frac{z_{22}}{z_{21}} \qquad (11-9)$$

의 관계가 있다.

$ABCD$ 파라미터의 물리적 의미는 출력단자를 개방($I_2 = 0$) 또는 단락 ($V_2 = 0$) 시켜서 생각하면

$$A = \left.\frac{V_1}{V_2}\right|_{I_2=0} \quad : \text{ 개방 역방향 전압이득}$$

$$B = \left.\frac{V_1}{I_2}\right|_{V_2=0} \quad : \text{ 단락 순방향 전달 임피던스}$$

$$C = \left.\frac{I_1}{V_2}\right|_{I_2=0} \quad : \text{ 개방 순방향 전달 어드미턴스}$$

$$D = \left.\frac{I_1}{I_2}\right|_{V_2=0} \quad : \text{ 단락 역방향 전류이득}$$

의 의미를 가진다. *ABCD* 파라미터는 모두 입력단자의 양과 출력단자의 양과의 비로 되어 있음을 알 수 있다. 식 (11-8)로부터

$$\begin{vmatrix} A & B \\ C & D \end{vmatrix} = AD - BC = \frac{y_{22}y_{11} - y_{11}y_{22} + y_{12}y_{21}}{{y_{21}}^2} \tag{11-10}$$

이므로 전송 4단자망에서는

$$AD - BC = 1 \tag{11-11}$$

의 관계가 있다. 따라서 전송 4단자망의 *ABCD* 파라미터 중 독립적인 것은 3개뿐이다. 또 대칭회로인 경우에는 $y_{11} = y_{22}$이므로

$$A = D \tag{11-12}$$

지금

Z_{01} = 단자 2-2′를 개방하고 단자 1-1′에서 본 입력 임피던스

Z_{S1} = 단자 2-2′를 단락하고 단자 1-1′에서 본 입력 임피던스

Z_{02} = 단자 1-1′를 개방하고 단자 2-2′에서 본 입력 임피던스

Z_{S2} = 단자 1-1′를 단락하고 단자 2-2′에서 본 입력 임피던스

라고 하면 식 (11-8) 및 (11-9)로부터

$$\left.\begin{aligned} Z_{01} &= z_{11} = \frac{A}{C}, & Z_{02} &= z_{22} = \frac{D}{C} \\ Z_{S1} &= \frac{1}{y_{11}} = \frac{B}{D}, & Z_{S2} &= \frac{1}{y_{22}} = \frac{B}{A} \end{aligned}\right\} \tag{11-13}$$

의 관계가 성립한다.

또 식 (11-7)로부터 V_2, I_2에 관하여 풀면

$$\left.\begin{aligned} V_2 &= \frac{DV_1 - BI_1}{\begin{vmatrix} A & B \\ C & D \end{vmatrix}} = DV_1 - BI_1 \qquad \left(\because \begin{vmatrix} A & B \\ C & D \end{vmatrix} = 1\right) \\ I_2 &= \frac{-CV_1 + AI_1}{\begin{vmatrix} A & B \\ C & D \end{vmatrix}} = -CV_1 + AI_1 \end{aligned}\right\} \tag{11-14}$$

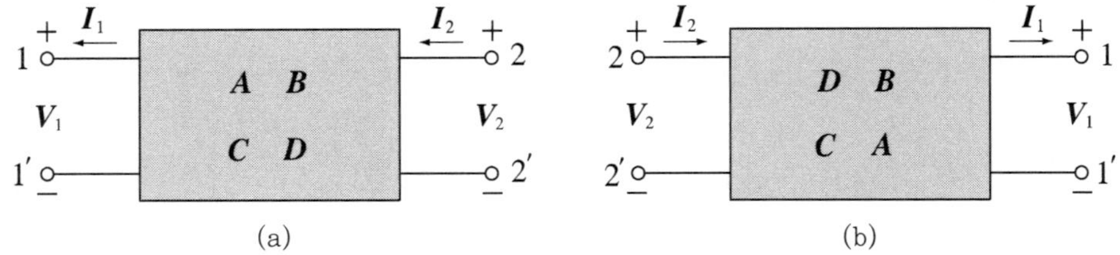

그림 11-8

가 된다. 지금 그림 11-7에서 단자 2-2′를 입력단자, 1-1′를 출력단자로 생각하여 I_1, I_2의 정방향을 반대로 가정하면 식 (11-14)는

$$\begin{aligned} V_2 &= DV_1 + BI_1 \\ I_2 &= CV_1 + AI_1 \end{aligned} \tag{11-15}$$

이 되므로 입력단자와 출력단자를 교환하면 그림 11-8 (b)와 같이 $ABCD$ 파라미터에서 A와 D가 서로 바뀐다.

예제 11-3

그림 11-9와 같은 4단자 회로의 4단자 정수를 구하여라.

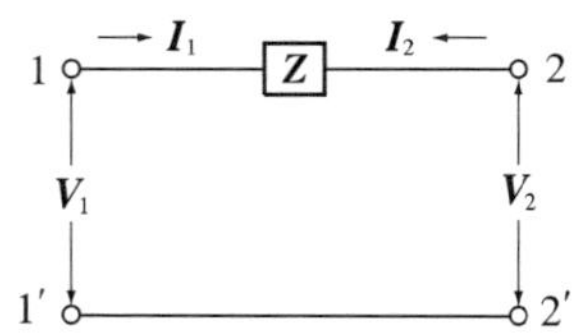

그림 11-9

풀이 그림 11-9에서

$$V_1 = V_2 + ZI_2$$
$$I_1 = I_2$$

이므로

$$\begin{bmatrix} V_1 \\ I_1 \end{bmatrix} = \begin{bmatrix} 1 & Z \\ 0 & 1 \end{bmatrix} \begin{bmatrix} V_2 \\ I_2 \end{bmatrix}$$

따라서

$$\begin{bmatrix} A & B \\ C & D \end{bmatrix} = \begin{bmatrix} 1 & Z \\ 0 & 1 \end{bmatrix} \tag{11-16}$$

예제 11-4

그림 11-10과 같은 4단자 회로의 4단자 정수를 구하여라.

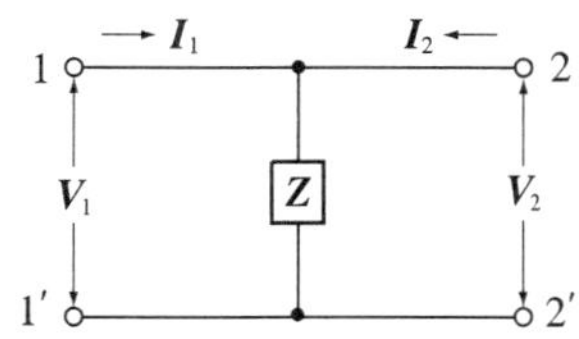

그림 11-10

풀이 그림 11-10에서

$$V_1 = V_2$$

$$I_1 = \frac{1}{Z}V_1 + I_2$$

이므로

$$\begin{bmatrix} V_1 \\ I_1 \end{bmatrix} = \begin{bmatrix} 1 & 0 \\ \frac{1}{Z} & 1 \end{bmatrix} \begin{bmatrix} V_2 \\ I_2 \end{bmatrix}$$

따라서

$$\begin{bmatrix} A & B \\ C & D \end{bmatrix} = \begin{bmatrix} 1 & 0 \\ \frac{1}{Z} & 1 \end{bmatrix} \tag{11-17}$$

예제 11-5

그림 11-11과 같은 ㄱ형 4단자 회로의 4단자 정수를 구하여라.

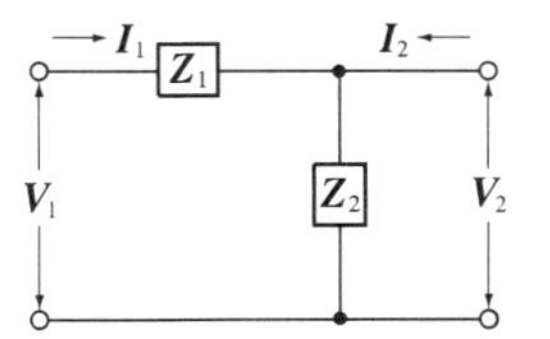

그림 11-11 ㄱ형 회로

풀이 그림 11-11에서

$$V_1 = V_2 + Z_1 I_1 = \left(1 + \frac{Z_1}{Z_2}\right) V_2 + Z_1 I_2$$

$$I_1 = \frac{1}{Z_2} V_2 + I_2$$

이므로

$$\begin{bmatrix} V_1 \\ I_1 \end{bmatrix} = \begin{bmatrix} 1 + \frac{Z_1}{Z_2} & Z_1 \\ \frac{1}{Z_2} & 1 \end{bmatrix} \begin{bmatrix} V_2 \\ I_2 \end{bmatrix}$$

따라서

$$\begin{bmatrix} A & B \\ C & D \end{bmatrix} = \begin{bmatrix} 1 + \frac{Z_1}{Z_2} & Z_1 \\ \frac{1}{Z_2} & 1 \end{bmatrix} \tag{11-18}$$

예제 11-6

그림 11-12와 같은 Γ형 4단자 회로의 4단자 정수를 구하여라.

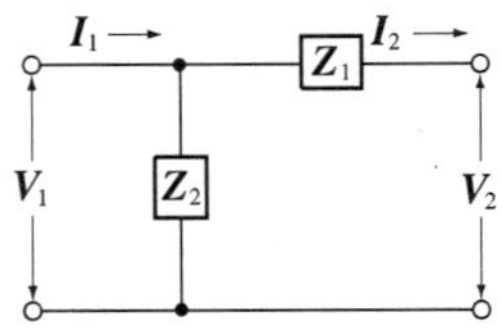

그림 11-12 Γ형 회로

풀이 그림 11-12에서

$$V_1 = V_2 + Z_1 I_2$$

$$I_1 = \frac{1}{Z_2} V_1 + I_2 = \frac{1}{Z_2} V_2 + \left(1 + \frac{Z_1}{Z_2}\right) I_2$$

이므로

$$\begin{bmatrix} V_1 \\ I_1 \end{bmatrix} = \begin{bmatrix} 1 & Z_1 \\ \frac{1}{Z_2} & 1 + \frac{Z_1}{Z_2} \end{bmatrix} \begin{bmatrix} V_2 \\ I_2 \end{bmatrix}$$

따라서

$$\begin{bmatrix} A & B \\ C & D \end{bmatrix} = \begin{bmatrix} 1 & Z_1 \\ \frac{1}{Z_2} & 1 + \frac{Z_1}{Z_2} \end{bmatrix} \tag{11-19}$$

예제 11-7

그림 11-13과 같은 T형 4단자 회로의 4단자 정수를 구하여라.

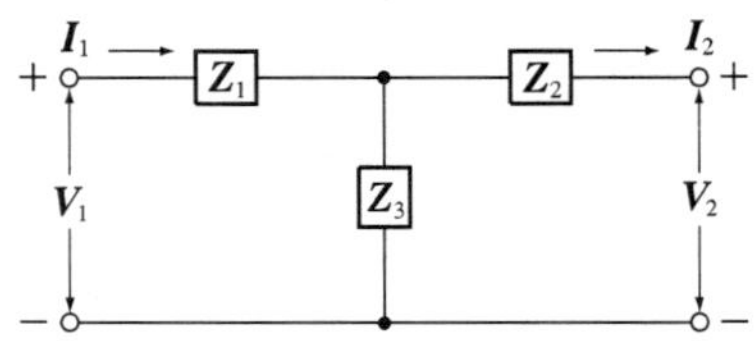

그림 11-13 T형 회로

풀이 예제 11-2에서 z파라미터를 이미 구했으므로 식 (11-9)로부터 4단자 정수를 구할 수 있다. 그러나 여기서는 직접 V_1, I_1을 V_2, I_2로 표시하면 키르히호프의 법칙으로부터

$$V_1 = V_2 + Z_2 I_2 + Z_1\left(\frac{V_2 + Z_2 I_2}{Z_3} + I_2\right)$$

$$= \left(1 + \frac{Z_1}{Z_3}\right) V_2 + \left(Z_1 + Z_2 + \frac{Z_1 Z_2}{Z_3}\right) I_2$$

$$I_1 = I_2 + \frac{V_2 + Z_2 I_2}{Z_3} = \frac{1}{Z_3} V_2 + \left(1 + \frac{Z_2}{Z_3}\right) I_2$$

이므로

$$\begin{bmatrix} V_1 \\ I_1 \end{bmatrix} = \begin{bmatrix} 1 + \frac{Z_1}{Z_3} & Z_1 + Z_2 + \frac{Z_1 Z_2}{Z_3} \\ \frac{1}{Z_3} & 1 + \frac{Z_2}{Z_3} \end{bmatrix} \begin{bmatrix} V_2 \\ I_2 \end{bmatrix}$$

따라서

$$\begin{bmatrix} A & B \\ C & D \end{bmatrix} = \begin{bmatrix} 1+\dfrac{Z_1}{Z_3} & Z_1+Z_2+\dfrac{Z_1 Z_2}{Z_3} \\ \dfrac{1}{Z_3} & 1+\dfrac{Z_2}{Z_3} \end{bmatrix} \tag{11-20}$$

예제 11-8

그림 11-14와 같은 격자형(lattice type) 4단자 회로가 있다. 이 회로의 4단자 정수를 구하여라.

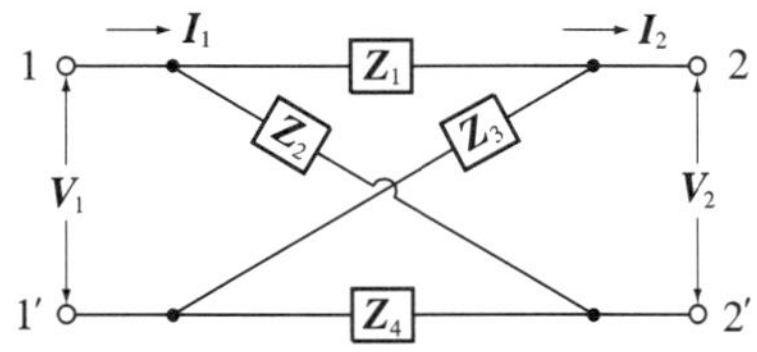

그림 11-14 격자형 회로

풀이 단자 2-2′를 개방할 때($I_2=0$)

$$V_1 = \frac{(Z_1+Z_3)(Z_2+Z_4)}{Z_1+Z_2+Z_3+Z_4} \cdot I_1$$

여기서

$\Delta = Z_1+Z_2+Z_3+Z_4$라 놓으면

$$V_2 = \frac{Z_3(Z_2+Z_4)}{\Delta} I_1 - \frac{Z_4(Z_1+Z_3)}{\Delta} I_1$$

$$= \frac{Z_3(Z_2+Z_4)-Z_4(Z_1+Z_3)}{(Z_1+Z_3)(Z_2+Z_4)} V_1$$

다음에 단자 2-2′를 단락할 때($V_2=0$)

$$I_1 \cdot \frac{Z_1Z_2(Z_3+Z_4)+Z_3Z_4(Z_1+Z_2)}{(Z_1+Z_2)(Z_3+Z_4)} = V_1$$

$$I_2 = \frac{Z_2}{Z_1+Z_2} I_1 - \frac{Z_4}{Z_3+Z_4} I_1$$

$$= \frac{Z_2Z_3-Z_1Z_4}{Z_1Z_2(Z_3+Z_4)+Z_3Z_4(Z_1+Z_2)} V_1$$

따라서

$$\left.\begin{aligned} A &= \left.\frac{V_1}{V_2}\right|_{I_2=0} = \frac{(Z_1+Z_3)(Z_2+Z_4)}{(Z_2Z_3-Z_1Z_4)} \\ B &= \left.\frac{V_1}{I_2}\right|_{V_2=0} = \frac{Z_1Z_2(Z_3+Z_4)+Z_3Z_4(Z_1+Z_2)}{Z_2Z_3-Z_1Z_4} \\ C &= \left.\frac{I_1}{V_2}\right|_{I_2=0} = \frac{Z_1+Z_2+Z_3+Z_4}{Z_2Z_3-Z_1Z_4} \\ D &= \left.\frac{I_1}{I_2}\right|_{V_2=0} = \frac{(Z_1+Z_2)(Z_3+Z_4)}{(Z_2Z_3-Z_1Z_4)} \end{aligned}\right\} \tag{11-21}$$

11.6 4단자망의 상호접속

1 병렬접속

그림 11-15의 병렬접속에서 4단자망 N'의 y파라미터에 (′)를 붙이고 N''의 y 파라미터에 (″)를 붙이면

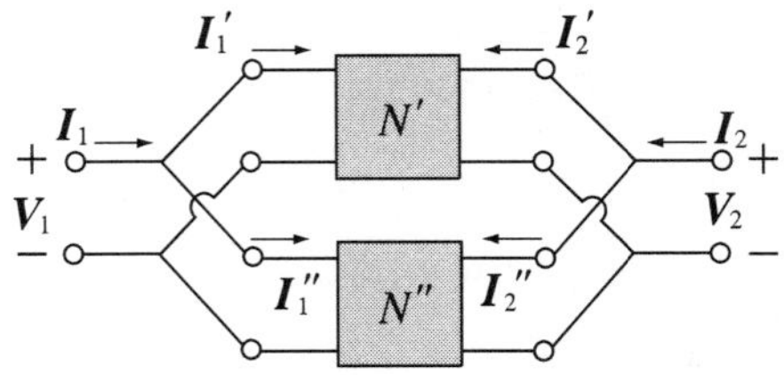

그림 11-15 병렬접속

$$I_1' = y_{11}'V_1 + y_{12}'V_2$$

$$I_2' = y_{21}'V_1 + y_{22}'V_2$$

$$I_1'' = y_{11}''V_1 + y_{12}''V_2$$

$$I_2'' = y_{21}''V_1 + y_{22}''V_2$$

가 되고 $I_1 = I_1' + I_1''$, $I_2 = I_2' + I_2''$이므로

$$I_1 = (y_{11}' + y_{11}'')V_1 + (y_{12}' + y_{12}'')V_2$$

$$I_2 = (y_{21}' + y_{21}'')V_1 + (y_{22}' + y_{22}'')V_2$$

그러므로 합성 4단자망의 y파라미터는

$$y_{11} = y_{11}' + y_{11}'', \qquad y_{12} = y_{12}' + y_{12}''$$

$$y_{21} = y_{21}' + y_{21}'', \qquad y_{22} = y_{22}' + y_{22}'' \tag{11-22}$$

즉 병렬접속된 경우의 합성 4단자망의 y파라미터는 각각의 4단자망에 대응하는 y파라미터의 합과 같다.

2 직렬접속

그림 11-16의 직렬접속에서는 z파라미터를 쓰는 것이 편리하다. 즉 위에서와 마찬가지로 (′)와 (″)로서 양회로를 구별하여 N', N''의 z파라미터의 기초방정식을 세운 다음 $V_1 = V_1' + V_1''$, $V_2 = V_2' + V_2''$의 관계를 이용하면 합성 4단자망의

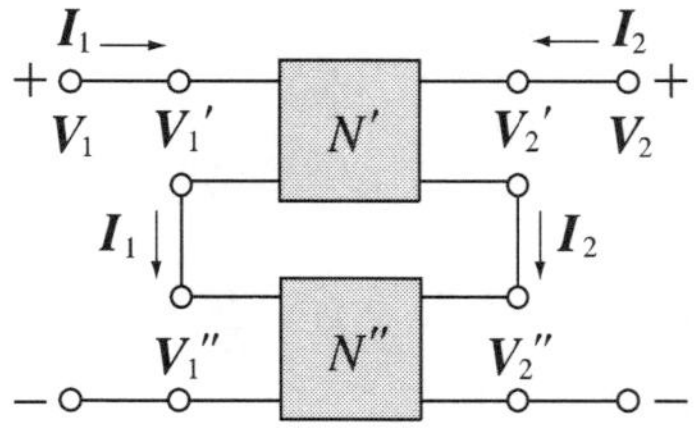

그림 11-16 직렬접속

z파라미터는 다음과 같이 된다.

$$z_{11} = z_{11}{}' + z_{11}{}'', \qquad z_{12} = z_{12}{}' + z_{12}{}''$$

$$z_{21} = z_{21}{}' + z_{21}{}'', \qquad z_{22} = z_{22}{}' + z_{22}{}'' \qquad (11-23)$$

직렬접속과 병렬접속은 쌍대적이고 y파라미터와 z파라미터도 쌍대적임을 알 수 있다.

③ 직렬-병렬접속

그림 11-17과 같이 입력측이 직렬, 출력측이 병렬로 접속된 경우에는 하이브리드 h파라미터를 써서

$$V_1{}' = h_{11}{}'I_1 + h_{12}{}'V_2, \qquad I_2{}' = h_{21}{}'I_1 + h_{22}{}'V_2$$

$$V_1{}'' = h_{11}{}''I_1 + h_{12}{}''V_2, \qquad I_2{}'' = h_{21}{}''I_1 + h_{22}{}''V_2$$

가 되고, $V_1 = V_1{}' + V_1{}''$, $I_2 = I_2{}' + I_2{}''$이므로

$$V_1 = (h_{11}{}' + h_{11}{}'')I_1 + (h_{12}{}' + h_{12}{}'')V_2$$

$$I_2 = (h_{21}{}' + h_{21}{}'')I_1 + (h_{22}{}' + h_{22}{}'')V_2$$

그러므로 식 (11-14)와 비교하면

$$h_{11} = h_{11}{}' + h_{11}{}'', \qquad h_{12} = h_{12}{}' + h_{12}{}''$$

$$h_{21} = h_{21}{}' + h_{21}{}'', \qquad h_{22} = h_{22}{}' + h_{22}{}'' \qquad (11-24)$$

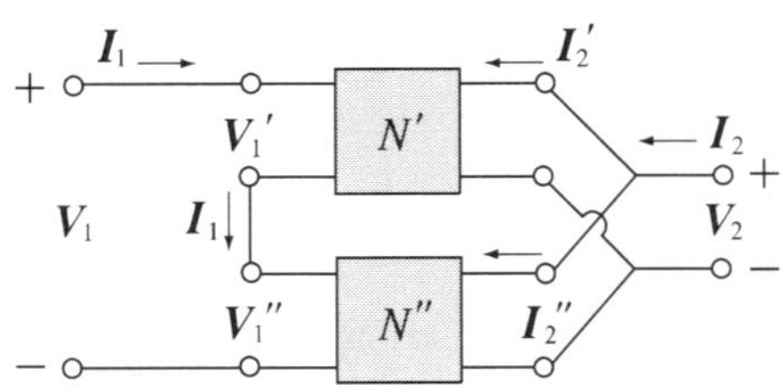

그림 11-17 직렬-병렬접속

즉 직렬-병렬접속의 경우 합성 4단자망의 h파라미터는 각각의 4단자망에 대응하는 h파라미터의 합과 같다.

4 병렬-직렬접속

그림 11-18과 같은 병렬-직렬접속은 그림 11-17과 쌍대적이다. 그러므로 위의 직렬-병렬접속의 모든 식에서 V와 I를 서로 바꾸고 h대신에 g를 쓰면 식 (11-24)에 대응하는 관계식은 다음과 같다.

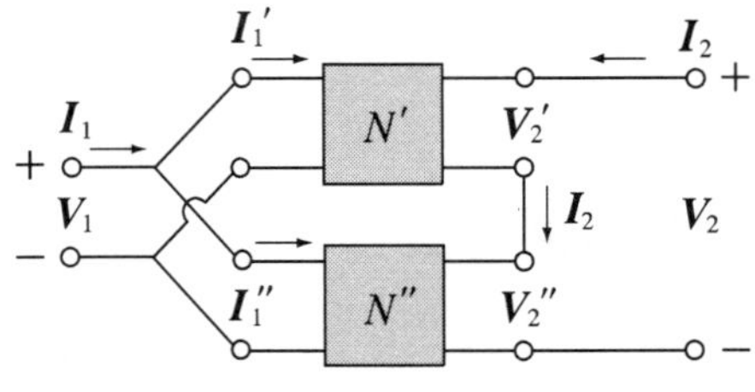

그림 11-18 병렬-직렬접속

$$g_{11} = g_{11}' + g_{11}'', \qquad g_{12} = g_{12}' + g_{12}''$$

$$g_{21} = g_{21}' + g_{21}'', \qquad g_{22} = g_{22}' + g_{22}'' \tag{11-25}$$

5 종속접속

그림 11-19와 같은 종속접속의 경우에는 $ABCD$ 파라미터를 이용하는 것이 편리하다. 각 회로의 출력전류의 방향을 이제까지와 반대방향으로 취하고 입력 및 출력단자의 전압, 전류의 관계식을 쓰면

$$V_1 = A'V_2 + B'I_2, \qquad I_1 = C'V_2 + D'I_2$$

$$V_2 = A''V_3 + B''I_3, \qquad I_2 = C''V_3 + D''I_3$$

이 되고, 이 식에서 V_2, I_2를 소거하면

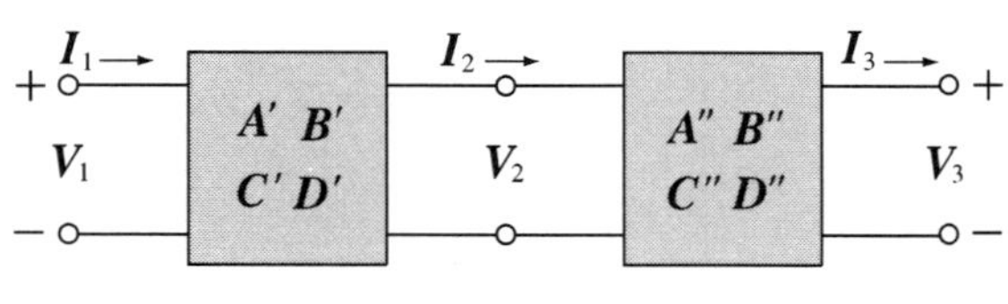

그림 11-19 종속접속

$$V_1 = (A'A'' + B'C'')V_3 + (A'B'' + B'D'')I_3$$

$$I_1 = (C'A'' + D'C'')V_3 + (C'B'' + D'D'')I_3$$

이 된다. 또 합성 4단자망의 방정식은 식 (11-7)로부터

$$V_1 = AV_3 + BI_3$$

$$I_1 = CV_3 + DI_3$$

이 되므로 위의 식과 비교하면 4단자 정수는 다음과 같이 된다.

$$\left.\begin{aligned} A &= A'A'' + B'C'', \qquad B = A'B'' + B'D'' \\ C &= C'A'' + D'C'', \qquad D = C'B'' + D'D'' \end{aligned}\right\} \tag{11-26}$$

예제 11-9

그림 11-20과 같은 T형 회로의 4단자 정수를 그림 11-9와 그림 11-12의 종속접속에 의하여 구하여라.

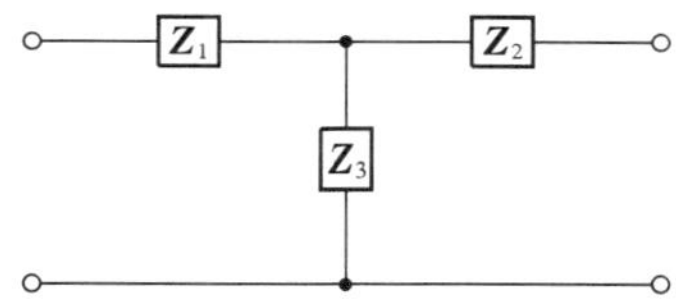

그림 11-20 T형 회로

풀이

$$\begin{bmatrix} A & B \\ C & D \end{bmatrix} = \begin{bmatrix} 1 & Z_1 \\ 0 & 1 \end{bmatrix} \cdot \begin{bmatrix} 1 & Z_2 \\ \dfrac{1}{Z_3} & 1 + \dfrac{Z_2}{Z_3} \end{bmatrix}$$

$$= \begin{bmatrix} 1 + \dfrac{Z_1}{Z_3} & Z_1 + Z_2 + \dfrac{Z_1 Z_2}{Z_3} \\ \dfrac{1}{Z_1} & 1 + \dfrac{Z_2}{Z_3} \end{bmatrix}$$

예제 11-10

그림 11-21과 같은 π형 회로의 4단자 정수를 그림 11-10과 그림 11-11의 종속접속에 의하여 구하여라.

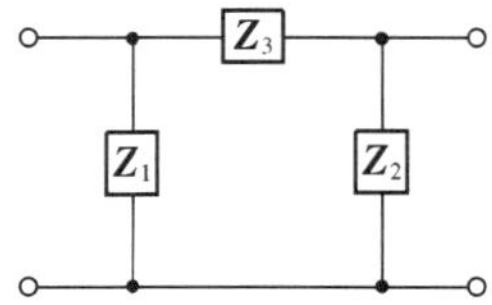

그림 11-21 π형 회로

풀이

$$\begin{bmatrix} A & B \\ C & D \end{bmatrix} = \begin{bmatrix} 1 & 0 \\ \dfrac{1}{Z_1} & 1 \end{bmatrix} \cdot \begin{bmatrix} 1 + \dfrac{Z_2}{Z_3} & Z_2 \\ \dfrac{1}{Z_3} & 1 \end{bmatrix}$$

$$= \begin{bmatrix} 1 + \dfrac{Z_2}{Z_3} & Z_2 \\ \dfrac{1}{Z_1} + \dfrac{1}{Z_3}\left(1 + \dfrac{Z_2}{Z_1}\right) & 1 + \dfrac{Z_2}{Z_1} \end{bmatrix} \tag{11-27}$$

11.7 영상 파라미터

지금까지는 4단자망의 외부에 연결되는 임피던스에 대하여서는 고려하지 않았으나, 단자 외부에 연결되는 임피던스를 고려하여 회로 해석을 하는 것이 편리하므로 영상 임피던스와 영상 전달정수로 된 **영상 파라미터**(image parameter)를 소개한다.

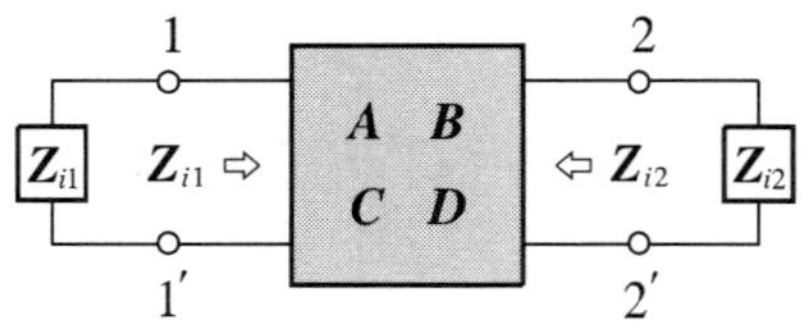

그림 11-22

그림 11-22와 같이 단자 1-1′에 Z_{i1}을 접속할 때 단자 2-2′에서 좌측을 본 임피던스가 Z_{i2}이고, 동시에 단자 2-2′에 Z_{i2}를 접속할 때 단자 1-1′에서 우측을 본 임피던스가 Z_{i1}이 되었다면, 단자 1-1′에서 좌측을 본 임피던스와 우측을 본 임피던스가 다 같이 Z_{i1}이고, 단자 2-2′에서 좌측을 본 임피던스와 우측을 본 임피던스가 다 같이 Z_{i2}일 때, 단자 1-1′와 2-2′에 대하여 거울의 영상과 같은 대칭 임피던스가 되므로 Z_{i1}, Z_{i2}를 **영상 임피던스**(image impedance)라고 한다.

주어진 4단자망의 영상 임피던스는 입력개방 및 단락 임피던스로부터 용이하게 결정할 수 있다.

식 (11-7)과 $V_2 = Z_{i2} I_2$의 관계로부터

$$Z_{i1} = \frac{V_1}{I_1} = \frac{AZ_{i2} + B}{CZ_{i2} + D} \tag{11-28}$$

또 단자 2-2′를 입력측으로 생각하면 식 (11-15)와 $V_1 = Z_{i1} I_1$의 관계로부터

$$Z_{i2} = \frac{V_2}{I_2} = \frac{DZ_{i1} + B}{CZ_{i1} + A} \tag{11-29}$$

식 (11-28) 및 (11-29)로부터

$$Z_{i1} = \sqrt{\frac{AB}{CD}}, \qquad Z_{i2} = \sqrt{\frac{DB}{CA}} \tag{11-30}$$

여기서 식 (11-13)을 이용하여 다시 표시하면

$$Z_{i1} = \sqrt{Z_{01}Z_{S1}}, \qquad Z_{i2} = \sqrt{Z_{02}Z_{S2}} \tag{11-31}$$

즉 4단자망의 각 단자에서의 영상 임피던스는 그 단자에서의 개방 및 단락 임피던스의 기하학적 평균치와 같다. Z_{i1}, Z_{i2}, θ는 모두 주파수의 함수인 복소수로서 **영상 파라미터**라 하고, θ는 **전달정수**(transfer constant)라 한다. 그림 11-23과 같이 4단자망의 양쪽이 각각의 영상 임피던스로 종단되어 있는 경우 **영상 정합**(image matching)이 되어 있다고 한다.

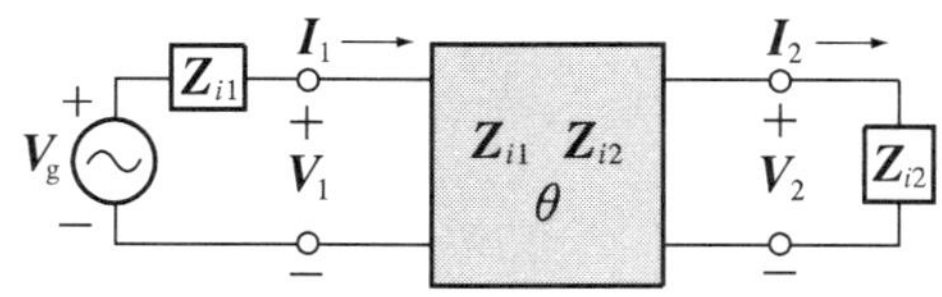

그림 11-23 영상 정합이 된 회로

영상 정합시의 **영상 전달정수**(image transfer constant) θ를

$$\varepsilon^{\theta} = \sqrt{\frac{V_1 I_1}{V_2 I_2}} \tag{11-32}$$

로 정의한다.

θ 역시 4단자망의 개방 및 단락 입력 임피던스로부터 용이하게 결정할 수 있다. 식 (11-7)에서 영상 정합상태를 고려하면

$$\frac{V_1}{V_2} = A + \frac{B}{Z_{i2}} = A + \frac{B}{\sqrt{\frac{DB}{CA}}} = \sqrt{\frac{A}{D}}\,(\sqrt{AD} + \sqrt{BC})$$

$$\frac{I_1}{I_2} = CZ_{i2} + D = C\sqrt{\frac{DB}{CA}} + D = \sqrt{\frac{D}{A}}\,(\sqrt{AD} + \sqrt{BC})$$

따라서

$$\varepsilon^{\theta} = \sqrt{\frac{V_1 I_1}{V_2 I_2}} = \sqrt{AD} + \sqrt{BC} \tag{11-33}$$

또 $AD - BC = 1$이므로

$$\varepsilon^{-\theta} = \sqrt{AD} - \sqrt{BC} \tag{11-34}$$

따라서

$$\cosh\theta = \sqrt{\boldsymbol{AD}}, \qquad \cosh\theta = \sqrt{\boldsymbol{BC}}, \qquad \tanh\theta = \sqrt{\frac{\boldsymbol{BC}}{\boldsymbol{AD}}} \tag{11-35}$$

식 (11-13)으로부터

$$\tanh\theta = \sqrt{\frac{\boldsymbol{Z}_{S1}}{\boldsymbol{Z}_{01}}} = \sqrt{\frac{\boldsymbol{Z}_{S2}}{\boldsymbol{Z}_{02}}} \tag{11-36}$$

또 지수함수의 형식으로 나타내면

$$\begin{aligned}\frac{\varepsilon^{\theta}}{\varepsilon^{-\theta}} = \varepsilon^{2\theta} &= \frac{1+\sqrt{BC/AD}}{1-\sqrt{BC/AD}} = \frac{1+\sqrt{\boldsymbol{Z}_{S1}/\boldsymbol{Z}_{01}}}{1-\sqrt{\boldsymbol{Z}_{S1}/\boldsymbol{Z}_{01}}} \\ &= \frac{1+\sqrt{\boldsymbol{Z}_{S2}/\boldsymbol{Z}_{02}}}{1-\sqrt{\boldsymbol{Z}_{S2}/\boldsymbol{Z}_{02}}}\end{aligned} \tag{11-37}$$

θ의 물리적 의미는

식 (11-32)에서 $\boldsymbol{V}_1 = \boldsymbol{Z}_{i1}\boldsymbol{I}_1$, $\boldsymbol{V}_2 = \boldsymbol{Z}_{i2}\boldsymbol{I}_2$의 관계가 있으므로

$$\varepsilon^{\theta} = \frac{\boldsymbol{I}_1}{\boldsymbol{I}_2}\sqrt{\frac{\boldsymbol{Z}_{i1}}{\boldsymbol{Z}_{i2}}} = \frac{\boldsymbol{V}_1}{\boldsymbol{V}_2}\sqrt{\frac{\boldsymbol{Z}_{i2}}{\boldsymbol{Z}_{i1}}} \tag{11-38}$$

특히 대칭 4단자망에서는 $\boldsymbol{Z}_{i1} = \boldsymbol{Z}_{i2}$이므로

$$\varepsilon^{\theta} = \frac{\boldsymbol{I}_1}{\boldsymbol{I}_2} = \frac{\boldsymbol{V}_1}{\boldsymbol{V}_2} \tag{11-39}$$

일반적으로 θ는 복소수이므로

$$\theta = \alpha + j\beta \tag{11-40}$$

라 쓸 수 있다. 여기서 α를 **영상 감쇠정수**(image attenuation constant), β를 **영상 위상정수**(image phase constant)라 한다.

$$\varepsilon^{\theta} = \varepsilon^{\alpha+j\beta} = \varepsilon^{\alpha}\varepsilon^{j\beta} = \varepsilon^{\alpha}\angle\beta \tag{11-41}$$

가 되므로 대칭 4단자망에서는

$$\alpha = \ln\left|\frac{\boldsymbol{I}_1}{\boldsymbol{I}_2}\right| = \ln\left|\frac{\boldsymbol{V}_1}{\boldsymbol{V}_2}\right| \tag{11-42}$$

$$\beta = (\boldsymbol{I}_2\text{가 } \boldsymbol{I}_1\text{보다 늦은 위상각})$$
$$= (\boldsymbol{V}_2\text{가 } \boldsymbol{V}_1\text{보다 늦은 위상각}) \tag{11-43}$$

즉 α가 클수록 출력전류는 입력전류에 비하여 작아지고, 또 β가 클수록 출력전류는 입력전류보다 위상이 늦어진다. 전압에 있어서도 마찬가지이다. 이 때문에 α를 감쇠정수라 하고 β를 위상정수라 한다. α, β는 원래 차원이 없는 양이지만 α의 단위로 네퍼(neper)를 사용하고, β의 단위로는 라디안(radian) 또는 도(degree)를 사용한다.

그림 11-24와 같이 입력단자와 출력단자를 바꾸면 $ABCD$ 파라미터에 A와 D가 바뀔 뿐이므로 식 (11-33)에서 θ는 불변임을 알 수 있다. 따라서 단자 2-2′에서 구동하는 경우의 영상 전달정수는

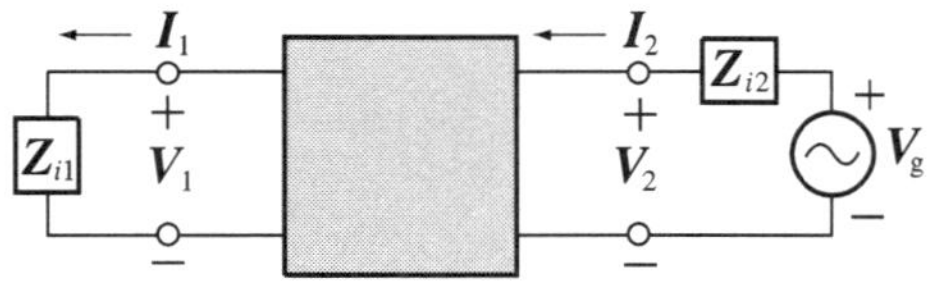

그림 11-24 입력단자와 출력단자의 교환

$$\varepsilon^{\theta} = \sqrt{\frac{\boldsymbol{V}_2\boldsymbol{I}_2}{\boldsymbol{V}_1\boldsymbol{I}_1}} = \frac{\boldsymbol{I}_2}{\boldsymbol{I}_1}\sqrt{\frac{\boldsymbol{Z}_{i2}}{\boldsymbol{Z}_{i1}}} = \frac{\boldsymbol{V}_2}{\boldsymbol{V}_1}\sqrt{\frac{\boldsymbol{Z}_{i1}}{\boldsymbol{Z}_{i2}}} \tag{11-44}$$

이 된다.

주어진 한 4단자망의 $ABCD$ 파라미터를 식 (11-30)과 (11-35)에 의하여 영상 파라미터 $\boldsymbol{Z}_{i1}$, $\boldsymbol{Z}_{i2}$, θ로 표시하면

$$\boldsymbol{A} = \sqrt{\frac{\boldsymbol{Z}_{i1}}{\boldsymbol{Z}_{i2}}}\cosh\theta, \qquad \boldsymbol{B} = \sqrt{\boldsymbol{Z}_{i1}\boldsymbol{Z}_{i2}}\sinh\theta$$
$$\boldsymbol{C} = \frac{1}{\sqrt{\boldsymbol{Z}_{i1}\boldsymbol{Z}_{i2}}}\sinh\theta, \qquad \boldsymbol{D} = \sqrt{\frac{\boldsymbol{Z}_{i2}}{\boldsymbol{Z}_{i1}}}\cosh\theta \tag{11-45}$$

이 관계를 식 (11-7)에 대입하여 영상 파라미터로 4단자망의 기초방정식을 표시하면

$$\left.\begin{aligned} \boldsymbol{V}_1 &= \sqrt{\frac{\boldsymbol{Z}_{i1}}{\boldsymbol{Z}_{i2}}}\left(\boldsymbol{V}_2\cosh\theta + \boldsymbol{I}_2\boldsymbol{Z}_{i2}\sinh\theta\right) \\ \boldsymbol{I}_1 &= \sqrt{\frac{\boldsymbol{Z}_{i2}}{\boldsymbol{Z}_{i1}}}\left(\frac{\boldsymbol{V}_2}{\boldsymbol{Z}_{i2}}\sinh\theta + \boldsymbol{I}_2\sinh\theta\right) \end{aligned}\right\} \tag{11-46}$$

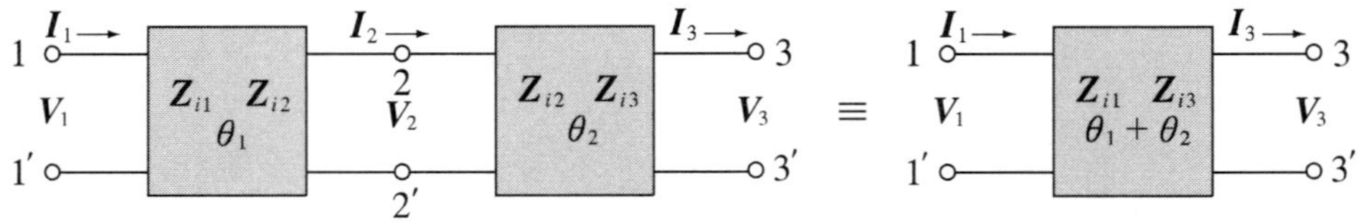

그림 11-25 4단자망의 종속접속

또한 대칭 4단자망의 경우에는 $\boldsymbol{Z}_{i1}=\boldsymbol{Z}_{i2}=\boldsymbol{Z}_i$이므로

$$\left.\begin{aligned} \boldsymbol{V}_1 &= \boldsymbol{V}_2\cosh\theta+\boldsymbol{I}_2\boldsymbol{Z}_i\sinh\theta \\ \boldsymbol{I}_1 &= \left(\frac{\boldsymbol{V}_2}{\boldsymbol{Z}_i}\sinh\theta+\boldsymbol{I}_2\sinh\theta\right) \end{aligned}\right\} \tag{11-47}$$

그림 11-25와 같이 영상 파라미터가 각각 $\boldsymbol{Z}_{i1}$, $\boldsymbol{Z}_{i2}$, θ_1 및 $\boldsymbol{Z}_{i2}$, $\boldsymbol{Z}_{i3}$, θ_2인 4단자망을 종속접속하는 경우 단자 2-2′에서 우측을 본 영상 임피던스는 $\boldsymbol{Z}_{i2}$이고, 단자 1-1′에서 우측을 본 임피던스는 $\boldsymbol{Z}_{i1}$이다. 또 단자 2-2′에서 좌측을 본 영상 임피던스는 $\boldsymbol{Z}_{i2}$와 같고, 단자 3-3′에서 좌측을 본 영상 임피던스는 $\boldsymbol{Z}_{i3}$가 된다.

따라서 합성 4단자망의 영상 임피던스는 $\boldsymbol{Z}_{i1}$, $\boldsymbol{Z}_{i3}$가 된다. 또 합성 4단자망의 영상 전달정수를 θ라 하면

$$\varepsilon^{\theta}=\sqrt{\frac{\boldsymbol{V}_1\boldsymbol{I}_1}{\boldsymbol{V}_3\boldsymbol{I}_3}}=\sqrt{\frac{\boldsymbol{V}_1\boldsymbol{I}_1}{\boldsymbol{V}_2\boldsymbol{I}_2}}\cdot\sqrt{\frac{\boldsymbol{V}_2\boldsymbol{I}_2}{\boldsymbol{V}_3\boldsymbol{I}_3}}=\varepsilon^{\theta 1}\cdot\varepsilon^{\theta 2} \tag{11-48}$$

따라서

$$\theta=\theta_1+\theta_2 \tag{11-49}$$

또는

$$\alpha=\alpha_1+\alpha_2,\qquad \beta=\beta_1+\beta_2 \tag{11-50}$$

예제 11-11

그림 11-26 (a)의 ㄱ형 회로의 영상 파라미터로부터 그림 (b), (c)의 T형 및 π형 회로의 영상 파라미터를 구하여라.

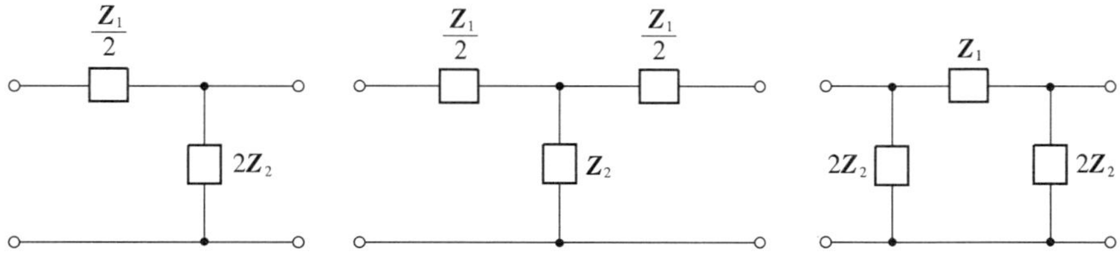

(a) ㄱ형 회로 (b) T형 회로 (c) π형 회로

그림 11-26

풀이 그림 11-26 (a)의 ㄱ형 회로에서

$$Z_{S1} = \frac{Z_1}{2}, \qquad Z_{01} = \frac{Z_1}{2} + 2Z_2$$

$$Z_{S2} = \frac{Z_1/2 \cdot 2Z_2}{Z_1/2 + 2Z_2}, \qquad Z_{02} = 2Z_2$$

이들을 식 (11-31)에 대입하여 ㄱ형 회로의 영상 임피던스를 구하면

$$Z_{i1} = \sqrt{Z_1 Z_2 \left(1 + \frac{Z_1}{4Z_2}\right)}, \qquad Z_{i2} = \sqrt{Z_1 Z_2 \Big/ \left(1 + \frac{Z_1}{4Z_2}\right)} \tag{11-51}$$

또 식 (11-36)로부터

$$\coth\theta = \sqrt{Z_{01}/Z_{S1}} = \sqrt{1 + (4Z_2/Z_1)}$$

$$\sinh\theta = 1/\mathrm{cosech}\,\theta = 1/\sqrt{\coth^2\theta - 1} = \sqrt{Z_1/4Z_2}$$

그러므로

$$\theta_L = \sinh^{-1}\sqrt{\frac{Z_1}{4Z_2}}$$

그림 11-26 (b)의 대칭 T형 회로는 L형 회로 2개를 그림 11-27 (a)와 같이 접속점에서 영상 임피던스가 맞도록 연결한 것과 같다. 따라서 그 영상 임피던스는 L형 회로와 같고, 영상 전달정수 θ_T는 θ_L의 2배와 같다.

그러므로

$$\left.\begin{aligned} Z_{iT} &= \sqrt{Z_1 Z_2 \left(1 + \frac{Z_1}{4Z_2}\right)} \\ \theta T &= 2\sinh^{-1}\sqrt{\frac{Z_1}{4Z_2}} \end{aligned}\right\} \tag{11-52}$$

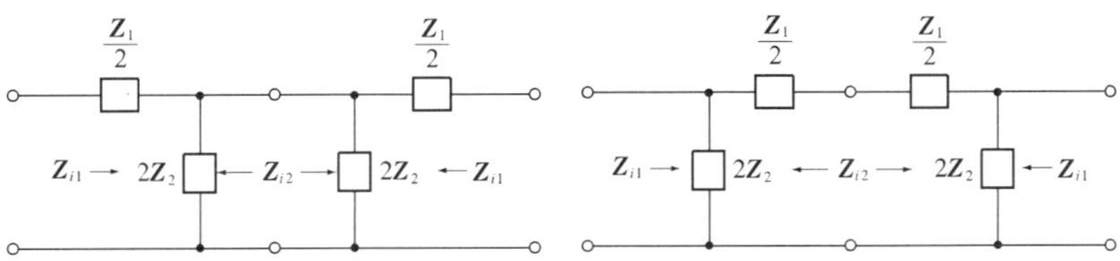

(a) (b)

그림 11-27

마찬가지로 그림 11-26 (c)의 대칭 π형 회로의 영상 파라미터는 그림 11-27 (b)와 같이 되므로

$$\left.\begin{aligned} Z_{i\pi} &= \sqrt{Z_1 Z_2 \Big/ \left(1+\frac{Z_1}{4Z_2}\right)} \\ \theta_\pi &= 2\sinh^{-1}\sqrt{\frac{Z_1}{4Z_2}} \end{aligned}\right\} \qquad (11-53)$$

11.8 전송손실, 삽입손실, 부정합손실

물리적인 양을 비교할 때에는 그 차 또는 비로서 표시하는 경우가 많으나 통신공학에서는 흔히 두 양의 비의 대수로 표시한다. 그래서 두 전력 P_1, P_2를 비교할 때 $\frac{1}{2}\ln(P_1/P_2)$의 단위를 네퍼(neper), $10\log_{10}(P_1/P_2)$의 단위를 **데시벨**(decibel : dB)이라고 부른다.

$$1[\text{neper}] = 8.686\ [\text{dB}] \qquad (11-54)$$

이론적으로는 [neper], 실용적으로는 [dB]이 편리하다.

전송 4단자망에서 입력전력이 P_1이고, 출력전력이 P_2인 경우 전송 4단자망에서의 전력손실은 다음 식으로 정의되는 **전송손실**(transmission loss)로 표시된다.

$$\text{전송손실} = \frac{1}{2}\ln\left(\frac{P_1}{P_2}\right)[\text{neper}] = 10\log\left(\frac{P_1}{P_2}\right)[\text{dB}] \qquad (11-55)$$

그림 11-28 (a)와 같이 전원을 부하에 직접 연결하는 경우의 부하전류, 전압, 전력을 각각 I_2', V_2', P_2'라 하고, 그림 (b)와 같이 어떤 목적을 위하여 그 사이에 4단자망을 삽입하는 경우의 것을 I_2, V_2, P_2라 할 때, 4단자망의 삽입으로 인하여 부하측에서 일어나는 영향을 고려하기 위해 다음과 같은 **삽입비**(insertion ratio) 및 **삽입손실**(insertion loss)을 정의한다.

$$\text{삽입비} = \frac{I_2'}{I_2} = \frac{V_2'}{V_2} \qquad (11-56)$$

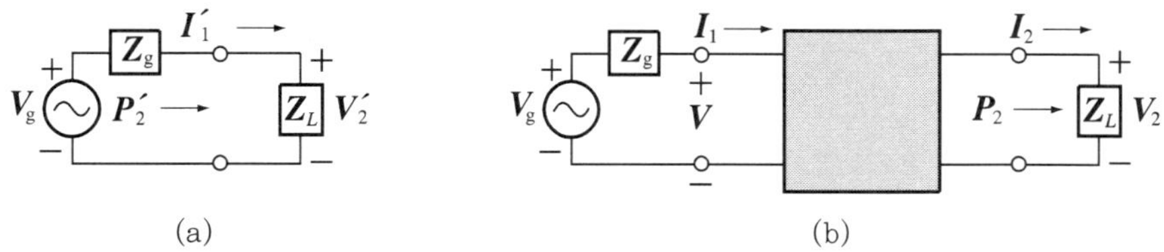

그림 11-28 전송 4단자망

$$\text{삽입손실} = \frac{1}{2}\ln\frac{P_2'}{P_2} = \ln\left|\frac{I_2'}{I_2}\right| = \ln\left|\frac{V_2'}{V_2}\right| \quad [\text{neper}] \tag{11-57}$$

$I_2 > I_2'$인 경우에는 삽입손실은 (−)가 되며 이것은 삽입이득이 일어남을 의미한다. 삽입비는 일반적으로 복소수이며, 그 각은 삽입 전후의 부하전류 또는 전압의 위상추이를 나타낸다. 이것을 **삽입 위상추이**(insertion phase shift)라 한다.

그림 11-29와 같이 영상 임피던스로 정합된 회로에서는 $I_1 = V_g / 2Z_{i1}$이고, 또 식 (11-38)로부터

$$I_2 = \frac{V_g \varepsilon^{-\theta}}{2\sqrt{Z_{i1}Z_{i2}}} = \frac{V_g \varepsilon^{-\theta}}{2\sqrt{Z_g Z_L}} \tag{11-58}$$

그리고 4단자망을 삽입하지 않을 때의 전류는

$$I_2' = \frac{V_g}{Z_g + Z_L} \tag{11-59}$$

따라서

$$\left.\begin{aligned} \text{삽입비} &= \frac{I_2'}{I_2} = \frac{2\sqrt{Z_g Z_L}}{Z_g + Z_L} = \varepsilon^{\theta} \\ \text{삽입손실} &= \ln|K| + \alpha \ [\text{neper}] \end{aligned}\right\} \tag{11-60}$$

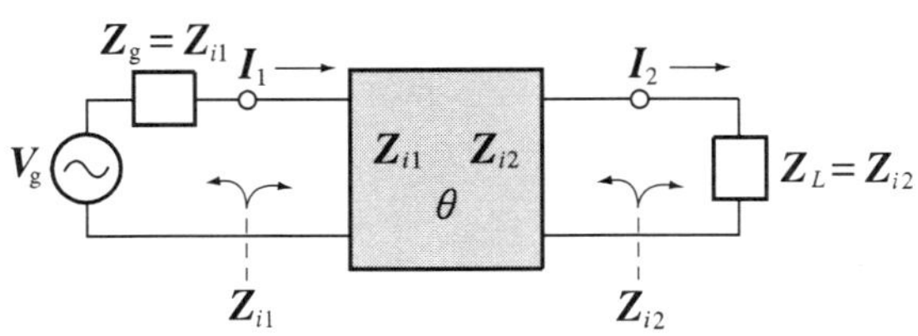

그림 11-29 영상 임피던스로 정합된 회로

$$\text{단, } K = \frac{2\sqrt{Z_g Z_L}}{Z_g + Z_L} = \frac{2\sqrt{Z_g/Z_L}}{1 + Z_g/Z_L}$$

여기서 K는 $Z_g \neq Z_L$일 때에 생기는 수식이므로 Z_g와 Z_L과의 부정합률(mismatching factor) 또는 반사율이라 하며, $\ln|K|$를 부정합손실 또는 반사손실이라고 한다. 특히 대칭 4단자망이 영상 임피던스로 정합된 경우, 즉 $Z_g = Z_L = Z_i$인 경우에는 삽입손실은 단순히 α[neper]가 되고 삽입 위상추이는 β[radian]과 같다.

11.9 기본 4단자 회로망

1 ㄱ형 회로

그림 11-30의 ㄱ형 회로의 4단자 정수는 식 (11-18)에서

$$\left.\begin{aligned} A &= 1 + \frac{Z_1}{Z_2}, & B &= Z_1 \\ C &= \frac{1}{Z_2}, & D &= 1 \end{aligned}\right\} \quad (11-61)$$

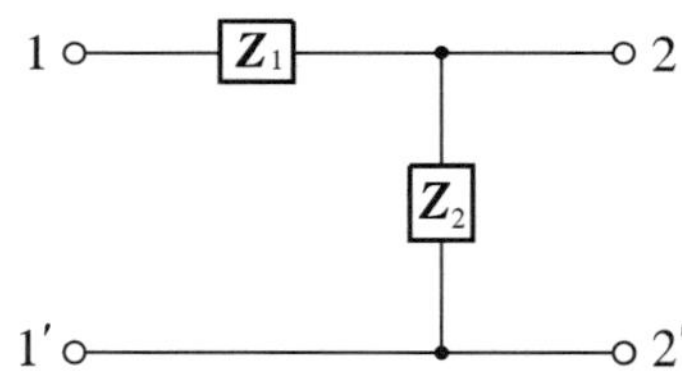

그림 11-30 ㄱ형 회로

이므로, 영상 임피던스는 식 (11-30)에서

$$Z_{i1} = \sqrt{\frac{(1 + Z_1/Z_2)Z_1}{1/Z_2}} = \sqrt{Z_1 Z_2\left(1 + \frac{Z_1}{Z_2}\right)} \quad (11-62)$$

$$Z_{i2} = \sqrt{\frac{Z_1}{\left(1 + \frac{Z_1}{Z_2}\right)\frac{1}{Z_2}}} = \sqrt{\frac{Z_1 Z_2}{1 + \frac{Z_1}{Z_2}}}$$

가 되며, 전달정수는 식 (11-33)에서

$$\varepsilon^\theta = \sqrt{1 + \frac{Z_1}{Z_2}} + \sqrt{\frac{Z_1}{Z_2}} \quad (11-63)$$

또한 쌍곡선 함수를 사용한 표시식은

식 (11-35)에서

$$\left.\begin{aligned} \cosh\theta &= \sqrt{\frac{1+Z_1}{Z_2}} \\ \sinh\theta &= \sqrt{\frac{Z_1}{Z_2}} \\ \tanh\theta &= \frac{1}{\sqrt{1+\dfrac{Z_2}{Z_1}}} \end{aligned}\right\} \tag{11-64}$$

2 Γ형 회로

그림 11-31의 Γ형 회로의 4단자 정수는 식 (11-19)에서

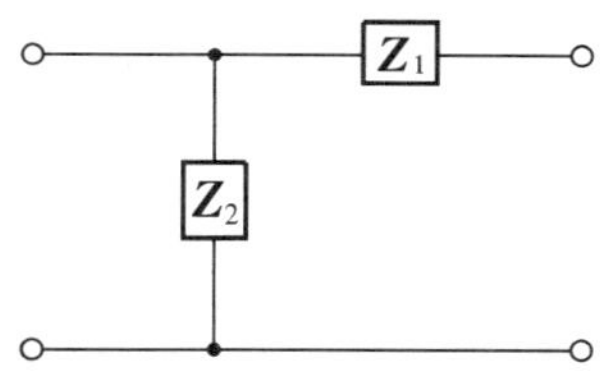

그림 11-31 Γ형 회로

$$\left.\begin{aligned} A &= 1, & B &= Z_1 \\ C &= \frac{1}{Z_2}, & D &= 1+\frac{Z_1}{Z_2} \end{aligned}\right\} \tag{11-65}$$

이므로, 영상 임피던스는 식 (11-30)에서

$$\left.\begin{aligned} Z_{i1} &= \sqrt{\frac{Z_1 Z_2}{1+Z_1/Z_2}} \\ Z_{i2} &= \sqrt{Z_1 Z_2\left(1+\frac{Z_1}{Z_2}\right)} \end{aligned}\right\} \tag{11-66}$$

또한 전달정수는 식 (11-33)과 식 (11-35)에서

$$\left.\begin{aligned} \varepsilon^{\theta} &= \sqrt{1+\frac{Z_1}{Z_2}} + \sqrt{\frac{Z_1}{Z_2}} \\ \cosh\theta &= \sqrt{1+\frac{Z_1}{Z_2}} \\ \sinh\theta &= \sqrt{\frac{Z_1}{Z_2}} \\ \tanh\theta &= \frac{1}{\sqrt{1+\dfrac{Z_2}{Z_1}}} \end{aligned}\right\} \tag{11-67}$$

3 T형 회로

그림 11-32의 T형 회로의 4단자 정수는 식 (11-20)에서

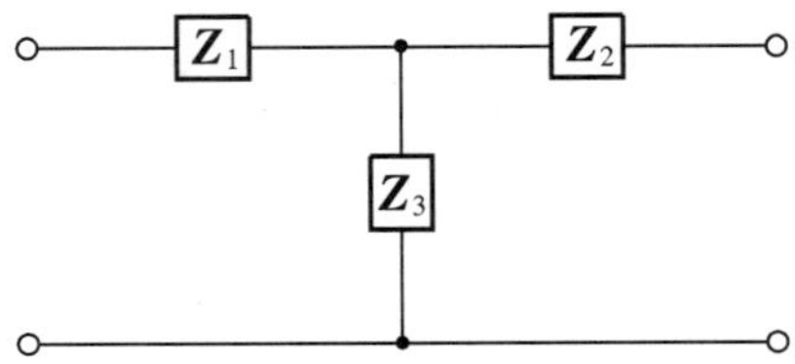

그림 11-32 T형 회로

$$A = \frac{Z_1 + Z_3}{Z_3}$$

$$B = \frac{Z_1 Z_2 + Z_2 Z_3 + Z_3 Z_1}{Z_3}$$

$$C = \frac{1}{Z_3}$$

$$D = \frac{Z_2 + Z_3}{Z_3} \tag{11-68}$$

여기서 Z_1, Z_2, Z_3를 4단자 정수를 사용하여 표시하면

$$Z_1 = \frac{A-1}{C}, \qquad Z_2 = \frac{D-1}{C}, \qquad Z_3 = \frac{1}{C} \tag{11-69}$$

따라서 일반적인 수동회로망을 식 (11-69)의 관계를 사용하여 T형 회로로 나타낼 수 있다. 영상 임피던스는 식 (11-30)에서

$$\left.\begin{aligned} Z_{i1} &= \frac{\sqrt{(Z_1 + Z_3)(Z_1 Z_2 + Z_2 Z_3 + Z_3 Z_1)}}{Z_2 + Z_3} \\ Z_{i2} &= \sqrt{\frac{(Z_2 + Z_3)(Z_1 Z_2 + Z_2 Z_3 + Z_3 Z_1)}{Z_1 + Z_3}} \end{aligned}\right\} \tag{11-70}$$

또한 전달정수는 식 (11-33)과 식 (11-35)에서

$$\left.\begin{aligned} \varepsilon^{\theta} &= \sqrt{\frac{(Z_1 + Z_3)(Z_2 + Z_3)}{Z_3}} + \frac{\sqrt{Z_1 Z_2 + Z_2 Z_3 + Z_3 Z_1}}{Z_3} \\ \cosh\theta &= \sqrt{\left(1 + \frac{Z_1}{Z_3}\right)\left(1 + \frac{Z_2}{Z_3}\right)} \\ \sinh\theta &= \frac{1}{Z_3}\sqrt{Z_1 Z_2 + Z_2 Z_3 + Z_3 Z_1} \\ \tanh\theta &= \sqrt{\frac{Z_1 Z_2 + Z_2 Z_3 + Z_3 Z_1}{(Z_1 + Z_3)(Z_2 + Z_3)}} \end{aligned}\right\} \tag{11-71}$$

$Z_1 = Z_2$일 때 $A = D$가 되고 그림 11-32는 대칭 4단자 회로망이 된다. 이때의 영상 임피던스 및 전달정수는

$$Z_{i1} = Z_{i2} = \sqrt{Z_1^{\,2} + 2Z_1 Z_3} = \sqrt{Z_1(Z_1 + 2Z_3)} \tag{11-72}$$

$$\left.\begin{aligned} \varepsilon^{\theta} &= 1 + \frac{Z_1}{Z_3} + \frac{\sqrt{Z_1(Z_1+2Z_3)}}{Z_2} = 1 + \frac{Z_1}{Z_3} + \frac{Z_{i1}}{Z_3} \\ \cosh\theta &= 1 + \frac{Z_1}{Z_3} \\ \sinh\theta &= \frac{\sqrt{Z_1(Z_1+2Z_3)}}{Z_3} = \frac{Z_{i1}}{Z_3} \\ \tanh\theta &= \frac{\sqrt{Z_1(Z_1+2Z_3)}}{Z_1+Z_3} = \frac{Z_{i1}}{Z_1+Z_3} \end{aligned}\right\} \tag{11-73}$$

4 π형 회로

그림 11-33의 π형 회로의 4단자 정수는 식 (11-27)에서

$$\left.\begin{aligned} A &= 1 + \frac{Z_2}{Z_3}, & B &= Z_2 \\ C &= \frac{Z_1 + Z_2 + Z_3}{Z_1 Z_3}, & D &= 1 + \frac{Z_2}{Z_1} \end{aligned}\right\} \tag{11-74}$$

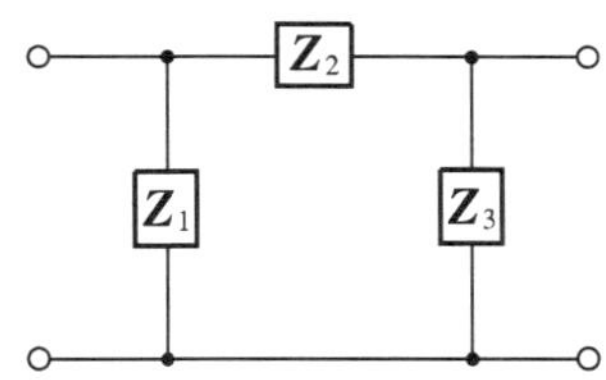

그림 11-33 π형 회로

여기서 Z_1, Z_2, Z_3를 4단자 정수를 사용하여 표시하면

$$Z_1 = \frac{B}{D-1}, \quad Z_2 = B, \quad Z_3 = \frac{B}{A-1} \tag{11-75}$$

따라서 일반적인 수동회로망을 식 (11-75)의 관계를 사용하여 π형 회로로 나타낼 수 있다.

영상 임피던스는 식 (11-30)에서

$$\left.\begin{aligned} Z_{i1} &= Z_1\sqrt{\frac{Z_2(Z_2+Z_3)}{(Z_1+Z_2)(Z_1+Z_2+Z_3)}} \\ Z_{i2} &= Z_3\sqrt{\frac{Z_2(Z_1+Z_2)}{(Z_2+Z_3)(Z_1+Z_2+Z_3)}} \end{aligned}\right\} \tag{11-76}$$

또한 전달정수는 식 (11−33)과 식 (11−35)에서

$$\left.\begin{aligned} \varepsilon^{\theta} &= \sqrt{\left(1+\frac{Z_2}{Z_3}\right)\left(1+\frac{Z_2}{Z_1}\right)} + \sqrt{\frac{Z_2(Z_1+Z_2+Z_3)}{Z_1Z_3}} \\ \cosh\theta &= \sqrt{\left(1+\frac{Z_2}{Z_3}\right)\left(1+\frac{Z_2}{Z_1}\right)} \\ \sinh\theta &= \sqrt{\frac{Z_2(Z_1+Z_2+Z_3)}{Z_1Z_3}} \\ \tanh\theta &= \sqrt{\frac{Z_2(Z_1+Z_2+Z_3)}{(Z_1+Z_2)(Z_2+Z_3)}} \end{aligned}\right\} \tag{11-77}$$

$Z_1 = Z_3$일 때 $A = D$가 되고 그림 11−33은 대칭 4단자 회로망이 된다. 이때의 영상 임피던스 및 전달정수는

$$Z_{i1} = Z_{i2} = Z_1\sqrt{\frac{Z_2}{Z_2+2Z_1}} \tag{11-78}$$

$$\left.\begin{aligned} \varepsilon^{\theta} &= 1+\frac{Z_2}{Z_1}+\frac{\sqrt{Z_2(Z_2+2Z_1)}}{Z_2} \\ \cosh\theta &= 1+\frac{Z_2}{Z_1} \\ \sinh\theta &= \frac{1}{Z_1}\sqrt{Z_2(Z_2+2Z_1)} \\ \tanh\theta &= \frac{\sqrt{Z_2(Z_2+2Z_1)}}{Z_1+Z_2} \end{aligned}\right\} \tag{11-79}$$

5 격자형(lattice type) 회로

그림 11-34의 격자형 회로의 4단자 정수는 식 (11-21)에서 구하였으므로 이를 식 (11-30)에 대입하여 영상 임피던스를 구하면

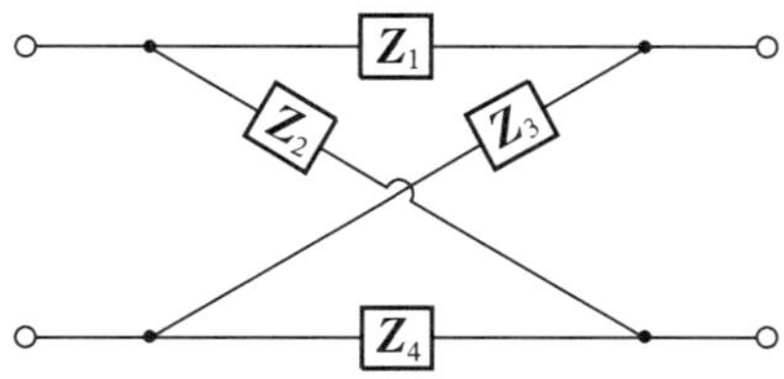

그림 11-34 격자형 회로

$$Z_{i1} = \sqrt{\frac{(Z_1+Z_3)(Z_2+Z_4)\{Z_1Z_2(Z_3+Z_4)+Z_3Z_4(Z_1+Z_2)\}}{(Z_1+Z_2)(Z_3+Z_4)(Z_1+Z_2+Z_3+Z_4)}}$$

$$Z_{i2} = \sqrt{\frac{(Z_1+Z_2)(Z_3+Z_4)\{Z_1Z_2(Z_3+Z_4)+Z_3Z_4(Z_1+Z_2)\}}{(Z_1+Z_3)(Z_2+Z_4)(Z_1+Z_2+Z_3+Z_4)}} \qquad (11-80)$$

또한 전달정수는

$$\varepsilon^{\theta} = \frac{\sqrt{(Z_1+Z_3)(Z_2+Z_4)(Z_1+Z_2)(Z_3+Z_4)}}{Z_2Z_3-Z_1Z_4}$$

$$+\frac{\sqrt{(Z_1+Z_2+Z_3+Z_4)\{Z_1Z_2(Z_3+Z_4)+Z_3Z_4(Z_1+Z_2)\}}}{Z_2Z_3-Z_1Z_4} \qquad (11-81)$$

$$\cosh\theta = \frac{\sqrt{(Z_1+Z_3)(Z_2+Z_3)(Z_1+Z_2)(Z_3+Z_4)}}{Z_2Z_3-Z_1Z_4}$$

$$\sinh\theta = \frac{\sqrt{(Z_1+Z_2+Z_3+Z_4)\{Z_1Z_2(Z_3+Z_4)+Z_3Z_4(Z_1+Z_2)\}}}{Z_2Z_3-Z_1Z_4}$$

$$\tanh\frac{\theta}{2} = \frac{\sqrt{(Z_1+Z_2+Z_3+Z_4)\{Z_1Z_2(Z_3+Z_4)+Z_3Z_4(Z_1+Z_2)\}}}{(Z_1+Z_3)(Z_2+Z_4)(Z_1+Z_2)(Z_3+Z_4)}$$

$$(11-82)$$

$Z_2 = Z_3$, $Z_1 = Z_4$일 때 영상 임피던스 및 전달정수는

$$Z_{i1} = Z_{i2} = \sqrt{Z_1 Z_2} \tag{11-83}$$

$$\varepsilon^{\theta} = \frac{Z_2 + Z_1}{Z_2 - Z_1} + \frac{2\sqrt{Z_1 Z_2}}{Z_2 - Z_1} \tag{11-84}$$

$$\left.\begin{aligned} \cosh\theta &= \frac{Z_2 + Z_1}{Z_2 - Z_1} \\ \tanh\frac{\theta}{2} &= \sqrt{\frac{\cosh\theta - 1}{\cosh\theta + 1}} = \sqrt{\frac{Z_1}{Z_2}} \end{aligned}\right\} \tag{11-85}$$

11.10 필터회로

1 제자형 필터

주파수선택성이 현저한 회로는 모두 여파기(filter)라고 할 수 있다. 필터를 주파수대에 따라 분류하면 다음과 같다.

① 저역통과필터(low-pass filter) : 낮은 주파수 성분은 잘 통과시키나 높은 주파수는 잘 통과시키지 않는 필터

② 고역통과필터(high-pass filter) : 높은 주파수는 잘 통과시키나 낮은 주파수는 잘 통과시키지 않는 필터

③ 대역통과필터(band-pass filter) : 중간 범위의 주파수는 잘 통과시키나 이보다 낮거나 높은 주파수는 잘 통과시키지 않는 필터

④ 대역소거필터(band-elimination filter) : 중간 범위의 주파수는 잘 통과시키지 않으나 이보다 낮거나 높은 주파수는 잘 통과시키는 필터

구조상으로는 제자형, 격자형, 교락형 등이 있으나, 가장 흔히 사용되는 필터의 구조는 대칭 T형, π형 및 이들을 종속으로 접속한 제자형이다.

그림 11-24의 대칭 T형 및 π형 필터의 영상 전달정수는 식 (11-52), (11-53) 으로부터

$$\sinh\frac{\theta}{2} = \sqrt{\frac{\boldsymbol{Z}_1}{4\boldsymbol{Z}_2}} \tag{11-86}$$

필터회로의 각 소자를 순 리액턴스로 가정하면

$$\boldsymbol{Z}_1 = jX_1, \qquad \boldsymbol{Z}_2 = jX_2 \tag{11-87}$$

식 (11-86)에 $\theta = \alpha + j\beta$의 관계를 적용시키면

$$\begin{aligned}\sinh\left(\frac{\alpha + j\beta}{2}\right) &= \sinh\frac{\alpha}{2}\cos\frac{\beta}{2} + j\cosh\frac{\alpha}{2}\sin\frac{\beta}{2} \\ &= \sqrt{\frac{X_1}{4X_2}}\end{aligned} \tag{11-88}$$

(1) X_1, X_2가 다른 부호인 경우 : 식 (11-88)의 우변은 순허수 $j\sqrt{-X/4X_2}$가 되므로

$$\left.\begin{aligned}&\sinh\frac{\alpha}{2}\cos\frac{\beta}{2} = 0 \\ &\cosh\frac{\alpha}{2}\sin\frac{\beta}{2} = \sqrt{-\frac{X_1}{4X_2}}\end{aligned}\right\} \tag{11-89}$$

가 동시에 만족되어야 한다. 위의 첫식으로부터 $\alpha = 0$, 또는 $\beta = \pm\pi$이다. 따라서

① $0 < -\dfrac{X_1}{4X_2} < 1$인 경우(통과역)

$$\left.\begin{aligned}&\alpha = 0 \\ &\sin\frac{\beta}{2} = \sqrt{-\frac{X_1}{4X_2}}\end{aligned}\right\} \tag{11-90}$$

② $-\dfrac{X_1}{4X_2} > 1$인 경우(감쇠역)

$$\left.\begin{aligned}&\beta = \pm\pi \\ &\cosh\frac{\alpha}{2} = \sqrt{-\frac{X_1}{4X_2}}\end{aligned}\right\} \tag{11-91}$$

(2) X_1, X_2가 같은 부호인 경우 : 식 (11-88)의 우변은 실수가 되므로

$$\left.\begin{aligned} &\cosh\frac{\alpha}{2}\sin\frac{\beta}{2}=0 \\ &\sinh\frac{\alpha}{2}\cos\frac{\beta}{2}=\sqrt{\frac{X_1}{4X_2}} \end{aligned}\right\} \tag{11-92}$$

가 동시에 만족되어야 한다. $\cosh\frac{\alpha}{2}\neq 0$이므로

① $\frac{X_1}{4X_2}>0$인 경우(감쇠역)

$$\left.\begin{aligned} &\beta=0 \\ &\sinh\frac{\alpha}{2}=\sqrt{\frac{X_1}{4X_2}} \end{aligned}\right\} \tag{11-93}$$

이상적인 필터회로에서 삽입손실이 0일 때 **통과역**(pass band)이라 하고, 삽입손실이 ∞일 때 **감쇠역**(attenuation band)이라 하며, 통과역에서는 위상의 비뚤림(位相歪曲)이 없도록 삽입 위상추이가 주파수에 비례하여야 한다.

따라서 식 (11-90)은 통과역, 식 (11-91)과 (11-93)은 감쇠역이 된다. 이상을 종합하면 T형 및 π형 필터는 표 11-1과 같이 세 범위로 구분된다.

여기에서 통과역과 감쇠역의 경계점을 **차단점**(cut-off point)이라 하고, 그 주파수를 **차단주파수**(cut-off frequency)하며, 이것은

$$-\frac{X_1}{4X_2}=0 \text{ 또는 } 1 \tag{11-94}$$

에 의하여 정해진다.

표 11-1 대칭 T형 및 π형 필터의 α와 β

주파수범위	대역의 구분	α (영상 정합시의 삽입손실)	β (영상 정합시의 삽입 위상추이)
$-X_1/4X_2<0$	감쇠역	$2\sinh^{-1}\sqrt{X_1/4X_2}$	0
$0<-X_1/4X_2<1$	통과역	0	$2\sinh^{-1}\sqrt{-X_1/4X_2}$
$-X_1/4X_2>0$	감쇠역	$2\cosh^{-1}\sqrt{-X_1/4X_2}$	$\pm\pi$

2 정K형 필터

두 개의 2단자망에 있어서 각 입력 임피던스 $\boldsymbol{Z}_1$, $\boldsymbol{Z}_2$의 곱이 주파수에 무관한 정수일 때, 즉

$$\boldsymbol{Z}_1\boldsymbol{Z}_2 = \frac{L}{C} = K^2 \tag{11-95}$$

의 관계가 있을 때 $\boldsymbol{Z}_1$, $\boldsymbol{Z}_2$는 K에 관하여 역회로를 이룬다고 한다.

제자형 필터에서 직렬접속된 임피던스 $\boldsymbol{Z}_1$과 병렬접속된 임피던스 $\boldsymbol{Z}_2$가 역회로를 이룰 때 이 필터를 **정K형 필터**(constant-K type filter)라 한다. 즉

$$\left.\begin{aligned} &\boldsymbol{Z}_1\boldsymbol{Z}_2 = K^2 \\ &\text{또는 } -X_1X_2 = K^2 \end{aligned}\right\} \tag{11-96}$$

의 관계가 성립하는 회로를 말하며 이때 K를 **공칭 임피던스**(nominal impedance)라 한다.

식 (11-96)이 성립하기 위해서는 $\boldsymbol{X}_1$, $\boldsymbol{X}_2$가 모든 주파수에서 반대부호를 가져야 한다. 지금

$$-\frac{X_1}{4X_2} = \frac{{X_1}^2}{4X_2} \equiv x^2 \quad \left(\text{또는 } x \equiv \frac{X_1}{2K}\right) \tag{11-97}$$

이라 놓으면 정K형 필터는

$$\left.\begin{aligned} &x^2 < 1\text{에서는 통과역}(\alpha = 0,\ \beta = 2\sin^{-1}x) \\ &x^2 > 1\text{에서는 감쇠역}(\alpha = \sin^{-1}|x|,\ \beta = \pm\pi) \end{aligned}\right\} \tag{11-98}$$

이 된다.

정K형 필터를 주파수 특성별로 분류하면 표 11-2와 같다.

표 11-2 정K형 필터의 주파수 대역별 특성

명칭	회로	K	ω_c(차단주파수)	L, C	리액턴스 곡선
저역필터	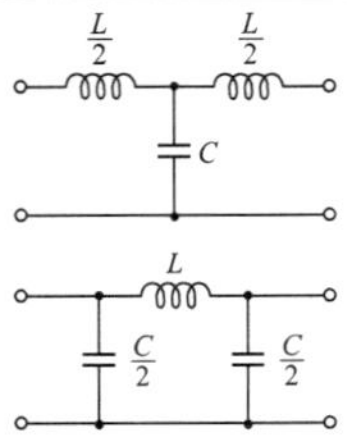	$Z_1Z_2=\dfrac{L}{C}$ $=K^2$ $K=\sqrt{\dfrac{L}{C}}$	$\omega_c=\dfrac{2K}{L}=\dfrac{2}{\sqrt{LC}}$ $x=\dfrac{\omega}{\omega_c}$	$L=\dfrac{K}{\pi f_c}$ $C=\dfrac{1}{\pi f_c K}$ 단, $f_c=\dfrac{\omega_c}{2\pi}$	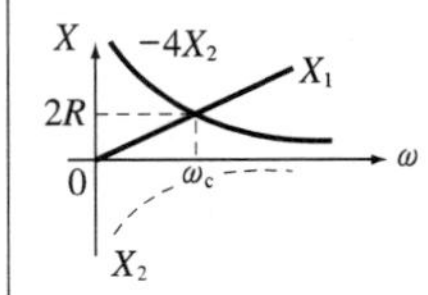
고역필터	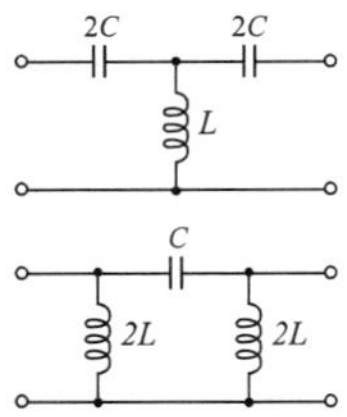	$K=\sqrt{\dfrac{L}{C}}$	$\omega_c=\dfrac{1}{2KC}$ $=\dfrac{1}{2\sqrt{LC}}$ $x=-\dfrac{\omega}{\omega_c}$	$L=\dfrac{K}{4\pi f_c}$ $C=\dfrac{1}{4\pi f_c K}$	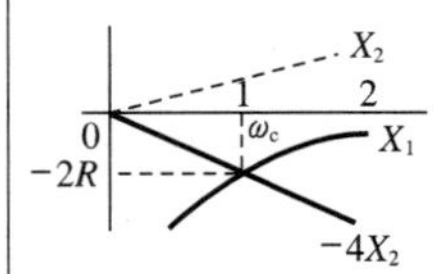
대역통과필터	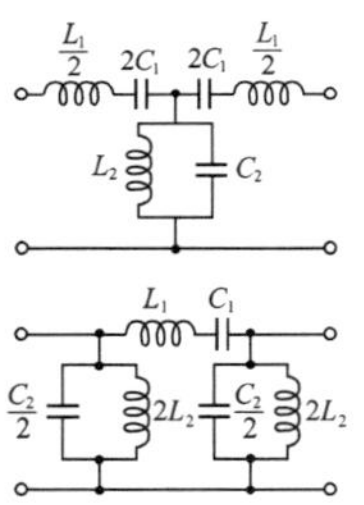	$K=\sqrt{\dfrac{L_1}{C_2}}$ $=\sqrt{\dfrac{L_2}{C_1}}$	$\omega_0=\dfrac{1}{\sqrt{L_1C_1}}$ $=\dfrac{1}{\sqrt{L_2C_2}}$ (공진주파수) $x=\dfrac{X_1}{2K}$ $=\dfrac{1}{2K}\left(\omega L_1-\dfrac{1}{\omega C_1}\right)$ $=\dfrac{L_1}{2K}\left(\omega-\dfrac{\omega_0}{\omega}\right)$ $\begin{cases}\omega_0{}^2=\omega_1\omega_2\\ \omega_2-\omega_1=\dfrac{2K}{L_1}\equiv\Delta\end{cases}$ $x=\dfrac{\omega_0}{\Delta}\left(\dfrac{\omega}{\omega_0}-\dfrac{\omega_0}{\omega}\right)$	$L_1=\dfrac{2K}{\Delta}$ $C_1=\dfrac{\Delta}{2K\omega_0{}^2}$ $L_2=\dfrac{K\Delta}{2\omega_0{}^2}$ $C_2=\dfrac{2}{K\Delta}$ 단, $\Delta=\omega_2-\omega_1$ $\omega_0=\sqrt{\omega_1\omega_2}$	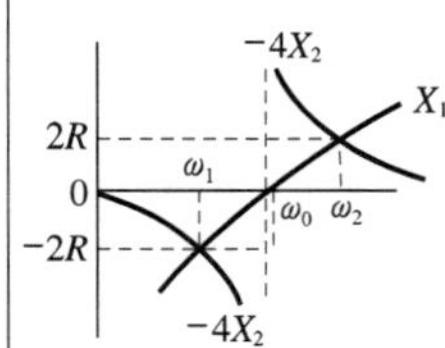
대역소거필터	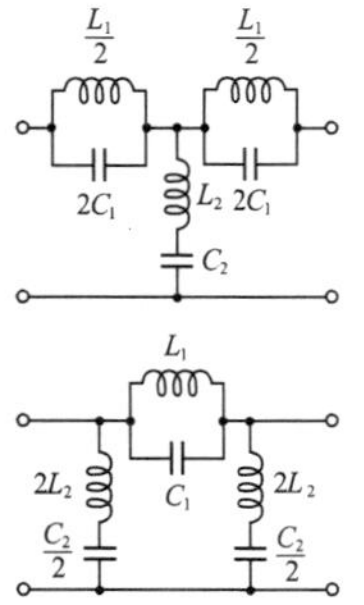	$K=\sqrt{\dfrac{L_1}{C_2}}$ $=\sqrt{\dfrac{L_2}{C_1}}$	$\omega_0=\dfrac{1}{\sqrt{L_1C_1}}$ $=\dfrac{1}{\sqrt{L_2C_2}}$ (공진주파수) $\omega_0{}^2=\omega_1\omega_2$ $\omega_2-\omega_1=\dfrac{K}{2L_2}\equiv\Delta$ $x=\dfrac{-1}{\dfrac{\omega_0}{\Delta}\left(\dfrac{\omega}{\omega_0}-\dfrac{\omega_0}{\omega}\right)}$	$L_2=\dfrac{K}{2\Delta}$ $C_2=\dfrac{2\Delta}{2K\omega_0{}^2}$ $L_1=\dfrac{2K\Delta}{\omega_0{}^2}$ $C_1=\dfrac{1}{2K\Delta}$	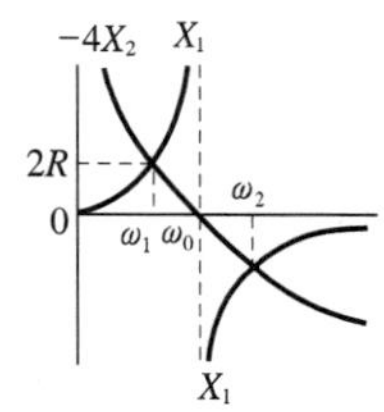

※ 리액턴스 곡선에서 주파수축을 굵게 표시한 부분은 감쇠역을 나타낸 것이고 그 밖의 부분은 통과역을 나타낸다.

예제 11-12

공칭 임피던스 600[Ω], 차단주파수 1500[Hz]인 정K형 저역 필터를 만들어라.

풀이 $Z_1 = j\omega L,\ Z_2 = \dfrac{1}{j\omega C}$ 이므로

$$Z_1 Z_2 = \frac{L}{C} = K^2$$

또 차단 각주파수를 ω_c라 하면

$$\frac{\omega_c L}{2K} = 1$$

이므로

$$L = \frac{K}{\pi f_c},\qquad C = \frac{1}{\pi f_c K}$$

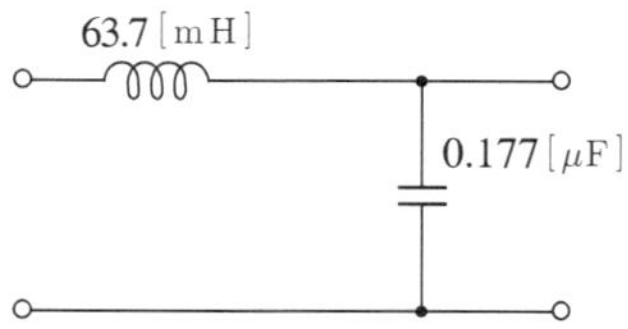

그림 11-35

따라서,

$$K = 600\ [\Omega],\ f_c = 1500\ [\mathrm{Hz}]$$

이므로

$$L = \frac{K}{\pi f_c} = \frac{600}{\pi \times 1500} = 0.1273\ [\mathrm{H}] = 127.3\ [\mathrm{mH}]$$

$$C = \frac{1}{\pi f_c K} = \frac{1}{\pi \times 1500 \times 600} = 0.353 \times 10^{-6}\ [\mathrm{F}] = 0.353\ [\mu\mathrm{F}]$$

그런데 저역 필터의 L, C 값은 어느 것이나 $\frac{1}{2}$ 배이어야 하므로 L=63.7 [mH], C=0.177[μF]이다.

예제 11-13

공칭 임피던스 600[Ω], 차단주파수 60[kHz]인 정K형 고역 필터에서 L[mH] 및 C[μF]를 구하여라.

풀이 $K = \sqrt{\dfrac{L}{C}}$ 이고, 차단 각주파수 ω_c는

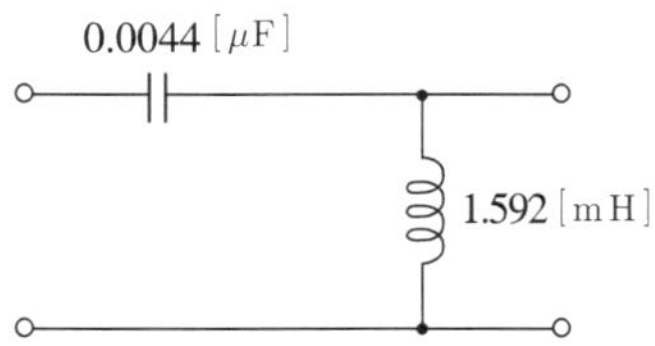

$$\omega_c = \frac{1}{2KC} = \frac{1}{2\sqrt{LC}}$$ 이므로

$$C = \frac{1}{4\pi f_c K} = \frac{1}{4\pi \times 60 \times 10^3 \times 600}$$
$$= 0.00221\,[\mu\mathrm{F}]$$

$$L = K^2 C = 600^2 \times 0.00221 \times 10^{-6} = 0.796\ [\mathrm{mH}]$$

따라서, 고역 필터에서 L, C 값은 계산값의 2배이므로

$$L = 0.796 \times 2 = 1.592\ [\mathrm{mH}]$$

$$C = 0.00221 \times 2 = 0.0044\ [\mu\mathrm{F}]$$

연 습 문 제

1. 그림 11-37에 나타낸 4단자 회로망의 4단자 정수를 구하여라.

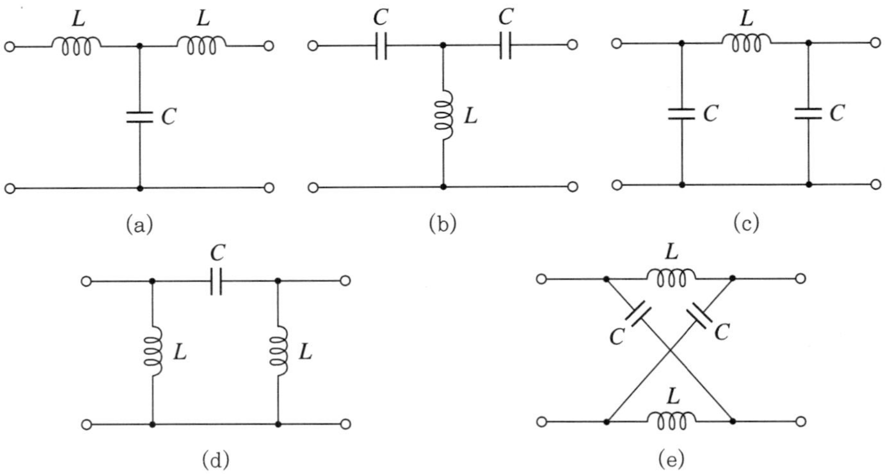

그림 11-37

2. 문제 (1)의 4단자망의 영상 임피던스 $\boldsymbol{Z}_0$와 전달정수 θ를 구하여라.

3. L형 4단자 회로망에서 4단자 정수가 $A=15/4$, $D=1$이고, 영상 임피던스 $\boldsymbol{Z}_{i2}=12/5$ [Ω]일 때, 영상 임피던스 $\boldsymbol{Z}_{i1}$은 몇 [Ω]인가?

4. 그림 11-38과 같은 ᄀ형 회로의 4단자 정수를 구하여라.

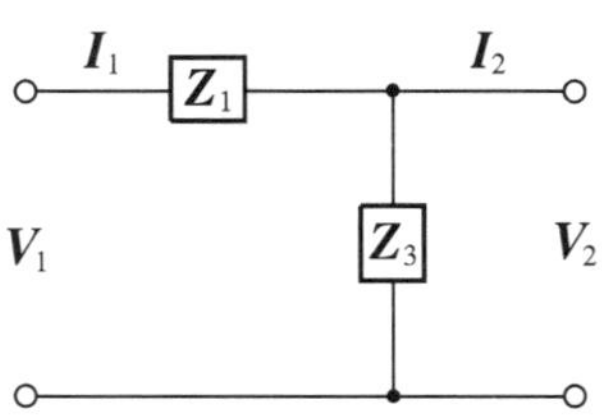

그림 11-38

5. 공칭 임피던스가 500 [Ω]이고 차단 주파수가 10 [kHz]의 정K형 저역 필터에서, L [mH]과 C [μF]의 값을 구하여라.

6. 공칭 임피던스가 500 [Ω]이고 차단 주파수가 20 [kHz]의 정K형 고역 필터에서 L [mH]과 C [μF]의 값을 구하여라.

7. 그림 11-39와 같은 회로에서 차단 각주파수 ω_c는 얼마인가?

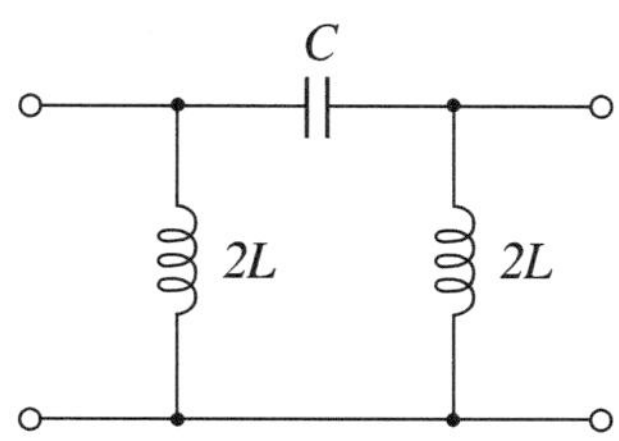

그림 11-39

Chapter 12

분포정수회로

12.1 분포정수회로

지금까지 설명한 회로망에서는 회로정수 R, L, C가 서로 분리되어 한 점에 집중되어 있는 것으로 취급하였다. 이와 같이 취급하는 회로를 **집중정수회로**(lumped constant circuit)라 한다. 이에 대하여 장거리 송전선이나 통신선로와 같이 회로정수가 선로의 길이에 따라 균일하게 분포되어 있는 회로를 **분포정수회로**(distributed constant circuit)라 한다.

집중정수회로와 분포정수회로의 구별은 전원의 파장 λ와 밀접한 관계가 있다. 즉 60[Hz]의 송전선은 10[km]의 길이를 갖는 것도 집중정수회로로 취급할 수 있으나 극초단파에서는 수[cm]의 길이를 갖는 선로도 분포정수회로로 취급해야 한다.

1 기초방정식

그림 12-1과 같이 송전선로의 송전단에 정현전압을 인가할 때 정상상태에 있어서 송전단으로부터 거리 x의 점에 길이 dx의 미소구간에 대한 전류, 전압의 변화 및 회로정수의 분포를 그림 12-2와 같이 되어 있는 것으로 한다. 단위 길이에 대한 선로의 저항, 자기 인덕턴스, 정전용량, 누설 컨덕턴스를 각각 $R\,[\Omega/\text{m}]$, $L\,[\text{H/m}]$, $C\,[\text{F/m}]$, $G\,[\mho/\text{m}]$로 한다. 선로에 분포되어 있는 단위 길이당 임피던스 및 선간 어드미턴스는 다음과 같다.

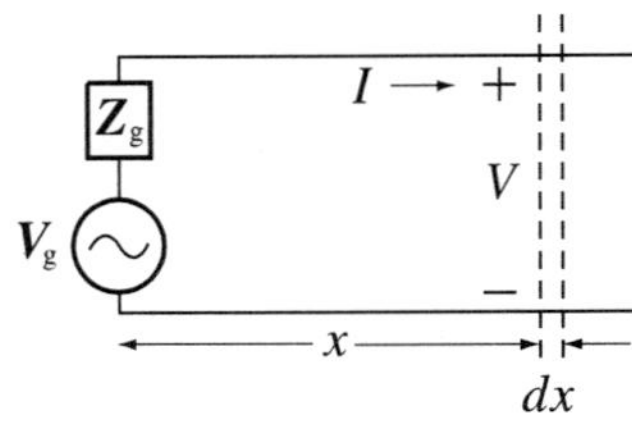

그림 12-1 송전선로

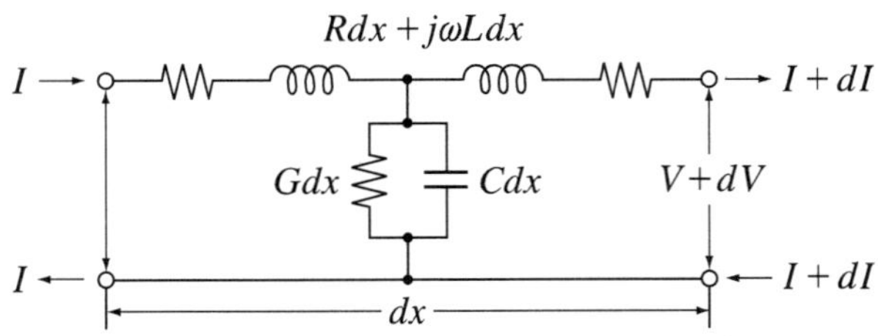

그림 12-2 선로의 미소구간에서의 분포정수

$$\boldsymbol{Z} = R + j\omega L \ [\Omega/\text{m}] \tag{12-1}$$

$$\boldsymbol{Y} = G + j\omega C \ [\mho/\text{m}] \tag{12-2}$$

송전단으로부터 거리 x의 점에 대한 전압 · 전류의 크기를 $\boldsymbol{V}$, $\boldsymbol{I}$라 하면, 송전단으로부터 거리 $x+dx$인 점의 전압 · 전류는 dx의 구간에 존재하는 직렬 임피던스 $\boldsymbol{Z}dx$ 및 병렬 어드미턴스 $\boldsymbol{Y}dx$에 의해 다같이 감소하게 된다. 그러므로

$$-d\boldsymbol{V} = \boldsymbol{IZ}dx = \boldsymbol{I}(R + j\omega L)dx$$

$$-d\boldsymbol{I} = \boldsymbol{VY}dx = \boldsymbol{V}(G + j\omega C)dx$$

또한

$$\frac{d\boldsymbol{V}}{dx} = -\boldsymbol{ZI} \tag{12-3}$$

$$\frac{d\boldsymbol{I}}{dx} = -\boldsymbol{YV} \tag{12-4}$$

가 된다. 식 (12-3)을 x에 관하여 미분하고 식 (12-4)를 대입하면

$$\frac{d^2\boldsymbol{V}}{dx^2} = \boldsymbol{ZYV} \tag{12-5}$$

마찬가지로

$$\frac{d^2 I}{dx^2} = ZYI \tag{12-6}$$

즉 선로상 임의의 점에서의 전압 · 전류에 관한 동일한 모양의 미분방정식이 얻어진다.

2 지수함수에 의한 기초방정식의 해

식 (12-5)의 해로서

$$V = A\varepsilon^{\gamma x} \tag{12-7}$$

인 지수함수 형식을 가정하면

$$\frac{dV}{dx} = \gamma A\varepsilon^{\gamma x}, \qquad \frac{d^2 V}{dx^2} = \gamma^2 A\varepsilon^{\gamma x}$$

가 되므로, 이를 식 (12-5)에 대입하면

$$\frac{d^2 V}{dx^2} = \gamma^2 A\varepsilon^{\gamma x} = ZYA\varepsilon^{\gamma x}$$

$$\therefore \ \gamma = \pm\sqrt{ZY} \tag{12-8}$$

따라서 미분정식 (12-5)의 일반해는

$$V = A\varepsilon^{-\sqrt{ZY}x} + B\varepsilon^{\sqrt{ZY}x} \tag{12-9}$$

여기서 A, B는 적분정수이다. 미분방정식 (12-6)의 해는 같은 방법으로

$$I = C\varepsilon^{-\sqrt{ZY}x} + D\varepsilon^{\sqrt{ZY}x} \tag{12-10}$$

여기서 C, D는 적분정수이다. 이 정수들 중에서 A, B는 경계조건(boundary condition)에 의해 정해지며, C, D는 식 (12-3)으로부터 A, B가 정해지면 C, D도 정해진다. 즉 식 (12-3)에서

$$I = -\frac{1}{Z}\cdot\frac{dV}{dx} = \frac{\sqrt{ZY}}{Z}\left(-A\varepsilon^{-\sqrt{ZY}x} + B\varepsilon^{\sqrt{ZY}x}\right)$$

$$= \sqrt{\frac{Y}{Z}}\left(-A\varepsilon^{-\sqrt{ZY}x} + B\varepsilon^{\sqrt{ZY}x}\right)$$

이것과 식 (12−10)을 비교하면

$$C = A\sqrt{\frac{Y}{Z}}, \qquad D = -B\sqrt{\frac{Y}{Z}} \tag{12-11}$$

가 되고, 이를 식 (12−10)에 대입하면

$$I = \frac{2}{\sqrt{Z/Y}}\left(A\varepsilon^{-\sqrt{ZY}x} + B\varepsilon^{\sqrt{ZY}x}\right) \tag{12-12}$$

지금

$$Z_0 = \sqrt{\frac{Z}{Y}} \tag{12-13}$$

$$\gamma = \sqrt{ZY} \tag{12-14}$$

라 하면 미분방정식 (12−3)과 (12−4)의 일반해는

$$\left.\begin{aligned} V &= A\varepsilon^{-\gamma x} + B\varepsilon^{-\gamma x} \\ I &= \frac{A}{Z_0}\varepsilon^{-\gamma x} - \frac{B}{Z_0}\varepsilon^{\gamma x} \end{aligned}\right\} \tag{12-15}$$

와 같이 표시된다. 이것이 송전단에서 거리 x인 점의 전압 · 전류를 나타내는 분포정수회로의 일반해이다.

3 쌍곡선함수에 의한 기초방정식의 해

쌍곡선함수의 공식을 이용하면

$$\varepsilon^{y} = \cosh y + \sinh y$$

$$\varepsilon^{-y} = \cosh y - \sinh y$$

이므로, 식 (12−9)를 변형하면

$$\begin{aligned} V &= A(\cosh\sqrt{ZY}x - \sinh\sqrt{ZY}x) + B(\cosh\sqrt{ZY}x + \sinh\sqrt{ZY}x) \\ &= (A+B)\cosh\sqrt{ZY}x + (B-A)\sinh\sqrt{ZY}x \end{aligned} \tag{12-16}$$

마찬가지로 식 (12−10)을 변형하면

$$\begin{aligned} I &= (C+D)\cosh\sqrt{ZY}x + (D-C)\sinh\sqrt{ZY}x \\ &= (A-B)\sqrt{\frac{Y}{Z}}\cosh\sqrt{ZY}x - (B+A)\sqrt{\frac{Y}{Z}}\sinh\sqrt{ZY}x \\ &= -\sqrt{\frac{Y}{Z}}\{(B-A)\cosh\sqrt{ZY}x + (A+B)\sinh\sqrt{ZY}x\} \end{aligned} \tag{12-17}$$

여기서 A, B는 적분정수이므로

$$A' = A + B, \qquad B' = B - A$$

라 놓으면 식 (12-16) 및 식 (12-17)은 다음과 같이 된다.

$$V = A'\cosh\sqrt{ZY}x + B'\sinh\sqrt{ZY}x \tag{12-18}$$

$$I = -\sqrt{\frac{Y}{Z}}(B'\cosh\sqrt{ZY}x + A'\sinh\sqrt{ZY}x) \tag{12-19}$$

또 식 (12-13) 및 (12-14)와 같이 $Z_0 = \sqrt{Z/Y}$, $\gamma = \sqrt{ZY}$라 놓으면, 위의 식은 다음과 같이 된다.

$$\left.\begin{aligned} V &= A'\cosh\gamma x + B'\sinh\gamma x \\ I &= -\frac{1}{Z_0}(B'\cosh\gamma x + A'\sinh\gamma x) \end{aligned}\right\} \tag{12-20}$$

이것도 분포정수회로의 일반해이고, 적분정수 A', B'는 경계조건에 의하여 정해진다.

전압·전류가 선로를 파(波)로서 전달해가는 현상을 취급할 때에는 식 (12-15)와 같은 지수함수를 이용하는 방법이 편리하고, 송전단 혹은 수전단에 있어서 경계조건을 넣어 전압·전류의 분포를 조사하는 데에는 식 (12-20)과 같은 쌍곡선함수를 이용하는 방법이 편리하다.

12.2 특성 임피던스와 전파정수

1 무한장 선로

분포정수회로의 전압과 전류에 대한 기초식 (12-9)와 (12-10)에서 x의 증가에 따라 제1항은 무한히 작게 되며, 제2항은 무한히 크게 된다. 이것은 에너지의 관점에서 볼 때 불가능한 일이므로 무한장 선로에 대해서는 적분정수 $\boldsymbol{B}$는 $\boldsymbol{B}=0$으로 하여야 한다. 그러므로 무한장 선로의 기초식 (12-15)에서 다음 식을 얻을 수 있다.

$$\boldsymbol{V}=\boldsymbol{A}\,\varepsilon^{-\gamma x}, \qquad \boldsymbol{I}=\boldsymbol{A}\sqrt{\frac{\boldsymbol{Y}}{\boldsymbol{Z}}}\,\varepsilon^{-\gamma x} \tag{12-21}$$

이 식으로부터

$$\frac{\boldsymbol{V}}{\boldsymbol{I}}=\sqrt{\frac{\boldsymbol{Z}}{\boldsymbol{Y}}} \tag{12-22}$$

지금 $x=0$, 즉 송전단에서의 전압, 전류는 식 (12-21)로부터

$$|\boldsymbol{V}|_{x=0}=\boldsymbol{A}, \qquad |\boldsymbol{I}|_{x=0}=\boldsymbol{A}\sqrt{\frac{\boldsymbol{Y}}{\boldsymbol{Z}}} \tag{12-23}$$

가 되며, 송전단에서 본 임피던스는

$$\left|\frac{\boldsymbol{V}}{\boldsymbol{I}}\right|_{x=0}=\sqrt{\frac{\boldsymbol{Z}}{\boldsymbol{Y}}}=\boldsymbol{Z}_0 \tag{12-24}$$

가 된다.

2 특성 임피던스

식 (12-13)의 정의에서 나타낸 $\boldsymbol{Z}_0$는 식 (12-24)와 같이 무한장 선로 위의 점에 대한 전압과 전류의 비로서 이를 특성 임피던스(characteristic impedance) 또는 파동 임피던스(wave impedance)라 한다.

식 (12-1)과 (12-2)를 식 (12-13)에 대입하면

$$\boldsymbol{Z}_0 = \sqrt{\frac{\boldsymbol{Z}}{\boldsymbol{Y}}} = \sqrt{\frac{R+j\omega L}{G+j\omega C}} \tag{12-25}$$

이 되고

$$\left.\begin{aligned} &\boldsymbol{Z}_0 = |\boldsymbol{Z}_0|\varepsilon^{-j\phi} \\ &|\boldsymbol{Z}_0| = \sqrt{\frac{R^2+(\omega L)^2}{G^2+(\omega C)^2}} \\ &\phi = \frac{1}{2}\tan^{-1}\frac{\dfrac{G}{\omega C}-\dfrac{R}{\omega L}}{1+\dfrac{G}{\omega C}\cdot\dfrac{R}{\omega L}} \end{aligned}\right\} \tag{12-26}$$

3 전파정수

식 (12-8)과 (12-14)에서 정의된 γ를 **전파정수**(propagation constant)라 한다. 이것은 일반적으로 복소수로서

$$\gamma = \sqrt{\boldsymbol{ZY}} = \sqrt{(R+j\omega L)(G+j\omega C)} = \alpha + j\beta \tag{12-27}$$

와 같이 놓을 수 있으므로, 여기서 α를 **감쇠정수**(attenuation constant)라 하고 단위는 [neper/m]이며, β를 **위상정수**(phase constant)라 하고 단위는 [rad/m]이다.

식 (12-27)에서

$$(\alpha + j\beta)^2 = (R+j\omega L)(G+j\omega C)$$

$$\alpha^2 - \beta^2 + j2\alpha\beta = (RG-\omega^2 LC) + j\omega(GL+RC)$$

따라서

$$\left.\begin{aligned} &\alpha^2 - \beta^2 = RG - \omega^2 LC \\ &2\alpha\beta = \omega(GL+RC) \end{aligned}\right\} \tag{12-28}$$

가 되고, 이 두 방정식으로부터 α, β를 분포정수로 나타내면

$$\alpha = \sqrt{\frac{1}{2}\sqrt{(R^2+\omega^2L^2)(G^2+\omega^2C^2)}+(RG-\omega^2LC)} \quad [\text{Np/m}]$$

$$\beta = \sqrt{\frac{1}{2}\sqrt{(R^2+\omega^2L^2)(G^2+\omega^2C^2)}-(RG-\omega^2LC)} \quad [\text{rad/m}] \qquad (12-29)$$

가 된다. 다음에 무한장 선로의 경우 송전단에서 거리 x인 점의 전압·전류의 실효치만의 크기는 식 (12-21)에서

$$\left.\begin{aligned} |\boldsymbol{V}| &= |\boldsymbol{A}|\varepsilon^{-\alpha x} \\ |\boldsymbol{I}| &= \frac{|\boldsymbol{A}|}{|\boldsymbol{Z}_0|}\varepsilon^{-\alpha x} \end{aligned}\right\} \qquad (12-30)$$

가 되며, x가 커짐에 따라 전압·전류가 다같이 감쇠됨을 알 수 있다. 감쇠정수 α가 큰 값이면 급속히 감쇠하고, $\alpha = 0$이면 감쇠가 없다.

식 (12-21)에서 전압·전류는 실효치로 표시하였으나 이것을 순시치로 표시하면 다음과 같다.

$$\left.\begin{aligned} v &= \sqrt{2}\,|\boldsymbol{V}|\varepsilon^{j\omega t} = \sqrt{2}\,|\boldsymbol{A}|\varepsilon^{-\alpha x}\varepsilon^{j(\omega t-\beta x)} \\ i &= \sqrt{2}\,|\boldsymbol{A}|\varepsilon^{-\alpha x}\cos(\omega t-\beta x-\theta_0) \end{aligned}\right\} \qquad (12-31)$$

임의의 시간 t에 대한 전압의 순시치는 그림 12-3과 같다.

식 (12-31)과 같이 임의의 시간 t에 대해서 $x=0$인 것보다 위상이 βx만큼 뒤져 있다. 위상의 뒤짐이 2π가 되는 거리를 파장(wave length)이라 한다. 이 거리를 사이에 두고 같은 위상을 반복하고 있다. 그러므로 파장 λ는

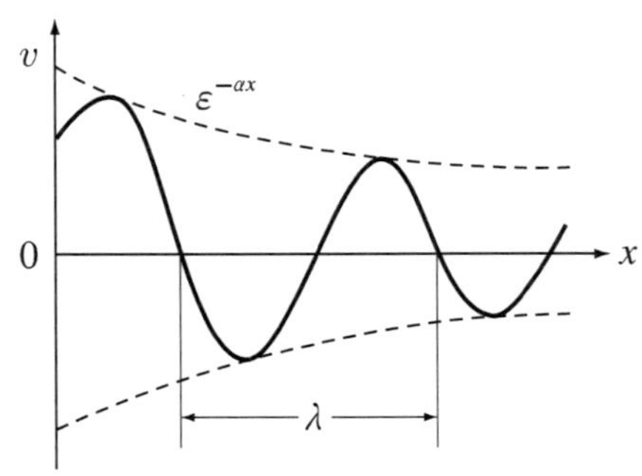

그림 12-3 전압의 순시치

$$\beta\lambda = 2\pi$$

$$\therefore\ \lambda = \frac{2\pi}{\beta} \tag{12-32}$$

가 된다. 한편 식 (12-31)에 대한 전체의 위상 θ는

$$\theta = \omega t - \beta x + \theta_0 \tag{12-33}$$

이므로, 이 θ가 일정하게 되는 점에서는 선로를 따라 어떻게 변화하는가를 조사해 보자. 식 (12-33)에서

$$d\theta = \omega\, dt - \beta\, dx$$

θ가 정수이면 $d\theta = 0$이므로

$$\omega\, dt - \beta\, dx = 0$$

$$\therefore\ \frac{dx}{dt} = \frac{\omega}{\beta} = f\lambda \tag{12-34}$$

여기서 dx/dt는 같은 위상인 점으로부터 선로에 따라서 진행해 가는 속도를 나타내므로 이것을 **위상속도**(phase velocity)라 한다. 이상과 같이 β는 진행하는 파의 파장에 관계되고 있으므로 **위상정수**(phase constant) 또는 **파장정수**(wave length constant)라 한다. 그러나 파가 전파될 때에는 감쇠와 위상의 변화가 동시에 행해지므로 α와 β를 총 합한 $\gamma(=\alpha + j\beta)$를 **전파정수**라 한다.

전파정수 γ와 특성 임피던스 $\boldsymbol{Z}_0$는 분포정수회로를 특징짓는 중요한 정수이다.

4 무손실 선로

무손실 선로에서는 $R=0$, $G=0$이 되고, 식 (12-27)의 전파정수 γ는

$$\left.\begin{aligned} &\gamma = \sqrt{(j\omega L)(j\omega C)} = j\omega\sqrt{LC} \\ &\alpha = 0, \qquad \beta = \omega\sqrt{LC} \end{aligned}\right\} \tag{12-35}$$

와 같이 된다. 즉 감쇠정수는 0이고, 위상정수는 ω에 비례한다. 이때의 위상속도는 식 (12-34)에 식 (12-35)를 대입하여

$$\frac{dx}{dt} = \frac{\omega}{\omega\sqrt{LC}} = \frac{1}{\sqrt{LC}} \tag{12-36}$$

로 되는 주파수에 관계없는 일정한 값이 된다. 자유공간에 있어서 평행 2회선의 경우 이 위상속도 $1/\sqrt{LC}$는 광속도 $\boldsymbol{C}_0$와 같게 된다. 즉 전압 및 전류의 파는 감쇠하는 것이 없이 광속도로 전파해 간다. 이때의 특성 임피던스 $\boldsymbol{Z}_0$는

$$\boldsymbol{Z}_0 = \sqrt{\frac{L}{C}} \tag{12-37}$$

이 되고, 이것 또한 주파수에 무관하게 된다.

5 무왜형 선로

선로에 있어서 R, L, C, G 사이에

$$\frac{R}{L} = \frac{G}{C} \tag{12-38}$$

의 관계가 있으면 전파정수는

$$\gamma = \sqrt{RG} + j\omega\sqrt{LC} \tag{12-39}$$

가 되고, 감쇠정수 및 위상정수는

$$\alpha = \sqrt{RG}, \qquad \beta = \omega\sqrt{LC} \tag{12-40}$$

가 된다. 이 경우 감쇠정수 α는 주파수에 관계없이 일정하고, 위상정수 β는 주파수에 비례한다. 그러므로 위상속도는 식 (12-36)과 같게 되고, 주파수에 무관하게 된다.

그러나 임의의 파형의 파가 전파할 때 수전단의 파형은 송전단의 파형과는 다르다. 이와 같은 파의 일그러짐(distortion)을 **전파왜형**(傳播歪形)이라 한다. 전파왜형의 원인은 주파수에 의해 감쇠정수가 다르게 되는 **감쇠왜형**과 위상속도가 다르게 되는 **위상왜형**이 있다. 만약 식 (12-38)의 조건을 만족하고 있으면 전파왜형은 없게 되므로, 이것을 **무왜형조건**이라 한다.

대개의 경우 $R/L > G/C$가 되어, 식 (12-38)의 조건은 일반적으로 만족되지 않는다.

6 반사파

무한장 선로의 취급에 있어서는 식 (12-15)에서 $B=0$으로 하여 제1항만을 취급하였다. 여기서는 제2항의 의미를 생각해 보자. 즉 제2항은

$$\boldsymbol{V}=\boldsymbol{B}\,\varepsilon^{(\alpha+j\beta)x}=\boldsymbol{B}\,\varepsilon^{-(\alpha+j\beta)(-x)} \tag{12-41}$$

$$\boldsymbol{I}=-\frac{\boldsymbol{B}}{\boldsymbol{Z}_0}\,\varepsilon^{(\alpha+j\beta)x}=-\frac{\boldsymbol{B}}{\boldsymbol{Z}_0}\,\varepsilon^{-(\alpha+j\beta)(-x)} \tag{12-42}$$

와 같이 쓸 수 있다. 즉 식 (12-21)에서 x의 정(+)의 방향으로 전파하는 파로 해석한 것에 비하여 식 (12-41)과 (12-42)는 x의 부(−)의 방향으로 전파하는 파로 해석한다. 실제로 이때의 위상속도는 식 (12-34)를 구하기 위해 취급한 것과 같으므로

$$\frac{dx}{dt}=-\frac{\omega}{\beta}\ [\mathrm{m/s}] \tag{12-43}$$

로 되어, 부(−)의 값을 나타낸다. 이것은 x가 감소하는 방향으로 전파하는 것으로 나타낸다. 이것을 반사파(reflected wave)라 하고, 이에 대하여 식 (12-21)의 파를 입사파(incident wave)라 한다. 이들이 동시에 존재하여, 그 합성에 의한 선로상의 전압, 전류가 이루어지게 된다.

12.3 송전단 및 수전단조건에 의한 전압 · 전류분포

1 송전단의 전압 V_S와 전류 I_S가 주어질 경우

식 (12-20)을 사용하여 적분정수 $\boldsymbol{A}'$, $\boldsymbol{B}'$를 결정하기 위해 다시 쓰면,

$$\left.\begin{aligned}\boldsymbol{V}&=\boldsymbol{A}'\cosh\gamma x+\boldsymbol{B}'\sinh\gamma x\\ \boldsymbol{I}&=-\frac{1}{\boldsymbol{Z}_0}(\boldsymbol{B}'\cosh\gamma x+\boldsymbol{A}'\sinh\gamma x)\end{aligned}\right\} \tag{12-44}$$

이 식에서 $x=0$일 때 $\boldsymbol{V}=\boldsymbol{V}_S$, $\boldsymbol{I}=\boldsymbol{I}_S$이므로

$$\left.\begin{aligned} \boldsymbol{V}_S &= \boldsymbol{A}'\cosh 0 + \boldsymbol{B}'\sinh 0 \\ \boldsymbol{I}_S &= -\frac{1}{\boldsymbol{Z}_0}(\boldsymbol{B}'\cosh 0 + \boldsymbol{A}'\sinh 0) \end{aligned}\right\} \tag{12-45}$$

그런데 $\cosh 0 = 1$, $\sinh 0 = 0$이므로

$$\boldsymbol{A}' = \boldsymbol{V}_S, \qquad \boldsymbol{B}' = \boldsymbol{Z}_0\boldsymbol{I}_S \tag{12-46}$$

를 얻는다. 이것을 식 (12-44)에 대입하면

$$\left.\begin{aligned} \boldsymbol{V} &= \boldsymbol{V}_S\cosh\gamma x - \boldsymbol{Z}_0\boldsymbol{I}_S\sinh\gamma x \\ \boldsymbol{I} &= \boldsymbol{I}_S\cosh\gamma x - \frac{1}{\boldsymbol{Z}_0}\boldsymbol{V}_S\sinh\gamma x \end{aligned}\right\} \tag{12-47}$$

가 된다.

2 수전단의 전압 $\boldsymbol{V}_R$과 전류 $\boldsymbol{I}_R$이 주어질 경우

송전단에서 수전단까지의 거리를 l[m]라 하면 식 (12-44)에서 $x=l$일 때 $\boldsymbol{V}=\boldsymbol{V}_R$, $\boldsymbol{I}=\boldsymbol{I}_R$이므로

$$\left.\begin{aligned} \boldsymbol{V}_R &= \boldsymbol{A}'\cosh\gamma l + \boldsymbol{B}'\sinh\gamma l \\ \boldsymbol{I}_R &= -\frac{1}{\boldsymbol{Z}_0}(\boldsymbol{B}'\cosh\gamma l + \boldsymbol{A}'\sinh\gamma l) \end{aligned}\right\} \tag{12-48}$$

여기에서 $\boldsymbol{A}'$, $\boldsymbol{B}'$는 다음과 같이 결정된다.

$$\boldsymbol{A}'(\cosh^2\gamma l - \sinh^2\gamma l) = \boldsymbol{V}_R\cosh\gamma l + \boldsymbol{Z}_0\boldsymbol{I}_R\sin\gamma l$$

$$\boldsymbol{B}'(\sinh^2\gamma l - \cosh^2\gamma l) = \boldsymbol{V}_R\sinh\gamma l + \boldsymbol{Z}_0\boldsymbol{I}_R\cosh\gamma l$$

그리고 쌍곡선함수에서 $\cosh^2\gamma l - \sinh^2\gamma l = 1$이므로

$$\left.\begin{aligned} \boldsymbol{A}' &= \boldsymbol{V}_R\cosh\gamma l + \boldsymbol{Z}_0\boldsymbol{I}_R\sinh\gamma l \\ \boldsymbol{B}' &= -\boldsymbol{Z}_0\boldsymbol{I}_R\cosh\gamma l - \boldsymbol{V}_R\sinh\gamma l \end{aligned}\right\} \tag{12-49}$$

이것을 식 (12-44)에 대입하면

$$\begin{aligned} \boldsymbol{V} &= (\boldsymbol{V}_R \cosh\gamma l + \boldsymbol{Z}_0 \boldsymbol{I}_R \sinh\gamma l)\cosh\gamma x \\ &\quad - (\boldsymbol{Z}_0 \boldsymbol{I}_R \cosh\gamma l + \boldsymbol{V}_R \sinh\gamma l)\sinh\gamma x \\ &= \boldsymbol{V}_R(\cosh\gamma l \cdot \cosh\gamma x - \sinh\gamma l \cdot \sinh\gamma x) \\ &\quad + \boldsymbol{Z}_0 \boldsymbol{I}_R(\sinh\gamma l \cdot \cosh\gamma x - \cosh\gamma l \cdot \sinh\gamma x) \end{aligned}$$

$$\begin{aligned} \boldsymbol{I} &= -\frac{1}{\boldsymbol{Z}_0}\{-(\boldsymbol{Z}_0 \boldsymbol{I}_R \cosh\gamma l + \boldsymbol{V}_R \sinh\gamma l)\cosh\gamma x \\ &\quad + (\boldsymbol{V}_R \cosh\gamma l + \boldsymbol{Z}_0 \boldsymbol{I}_R \sinh\gamma l)\sinh\gamma x\} \\ &= \boldsymbol{I}_R(\cosh\gamma l \cdot \cosh\gamma x - \sinh\gamma l \cdot \sinh\gamma x) \\ &\quad + \frac{1}{\boldsymbol{Z}_0}\boldsymbol{V}_R(\sinh\gamma l \cdot \cosh\gamma x - \cosh\gamma l \cdot \sinh\gamma x) \end{aligned}$$

가 된다. 위의 식에 쌍곡선 함수의 공식에서

$$\left.\begin{aligned} &\cosh a \cdot \cosh b - \sinh a \cdot \sinh b = \cosh(a-b) \\ &\sinh a \cdot \cosh b - \cosh a \cdot \sin b = \sinh(a-b) \end{aligned}\right\} \tag{12-50}$$

의 관계를 적용하면

$$\left.\begin{aligned} \boldsymbol{V} &= \boldsymbol{V}_R \cosh\gamma(l-x) + \boldsymbol{Z}_0 \boldsymbol{I}_R \sinh\gamma(l-x) \\ \boldsymbol{I} &= \boldsymbol{I}_R \cosh\gamma(l-x) + \frac{1}{\boldsymbol{Z}_0}\boldsymbol{V}_R \sinh\gamma(l-x) \end{aligned}\right\}$$

여기서 $x_R = l - x$라 놓으면 위의 식은 다음과 같이 된다.

$$\left.\begin{aligned} \boldsymbol{V} &= \boldsymbol{V}_R \cosh\gamma x_R + \boldsymbol{Z}_0 \boldsymbol{I}_R \sinh\gamma x_R \\ \boldsymbol{I} &= \frac{\boldsymbol{V}_R}{\boldsymbol{Z}_0}\sinh\gamma x_R + \boldsymbol{I}_R \cosh\gamma x_R \end{aligned}\right\} \tag{12-51}$$

3 송전단전압 V_S와 수전단전압 V_R이 주어질 경우

식 (12-44)에서 $x=0$일 때 $\boldsymbol{V} = \boldsymbol{V}_S$, $x=l$일 때 $\boldsymbol{V} = \boldsymbol{V}_R$이므로

$$\left.\begin{aligned} \boldsymbol{V}_S &= \boldsymbol{A}' \\ \boldsymbol{V}_R &= \boldsymbol{A}' \cosh\gamma l + \boldsymbol{B}' \sinh\gamma l \end{aligned}\right\} \tag{12-52}$$

여기서 B'를 구하면

$$B' = \frac{1}{\sinh\gamma l}(V_R - V_S\cosh\gamma l) \tag{12-53}$$

식 (12-52)와 (12-53)의 A', B'의 값을 식 (12-44)에 대입하면

$$\begin{aligned} V &= V_S\cosh\gamma x + \frac{1}{\sinh\gamma l}(V_R - V_S\cosh\gamma l)\sinh\gamma x \\ &= \frac{1}{\sinh\gamma l}\{V_S(\sinh\gamma l\cdot\cosh\gamma x - \cosh\gamma l\cdot\sinh\gamma x) + V_R\sinh\gamma x\} \end{aligned}$$

$$\begin{aligned} I &= -\frac{1}{Z_0}\left\{\frac{1}{\sinh\gamma l}(V_R - V_S\cosh\gamma l)\cosh\gamma x + V_S\sinh\gamma x\right\} \\ &= -\frac{1}{Z_0\sinh\gamma l}\{V_S(\sinh\gamma l\cdot\sinh\gamma x - \cosh\gamma l\cdot\cosh\gamma x) + V_R\cosh\gamma x\} \end{aligned}$$

가 된다. 여기에 식 (12-50)의 관계를 적용하면

$$\left.\begin{aligned} V &= \frac{1}{\sinh\gamma l}\{V_S\sinh\gamma(l-x) + V_R\sinh\gamma x\} \\ I &= -\frac{1}{Z_0\sinh\gamma l}\{V_S\sinh\gamma(l-x) + V_R\cosh\gamma x\} \end{aligned}\right\} \tag{12-54}$$

4 송전단전류 I_S와 수전단전류 I_R이 주어질 경우

식 (12-44)에서 $x=0$일 때 $I=I_S$, $x=l$일 때 $I=I_R$이므로

$$\begin{aligned} I_S &= -\frac{B'}{Z_0} \\ I_S &= -\frac{1}{Z_0}(B'\cosh\gamma l + A'\sinh\gamma l) \end{aligned} \tag{12-55}$$

여기에서

$$\left.\begin{aligned} A' &= \frac{1}{\sinh\gamma l}(Z_0 I_S\cosh\gamma l - Z_0 I_R) \\ B' &= -Z_0 I_S \end{aligned}\right\} \tag{12-56}$$

가 된다. 이들을 식 (12-44)에 대입하면

$$\begin{aligned} \boldsymbol{V} &= \frac{\cosh\gamma x}{\sinh\gamma l}(\boldsymbol{Z}_0\boldsymbol{I}_S\cosh\gamma l - \boldsymbol{Z}_0\boldsymbol{I}_R) - \boldsymbol{Z}_0\boldsymbol{I}_S\sinh\gamma x \\ &= \frac{1}{\sinh\gamma l}\{\boldsymbol{Z}_0\boldsymbol{I}_S(\cosh\gamma l\cdot\cosh\gamma x - \sinh\gamma l\cdot\sinh\gamma x) - \boldsymbol{Z}_0\boldsymbol{I}_R\cosh\gamma x\} \end{aligned}$$

$$\begin{aligned} \boldsymbol{I} &= -\frac{1}{\boldsymbol{Z}_0}\left\{-\boldsymbol{Z}_0\boldsymbol{I}_S\cosh\gamma x + \frac{\sinh\gamma x}{\sinh\gamma l}(\boldsymbol{Z}_0\boldsymbol{I}_S\cosh\gamma l - \boldsymbol{Z}_0\boldsymbol{I}_R)\right\} \\ &= \frac{1}{\boldsymbol{Z}_0\sinh\gamma l}\{\boldsymbol{Z}_0\boldsymbol{I}_S(\sinh\gamma l\cdot\cosh\gamma x - \cosh\gamma l\cdot\sinh\gamma x) + \boldsymbol{Z}_0\boldsymbol{I}_R\cosh\gamma x\} \end{aligned}$$

여기에 식 (12-50)의 관계를 적용하면

$$\left.\begin{aligned} \boldsymbol{V} &= \frac{\boldsymbol{Z}_0}{\sinh\gamma l}\{\boldsymbol{I}_S\cosh\gamma(l-x) - \boldsymbol{I}_R\cosh\gamma x\} \\ \boldsymbol{I} &= \frac{1}{\sinh\gamma l}\{\boldsymbol{I}_S\sinh\gamma(l-x) + \boldsymbol{I}_R\cosh\gamma x\} \end{aligned}\right\} \tag{12-57}$$

5 송전단전압 V_S와 수전단 부하 임피던스 Z_R이 주어질 경우

부하 임피던스 $\boldsymbol{Z}_R$은

$$\boldsymbol{Z}_R = \frac{\boldsymbol{V}_R}{\boldsymbol{I}_R} = \left(\frac{\boldsymbol{V}}{\boldsymbol{I}}\right)_{x=l} \tag{12-58}$$

을 만족하지 않으면 안 된다. 그러므로 식 (12-44)에서

$$\boldsymbol{Z}_R = \frac{\boldsymbol{Z}_0(\boldsymbol{A}'\cosh\gamma l + \boldsymbol{B}'\sinh\gamma l)}{\boldsymbol{B}'\cosh\gamma l + \boldsymbol{A}'\sinh\gamma l} \tag{12-59}$$

다음에 식 (12-44)에서 $x=0$일 때 $\boldsymbol{V}=\boldsymbol{V}_S$이고 , $\boldsymbol{V}_S=\boldsymbol{A}'$가 된다. 이것을 식 (12-59)에 대입하여

$$\boldsymbol{B}' = \frac{-\boldsymbol{V}_S(\boldsymbol{Z}_0\cosh\gamma l + \boldsymbol{Z}_R\sinh\gamma l)}{\boldsymbol{Z}_R\cosh\gamma l + \boldsymbol{Z}_0\sinh\gamma l} \tag{12-60}$$

이들 적분정수 $\boldsymbol{A}'$, $\boldsymbol{B}'$를 식 (12-44)에 대입하면

$$\left.\begin{aligned} V &= V_S \frac{Z_R \cosh\gamma(l-x) + Z_0 \sinh\gamma(l-x)}{Z_R \cosh\gamma l + Z_0 \sinh\gamma l} \\ I &= \frac{V_S}{Z_0} \cdot \frac{Z_R \sinh\gamma(l-x) + Z_0 \cosh\gamma(l-x)}{Z_R \cosh\gamma l + Z_0 \sinh\gamma l} \end{aligned}\right\} \qquad (12-61)$$

6 송전단전류 I_S와 수전단 부하 임피던스 Z_R이 주어질 경우

식 (12−44)에서 $x=0$일 때 $I=I_S$이고, $I_S=B'/Z_0$가 되므로 B'는

$$B' = -Z_0 I_S \qquad (12-62)$$

이것을 식 (12−59)에 대입하여 A'를 구하면

$$A' = \frac{Z_0 I_S (Z_R \cosh\gamma l + Z_0 \sinh\gamma l)}{Z_R \sin\gamma l + Z_0 \cosh\gamma l} \qquad (12-63)$$

이들 적분정수 A', B'를 식 (12−44)에 대입하면

$$\left.\begin{aligned} V &= Z_0 I_S \frac{Z_R \cosh\gamma(l-x) + Z_0 \sinh\gamma(l-x)}{Z_R \sinh\gamma l + Z_0 \cosh\gamma l} \\ I &= I_S \frac{Z_R \sinh\gamma(l-x) + Z_0 \cosh\gamma(l-x)}{Z_R \sinh\gamma l + Z_0 \cosh\gamma l} \end{aligned}\right\} \qquad (12-64)$$

12.4 위치각

1 위치각

특성 임피던스 Z_0인 선로에 부하 임피던스 Z_R을 접속시킬 때

$$\delta = \tanh^{-1}\frac{Z_R}{Z_0} \qquad (12-65)$$

이 δ를 그 점의 위치각(position angle)이라 한다. 수전단을 단락시킬 때 ($\boldsymbol{Z}_R=0$)에는 $\delta=0$, 즉 수전단의 위치각은 0이며, 수전단을 개방시킬 때($\boldsymbol{Z}_R=\infty$)는 $\delta=j\frac{\pi}{2}$로 된다. 그리고 수전단에 임피던스 $\boldsymbol{Z}_R$의 부하를 접속시켰을 때 수전단에서 거리 x'인 점 P의 위치각을 구하여 보자.

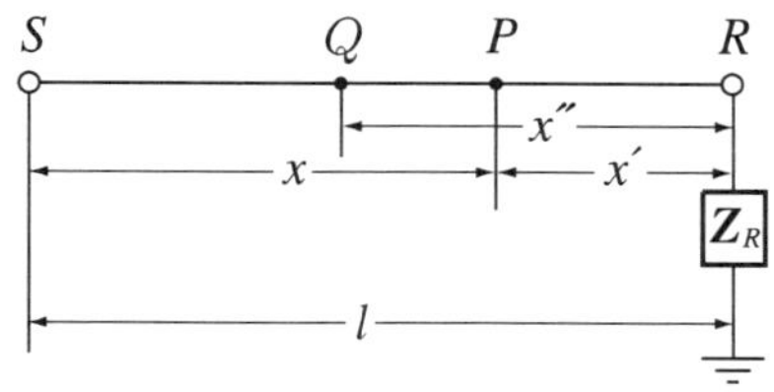

그림 12-4 위치각

식 (12-51)에서

$$l-x=x', \qquad \boldsymbol{V}_R=\boldsymbol{I}_R\boldsymbol{Z}_R$$

이라고 하면, 점 P의 전압과 전류는

$$\left.\begin{aligned}\boldsymbol{V}_P &= \boldsymbol{V}_R\left(\cosh\gamma x'+\frac{\boldsymbol{Z}_0}{\boldsymbol{Z}_R}\sinh\gamma x'\right)\\ \boldsymbol{I}_P &= \boldsymbol{I}_R\left(\cosh\gamma x'+\frac{\boldsymbol{Z}_R}{\boldsymbol{Z}_0}\sinh\gamma x'\right)\end{aligned}\right\} \tag{12-66}$$

여기서

$$\tanh\delta_R=\frac{\boldsymbol{Z}_R}{\boldsymbol{Z}_0}, \qquad \delta_R=\tanh^{-1}\frac{\boldsymbol{Z}_R}{\boldsymbol{Z}_0} \tag{12-67}$$

로 두면, 식 (12-66)은

$$\begin{aligned}\boldsymbol{V}_P &= \boldsymbol{V}_R(\cosh\gamma x'+\coth\delta_R\cdot\sinh\gamma x')\\ &=\frac{\boldsymbol{V}_R}{\sinh\delta_R}(\cosh\gamma x'\cdot\sinh\delta_R+\sinh\gamma x'\cdot\cosh\delta_R)\\ &=\frac{\boldsymbol{V}_R}{\sinh\delta_R}\sinh(\gamma x'+\delta_R)\end{aligned} \tag{12-68}$$

$$\begin{aligned}\boldsymbol{I}_P &= \boldsymbol{I}_R(\cosh\gamma x'+\tanh\delta_R\cdot\sinh\gamma x')\\ &=\frac{\boldsymbol{I}_R}{\cosh\delta_R}(\cosh\delta_R\cdot\cosh\gamma x'+\sinh\delta_R\cdot\cosh\gamma x')\\ &=\frac{\boldsymbol{I}_R}{\cosh\delta_R}\cosh(\delta_R+\gamma x')\end{aligned} \tag{12-69}$$

수전단에서 거리 x'인 점 P에서 수전단측을 본 임피던스 $\boldsymbol{Z}_P$는 위의 두 식으로부터

$$\boldsymbol{Z}_P=\frac{\boldsymbol{V}_P}{\boldsymbol{I}_P}=\frac{\boldsymbol{V}_R}{\boldsymbol{I}_R}\cdot\frac{\cosh\delta_R}{\sinh\delta_R}\cdot\frac{\sinh(\delta_R+\gamma x')}{\cosh(\delta_R+\gamma x')}$$

$$=\boldsymbol{Z}_R\frac{\tanh(\delta_R+\gamma x')}{\tanh\delta_R} \tag{12-70}$$

따라서 식 (12-67)에서

$$\frac{1}{\tanh\delta_R}=\frac{\boldsymbol{Z}_0}{\boldsymbol{Z}_R}$$

이므로

$$\boldsymbol{Z}_P=\boldsymbol{Z}_0\tanh(\delta_R+\gamma x') \tag{12-71}$$

여기서, 점 P의 위치각을 $\delta_x{}'$이라 하면 식 (12-71)에서

$$\tanh\delta_x{}'=\frac{\boldsymbol{Z}_P}{\boldsymbol{Z}_0}=\tanh(\delta_R+\gamma x')$$

$$\therefore\ \ \delta_x{}'=\delta_R+\gamma x' \tag{12-72}$$

이 된다. δ_R 및 $\gamma x'$은 일반적으로 복소수이므로 위치각 $\delta_x{}'$도 또한 복소수이다.

2 전압분포의 위치각에 의한 표시

수전단에서 거리 x''인 점 Q의 전압을 V_Q, 점 Q의 위치각을 $\delta_x{}''=\delta_R+\gamma x''$라 하면, 식 (12-68)부터

$$\frac{\boldsymbol{V}_P}{\boldsymbol{V}_R}=\frac{\sinh\delta_x{}''}{\sinh\delta_R} \tag{12-73}$$

가 되므로, 점 P와 점 Q의 전압의 비는

$$\frac{\boldsymbol{V}_P}{\boldsymbol{V}_R}=\frac{\sinh\delta_x{}'}{\sinh\delta_x{}''} \tag{12-74}$$

즉 임의의 두 점의 전압비는 그들 두 점의 위치각의 sinh에 비례한다.

3 전류분포의 위치각에 의한 표시

수전단에서 거리 x''인 점 Q의 전류를 $\boldsymbol{I}_Q$, 점 Q의 위치각을 $\delta_x''=\delta_R+\gamma x''$라 하면, 식 (12-69)로부터

$$\frac{\boldsymbol{I}_P}{\boldsymbol{I}_R}=\frac{\cosh\delta_x''}{\cosh\delta_R} \tag{12-75}$$

가 되므로, 점 P와 점 Q의 전류비는

$$\frac{\boldsymbol{I}_P}{\boldsymbol{I}_Q}=\frac{\sinh\delta_x'}{\sinh\delta_x''} \tag{12-76}$$

즉 임의의 두 점의 전류비는 그들 두 점의 위치각의 cosh에 비례한다.

4 임피던스의 위치각에 의한 표시

점 P에서 수전단측을 본 임피던스 $\boldsymbol{Z}_P$는 식 (12-71)에서

$$\boldsymbol{Z}_P=\boldsymbol{Z}_0\tanh(\delta_R+\gamma x')=\boldsymbol{Z}_0\tanh\delta_x' \tag{12-77}$$

마찬가지로 점 Q에서 수전단측을 본 임피던스를 $\boldsymbol{Z}_Q$라 하면

$$\boldsymbol{Z}_Q=\boldsymbol{Z}_0\tanh(\delta_R+\gamma x'')=\boldsymbol{Z}_0\tanh\delta_x'' \tag{12-78}$$

이 되므로, 점 P와 점 Q의 임피던스의 비는

$$\frac{\boldsymbol{Z}_P}{\boldsymbol{Z}_Q}=\frac{\tanh\delta_x'}{\tanh\delta_x''} \tag{12-79}$$

즉 임의의 두 점의 임피던스의 비는 그들 두 점의 위치각의 tanh에 비례한다.

5 수전단 단락의 경우

수전단을 단락하면 $\boldsymbol{Z}_R=0$이 되므로 식 (12-67)에서

$$\delta_R=\tanh^{-1}\frac{\boldsymbol{Z}_R}{\boldsymbol{Z}_0}=0$$

이 되고, 점 P의 위치각은 식 (12-72)에서

$$\delta_x{}' = \gamma x'$$

이므로, 점 P 및 점 Q의 전압, 전류, 임피던스를 각각 $\boldsymbol{V}_P$, $\boldsymbol{I}_P$, $\boldsymbol{Z}_P$와 $\boldsymbol{V}_Q$, $\boldsymbol{I}_Q$, $\boldsymbol{Z}_Q$라 하면

$$\frac{\boldsymbol{V}_P}{\boldsymbol{V}_Q} = \frac{\sinh \gamma x'}{\sinh \gamma x''}$$

$$\frac{\boldsymbol{I}_P}{\boldsymbol{I}_Q} = \frac{\cosh \gamma x'}{\cosh \gamma x''} \qquad (12\text{-}80)$$

$$\frac{\boldsymbol{Z}_P}{\boldsymbol{Z}_Q} = \frac{\tanh \gamma x'}{\tanh \gamma x''}$$

송전단의 전압, 전류, 임피던스를 $\boldsymbol{V}_S$, $\boldsymbol{I}_S$, $\boldsymbol{Z}_S$라 하면, 수전단에서 송전단까지의 위치각은 γl이므로

$$\boldsymbol{V}_P = \boldsymbol{V}_S \frac{\sinh \gamma x'}{\sinh \gamma l}, \qquad \boldsymbol{I}_P = \boldsymbol{I}_S \frac{\cosh \gamma x'}{\cosh \gamma l}$$

$$\boldsymbol{Z}_P = \boldsymbol{Z}_0 \tanh \gamma x', \qquad \boldsymbol{Z}_S = \boldsymbol{Z}_0 \tanh \gamma l \qquad (12\text{-}81)$$

6 수전단 개방의 경우

수전단을 개방하면 $\boldsymbol{Z}_R = \infty$가 되므로 식 (12-67)에서

$$\delta_R = \tanh^{-1} \frac{\boldsymbol{Z}_R}{\boldsymbol{Z}_0} = j\frac{\pi}{2}$$

가 되고, 점 P의 위치각은 식 (12-72)에서

$$\delta_x{}' = \gamma x' + j\frac{\pi}{2}$$

가 된다. 한편

$$\sinh\left(\gamma x' + j\frac{\pi}{2}\right) = \sinh \gamma x' \cdot \cos\frac{\pi}{2} + j\cosh \gamma x' \cdot \sin\frac{\pi}{2} = j\cosh \gamma x'$$

$$\cosh\left(\gamma x' + j\frac{\pi}{2}\right) = \cosh \gamma x' \cdot \cos\frac{\pi}{2} + j\sinh \gamma x' \cdot \sin\frac{\pi}{2} = j\sinh \gamma x'$$

$$\tanh\left(\gamma x' + j\frac{\pi}{2}\right) = \coth\gamma x'$$

의 관계가 있으므로

$$\left.\begin{aligned}
&\frac{\boldsymbol{V}_P}{\boldsymbol{V}_Q} = \frac{\cosh\gamma x'}{\cosh\gamma x''} \\
&\frac{\boldsymbol{I}_P}{\boldsymbol{I}_Q} = \frac{\sinh\gamma x'}{\sinh\gamma x''} \\
&\frac{\boldsymbol{Z}_P}{\boldsymbol{Z}_Q} = \frac{\cosh\gamma x'}{\cosh\gamma x''} \\
&\boldsymbol{Z}_P = \boldsymbol{Z}_0 \tanh\left(\gamma x' + j\frac{\pi}{2}\right) = \boldsymbol{Z}_0 \coth\gamma x' \\
&\boldsymbol{Z}_S = \boldsymbol{Z}_0 \coth\gamma l
\end{aligned}\right\} \tag{12-82}$$

12.5 분포 직렬 임피던스 및 병렬 어드미턴스의 측정

수전단을 단락 또는 개방한 경우의 송전단 임피던스를 각각 $\boldsymbol{Z}_{SS}$, $\boldsymbol{Z}_{S0}$이라 하면 식 (12-81)과 식 (12-82)에서

$$\boldsymbol{Z}_{SS} = \boldsymbol{Z}_0 \tanh\gamma l \tag{12-83}$$

$$\boldsymbol{Z}_{S0} = \boldsymbol{Z}_0 \coth\gamma l \tag{12-84}$$

과 같이 쓸 수 있다. 이 식으로부터

$$\boldsymbol{Z}_0 = \sqrt{\boldsymbol{Z}_{SS}\boldsymbol{Z}_{S0}} \tag{12-85}$$

또 식 (12-83)과 (12-85)로부터

$$\gamma = \frac{1}{l}\tanh^{-1}\frac{\boldsymbol{Z}_{SS}}{\boldsymbol{Z}_0} = \frac{1}{l}\tanh^{-1}\sqrt{\frac{\boldsymbol{Z}_{SS}}{\boldsymbol{Z}_{S0}}} \tag{12-86}$$

그런데 식 (12-25)와 식 (12-27)로부터

$$\boldsymbol{Z}_0 = \sqrt{\frac{\boldsymbol{Z}}{\boldsymbol{Y}}} = \sqrt{\frac{R + j\omega L}{G + j\omega C}} \tag{12-87}$$

$$\gamma = \sqrt{\boldsymbol{Z}\boldsymbol{Y}} = \sqrt{(R + j\omega L)(G + j\omega C)} \tag{12-88}$$

가 되므로, 위의 두 식을 서로 곱하면 어드미턴 $\boldsymbol{Y}$는 소거되므로

$$\boldsymbol{Z} = R + j\omega L = \boldsymbol{Z}_0 \gamma \tag{12-89}$$

또한, 식 (12-87)로 식 (12-88)을 나누면 임피던스 $\boldsymbol{Z}$가 소거되므로

$$\boldsymbol{Y} = G + j\omega C = \frac{\gamma}{\boldsymbol{Z}_0} \tag{12-90}$$

가 된다.

12.6 등가회로

분포정수 회로도 송전단과 수전단에 각각 1쌍의 단자를 갖고 있으므로 일종의 4단자 회로망이다. 분포정수 회로의 기초방정식 (12-51)은 수전단의 전압, 전류가 주어질 경우에 선로상의 전압분포, 전류분포가 주어진다. 이 식에서 $x = 0$이라 하면 $\boldsymbol{V} = \boldsymbol{V}_S$, $\boldsymbol{I} = \boldsymbol{I}_S$이므로

$$\left.\begin{aligned} \boldsymbol{V}_S &= \cosh \gamma l \cdot \boldsymbol{V}_R + \boldsymbol{Z}_0 \sinh \gamma l \cdot \boldsymbol{I}_R \\ \boldsymbol{I}_S &= \frac{1}{\boldsymbol{Z}_0} \sinh \gamma l \cdot \boldsymbol{V}_R + \cosh \gamma l \cdot \boldsymbol{I}_R \end{aligned}\right\} \tag{12-91}$$

과 같이 된다. 여기에서 4단자 정수를 구하면 다음과 같이 된다.

$$\left.\begin{aligned} \boldsymbol{A} &= \boldsymbol{D} = \cosh \gamma l \\ \boldsymbol{B} &= \boldsymbol{Z}_0 \sinh \gamma l \\ \boldsymbol{C} &= \frac{1}{\boldsymbol{Z}_1} \sinh \gamma l \end{aligned}\right\} \tag{12-92}$$

따라서

$$\left.\begin{aligned} V_S &= A\cdot V_R + B\cdot I_R \\ I_S &= C\cdot V_R + D\cdot I_R \end{aligned}\right\} \qquad (12-93)$$

$$\left.\begin{aligned} V_R &= A\cdot V_S + B\cdot I_S \\ I_R &= D\cdot I_S - C\cdot V_S \end{aligned}\right\} \qquad (12-94)$$

이것은 앞 장에서 기술한 대칭 4단자 회로망에 해당한다. 분포정수회로의 특성 임피던스 Z_0는 대칭 4단자망의 영상 임피던스 또는 반복 임피던스에 대응하고, 또 γl은 대칭 4단자망의 전달정수에 대응한다.

1 T형 등가회로

4단자 회로망의 T형 등가회로를 만들면 식 (11-69)에서

$$Z_1 = Z_2 = \frac{A-1}{C}, \qquad Z_3 = \frac{1}{C}$$

이므로, 이것에 식 (12-92)를 대입하면

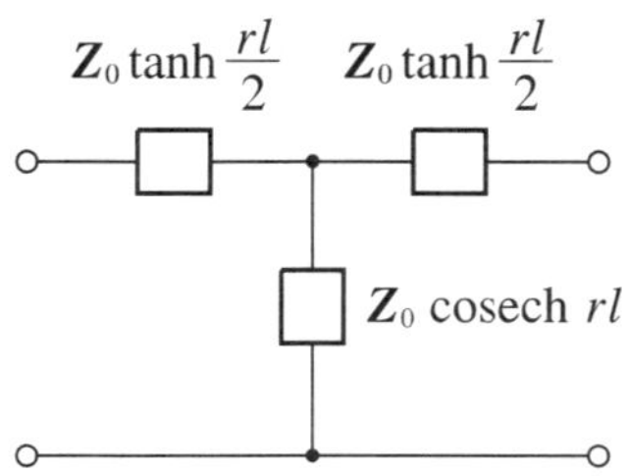

그림 12-5 T형 등가회로

$$\left.\begin{aligned} Z_1 &= Z_2 = \frac{Z_0(\cosh\gamma l - 1)}{\sinh\gamma l} = Z_0 \tanh\frac{\gamma l}{2} \\ Z_3 &= \frac{Z_0}{\sinh\gamma l} = Z_0 \operatorname{cosech}\gamma l \end{aligned}\right\} \qquad (12-95)$$

이 되고, 그림 12-5와 같은 T형 등가회로가 얻어진다.

2 π형 등가회로

π형 등가회로를 만들면 식 (11-75)에서

$$Z_1 = Z_3 = \frac{B}{D-1}, \qquad Z_2 = B$$

이므로, 이것에 식 (12-92)를 대입하면

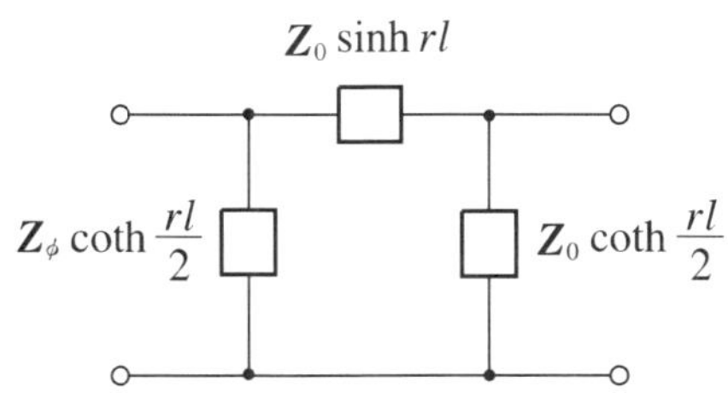

그림 12-6 π형 등가회로

$$\left.\begin{aligned} \boldsymbol{Z}_1 = \boldsymbol{Z}_3 = \frac{\boldsymbol{Z}_0 \sinh\gamma l}{\cosh\gamma l - 1} = \boldsymbol{Z}_0 \cosh\frac{\gamma}{2} \\ \boldsymbol{Z}_2 = \boldsymbol{Z}_0 \sinh\gamma l \end{aligned}\right\} \tag{12-96}$$

가 되고, 그림 12-6과 같은 π형 등가회로가 얻어진다.

12.7 반사 및 투과

1 부하 임피던스에 의한 반사

그림 12-7과 같이 길이 l[m]인 선로의 수전단에 부하 임피던스 $\boldsymbol{Z}_R$이 접속되어 있는 경우를 생각해 보자.

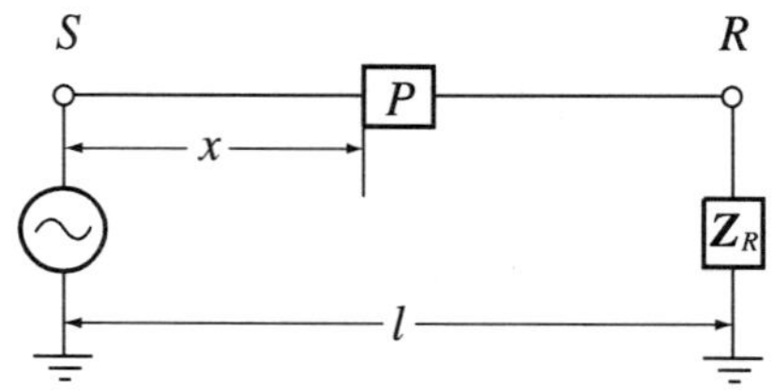

그림 12-7

송전단 S에서 거리 x인 점 P에 대한 전압・전류는 일반식 (12-15)에서

$$\boldsymbol{V} = \boldsymbol{A}\varepsilon^{-\gamma x} + \boldsymbol{B}\varepsilon^{\gamma x}$$

$$\boldsymbol{I} = \frac{1}{\boldsymbol{Z}_0}(\boldsymbol{A}\varepsilon^{-\gamma x} - \boldsymbol{B}\varepsilon^{\gamma x})$$

여기서 이 두 식의 제1항은 x의 정방향으로 향하는 진행파이고, 제2항은 x의 부방향으로 향하는 진행파를 말한다. 즉 제1항은 입사파이고, 제2항은 반사파이다.

$x = l$인 수전단의 전압, 전류를 $\boldsymbol{V}_R$, $\boldsymbol{I}_R$이라고 하면 일반식에서

$$\left.\begin{aligned} \boldsymbol{V}_R = \boldsymbol{A}\varepsilon^{-\gamma l} + \boldsymbol{B}\varepsilon^{\gamma l} \\ \boldsymbol{I}_R = \frac{1}{\boldsymbol{Z}_0}(\boldsymbol{A}\varepsilon^{-\gamma l} - \boldsymbol{B}\varepsilon^{\gamma l}) \end{aligned}\right\} \tag{12-97}$$

그런데

$$\boldsymbol{V}_R = \boldsymbol{Z}_R \boldsymbol{I}_R$$

의 관계가 있으므로 식 (12-97)의 제2식을 대입하면

$$\boldsymbol{V}_R = \frac{\boldsymbol{Z}_R}{\boldsymbol{Z}_0}(\boldsymbol{A}\varepsilon^{-\gamma l} - \boldsymbol{B}\varepsilon^{\gamma l})$$

이 된다. 이것과 식 (12-97)의 제1식에서

$$\left.\begin{aligned} \boldsymbol{A}\varepsilon^{-\gamma l} &= \frac{1}{2}\left(1 + \frac{\boldsymbol{Z}_0}{\boldsymbol{Z}_R}\right)\boldsymbol{Z}_R \\ \boldsymbol{B}\varepsilon^{\gamma l} &= \frac{1}{2}\left(1 - \frac{\boldsymbol{Z}_0}{\boldsymbol{Z}_R}\right)\boldsymbol{Z}_R \end{aligned}\right\} \tag{12-98}$$

이 된다. 반사파를 나타내는 항 $\boldsymbol{B}\varepsilon^{\gamma l}$은

$$\boldsymbol{Z}_0 = \boldsymbol{Z}_R \tag{12-99}$$

일 때 0이 된다. 즉 유한장의 분포정수 회로에 있어서도 부하 임피던스 $\boldsymbol{Z}_R$이 특성 임피던스 $\boldsymbol{Z}_0$와 같을 때에는 무한장 선로의 경우와 같이 반사파가 존재하지 않는다. 이상은 전압파에 대해 설명했으나 전류파에 대해서도 식 (12-98)에서

$$\left.\begin{aligned} \boldsymbol{A}\varepsilon^{-\gamma l} &= \frac{1}{2}(\boldsymbol{Z}_R + \boldsymbol{Z}_0)\boldsymbol{I}_R \\ -\boldsymbol{B}\varepsilon^{\gamma l} &= \frac{1}{2}(\boldsymbol{Z}_0 - \boldsymbol{Z}_R)\boldsymbol{I}_R \end{aligned}\right\} \tag{12-100}$$

이 되므로, $\boldsymbol{Z}_0 = \boldsymbol{Z}_R$일 때 반사파가 존재하지 않는다.

입사전압파와 반사전압파의 비는 식 (12-98)에서

$$\frac{\boldsymbol{B}\varepsilon^{\gamma l}}{\boldsymbol{A}\varepsilon^{-\gamma l}} = \frac{\boldsymbol{Z}_R - \boldsymbol{Z}_0}{\boldsymbol{Z}_R + \boldsymbol{Z}_0} = m \tag{12-101}$$

또 입사전류파와 반사전류파의 비는 식 (12-100)에서

$$\frac{-\boldsymbol{B}\varepsilon^{\gamma l}}{\boldsymbol{A}\varepsilon^{-\gamma l}} = \frac{\boldsymbol{Z}_0 - \boldsymbol{Z}_R}{\boldsymbol{Z}_0 + \boldsymbol{Z}_R} = -m \tag{12-102}$$

이 된다. 이 m 및 $-m$을 각각 수전단의 전압 및 전류의 반사계수(reflection coefficient)라 한다. 특히

$$\left.\begin{array}{lll} Z_R = \infty \text{ 이면} & m = 1 & \text{(완전반사)} \\ Z_R = 0 \text{ 이면} & m = -1 & \text{(완전반사)} \\ Z_R = Z_0 \text{ 이면} & m = 0 & \text{(무반사)} \end{array}\right\} \tag{12-103}$$

2 특성이 다른 두 선로의 접속점에서의 반사와 투과

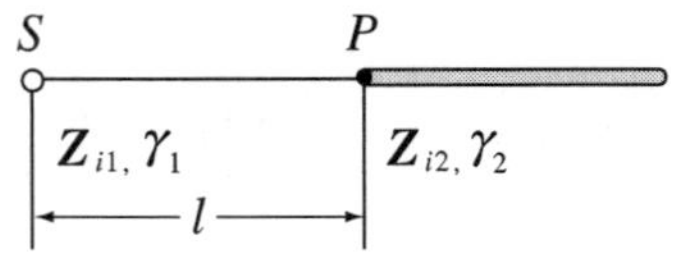

그림 12-8

그림 12-8과 같이 특성 임피던스 및 전파정수가 다른 2개의 선로를 접속하면 접속점에서 반사가 된다. 점 P를 접속점으로 하고 좌측과 우측선로의 특성 임피던스 및 전파정수를 각각 Z_{i1}, γ_1, Z_{i2}, γ_2라 한다. 좌측선로의 길이를 l이라 하고 우측선로의 길이는 무한대로 한다. 그러므로 선로의 종단에 대한 반사파는 존재하지 않는다. 이때 접속점 P에서 우측을 본 임피던스는 Z_{i2}이므로 접속점에 대한 전압, 전류를 각각 V_P, I_P라 하면

$$V_P = A\varepsilon^{-\gamma_1 l} + B\varepsilon^{\gamma_1 l}$$

$$Z_{i1}I_P = A\varepsilon^{-\gamma_1 l} - B\varepsilon^{\gamma_1 l}$$

$$Z_{i1}I_P = V_P$$

가 성립하므로

$$\left.\begin{array}{l} A\varepsilon^{-\gamma_1 l} = \dfrac{1}{2}\left(1 + \dfrac{Z_{i1}}{Z_{i2}}\right) V_P \\ B\varepsilon^{\gamma_1 l} = \dfrac{1}{2}\left(1 - \dfrac{Z_{i1}}{Z_{i2}}\right) V_P \end{array}\right\} \tag{12-104}$$

가 되고, 전압 반사계수 m은

$$m = \frac{B\varepsilon^{\gamma_1 l}}{A\varepsilon^{-\gamma_1 l}} = \frac{Z_{i2} - Z_{i1}}{Z_{i2} + Z_{i1}} \tag{12-105}$$

이 된다. 접속점의 전압 V_P는 입사파와 반사파의 합성이며, 이 V_P가 좌측선로의 입사파와 같게 전파되어 나가므로 이것을 투과파라 한다.

$$\text{전압 투과율} = \frac{\text{투과 전압파}}{\text{입사 전압파}}$$

즉

$$\frac{\boldsymbol{V}_P}{\boldsymbol{A}\varepsilon^{-\gamma_1 l}} = \frac{\boldsymbol{Z}_{i2}}{\boldsymbol{Z}_{i1} + \boldsymbol{Z}_{i2}} = 1 + m \tag{12-106}$$

마찬가지로 점 P에 대한 전류 반사계수는 $-m$, 전류 투과율은 $(1-m)$이 된다.

3 임피던스 정합

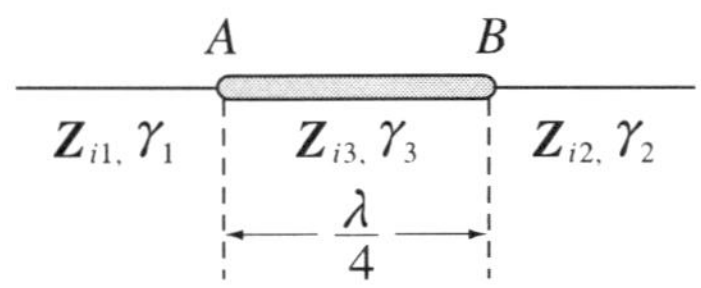

그림 12-9

그림 12-9와 같이 2개의 반무한장 선로 사이에 길이가 파장의 1/4인 제3의 유한장 선로가 접속되어 있다고 한다. 각 선로의 특성 임피던스 및 전파정수를 각각 $\boldsymbol{Z}_{i1}$, $\boldsymbol{Z}_{i2}$, $\boldsymbol{Z}_{i3}$ 및 γ_1, γ_2, γ_3라 한다.

접속점 A에 대해서 우측을 본 임피던스 $\boldsymbol{Z}_A$를 구하여 보자.

3개의 선로가 모두 무손실 선로이면 $\boldsymbol{Z}_{i1}$, $\boldsymbol{Z}_{i2}$, $\boldsymbol{Z}_{i3}$는 모두 실수가 되고, γ_1, γ_2, γ_3는 허수 $j\beta_1$, $j\beta_2$, $j\beta_3$가 된다.

점 B의 위치각을 δ_B라고 하면, 식 (12-65)에서

$$\delta_B = \tanh^{-1}\frac{\boldsymbol{Z}_{i2}}{\boldsymbol{Z}_{i3}}$$

또 점A의 위치각 δ_A는 식 (12-72)에서

$$\delta_A = \delta_B + \frac{\gamma_3 \lambda}{4} = \tanh^{-1}\frac{\boldsymbol{Z}_{i2}}{\boldsymbol{Z}_{i3}} + \frac{\gamma_3 \lambda}{4}$$

그런데

$$\frac{\gamma_3 \lambda}{4} = j\frac{\beta_3 \lambda}{4} = j\frac{\pi}{2}$$

이므로, 결국

$$\delta_A = \tanh^{-1}\frac{\boldsymbol{Z}_{i2}}{\boldsymbol{Z}_{i3}} + j\frac{\pi}{2} \tag{12-107}$$

점 A에서 우측을 본 임피던스 $\boldsymbol{Z}_A$는

$$\boldsymbol{Z}_A = \boldsymbol{Z}_{i3}\tanh\delta_A = \boldsymbol{Z}_{i3}\tanh\left\{\tanh^{-1}\left(\frac{\boldsymbol{Z}_{i2}}{\boldsymbol{Z}_{i3}}\right) + j\frac{\pi}{2}\right\} \tag{12-108}$$

가 된다. 일반적으로

$$\tanh\left\{\tanh^{-1}\frac{b}{a} + j\frac{\pi}{2}\right\} = \frac{\dfrac{b}{a} + \tanh j\dfrac{\pi}{2}}{1 + \dfrac{b}{a} + \tanh j\dfrac{\pi}{2}}$$

$$= \frac{\dfrac{b}{a} + j\tan\dfrac{\pi}{2}}{1 + \dfrac{b}{a} + j\tan\dfrac{\pi}{2}} = \frac{a}{b}$$

의 관계로부터 식 (12-108)은

$$\boldsymbol{Z}_A = \frac{\boldsymbol{Z}_{i3}^{\ 2}}{\boldsymbol{Z}_{i2}} \tag{12-109}$$

이 된다. 또 $\boldsymbol{Z}_A = \boldsymbol{Z}_{i1}$이라 두면

$$\boldsymbol{Z}_{i3} = \sqrt{\boldsymbol{Z}_{i1}\boldsymbol{Z}_{i2}} \tag{12-110}$$

이라면

$$\boldsymbol{Z}_A = \boldsymbol{Z}_{i1} \tag{12-111}$$

이 되고, 제1의 선로의 접속점 A에서 좌측을 본 임피던스 $\boldsymbol{Z}_A$는 $\boldsymbol{Z}_A = \boldsymbol{Z}_{i1}$으로 되어 특성 임피던스와 일반적으로 일치된다. 따라서 점A에 있어서 반사계수는 0이 되어 파의 반사가 없다. 이것을 임피던스 정합(impedance matching)이라 한다.

12.8 선로의 공진

분포정수회로에서 손실이 아주 작고, 선로의 길이가 짧은 경우에는 $R \ll \omega L$, $G \ll \omega C$가 되므로 무손실 선로로 취급할 수 있다. 이와 같은 무손실 선로의 특성 임피던스 및 전파정수는 식 (12-35)와 (12-37)에서

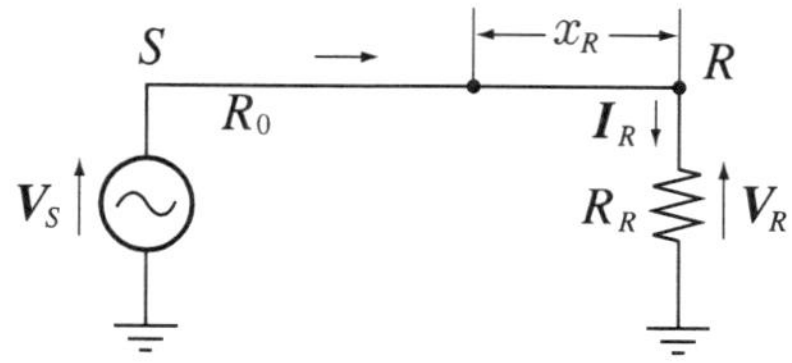

그림 12-10

$$\left.\begin{aligned} Z_0 &= \sqrt{\frac{L}{C}} = R_0 \\ \gamma &= j\omega\sqrt{LC} = j\beta \end{aligned}\right\} \tag{12-112}$$

가 된다. 따라서 그림 12-10과 같은 무손실 선로의 전압 및 전류는 식 (12-51)에 식 (12-112)를 대입하면

$$\left.\begin{aligned} V &= V_R \cos\beta x_R + jR_0 I_R \sin\beta x_R \\ I &= j\frac{V_R}{R_0}\sin\beta x_R + I_R \cos\beta x_R \end{aligned}\right\} \tag{12-113}$$

이 된다. 이와 같은 무손실 선로 또는 손실이 아주 작은 선로에서는 집중정수회로의 경우와 같은 공진현상을 일으킨다.

1 수전단 개방의 경우

수전단을 개방하면 $I_R = 0$이 되므로 식 (12-113)은

$$\left.\begin{aligned} V &= V_R \cos\beta x_R \\ I &= j\frac{V_R}{R_0}\sin\beta x_R \end{aligned}\right\} \tag{12-114}$$

송전단전압 V_R, 전류 I_S는 위의 식에서 $x_R = l$일 때이므로

$$\left.\begin{aligned} V_S &= V_R \cos\beta l \\ I_S &= j\frac{V_R}{R_0}\sin\beta l \end{aligned}\right\} \tag{12-115}$$

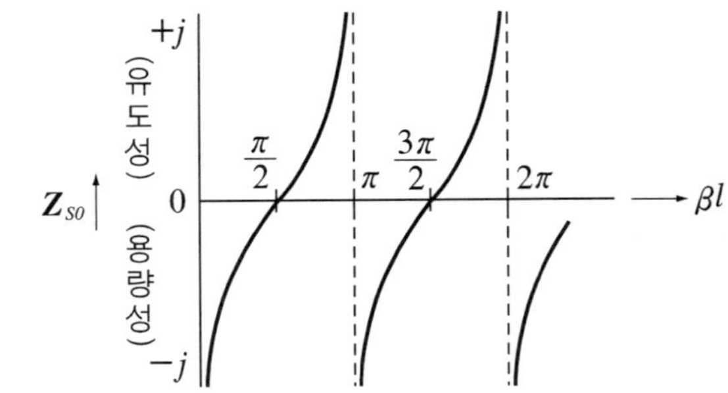

그림 12-11 무손실 유한장 선로의 수전단 개방시의 입력 임피던스

(1) 입력 임피던스

수전단을 개방시킬 때 송전단에서 본 입력 임피던스 $\boldsymbol{Z}_{S0}$는 식 (12-115)에서

$$\boldsymbol{Z}_{S0} = \frac{\boldsymbol{V}_S}{\boldsymbol{I}_S} = -jR_0 \cot\beta l = -j\sqrt{\frac{L}{C}}\ \cot\beta l \tag{12-116}$$

이 된다.

무손실 회로에서 R_0는 순저항이므로 $\boldsymbol{Z}_{S0}$는 리액턴스로 되며 $\cot\beta l$에 비례하여 0에서 ∞까지 변화한다. 이 $\boldsymbol{Z}_{S0}$의 변화를 횡축에 βl을 취하여 표시하면 그림 12-11과 같다.

(2) 공진조건

(가) 공진(직렬공진)

공진은 $\boldsymbol{Z}_{S0} = 0$일 때이다. 공진이 되기 위해서는 식 (12-116)에서 $\cot\beta l = 0$이어야 하므로 일반적으로 다음과 같은 조건이 필요하다.

$$\beta l(2n+1)\frac{\pi}{2} = n\pi + \frac{\pi}{2} \qquad (n = 0,\ 1,\ 2,\ 3,\ \cdots) \tag{12-117}$$

식 (12-32)의 관계를 위의 식에 대입하면

$$l = (2n+1)\frac{\pi}{2\beta} = (2n+1)\frac{\lambda}{4} \qquad (n = 0,\ 1,\ 2,\ 3,\ \cdots) \tag{12-118}$$

또 공진주파수를 f_0라 하면 $\beta = \omega\sqrt{LC}$와 $\omega = 2\pi f_0$의 관계를 식 (12-117)에 대입하면

$$f_0 = \frac{\omega}{2\pi} = \frac{\beta}{2\pi\sqrt{LC}} = \frac{2n+1}{4l\sqrt{LC}} \tag{12-119}$$

(나) 반공진(병렬공진)

반공진은 $\boldsymbol{Z}_{S0} = \pm\infty$일 때이다. 반공진이 되기 위해서는 식 (12-116)에서 $\cot\beta l = \pm\infty$이어야 하므로 일반적으로 다음의 조건이 필요하다.

$$\beta l = n\pi \quad (n = 1,\ 2,\ 3,\ \cdots) \tag{12-120}$$

$$\therefore\ l = n\frac{\lambda}{2} \tag{12-121}$$

또 반공진 주파수 f_0는

$$f_0 = \frac{n}{2l\sqrt{LC}} \qquad (n = 1,\ 2,\ 3,\ \cdots) \tag{12-122}$$

(3) 선로상의 전압과 전류

수전단을 개방시킬 때 선로상의 수전단에서 거리 x_R인 점의 전압 $\boldsymbol{V}$ 및 전류 $\boldsymbol{I}$의 일반식을 송전단의 전압 $\boldsymbol{V}_S$ 및 전류 $\boldsymbol{I}_S$로 표시하고, 식 (12-114)에 식 (12-115)의 관계를 대입하면

$$\left.\begin{aligned} \boldsymbol{V} &= \boldsymbol{V}_S\frac{\cos\beta x_R}{\cos\beta l} = -jR_0\boldsymbol{I}_S\frac{\cos\beta x_R}{\sin\beta l} \\ \boldsymbol{I} &= j\frac{\boldsymbol{V}_S}{R_0}\cdot\frac{\sin\beta x_R}{\cos\beta l} = \boldsymbol{I}_S\frac{\sin\beta x_R}{\sin\beta l} \end{aligned}\right\} \tag{12-123}$$

따라서 공진시와 반공진시의 $\boldsymbol{V}$, $\boldsymbol{I}$는 다음과 같다.

(가) 공진시

공진시에는 입력 임피던스 $\boldsymbol{Z}_{S0} = 0$이 되므로 송전단의 전류 $\boldsymbol{I}_S$는 무한대로 되어야 하지만 실제에 있어서는 저항이 0인 선로는 없으므로 $\boldsymbol{I}_S$는 대단히 큰 값이 된다. 그래서 식 (12-123)에 식 (12-117)의 관계를 대입하면

$$\left.\begin{aligned} \boldsymbol{V} &= -jR_0\boldsymbol{I}_S\,\frac{\cos\beta x_R}{\sin\beta l}\bigg|_{\beta l=(2n+1)\frac{\pi}{2}} \\ &= -jR_0\boldsymbol{I}_S\,\frac{\cos(2n+1)\dfrac{\pi x_R}{2l}}{(-1)^n} \\ \boldsymbol{I} &= -\boldsymbol{I}_S\,\frac{\sin\beta x_R}{\sin\beta l}\bigg|_{\beta l=(2n+1)\frac{\pi}{2}} \\ &= \boldsymbol{I}_S\,\frac{\sin(2n+1)\dfrac{\pi x_R}{2l}}{(-1)^n} \\ &(n=0,\ 1,\ 2,\ 3,\ \cdots) \end{aligned}\right\} \qquad (12-124)$$

따라서 $\boldsymbol{V}$는 여현(cos), $\boldsymbol{I}$는 정현(sin)에 비례하여 분포하며, 선로상의 각 점의 $\boldsymbol{V}$와 $\boldsymbol{I}$ 사이에는 90°의 위상차가 있다.

이러한 공진시의 $\boldsymbol{V}$와 $\boldsymbol{I}$의 실효치의 분포를 l이 $\lambda/4$ 및 $3\lambda/4$인 경우를 예로서 표시하면 그림 12-12의 (a), (c)와 같이 된다. 그림에서 수전단 R에서는 개방되어 있으므로 전류가 0이 되고 전압은 최대가 됨을 알 수 있다. 이때의 전류 및 전압이 0인 점을 **파절**(node), 전압 및 전류가 최대로 되는 점을 **파복**(loop)이라 한다. 그리고 반사파가 생기는 선로에서 일정한 위치에서 파절 또는 파복으로 하는 입사파와 반사파가 합성된 파를 **정재파**(standing wave)라 한다.

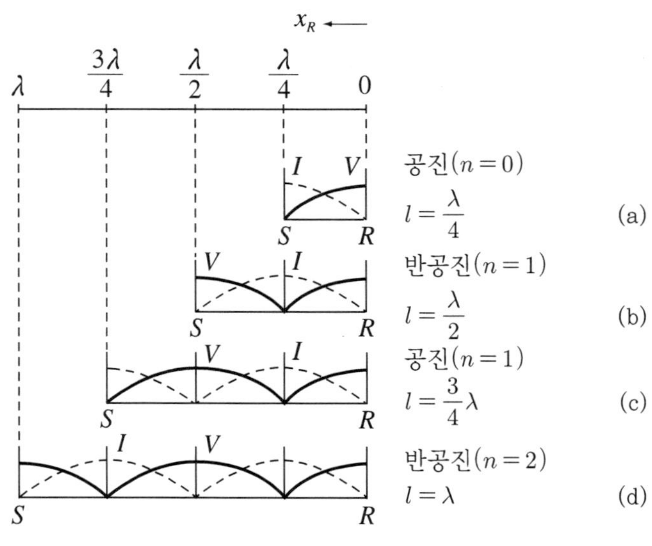

그림 12-12 수전단 개방시의 공진과 반공진

(나) 반공진시

반공진시에는 입력 임피던스 $Z_{S0}=\pm\infty$가 되므로 $I_S=0$이 된다. 그래서 식 (12-123)에 식 (12-120)의 관계를 대입하면

$$\left.\begin{aligned} V &= V_S \frac{\cos\beta x_R}{\cos\beta l}\bigg|_{\beta l = n\pi} = V_S \frac{\cos\dfrac{n\pi x_R}{l}}{(-1)^n} \\ I &= j\frac{V_S}{R_0}\cdot\frac{\sin\beta x_R}{\cos\beta l}\bigg|_{\beta l = n\pi} = j\frac{V_S}{R_0}\frac{\sin\dfrac{n\pi x_R}{l}}{(-1)^n} \\ &(n=0,\ 1,\ 2,\ 3,\ \cdots) \end{aligned}\right\} \tag{12-125}$$

따라서 V는 여현, I는 정현에 비례하여 분포하는 정재파로 되며 선로상의 각 점의 V와 I 사이에는 90°의 위상차가 있다. 이러한 반공진시의 V와 I의 실효치의 분포를 l이 $\lambda/2$ 및 λ인 경우를 예로서 표시하면 그림 12-12의 (b), (d)와 같이 된다.

2 수전단 단락의 경우

수전단을 단락하면 $V_S=0$이므로 식 (12-113)은

$$\left.\begin{aligned} V &= jV_0 I_R \sin\beta x_R \\ I &= I_R\cos\beta x_R \end{aligned}\right\} \tag{12-126}$$

송전단 전압 V_S, 전류 I_S는 위의 식에서 $x_R=l$일 때이므로

$$\left.\begin{aligned} V_S &= jR_0 I_R \sin\beta l \\ I_S &= I_R\cos\beta l \end{aligned}\right\} \tag{12-127}$$

(1) 입력 임피던스

수전단을 단락시킬 때 송전단에서 본 입력 임피던스 Z_{SS}는 식 (12-127)에서

$$\begin{aligned} Z_{SS} &= \frac{V_S}{I_S} \\ &= jR_0\tan\beta l \end{aligned} \tag{12-128}$$

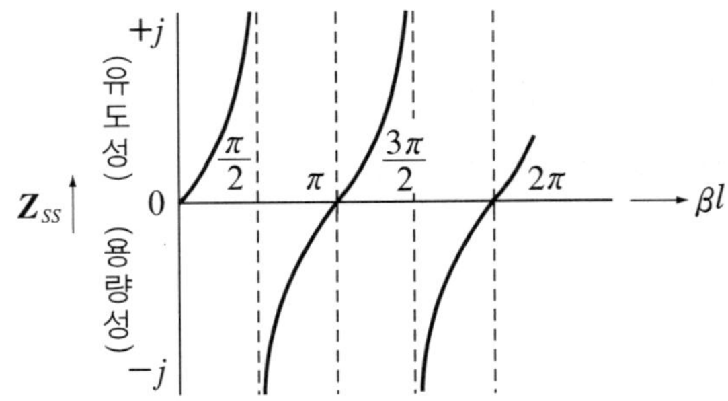

그림 12-13 무손실 유한장 선로의 수전단 단락시의 입력 임피던스

이 Z_{SS}의 변화를 횡축에 βl을 취하여 표시하면 그림 12-13과 같다.

(2) 공진조건

(가) 공진(직렬공진)

공진은 $Z_{SS}=0$일 때이다. 공진이 되기 위해서는 식 (12-128)에서 $\tan\beta l=0$이어야 하므로 일반적으로 다음과 같은 조건이 필요하다.

$$\beta l = n\pi \qquad (n=1,\ 2,\ 3,\ \cdots) \tag{12-129}$$

식 (12-32)의 관계를 위의 식에 대입하면

$$l = n\frac{\lambda}{4} \tag{12-130}$$

또 공진주파수 f_0는

$$f_0 = \frac{n}{2l\sqrt{LC}} \tag{12-131}$$

(나) 반공진(병렬공진)

반공진은 $Z_{SS}=\infty$일 때이다. 반공진이 되기 위해서는 식 (12-128)에서 $\tan\beta l=\pm\infty$이어야 하므로 일반적으로 다음의 조건이 필요하다.

$$\beta = (2n+1)\frac{\pi}{2} = n\pi + \frac{\pi}{2} \qquad (n=1,\ 2,\ 3,\ \cdots) \tag{12-132}$$

$$\therefore\ l = (2n+1)\frac{\pi}{4} \tag{12-133}$$

또 반공진 주파수 f_0는

$$f_0 = \frac{2n+1}{4l\sqrt{LC}} \tag{12-134}$$

(3) 선로상의 전압과 전류

수전단을 단락시킬 때 선로상의 수전단에서 거리 x_R인 점의 전압 $\boldsymbol{V}$ 및 전류 $\boldsymbol{I}$의 일반식을 송전단의 전압 $\boldsymbol{V}_S$, 전류 $\boldsymbol{I}_S$로 표시하면 식 (12-126)에 식 (12-127)을 대입하면

$$\left.\begin{aligned} \boldsymbol{V} &= \boldsymbol{V}_S \frac{\sin\beta x_R}{\sin\beta l} = jR_0\boldsymbol{I}_S \frac{\sin\beta x_R}{\cos\beta l} \\ I &= -j\frac{\boldsymbol{V}_S}{R_0}\cdot\frac{\cos\beta x_R}{\sin\beta l} = \boldsymbol{I}_S\frac{\cos\beta x_R}{\cos\beta l} \end{aligned}\right\} \tag{12-135}$$

따라서 공진시와 반공진시의 $\boldsymbol{V}$, $\boldsymbol{I}$는 다음과 같다.

(가) 공진시

공진시에는 입력 임피던스 $\boldsymbol{Z}_{SS}=0$이 되므로 송전단의 전류 $\boldsymbol{I}_S$는 무한대로 되어야 하지만 실제에 있어서는 저항이 0인 선로는 없으므로 $\boldsymbol{I}_S$는 대단히 큰 값이 된다. 그래서 식 (12-135)에 식 (12-129)의 관계를 대입하면

$$\left.\begin{aligned} \boldsymbol{V} &= jR_0\boldsymbol{I}_S \left.\frac{\sin\beta x_R}{\cos\beta l}\right|_{\beta l = n\pi} = jR_0\boldsymbol{I}_S\frac{\sin\frac{n\pi x_R}{l}}{(-1)^n} \\ \boldsymbol{I} &= \boldsymbol{I}_S\left.\frac{\cos\beta x_R}{\cos\beta l}\right|_{\beta l = n\pi} = \boldsymbol{I}_S\frac{\cos\frac{n\pi x_R}{l}}{(-1)^n} \\ &(n = 1,\ 2,\ 3,\ \cdots) \end{aligned}\right\} \tag{12-136}$$

이러한 공진시의 $\boldsymbol{V}$와 $\boldsymbol{I}$는 실효치의 분포를 l이 $\lambda/2$ 및 λ인 경우를 예로서 표시하면 그림 12-14 (b), (d)와 같이 된다.

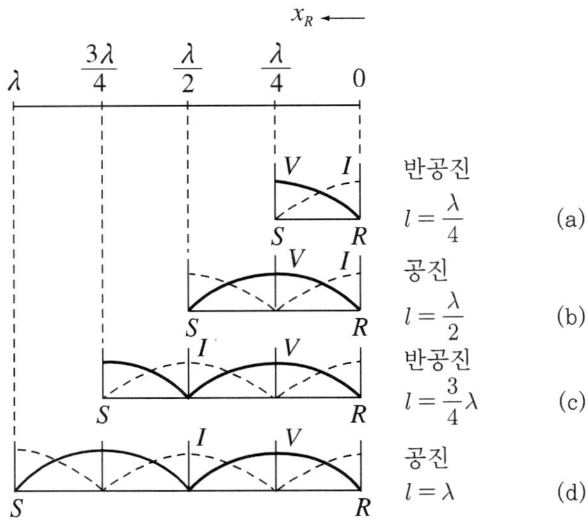

그림 12-14 수전단 단락시의 공진과 반공진

(나) 반공진시

반공진시에는 입력 임피던스 $\boldsymbol{Z}_{SS}=\pm\infty$가 되므로 $\boldsymbol{I}_S=0$이 된다. 그래서 식 (12-135)에 식 (12-132)를 대입하면

$$\left.\begin{aligned} \boldsymbol{V} &= \boldsymbol{V}_S \left.\frac{\sin\beta x_R}{\sin\beta l}\right|_{\beta l=(2n+1)\frac{\pi}{2}} \\ &= \boldsymbol{V}_S \frac{\sin(2n+1)\dfrac{\pi x_R}{2l}}{(-1)^n} \\ \boldsymbol{I} &= -j\frac{\boldsymbol{V}_S}{R_0}\left.\frac{\cos\beta x_R}{\cos\beta l}\right|_{\beta l=(2n+1)\frac{\pi}{2}} \\ &= -j\frac{\boldsymbol{V}_S}{R_0}\frac{\cos(2n+1)\dfrac{\pi x_R}{2l}}{(-1)^n} \\ &(n=0,\ 1,\ 2,\ 3,\ \cdots) \end{aligned}\right\} \tag{12-137}$$

이러한 반공진시의 $\boldsymbol{V}$와 $\boldsymbol{I}$의 실효치의 분포를 l이 $\lambda/4$ 및 $3\lambda/4$인 경우를 예로서 표시하면 그림 12-14 (a), (c)와 같이 된다.

3 수전단에 $R_R \neq R_0$을 접속시킬 경우

앞에서는 수전단에 $R_R = \infty$(개방) 또는 0(단락)인 특별한 경우에 대해 취급하였으나 여기서는 수전단에 $R_R \neq R_0$의 저항을 연결할 때에 대하여 알아보기로 한다. 식 (12-113)에 $\boldsymbol{V}_R = \boldsymbol{I}_R R_R$의 관계를 대입하면

$$\left.\begin{aligned} \boldsymbol{V} &= \boldsymbol{V}_R \cos\beta x_R + jR_0 \frac{\boldsymbol{V}_R}{R_R} \sin\beta x_R \\ &= \boldsymbol{V}_R \left(\cos\beta x_R + j\frac{R_0}{R_R}\sin\beta x_R\right) \\ \boldsymbol{I} &= j\frac{R_R \boldsymbol{I}_R}{R_0}\sin\beta x_R + \boldsymbol{I}_R \cos\beta x_R \\ &= \boldsymbol{I}_R\left(\cos\beta x_R + j\frac{R_R}{R_0}\sin\beta x_R\right) \end{aligned}\right\} \tag{12-138}$$

이 식의 절대치를 구하면

$$\left.\begin{aligned} |\boldsymbol{V}| &= |\boldsymbol{V}_R| \cdot \sqrt{\cos^2\beta x_R + \frac{R_0^{\ 2}}{R_R^{\ 2}}\sin^2\beta x_R} \\ &= |\boldsymbol{V}_R| \cdot \sqrt{1 - \frac{R_R^{\ 2} - R_0^{\ 2}}{R_R^{\ 2}}\sin\beta x_R} \\ |\boldsymbol{I}| &= |\boldsymbol{I}_R| \cdot \sqrt{\cos^2\beta x_R + \frac{R_R^{\ 2}}{R_0^{\ 2}}\sin^2\beta x_R} \\ &= |\boldsymbol{V}_R| \cdot \sqrt{1 + \frac{R_R^{\ 2} - R_0^{\ 2}}{R_0^{\ 2}}\sin\beta x_R} \end{aligned}\right\} \tag{12-139}$$

위의 식은 $R_R > R_0$ 또는 $R_R < R_0$에 따라서 전압과 전류의 최대와 최소의 위치가 정해진다.

(1) $R_R > R_0$인 경우

식 (12-139)에 대해서 $\sin\beta x_R = 0$, 즉 $\beta x_R = n\pi$ 또는 $x_R = \frac{n\lambda}{2}$ $(n = 0, 1, 2, 3, \cdots)$일 때

$|\boldsymbol{V}|$는 최대의 $|\boldsymbol{V}|_{\max}$

$|\boldsymbol{I}|$는 최소의 $|\boldsymbol{I}|_{\min}$

가 되고 이 점에서의 임피던스는 최대값을 갖는다. 또 $\sin\beta x_R = \pm 1$, 즉 $\beta x_R = \dfrac{n\pi}{2}$ 또는 $x_R = \dfrac{n\lambda}{4}$ $(n = 1,\ 3,\ 5,\ \cdots)$일 때

$|\boldsymbol{V}|$는 최소의 $|\boldsymbol{V}|_{\min}$

$|\boldsymbol{I}|$는 최대의 $|\boldsymbol{I}|_{\max}$

가 되고 이 점에서의 임피던스는 최소값을 갖는다. 이것을 그림으로 표시하면 그림 12-15 (a)와 같은 정재파로 된다.

(2) $R_R < R_0$인 경우

식 (12-139)의 근호 안의 제2항의 $R_R^{\ 2} - R_0^{\ 2}$의 값이 부(−)가 되므로 전압과 전류의 최대와 최소의 위치가 $R_R > R_0$인 경우와 반대가 된다. 따라서 이것을 그림으로 표시하면 그림 12-15 (b)와 같은 정재파가 된다.

이상의 결과로부터 $R_R \neq R_0$인 경우에도 정재파를 발생하지만 $R_R = \infty$ 및 0인 경우와는 다르며, 정재파의 절점이 0이 되지 않고 어느 크기를 갖게 된다. 저손실 선로의 정재파에서 실효전압의 최대값과 최소값의 비를 **정재파비**(standing wave ratio : SWR)라 한다.

$$\left.\begin{aligned} \text{전압 정재파비} &= \frac{|\boldsymbol{V}|_{\max}}{|\boldsymbol{V}|_{\min}} \\ \text{전류 정재파비} &= \frac{|\boldsymbol{I}|_{\max}}{|\boldsymbol{I}|_{\min}} \end{aligned}\right\} \tag{12-140}$$

전류 정재파비는 전압 정재파비와 동일한 값을 가지므로 일반적으로 정재파비는 **전압 정재파비**(voltage standing wave ratio : VSWR)를 말한다.

(3) $R_R = R_0$인 경우

식 (12-101)에서 $R_0 = R_R$인 경우에 해당하므로 무한장 선로와 같은 결과가 되어 진행파만 있고 반사파는 없으므로 정재파가 생기지 않는다. 따라서 선로상의 어떤 점에서나 전압과 전류가 일정한 값이 된다.

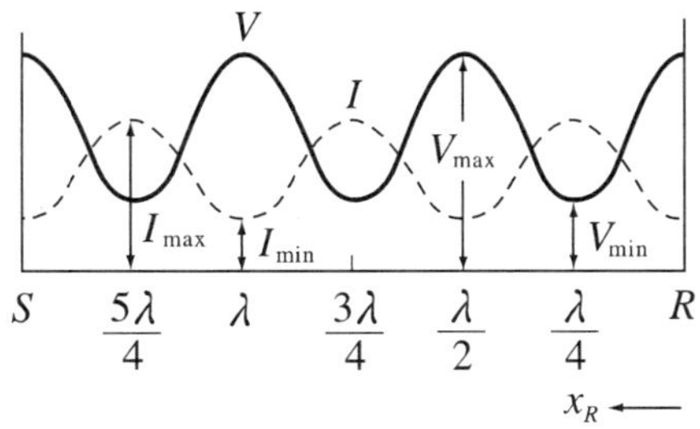

(a) $R_R > R_0$

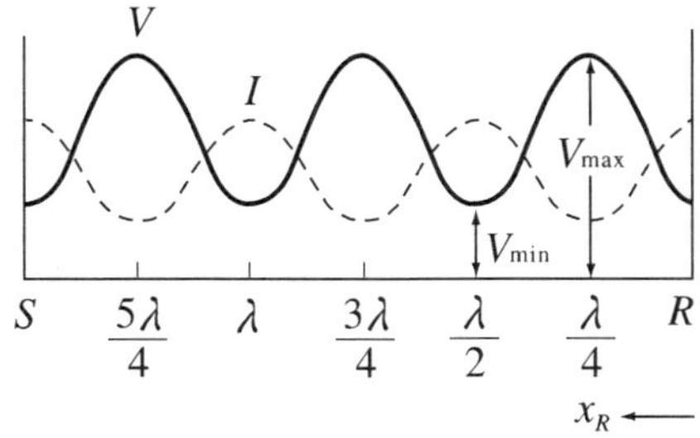

(b) $R_R < R_0$

그림 12-15 정재파

4 손실을 갖는 선로의 정재파

이상에서는 모두 무손실 또는 무손실에 가까운 선로에 대하여 취급하였다. 그러나 손실이 큰 선로에서는 정재파의 패턴이 $\lambda/2$마다 현저하게 변화하므로 정재파비를 정의할 수가 없다. 저손실 선로에서는 적어도 수 파장의 범위에서는 정재파비가 일정하다고 볼 수 있으므로 선로상의 어느 부분에서의 정재파비를 정의할 수 있다.

연 습 문 제

1. 단위 길이당 임피던스 및 어드미턴스가 각각 Z 및 Y인 전송선로의 특성 임피던스 $\boldsymbol{Z}_0$는 몇 $[\Omega]$인가?

2. 전송선로의 단위 길이당의 저항을 R, 인덕턴스를 L, 정전용량을 C, 누설 콘덕턴스를 G라 할 때, 분포정수회로가 무왜(distortion less)선로가 되기 위한 조건은 무엇인가?

3. 분포정수회로에서 선로의 특성 임피던스를 $\boldsymbol{Z}_0$, 전파정수를 γ라 할 때, 선로의 직렬 임피던스 $\boldsymbol{Z}$를 구하여라.

4. 무손실 분포정수 선로에서 인덕턴스 $L=0.32\,[\mathrm{mH}]$, 정전용량 $C=0.05\,[\mu\mathrm{F}]$일 때, 특성 임피던스 $\boldsymbol{Z}_0$는 몇 $[\Omega]$인가?

5. 전송선로의 특성 임피던스가 $50[\Omega]$이고 부하 저항이 $150[\Omega]$이면 부하에서의 반사계수는 얼마인가?

6. 어떤 무손실 전송선로의 인덕턴스가 $1\,[\mu\mathrm{H/m}]$이고, 커패시턴스가 $400\,[\mathrm{pF/m}]$일 때, $250[\Omega]$인 부하를 수전단에 연결하면 이곳에서의 반사계수는 얼마인가?

7. 임피던스가 $50[\Omega]$인 전송선의 입사전력이 $500\,[\mathrm{mW}]$, 반사전력이 $80\,[\mathrm{mW}]$로 측정되었다면 이 전송선로의 전압 정재파비(VSWR)는 얼마인가?

8. 위상정수가 $\pi/8\,[\mathrm{rad/m}]$인 선로의 $1\,[\mathrm{MHz}]$에 대한 속도 $[\mathrm{m/s}]$를 구하여라.

9. 특성 임피던스 $\boldsymbol{Z}_0$인 무손실 선로에 부하 임피던스 $\boldsymbol{Z}_L=(2+j3)\boldsymbol{Z}_0$를 접속했을 때의 전압 반사계수 및 정재파비를 구하여라.

10. 무손실 무한장 회로의 수전단 개방시의 반공진 때의 l 및 주파수 f_0를 구하여라.

Chapter 13

과도현상

13.1 과도현상

전기회로에서, 어느 정상상태에서 다른 정상상태로 옮겨질 때, 즉 전류가 지금까지 흐르지 않던 회로에 갑자기 전류를 가했을 경우나 지금까지 가해져 있던 전원을 갑자기 제거하는 경우에는 지금까지 취급해 온 정상상태와는 다른 특이한 현상이 나타난다. 이와 같이 어떤 현상이 일정한 상태에서 다른 일정한 상태로 바뀌어 안정될 때까지의 과정을 **과도현상**(transient phenomena)이라 한다. 그리고 일정한 상태로 바뀌어 안정된 상태를 **정상상태**(steady state)라 한다. 그러나 실제 문제에 있어서는 어디까지가 과도현상이고 어디부터가 정상상태라고 하는 확실한 경계는 존재하지 않으며, 정상상태까지도 과도현상의 연속이라고 생각하는 편이 좋을 경우가 많이 있다. 과도현상의 해는 시간 t를 무한대로 두는 것에 의하여 정상상태의 해가 얻어지므로 지금까지 취급한 회로이론은 과도현상론의 특별한 경우라고 생각하여도 좋다.

본 장에서는 키르히호프의 전류법칙 및 전압법칙에 의해 순시 전류·전압에 대한 미분방정식을 만들어서 그 일반해를 구하고, 주어진 초기조건에 대하여 적분정수를 결정하는 고전적 해석법을 설명하기로 한다.

13.2 R-L 직류회로

1 직류 전압 전원을 인가한 경우

(1) 미분방정식과 그 해

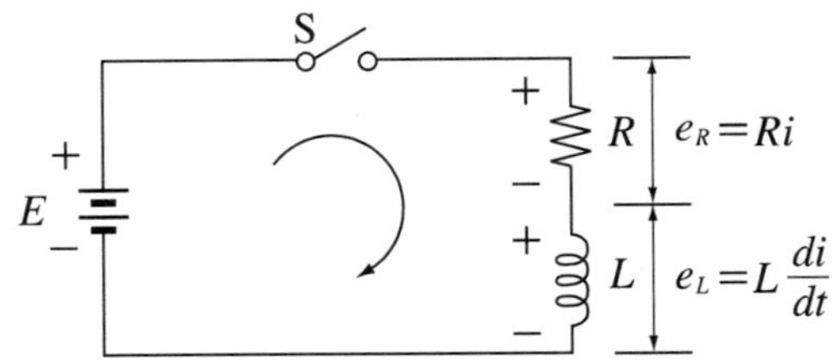

그림 13-1 R-L 직류회로

그림 13-1에 나타낸 것과 같이 저항 R과 자기 인덕턴스 L을 직렬로 접속한 회로에 시간 $t=0$에 스위치를 닫아서 직류 전압 전원 E를 인가할 때 시간 $t=t$인 순간에 회로에 흐르고 있는 전류를 i라 하면, 키르히호프의 법칙에 의해 다음의 전압평형 방정식이 성립한다.

$$L\frac{di}{dt}+Ri=E \tag{13-1}$$

이 미분방정식은 정수계수 선형미분방정식이며, 그 일반해 i는 보조해 i_t와 특별해 i_S와의 합으로 표시된다. 즉

$$i=i_t+i_s \tag{13-2}$$

특히 전기회로의 과도현상을 취급할 때에는 이 보조해 i_t를 과도항, 특별해 i_s를 정상항이라 한다.

여기서 특별해 i_s는 정상전류이며 이 경우의 인가 기전력은 직류전압이므로 정상전류도 직류가 되어야 한다. 즉 i_s는 일정한 값이므로 이 관계를 식 (13-1)에 적용하면

$$0+Ri_s=E$$

$$\therefore\ i_s=\frac{E}{R} \tag{13-3}$$

i_s는 정상전류이므로 E/R가 됨을 알 수 있다.

다음에 $E=0$으로 했을 때의 보조해 i_t는 다음의 방정식을 만족한다.

$$L\frac{di_t}{dt}+Ri_t=0 \tag{13-4}$$

변수분리하여

$$\frac{di_t}{i_t}=-\frac{R}{L}dt$$

양변을 적분하여

$$\log i_t=-\frac{R}{L}t+a \quad (\text{단, } a\text{는 적분정수})$$

이 식을 지수함수로 고쳐 쓰면

$$i_t=A\,\varepsilon^{-\frac{R}{L}t} \tag{13-5}$$

가 얻어진다. A는 적분정수 a의 역대수이나 적분정수는 임의의 값이므로 이 A를 적분정수라고 생각하여도 된다.

그러므로 식 (13-1)의 일반해는

$$i=i_s+i_t=\frac{E}{R}+A\,\varepsilon^{-\frac{R}{L}t} \tag{13-6}$$

가 된다. 적분정수 A는 초기조건에 의해 결정된다. 지금 $t=-0$, 즉 스위치 S를 닫기 직전의 회로전류 i를 0이라 하면, $t=+0$, 즉 S를 닫기 직후에도 i는 0이 되어야 한다. 왜냐하면 만일 i가 $t=-0$일 때의 0으로부터 $t=+0$일 때의 어느 값으로 갑자기 증가하게 되면 $L\frac{di}{dt}$가 무한대로 되어 그 순간에 식 (13-1)이 성립할 수 없게 되기 때문이다. 따라서 이 회로의 초기조건은

$$t=0\text{일 때 } i=0 \tag{13-7}$$

이 초기조건을 식 (13-6)에 대입하면

$$0=\frac{E}{R}+A \qquad \therefore\ A=-\frac{E}{R} \tag{13-8}$$

이 적분정수를 식 (13-6)에 대입하면

$$i = \frac{E}{R}(1 - \varepsilon^{-\frac{R}{L}t}) \tag{13-9}$$

가 된다. 식 (13-9)는 식 (13-7)의 초기조건을 만족시키는 일반해이다. 식 (13-9)의 전류가 시간 t와 함께 변화하는 상태는 그림 13-2에 나타낸 것과 같이 전류 i는 0에서 증대하여 정상전류 $I = E/R$에 접근한다.

(2) 시정수

그림 13-2에 나타낸 것처럼 전류 i의 곡선에 $t = 0$에서 접선을 긋고, 이것이 정상전류 $i = I$의 점근선과 교차하는 시각을 τ라 한다.

우선 접선을 구하기 위하여 식 (13-9)를 미분하면

$$\frac{di}{dt} = \frac{E}{L}\varepsilon^{-\frac{R}{L}t} \tag{13-10}$$

식 (13-10)의 $t = 0$에 대한 값은

$$\tan\theta = \left(\frac{di}{dt}\right)_{t=0} = \frac{E}{L} \tag{13-11}$$

또 그림 13-2에서 알 수 있는 것과 같이 $\tan\theta = \frac{1}{\tau}$이므로 위의 식과 비교하면

$$\tau = \frac{L}{R} \tag{13-12}$$

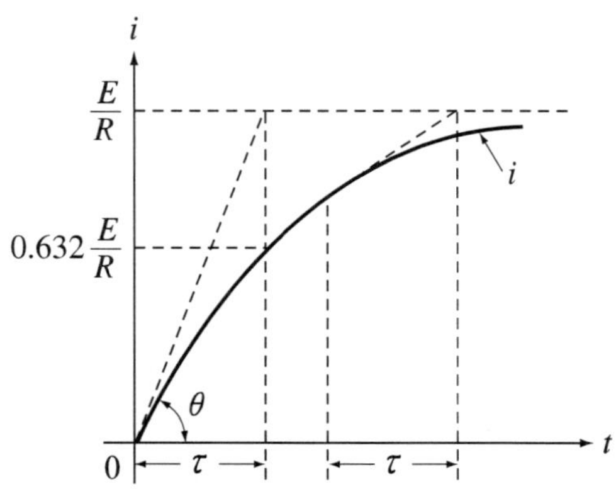

그림 13-2 R-L 회로에서의 전류의 시간적 변화

이 τ를 회로의 시정수(time constant)라 한다. 접선을 원점 0에서 긋지 않고 곡선상의 임의의 점에서 그어도 그 접선이 점근선과 교차하는 시각과 임의의 점에 상당한 시각과의 차는 역시 τ와 같다. 그림 13-3과 같이 τ가 작은 회로에서는 큰 회로에 비하여 과도전류 I의 어느 백분률(%)에 도달하는 시간이 짧아진다. 즉 τ의 대소로써 과도상태의 장단을 판단할 수 있다.

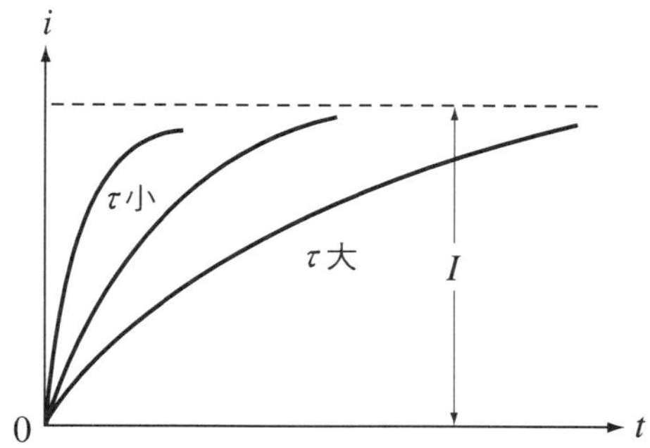

그림 13-3 시정수의 대소

$\alpha = \frac{I}{\tau} = \frac{R}{L}$을 감쇠율이라 한다. $t=\tau$일 때의 전류의 값 I_τ는

$$I_\tau = \frac{E}{R}(1-\varepsilon^{-\frac{R}{L}\tau}) = \frac{E}{R}(1-\varepsilon^{-1}) = 0.6321\,I \tag{13-13}$$

이 되며, 예를 들어 $R=1\,[\Omega]$, $L=1\,[\mathrm{mH}]$인 회로에서 시정수 τ는 0.001[초]가 되므로, 1/1000[초] 시간이 경과하면 전류 I_τ는 정상전류 I의 63.2[%]에 도달하게 됨을 뜻한다.

예제 13-1

R-L 직렬회로에서 $R=10\,[\Omega]$, $L=5\,[\mathrm{mH}]$일 때, 이 회로의 시정수를 구하여라.

풀이 $\tau = \frac{L}{R} = \frac{5\times10^{-3}}{10} = 5\times10^{-4}$ [sec]

2 직류 전압 전원을 제거한 경우

그림 13-4와 같은 R-L 회로에 정상전류 $I=E/(R+R_0)$가 흐르고 있는 경우, $t=0$에서 스위치 S를 닫음과 동시에 스위치 S_1을 열면 이 회로에 가해진 직류 전압 전원을 제거시키게 되어, 이때 R-L 회로의 전류 i는 점차 감소한다.

이 경우의 전압평형 방정식은

$$L\frac{di}{dt}+Ri=0$$

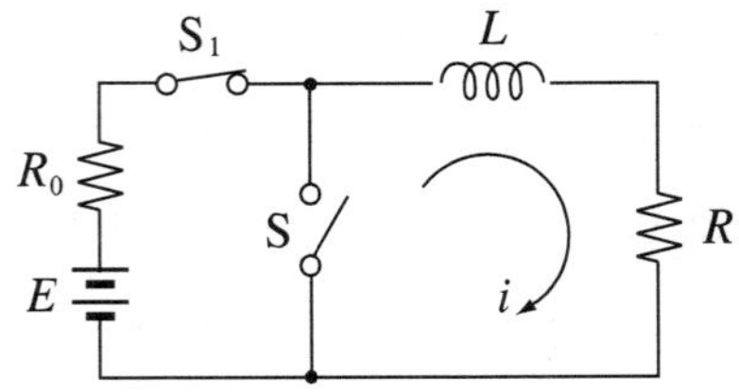

그림 13-4 R-L회로의 단락

이 방정식의 일반해는 정상항이 0이 되어 과도항만으로 이루어진다.

따라서 식 (13-5)와 마찬가지로

$$i=A\varepsilon^{-\frac{R}{L}\tau} \tag{13-14}$$

가 된다. 적분정수 A를 결정하는 초기조건은

$$t=0\text{에서 } i=I \tag{13-15}$$

이므로

$$A=I \tag{13-16}$$

따라서

$$i=I\varepsilon^{-\frac{R}{L}t} \tag{13-17}$$

이 전류 i의 시간적 변화는 그림 13-5와 같이 된다. 이것은 그림 13-2를 역으로 놓은 모양이고, 전류곡선 i선상의 임의의 점에서 그은 접선이 횡축과 교차하는 점까지의 시간 τ는 항상 L/R로 된다.

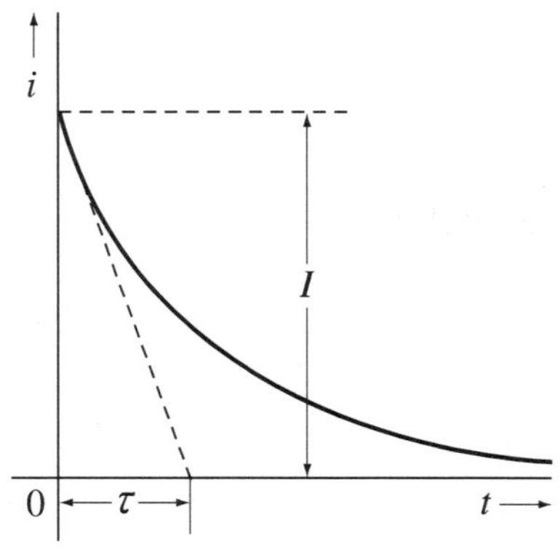

그림 13-5 R-L 회로의 단락시의 감쇠전류

13.3 R-C 직류회로

1 콘덴서에 충전시킬 경우

(1) 미분방정식과 그 해

그림 13-6과 같은 저항 R과 커패시턴스 C의 직렬회로에 시간 $t=0$에 스위치를 닫아서 직류 전압 전원 E를 인가할 때 전압평형 방정식은

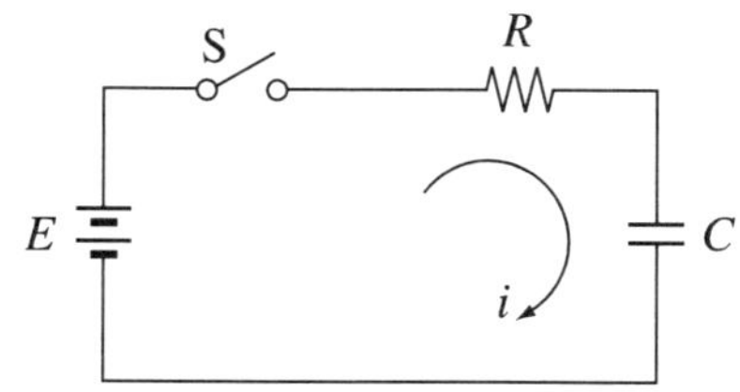

그림 13-6 R-C 직류회로

$$Ri+\frac{1}{C}\int i\,dt=E \qquad (13-18)$$

가 된다. 이 방정식을 전하 q로 나타내면

$$R\frac{dq}{dt}+\frac{1}{C}q=E \qquad (13-19)$$

이 방정식의 일반해 q는 전하의 정상항 q_s와 과도항 q_t의 합으로 나타난다. 즉

$$q=q_s+q_t \qquad (13-20)$$

그러므로 정상항 q_s는 식 (13-3)과 마찬가지로

$$q_s=CE \qquad (13-21)$$

또 과도항 q_t는 식 (13-19)의 우변을 0으로 하면 미분방정식의 해가 되므로 식 (13-5)와 마찬가지로

$$q_t=A\varepsilon^{-\frac{1}{RC}t} \qquad (13-22)$$

따라서

$$q=CE+A\varepsilon^{-\frac{1}{RC}t} \qquad (13-23)$$

이 식에서 적분정수 A를 결정하는 초기조건은

$$t=0\text{에서 } q=0 \qquad (13-24)$$

이므로

$$CE + A = 0$$

$$A = -CE \tag{13-25}$$

가 된다. 이것을 식 (13-23)에 대입하면 다음과 같이 된다.

$$q = CE(1 - \varepsilon^{-\frac{1}{RC}t}) \tag{13-26}$$

이때의 전하 q는 그림 13-7과 같이 점차 증가해서 $t = \infty$에서 q의 정상치 CE가 된다.

전류 i를 구하기 위해서는 식 (13-26)을 미분하면 된다.

$$i = \frac{dq}{dt} = \frac{E}{R}\varepsilon^{-\frac{1}{RC}t} = I\varepsilon^{-\frac{1}{RC}t} \tag{13-27}$$

전류 i의 변화는 그림 13-8과 같이 시간이 경과함에 따라 0으로 접근하게 된다.

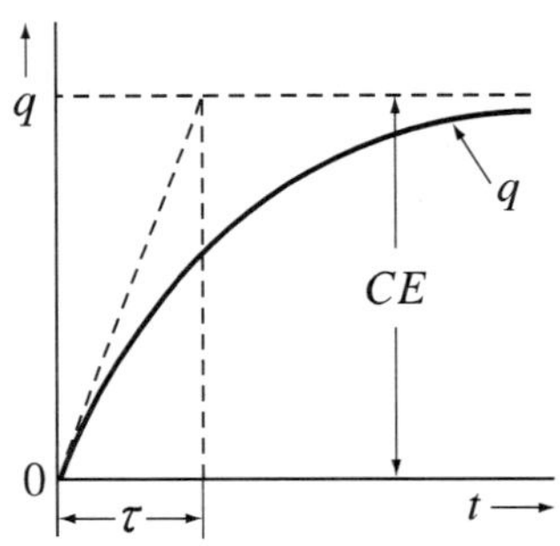

그림 13-7 R-C 회로의 q의 시간적 변화

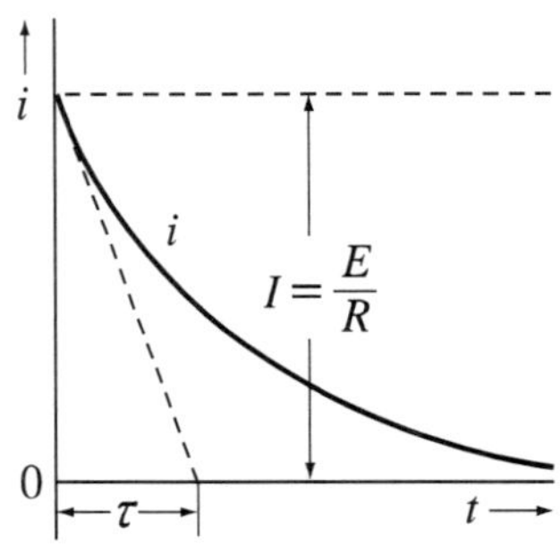

그림 13-8 R-C 회로의 i의 시간적 변화

(2) 시정수

그림 13-7에서 q의 곡선에 $t = 0$에서 그린 접선이 횡축과 교차하는 시간 τ가 시정수이므로

$$\tan\theta = \left(\frac{dq}{dt}\right)_{t=0} = \frac{E}{R} = \frac{CE}{\tau}$$

$$\therefore \ \tau = RC \tag{13-28}$$

또는 그림 13-8에서, 전류 i의 곡선에 $t=0$에서 접선을 그으면 그것이 횡축과 교차하는 시각이 마찬가지로 시정수 τ가 된다.

$$\tan\theta = \left(\frac{di}{dt}\right)_{t=0} = -\frac{I}{RC} = -\frac{I}{\tau}$$

$$\therefore\ \tau = RC$$

식 (13-28)에서 C의 차원이 [A · s/V], R의 차원이 [V/A]이므로, 시정수 τ의 차원은 초[s]이다.

(3) R 및 C의 단자전압

이때의 저항 R의 단자전압 V_R과 커패시턴스 C의 단자전압 V_C는 식 (13-27) 및 식 (13-26)에서 다음과 같이 된다.

$$\left.\begin{aligned} V_R &= Ri = E\varepsilon^{-\frac{1}{RC}t} \\ V_C &= \frac{q}{C} = E(1-\varepsilon^{-\frac{1}{RC}t}) \end{aligned}\right\} \qquad (13\text{-}29)$$

이것을 그림으로 나타내면 그림 13-9가 된다. 이때 $V_R + V_C$는 t에 관계없이 E가 되는 것은 당연하다.

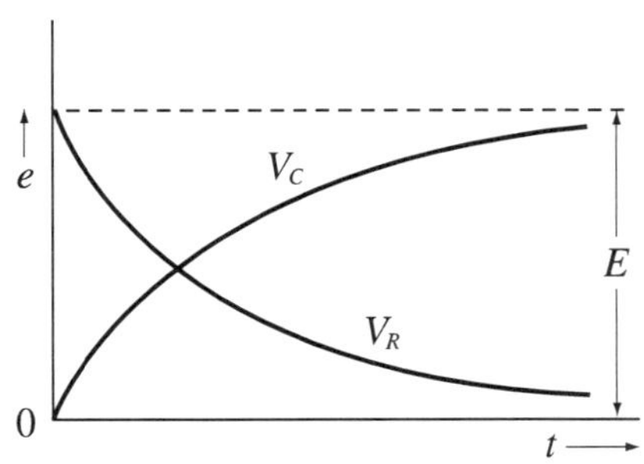

그림 13-9 V_R 및 V_C의 곡선

2 콘덴서를 방전시킬 경우

그림 13-10과 같이 이미 전압 E로 충전되어 있는 콘덴서를 저항 R을 통하여 방전시킬 경우의 전압평형 방정식은

$$R\frac{dq}{dt}+\frac{1}{C}q=0 \tag{13-30}$$

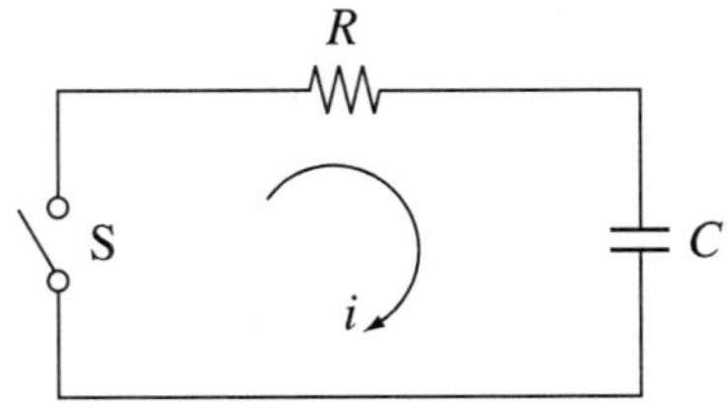

그림 13-10 콘덴서의 방전

이 된다. 이 회로에서는 전하의 정상항 $q_s=0$이므로, 일반해는 식 (13-5)와 마찬가지로

$$q=A\varepsilon^{-\frac{1}{RC}t} \tag{13-31}$$

가 되고, 적분정수 A는 초기조건이

$$t=0\text{에서 } q=CE \tag{13-32}$$

이므로

$$A=CE \tag{13-33}$$

따라서 식 (13-31)은

$$q=CE\varepsilon^{-\frac{1}{RC}t} \tag{13-34}$$

여기서 전류 i는

$$i=\frac{dq}{dt}=-\frac{E}{R}\varepsilon^{-\frac{1}{RC}t} \tag{13-35}$$

로 구해진다. 여기서 부호가 (−)가 되는 것에 주의를 요한다.

$t=0$일 때의 C의 단자전압은 E이므로 커패시턴스의 충전 전하량은 $Q=CE$이고, $E/R=I$라 하면 식 (13-35)는 다음과 같이 된다.

$$i=-I\varepsilon^{-\frac{1}{RC}t} \tag{13-36}$$

이때의 q 및 i의 시간적 변화는 그림 13-11과 같다.

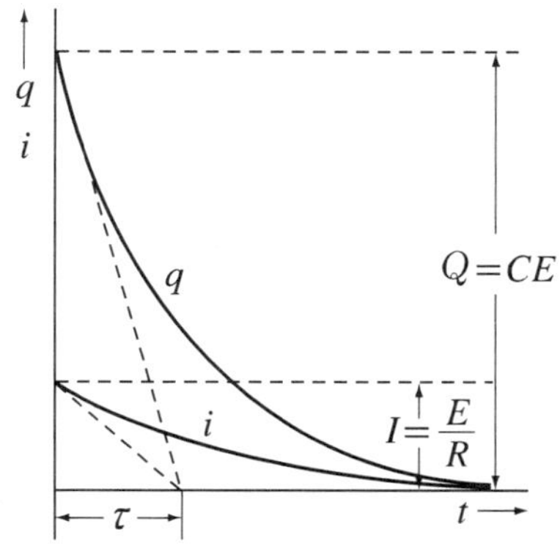

그림 13-11 콘덴서의 방전시의 q 및 i의 시간적 변화

3 전하를 가지고 있는 콘덴서 C와 저항 R의 직렬회로에 직류 전압 전원을 인가한 경우

이때의 회로의 전압평형 방정식은 식 (13-19)와 완전히 같아진다. 마찬가지로 일반해는 식 (13-27)과 같다. 단 적분정수 A를 결정하는 초기조건이 $t=0$일 때 C가 전하 Q_0를 갖고 있으므로

$$t=0\text{에서 } q=Q_0 \tag{13-37}$$

이 되고, 여기서

$$Q_0 = CE + A$$

$$\therefore\ A = Q_0 - CE \tag{13-38}$$

따라서 전하 q는 식 (13-38)을 식 (13-23)에 대입하여

$$q = CE(1-\varepsilon^{-\frac{1}{RC}t}) + Q_0\varepsilon^{-\frac{1}{RC}t} \tag{13-39}$$

여기서 전류 i는

$$i = \frac{dq}{dt} = \frac{CE-Q_0}{RC}\varepsilon^{-\frac{1}{RC}t} \tag{13-40}$$

지금

$$I = \frac{E}{R}, \qquad I_0 = \frac{Q_0}{RC}$$

라 하면, 식 (13-40)은 다음과 같이 된다.

$$i = (I - I_0)\varepsilon^{-\frac{1}{RC}t} \tag{13-41}$$

13.4 L-C 직류회로

1 직류 전압 전원을 인가한 경우

그림 13-12와 같이 인덕턴스 L과 커패시턴스 C가 직렬로 접속되어 있는 회로에 직류전압 E를 $t=0$에서 인가했을 때의 과도현상을 생각해 보자.

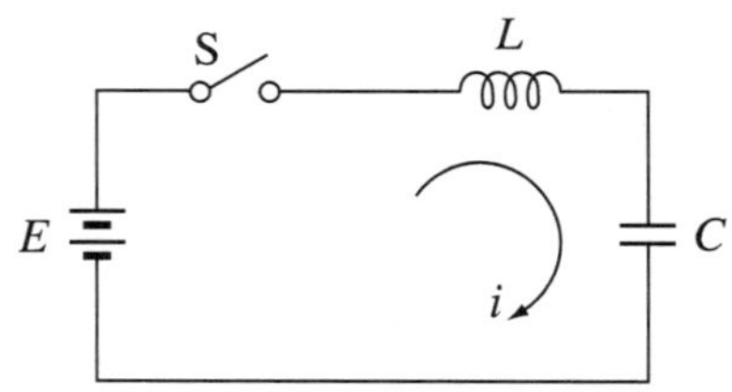

그림 13-12 L-C 직류회로

인덕턴스 L에 의한 전압강하는 $L\frac{di}{dt}$, 커패시턴스 C에 의한 전압강하는 $\frac{1}{C}\int i\,dt$이므로

$$L\frac{di}{dt} + \frac{1}{C}\int i\,dt = E \tag{13-42}$$

와 같은 전압평형 방정식이 성립한다. 이것을 전하 q의 미분방정식으로 고치면

$$L\frac{d^2q}{dt^2} + \frac{1}{C}q = E \tag{13-43}$$

가 된다. 이것은 선형 2계 미분방정식으로 진동현상을 나타낸다. 식 (13-43)의 해의 과도항 q_t를 먼저 구해 보자. 식 (13-43)에서 $E=0$으로 두면

$$L\frac{d^2q_t}{dt^2}+\frac{1}{C}q_t=0 \qquad (13-44)$$

이 되고, 이 식의 해를

$$q_t=A\,\varepsilon^{pt} \qquad (13-45)$$

라 가정하면

$$\frac{dq_t}{dt}=p\,A\,\varepsilon^{pt}=p\,q_t$$

$$\frac{d^2q_t}{dt^2}=p^2A\,\varepsilon^{pt}=p^2q_t$$

가 되고, 이것을 식 (13−44)에 대입하면

$$\left(Lp^2+\frac{1}{C}\right)q_t=0 \qquad (13-46)$$

여기서 $q_t\neq 0$이므로

$$Lp^2+\frac{1}{C}=0 \qquad (13-47)$$

을 만족하는 p를 식 (13−45)에 대입하면 식 (13−44)의 해가 얻어진다. 그러므로 식 (13−47)에서

$$p=\pm j\frac{1}{\sqrt{LC}} \qquad (13-48)$$

따라서 식 (13−44)의 해는

$$q_t=A_1\,\varepsilon^{j\frac{1}{\sqrt{LC}}t}+B_1\,\varepsilon^{-j\frac{1}{\sqrt{LC}}t} \qquad (13-49)$$

이것을 삼각함수로 나타내면

$$\varepsilon^{\pm j\frac{1}{\sqrt{LC}}t}=\cos\frac{1}{\sqrt{LC}}t\pm j\sin\frac{1}{\sqrt{LC}}t$$

이므로

$$q_t = A_2 \cos \frac{1}{\sqrt{LC}} t + B_2 \sin \frac{1}{\sqrt{LC}} t \tag{13-50}$$

가 된다. 여기서 적분정수 A_1, B_1과 A_2, B_2 사이에는

$$A_2 = A_1 + B_1$$

$$B_2 = j(A_1 - B_1)$$

의 관계가 있다. 계산은 식 (13-49)와 식 (13-50) 중 어느 것을 사용하여도 무방하다.

다음에 식 (13-43)의 정상항 q_s는

$$q_s = CE \tag{13-51}$$

따라서 식 (13-43)의 일반해는 식 (13-50)과 식 (13-51)에서

$$q = CE + A_2 \cos \frac{1}{\sqrt{LC}} t + B_2 \sin \frac{1}{\sqrt{LC}} t \tag{13-52}$$

여기서 전류 i의 일반해는

$$i = \frac{dq}{dt} = \frac{1}{\sqrt{LC}} \left(B_2 \cos \frac{1}{\sqrt{LC}} t - A_2 \sin \frac{1}{\sqrt{LC}} t \right) \tag{13-53}$$

초기조건으로부터

$$t = 0 \text{에서 } q = 0, \qquad i = 0 \tag{13-54}$$

이므로 이것을 식 (13-52)와 식 (13-53)에 각각 대입하여 적분정수 A_2, B_2를 결정하면

$$\left. \begin{aligned} 0 &= CE + A_2 \\ 0 &= \frac{1}{\sqrt{LC}} B_2 \end{aligned} \right\}$$

$$\left. \begin{aligned} \therefore\ A_2 &= -CE \\ B_2 &= 0 \end{aligned} \right\} \tag{13-55}$$

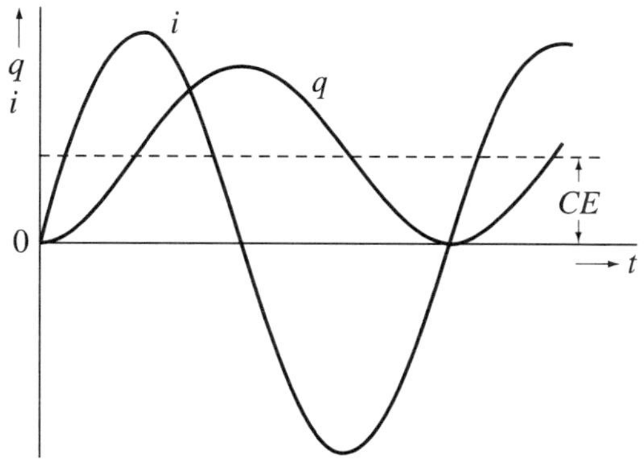

그림 13-13 q와 i의 시간적 변화

따라서 식 (13-55)를 식 (13-52) 및 식 (13-53)에 대입하면 다음과 같이 된다.

$$q = \int i\,dt = \int_{-\infty}^{0} i\,dt + \int_{0}^{t} i\,dt = \int_{0}^{t} i\,dt$$

$$= \int_{0}^{t} \frac{E}{\sqrt{L/C}} \sin \frac{1}{\sqrt{LC}} t \cdot dt = CE\left(1 - \cos \frac{1}{\sqrt{LC}} t\right) \qquad (13\text{-}56)$$

$$i = \frac{E}{\sqrt{L/C}} \sin \frac{1}{\sqrt{LC}} t \qquad (13\text{-}57)$$

즉 전하 q와 전류 i의 변화는 그림 13-13과 같이 정현적으로 진동하는 것을 알 수 있다.

다음에 인덕턴스 L의 단자전압 V_L과 커패시턴스의 C의 단자전압 V_C는 식 (13-56)과 식 (13-57)로부터

$$V_L = L\frac{di}{dt} = E\cos \frac{1}{\sqrt{LC}}$$

$$V_C = \frac{1}{C} q = E\left(1 - \cos \frac{1}{\sqrt{LC}} t\right) \qquad (13\text{-}58)$$

와 같이 되며 그 시간적 변화의 모양은 그림 13-14와 같다. V_L은 인가전압 E보다 커지는 일은 없으나, V_C는 E보다 커지는 때가 있으며, 그 최대값은 $2E$가 된다. 이 현상은 고전압발생에 종종 이용되고 있다.

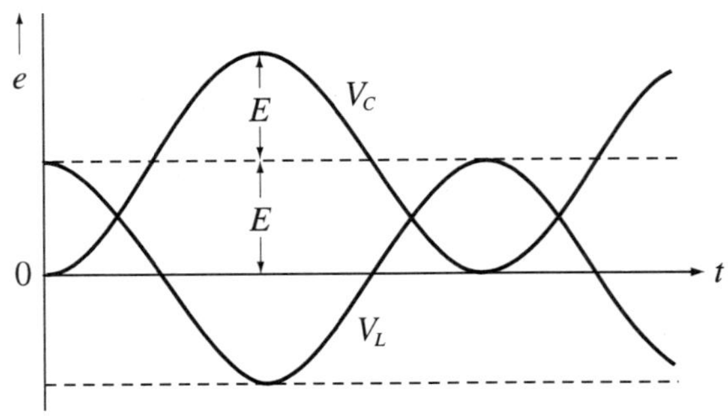

그림 13-14 V_L 및 V_C의 시간적 변화

2 인덕턴스를 통해서 콘덴서를 방전시킬 경우

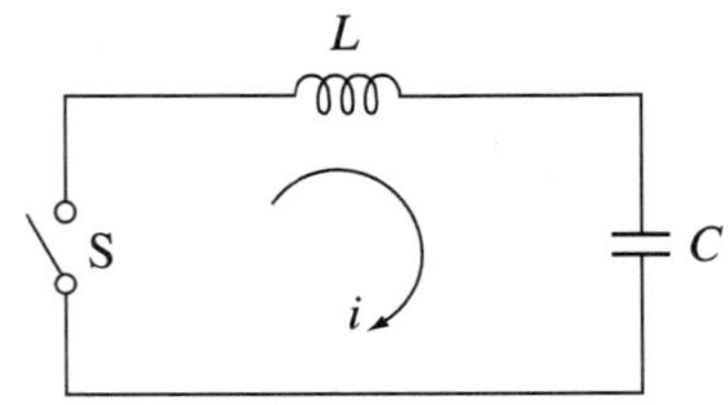

그림 13-15 L-C 직류회로

그림 13-15와 같이 이미 전압 E로 충전되어 있는 콘덴서를 인덕턴스 L을 통하여 방전시킬 경우의 전압평형 방정식은 식 (13-43)으로부터

$$L\frac{d^2q}{dt^2}+\frac{1}{C}q=0 \tag{13-59}$$

이 되고 이 방정식의 일반해는 식 (13-50)으로부터

$$q=A\cos\frac{1}{\sqrt{LC}}t+B\sin\frac{1}{\sqrt{LC}}t$$

또 전류 i는 식 (13-53)으로부터

$$i=\frac{dq}{dt}=\frac{1}{\sqrt{LC}}\left(B\cos\frac{1}{\sqrt{LC}}t-A\sin\frac{1}{\sqrt{LC}}t\right)$$

가 된다. 여기서 초기조건은

$$t=0\text{에서 } q=CE, \qquad i=0$$

이므로, 적분정수는

$$A=CE, \qquad B=0$$

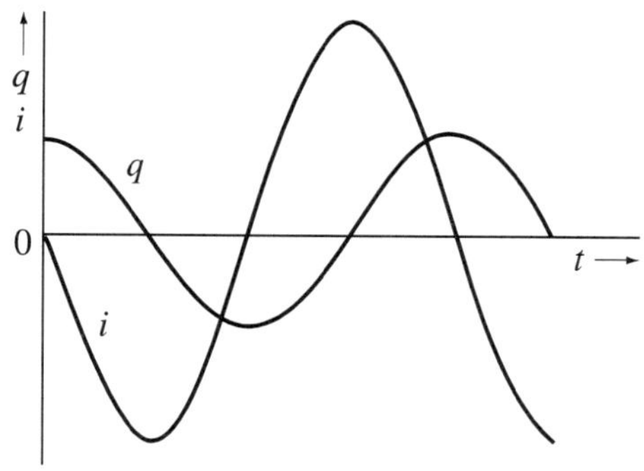

그림 13-16 q 및 i의 시간적 변화

이 된다. 이것을 q 및 i의 식에 대입하면

$$\left.\begin{aligned} q &= CE\cos\frac{1}{\sqrt{LC}}t \\ i &= -\frac{E}{\sqrt{L/C}}\sin\frac{1}{\sqrt{LC}}t \end{aligned}\right\} \tag{13-60}$$

가 된다. 즉 전류 i는 식 (13-57)과 부호가 반대가 된다. 전류 i와 전하 q의 시간적 변화는 그림 13-16과 같이 진동한다.

13.5 R-L 교류회로

그림 13-17과 같이 저항 R과 인덕턴스 L의 직렬회로에 시간 $t=0$의 순간에 정현파 교류전압 $e=E_m\sin(\omega t+\theta)$를 인가할 때, 회로에 흐르는 전류 i를 구하여 보자.

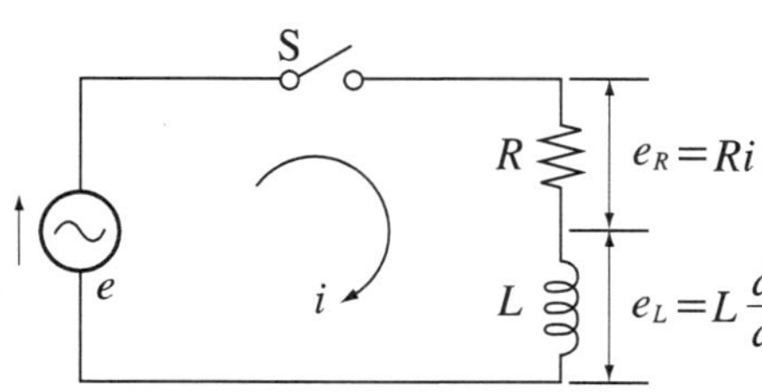

그림 13-17 R-L 교류회로

그림 13-17로부터 전압평형 방정식은

$$L\frac{di}{dt}+Ri=E_m\sin(\omega t+\theta) \tag{13-61}$$

이 미분방정식의 일반해는 우변을 0으로 할 때의 과도항 i_t와 정상상태에서의 정상항 i_s의 합이므로

$$i=i_t+i_s \tag{13-62}$$

가 된다. 여기서 i_t는 적분정수를 A라고 하면

$$i_t=A\varepsilon^{-\frac{R}{L}t} \tag{13-63}$$

또 i_s는

$$I_m=\frac{E_m}{\sqrt{R^2+(\omega L)^2}},\qquad \phi=\tan^{-1}\frac{\omega L}{R} \tag{13-64}$$

이라고 하면

$$i_s=I_m\sin(\omega t+\theta-\phi) \tag{13-65}$$

가 되고, 식 (13-62)에서

$$i=A\varepsilon^{-\frac{R}{L}t}+I_m\sin(\omega t+\theta-\phi) \tag{13-66}$$

적분정수 A에 대한 초기조건은

$$t=0\text{에서 } i=0 \tag{13-67}$$

이므로 식 (13-66)에 이 조건을 대입하면

$$0=A+I_m\sin(\theta-\phi)$$

$$\therefore\ A=-I_m\sin(\theta-\phi) \tag{13-68}$$

그러므로 식 (13-68)을 식 (13-66)에 대입하면

$$i=I_m\sin(\omega t+\theta-\phi)-I_m\sin(\theta-\phi)\varepsilon^{-\frac{R}{L}t} \tag{13-69}$$

가 된다. 이 전류 i는 정상전류 $I_m \sin(\omega t + \theta - \phi)$와 시정수 L/R에서 $t=0$인 순간에 $-I_m \sin(\theta - \phi)$의 값을 갖는 시간과 함께 지수함수적으로 감쇠하는 과도항과 중복되어 있다. 과도항 i_t는 $t=0$일 때의 교번전압의 위상 θ에 따라 크기가 달라짐을 알 수 있다.

만일

$$\theta = \phi = \tan^{-1}\frac{\omega L}{R}$$

이면 과도항 i_t는 0이 되어, 과도전류와 정상전류 사이에는 아무런 차이가 없으므로 과도현상이 나타나지 않는다. 또

$$\theta = \phi + \frac{\pi}{2} = \tan^{-1}\frac{\omega L}{R} + \frac{\pi}{2}$$

이면 과도항은 최대가 된다.

그림 13-18은 전류의 시간적 변화를 나타낸 것이다.

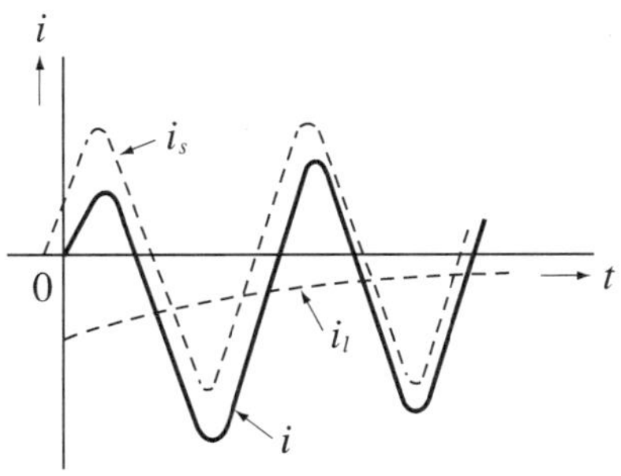

(a) $0 < \theta - \phi < \frac{\pi}{2}$인 경우

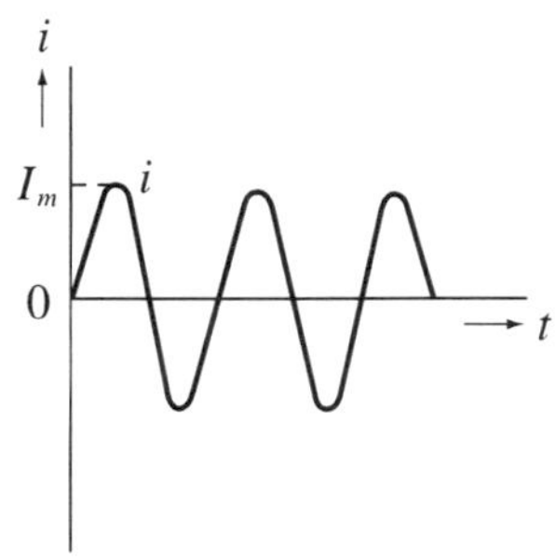

(b) $\theta - \phi = 0$인 경우

그림 13-18 R-L 교류회로의 전류의 시간적 변화

13.6 R-C 교류회로

그림 13-19와 같이 저항 R과 커패시턴스 C의 직렬회로에 시간 $t=0$인 순간에 정현파 교류전압 $e=E_m\sin(\omega t+\theta)$를 인가할 때, 회로에 흐르는 전류 i를 구하여 보자.

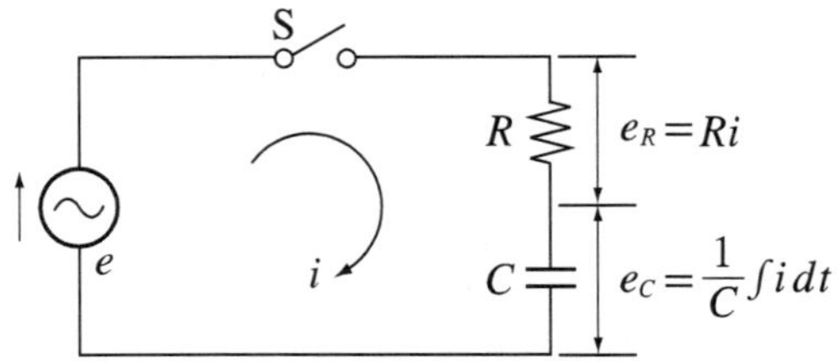

그림 13-19 R-C 교류회로

그림 13-19로부터 전압평형 방정식은

$$Ri+\frac{1}{C}\int i\,dt=E_m\sin(\omega t+\theta) \tag{13-70}$$

또는

$$\frac{dq}{dt}+\frac{1}{RC}q=\frac{E_m}{R}\sin(\omega t+\theta) \tag{13-71}$$

과도항 q_t의 해는 식 (13-71)의 우변을 0으로 할 때의 해이므로 적분정수를 A라 하면,

$$q_t=A\varepsilon^{-\frac{1}{RC}t} \tag{13-72}$$

또 정상항 q_s는

$$q_s=\frac{-E_m}{\omega\sqrt{R^2+\left(\frac{1}{\omega C}\right)^2}}\cos(\omega t+\theta+\phi) \tag{13-73}$$

단, $\phi=\tan^{-1}\frac{1}{\omega CR}$

그러므로

$$q=q_s+q_t=\frac{-E_m}{\omega\sqrt{R^2+\left(\frac{1}{\omega C}\right)^2}}\cos(\omega t+\theta+\phi)+A\varepsilon^{-\frac{1}{RC}t} \tag{13-74}$$

적분정수 A는 초기조건이

$$t=0\text{에서 } q=0 \tag{13-75}$$

이므로

$$0=\frac{-E_m}{\omega\sqrt{R^2+\left(\frac{1}{\omega C}\right)^2}}\cos(\theta+\phi)+A$$

$$\therefore\quad A=\frac{E_m}{\omega\sqrt{R^2+\left(\frac{1}{\omega C}\right)^2}}\cos(\theta+\phi)=\frac{I_m}{\omega}\cos(\theta+\phi) \tag{13-76}$$

$$\text{단, } I_m=\frac{E_m}{\sqrt{R^2+\left(\frac{1}{\omega C}\right)^2}}$$

그러므로 식 (13-74)에 식 (13-76)을 대입하면

$$q=-\frac{I_m}{\omega}\cos(\omega t+\theta+\phi)+\frac{I_m}{\omega}\varepsilon^{-\frac{1}{RC}t}\cos(\theta+\phi) \tag{13-77}$$

따라서 전류 i는

$$i=\frac{dq}{dt}=I_m\sin(\omega t+\theta+\phi)-\frac{I_m}{\omega CR}\varepsilon^{-\frac{1}{RC}t}\cos(\theta+\phi) \tag{13-78}$$

그림 13-20은 전류의 시간적 변화를 나타낸 것이다.

이러한 전류의 모습은 전압의 어떤 위상각에서 스위치를 넣는가에 따라 달라진다.

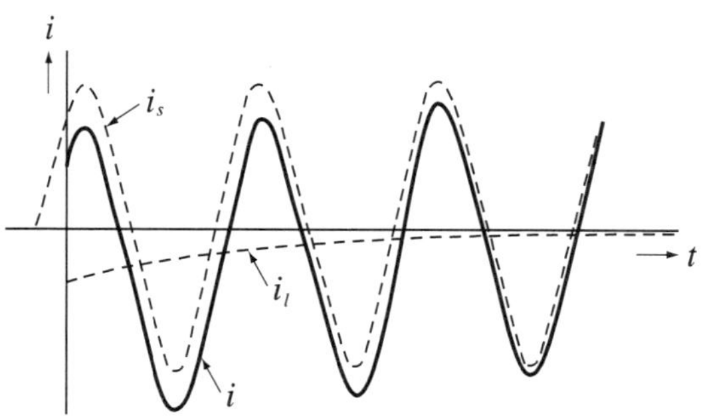

그림 13-20 R-C 교류회로의 전류의 시간적 변화

13.7 R-L-C 직류회로

그림 13-21과 같이 저항 R, 인덕턴스 L, 커패시턴스 C의 직렬회로에 $t=0$인 순간에 스위치 S를 닫음으로써 직류전압 E를 인가할 때의 과도현상을 생각하여 보자.

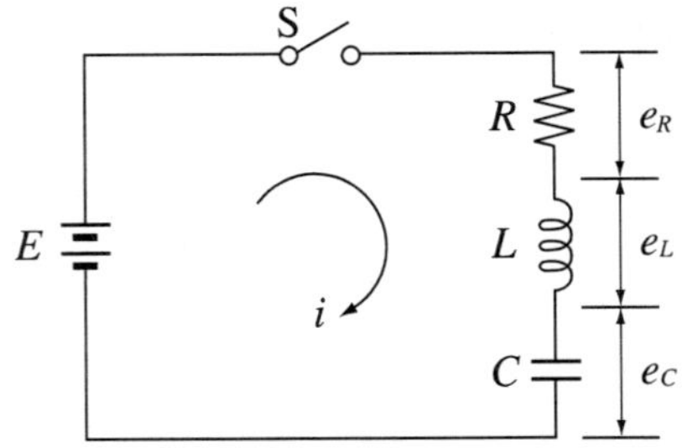

그림 13-21 R-L-C 직류회로

그림 13-21로부터 전압평형 방정식은

$$Ri+L\frac{di}{dt}+\frac{1}{C}\int i\,dt=E \quad (13\text{-}79)$$

또 $i=\dfrac{dq}{dt}$이므로 식 (13-79)는

$$R\frac{dq}{dt}+L\frac{d^2q}{dt^2}+\frac{q}{C}=E \tag{13-80}$$

이 방정식은 선형 2계 미분방정식이며, 그 정상항 q_s는

$$q_s=CE \tag{13-81}$$

가 됨을 쉽게 알 수 있다.

다음에 과도항 q_t는 식 (13-80)에서 $E=0$으로 놓으면 다음 식과 같이 되고

$$L\frac{d^2q_t}{dt^2}+R\frac{dq_t}{dt}+\frac{1}{C}q_t=0 \tag{13-82}$$

q_t는 이 방정식의 해이므로

$$q_t=A\varepsilon^{pt} \tag{13-83}$$

이라고 가정하여, 식 (13-83)이 식 (13-82)를 만족하는 p를 구하면 된다.

즉

$$\left(Lp^2+Rp+\frac{1}{C}\right)A\varepsilon^{pt}=0$$

에서

$$Lp^2+Rp+\frac{1}{C}=0$$

$$\therefore \ p = -\frac{R}{2L} \pm \sqrt{\left(\frac{R}{2L}\right)^2 - \frac{1}{LC}}$$

또는

$$\left.\begin{aligned} p_1 &= -\alpha + \sqrt{\alpha^2 - {\omega_0}^2} \\ p_2 &= -\alpha - \sqrt{\alpha^2 - {\omega_0}^2} \end{aligned}\right\} \tag{13-84}$$

여기서

$$\alpha = \frac{R}{2L}, \qquad \omega_0 = \frac{1}{\sqrt{LC}}$$

라고 하면, 과도항 q_t는

$$q_t = A_1 \varepsilon^{p_1 t} + A_2 \varepsilon^{p_2 t} \tag{13-85}$$

그러므로 전하 q는

$$q = q_s + q_t = CE + A_1 \varepsilon^{p_1 t} + A_2 \varepsilon^{p_2 t} \tag{13-86}$$

가 되고 전류 i는

$$i = \frac{dq}{dt} = p_1 A_1 \varepsilon^{p_1 t} + p_2 A_2 \varepsilon^{p_2 t} \tag{13-87}$$

여기서 A_1, A_2는 적분정수이며 초기조건에 의하여 결정된다.

식 (13-84)의 근호 안의 크기가 정(+)이면 p_1, p_2는 실수, 부(-)이면 복소수, 0이면 동일한 실수가 된다. 이들 3가지의 경우에 따라서 각각 과도현상이 달라진다.

1 $R > 2\sqrt{\dfrac{L}{C}}$ 인 경우(비진동적)

이것은 $\alpha^2 > {\omega_0}^2$인 경우에 해당하며 비진동적인 경우라 한다.

p_1, p_2는 서로 다른 실수가 된다. 즉

$$p_1 = -\alpha + \gamma, \qquad p_2 = -\alpha - \gamma \tag{13-88}$$

여기에서

$$\alpha = \frac{R}{2L}, \qquad \gamma = \sqrt{\left(\frac{R}{2L}\right)^2 - \frac{1}{LC}} \quad < \alpha \tag{13-89}$$

가 된다. 식 (13-88), (13-89)를 식 (13-86)에 대입하면

$$\begin{aligned} q &= CE + A_1 \varepsilon^{(-\alpha+\gamma)t} + A_2 \varepsilon^{(-\alpha-\gamma)t} \\ &= CE + \varepsilon^{-\alpha t}(A_1 \varepsilon^{\gamma t} + A_2 \varepsilon^{-\gamma t}) \end{aligned}$$

그런데

$$\varepsilon^{\pm\gamma t} = \cosh\gamma t \pm \sinh\gamma t$$

이므로

$$q = CE + \varepsilon^{\alpha t}(B_1 \cosh\gamma t + B_2 \sinh\gamma t) \tag{13-90}$$

$$i = \frac{dq}{dt} = \varepsilon^{\alpha t}\{(-\alpha B_1 + \gamma B_2)\cosh\gamma t + (-\alpha B_2 + \gamma B_1)\sinh\gamma t\} \tag{13-91}$$

B_1, B_2는 적분정수이며 초기조건으로부터 결정된다. 초기조건은

$$t = 0 \text{에서 } q = 0, \qquad i = 0$$

이므로 식 (13-90)과 식 (13-91)로부터

$$0 = CE + B_1, \qquad 0 = -\alpha B_1 + \gamma B_2$$

$$\therefore\ B_1 = -CE, \qquad B_2 = -\frac{\alpha CE}{\gamma}$$

이들을 식 (13-90)에 대입하면

$$q = CE\left\{1 - \varepsilon^{\alpha t}\left(\cosh\gamma t + \frac{\alpha}{\gamma}\sinh\gamma t\right)\right\} \tag{13-92}$$

$\alpha > \gamma$이므로 $\frac{\gamma}{\alpha} = \tanh\phi$라 놓으면

$$\begin{aligned} q &= CE\{1 - \varepsilon^{-\alpha t}(\cosh\gamma t + \coth\phi \cdot \sinh\gamma t)\} \\ &= CE\left\{1 - \frac{\varepsilon n^{-\alpha t}}{\sinh\phi}(\sinh\phi \cdot \cosh\gamma t + \cosh\phi \cdot \sinh\gamma t)\right\} \end{aligned}$$

$$= CE\left\{1-\frac{\varepsilon^{-\alpha t}}{\sinh\phi}\sinh(\gamma t+\phi)\right\} \tag{13-93}$$

그런데

$$\sinh\phi=\frac{\gamma}{\sqrt{\alpha^2-\gamma^2}}=\sqrt{\frac{R^2}{4}\cdot\frac{C}{L}-1}$$

$$\therefore\ q=CE\left\{1-\frac{\varepsilon^{-\alpha t}}{\sqrt{\frac{R^2}{4}\cdot\frac{C}{L}-1}}\sinh(\gamma t+\phi)\right\} \tag{13-94}$$

전류 i를 구하기 위해 B_1, B_2의 값을 각각 식 (13-91)에 대입하면

$$-\alpha B_1+\gamma B_2=0, \qquad -\alpha B_2+\gamma B_1=CE\frac{\alpha^2-\gamma^2}{\gamma}$$

이므로 i는 다음과 같이 된다.

$$i=CE\frac{\alpha^2-\gamma^2}{\gamma}\varepsilon^{-\alpha t}\sinh\gamma t$$

$$=\frac{E}{\sqrt{\left(\frac{R}{2}\right)^2-\frac{L}{C}}}\varepsilon^{-\alpha t}\sinh\gamma t \tag{13-95}$$

이 경우에 전하 q는 0으로부터 점차 증대하여 CE에 접근하게 되고, 전류 i는 0으로부터 출발하여 어느 때에 최대로 된 다음 점차 감쇠하여 $t=\infty$에서 0으로 된다. 이 관계를 그림으로 표시하면 그림 13-22와 같다. 전류의 최대치를 구하기 위하여 식 (13-95)를 t로 미분하면

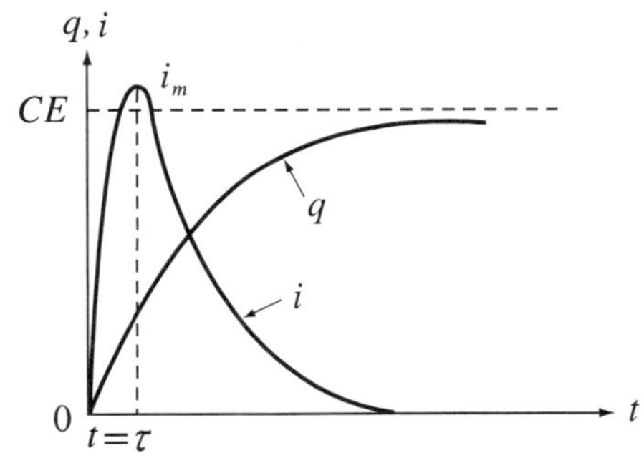

그림 13-22 q 및 i의 시간적 변화

$$\frac{di}{dt}=CE\frac{\alpha^2-\gamma^2}{\gamma}\epsilon^{-\alpha t}(\gamma\cosh\gamma t-\alpha\sinh\gamma t)$$

$\dfrac{di}{dt}=0$으로 되는 시간 τ에는

$$\gamma\cosh\gamma\tau-\alpha\sinh\gamma\tau=0$$

$$\therefore \tanh\gamma\tau = \frac{\gamma}{\alpha}$$

따라서

$$\tau = \frac{1}{\gamma}\tanh^{-1}\frac{\gamma}{\alpha} = \frac{\phi}{\gamma} \tag{13-96}$$

τ에 상당하는 전류의 최대치 i_m은 식 (13-95)으로부터

$$i_m = (i)_{t=\tau} = CE\frac{\alpha^2-\gamma^2}{\gamma}\varepsilon^{-\alpha t}\sinh\gamma\tau$$

이 식에 식 (13-96)을 대입하면

$$\begin{aligned} i_m &= CD\frac{\alpha^2-\gamma^2}{\gamma}\varepsilon^{-\frac{\alpha\phi}{\gamma}}\sinh\phi = \mathrm{CE}\frac{\alpha^2-\gamma^2}{\gamma}\cdot\frac{\gamma}{\sqrt{\alpha^2-\gamma^2}}\varepsilon^{-\frac{\alpha\phi}{\gamma}} \\ &= CE\sqrt{\alpha^2-\gamma^2}\,\varepsilon^{-\frac{\alpha\phi}{\gamma}} = \frac{E}{\sqrt{L/C}}\varepsilon^{-\frac{\alpha\phi}{\gamma}} \end{aligned} \tag{13-97}$$

2 $R=2\sqrt{\frac{L}{C}}$ 인 경우(임계적)

이것은 $\alpha^2 = {\omega_0}^2$인 경우에 해당하며, p_1, p_2는 동일한 실수가 되며 임계적인 경우라 한다. 즉

$$p_1 = p_2 = -\alpha = -\frac{R}{2L} \tag{13-98}$$

그러므로 과도항 q_t는

$$q_t = (A+Bt)\varepsilon^{-\alpha t}$$

여기서 A, B는 적분정수이다.

전하 q는

$$q = q_s = q_t = CE + (A+Bt)\varepsilon^{-\alpha t} \tag{13-99}$$

또 전류 i는

$$i = \frac{dq}{dt} = \{B-\alpha(A+Bt)\}\varepsilon^{-\alpha t} \tag{13-100}$$

초기조건으로서

$$t=0 \text{에서 } q=0, \quad i=0$$

이므로 이것을 식 (13-99)와 식 (13-100)에 대입하면

$$0=CE+A, \quad 0=B-\alpha A$$

따라서 적분정수 A, B는

$$A=-CE, \quad B=-\alpha CE$$

가 되므로, 이들을 식 (13-99)와 식 (13-100)에 대입하면

$$q=CE\{1-(1+\alpha t)\varepsilon^{-\alpha t}\} \tag{13-101}$$

$$i=CE\alpha^2 t\varepsilon^{-\alpha t}=E\frac{CR^2}{4L^2}t\varepsilon^{-\alpha t}=\frac{E}{L}t\varepsilon^{-\alpha t} \tag{13-102}$$

이 경우의 전하 q 및 전류 i의 시간적 변화는 그림 13-23과 같이 비진동적이며 그림 13-22와 비슷하나 다음의 진동적인 경우와 비교하여 특히 임계적인 경우라 한다. 전류의 최대치 i_m 및 그 시간 τ를 구하여 보면 $t=\tau$에서 $\frac{di}{dt}=0$이라는 조건으로부터

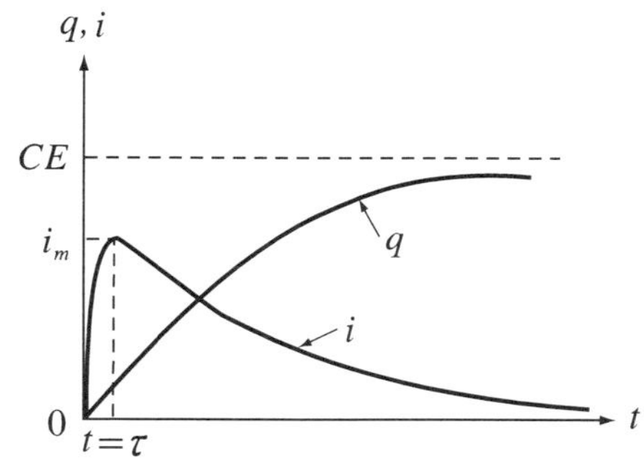

그림 13-23 q 및 i의 시간적 변화

$$\frac{di}{dt}=CE\alpha^2\varepsilon^{-\alpha t}(1-\alpha t)=0$$

$$\therefore \tau=\frac{1}{\alpha}=\frac{2L}{R} \tag{13-103}$$

이것을 식 (13-102)에 대입하면

$$i_m=CE\alpha^2\cdot\frac{1}{\alpha}\cdot\varepsilon^{-\alpha\cdot\frac{1}{\alpha}}=CE\alpha\varepsilon^{-1}$$

$$=E\cdot\frac{CR}{2L}\varepsilon^{-1}=\frac{2E}{R}\varepsilon^{-1} \quad \left(\because R=2\sqrt{\frac{L}{C}}\right) \tag{13-104}$$

3 $R < 2\sqrt{\frac{L}{C}}$ 인 경우(진동적)

이 경우는 p_1, p_2가 공액복소수로 되며 진동적인 경우라 한다.

$$\left.\begin{aligned} p_1 &= -\frac{R}{2L} + j\sqrt{\frac{1}{LC} - \left(\frac{R}{2L}\right)^2} = -\alpha + j\beta \\ p_2 &= -\frac{R}{2L} - j\sqrt{\frac{1}{LC} - \left(\frac{R}{2L}\right)^2} = -\alpha - j\beta \end{aligned}\right\} \tag{13-105}$$

여기에서

$$\alpha = \frac{R}{2L}, \qquad \beta = \sqrt{\frac{1}{LC} - \left(\frac{R}{2L}\right)^2} = \sqrt{{\omega_0}^2 - \alpha^2} \tag{13-106}$$

$$\omega_0 = \frac{1}{\sqrt{LC}}$$

전하 q의 일반해는

$$\begin{aligned} q &= CE + A_1 \varepsilon^{(-\alpha + j\beta)t} + A_2 \varepsilon^{(-\alpha - j\beta)t} \\ &= CE + \varepsilon^{-\alpha t}\left\{A_1 \varepsilon^{j\beta t} + A_2 \varepsilon^{-j\beta t}\right\} \end{aligned} \tag{13-107}$$

삼각 관계를 사용하여 위의 식을 고쳐쓰면

$$q = CE + \varepsilon^{-\alpha t}\{B_1 \cos\beta t + B_2 \sin\beta t\} \tag{13-108}$$

여기서 A_1, A_2, B_1, B_2는 모두 적분정수이다. 전류 i는

$$i = \frac{dq}{dt} = \varepsilon^{-\alpha t}\{(-\alpha B_1 + \beta B_2)\cos\beta t - (\alpha B_2 + \beta B_1)\sin\beta t\} \tag{13-109}$$

초기조건으로서

$t = 0$에서 $q = 0$, $\quad i = 0$

이므로 식 (13-108)과 식 (13-109)에서

$$0 = CE + B_1, \qquad 0 = -\alpha B_1 + \beta B_2$$

$$\therefore\ B_1 = -CE, \qquad B_2 = -\frac{\alpha}{\beta} CE \tag{13-110}$$

이것을 식 (13−108)에 대입하면

$$q = CE\left\{1 - \varepsilon^{-\alpha t}\left(\cos\beta t + \frac{\alpha}{\beta}\sin\beta t\right)\right\}$$

여기서 편의상 $\frac{\beta}{\alpha} = \tan\theta$라고 하면

$$q = CE\left\{1 - \frac{\varepsilon^{-\alpha t}}{\sin\theta}(\sin\theta \cdot \cos\beta t + \cos\theta \cdot \sin\beta t)\right\} \tag{13-111}$$

그런데

$$\sin\theta = \frac{\beta}{\sqrt{\alpha^2+\beta^2}} = \sqrt{CE} \cdot \sqrt{\frac{1}{LC} - \left(\frac{R}{2L}\right)^2} = \sqrt{1 - \frac{C}{L}\left(\frac{R}{2}\right)^2}$$

$$\therefore q = CE\left\{1 - \frac{\varepsilon^{-\alpha t}}{\sqrt{1 - \frac{C}{L} - \left(\frac{R}{2}\right)^2}}\sin(\beta t + \theta)\right\} \tag{13-112}$$

전류 i는

$$i = \frac{dq}{dt} = CE\frac{\alpha^2+\beta^2}{\beta}\varepsilon^{-\alpha t}\sin\beta t$$

$$= \frac{E}{\sqrt{\frac{L}{C} - \left(\frac{R}{2}\right)^2}}\varepsilon^{-\alpha t}\sin\beta t \tag{13-113}$$

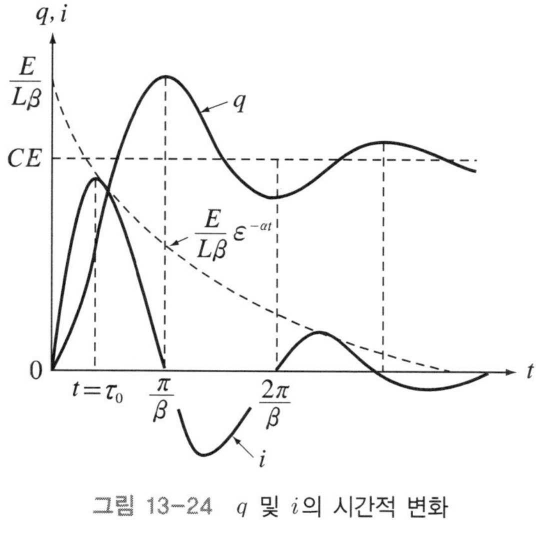

그림 13−24 q 및 i의 시간적 변화

전하 q 및 전류 i는 그림 13-24와 같이 $f=\dfrac{\beta}{2\pi}$의 주파수로 진동하는데 이 현상을 **자유진동**이라 하며, $\omega_0=\dfrac{1}{\sqrt{LC}}$을 **비감쇠 각주파수**라고 하는데 비하여 β는 **감쇠 각주파수**라 한다. 또 $f_0=\dfrac{\omega_0}{2\pi}$를 **공진주파수**, $f=\dfrac{\beta}{2\pi}$를 **고유주파수**라 하며, f는 반드시 f_0보다 적다.

전류 i는 $\dfrac{E}{L\beta}\varepsilon^{-\alpha t}$란 지수곡선에 따라 감쇠하므로 이 α를 **감쇠정수**(damping constant)라 한다.

다음에 전류의 극대치 및 극소치를 구하기 위해 식 (3-113)의 i를 미분하여 0으로 놓으면

$$\frac{di}{dt}=CE\frac{\alpha^2+\beta^2}{\beta}\varepsilon^{-\alpha t}(-\alpha\sin\beta t+\beta\cos\beta t)=0$$

이 식을 만족하는 t의 값을 τ라고 하면

$$-\alpha\sin\beta\tau+\beta\cos\beta\tau=0$$

$$\therefore\ \tan\beta\tau=\frac{\beta}{\alpha}=\tan\theta$$

그러므로

$$\beta\tau=\theta+n\pi$$

$$\therefore\ \tau_n=\frac{1}{\beta}(\theta+n\pi)\quad(n=0,\ 1,\ 2,\ 3,\ \cdots)$$

여기서 n이 짝수일 때 i는 극대, n이 홀수일 때 i는 극소가 된다. 그림에서 알 수 있는 것과 같이 가장 작은 τ의 값에 대하여 i의 극대값 i_m의 값이 가장 커지므로 $n=0$으로 하여 $\tau_0=\dfrac{\theta}{\beta}$를 얻는데 이것을 식 (13-113)에 대입하여 i_m의 최대인 값 i_{m0}를 구하면

$$i_{m0}=CE\frac{\alpha^2+\beta^2}{\beta}\varepsilon^{-\alpha\tau_0}\sin\beta\tau_0$$

$$=CE\frac{\alpha^2+\beta^2}{\beta}\varepsilon^{-\frac{\alpha\theta}{\beta}}\sin\theta$$

$$= CE\sqrt{\alpha^2+\beta^2}\,\varepsilon^{-\frac{\alpha\theta}{\beta}} = \frac{E}{\sqrt{L/C}}\,\varepsilon^{-\frac{\alpha\theta}{\beta}} \tag{13-114}$$

$n=s$ 및 $n=s+1$에 상당한 극대값 및 극소값을 각각 i_{ms} 및 $i_{m(s+1)}$이라 하면

$$|i_{ms}| = \frac{E}{\sqrt{L/C}}\,\varepsilon^{-\frac{\alpha}{\beta}(\theta+s\pi)}$$

$$|i_{m(s+1)}| = \frac{E}{\sqrt{L/C}}\,\varepsilon^{-\frac{\alpha}{\beta}[0+(s+1)\pi]}$$

$$\therefore \left|\frac{i_{ms}}{i_{m(s+1)}}\right| = \varepsilon^{+\frac{\alpha\pi}{\beta}} \tag{13-115}$$

즉 서로 인접한 극대값과 극소값의 비는 s에 무관하다. 여기서 $\dfrac{\alpha\pi}{\beta}$를 **대수감쇠율**이라 한다.

13.8 R-L-C 교류회로

그림 13-25와 같이 저항 R, 인덕턴스 L, 커패시턴스 C의 3요소가 직렬로 접속되어 있는 회로에 $t=0$에서 교류전압 $e=E_m\sin(\omega t+\theta)$를 인가한 경우에 전압평형 방정식은

$$Ri + L\frac{di}{dt} + \frac{1}{C}\int i\,dt = E_m\sin(\omega t+\theta) \tag{13-116}$$

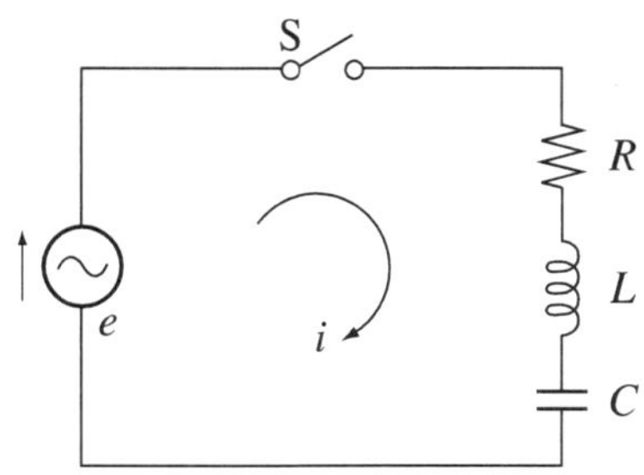

그림 13-25 R-L-C 교류회로

또는

$$R\frac{dq}{dt} + L\frac{d^2q}{dt^2} + \frac{1}{C}q = E_m\sin(\omega t+\theta) \tag{13-117}$$

이것을 시간 t로 미분하면

$$R\frac{di}{dt}+L\frac{d^2i}{dt^2}+\frac{1}{C}i=\omega E_m\cos(\omega t+\theta) \tag{13-118}$$

전류 i의 정상전류 i_s는

$$i_s=\frac{E_m}{\sqrt{R^2+\left(\omega L-\frac{1}{\omega C}\right)^2}}\sin\left(\omega t+\theta-\tan^{-1}\frac{\omega L-\frac{1}{\omega C}}{R}\right)$$

$$=I_m\sin(\omega t+\theta-\phi) \tag{13-119}$$

여기에서

$$I_m=\frac{E_m}{\sqrt{R^2+\left(\omega L-\frac{1}{\omega C}\right)^2}},\qquad \phi=\tan^{-1}\frac{\omega L-\frac{1}{\omega C}}{R}$$

정상전하 q_s는 식 (13-119)를 적분하여

$$q_s=\int i_s dt=-\frac{I_m}{\omega}\cos(\omega t+\theta-\phi) \tag{13-120}$$

다음에 식 (13-117) 또는 식 (13-118)의 우변을 0으로 놓은 식의 과도해를 $A\varepsilon^{pt}$라고 가정하면 $R^2-4\frac{L}{C}$의 크기에 따라서 비진동적, 임계적, 감쇠진동적인 3가지의 경우가 나타난다.

1 $R^2-4\frac{L}{C}>0$인 경우(비진동적)

이 경우에 p는 다음과 같이 된다.

$$p=-\frac{R}{L}\pm\frac{1}{2L}\sqrt{R^2-4\frac{L}{C}}=-\alpha\pm\gamma$$

여기에서

$$\alpha=\frac{R}{2L},\qquad \gamma=\sqrt{\left(\frac{R}{2L}\right)^2-\frac{1}{LC}},\qquad \alpha>\gamma$$

그러므로 전하 q 및 전류 i의 일반해는 다음과 같이 된다.

$$q = q_s + q_t = \varepsilon^{-\alpha t}(A\cosh\gamma t + B\sinh\gamma t) - \frac{I_m}{\omega}\cos(\omega t + \theta - \phi) \quad (13\text{-}121)$$

$$i = i_s + i_t = \varepsilon^{-\alpha t}\{(\gamma B + \alpha A)\cosh\gamma t + (\gamma A + \alpha B)\sinh\gamma t\}$$
$$+ I_m \sin(\omega t + \theta - \phi) \quad (13\text{-}122)$$

초기조건으로부터

$$t = 0\text{에서 } q = 0, \qquad i = 0$$

이므로 이것을 식 (13-121) 및 식 (13-122)에 대입하면

$$0 = A - \frac{I_m}{\omega}\cos(\theta - \phi)$$

$$0 = (\gamma A + \alpha A) + I_m \sin(\theta - \phi)$$

따라서 적분정수 A, B는

$$A = \frac{I_m}{\omega}\cos(\theta - \phi)$$

$$B = \frac{1}{\gamma}\{\alpha A - I_m \sin(\theta - \phi)\}$$

$$= \frac{I_m}{\gamma}\left\{\frac{\alpha}{\omega}\cos(\theta - \phi) - \sin(\theta - \phi)\right\} \quad (13\text{-}123)$$

이것을 식 (13-121)에 대입하면 전하 q는 다음과 같이 된다.

$$q = \varepsilon^{-\alpha t}\left\{\frac{I_m}{\omega}\cos(\theta - \phi)\cosh\gamma t + \frac{I_m}{\gamma}\left[\frac{\alpha}{\omega}\cos(\theta - \phi) - \sin(\theta - \phi)\right]\sinh\gamma t\right\}$$

$$- \frac{I_m}{\omega}\cos(\omega t + \theta - \phi)$$

$$= \frac{I_m}{\omega}\varepsilon^{-\alpha t}\left\{\cos(\theta - \phi)\cosh\gamma t + \frac{\alpha}{\gamma}\cos(\theta - \phi)\sinh\gamma t - \frac{\omega}{\gamma}\sin(\theta - \phi)\sinh\gamma t\right\}$$

$$- \frac{I_m}{\omega}\cos(\omega t + \theta - \phi)$$

여기서 $\gamma/\alpha = \tanh\phi$라 하면

$$q = \frac{I_m}{\omega}\varepsilon^{-\alpha t}\left\{\frac{\cos(\theta-\phi)}{\sinh\phi}\sinh(\gamma t+\phi) - \frac{\omega}{\gamma}\sin(\theta-\phi)\sin\gamma t\right\}$$

$$-\frac{I_m}{\omega}\cos(\omega t+\theta-\phi)$$

$$= \frac{I_m}{\omega}\left[\frac{2\sqrt{\frac{L}{C}}}{\sqrt{R^2-4\frac{L}{C}}}\varepsilon^{-\alpha t}\cos(\theta-\phi)\sinh(\gamma t+\phi) - \frac{2\omega L}{\sqrt{R^2-4\frac{L}{C}}}\varepsilon^{-\alpha t}\sin(\theta-\phi)\sinh\gamma t\right]$$

$$-\frac{I_m}{\omega}\cos(\omega t+\theta-\phi) \qquad (13-124)$$

다음에 식 (13-123)으로부터

$$\gamma B - \alpha A = -I_m\sin(\theta-\phi)$$

$$\gamma A - \alpha B = \frac{\gamma}{\omega}I_m\cos(\theta-\phi) - \frac{\alpha^2}{\gamma\omega}I_m\cos(\theta-\phi) + \frac{\alpha}{\gamma}I_m\sin(\theta-\phi)$$

$$= \frac{\gamma^2-\alpha^2}{\gamma\omega}I_m\cos(\theta-\phi) + \frac{\alpha}{\gamma}I_m\sin(\theta-\phi)$$

라는 것을 알 수 있으므로 식 (13-122)로부터 전류 i는 다음과 같이 된다.

$$i = I_m\varepsilon^{-\alpha t}\left\{-\sin(\theta-\phi)\cosh\gamma t + \left[\frac{\gamma^2-\alpha^2}{\gamma\omega}\cos(\theta-\phi) + \frac{\alpha}{\gamma}\sin(\theta-\phi)\right]\sinh\gamma t\right\}$$

$$+I_m\sin(\omega t+\theta-\phi)$$

$$= I_m\varepsilon^{-\alpha t}\left\{\left(-\cosh\gamma t + \frac{\alpha}{\gamma}\sinh\gamma t\right)\sin(\theta-\phi) + \frac{\gamma^2-\alpha^2}{\gamma\omega}\cos(\theta-\phi)\sinh\gamma t\right\}$$

$$+I_m\sin(\omega t+\theta-\phi)$$

그런데

$$\cosh\phi = \frac{\alpha}{\sqrt{\alpha^2-\gamma^2}}, \qquad \sin\phi = \frac{\gamma}{\sqrt{\alpha^2-\gamma^2}}$$

이므로

$$i = I_m \varepsilon^{-\alpha t}\left\{\left(-\cosh\gamma t + \frac{\cosh\phi}{\sinh\phi}\sinh\gamma t\right)\sin(\theta-\phi) - \frac{\gamma\cos(\theta-\phi)}{\omega\sinh^2\phi}\sinh\gamma t\right\}$$
$$+ I_m \sin(\omega t + \theta - \phi)$$
$$= \frac{I_m}{\sinh\phi}\varepsilon^{-\alpha t}\left\{(-\sinh\phi\cosh\gamma t + \cosh\phi\sinh\gamma t)\sin(\theta-\phi) - \frac{\gamma}{\omega}\cos(\theta-\phi)\frac{\sinh\gamma t}{\sinh\phi}\right\}$$
$$+ I_m \sin(\omega t + \theta - \phi)$$
$$= \frac{I_m}{\sinh\phi}\varepsilon^{-\alpha t}\left\{(\sin(\theta-\phi)\sinh(\gamma t - \phi) - \frac{\gamma}{\omega}\cos(\theta-\phi)\frac{\sinh\gamma t}{\sinh\phi}\right\}$$
$$+ I_m \sin(\omega t + \theta - \phi)$$
$$= \frac{2I_m\sqrt{\frac{L}{C}}}{\sqrt{R^2 - 4\frac{L}{C}}}\varepsilon^{-\alpha t}\sin(\theta-\phi)\sinh(\gamma t - \phi)$$
$$- \frac{2I_m}{\omega C\sqrt{R^2 - 4\frac{L}{C}}}\varepsilon^{-\alpha t}\cos(\theta-\phi)\sinh\gamma t + I_m\sin(\omega t + \theta - \phi) \qquad (13-125)$$

이 경우에 회로자신은 물론 비진동적이다. R이 크기 때문에 비교적 짧은 시간에 i 및 q가 그 정상치를 취하게 되지만, 회로를 닫은 순간의 파형은 정상치의 교류파형과는 당연히 그 모양이 달라진다.

[2] $R^2 - 4\frac{L}{C} = 0$인 경우(임계적)

이 경우의 p는 다음과 같이 된다.

$$p = -\alpha = -\frac{R}{2L}$$

따라서 전하 및 전류의 과도항 q_t 및 i_t는 A, B를 적분정수로 하면 앞에서 설명한 13장 7절(R-L-C 직류회로)의 [2]에서와 같이

$$q_t = (A + Bt)\varepsilon^{-\alpha t}$$

$$i_t = \{B - \alpha(A + Bt)\}\varepsilon^{-\alpha t}$$

가 된다. 그러므로 전하 q 및 전류 i의 일반해는

$$q = (A + Bt)\varepsilon^{-\alpha t} - \frac{I_m}{\omega}\cos(\omega t + \theta - \phi) \tag{13-126}$$

$$i = \{B - \alpha(A + Bt)\}\varepsilon^{-\alpha t} + I_m \sin(\omega t + \theta - \phi) \tag{13-127}$$

여기서 A, B는 적분정수이며, 초기조건으로서

$t = 0$에서 $q = 0$, $\quad i = 0$

라고 하면, 이 조건을 위의 식에 대입하여

$$0 = A - \frac{I_m}{\omega}\cos(\theta - \phi), \qquad 0 = B - \alpha A + I_m \sin(\theta - \phi)$$

따라서 적분정수 A 및 B는

$$\left.\begin{aligned} A &= \frac{I_m}{\omega}\cos(\theta - \phi) \\ B &= \alpha A - I_m \sin(\theta - \phi) = \frac{\alpha}{\omega} I_m \cos(\theta - \phi) - I_m \sin(\theta - \phi) \end{aligned}\right\} \tag{13-128}$$

이들을 식 (13-126)과 식 (13-127)에 대입하면 전하 q 및 전류 i는 각각 다음과 같다.

$$\begin{aligned} q &= \frac{I_m}{\omega}\varepsilon^{-\alpha t}\{\cos(\theta - \phi) + [\alpha\cos(\theta - \phi) - \omega\sin(\theta - \phi)]t\} \\ &\quad - \frac{I_m}{\omega}\cos(\omega t + \theta - \phi) \\ &= \frac{I_m}{\omega}\varepsilon^{-\alpha t}\{(1 + \alpha t)\cos(\theta - \phi) - \omega t\sin(\theta - \phi)\} \\ &\quad - \frac{I_m}{\omega}\cos(\omega t + \theta - \phi) \end{aligned} \tag{13-129}$$

$$\begin{aligned} i &= I_m\varepsilon^{-\alpha t}\left\{-\sin(\theta - \phi) - \left[\frac{\alpha^2}{\omega}\cos(\theta - \phi) - \phi\sin(\theta - \phi)\right]t\right\} \\ &\quad + I_m\sin(\omega t + \theta - \phi) \\ &= I_m\varepsilon^{-\alpha t}\left\{(\alpha t - 1)\sin(\theta - \phi) - \frac{\alpha^2}{\omega}t\cos(\theta - \phi)\right\} \\ &\quad + I_m\sin(\omega t + \theta - \phi) \end{aligned} \tag{13-130}$$

이 경우의 전하 q 및 전류 i의 과도항은 진동적인 경우와 비진동적인 경우의 중간 상태로서, 임계감쇠의 경우이므로 정상상태에 도달하는 시간이 비진동적인 경우보다 더욱 빨라지게 된다.

3 $R^2-4\frac{L}{C}<0$인 경우(진동적)

이 경우의 p는 다음과 같이 된다.

$$p=-\frac{R}{2L}\pm\sqrt{\frac{1}{LC}-\left(\frac{R}{2L}\right)^2}=-\alpha\pm j\beta$$

여기서

$$\alpha=-\frac{R}{2L},\qquad \beta=\sqrt{\frac{1}{LC}-\left(\frac{R}{2L}\right)^2}=\sqrt{{\omega_0}^2-\alpha^2}$$

$$\omega_0=\frac{1}{\sqrt{LC}}$$

따라서 전하 및 전류의 과도항 q_t 및 i_t는 다음과 같다.

$$q_t=\varepsilon^{-\alpha t}(A\cos\beta t+B\sin\beta t)$$

$$i_t=\varepsilon^{-\alpha t}\{(-\alpha A+\beta B)\cos\beta t-(\alpha B+\beta A)\sin\beta t\}$$

그러므로 전하 q 및 전류 i의 일반해는

$$\begin{aligned}q&=q_t+q_s\\&=\varepsilon^{-\alpha t}(A\cos\beta t+B\sin\beta t)-\frac{I_m}{\omega}\cos(\omega t+\theta-\phi)\end{aligned}\tag{13-131}$$

$$\begin{aligned}i&=i_t+i_s\\&=\varepsilon^{-\alpha t}\{(-\alpha A+\beta B)\cos\beta t-(\alpha B+\beta A)\sin\beta t\}+I_m\sin(\omega t+\theta-\phi)\end{aligned}\tag{13-132}$$

초기조건으로서

$$t=0\text{에서 } q=0, \qquad i=0$$

이라 하면, 이 조건을 위의 식에 대입하여

$$0=A-\frac{I_m}{\omega}\cos(\theta-\phi), \qquad 0=(-\alpha A+\beta B)+I_m\sin(\theta-\phi)$$

따라서 적분정수 A 및 B는

$$\left.\begin{aligned} A&=\frac{I_m}{\omega}\cos(\theta-\phi)\\ B&=\frac{1}{\beta}\{\alpha A-I_m\sin(\theta-\phi)\}=\frac{I_m}{\beta}\left\{\frac{\alpha}{\omega}\cos(\theta-\phi)-\sin(\theta-\phi)\right\}\end{aligned}\right\} \tag{13-133}$$

이들을 식 (13-131)에 대입하면 전하 q는

$$q=\frac{I_m}{\omega}\varepsilon^{-\alpha t}\left\{\cos(\theta-\phi)\cos\beta t+\frac{\alpha}{\beta}\cos(\theta-\phi)\sin\beta t-\frac{\omega}{\beta}\sin(\theta-\phi)\sinh\beta t\right\}$$

$$-\frac{I_m}{\omega}\cos(\omega t+\theta-\phi)$$

$$=\frac{I_m}{\omega}\varepsilon^{-\alpha t}\left\{\cos(\theta-\phi)\left[\cos\beta t+\frac{\alpha}{\beta}\sin\beta t\right]-\frac{\omega}{\beta}\sin(\theta-\phi)\sin\beta t\right\}$$

$$-\frac{I_m}{\omega}\cos(\omega t+\theta-\phi)$$

여기서 $\dfrac{\beta}{\alpha}=\tan\phi$라 하면

$$q=\frac{I_m}{\omega}\varepsilon^{-\alpha t}\left\{\frac{\cos(\theta-\phi)}{\sin\phi}(\sin\phi\cos\beta t+\cos\phi\sin\beta t)-\frac{\omega}{\beta}\sin(\theta-\phi)\sin\beta t\right\}$$

$$-\frac{I_m}{\omega}(\omega t+\theta-\phi)$$

$$=\frac{I_m}{\omega}\varepsilon^{-\alpha t}\left\{\frac{\cos(\theta-\phi)}{\sin\phi}\sin(\beta t+\phi)-\frac{\omega}{\beta}\sin(\theta-\phi)\sin\beta t\right\}$$

$$-\frac{I_m}{\omega}\cos(\omega t+\theta-\phi) \tag{13-134}$$

또 식 (13-133)의 적분정수를 식 (13-132)에 대입하면, 전류 i는

$$
\begin{aligned}
i &= I_m \varepsilon^{-\alpha t}\Big\{-\sin(\theta-\phi)\cos\beta t - \frac{\alpha^2}{\beta\omega}\cos(\theta-\phi)\sin\beta t \\
&\quad + \frac{\alpha}{\beta}\sin(\theta-\phi)\sinh\beta t - \frac{\omega}{\beta}\cos(\theta-\phi)\sinh\beta t\Big\} \\
&\quad + I_m\sin(\omega t+\theta-\phi) \\
&= I_m \varepsilon^{-\alpha t}\Big\{(-\cos\beta t + \frac{\alpha}{\beta}\sin\beta t)\sin(\theta-\phi) \\
&\quad - \frac{\omega}{\beta}\left(1+\frac{\alpha^2}{\beta^2}\right)\cos(\theta-\phi)\sinh\beta t\Big\} + I_m\sin(\omega t+\theta-\phi)
\end{aligned}
$$

그런데 $\dfrac{\alpha}{\beta} = \cot\phi$이므로

$$
\begin{aligned}
i &= I_m \varepsilon^{-\alpha t}\Big\{(-\sin\phi\cos\beta t + \cos\phi\sin\beta t)\frac{\sin(\theta-\phi)}{\sin\phi} \\
&\quad - \frac{\beta}{\omega}(1+\cot^2\phi)\cos(\theta-\phi)\sin\beta t\Big\} + I_m\sin(\omega t+\theta-\phi) \\
&= \frac{I_m}{\sin\phi}\varepsilon^{-\alpha t}\Big\{(\sin(\theta-\phi)\sin(\beta t-\phi) - \frac{\beta}{\omega}\cos(\theta-\phi)\frac{\sin\beta t}{\sin\phi}\Big\} \\
&\quad + I_m\sin(\omega t+\theta-\phi) \\
&= I_m\left[\frac{2\sqrt{\dfrac{L}{C}}}{\sqrt{4\dfrac{L}{C}-R^2}}\varepsilon^{-\alpha t}\sin(\theta-\phi)\sin(\beta t-\phi)\right. \\
&\quad \left. - \frac{2\dfrac{1}{\omega C}}{\sqrt{4\dfrac{L}{C}-R^2}}\varepsilon^{-\alpha t}\cos(\theta-\phi)\sin\beta t\right] + I_m\sin(\omega t+\theta-\phi) \qquad (13\text{-}135)
\end{aligned}
$$

이 경우의 전하 q 및 전류 i는 인가전압과 동일한 각속도로 진동하는 정상항과 회로 고유의 각속도로 진동하면서 점차 감쇠하는 과도항으로 되어 있다.

연 습 문 제

1. 저항 20[Ω], 자기 인덕턴스 100[H]의 직렬회로에 100[V]의 직류전압을 인가할 때 스위치를 닫고서 몇 초 후에 전류는 최종 값의 90[%]에 도달하는가?

2. 권수 $N=2000$[회], 저항 $R=12$[Ω]인 계자 코일에 전류 $I=10$[A]를 흘릴 때 자속 $\phi=6\times10^{-12}$[Wb]이었다. 이 회로의 시정수(time constant)는 몇 [sec]인가?

3. 그림 13-26과 같은 R-L 직렬회로에서 스위치 S를 닫을 때 L에 걸리는 전압 e_L과 시정수를 구하여라. 단, $L=50$[mH], $R=20$[kΩ]이다.

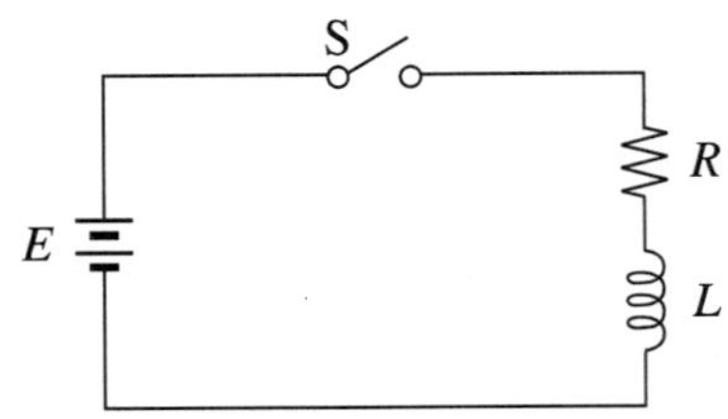

그림 13-26

4. 인덕턴스 $L=2$[H], 저항 $R=4$[Ω]의 직렬회로에 직류전압 12[V]를 갑자기 가할 때 스위치를 닫고서 1초 후의 전류는 몇 [A]인가?

5. 그림 13-27의 직류회로에서 스위치 S를 닫아서 정상상태로 된 후, $t=0$에서 S를 개방할 경우의 과도전류 i와 이 과도전류에 의한 R_1에서 소비되는 에너지 [W]를 구하여라.

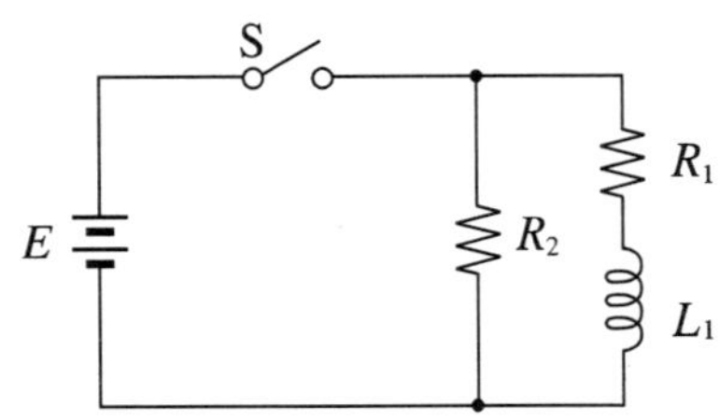

그림 13-27

6. 그림 13-28과 같은 회로에서 스위치 S를 닫고 직류전압 V를 갑자기 가할 때 흐르는 과도전류가 진동적으로 되기 위한 R의 범위와 진동수를 구하여라.

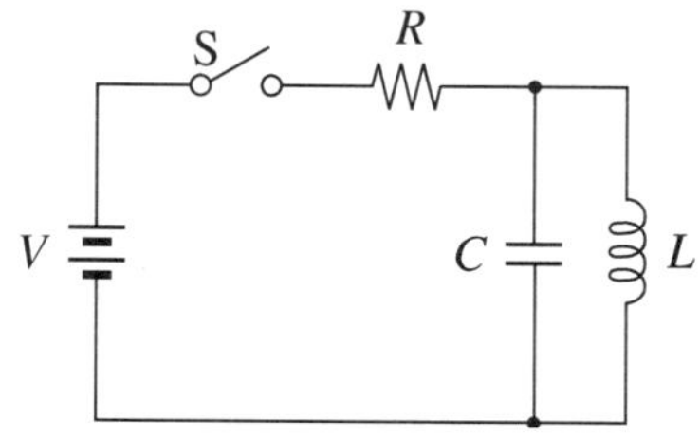

그림 13-28

7. $L-C$ 직렬회로에 직류 기전력 E를 $t=0$에서 갑자기 인가할 때 C에 걸리는 최대 전압은 몇 [V] 인가?

Chapter 14

라플라스 변환

라플라스 변환은 선형 상미분방정식의 해를 구하는 데 쓰이는 하나의 수학적 방편이다. 미분방정식의 해를 고전적인 해석법에 의하여 구할 수도 있지만 입력함수가 불연속이거나 불연속함수의 도함수로 될 경우에는 고전적인 해석법으로 해를 구하기가 어려우므로 라플라스 변환을 이용하여 구하면 된다. 이러한 라플라스 변환에 의한 미분방정식의 해는 다음과 같이 3단계로 구해진다.

① 주어진 미분방정식을 라플라스 변환하여 대수방정식으로 바꾼다.

② 대수방정식의 해를 구한다.

③ 구한 해가 주어진 미분방정식(시간의 함수)의 해가 되도록 대수방정식의 해를 역 라플라스 변환한다.

그림 14-1은 라플라스 변환을 위한 흐름도를 나타내고 있다.

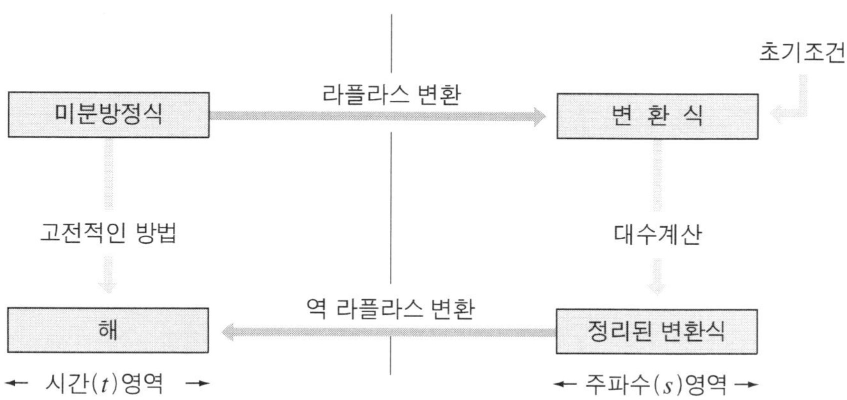

그림 14-1 라플라스 변환 흐름도

14.1 라플라스 변환의 정의

지금 $f(t)$를 $0 < t < \infty$에서 정의된 함수라고 하자. $f(t)$에 e^{-st}를 곱하고, t에 대하여 0에서 ∞까지 적분할 때 그 적분이 존재한다면 이 s의 함수는

$$F(s) = \int_0^{\infty} f(t) e^{-st} dt$$

가 된다. 이 함수 $F(s)$를 원함수 $f(t)$의 **라플라스 변환**(Laplace transformation)이라 하고 다음과 같이 표시한다.

$$F(s) = \mathcal{L}[f(t)] = \int_0^{\infty} f(t) e^{-st} dt \tag{14-1}$$

여기서 변수 s는 복소변수 $s = \sigma + j\omega$로 **라플라스 연산자**라 한다.

다음에 라플라스 변환함수 $F(s)$로부터 $f(t)$를 얻는 연산을 **역 라플라스 변환**이라 한다. $F(s)$의 역 라플라스 변환은 다음과 같이 표시하며

$$f(s) = \mathcal{L}^{-1}[F(s)] \tag{14-2}$$

역 라플라스 변환은 다음과 같이 복소적분에 의하여 구해진다.

$$f(t) = \frac{1}{2\pi j} \int_{\sigma - j\infty}^{\sigma + j\infty} F(s) e^{st} ds \tag{14-3}$$

식 (14-1)에 표시된 적분구간은 무한이고, 이러한 적분을 특이적분(improper integral)이라 부르며, 다음과 같이 계산된다.

$$\int_0^{\infty} f(t) e^{-st} dt = \lim_{T \to \infty} \int_0^{T} f(t) e^{-st} dt \tag{14-4}$$

따라서 특이적분에 대한 표기는 다음과 같다.

$$\int_0^{\infty} e^{-st} dt = \lim_{T \to \infty} \left[-\frac{1}{s} e^{-st} \right]_0^T = \lim_{T \to \infty} \left[-\frac{1}{s} e^{-st} + \frac{1}{s} e^{0} \right] = \frac{1}{s} \; (s > 0)$$

여기서 σ는 $F(s)$의 모든 특이점들의 실수부보다 큰 실상수(實常數)이다. 일반적으로 라플라스 변환은 계산이 복잡하므로 역 라플라스 변환표를 이용하여 구하는 경우가 많다.

예제 14-1

다음 함수를 라플라스 변환하여라.

① $f(t)=1$

② $f(t)=t$

③ $f(t)=e^{-at}$

풀이 ① $F(s)=\mathcal{L}[1]=\int_0^{\infty} 1\cdot e^{-st}dt=-\frac{1}{s}\int_0^{\infty}(-s)e^{-st}dt$

$$=-\frac{1}{s}[e^{-st}]_0^{\infty}=-\frac{1}{s}[0-1]=\frac{1}{s}$$

② $F(s)=\mathcal{L}[t]=\int_0^{\infty} te^{-st}\,dt$

부분적분법을 적용하면

$$F(s)=\int_0^{\infty} te^{-st}dt=te^{-st}\Big|_0^{\infty}+\frac{1}{s}\int_0^{\infty}1\cdot e^{-st}dt$$

$$=[0-0]+\frac{1}{s^2}=\frac{1}{s^2}$$

③ $F(s)=\mathcal{L}[e^{-at}]=\int_0^{\infty} e^{-at}\cdot e^{-st}dt$

$$=\int_0^{\infty} e^{-(s+a)t}dt=-\frac{1}{s+a}\int_0^{\infty}\{-(s+a)\}e^{-(s+a)t}dt$$

$$=-\frac{1}{s+a}[e^{-(s+a)t}]_0^{\infty}=-\frac{1}{s+a}[0-1]=\frac{1}{s+a}$$

14.2 라플라스 변환의 기본정리

1 선형 정리

라플라스 변환은 선형연산이다. 즉 라플라스 변환식이 존재하는 임의의 함수 $f(t)$와 $g(t)$ 및 임의의 상수 a와 b에 대하여 다음과 같은 식이 성립한다.

$$\mathcal{L}[af(t)+bg(t)]=a\mathcal{L}[f(t)]+b\mathcal{L}[g(t)] \tag{14-5}$$

[증명] 라플라스 변환의 정의에 의하여

$$\begin{aligned}\mathcal{L}[af(t)+bg(t)] &= \int_0^\infty [af(t)+bg(t)]e^{-st}dt \\ &= \int_0^\infty af(t)e^{-st}dt + \int_0^\infty bg(t)e^{-st}dt \\ &= a\int_0^\infty f(t)e^{-st}dt + b\int_0^\infty g(t)e^{-st}dt \\ &= a\mathcal{L}[f(t)] + b\mathcal{L}[g(t)]\end{aligned}$$

예제 14-2

$f(t)=e^{-2t}+3t+7$의 라플라스 변환을 구하여라.

풀이 $\mathcal{L}[f(t)]=\mathcal{L}[e^{-2t}+3t+7]$

선형 정리에 의하여

$$\begin{aligned}\mathcal{L}[f(t)] &= \mathcal{L}[e^{-2t}]+\mathcal{L}[3t]+\mathcal{L}[7] \\ &= \frac{1}{s+2}+\frac{3}{s^2}+\frac{7}{s}\end{aligned}$$

2 비례 정리

비례 정리(scaling theorem)는 s, 즉 주파수축의 변화와 t, 즉 시간축의 변화의 비율을 관련지어 주는 정리이다.

축의 변화라 함은 s 혹은 t변수에 정(+)의 상수를 곱하는 것을 의미한다. 즉 시간함수 $f(t)$에 대하여 새로운 함수 $f(t/t_0)$은 시간축이 변화된 것이다. 이에 대한 변환은 다음과 같다.

$$\mathcal{L}\left[f\left(\frac{t}{t_0}\right)\right]=t_0F(t_0s) \tag{14-6}$$

[증명] $\dfrac{t}{t_0}=\tau$라 하면 $t=t_0\tau$, $dt=t_0d\tau$이므로

$$\mathcal{L}\left[f\left(\frac{t}{r_0}\right)\right]=\int_0^\infty f(\tau)e^{-t_0s\tau}t_0d\tau=t_0\int_0^\infty f(\tau)e^{-t_0s\tau}d\tau=t_0F(t_0s)$$

3 시간추이 정리

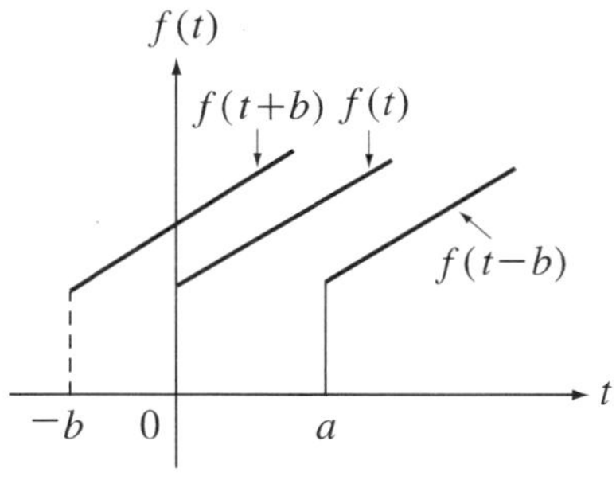

그림 14-2

그림 14-2와 같이 $t<a$에서 0인 함수 $f(t-a)$에 대한 라플라스 변환식은 다음과 같다.

$$\mathcal{L}[f(t-a)] = e^{-as}F(s) \tag{14-7}$$

[증명] 라플라스 변환의 정의로부터

$$e^{-as}F(s) = e^{-as}\int_0^{\infty} f(\tau)e^{-s\tau}d\tau$$

$$= \int_0^{\infty} f(\tau)e^{-s(\tau+a)}d\tau$$

가 된다. 적분에서 $\tau+a=t$로 치환하면 $dt=d\tau$이므로

$$e^{-as}F(s) = \int_0^{\infty} f(t-a)e^{-st}dt$$

$$= \mathcal{L}[f(t-a)]$$

4 미분 정리

함수 $f(t)$ 및 그 도함수 $\dfrac{d}{dt}f(t)$가 $t>0$에서 연속 또는 부분연속이면 다음과 같다.

$$\mathcal{L}\left[\frac{d}{dt}f(t)\right] = \mathcal{L}[f'(t)] = sF(s) - f(0^+)$$

$$\mathcal{L}\left[\frac{d^2}{dt^2}f(t)\right] = \mathcal{L}\,[f''(t)] = s^2F(s) - sf(0^+) - f'(0^+)$$

$$\therefore\ \mathcal{L}\left[\frac{d^n}{dt^n}f(t)\right] = \mathcal{L}\,[f^{(n)}(t)] = s^nF(s) - \sum_{k=1}^{n} s^{n-k}f^{(k-1)}(0^+) \qquad (14-8)$$

[증명] 라플라스 변환의 정의로부터 $\mathcal{L}\left[\frac{d}{dt}f(t)\right] = \int_0^\infty \frac{d}{dt}f(t)\,e^{-st}dt$에서 부분적분을 하기 위하여

$u = e^{-st}$, $v' = \frac{d}{dt}f(t)$라 하면

$u' = -se^{-st}$, $v = f(t)$

가 되고, 이것을 부분적분식 $\int_a^b uv' = uv\Big|_a^b - \int_a^b u'v$에 대입하면 도함수의 변환은 다음과 같이 된다.

$$\mathcal{L}\left[\frac{d}{dt}f(t)\right] = f(t)\,e^{-st}uv\Big|_0^\infty + s\int_0^\infty f(t)\,e^{-st}dt$$

$$= sF(s) - f(0) \qquad (14-9)$$

가 된다. 여기서 $f(0)$는 정(+)의 영역에서 $t\to 0$일 때 계산한 $f(t)$의 초기값으로서 다음과 같다.

$$f(0) = \lim_{t\to 0} f(t) \qquad (14-10)$$

2차 도함수의 변환을 구하기 위하여 식 (14-9)의 결과식을 이용하면

$$\frac{d^2}{dt^2}f(t) = \frac{d}{dt}\frac{d}{dt}f(t)$$

따라서

$$\mathcal{L}\left[\frac{d^2}{dt^2}f(t)\right] = s\mathcal{L}\left[\frac{d}{dt}f(t)\right] - \frac{d}{dt}f(0)$$

$$= s[sF(s) - f(0)] - \frac{d}{dt}f(0)$$

$$= s^2F(s) - sf(0) - \frac{d}{dt}f(0)$$

예제 14-3

$\dfrac{dx}{dt}+x=1$의 라플라스 변환을 구하여라. 단, 초기값은 0이다.

풀이 $\mathcal{L}\left[\dfrac{dx}{dt}+x\right]=\mathcal{L}\,[1]$에서 식 (14-8)을 적용하면

$$sX(s)-x(0)+X(s)=\frac{1}{s}$$

여기서 $x(0)=0$이므로

$$sX(s)+X(s)=\frac{1}{s}$$

$$\therefore\ X(s)=\frac{1}{s(s+1)}$$

5 적분 정리

함수 $f(t)$의 라플라스 변환이 $F(s)$라면, $f(t)$의 시간적분은 다음과 같다.

$$\mathcal{L}\left[\int f(t)\,dt\right]=\frac{1}{s}F(s)+\frac{1}{s}f^{(-1)}(0^+)$$

$$\mathcal{L}\left[\int\int f(t)dt^2\right]=\frac{1}{s^2}F(s)+\frac{1}{s^2}f^{(-1)}(0^+)+\frac{1}{s}f^{(-2)}(0^+)$$

n차 적분에 대해서는 다음과 같다.

$$\therefore\ \mathcal{L}\left[\int\int\dots\int f(t)dt^n\right]=\frac{1}{s^n}F(s)+\frac{1}{s^{n-1}}f^{(-2)}(0^+)+\dots+\frac{1}{s}f^{(-n)}(0^+) \qquad (14\text{-}11)$$

[증명] 라플라스 변환의 정의로부터

$$\mathcal{L}\left[\int f(t)\,dt\right]=\int_0^{\infty}\left[\int f(t)\,dt\right]e^{-st}\,dt$$

부분적분을 하기 위하여 $u=\int f(t)\,dt$, $v'=e^{-st}$라 하면

$$u'=f(t)\,dt, \qquad v=-\frac{1}{s}e^{st}$$

따라서

$$\mathcal{L}\left[\int f(t)\,dt\right]=\left[\left(\int f(t)\,dt\right)\left(-\frac{1}{s}e^{-st}\right)\right]_0^{\infty}-\int_0^{\infty}f(t)\left(-\frac{1}{s}e^{-st}\right)dt$$

$$=\frac{1}{s}[f(t)]+\frac{1}{s}f^{(-1)}(0)$$

$$=\frac{1}{s}F(s)+\frac{1}{s}f^{(-1)}(0)$$

여기서 $f^{(-1)}(0)$는 $t\to 0$일 때 계산한 적분치로서 초기치를 나타낸다. 즉

$$f^{(-1)}(0)=\int_{-\infty}^{0}f(t)\,dt$$

또

$$\mathcal{L}\left[\int\int f(t)\,dt^2\right]=\int_0^{\infty}\left[\int\int f(t)\,dt^2\right]e^{-st}\,dt$$

$$=\left[\left(\int\int f(t)\,dt^2\right)\left(-\frac{1}{s}e^{-st}\right)\right]_0^{\infty}-\int_0^{\infty}\left[\int f(t)\,dt\right]\left(-\frac{1}{s}e^{-st}\right)dt$$

$$=\frac{1}{s}\left[\frac{1}{s}F(s)+\frac{1}{s}\int_{-\infty}^{0}f(t)\,dt\right]+\frac{1}{s}\left[\int\int f(t)\,dt^2\right]$$

$$=\frac{1}{s^2}F(s)+\frac{1}{s^2}f^{(-1)}(0)+\frac{1}{s}f^{(-2)}(0)$$

예제 14-4

$e_i(t)=Ri(t)+L\dfrac{d}{dt}i(t)+\dfrac{1}{C}\displaystyle\int i(t)\,dt$에서 모든 초기값을 0으로 하고 라플라스 변환을 구하여라.

풀이 $\mathcal{L}[e_i(t)]=\mathcal{L}[Ri(t)+L\dfrac{d}{dt}i(t)+\dfrac{1}{C}\displaystyle\int i(t)\,dt]$에서 식 (14-11)에서

$E_i(s)=RI(s)+LsI(s)+\dfrac{1}{Cs}I(s)$이므로

$$I(s)=\frac{1}{R+Ls+\dfrac{1}{Cs}}E_i(s)=\frac{Cs}{LCs^2+RCs+1}E_i(s)$$

예제 14-5

그림 14-3과 같은 회로에서 스위치 S를 급히 닫을 때 전류 $i(t)$를 구하여라.
단, C의 초기전하는 0이다.

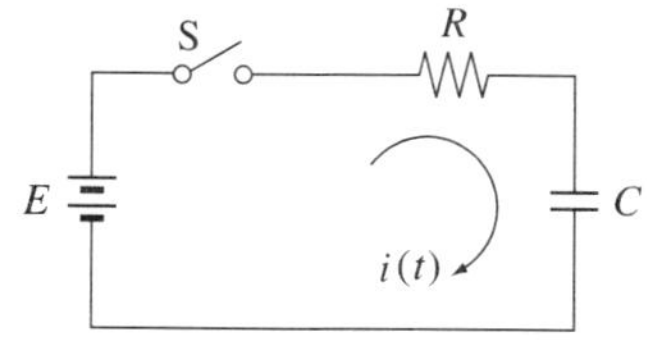

그림 14-3

풀이 그림에서 전압방정식은

$$\frac{1}{C}\int i\,dt + Ri = E$$

위의 식을 라플라스 변환하면

$$\frac{1}{C}\left[\frac{1}{s}I(s) + \frac{1}{s}q(0^+)\right] + RI(s) = \frac{1}{s}E$$

여기서 $q(0^+) = i^{(-1)}(0^+) = \int_{-\infty}^{0} i(t) = 0$이므로

$$\frac{1}{Cs}I(s) + RI(s) = \frac{1}{s}E$$

$$I(s)\left(\frac{1}{Cs} + R\right) = \frac{1}{s}E$$

$$I(s) = \frac{E}{R}\cdot\frac{1}{s+\frac{1}{CR}}$$

$$\therefore\ i(t) = \mathcal{L}^{-1}[I(s)] = \frac{E}{R}\varepsilon^{-\frac{1}{CR}t}$$

6 초기치 정리

함수 $f(t)$의 라플라스 변환이 $F(s)$이고, $\lim_{s\to\infty} sF(s)$가 존재하면 그 시간 함수의 초기치는 다음과 같다.

$$\lim_{t\to 0} f(t) = \lim_{s\to\infty} F(s) \tag{14-12}$$

[증명] 미분 정리 식 (14-9)에서

$$\mathcal{L}\left[\frac{d}{dt}f(t)\right] = \int_0^\infty \left[\frac{d}{dt}f(t)\right]e^{-st}dt = sF(s) - f(0)$$

이므로 양변에 $s\to\infty$의 극한을 취하면

$$\lim_{s\to\infty}\int_0^\infty \left[\frac{d}{dt}f(t)\right]e^{-st}dt = \lim_{s\to\infty} sF(s) - f(0)$$

여기서 $s \to \infty$ 이면, $e^{-st} \to 0$ 이므로

$$\lim_{s\to\infty}\int_0^\infty \left[\frac{d}{dt}f(t)\right]e^{-st}dt = \lim_{s\to\infty} sF(s) - f(0) = 0$$

또 $f(0)$는 식 (14-10)에서 $f(0) = \lim_{t-0} f(t)$ 이므로

$$f(0) = \lim_{t\to 0} f(t) = \lim_{s\to\infty} sF(s)$$

예제 14-6

$F(s) = \dfrac{s^3+2s^2+3s+2}{s^4+3s^3+2s^2+s}$ 일 때 $f(t)$의 $t=0$에서의 값을 구하여라.

풀이 초기치 정리에 의하여

$$\lim_{t\to 0} f(t) = \lim_{s\to 0} sF(s) = \lim_{s\to\infty} s\frac{s^3+2s^2+3s+2}{s(s^3+3s^2+2s+1)} = 1$$

7 최종치 정리

함수 $f(t)$의 라플라스 변환이 $F(s)$이고, 또 $sF(s)$가 s평면의 허축상 및 우측 평면에서 해석적이라고 하면, 그 시간함수의 최종치는 다음과 같다.

$$\lim_{t\to\infty} f(t) = \lim_{s\to 0} sF(s) \tag{14-13}$$

[증명] 미분 정리 식 (14-9)에서

$$\mathcal{L}\left[\frac{d}{dt}f(t)\right] = \int_0^\infty \left[\frac{d}{dt}f(t)\right]e^{-st}dt = sF(s) - f(0)$$

이므로 양변에 $s \to \infty$ 의 극한을 취하면

$$\lim_{s\to 0}\int_0^\infty \left[\frac{d}{dt}f(t)\right]e^{-st}dt = \lim_{s\to 0} sF(s) - f(0)$$

여기서 $s \to 0$ 이면, $e^{-st} \to 1$ 이므로

$$\lim_{s\to\infty}\int_0^\infty \left[\frac{d}{dt}f(t)\right]e^{-st}dt = \int_0^\infty df(t) = f(t)\Big|_0^\infty = f(\infty) - f(0)$$

$$\lim_{s\to 0} sF(s) - f(0) = f(\infty) - f(0)$$

따라서

$$f(\infty) = \lim_{t\to\infty} f(t) = \lim_{s\to 0} sF(s)$$

14.3 역 라플라스 변환

라플라스 변환과 역 라플라스 변환의 관계는 다음과 같다.

시간(t)영역	라플라스 변환 → ← 역 라플라스 변환	주파수(s)영역

역 라플라스 변환에서도 선형성이 있다. 즉 $f(t)$와 $g(t)$가 각각 $F(s)$, $G(s)$의 역 라플라스 변환이고, a 및 b가 상수일 때 다음 식이 성립한다.

$$\mathcal{L}^{-1}[aF(s)+bG(s)] = af(t)+bg(t) \tag{14-14}$$

또 $\mathcal{L}^{-1}[F(s)] = f(t)$, $\mathcal{L}^{-1}[G(s)] = g(t)$일 때 $F(s)$와 $G(s)$의 곱에 대한 역 라플라스 변환은 다음과 같다.

$$\begin{aligned}\mathcal{L}^{-1}[F(s)\cdot G(s)] &= \int_{0^+}^{t} f(t)g(t-\tau)\,d\tau \\ &= \int_{0^+}^{t} g(t)f(t-\tau)\,d\tau \end{aligned} \tag{14-15}$$

예제 14-7

함수 $E(s) = \dfrac{1}{s^2+4}$의 역 라플라스 변환을 구하여라.

풀이 $E(s) = \dfrac{1}{s^2+4} = \dfrac{1}{2}\cdot\dfrac{2}{s^2+2^2}$에서

$\mathcal{L}[\sin 2t] = \dfrac{2}{s^2+2^2}$이므로

$\therefore\ \mathcal{L}^{-1}\left[\dfrac{1}{s^2+2^2}\right] = \dfrac{1}{2}\sin 2t$

14.4 부분분수 전개에 의한 역 라플라스 변환

$F(s)$의 역 라플라스 변환 $\mathcal{L}^{-1}[F(s)]$, 즉 시간함수 $f(t)$는 다음과 같은 전개정리를 사용하여 계산한다.

$F(s)$가 s의 분수 다항식인

$$F(s)=\frac{A(s)}{B(s)}=\frac{a_m s^m + a_{m-1}s^{m-1}+\cdots a_1 s + a_0}{b_n s^n + b_{n-1}s^{n-1}+\cdots+b_1 s+b_0} \qquad (n>m)$$

으로 표시된다고 하자. 지금 $s_1,\ s_2,\ \cdots,\ s_n$을 $B(s)=0$, 즉

$$b_n s^n + b_{n-1}s^{n-1}+\cdots+b_1 s+b_0=0$$

의 근(根)이라고 하면, $F(s)$는 다음과 같이 표시된다.

$$F(s)=\frac{A(s)}{B(s)}=\frac{a_m s^m + a_{m-1}s^{m-1}+\cdots+a_1 s + a_0}{(s-s_1)(s-s_2)\cdots(s-s_n)} \tag{14-16}$$

여기서 $s_1,\ s_2,\ \cdots,\ s_n$ 등을 $F(s)$의 극(pole)이라 한다. 이 경우 근의 종류에 따라 다음의 두 가지 경우가 생긴다.

1 근이 모두 다른 단근인 경우

$$F(s)=\frac{c_1}{(s-s_1)}+\frac{c_2}{(s-s_2)}+\cdots+\frac{c_n}{(s-s_n)}$$

여기서 c_i를 극에서의 유수(residue)라 하고

$$c_i=\lim_{s\to s_i}(s-s_i)F(s)$$

또는

$$c_i=\frac{A(s_i)}{B'(s_i)}$$

단, $B'(s_i)=\left[\frac{d}{ds}B(s)\right]_{s=s_i}$

따라서 $F(s)$의 역 라플라스 변환은 다음과 같다.

$$f(t)=\mathcal{L}^{-1}[F(s)]=c_1e^{s_1t}+c_2e^{s_2t}+\cdots+c_ne^{s_nt}$$
$$=\sum_{t=1}^{n}c_ie^{s_it} \tag{14-17}$$

2 k중근이 있는 경우

s_1이 k중근이고 s_{k+1}, $\cdots$, s_n이 단근일 때, 즉

$$F(s)=\frac{A(s)}{(s-s_1)^k(s-s_{k+1})\cdots(s-s_n)}$$

의 경우에는 부분분수로 전개하면 다음과 같이 된다.

$$F(s)=\frac{c_{1k}}{(s-s_1)^k}+\frac{c_{1(k-1)}}{(s-s_1)^{k-1}}+\cdots+\frac{c_{12}}{(s-s_1)^2}$$
$$+\frac{c_{11}}{(s-s_1)}+\frac{c_{k+1}}{s-s_{k+1}}+\cdots+\frac{c_n}{s-s_n}$$

여기서 중근의 항은 다음 식으로 구해진다.

$$c_{1k}=\lim_{s\to s_1}(s-s_1)^kF(s)$$

$$c_{1(k-1)}=\frac{1}{(2-1)!}\lim_{s\to s_1}\frac{d}{ds}\{(s-s_1)^kF(s)\}$$

$$c_{1(k-1)}=\frac{1}{i!}\lim_{s\to s_1}\frac{d^i}{ds^i}\{(s-s_1)^kF(s)\}$$

$$c_{11}=\frac{1}{(k-1)!}\lim_{s\to s_1}\frac{d^{k-1}}{ds^{k-1}}\{(s-s_1)^kF(s)\}$$

따라서 식 $F(s)$의 역 라플라스 변환은 식

$$\mathcal{L}^{-1}\left[\frac{1}{(s\pm a)^n}\right]=\frac{t^{n-1}}{(n-1)!}e^{\mp at}$$

으로부터 다음과 같이 된다.

$$f(t)=\left\{c_{1k}\frac{t^{k-1}}{(k-1)!}+c_{1(k-1)}\frac{t^{k-2}}{(k-2)!}+\cdots+c_{11}\right\}e^{s_1t}$$

$$+c_{k+1}e^{s_{k+1}t}+\cdots+c_n e^{s_nt}$$

$$=\sum_{i=1}^{k}c_i\frac{t^{k-1}}{(i-1)!}e^{s_1t}+\sum_{i=k+1}^{n}c_ie^{s_it} \tag{14-18}$$

예제 14-8

다음의 함수 $F(s)$를 부분분수로 전개하여라.

$$F(s)=\frac{5s+3}{(s+1)(s+2)(s+3)}$$

풀이 주어진 함수를 부분분수형태로 전개해 보면

$$F(s)=\frac{c_1}{s+1}+\frac{c_2}{s+2}+\frac{c_3}{s+3}$$

유수 c_1, c_2, c_3는 다음과 같이 구해진다.

$$c_1=[(s+1)F(s)]_{s=-1}=\frac{5(-1)+3}{(2-1)(3-1)}=-1$$

$$c_s=[(s+2)F(s)]_{s=-2}=\frac{5(-2)+3}{(1-2)(3-2)}=7$$

$$c_s=[(s+3)F(s)]_{s=-3}=\frac{5(-3)+3}{(1-3)(2-3)}=-6$$

$$\therefore\ F(s)=\frac{-1}{s+1}+\frac{7}{s+2}-\frac{6}{s+3}$$

예제 14-9

$F(s)=\dfrac{s+1}{s^3+s^2-6s}$의 역 라플라스 변환을 구하여라.

풀이 부분분수로 전개하면

$$F(s)=\frac{s+1}{s^3+s^2-6s}=\frac{s+1}{s(s-2)(s+3)}=\frac{c_1}{s}+\frac{c_2}{s-2}+\frac{c_3}{s-3}$$

유수 c_i는

$$c_1=[s\cdot F(s)]_{s=0}=\left.\frac{s+1}{(s-2)(s+3)}\right|_{s=0}=-\frac{1}{6}$$

$$c_2=[(s-2)F(s)]_{s=2}=\left.\frac{s+1}{s(s+3)}\right|_{s=2}=-\frac{3}{10}$$

$$c_3 = [(s+3)F(s)]_{s=-3} = \left.\frac{s+1}{s(s-2)}\right|_{s=-3} = -\frac{2}{15}$$

$$\therefore\ F(s) = -\frac{1}{6}\cdot\frac{1}{s} + \frac{3}{10}\cdot\frac{1}{s-2} - \frac{2}{15}\cdot\frac{1}{s+3}$$

이 식을 역 라플라스 변환하면

$$f(t) = \mathcal{L}^{-1}[F(s)] = -\frac{1}{6}u(t) + \frac{3}{10}e^{2t} - \frac{2}{15}e^{-3t}$$

14.5 신호파형의 라플라스 변환

그림 14-4에서 (a), (b)는 어떤 시간의 구간에서만 신호가 존재하고 다른 시간에서는 0이다. 이러한 파형을 비반복신호라 하고, (c)와 같이 계속적으로 존재하는 파형을 반복파라 한다. 이러한 복잡한 신호파형에 대한 회로망의 응답을 라플라스 변환방법을 적용하여 구하여 보자.

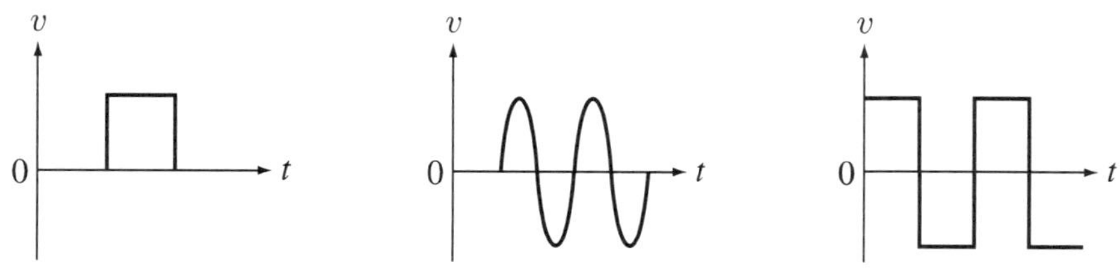

(a) 단형파 펄스 (b) 정현파 펄스 (c) 단형파

그림 14-4

1 단위계단함수

그림 14-5와 같이

$$u(t) = \begin{cases} 1, & (t \geq 0) \\ 0, & (t < 0) \end{cases} \tag{14-19}$$

이 되는 함수를 단위계단함수(unit step function)라고 하며, 기호는 $u(t)$로 표시한다.

식 (14−19)는 그림 14−5와 같이 $t=0$인 순간에 0으로부터 단위값으로 갑자기 변하는 함수이다. 이 표현식은 다음의 정의식으로서 그림 14−6과 같이 일반화할 수 있다.

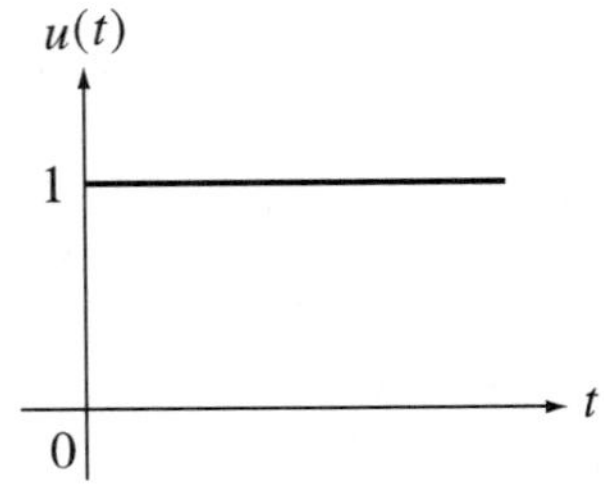

그림 14−5

$$u(t-a)=\begin{cases}1, & (t \geq a)\\ 0, & (t < a)\end{cases} \qquad (14-20)$$

식 (14−20)은 그림 14−6과 같이 $t=+a$의 순간에 갑자기 변하는 계단함수이고 일반적으로 계단함수는 그림 14−6과 같이 함수 u의 독립변수인 $(t-a)$ 값이 정(+)일 때 단위값을 가지고, $(t-a)$ 값이 부(−)가 될 때에는 0이 된다.

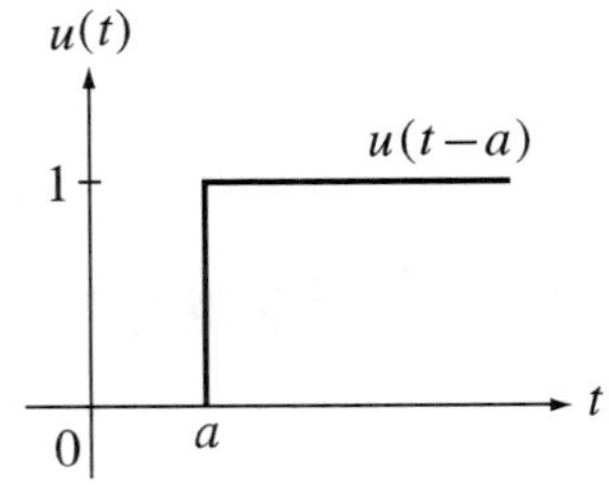

그림 14−6

$f(t)=u(t)=1$의 라플라스 변환은

$$F(s)=\int_0^\infty u(t)e^{-st}dt=\int_0^\infty 1\cdot e^{-st}dt$$

$$=-\frac{1}{s}\int_0^\infty (-s)e^{-st}dt=-\frac{1}{s}[e^{-st}]_0^\infty=\frac{1}{s}$$

$f(t)=u(t-a)$의 라플라스 변환은

$t-a=\tau$라고 놓으면 $t=a+\tau$, $dt=d\tau$이므로

$$F(s)=\int_0^\infty u(t-a)e^{-st}dt=\int_0^\infty u(\tau)e^{-s\tau}\cdot e^{-as}d\tau=\frac{1}{s}e^{-as}$$

2 추이 단위계단함수

그림 14−7 (a)와 같이 함수 $u(t+a)$는 $t=-a$의 순간에 단위값으로 변하는 함수이다. 또 그림 14−7 (b)와 같이 함수 $u(a-t)$는 $t=a$의 순간에 단위값으로부터 0으로 변하는 함수이다.

단위계단함수는 임의의 시간함수 $f(t)$에 대해서도 적용할 수 있다. $t=a$인 시간 지연을 갖는 함수, 즉 시간추이함수는 다음과 같이 표시된다.

$$f(t-a)u(t-a) \qquad (14-21)$$

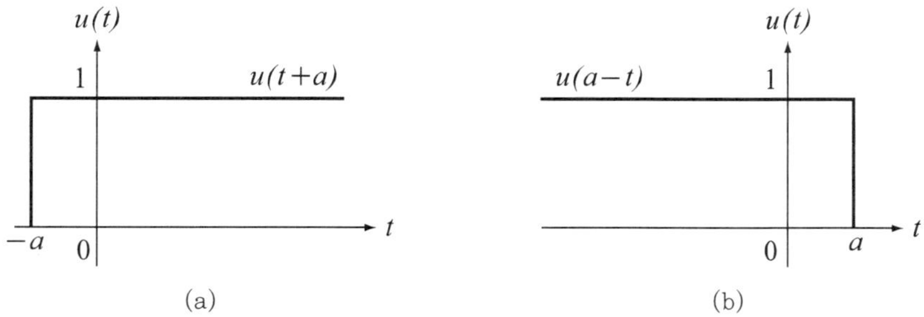

그림 14-7

이 식의 라플라스 변환을 구하기 위하여는 새로운 변수 t'를 도입하면

$$f(s)=\int_0^{\infty} f(t')e^{-st'}dt' \tag{14-22}$$

변수 t'를 $t'=t-a$라고 놓으면 식 (14-22)는

$$F(s)=\int_a^{\infty} f(t-a)e^{-(t-a)s}dt=\int_a^{\infty} f(t-a)e^{-st}e^{as}dt$$

여기서 $f(t-a)$에 $u(t-a)$를 곱하면 적분의 하한값을 0으로 바꿀 수 있다. 즉

$$F(s)=e^{as}\int_0^{\infty} f(t-a)u(t-a)e^{-st}dt \tag{14-23}$$

적분식은 함수 $f(t-a)u(t-a)$의 변환에 해당하므로 식 (14-23)은

$$e^{-as}\mathcal{L}[f(s)]=\mathcal{L}[f(t-a)u(t-a)] \tag{14-24}$$

따라서 역 라플라스 변환식은

$$\mathcal{L}^{-1}[e^{-as}F(s)]=f(t-a)u(t-a) \tag{14-25}$$

이 식으로부터 $t=a$의 시간만큼 지연된 함수의 변환은 $t=0$에서 시작하는 함수의 라플라스 변환에 e^{-as}를 곱한 것과 같다. 이러한 것을 **추이정리**(推移定理) 또는 **실전이정리**(實轉移定理)라 한다.

예제 14-10

그림 14-8과 같은 파형의 라플라스 변환을 구하여라.

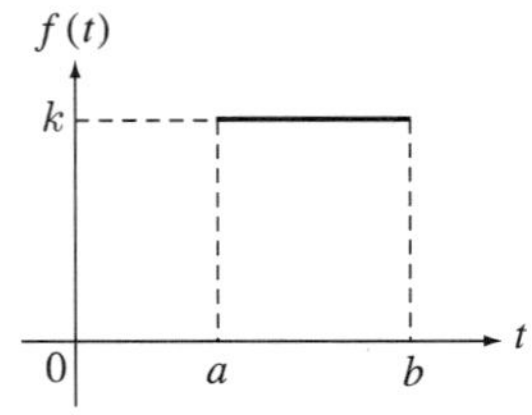

그림 14-8

풀이 그림으로부터

$$F(s) = \mathcal{L}[f(t)] = \int_0^\infty f(t)e^{-st}dt = k\int_a^b 1 \cdot e^{-st}dt = -\frac{k}{s}[e^{-st}]_a^b = \frac{k}{s}(e^{-as} - e^{-bs})$$

단위계단함수로 표시하여 구하면

$$f(t) = k\{u(t-a) - u(t-b)\}$$

이므로, 라플라스 변환하면

$$F(s) = \mathcal{L}[k\{u(t-a) - u(t-b)\}] = \frac{k}{s}(e^{-as} - e^{-bs})$$

예제 14-11

그림 14-9와 같은 파형의 라플라스 변환을 구하여라.

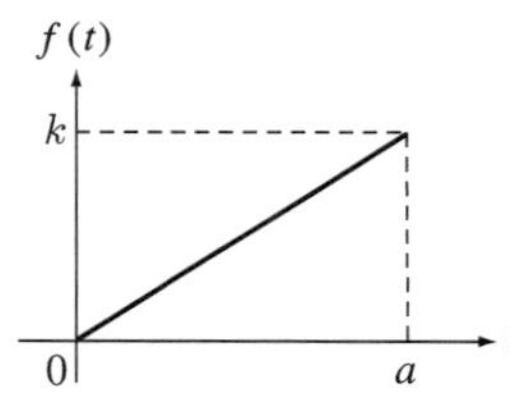

그림 14-9

풀이 $f(t)$를 그림 14-10과 같이 $f_1(t)$, $f_2(t)$, $f_3(t)$로 분해할 수 있으므로

$$f(t) = f_1(t) + f_2(t) + f_3(t)$$

이며, 여기서

$$f_1(t) = \frac{k}{a}tu(t)$$

$$f_2(t) = -ku(t-a)$$

$$f_3(t) = -\frac{k}{a}(t-a)u(t-a)$$

이므로

$$F(s) = \mathcal{L}[f(t)] = \frac{k}{a}\mathcal{L}[tu(t)] - k\mathcal{L}[u(t-a)] - \frac{k}{a}[(t-a)u(t-a)]$$

$$= \frac{k}{a} \cdot \frac{1}{s^2} - \frac{k}{s}e^{-as} - \frac{k}{a} \cdot \frac{1}{s^2}e^{-as}$$

$$= \frac{k}{a} \cdot \frac{1}{s^2}[1 - (as+1)e^{-as}]$$

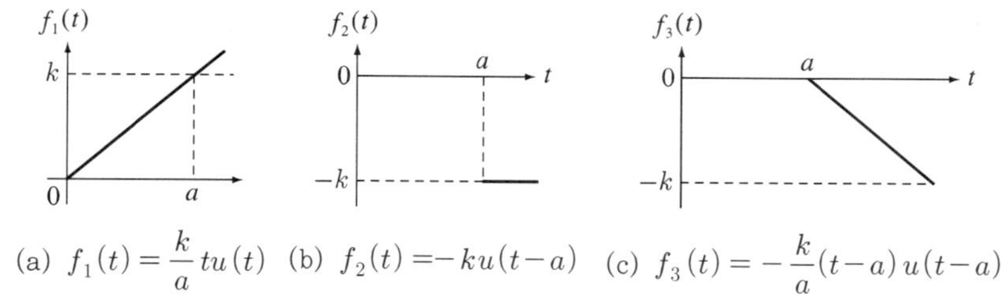

(a) $f_1(t)=\frac{k}{a}tu(t)$ (b) $f_2(t)=-ku(t-a)$ (c) $f_3(t)=-\frac{k}{a}(t-a)u(t-a)$

그림 14-10

3 램프 및 임펄스함수

단위계단함수가 인덕턴스 L의 단자전압으로 표시된다면 이 인덕턴스 L에 흐르는 전류 $i_L(t)$는

$$i_L(t)=\frac{1}{L}\int_{-\infty}^{t} v_L(t)\,dt \tag{14-26}$$

여기서 $v_L(t)=u(t)$, $i_L(0)=0$이면, $t>0$의 범위내에서는 $i_L(t)=\frac{1}{L}t$가 된다. 그림 14-11 (b)와 같은 정전압이 공급되는 동안 전류는 시간과 더불어 그림 14-11 (c)와 같이 직선적으로 증가한다. 이 응답을 **램프함수**(ramp function)라 한다.

다음에는 그림 14-12 (a)와 같이 단위계단함수인 전류가 인덕턴스 L에 흐른다면 인덕턴스 L의 양단전압은 다음과 같다.

$$v_L(t)=L\frac{di_L}{dt} \tag{14-27}$$

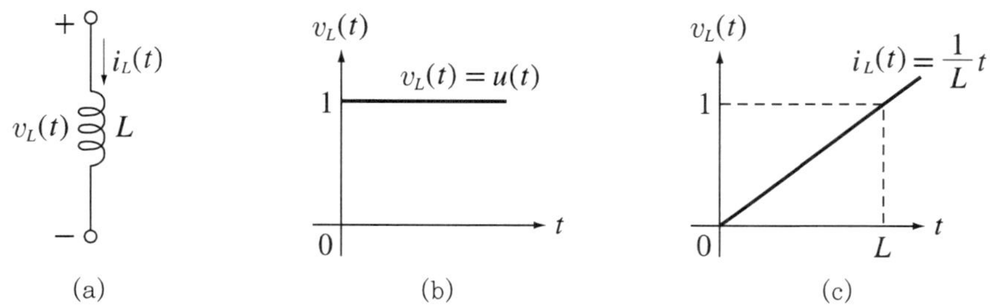

그림 14-11

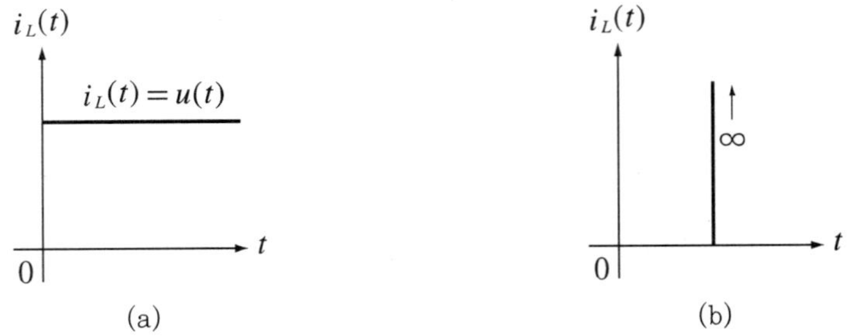

그림 14-12

전류의 단위계단함수 $i_L(t)=u(t)$의 도함수 $t=0$에서 순간적으로 상승하는 경우를 제외하고는 0이다. 즉 $t=0$의 시간에서 도함수의 값, 즉 기울기는 무한대이다.

이와 같이 오직 하나의 0이 아닌 값, 즉 그림 14-12 (b)와 같이 무한대의 값을 갖는 함수를 **임펄스함수**(impulse function)라 한다. 그림 14-13에 램프함수와 단위계단함수 및 임펄스함수의 파형을 나타내고 있다.

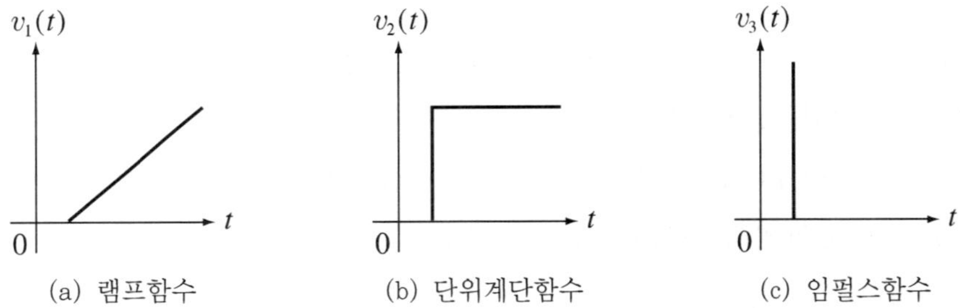

그림 14-13

그림 14-14와 같이 폭 ε, 높이 1/ε, 면적이 1인 파형에 대해서 ε→0으로 한 극한파형을 **단위임펄스함수**(unit impulse function)라 하고 $\delta(t)$로 표시한다. 단위임펄스함수 $\delta(t)$의 라플라스 변환은 단위계단함수를 사용하면

$$\delta_\varepsilon(t)=\frac{1}{\varepsilon}\{u(t)-u(t-\varepsilon)\} \qquad (14-28)$$

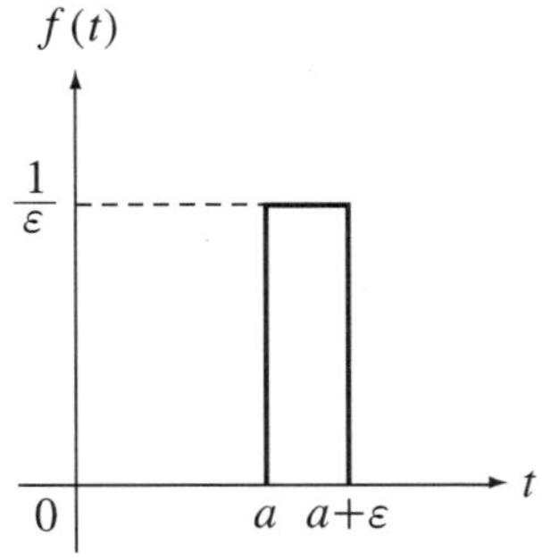

그림 14-14

이 된다. 정의에 의하여

$$\delta(t) = \lim_{\varepsilon \to 0} \delta_\varepsilon(t) = \frac{du(t)}{dt} \tag{14-29}$$

즉 단위임펄스함수 $\delta(t)$는 단위계단함수 $u(t)$를 시간 t로 미분한 것이라 생각할 수 있다. 따라서

$$\begin{aligned} \mathcal{L}[\delta(t)] &= \mathcal{L}[\lim_{\varepsilon \to 0} \delta_\varepsilon(t)] = \lim_{\varepsilon \to 0} \int_0^\infty \delta_\varepsilon(t) \varepsilon^{-st} dt \\ &= \lim_{\varepsilon \to 0} \frac{1}{\varepsilon} \int_0^\infty \{u(t) - u(t-\varepsilon)\} \varepsilon^{-st} dt \\ &= \lim_{\varepsilon \to 0} \frac{1}{\varepsilon} \cdot \frac{1 - e^{-\varepsilon s}}{s} = 1 \end{aligned} \tag{14-30}$$

예제 14-12

그림 14-15와 같이 높이가 1인 펄스의 라플라스 변환을 구하여라.

풀이 $f(t) = u(t-a) - u(t-b)$

$$\therefore\ F(s) = \frac{\varepsilon^{-as}}{s} - \frac{\varepsilon^{-bs}}{s}$$

$$= \frac{1}{s}(\varepsilon^{-as} - \varepsilon^{-bs})$$

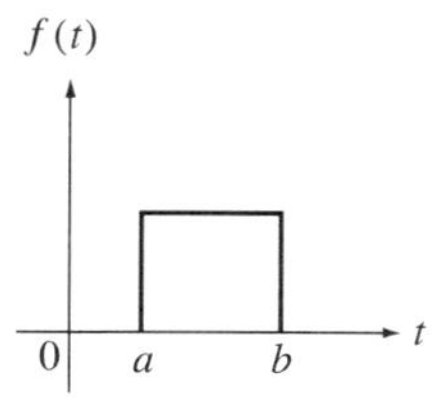

그림 14-15

4 파형의 합성

그림 14-16은 계단함수를 펄스(pulse)함수로 표시하는 방법을 나타내고 있으며, 이들 펄스함수를 표시하는 식은 다음과 같다.

$$f(t) = u(t-a) - u(t-b) \tag{14-31}$$

$$f(t) = u(b-t) - u(a-t) \tag{14-32}$$

$$f(t) = u(b-t) \cdot u(t-a) \tag{14-33}$$

그림 14-16과 같은 펄스함수의 구성방법으로 정현파의 반주기를 구성하는 방법은 다음과 같다. 그림 14-17 (a)의 파형을 오른쪽으로 반주기 이동하면 그림 14-17 (b)와 같이되며, 그림 14-17 (a), (b)의 파형의 함수는 각각

$$v_1(t) = \sin \pi t\, u(t) \tag{14-34}$$

$$v_2(t) = \sin \pi (t-1)\, u(t-1) \tag{14-35}$$

로 표시되고, 이 두 파형을 합성하면 그림 14-17 (c)와 같은 반주기의 정현파 펄스로 되며, 정현파 펄스함수를 표시하는 식은 다음과 같다.

$$v(t) = v_1(t) + v_2(t) = \sin \pi t u(t) + \sin \pi (t-1)\, u(t-1) \tag{14-36}$$

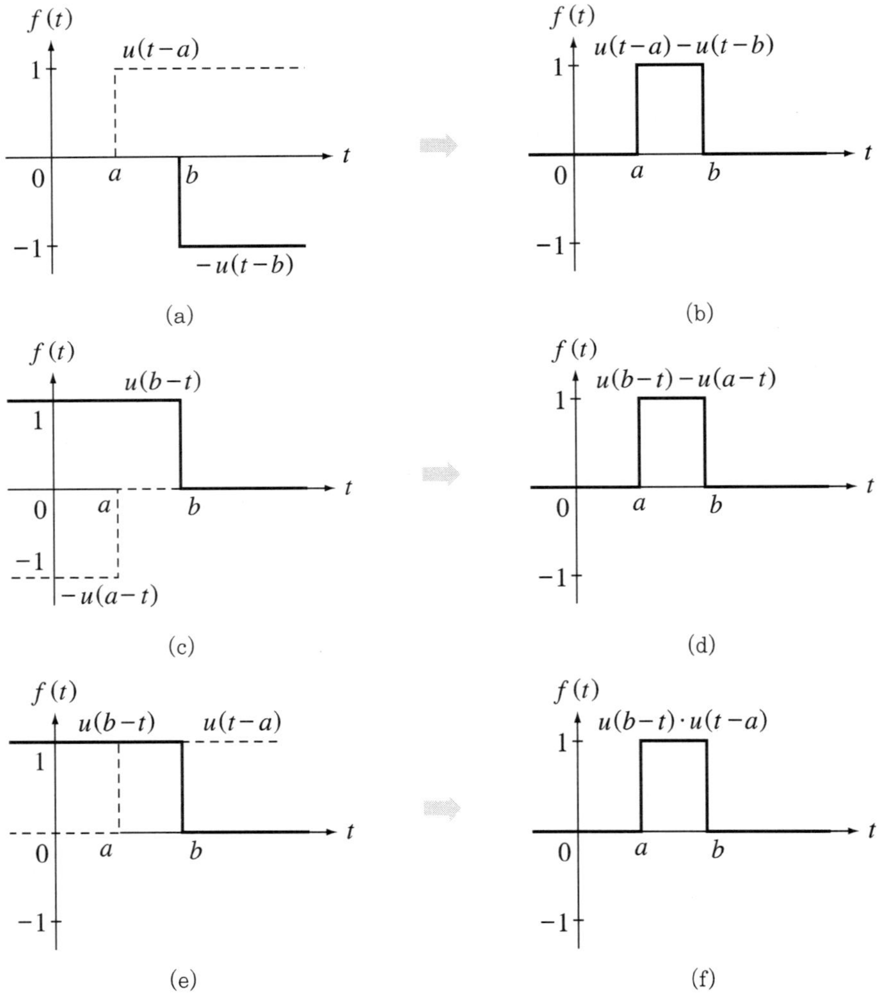

그림 14-16 계단함수 합성에 의한 펄스 파형

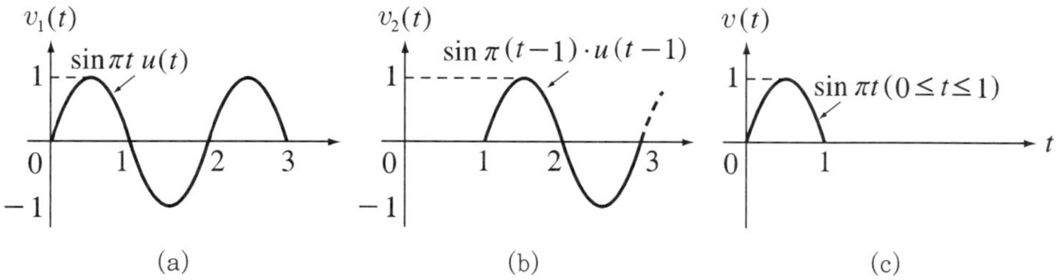

그림 14-17

이 식을 라플라스 변환하면

$$V(s)=\mathcal{L}[v(t)]=\mathcal{L}[\sin\pi t u(t)+\sin\pi(t-1)u(t-1)]$$

$$=\frac{\pi}{s^2+\pi^2}+\frac{\pi}{s^2+\pi^2}e^{-s}=\frac{\pi}{s^2+\pi^2}(1+e^{-s}) \qquad (14-37)$$

5 주기함수의 라플라스 변환

주기 $T>0$을 가진 주기함수

$$f(t)=f(t+T), \qquad t>0 \qquad (14-38)$$

로 표시되며, 함수 $f(t)$가 구간 T에서 부분연속이라면 라플라스 변환이 존재하고 계속적인 주기에 대하여 적분급수 형식으로 0에서 ∞까지 적분할 수 있다. 즉

$$\mathcal{L}[f(t)]=\int_0^\infty f(t)e^{-st}dt=\int_0^T f(t)e^{-st}dt+\int_t^{2T}f(t)e^{-st}dt+\cdots$$

$$=\sum_{n=0}^{\infty}\int_{nT}^{(n+1)T}f(t)e^{-st}dt \qquad (14-39)$$

여기서 $\tau=t-nT$라 놓으면

$$f(t)=f(\tau+nT)=f(\tau)$$

이므로

$$\mathcal{L}[f(t)]=\sum_{n=0}^{\infty}\int_0^T(\tau+nT)e^{-s(\tau+nT)}d\tau$$

$$=\sum_{n=0}^{\infty}e^{-nst}\int_0^T f(\tau)e^{-s\tau}d\tau \qquad (14-40)$$

와 같이 되고

$$\sum_{n=0}^{\infty} e^{-nst} = \frac{1}{1-e^{-sT}}$$

이므로

$$\mathcal{L}[f(t)] = \frac{1}{1-e^{-sT}} \int_0^T f(t) e^{-sT} dt \qquad (14-41)$$

예제 14-13

그림 14-18과 같은 주기함수 톱니파의 라플라스 변환을 구하여라.

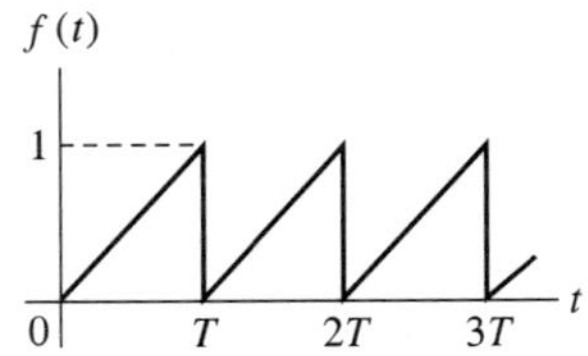

그림 14-18

풀이 $0 < t < T$일 때 $f(t) = \frac{1}{T}t$이며

$$f(t) = f(t+T)$$

$$\int_0^t te^{-st} = -\frac{t}{s}e^{-st}\Big|_0^t + \frac{1}{s}\int_0^t e^{-st}dt$$

$$= -\frac{1}{s}Te^{-st} - \frac{1}{s^2}(e^{-st}-1)$$

따라서 식 (14-40)을 적용하면

$$F(s) = \mathcal{L}[f(t)] = \frac{1}{Ts^2} - \frac{e^{-sT}}{s(1-e^{-sT})}$$

혹은

$$f(t) = \frac{t}{T} - \{u(t-T) + u(t-2T) + u(t-3T) + \cdots\}$$

$$F(s) = \frac{1}{Ts^2}\left\{\frac{1}{s}e^{-Ts} + \frac{1}{s}e^{-2Ts} + \frac{1}{s}e^{-3Ts} + \cdots\right\}$$

$$\therefore\ F(s) = \frac{1}{Ts^2} - \frac{e^{-sT}}{s(1-e^{-sT})}$$

표 14-1 중요한 라플라스 변환표

번호	함수명	시간함수 $f(t)$	라플라스 변환 $F(s)$
1	$t=0$에서의 단위충격함수	$\delta(t)$	1
2	단위계단함수	$u(t)$, 1	$\frac{1}{s}$
3	단위램프함수	t	$\frac{1}{s^2}$
4	포물선함수	t^2	$\frac{2!}{s^3}$
5	n차 램프함수	t^n	$\frac{n!}{s^{n+1}}$
6	지수 감쇠함수	$e^{-\alpha t}$	$\frac{1}{s+\alpha}$
7	정현파	$\sin \omega t$	$\frac{\omega}{s^2+\omega^2}$
8	여현파	$\cos \omega t$	$\frac{s}{s^2+\omega^2}$
9	지수 감쇠 정현파	$e^{-at}\sin \omega t$	$\frac{\omega}{(s+\alpha)^2+\omega^2}$

연 습 문 제

1. 함수 $E(s)=\dfrac{1}{s^2+4}$의 역 라플라스 변환을 구하여라.

2. 그림 14-19와 같은 회로에서 스위치 S를 닫은 후에 회로에 흐르는 전류를 구하여라.
   단, $E=20[\mathrm{V}]$, $R=100[\Omega]$, $L=0.2[\mathrm{H}]$이고 초기값은 0이다.

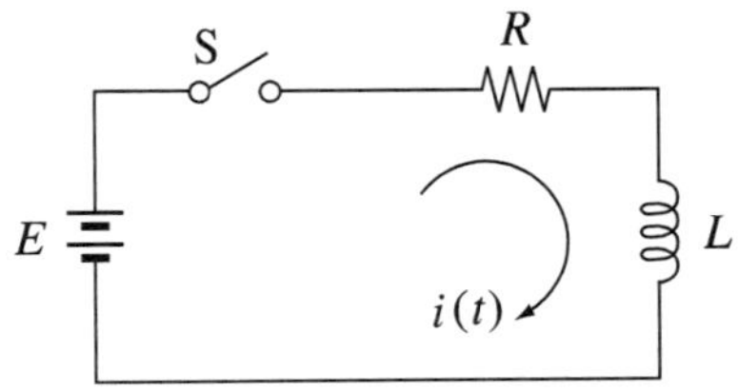

그림 14-19

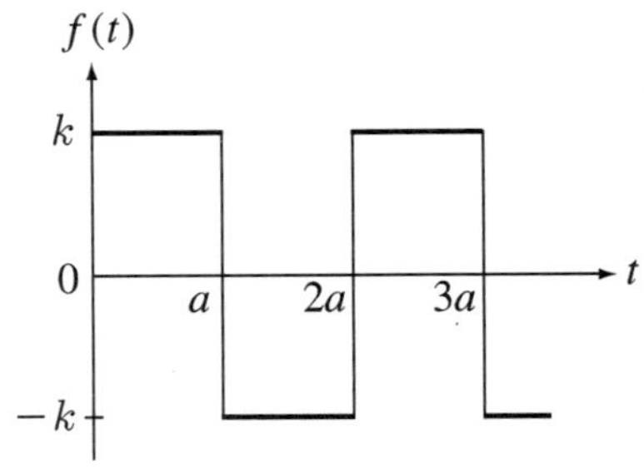

그림 14-20

3. 그림 14-20과 같은 구형파함수 $f(t)$의 라플라스 변환을 구하여라.

4. 단위계단함수 $u(t)$의 라플라스 변환을 구하여라.

5. 그림 14-21과 같은 R-C 회로에서 입력을 $e_i(t)$, 출력을 $e_0(t)$라 할 때 전달함수 $G(s)$를 구하여라.

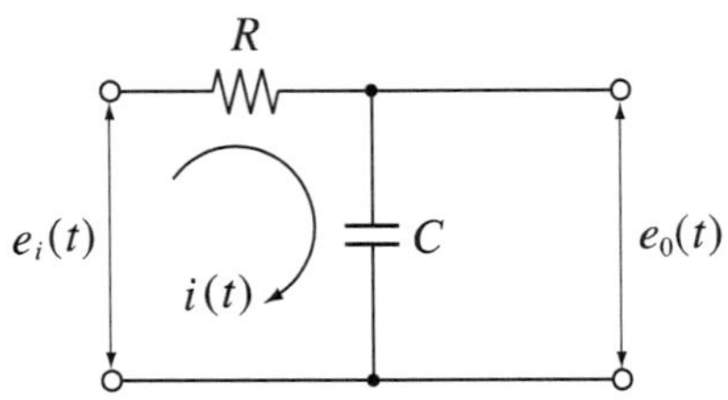

그림 14-21

Appendix

부록

1 기호와 단위

(1) 양의 기호와 단위

양	기 호	단위의 명칭	단 위
전기량	q	coulomb	C
전류	$I,\ i$	ampere	A
전압	$V,\ v,\ E,\ e$	volt	V
전기저항	$R,\ r$	ohm	Ω
전력	P	watt	W
무효전력	P_r	var	Var
피상전력	P_a	volt-ampere	VA
전력량	$W,\ w$	joule(watt-second)	J(Ws)
컨덕턴스	$G,\ g$	mho	℧
인덕턴스	$L,\ M$	henry	H
커패시턴스	C	farad	F
고유저항	ρ	ohm-meter	Ω-m
도전율	$\sigma,\ k$	mho/meter	℧/m
자속	ϕ	weber	Wb
기자력	Φ	ampere-turn	AT
주파수	f	hertz	Hz
회전수	$N,\ n$	return per second	rps
각	$\alpha,\ \beta,\ \gamma,\ \theta,\ \phi$	도, 분, 초(radian)	…°, …', …"(rad)

각속도	ω	radian/second	rad/s
속도	v	meter/second	m/s
일	W	joule	J
힘	F, f	newton	N
광속	F	lumen	lm
광도	I	candela	cd
조도	E	lux	lx
음의 세기	L	phone	P
이득	Δ	decibel	dB
길이	L, l	meter	m
무게	M	kilogram	kg
시간	t	second	sec
열량	H	calory	cal

(2) 수학기호

같다	$=$	무한대	∞	sine	sin
보다 크다	$>$	비례한다	$\propto$	cosine	cos
보다 대단히 크다	$\gg$	계승	!	tangent	tan
보다 작다	$<$	비	:	cotangent	cot
보다 대단히 작다	$\ll$	각	θ	secant	sec
항등	$\equiv$	총 합	$\sum_{n=1}^{j}$	cosecant	cosec
부등	$\neq$	극한	$\lim_{x \to \infty}$	arc sine	$\sin^{-1}$
항등이 아니다	$\not\equiv$	상용대수	$\log_{10}$	arc cosine	$\cos^{-1}$
근사적으로 같다	$\approx$	자연대수	$\log_e(\ln)$	arc tangent	$\tan^{-1}$
근접	$\rightarrow$	미분	$\frac{dy}{dx}$, $f'(x)$	hyperbolic sine	sinh
내지	$\sim$	적분	$\int$	hyperbolic are sine	$\sinh^{-1}$

(3) 단위의 승수

기호	명칭	승수	기호	명칭	승수
T	tera	10^{12}	c	centi	10^{-2}
G	giga	10^{9}	m	milli	10^{-3}
M	mega	10^{6}	μ	micro	10^{-6}
k	kilo	10^{3}	n	nano	10^{-9}
h	hekto	10^{2}	p	pico	10^{-12}
da	deka	10	f	femto	10^{-15}
d	deci	10^{-1}	a	atto	10^{-18}

(4) 그리스 문자

그리스 문자		호칭		그리스 문자		호칭	
A	α	alpha	알파	N	ν	nu	뉴우
B	β	beta	베타	Ξ	ξ	xi	크사이
Γ	γ	gamma	감마	O	o	omicron	오미크론
Δ	$\delta(\partial)$	delta	델타	Π	π	Pi	파이
E	ε	epsilon	입실론	P	ρ	rho	로오
Z	ζ	zeta	제타	Σ	σ	sigma	시그마
H	η	eta	에타	T	τ	tau	타우
Θ	$\theta(\vartheta)$	theta	데타	Y	υ	upsilon	윱실론
I	ι	iota	이오타	Φ	ϕ	phi	화이
K	κ	kappa	카파	X	χ	chi	카이
Λ	λ	lambda	람다	Ψ	ψ	psi	프사이
M	μ	mu	뮤우	Ω	ω	omega	오메가

(5) 도량형 환산표

[길이]

1 kilometer(km) = 1000 meter(m)		1 inch(in)	= 2.540 cm
1 meter(m) = 100 centimeter(cm)		1 foot(ft)	= 30.48 cm
1 centimeter(cm) = 10^{-2} m		1 mile(mi)	= 1.609 km
1 millimeter(mm) = 10^{-3} m		1 mile	= 10^{-3} in
1 micron(μ) = 10^{-6} m		1 centimeter	= 0.3937 in
1 millimicron(mμ) = 10^{-9} m		1 meter	= 39.37 in
1 angstrom(Å) = 10^{-10} m		1 kilometer	= 0.6214 mile

[넓이]

1 square meter(m^2) = 10.7 ft^2 1 square mile(mi^2) = 640 acre

1 square foot(ft^2) = 929 cm^2 1 acre = 43.560 ft^2

[부피]

1 liter(l) =1000 cm^3 = 1.057 quart(qt) = 61.02 in^3 = 0.03532 ft^3

1 cubic meter(m^3) = 1000 l = 35.32 ft^3

[질량]

1 kilogram(kg) = 2.2046 pound(lb)

1 lb = 453.6 gm

[속도]

1 km/hr = 0.2778 m/sec = 0.6214 mi/hr = 0.9113 ft/sec

1 mi/hr = 1.467 ft/sec = 1.609 km/hr = 0.4470 m/sec

[힘]

1 Newton(N) = 10^5 dyn = 0.1020 kgwt = 0.2248 lbwt

1 kilogram weight(kgwt) = 2.205 lbwt = 9.807 N

[에너지]

1 joule = 1 N-m = 10^7 erg = 0.2389 cal

1 calorie(cal) = 4.186 joule

1 kilowatt hour(kWh) = 3.60×10^6 joule = 860 kcal

1 electron volt(eV) = 1.602×10^{-19} joule

[공률]

1 watt = 1 joule/sec = 10^7 erg/sec = 0.2389 cal/sec

1 horse power(HP) = 745.7 watt

1 kilowatt(kW) = 1.341 HP

[압력]

1 N/m^2 = 10 dyn/cm^2 = 9.869×10^{-6} atmosphere

1 $lbwt/in^2$ = 6895 nt/m^2 = 5.171 cm 수은 = 27.68 물

1 대기압(atm) = 1.013×10^5 N/m^2 = 760 mmHg = 406.8 물

(6) 전기전자공학에 흔히 사용되는 수 값

1. π = 3.14159 26535 89793 23846 2643 ⋯ ≒ 3.1416
2. e(자연대수의 밑) = 2.71828 18284 59045 23536 0287
3. $\sqrt{2}$ = 1.41421 35623 73095 0488 ⋯ ≒ 1.414
4. $\sqrt{3}$ = 1.73205 08075 68877 2935 ⋯ ≒ 1.732
5. 1 radian = $180°/\pi$ = 57.29577 95130 8232 ⋯°
6. 1° = $\pi/180$ radians = 0.01745 32925 19943 2957 ⋯ radians
7. c(빛의 속도) = 2.998×10^8 ≒ 3×10^8 [m/sec]
8. ε_0(진공의 유전율) = $\dfrac{10^7}{4\pi C^2} = 8.854 \times 10^{-12}$ [F/m]

   [참고] $1/(4\pi\varepsilon_0) = 9 \times 10^9$
9. μ_0(진공의 투자율) = $4\pi \times 10^{-7} = 1.257 \times 10^{-6}$ [H/m]

   [참고] 쿨롱의 법칙 $F = \dfrac{q_1 q_2}{4\pi\varepsilon_0 \varepsilon_s r^2}$

   (F : 2개의 점전하 간의 힘[N], $q_1 q_2$: 점전하[C],
   ε_0 : 진공의 유전율, ε_s : 매체의 비유전율,
   r : 2개의 점전하간 거리[m])

2 수학공식

(1) 항등식

$$a^2 - b^2 = (a+b)(a-b)$$

$$(a \pm b)^2 = a^2 \pm 2ab + b^2$$

$$a^3 \pm b^3 = (a \pm b)(a^2 \mp ab + b^2)$$

$$(a \pm b)^3 = a^3 \pm 3a^2 b + 3ab^2 \pm b^3$$

(2) 분수

$$\frac{a_1}{b_1} = \frac{a_2}{b_2} = \ldots = \frac{a_n}{b_n} = \frac{a_1 + a_2 + \ldots + a_n}{b_1 + b_2 + \ldots + b_n}$$

(3) 지수법칙

$$a^m \times a^n = a^{m+n}$$

$$a^m \div a^n = a^{m-n}$$

$$(a^m)^n = a^{mn}$$

$$a^{-m} = \frac{1}{a^m}$$

$$a^{m/n} = \sqrt[n]{a^m} = (\sqrt[n]{a})^m$$

$$(ab)^m = a^m b^m$$

$$a^0 = 1 \, (a \neq 0)$$

(4) 대수

$$y = \log_a x \leftrightarrow x = a^y$$

$$\log_a a = 1$$

$$\log_a 1 = 0 \quad (a > 0, a \neq 1)$$

$$\log_a (xy) = \log_a x + \log_a y$$

$$\log_a (x/y) = \log_a x - \log_a y$$

$$\log_a x^n = n \log_a x$$

$\log_c a = \log_c b \times \log_b a$

$\log_b a \times \log_a b = 1$

$\log_a x$에서 $a = 10$일 때 상용대수라 하고 $\log x$로 표시한다.

$a = e$일 때 자연대수라 하고 $\ln x$로 표시한다.

$\log x = 0.4343 \ln x$

$\ln x = 2.3026 \log x$

$e = 2.718\ 2818284\ \cdots$

(5) 복소수

1) 복소수의 정의

방정식 $x^2 + 1 = 0$의 근의 하나인 $\sqrt{-1}$을, 즉 제곱해서 -1이 되는 수를 편의상 기호로서

$$j = \sqrt{-1}$$

로 표시하며, 이것을 허수 단위(imaginary part)라고 한다.

일반적으로 복소소는 $a + jb$형으로 사용하는데 a는 실수부(real part), b는 허수부(imaginary part)라 한다.

2) 복소수의 사칙연산

$Z_1 = a + jb$, $Z_2 = c + jd$라 하면

① 더하기, 빼기

$$Z_1 \pm Z_2 = (a + jb) \pm (c + jd) = (a \pm c) + j(b \pm d)$$

② 곱하기

$$Z_1 \cdot Z_2 = (a + jb)(c + jd) = (ac - bd) + j(ad + bc)$$

③ 나누기

$$\frac{Z_1}{Z_2} = \frac{a + jb}{c + jd} = \frac{(a + jb)(c - jd)}{(c + jd)(c - jd)} = \frac{ac + bd}{c^2 + d^2} + j\frac{bc - ad}{c^2 + d^2}$$

(단, $c^2 + d^2 \neq 0$)

3) 공액복소수의 성질

$Z=a+jb$에 대하여 $\overline{Z}=a-jb$인 복소수를 Z의 공액복소수라 하며, Z와 $\overline{Z}$는 서로 공액(conjugate)이라고 한다. 따라서

$$Z=a+jb,\quad \overline{Z}=a-jb$$

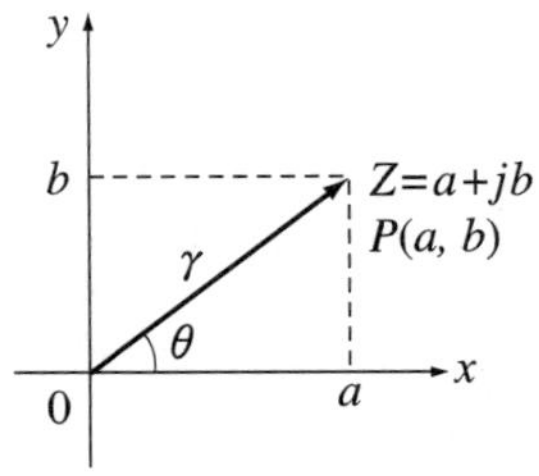

① $Z+\overline{Z}=$실수

$\because\ (a+jb)+(a-jb)=2a$

② $Z\cdot\overline{Z}=$실수

$\because\ (a+jb)(a-jb)=a^2+b^2$

4) 복소소의 극형식

복소수 $Z=a+jb$를 표시하는 점을 P라하고, $\text{OP}=r$, $\angle POA=\theta$라 하면, 다음과 같이 표시한다.

복소수 $Z=a+jb$에서

절대치 $|Z|=\sqrt{a^2+b^2}$

편각 $\theta=\arg Z=\tan^{-1}\dfrac{b}{a}$

$$a+jb=\sqrt{a^2+b^2}\,(\cos\theta+j\sin\theta)=\sqrt{a^2+b^2}\,\exp(j\theta)$$

$$a-jb=\sqrt{a^2+b^2}\,(\cos\theta-j\sin\theta)=\sqrt{a^2+b^2}\,\exp(-j\theta)$$

$$(a+jb)^n=\sqrt[n]{a^2+b^2}\,(\cos n\theta+j\sin n\theta)$$

$$r\angle\theta=r(\cos\theta+j\sin\theta)$$

$e^{j\theta}=\cos\theta+j\sin\theta$ (Euler의 정리)

$$\cos\theta=\frac{1}{2}(e^{j\theta}+e^{-j\theta})$$

$$\sin\theta=\frac{1}{2j}(e^{j\theta}-e^{-j\theta})$$

$$(\cos\theta+j\sin\theta)^n=\cos n\theta+j\sin n\theta$$

(6) 급수

① 등차급수

a를 초항, d를 공차, n을 항수, l을 말항, S를 총 합이라 하면

$$l = a + (n-1)d, \qquad S = \frac{1}{2}n(a+l)$$

$$S = a + (a+b) + (a+2d) + \ldots + \{a+(n-1)d\} = \frac{1}{2}n[2a+(n-1)d]$$

② 등비급수

a를 초항, r을 공비, n을 항수, l을 말항, S를 총 합이라 하면

$$l = ar^{n-1}, \qquad S = a\frac{1-r^n}{1-r}$$

$$S = a + ar + ar^2 + \ldots + ar^{n-1} = \frac{a(1-r^n)}{1-r}$$

③ 무한등비급수

a를 초항, r을 공비, S를 총 합이라 하면

$$S = \frac{a}{(1-r)} \quad (\text{단, } r^2 < 1)$$

(7) 산술평균, 기하평균, 조화평균

① 산술평균 $x = \frac{1}{n}\sum_{i=1}^{n} x_i$ (예) $\frac{a+b}{2}$

② 기하평균 $\text{gm}(x) = (x_1 \cdot x_2 \cdots x_n)^{1/n}$ (예) $\sqrt{ab}$

③ 조화평균 $\text{hm}(x)$, $\frac{1}{\text{hm}(x)} = \frac{1}{n}\sum_{i=1}^{n}\frac{1}{x_i}$ (예) $\frac{2ab}{a+b}$

코시(Cauchy)의 정리 $x \geq \text{gm}(x) \geq \text{hm}(x)$ (예) $\frac{a+b}{2} \geq \sqrt{ab} \geq \frac{2ab}{a+b}$

(8) 2차 방정식의 근

$ax^2 + bx + c = 0$ $(a,\ b,\ c$: 실수, $a \neq 0)$이면

$$x = \frac{-b \pm \sqrt{b^2 - 4ac}}{2a}$$

(9) 급수의 전개

① 2항 전개

$$(x+y)^n = x^n + nx^{n-1}y + \frac{1}{2!}n(n-1)x^{n-2}y^2 + \frac{1}{3!}n(n-1)(n-2)x^{n-3}y^3 + \cdots$$

② 매클로린(Maclaurin) 급수

$$f(x) = f(0) + f'(0)x + \frac{1}{2!}f''(0)x^2 + \frac{1}{3!}f'''(0)x^3 + \cdots$$

③ 테일러(Tailor) 급수

$$(1+x)^n = 1 + nx + \frac{1}{2!}n(n-1)x^2 + \frac{1}{3!}n(n-1)(n-2)x^3 + \cdots$$

$$\sin x = x - \frac{1}{3!}x^3 + \frac{1}{5!}x^5 - \frac{1}{7!}x^7 + \cdots \qquad (x^2 < \infty)$$

$$\cos x = 1 - \frac{1}{2!}x^2 + \frac{1}{4!}x^4 - \frac{1}{6!}x^6 + \cdots \qquad (x^2 < \infty)$$

$$\tan x = x + \frac{1}{3}x^3 + \frac{2}{15}x^5 + \frac{17}{315!}x^7 + \cdots$$

$$e^x = 1 + x + \frac{1}{2!}x^2 + \frac{1}{3!}x^3 + \frac{1}{4!}x^4 \cdots$$

$$\sinh x = x + \frac{1}{3!}x^3 + \frac{1}{5!}x^5 + \frac{1}{7!}x^7 + \cdots$$

$$\cosh x = 1 + \frac{1}{2!}x^2 + \frac{1}{4!}x^4 + \frac{1}{6!}x^6 + \cdots$$

$$\tanh x = x - \frac{1}{3}x^3 + \frac{2}{15}x^5 - \frac{17}{315!}x^7 + \cdots$$

(10) 근사치

$|x| \ll 1$에 대하여

$(1 \pm x)^2 \fallingdotseq 1 \pm 2x$	$(1 \pm x)^n \fallingdotseq 1 \pm nx$
$\sqrt{1+x} \fallingdotseq 1 + \frac{1}{2}x$	$\frac{1}{\sqrt{1+x}} \fallingdotseq 1 - \frac{1}{2}x$
$e^x \fallingdotseq 1 + x$	$\ln(1+x) \fallingdotseq x$
$\sin x \fallingdotseq 0$	$\sinh x \fallingdotseq x$
$\cos x \fallingdotseq 1$	$\cosh x \fallingdotseq 1 - x$
$\tan x \fallingdotseq x$	$\tanh x \fallingdotseq x$

(11) 3각 함수

1) 삼각비의 정의

직각삼각형에서 한 예각(θ)이 결정되면 임의의 2변의 비는 삼각형의 크기에 관계없이 일정하다. 이들 비를 그 각의 삼각비라 한다.

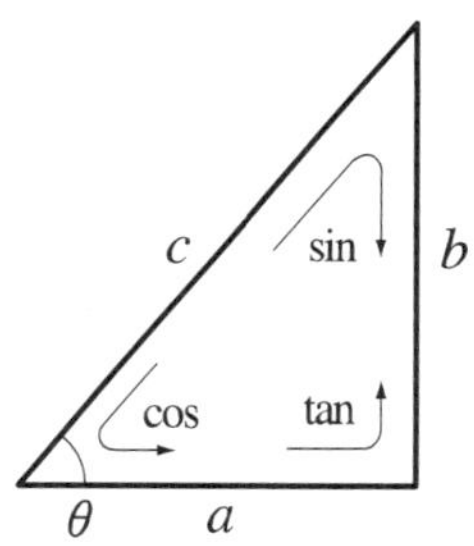

① 사인(sine) : 빗변에 대한 높이의 비

$$\sin\ \theta = \frac{\text{높이}}{\text{빗변}} = \frac{b}{c}$$

② 코사인(cosine) : 빗변에 대한 밑변의 비

$$\cos\ \theta = \frac{\text{밑변}}{\text{빗변}} = \frac{a}{c}$$

③ 탄젠트(tangent) : 밑변에 대한 높이의 비

$$\tan\ \theta = \frac{\text{높이}}{\text{밑변}} = \frac{b}{a}$$

2) 특수각의 삼각비

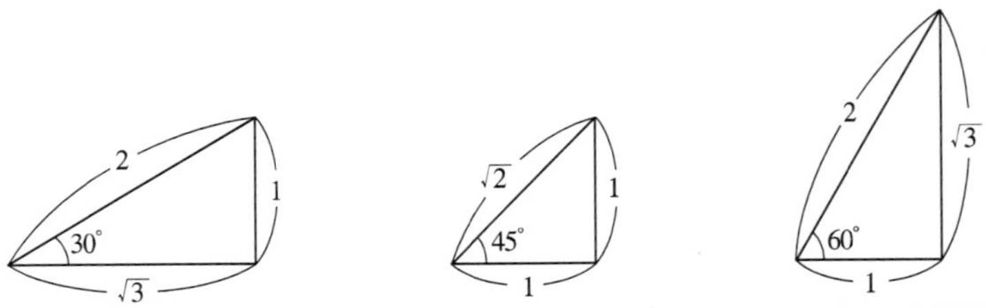

삼각비 \ θ	30°	45°	60°	90°	180°
$\sin\theta$	$\frac{1}{2}$	$\frac{1}{\sqrt{2}}$	$\frac{\sqrt{3}}{2}$	1	0
$\cos\theta$	$\frac{\sqrt{3}}{2}$	$\frac{1}{\sqrt{2}}$	$\frac{1}{2}$	0	−1
$\tan\theta$	$\frac{1}{\sqrt{3}}$	1	$\sqrt{3}$		0

3) 보각의 3각함수

$$\sin(180^\circ \pm\theta)=\mp\sin\theta$$

$$\cos(180^\circ \pm\theta)=-\cos\theta$$

$$\tan(180^\circ \pm\theta)=\pm\sin\theta$$

4) 예각의 3각함수

$$\sin(90^\circ \pm\theta)=+\cos\theta$$

$$\cos(90^\circ \pm\theta)=\mp\sin\theta$$

$$\tan(90^\circ \pm\theta)=\mp\cot\theta$$

$$\cot(90^\circ \pm\theta)=\mp\tan\theta$$

5) 같은 각의 3각함수

① $\begin{cases} \sin A \operatorname{cosec} A = 1 \\ \cos A \sec A = 1 \\ \tan A \cot A = 1 \end{cases}$

② $\begin{cases} \sin^2 A + \cos^2 A = 1 \\ \sec^2 A = 1 + \tan^2 A \\ \operatorname{cosec}^2 A = 1 + \cot^2 A \end{cases}$

③ $\tan A = \dfrac{\sin A}{\cos A}$

6) 가법정리

$$\sin(A \pm B) = \sin A \cos B \pm \cos A \sin B$$

$$\cos(A \pm B) = \cos A \cos B \mp \sin A \sin B$$

7) 배각의 공식

$$\sin 2A = 2 \sin A \cos A$$

$$\cos 2A = 2\cos^2 A - 1 = 1 - 2\sin^2 A = \cos^2 A - \sin^2 A$$

$$\tan 2A = \frac{2\tan A}{1 - \tan^2 A}$$

8) 반각의 공식

$$\sin\frac{A}{2} = \pm\sqrt{\frac{1-\cos A}{2}}$$

$$\cos\frac{A}{2} = \pm\sqrt{\frac{1+\cos A}{2}}$$

$$\tan\frac{A}{2} = \pm\sqrt{\frac{1-\cos A}{1+\cos A}} = \frac{1-\cos A}{\sin A} = \frac{\sin A}{1+\cos A}$$

9) 합을 곱으로 고치는 공식

$$\sin A + \sin B = 2\sin\frac{1}{2}(A+B)\cos\frac{1}{2}(A-B)$$

$$\sin A - \sin B = 2\cos\frac{1}{2}(A+B)\sin\frac{1}{2}(A-B)$$

$$\cos A + \cos B = 2\cos\frac{1}{2}(A+B)\cos\frac{1}{2}(A-B)$$

$$\cos A - \cos B = -2\cos\frac{1}{2}(A+B)\sin\frac{1}{2}(A-B)$$

10) 곱을 합으로 고치는 공식

$$\sin A\cos B = \frac{1}{2}\{\sin(A+B)+\sin(A-B)\}$$

$$\cos A\sin B = \frac{1}{2}\{\sin(A+B)-\sin(A-B)\}$$

$$\sin A\sin B = \frac{1}{2}\{\cos(A-B)-\cos(A+B)\}$$

$$\cos A\cos B = \frac{1}{2}\{\cos(A-B)+\cos(A+B)\}$$

11) 반각 및 2배각에 관한 공식

① $$\begin{cases} \sin A = 2\sin\frac{A}{2}\cos\frac{A}{2} \\ \cos A = \cos^2\frac{A}{2} - \sin^2\frac{A}{2} \end{cases}$$

② $$\begin{cases} 2\sin^2 A = 1-\cos 2A \\ 2\cos^2 A = 1+\cos 2A \end{cases} \qquad \begin{cases} 2\sin^2\frac{A}{2} = 1-\cos A \\ 2\cos^2\frac{A}{2} = 1+\cos A \end{cases}$$

12) 상수를 갖는 같은 각의 정현과 여현의 합을 단항식으로 만드는 법

$a\cos A + b\sin A = \sqrt{a^2+b^2}\cos(A-\theta)$ (단, $\theta = \tan^{-1}\frac{b}{a}$)

13) 3각형의 2변 a, b와 그 사이각 θ를 알고 맞변 P를 구하는 공식

$$P = \sqrt{a^2 + b^2 - 2ab\cos\theta}$$

14) 호도법

$$1[\text{rad}] = \frac{360^\circ}{2\pi} = 57^\circ 17'45'' = 3437'45''$$

15) 3각함수와 지수함수의 관계

$$\sin x = \frac{1}{2j}(e^{jx} - e^{-jx}) \qquad \cos x = \frac{1}{2}(e^{jx} + e^{-jx})$$

$$\tan x = -j\frac{e^{2jx} - 1}{e^{2jx} + 1} = \frac{1}{j}\frac{e^{jx} - e^{-jx}}{e^{jx} + e^{-jx}}$$

$$e^{jx} = \cos x + j\sin x \qquad e^{-jx} = \cos x - j\sin x$$

16) 역삼각함수의 공식

$a > 0$이면

$$\sin^{-1}(-a) = -\sin^{-1}a, \qquad \cot^{-1}(-a) = \pi - \tan^{-1}(1/a)$$

$$\cos^{-1}(-a) = \pi - \cos^{-1}a, \qquad \sec^{-1}(-a) = \cos^{-1}(1/a) - \pi$$

$$\tan^{-1}(-a) = -\tan^{-1}a, \qquad \operatorname{cosec}^{-1}(-a) = \sin^{-1}(1/a) - \pi$$

$$\sin^{-1}a = \cos^{-1}\sqrt{1 - a^2}, \qquad \cos^{-1}a = \sin^{-1}\sqrt{1 - a^2}$$

$a > 0$, $b > 0$이면

$$\sin^{-1}a - \sin^{-1}b = \sin^{-1}(a\sqrt{1 - b^2} - b\sqrt{1 - a^2})$$

$$\tan^{-1}a - \tan^{-1}b = \tan^{-1}(a - b)/(1 + ab)$$

(12) 쌍곡선함수

$\sinh(-x) = -\sinh x$ $\quad\sinh(0) = 0$ $\quad\sinh(\pm\infty) = \pm\infty$

$\cosh(-x) = \cosh x$ $\quad\cosh(0) = 1$ $\quad\cosh(\pm\infty) = +\infty$

$\tanh(-x) = -\tanh x$ $\quad\tanh(0) = 0$ $\quad\tanh(\pm\infty) = \pm 1$

$\cosh^2 x - \sinh^2 x = 1$ $\quad\sinh 2x = 2\sinh x \cosh x$

$1 - \tanh^2 x = \operatorname{sech} x$ $\quad\cosh 2x = \cosh^2 x + \sinh^2 x$

$1 - \coth^2 x = -\operatorname{cosech}^2 x$ $\quad\tanh 2x = \dfrac{2\tanh x}{1 + \tanh^2 x}$

$$\sinh(x \pm y) = \sinh x \cosh y \pm \cosh x \sinh y$$

$$\cosh(x \pm y) = \cosh x \cosh y \pm \sinh x \sinh y$$

$$\tanh(x \pm y) = \frac{\tanh x \pm \tanh y}{1 \pm \tanh x \tanh y}$$

$$\sinh x + \sinh y = 2\sinh\frac{x+y}{2}\cosh\frac{x-y}{2}$$

$$\sinh x - \sinh y = 2\cosh\frac{x+y}{2}\sinh\frac{x-y}{2}$$

$$\cosh x + \cosh y = 2\cosh\frac{x+y}{2}\cosh\frac{x-y}{2}$$

$$\cosh x - \cosh y = 2\sinh\frac{x+y}{2}\sinh\frac{x-y}{2}$$

$$\sinh x \sinh y = \frac{1}{2}[\cosh(x+y) - \cosh(x-y)]$$

$$\cosh x \cosh y = \frac{1}{2}[\cosh(x+y) + \cosh(x-y)]$$

$$\sinh x \cosh y = \frac{1}{2}[\sinh(x+y) + \sinh(x-y)]$$

$$\sinh\frac{x}{2} = \sqrt{\frac{1}{2}(\cosh x - 1)} \qquad \cosh\frac{x}{2} = \sqrt{\frac{1}{2}(\cosh x + 1)}$$

$$\tanh\frac{x}{2} = \frac{\cosh x - 1}{\sinh x} = \frac{\sinh x}{\cosh x + 1}$$

$$\sinh x = \frac{1}{2}(e^x - e^{-x}) \qquad \cosh x = \frac{1}{2}(e^x + e^{-x})$$

$$e^x = \cosh x + \sinh x \qquad e^{-x} = \cosh x - \sinh x$$

(13) 3각함수와 쌍곡선함수

$\sinh jx = j\sin x \qquad \sinh x = -j\sin jx$

$\cosh jx = \cos x \qquad \cosh x = \cos jx$

$\tanh jx = j\tan x \qquad \tanh x = -j\tan jx$

$\sinh(x \pm jy) = \sinh x \cos y \pm j\cosh x \sin y = \pm j\sin(y \mp jx)$

$\cosh(x \pm jy) = \cosh x \cos y \pm j\sinh x \sin y = \cos(y \mp jx)$

$\sin(x \pm jy) = \sin x \cosh y \pm j\cos x \sinh y = \pm j\sinh(y \mp jx)$

$\cos(x \pm jy) = \cos x \cosh y \pm j\sin x \sinh y = \cosh(y \mp jx)$

(14) 역 쌍곡선함수

$$\sinh^{-1}x = \cosh^{-1}\sqrt{x^2+1} = \log(x+\sqrt{x^2+1}) = \int\frac{dx}{\sqrt{x^2+1}}$$

$$\cosh^{-1}x = \sinh^{-1}\sqrt{x^2-1} = \log(x+\sqrt{x^2-1}) = \int\frac{dx}{\sqrt{x^2-1}}$$

$$\tanh^{-1}x = \frac{1}{2}\log\frac{1+x}{1-x} = \int\frac{dx}{1-x^2} \qquad (x^2<1)$$

$$\cosh^{-1}x = \frac{1}{2}\log\frac{x+1}{x-1} = \int\frac{dx}{1-x^2} \qquad (x^2>1)$$

(15) 매트릭스

$[A] = \begin{bmatrix} a_{11} & a_{12} \\ a_{21} & a_{22} \end{bmatrix} \qquad [B] = \begin{bmatrix} b_{11} & b_{12} \\ b_{21} & b_{22} \end{bmatrix}$ 일 때

1) 가감법

$$[A] \pm [B] = \begin{bmatrix} a_{11} & a_{12} \\ a_{21} & a_{22} \end{bmatrix} \pm \begin{bmatrix} b_{11} & b_{12} \\ b_{21} & b_{22} \end{bmatrix} = \begin{bmatrix} a_{11}\pm b_{11} & a_{12}\pm b_{12} \\ a_{21}\pm b_{21} & a_{22}\pm b_{22} \end{bmatrix}$$

2) 곱셈법

$$[A][B]=\begin{bmatrix} a_{11} & a_{12} \\ a_{21} & a_{22} \end{bmatrix}\begin{bmatrix} b_{11} & b_{12} \\ b_{21} & b_{22} \end{bmatrix}=\begin{bmatrix} a_{11}b_{11}+a_{12}b_{21} & a_{11}b_{12}+a_{12}b_{22} \\ a_{21}b_{11}+a_{22}b_{21} & a_{21}b_{12}+a_{22}b_{22} \end{bmatrix}$$

3) 나눗셈법

$[A][B]=[C]$일 때

$[B]=[A]^{-1}[C]$

$[A]=[C][B]^{-1}$ (단, $[A]^{-1}$, $[B]^{-1}$는 역행렬)

4) 역 매트릭스의 예

$$[A]^{-1}=\begin{bmatrix} a_{11} & a_{12} \\ a_{21} & a_{22} \end{bmatrix}=\frac{1}{\det A}\begin{bmatrix} a_{22} & -a_{12} \\ -a_{21} & a_{11} \end{bmatrix}=\frac{\begin{bmatrix} a_{22} & -a_{12} \\ -a_{21} & a_{11} \end{bmatrix}}{\begin{vmatrix} a_{11} & a_{12} \\ a_{11} & a_{22} \end{vmatrix}}$$

(16) 행렬식(determinant)

$$D=\begin{vmatrix} a_{11} & a_{12} \\ a_{21} & a_{22} \end{vmatrix}=a_{11}a_{22}-a_{21}a_{12}$$

$$\begin{vmatrix} a_{11} & a_{12} & a_{13} \\ a_{21} & a_{22} & a_{23} \\ a_{31} & a_{32} & a_{33} \end{vmatrix}=(a_{11}a_{22}a_{33}+a_{12}a_{23}a_{31}+a_{13}a_{21}a_{32} \\ -(a_{11}a_{23}a_{32}+a_{12}a_{21}a_{33}+a_{13}a_{22}a_{31})$$

(17) 기하공식

다음 공식에서 r : 반경, h : 높이, b : 밑면, B : 밑변의 면적, θ : 중심각(라디안)을 나타낸다.

① 3각형　　면적 $=\frac{1}{2}bh$

② 직4각형 면적 = bh 대각선의 길이 = $\sqrt{b^2+h^2}$

③ 사다리꼴 면적 = $\frac{1}{2}h(b_1 + b_2)$

④ 원 면적 = πr^2 둘레 = $2\pi r$ 원호 = $r\theta$

⑤ 부채꼴 면적 = $\frac{1}{2}r^2\theta$

⑥ 직6면체 세 변의 길이를 a, b, c라 하면

체적 = abc 대각선 = $\sqrt{a^2+b^2+c^2}$

⑦ 각주 체적 = Bh

⑧ 각추 체적 = $\frac{1}{3}Bh$

⑨ 직원주 측면적 = $2\pi rh$ 체적 = $\pi r^2 h$

⑩ 구 표면적 = $4\pi r^2$ 체적 = $\frac{4}{3}\pi r^3$

(18) 미분공식

① $\frac{dc}{dx} = 0$ (c : 상수)

② $\frac{d}{dx}(cu) = c\frac{du}{dx}$ (c : 상수)

③ $\frac{d}{dx}(u \pm v) = \frac{du}{dx} \pm \frac{dv}{dx}$

④ $\frac{d}{dx}(u\,v) = v\frac{du}{dx} + u\frac{dv}{dx}$

⑤ $\frac{d}{dx}\left(\frac{u}{v}\right) = \frac{v\frac{du}{dx} - u\frac{dv}{dx}}{v^2}$

⑥ $\frac{dy}{dx} = \frac{dy}{du} \cdot \frac{du}{dx}$

⑦ $y = x^m$ $y' = mx^{m-1}$

⑧ $y = e^x$ $y' = e^x$

⑨ $y = a^x$ $y' = a^x \log a$

⑩ $y = \log x$ $\qquad y' = \dfrac{1}{x}$

⑪ $y = \sin x$ $\qquad y' = \cos x$

⑫ $y = \cos x$ $\qquad y' = -\sin x$

⑬ $y = \tan x$ $\qquad y' = \dfrac{1}{\cos^2 x} = \sec^2 x$

⑭ $y = \cot x$ $\qquad y' = -\dfrac{1}{\sin^2 x} = -\operatorname{cosec}^2 x$

⑮ $y = \sec x$ $\qquad y' = \sec x \cdot \tan x$

⑯ $y = \operatorname{cosec} x$ $\qquad y' = -\operatorname{cosec} x \cdot \tan x$

⑰ $y = \sin ax$ $\qquad y' = a \cos ax$

⑱ $y = \cos ax$ $\qquad y' = -a \sin ax$

⑲ $y = \tan^{-1} x$ $\qquad y' = \dfrac{1}{1+x^2}$

(19) 적분공식(적분상수는 생략함)

① $\int a \, dx = ax$

② $\int a \cdot f(x) dx = a \int f(x) dx$

③ $\int \phi(y) dx = \int \dfrac{\phi(y)}{y'} dy, \quad y' = \dfrac{dx}{x}$

④ $\int (u+v) dx = \int u \, dx + \int v \, dx$

⑤ $\int u \, dv = uv - \int v \, du$

⑥ $\int u \dfrac{dv}{dx} dx = uv - \int v \dfrac{du}{dx} dx$

⑦ $\int x^n dx = x^{n+1}/n+1, \quad (n \neq -1)$

⑧ $\int \dfrac{dx}{x} = \log x$

⑨ $\int e^x dx = e^x$

⑩ $\int e^{ax} dx = e^{ax}/a$

⑪ $\int b^{ax} x\, dx = \dfrac{b^{ax}}{a \log b}$

⑫ $\int \log x\, dx = x \log x - x$

⑬ $\int a^{x} \log a\, dx = a^{x}$

⑭ $\int \sin x\, dx = -\cos x$

⑮ $\int \cos x\, dx = \sin x$

⑯ $\int \tan x\, dx = -\log \cos x$ 또는 $\log \sec x$

⑰ $\int \cot x\, dx = \log \sin x$

⑱ $\int \sec x\, dx = \log \tan (\dfrac{\pi}{4} + \dfrac{x}{2})$

⑲ $\int \operatorname{cosec} x\, dx = \log \tan \dfrac{1}{2} x$

⑳ $\int \sin^2 x\, dx = -\dfrac{1}{2} \cos x \sin x + \dfrac{1}{2} x = \dfrac{1}{2} x - \dfrac{1}{4} \sin 2x$

㉑ $\int \sin^3 x\, dx = -\dfrac{1}{3} \cos x (\sin^2 + 2)$

㉒ $\int \sin^n x\, dx = -\dfrac{\sin^{n-1} x \cos x}{n} + \dfrac{n-1}{n} \int \sin^{n-2} x\, dx$

㉓ $\int \cos^2 x\, dx = \dfrac{1}{2} \sin x \cos x + \dfrac{1}{2} x = \dfrac{1}{2} x + \dfrac{1}{4} \sin 2x$

연습문제 해답

Chapter 1

[1] 대전되어 있는 전기량

[2] 전자, 이온, 정공

[3] 열작용, 자기작용, 화학작용

[4] $Q = 16200$ [C]

[5] $R = 10$ [Ω]

[6] $V = 15$ [V]

[7] $V = 45$ [V]

[8] $V = 38$ [V]

[9] 1/3배

[10] $P = 320$ [W]

[11] $P = 880$ [W]

[12] $R_T = 7.4$[Ω]

[13] $I_1 = 4.5$ [A], $I_2 = 2$ [A], $I_3 = 2.5$ [A]

[14] 648 [kcal]

[15] 900 [J]

[16] 5×10^4 [J]

[17] 0.02 [J]

[18] 직렬 1.935 [μF], 병렬 20 [μF]

[19] $V = 50$ [V], $C = 50$ [μF], $Q = 150$ [μC]

Chapter 2

[1] $t = \frac{1}{360}$ [sec]

[2] $f = 50$ [Hz]

[3] $e = 100\left(\omega t - \frac{\pi}{6}\right)$ [V]

[4] $\theta = -\frac{\pi}{12}$

[5] $I = 10\sqrt{38}$ [A]

[6] $I_{av} = 0.318 I_m$ [A]

[7] $I_a = 1$ [A]

[8] $E = \sqrt{3900}$ [V]

[9] $I_a = 20$ [A]

[10] 실효치 $= I_m / \sqrt{3}$, 평균치 $= I_m / 2$

파형률 $= 2 / \sqrt{3}$, 파고율 $= \sqrt{3}$

[11] 실효치 $= I_m / 2$, 평균치 $= I_m / \pi$

파형률 $= \pi / 2$, 파고율 $= 2$

[12] 파고율 $= 1.414$

[13]

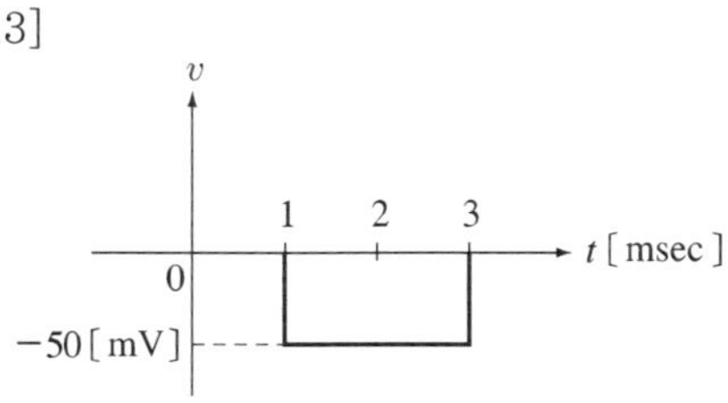

[14] $50 + j50\sqrt{3}$

[15] $\boldsymbol{A} \times \boldsymbol{B} = 141.4\,\varepsilon^{j30°}$

[16] $\boldsymbol{A}_1 / \boldsymbol{A}_{27} = 4(\cos 15° + j\sin 15°)$

[17] $V_L = -1$ [V]

[18] ① $11 - j6$

② $56 - j35$

③ $5 + j23$

[19] −26

[20] $14\angle 80°$

[21] $-\frac{16}{37} - j\frac{52}{37}$

[22] $0.5\angle 170°$

Chapter 3

[1] $I=2.88$ [A]

[2] $V=135-j75$ [V]

[3] $\cos\theta=0.2$

[4] ① $\cos\theta=\dfrac{R}{\sqrt{R^2+(1/\omega C)^2}}$

② $I=\dfrac{V}{\sqrt{R^2+(1/\omega C)^2}}$

③ $\theta=\tan^{-1}\dfrac{1}{\omega CR}$

[5] $\omega_L=0.26$ [J]

[6] $I=2.5$ [A]

[7] $R=4$ [Ω], $X_L=3$ [Ω]

[8] ① 106.9[Ω], 20.7°

② 0.935 [A]

③ 93.5 [V], 35.2 [V]

[9] $R=4$ [Ω], $X=5$ [Ω]

[10] $R=4$ [Ω], $X=-2$ [Ω]

[11] $R=2$ [Ω], $L=0.5$ [mH]

[12] $G=0.25$ [℧], $B=0.33$ [℧]

$I=4.16$ [A], $\theta=-53.1°$

[13] 2.65 [A]

[14] 0.377[A]

Chapter 4

[1] $f_0=56.4$ [Hz]

[2] $f_0=50.4$ [Hz], $P=10$[kW], $\cos\theta=1$

$V_R=100$ [V], $V_L=3160$ [V]

$V_C=3160$ [V]

[3] $R=6.4$ [Ω]

[4] 377배

[5] $C=1.32$ [μF]

[6] $\dfrac{1}{2\pi\sqrt{LC}}$

[7] $f_0=22.5$[Hz], $Z_0=6.67\times10^4$ [Ω]

[8] $L=\dfrac{CR^2}{1+(\omega CR)^2}$

[9] $X_L=X_C$

[10] $L=19.5$[mH], $Q=24.5$

[11] $f_0=500$ [Hz], $I_0=0.985$ [A]

[12]

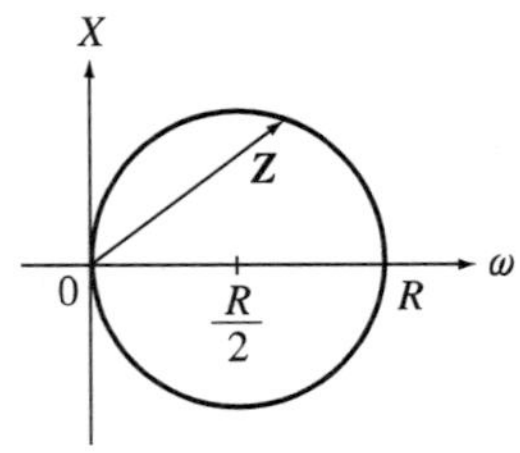

[13]

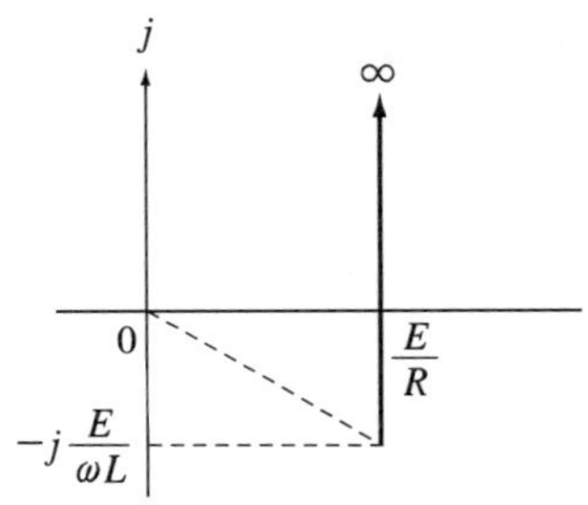

[14] $\left(\dfrac{1}{2R},\ 0\right)$

[15]

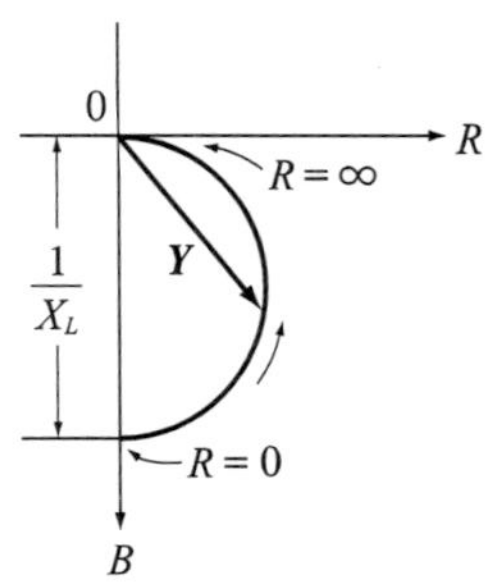

[16]

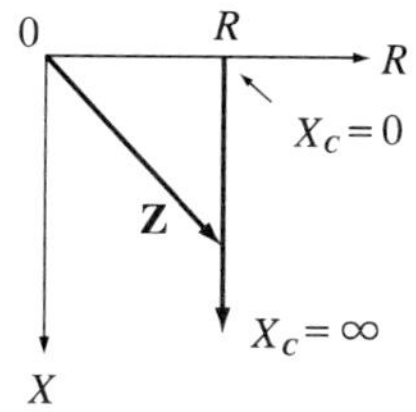

Chapter 5

[1] $X=4\,[\Omega]$

[2] $\cos\theta=0.835$

[3] $P=3000\,[\mathrm{W}]$, $P_r=5196\,[\mathrm{Var}]$,

$P_a=6000\,[\mathrm{VA}]$

[4] $P_r=188.4\,[\mathrm{Var}]$

[5] $P=450\,[\mathrm{W}]$

[6] $P=1732\,[\mathrm{W}]$

[7] $Y=0.02+j0.05\,[\mho]$, $Z=6.9-j17.2\,[\Omega]$

[8] $P_a=66.75$, $\cos\theta=0.84$

[9] $P_a=200\,[\mathrm{VA}]$, $\cos\theta=0.707$,

$P=141.4\,[\mathrm{W}]$

[10] $P=1152\,[\mathrm{W}]$

[11] $R=20\,[\Omega]$, $X=15\,[\Omega]$

[12] $Z=44.64\,\angle 90^\circ$

[13] $P_{\max}=188.5\,[\mathrm{W}]$

[14] $R=15\,[\Omega]$

[15] $Q_c=196\,[\mathrm{kVA}]$

Chapter 6

[1] $L_0=0.4\,[\mathrm{H}]$

[2] $I=-j\dfrac{20}{3}\,[\mathrm{A}]$, $I_1=-j20\,[\mathrm{A}]$,

$I_2=j\dfrac{40}{3}\,[\mathrm{A}]$

[3] 19 : 1

[4] $M=0.36\,[\mathrm{H}]$, $n_1/n_2=2$

[5] $M=6\,[\mathrm{mH}]$

[6] $k=0.9$

[7] $M=0.125\,[\mathrm{H}]$

[8] $C=\dfrac{1}{\omega^2 M}$

[9] $C=2\times 10^{-10}\,[\mathrm{F}]$

$V_C=-6.24\,\angle -2.14^\circ$

[10] ① 두 코일 간의 결합계수가 1일 것

② 코일에 관계되는 손실이 0일 것

③ 각 코일의 인덕턴스가 무한대일 것

[11] ① 두 코일의 결합계수가 1일 것

② 코일에 관계되는 손실이 없을 것

Chapter 7

[1] 나무의 수 = 3, 보목의 수 = 5

[2]

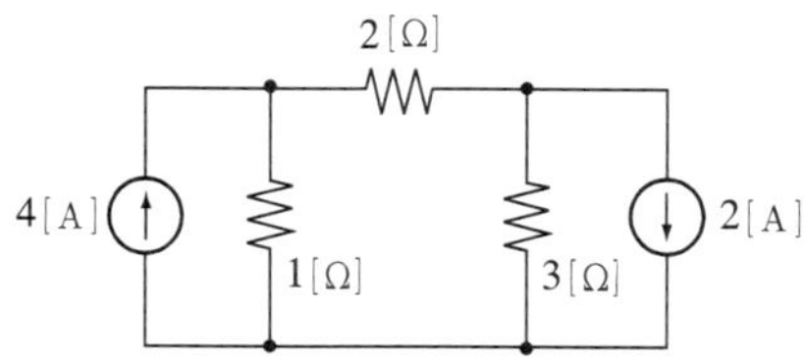

[3] $V=5\,[\mathrm{V}]$

[4] $I_1=8.93\,\angle -26.5^\circ\,[\mathrm{A}]$

$I_2=4.47\,\angle -63.5^\circ\,[\mathrm{A}]$

$V=44.7\,\angle -10.4^\circ\,[\mathrm{V}]$

[5] $I_a=\dfrac{13}{56}\,[\mathrm{A}]$, $I_b=-\dfrac{11}{56}\,[\mathrm{A}]$

$I_c=-\dfrac{2}{56}\,[\mathrm{A}]$

[6] $V_a=\dfrac{30}{11}\,[\mathrm{V}]$, $V_b=\dfrac{10}{11}\,[\mathrm{V}]$

[7]

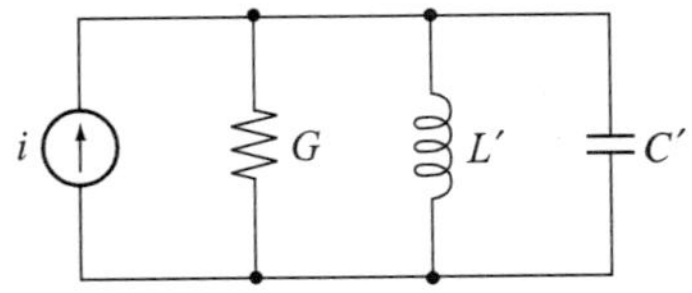

[8] $V=-7$ [V]

[9] $I=1.5$ [A]

[10] $I=2$ [A]

[11] $I=0.4$ [A]

[12] $V=5$ [V], $R=10$ [Ω]

[13] $V_{ab}=12.92$ [V]

[14] $V_{ab}=33.75$ [V]

[15] $I=2.5$ [A]

Chapter 8

[1] $I_l=40\sqrt{3}$

[2] $E_s=115$ [V], $I_s=30$ [A], $Z_s=0.2$ [Ω]

[3] $V_0=\dfrac{100}{3}\sin\omega t$ [V]

[4] 54°

[5] 3600 [Var]

[6] $P=1600$ [W], $Q=800$ [Var]

[7] $P=672$ [W]

[8] 0.25

[9] $I_l=30$ [A]

[10] $I=28.8-j21.6$ [A]

[11] 17.3 [kVA]

[12] $P=1200$ [W], $P_r=1600$ [Var]

$P_a=2000$ [VA], $\cos\theta=0.6$

[13] 선전류 $=24.4$ [A]

소비전력 $=3.6$ [kW]

역률 $=0.854$

[14] $I_a=\dfrac{3E_a}{Z_0+Z_1+Z_2}$

Chapter 9

[1] 직분류과 2[kHz]의 고조파분

[2] $Y(x)=\dfrac{4I}{\pi}\left(\sin x+\dfrac{1}{3}\sin 3x+\dfrac{1}{5}\sin 5x+\cdots\right)$

[3] $y(t)=\dfrac{8I}{\pi^2}\left(\sin\omega t-\dfrac{1}{3^2}\sin 3\omega t+\dfrac{1}{5^2}\sin 5\omega t-\dfrac{1}{7^2}\sin 7\omega t+\cdots\right)$

[4] $A_0=10$

[5] $25\sqrt{2}$ [A]

[6] 10 [A]

[7] $\dfrac{VI}{2}$ [W]

[8] 소비전력 $=656$ [W]

[9] $\dfrac{1}{2}EI$

[10] $e=(R\sin\omega t+\omega L\cos\omega t)I_1$

$+(R\sin 3\omega t+3\omega L\cos 3\omega t)I_3$

[11] 왜형률 $=0.5$

[12] 75 [J]

Chapter 10

[1] $s=\pm jw$

[2]

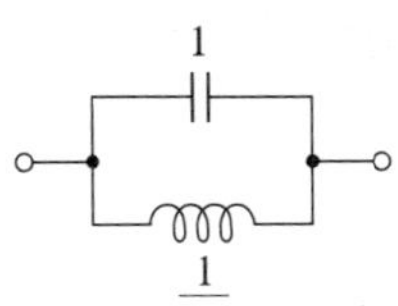

[3]

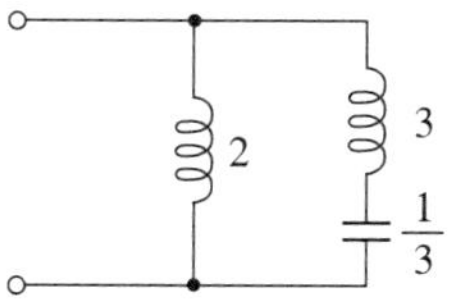

[4]

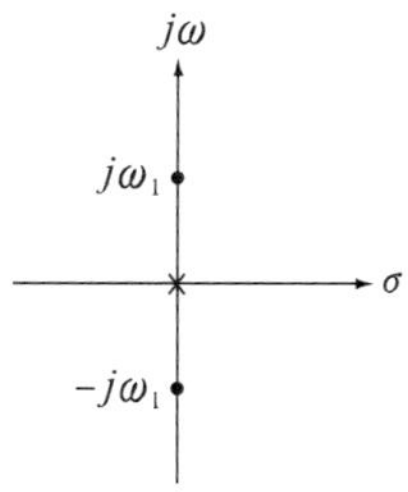

[5] 극 : $s=-3,\ -4$

영점 : $s=-2$

[6] $Z(s)=\dfrac{(s+4)(s+6)}{(s+3)(s+5)}$

[7] $Z(s)=\dfrac{1+2s}{1+s}$

[8] $Z(s)=\dfrac{R+sL}{1+sCR+s^2CL}$

[9] $C=20\,[\mu F]$

[10] $L=1.6\,[\mathrm{mH}]$

[11] $R=200\,[\Omega]$

Chapter 11

[1] (a) $A=D=1-\omega^2CL$

$B=j\omega L(2-\omega^2CL)$

$C=j\omega C$

(b) $A=D=1-\dfrac{1}{\omega^2LC}$

$B=\dfrac{1}{j\omega C}\left(2-\dfrac{1}{\omega^2LC}\right)$

$C=\dfrac{1}{j\omega C}$

(c) $A=D=1-\omega^2LC$

$B=j\omega L,$

$C=j\omega C(2-\omega^2LC)$

(d) $A=D=1-\dfrac{1}{\omega^2LC}$

$B=\dfrac{1}{j\omega C}$

$C=\dfrac{1}{j\omega L}\left(2-\dfrac{1}{\omega^2LC}\right)$

(e) $A=D=1-\dfrac{1-\omega^2LC}{1+\omega^2LC}$

$B=\dfrac{j2\omega L}{1+\omega^2LC}$

$C=\dfrac{j2\omega C}{1+\omega^2LC}$

[2] (a) $Z_0=\sqrt{\dfrac{L}{C}(2-\omega^2LC)}$

$\theta=\cosh^{-1}(1-\omega^2LC)$

(b) $Z_0=\sqrt{\dfrac{L}{C}\left(2-\dfrac{1}{\omega^2LC}\right)}$

$\theta=\cosh^{-1}\left(1-\dfrac{1}{\omega^2LC}\right)$

(c) $Z_0=\sqrt{\dfrac{L}{C}\left(2-\dfrac{1}{\omega^2LC}\right)}$

$\theta=\cosh^{-1}(1-\omega^2LC)$

(d) $Z_0=\sqrt{\dfrac{L}{C}\cdot\dfrac{1}{2-\dfrac{1}{\omega^2LC}}}$

$\theta=\cosh^{-1}\left(1-\dfrac{1}{\omega^2LC}\right)$

(e) $Z_0=\sqrt{\dfrac{L}{C}}$

$\theta=\cosh^{-1}\left(\dfrac{1-\omega^2LC}{1+\omega^2LC}\right)$

[3] $Z_{i1}=9[\Omega]$

[4] $A=1+\dfrac{Z_1}{Z_2},\ B=Z_1,\ C=\dfrac{1}{Z_2},\ D=1$

[5] $L=15.9\,[\mathrm{mH}],\ C=0.063\,[\mu\mathrm{F}]$

[6] $L=1.992$ [mH], $C=0.00796$ [μF]

[7] $W_c=\dfrac{1}{2\sqrt{LC}}$

$f=\dfrac{1}{2\pi}\sqrt{\dfrac{1}{LC}-\dfrac{1}{4C^2R^2}}$ [Hz]

[7] $2E$

Chapter 12

[1] $Z_0=\sqrt{\dfrac{Z}{Y}}$ [Ω]

[2] $RC=LG$

[3] $Z=\gamma Z_0$

[4] $Z_0=80$ [Ω]

[5] $\rho=0.5$

[6] $\rho=\dfrac{2}{3}$

[7] $s=2.3$

[8] $v=1.6\times10^7$ [m/sec]

[9] $\rho=\dfrac{2}{3}+j\dfrac{1}{3}$, $s=6.9$

[10] $l=n\dfrac{\lambda}{2}$, $f_r=\dfrac{n}{2l\sqrt{LC}}$

$(n=1,\ 2,\ 3\cdots)$

Chapter 13

[1] $t=11.5$ [sec]

[2] $\tau=1\times10^{-10}$ [sec]

[3] $e_L=E\varepsilon^{-\frac{R}{L}t}$ [V], $\tau=\dfrac{L}{R}=2.5$ [Ms]

[4] $i=2.595$ [A]

[5] $i=\dfrac{E}{R_1}\varepsilon^{-\frac{R_1+R_2}{L_1}}$

$W=\dfrac{L_1E^2}{2R_1(R_1+R_2)}$ [W]

[6] $R>\dfrac{1}{2}\sqrt{\dfrac{L}{C}}$

Chapter 14

[1] $\mathcal{L}^{-1}[E(s)]=\dfrac{1}{2}\sin 2t$

[2] $i(t)=2(1-e^{-50t})$ [A]

[3] $F(s)=\dfrac{k}{s}\tan h\left(\dfrac{as}{2}\right)$

$(a>0,\ s>0)$

[4] $\mathcal{L}[u(t)]=\dfrac{1}{s}$

[5] $G(s)=\dfrac{1}{sCR+1}$

찾아보기

ㄹ

ㅁ

ㅂ

ㅅ

신편 회로이론

2009년 2월 25일 제1판 1쇄 발행
2014년 1월 25일 제1판 3쇄 발행

저 자 ◎ 김영문·김원종·유영식·이철우
정동현·정타관·채수형 (가나다순)

발행인 ◎ 조 승 식

발행처 ◎ (주) 도서출판 북스힐
서울시 강북구 한천로 153길 17

등 록 ◎ 제 22-457호

TEL (02) 994-0071(代)

FAX (02) 994-0073

E-MAIL bookswin@unitel.co.kr
www.bookshill.com

잘못된 책은 교환해 드립니다.

값 22,000원

ISBN 978-89-5526-552-1